河套平原地下水资源及其环境问题调查评价

张翼龙　杨亮平　石建省　刘银虎 等　著

科 学 出 版 社

北 京

内 容 简 介

本书以地球系统科学理论为指导，从地质构造演化、第四纪地层年代与沉积环境、含水层成因与结构、水化学与同位素水文地球化学等方面对河套平原水文地质条件进行了系统调查；以问题为导向，针对性地探讨了河套平原存在的高砷、高矿化等劣质地下水的分布和赋存规律及成因机制，分析了土地荒漠化、土壤盐渍化现状和发展趋势，圈定了地下水降落漏斗和地下水超采区；从地下水可持续利用角度出发，在考虑生态约束和地下水更新性条件下，评价了地下水资源量，基于驱动-压力-状态-影响-响应（DPSIR）模型评估了地下水可持续性，并进行了地下水功能区划。

本书是对我国北方大型平原盆地地下水与环境问题调查评价的实践探索成果，可供区域水文地质调查研究工作者和大学师生阅读参考。

图书在版编目(CIP)数据

河套平原地下水资源及其环境问题调查评价 / 张翼龙等著. -- 北京 : 科学出版社, 2024. 11. -- ISBN 978-7-03-079128-3

Ⅰ. P641.8

中国国家版本馆 CIP 数据核字第 2024JT7305 号

责任编辑：韦　沁 / 责任校对：何艳萍
责任印制：肖　兴 / 封面设计：北京图阅盛世

科 学 出 版 社 出版
北京东黄城根北街 16 号
邮政编码：100717
http://www.sciencep.com
北京九州迅驰传媒文化有限公司印刷
科学出版社发行　各地新华书店经销
*
2024 年 11 月第　一　版　开本：787×1092　1/16
2024 年 11 月第一次印刷　印张：26 1/2
字数：628 000

定价：358.00 元

（如有印装质量问题，我社负责调换）

前　言

河套平原地处黄河流域中上游，北部以阴山山脉为界，东部以蛮汉山丘陵为界，南部以鄂尔多斯高原为界，西部大体上以乌兰布和沙漠为界，面积为32900km^2。河套平原是我国重要的商品粮、工业、乳业基地，是内蒙古自治区政治、经济、文化最发达的地区。

地下水是河套平原的主要供水水源，对维系当地社会经济发展和良好生态环境起着重要作用。水资源短缺、地下水超采，以及土壤盐渍化、沙漠化等生态环境问题是河套平原当前存在的主要问题。为了进一步查明区内地下水资源状况及其相关的生态环境问题，保障供水安全和保护生态环境，中国地质调查局和原内蒙古自治区国土资源厅共同部署开展了“河套平原地下水资源及其环境问题调查评价”项目。该项目隶属于“全国地下水资源及其环境问题调查评价”计划项目，由中国地质科学院水文地质环境地质研究所和内蒙古自治区地质环境监测院共同承担。

项目以地球系统科学理论为指导，综合应用钻探、物探、遥感解译、野外试验场、同位素和数值模拟等技术方法，围绕河套平原地下水与生态环境领域的关键问题开展了系统的调查研究，共收集利用已有钻孔资料的进尺139000m，部署实施钻探进尺11500m，区域AMT物探剖面22条1051点，采集测试各类水土样品11000多组，全面提升了河套平原地质和水文地质研究程度，专家评审认为是代表我国区域水文地质调查高水平的研究成果。项目取得的主要成果：一是恢复了河套平原古地理沉积环境，重新界定了第四系底界，建立了第四系标准地层；二是查明了区域承压含水层隔水顶板岩性和空间特征，建立了区域含水层空间结构模型和水力联系模式，并据此提出了新的含水层结构划分方案；三是首次整体划分了河套平原地下水系统，建立了水文地质概念模型，揭示了地下水系统演变过程及其环境效应；四是引入多种同位素方法解析了地下水补给来源与流动模式，建立了地下水年龄结构，评估了含水层的更新能力；五是阐明了河套平原地下水水化学特征和水文地球化学过程，揭示了高砷地下水和高矿化地下水分布特征与成因机制；六是查明了河套平原土地荒漠化、土壤盐渍化现状和发展趋势，科学地确定了地下水生态水位临界埋深；七是基于生态约束、地下水更新性原则，采用水均衡和数值模拟方法，系统评价了地下水资源量；八是建立了基于驱动–压力–状态–反应–响应（DPSIR）框架的河套平原地下水可持续性评价体系，圈定了地下水降落漏斗和地下水超采区，提出了地下水功能区划。

本书是在河套平原地下水资源及其环境问题调查评价项目成果报告的基础上经过进一步的综合整理编纂而成。全书共12章，参加编写人员有：第一章，王文中、吴利杰、李政红；第二章，赵华、吴利杰、赵红梅、杨振京、刘林敬；第三章，杨会峰、王文中、余楚、于娟、孟瑞芳、熊海钦；第四章，李政红、曹文庚、李潇瀚、王丽娟；第五章，陈宗宇、刘君；第六章，曹文庚、王文中、杨亮平；第七章，余楚、张翼龙；第八章，杨会峰、孟瑞芳；第九章，邵景力、崔亚莉；第十章，李政红、高晶、郝改枝、丁楠；第十一章，叶浩、郭娇、石迎春、董秋瑶；第十二章，王文中、陈江、余楚、孟瑞芳。最终全书由张翼龙统编，由石建省、杨亮平、刘银虎审定。

除报告编写人员外，项目组人员刘海坤、邬广云、梁建平、聂振龙、秦玉英、吉云平、闫丰禄、苗青壮、毕志伟、毛洪亮、张静、张向阳、郭华良、卫文、马丽莎、徐家明、殷夏、王力民、黄远征等参加了野外调查和编图工作，以及张礼中、蔡子昭、霍志彬、梁国玲、李艳霞、张建军、甘云燕、王晓梅、王姝琼、李丹、王嵋等参加了数据库开发建设和数字制图工作。

项目立项和实施中得到了中国地质调查局水环部文冬光、郝爱兵、吴爱民，原内蒙古国土资源厅张宏、王剑民、高宏，内蒙古自治区地质勘查基金管理中心胡凤翔、李江、董建国等领导同志的大力支持，在此表示感谢；同时还要感谢内蒙古地质调查院闫富贵、李虎平，内蒙古地质环境监测院李浩基、刘建勋、李永平、曹志忠、陈军、杨亮平、张宝生、岳茂华、房利民，内蒙古第一水文地质工程地质勘查院马文学，以及内蒙古第七地质矿产勘查院张建军，河北地质大学刘国辉等专家领导给予的指导和协助。

著　者

2024 年 5 月

目　　录

第一章 河套平原区域地理与地质概况

第一节 社会经济概况

河套平原位于内蒙古自治区中西部，西起乌兰布和沙漠，东至蛮汉山山麓；北靠阴山山脉，南临鄂尔多斯高原，地理坐标为106°07′~112°15′E，40°10′~41°27′N，总面积约3.29万km^2。行政区划隶属于呼和浩特市、包头市、巴彦淖尔市、鄂尔多斯市，涉及23个县（区、旗）（表1.1）。

表1.1 河套平原隶属行政区划一览表

行政隶属	县（区、旗）
呼和浩特市	回民区、新城区、玉泉区、赛罕区、和林格尔县、托克托县、土默特左旗
包头市	昆都仑区、青山区、东河区、九原区、土默特右旗
巴彦淖尔市	临河区、乌拉特前旗、乌拉特中旗、乌拉特后旗、杭锦后旗、五原县、磴口县
鄂尔多斯市	东胜区、准格尔旗、达拉特旗、杭锦旗

河套平原为内蒙古自治区社会经济最发达地区，区内有自治区首府呼和浩特市和自治区最大的工业城市包头市。2010年区内总人口约661.49万人，其中城市人口约475.33万人，是内蒙古自治区人口密度最大的地区。人口在地域上分布不均，城市相对密集，农村稀少，主要集中于呼和浩特市、包头市和巴彦淖尔市临河区。2010年区内呼和浩特市、包头市、巴彦淖尔市三市工业总产值为2350.05亿元，农业总产值为276.83亿元，国民生产总值为4929.81亿元。

区内交通发达，是自治区交通最为发达的地区。京包—包兰铁路东西向、包神铁路南北向贯穿研究区。主要公路干线有丹（东）—拉（萨）高速公路，109、110、209、210国道及其他等级公路纵横交错，形成以东西向为主、南北向为辅的交通网络。区内各乡镇村庄间均有简易公路相连。

河套平原是我国重要的粮食生产基地，是内蒙古自治区主要的农业经济区。全区耕地面积约1.39万km^2，其中水浇地面积为0.90万km^2，占可耕地面积的64.7%，林地面积为0.43万km^2。主要的粮食作物为小麦、玉米，其次为谷子、高粱。经济作物有向日葵、番茄、籽瓜等。河套油葵（产油向日葵）含油量高、产量大，是重要的油料作物。河套平原也是我国著名的瓜果之乡，河套甜瓜是与新疆哈密瓜、甘肃白兰瓜齐名的“北方三大名瓜”；此外，苹果、梨、葡萄等也是河套地区重要的水果。河套地区养殖业发展迅速，已成为我国重要的奶业基地。

区内工业经济发达地区以呼和浩特市、包头市为主，是内蒙古工业经济总量、工业化水平最高的城市。呼和浩特市、包头市、鄂尔多斯市交替领跑全区工业经济发展，全区工业总产值排名前10位的大中型企业全部集中在呼包鄂经济区。本区已基本建设成为“西电东送”的重要能源基地、“西气东送”的重要后备资源基地、煤化工的重要原料基地，以及冶金工业基地、装备制造业基地、电子信息产品制造业基地、奶业及羊绒纺织业基地。

研究区周边矿产资源丰富，其中大型矿床近70处，部分矿产资源保有储量居全国前列。东胜、准格尔煤田在全国占有重要地位。乌拉特后旗狼山东升庙硫铁矿是全国三大硫铁矿基地之一。稀土、铌矿、硅石、砖瓦黏土的探明储量居全国之首，特别是白云鄂博稀土资源极为丰富，居世界之首。

第二节　地 形 地 貌

河套平原呈东西向带状分布于阴山山地与鄂尔多斯高原之间。北部阴山山脉由中低山、低山丘陵和山间盆地组成。总体上呈东西向分布，构成了地表水和地下水的分水岭。阴山山脉从西至东依次为狼山、色尔腾山、乌拉山、大青山，海拔为1500～2300m。山势陡峻切割较深，山脊多呈鱼鳞状，沟谷多呈“V”形，树枝状分布。山脉南坡陡、北坡缓，南坡在短距离内以500～1000m的高差与研究区相接。山前山麓地带可见多级残留的湖岸侵蚀构造阶地。南部鄂尔多斯高原，主要由黄土高原与基岩区组成，地势由西北向东南降低，高程为1200～1600m。在鄂尔多斯高原西部为南北向分布的桌子山，地势较高，高程为1700～2150m；东部为北东向分布的清水河–准格尔丘陵，高程为1200～1500m。

河套平原西部与乌兰布和沙漠相接，有覆沙带向东延伸至平原内。乌兰布和沙漠南连贺兰山北麓，西至吉兰泰盐湖，北到狼山南缘。沙漠南北最长170km，东西最宽110km，总面积约1万km^2，高程为1080～1200m，地势西南高、东北低，向工作区倾斜。沙漠南部地区以金字塔形沙丘和复合型高大沙山为主，高差为20～100m。北部地区沙丘比较矮小，以固定和半固定沙丘为主。东部地区沙丘相对高度较大，其形态多以复合类型为主。西部多以沙垄为主。河套平原东部边界为蛮汉山，属大青山南支，由低山丘陵组成。

河套平原地形平缓，高程为980～1160m。由西向东可划分为后套平原、三湖河平原和呼包平原（图1.1）。另外，本书将黄河南岸狭长的平原区统一划为黄河南岸平原，作为广义河套平原的一部分。

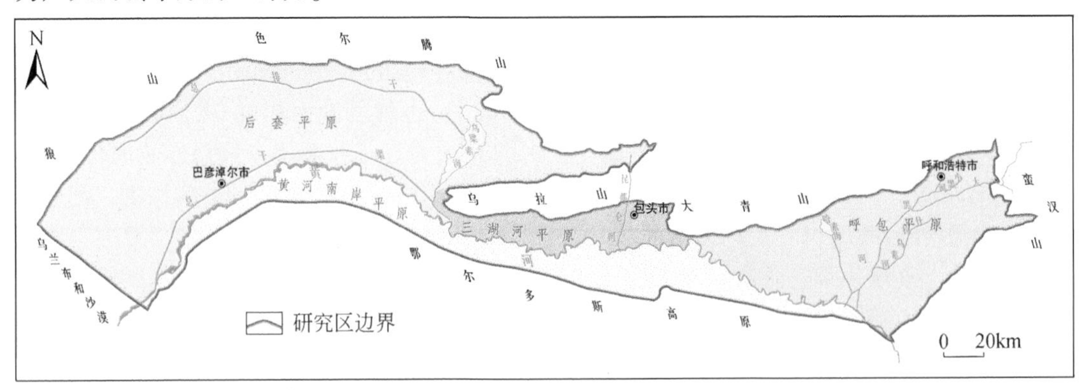

图1.1　研究区范围示意图

乌拉山镇（原西山咀镇）以西的平原区称为后套平原，为狭义上的河套平原。黄河自西向东流过，构成平原南部边界，北部直抵狼山山前，西端与乌兰布和沙漠相接。东西长约170km，南北宽40~75km。后套平原呈扇形向西南、东南方向展开，北部由北向南倾斜，南部由西南向东北方向微倾斜。平原内多有沙丘与风蚀坑伴生现象，风蚀坑因达到地下水面而形成大小不一的湖泊，当地俗称为“海子”。

乌拉山镇以东，包头市以西的西窄东宽的三角地带，称为三湖河平原。东西长约70km，南北宽3~15km，地势由山麓向黄河、由西向东倾斜。地面坡降平均在0.14‰左右。

包头市以东至呼和浩特市之间的平原区，称为呼包平原（又称土默川平原）。东西长约170km，南北宽20~75km。地形由东北向西南倾斜，在西部则由北向南倾斜。坡度为3‰~5‰。平原西窄东宽，近似三角形。平原南部以黄河为界，北部直抵大青山，东部和东南部为蛮汉山及和林格尔台地。

鄂尔多斯高原北缘和黄河之间的狭长地带，称为黄河南岸平原。西起杭锦旗巴拉贡镇，东至准格尔旗十二连城乡，东西长约400km，南北宽3~25km。

河套平原可划分为山麓阶地、剥蚀台地、冲洪积平原、冲湖积平原、风蚀物地貌五个地貌单元（表1.2）。

表1.2　河套平原地貌单元特征表

地貌单元		分布范围	出露高程	组成岩性	形成时代	一般特征
山麓阶地	五级阶地	狼山、大青山山前	狼山山前，高程在1050m左右；大青山山前，高程为1100~1150m	花岗片麻岩、大理岩、下白垩统紫红色砂砾岩、辉绿岩等	上新世末	基座阶地。台面宽在狼山山前别里盖庙一带约500m，高于四级阶地10m；在大青山山前美岱召镇附近约50m，高于四级阶地31m
	四级阶地	狼山、大青山山前	狼山山前，高程在1040m左右；大青山山前，高程为1080~1100m	与五级阶地相同	早更新世末期	基座阶地。阶地面高于三级阶地在狼山山前5~50m，宽约180m；在大青山山前高于三级阶地20~34m，宽30~400m
	三级阶地	大青山、狼山山前	大青山山前，高程为1060~1070m；狼山山前，高程在1035m左右	阶地前缘为下—中更新统湖积砂砾石和砾砂层；阶地后缘多为片麻岩和下白垩统砂砾岩	中更新世末期	属侵蚀与堆积过渡型阶地。台面平坦，阶地面高于二级阶地面19~30m。阶地台面宽在大青山山前为1~55m；在狼山山前为350~400m
	二级阶地	山前各沟口附近	狼山山前，高程在1025m左右；大青山山前，高程为1040~1060m	下—中更新统湖积砂砾石层和粉细砂层，以及上更新统冲洪积砂砾石层	晚更新世末期	堆积阶地。其宽度和长度各地不一致，一般南北分布较长，为350~400m，东西宽约40m，局部地方小于10m

续表

地貌单元		分布范围	出露高程	组成岩性	形成时代	一般特征
山麓阶地	一级阶地	在山前沟谷出口处一带零星可见	狼山山前，高程为 1020m 左右；大青山山前，高程为 1030～1040m	中—上更新统湖积砂砾石层和粉细砂层，以及上更新统冲洪积砂砾石层	全新世初期	堆积阶地。相对高于山前冲洪积扇 2～3m
剥蚀台地		托克托县东北部二级阶地上及塔尔湖镇及太阳庙海子一带沙丘中	980～1010m	黏砂土	全新世初期	范围数百平方米，洼地内堆积有半固定和活动沙丘，高 3～5m，并有小盐池，洼地呈东北西南向延伸。又在后套平原塔尔湖镇及太阳庙海子一带的沙丘中，分布有与区域风向相一致的风蚀洼地，深 0.5～1m
冲洪积平原	洪积锥	山前各小沟沟口出口处	1100～1150m	主要由山沟暂时洪流搬运来的砂砾卵石堆积而成	全新世	形为锥体，面积大小不一，一般为 0.5～2km^2，锥体坡度一般为 3°～5°，个别大于 5°
	冲洪积扇裙	由山前较大沟口的冲洪积扇连接而成	1000～1100m	冲洪积砂砾卵石层，中夹有黏性土层，由扇顶至扇前缘由粗变细	全新世	面积大者为 18～30km^2，小者为 3～5km^2。地面坡度为 6‰～30‰。由北向南逐渐变缓
	扇前洼地	乌拉山、大青山山前及后套狼山山前一带	990～1000m	黏砂土	全新世	扇前洼地地形略低洼，南缘与黄河、大黑河冲湖积平原相接。潜水埋藏浅，甚至溢出地表形成泉水或沼泽湿地。地表普遍有盐渍化现象
	黄河冲湖积平原	后套平原和呼包平原东部较宽，三湖河平原较窄	980～1010m	后套平原为粉细砂、黏质砂土和砂质黏土，呼包平原下沙拉湖滩一带为黏质砂土	全新世	在研究区内广泛分布，南北宽 50km，东西长约 200km。地势开阔，地形平坦，局部微有起伏，坡度为 2‰～6‰，微向东、东南倾斜。在达拉特旗黄河两侧分布有黄河一级、二级阶地，阶地高差在几米间

续表

地貌单元		分布范围	出露高程	组成岩性	形成时代	一般特征
冲湖积平原	大黑河冲湖积平原	呼包平原东部	990～1010m	黏砂土	全新世	地势东北高西南低，其上还残留有大黑河故道。在其下游与黄河平原交汇地带，盐渍化现象比较普遍
	湖沼地貌	乌梁素海、哈素海、神肯尔湖、太阳庙海子	乌梁素海水面高程1018.6m	黏砂土	全新世	乌梁素海面积约220km^2；哈素海面积约30km^2；神肯尔湖和太阳庙海子已干枯
风蚀地貌		三盛公以西及其北部一带的乌兰布和沙漠和黄河南岸的库布齐沙漠北部	980～1200m	粉细砂	晚更新世和早中更新世	分布有链状、星状沙丘，活动沙丘和半固定沙丘，高度一般为10～30m，高者达50m。多为就地的上更新统和下—中更新统湖积粉细砂，为风积物

注：引自“内蒙古河套农业经济区多目标区域地球化学调查成果报告”，2008年，略有修改。

第三节　气　　象

河套平原属干旱-半干旱大陆性季风气候，受蒙古高压和西太平洋副高压东南季风影响，气候四季变化明显，春季干燥多风、夏季炎热少雨、秋季凉爽宜人、冬季漫长寒冷，冬长夏短。自然降水分布差异较明显，形成了降水量少、蒸发量大、风大沙多、无霜期短、昼夜温差大、日照时间长、四季分明的气候特征。主要气候特征见表1.3。

表1.3　多年平均气候特征值表（1951～2008年）

站名	降水量/mm	蒸发量/mm	湿润系数	干燥度	气温/℃	日照时长/h
呼和浩特	418.8	1759.0	0.78	1.3	6.5	2955
包头	306.0	2342.2	0.56	1.8	7.1	3177
乌拉特前旗	217.1	2366.1	0.17	5.9	7.2	3209
临河区	146.7	2240.0	0.12	8.3	7.8	3212
磴口县	144.5	2380.6	0.10	10.0	7.6	3210

据1951～2008年的气象数据（内蒙古自治区气象局）统计，多年平均气温为6.5～7.8℃，区域上西高东低，时间上呈逐年上升趋势（图1.2）。月平均最高气温为22.4℃（7月），月平均最低气温为-12.0℃（1月），平均气温年较差为34.4℃；日最高温度为38.2℃，日最低温度为-41℃，平均日较差为13.5℃。日照时长后套平原为3210h，呼包平原为3066h。每年的9月至次年的5月为霜冻期，后套平原无霜期145～160d，呼包平原区无霜期103～168d。每年的11月至次年的4月为冻土期，封冻期150～180d，最大冻结深度1.56m。冬春两季风大，全年主要风向西北向，后套平原平均风速为2.9m/s，最大风速为40m/s，呼包平原平均风速为1.7m/s，最大风速为17.2m/s。

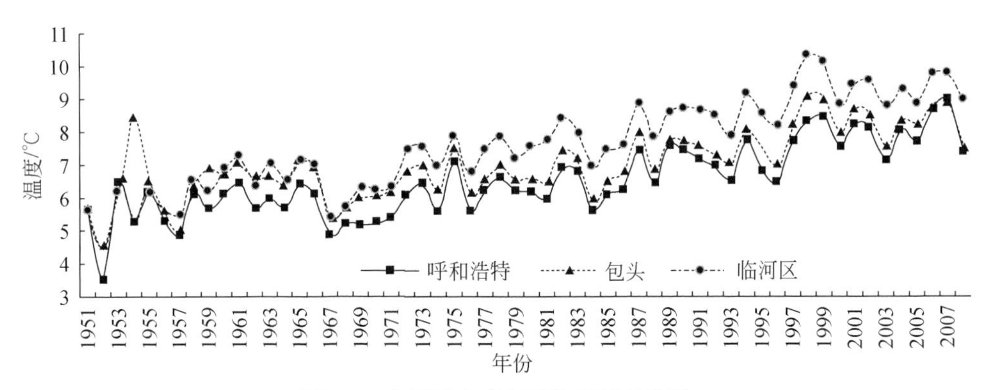

图1.2　主要城市多年平均温度变化图

多年平均降水量为245.5mm，东部地区高于西部地区，呼包平原多年平均降水量为362.4mm，后套平原为169.4mm（图1.3）。降水量的季节分配不均，呼包平原多集中在6～9月，占全年降水量的70%左右，最大降水量出现在8月；冬季最少，不到全年降水量的4%，最小降水量出现在12月或1月。研究区降水量年际变化大，降水量不足400mm的少雨年份有30年。呼和浩特市区极端低值仅155.1mm（1965年），大于800mm的年份仅1年（1959年），达929.2mm。

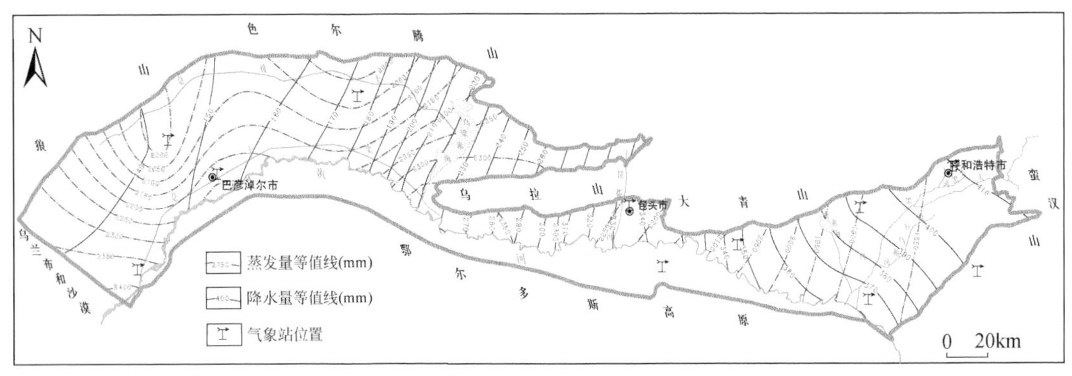

图1.3　多年平均降水量与蒸发量等值线示意图

多年平均蒸发量为2185.2mm，区域上由东部呼包平原向西至三湖河平原，由北部狼山、色尔腾山山前向南到黄河南岸呈逐渐增大趋势（图1.5）。呼包平原多年平均蒸发量为2041.5mm，多为1800～2100mm。后套平原年平均蒸发量为2328.9mm，多为2000～2400mm，最大达4085.7mm，最小为1774.8mm。年内蒸发量12月至次年2月较稳定，3月开始增大，4月明显增大，6月达到最大，7月以后开始下降。

第四节　水　　文

一、河流

区内地表水系不发育，除黄河为常年水流外，其他支流河谷均为季节性河流(图1.4)。周边山区有300余条沟谷汇入平原，沟谷年内流量不均，汛期径流量可占全年的70%以上，其余大多数时间干涸。较大河流有大黑河、昆独仑河等，黄河水文特征见表1.4①。

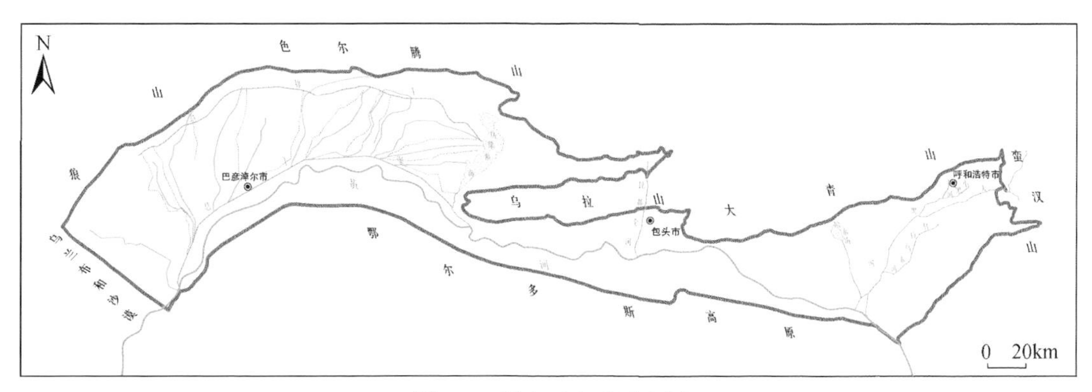

图1.4　研究区水系示意图

黄河从磴口县的巴彦高勒镇入境，至清水河县的喇嘛湾镇出境，横贯全区。黄河在研究区内流程约600km，宽300～500m，据水文观测站资料（表1.4）②，年平均流量为600～1200m³/s，1951～2008年平均径流量为267亿m³。黄河流量在年内和年际变化都很大，年内最大洪峰流量与最小枯水流量相差50倍。年内流量不均，7～10月占全年的60%～70%，而11～12月仅占全年的10%。年际丰、枯水期平均流量相差3.64倍，丰水年平均流量达5450m³/s（1981年），而枯水年平均流量仅32.8m³/s（1966年），黄河水含泥沙量大是其另一水文特征，平均含泥沙量为4.06～5.75kg/m³。

大黑河属黄河一级支流，发源于乌兰察布市卓资县骆驼脖子的坝顶村，流经呼和浩特市近郊，接纳发源于大青山的卯德沁沟、枪盘河等24条支流，至托克托县城北部汇入黄

① 呼和浩特市水文局，水文要情报告。
② 黄河水利水电委员会，水文监测数据。

河。由东部的大黑河支流、西部诸支流以及哈素海退水渠三个部分组成。干流总长236km，总流域面积为12362km^2，最大洪水流量为2190m^3/s，最小年接近干枯，1956～2014年平均流量为1.71m^3/s。大黑河干流由河源至美岱，河长120km，美岱水文站以上流域面积为4287km^2，平均比降为4.7‰；美岱以下至河口，河长116.4km，流经土默特川平原，系土质河床，其中美岱至三两河长63.7km，平均比降为1.63‰，三两至河口河长52.7km，平均比降为0.36‰。大黑河水系的特点是干流和支流在山区均有固定流路，进入平原后则无固定流路，河道多被利用为灌渠。

表1.4　黄河水文特征表

水文观测站名	流量/(m^3/s)			多年平均径流量/亿m^3	水位/m			含沙量/(kg/m^3)
	最大（年份）	最小（年份）	多年平均		最高	最低	多年平均	
三盛公	5100（1964）	33.0（1966）	861.2	306.2	1051.29	1047.00	1049.52	4.06
三湖河口	5380（1967）	32.8（1966）	856.6	256.8	1020.74	1016.01	1018.60	4.5
昭君坟	5450（1981）	43.0（1976）	818.6	256.7	1011.99	1005.07	1007.43	5.28
头道拐	3780（1978）	48.0（1978）	728.9	248.2	989.46	984.52	987.41	5.75

昆都仑河是包头市境内最大的黄河支流，为大青山与乌拉山的天然分界线，古称石门水。其上游俗称北齐沟，发源于包头市固阳县下湿壕镇春坤山，穿行大青山和乌拉山界谷，向南流经包头市区，在哈林格尔镇附近流入黄河。在固阳县城关镇以北为自东向西流向，城关镇以南是自北向南流向，在昆都仑区的前口子村进入平原。河长143km，平均比降为6‰，流域面积为2761km^2，多年平均流量为5520万m^3（表1.5）。属季节性河流，年最大洪水量多发生于7～8月，历史最大洪峰为7050m^3/s（1856年）。

二、湖泊

河套平原主要湖泊有乌梁素海、哈素海等，水域总面积为280km^2。乌梁素海位于巴彦淖尔市乌拉特前旗境内，水域面积为220km^2，湖面南北长35km、东西宽10km。湖泊东岸较陡，西岸平缓，湖底浅平，湖底地形略向南倾斜，最大水深为4m，平均水深为1.5m。湖水面最大时达411km^2，蓄水量为6000万m^3。近30年来湖泊面积有所增大，一是由于黄河水灌溉农田后的退水补给增加，导致湖泊面积扩展；二是由于湖泊水生植物快速堆积以及流域物质淤积等原因，湖底抬升迅速，造成在相同来水情况下湖泊面积扩展幅度增大。1969年以来，湖水水源主要由后套灌区总排干输给，排水带来大量盐分，湖水的矿化度逐年提高，2010年测得矿化度平均为2.06g/L，pH平均为7.22。

哈素海位于呼和浩特市土默特左旗善岱镇境内，东距呼和浩特市区70km，水域面积约30km^2，蓄水量约8000万m^3，最大水深约3m，平均水深约1.7m，是黄河改道遗留的牛轭湖。南岸有民生渠及哈素海退水渠与黄河相通，岸边建有水利工程哈素海扬水站，用于农田灌溉。哈素海1964年曾因水源枯竭而干涸，1969年又集水成湖，1970年以后陆续

表 1.5　主要河流沟谷特征值一览表

河谷名称	流域面积 /km^2	沟长 /km	多年平均径流量/万 m^3	河谷名称	流域面积 /km^2	沟长 /km	多年平均径流量/万 m^3	河谷名称	流域面积 /km^2	沟长 /km	多年平均径流量/万 m^3
大黑河	12362	236	33377	沙河	755	44	1133	敖布拉格河	1819	116	1091
小黑河	2135	105	4527	九犋牛沟	119	27	224	海流图沟	2045	109	1852
奎素沟	123	32	273	美岱沟	5262	173	14909	石哈河	611	105	367
面铺窑沟	325	41	630	水涧沟	377	46	2260	木伦河	2455	109	2011
古楼板沟	125	25	510	五当沟	984	87	2950	苏海河	452	52	615
卯德沁沟	706	56	1309	刘宝窑	90	18.1	380	乌苏图勒河	1933	117	2706
哈拉更沟	113	27	186	昆都仑河	2761	143	5520	查汗不浪	101	30	4620
白石头沟	109	32	851	哈德门沟	106	16	530	毛布拉格孔兑	1262	111	760
乌素图沟	211	50	426	达拉盖沟	124	26	8470	卜尔嘎斯太沟	546	738	550
东白石头沟	96	31	390	格尔敖包河	209	29	105	黑赖沟	944	89	1720
枪盘河	1420	101	4970	哈日嘎那沟	323	50	283	西柳沟	1194	106	3620
苏盖营子沟	857	72	1714	大坝沟	383	59	335	罕台川	875	77	2490
西沟门沟	98	22	239	西乌盖沟	578	66	506	壕庆河	213	34	580
万家沟	944	89	3266	东乌盖沟	294	44	257	哈什拉川	1089	92	3270
西白石头沟	135	46	504	乌兰布拉格沟	905	64	791	木哈尔沟	407	77	1320
什拉乌素河	3150	130	8127	呼鲁斯太沟	330	55	210	东柳沟	451	75	1650
什拉乌素前河	477	69	1460	庆达木沟	360	60	260	呼斯太河	406	65	1330
宝贝河	607	76	1839	罕乌拉沟	512	54	464				

修建水利工程，从包头磴口提黄河水通过民生渠补充水源，维持湖水明水面积在30km^2左右。但自1999年开始逐年缩小，至2007年面积仅有13.6km^2，后经调水维护，明水面积增加至30km^2。哈素海水质较好，但也呈下降趋势。2010年测得矿化度平均为0.6g/L，pH平均为7.68。

三、水利工程

研究区内水利工程主要有灌区引排水系统和水库。此外，周边山区的水库和截伏流等水利工程是平原区地下水补给的重要影响因素，为了分析地下水补给（补）、径流（径）、排泄（排）条件变化，对山区的主要水利工程也进行了叙述。

1. 灌区引排水系统

主要包括河套灌区、磴口扬水灌区、麻地壕扬水灌区等引黄灌区，以及大黑河灌区。

河套灌区为全国三个特大灌区之一，东西长约250km、南北宽约50km，由包尔套勒盖、后套、三湖河三个灌域组成。灌区由黄河上游三盛公枢纽自流引水灌溉，总控制灌溉面积1740多万亩①，现有灌溉面积约861.5万亩，年引黄河水量在$50\times10^8m^3$左右。河套灌区引黄灌溉始于秦汉，几经兴废，到20世纪60年代初三盛公水利枢纽工程建成投入运行，以及总干、干、分干、支、斗、农、毛七级渠道配套建成，形成了灌溉有一定保证，排水基本有出路的灌排体系。现有总干渠1条，长228.9km；干渠13条，总长824.9km（表1.6）；分干渠48条，总长1062km；支、斗、农、毛渠85861条，总长47324km。排水系统有总排干沟1条，长227.3km，干沟14条，总长511km（表1.7）；分干沟59条，总长925km；支、斗、农、毛沟17619条，总长12211km。各类灌排建筑物13.25万座。自2000年以来，随着河套灌区节水改造与续建配套工程的实施，截至2008年共衬砌杨家河、义和、永济等支渠以上渠道长140km，整治总干渠、总排干沟等骨干渠沟长640km。同时2007年内蒙古自治区投资完成全区田间配套建设计45.27万亩，衬砌骨干工程长27.8km，衬砌斗（干斗）渠、直农渠338条，长323.4km。

表1.6　河套灌区干渠要素特征值一览表

序号	名称	管理局	建设时间	受益区域	渠道长度/km	灌溉面积/万亩
1	总干渠	总干局	1958年	河套灌区	228.9	861.5
2	一干渠	乌兰布和局	1959～1961年	磴口县和农场	45.4	185.4
3	乌拉河干渠	解放闸局	中华人民共和国成立前	磴口县、杭锦后旗和农场	53.4	30.5
4	杨家河干渠	解放闸局	中华人民共和国成立前	杭锦后旗、乌拉特后旗	58.0	69.2

① 1亩≈666.7m^2。

续表

序号	名称	管理局	建设时间	受益区域	渠道长度/km	灌溉面积/万亩
5	黄济干渠	解放闸局	中华人民共和国成立前	杭锦后旗、临河区、乌拉特中旗	75.3	75.0
6	永济干渠	永济局	中华人民共和国成立前	临河区、五原县、乌拉特中旗	49.4	128.8
7	丰济干渠	义长局	中华人民共和国成立前	临河区、五原县、乌拉特中旗	98.7	79.3
8	皂火干渠	义长局	中华人民共和国成立前	五原县	52.0	38.9
9	沙河干渠	义长局	中华人民共和国成立前	五原县、乌拉特中旗	79.6	36.8
10	义和干渠	义长局	中华人民共和国成立前	五原县、乌拉特前旗、乌拉特中旗	81.0	53.8
11	通济干渠	义长局	中华人民共和国成立前	五原县、乌拉特前旗	67.8	50.0
12	长济干渠	乌拉特局	中华人民共和国成立前	乌拉特前旗和农场	53.5	38.7
13	塔布干渠	乌拉特局	中华人民共和国成立前	乌拉特前旗和农场	44.5	30.3
14	三湖河干渠	乌拉特局	中华人民共和国成立前	乌拉特前旗、包头市	66.3	44.8

资料来源：黄河灌溉管理总局。

表1.7　河套灌区各排干沟要素特征值一览表

序号	名称	管理局	建设年份	受益区域	渠道长度/km	排域面积/万亩
1	总排干沟	总排干局	1965	杭锦后旗、乌拉特前旗、乌拉特中旗、乌拉特后旗、临河区、五原县	227.3	1137.6
2	一排干沟	乌兰布和局	1976～1978	磴口区	16.7	8.4
3	二排干沟	乌兰布和局	1968～1971	磴口区	29.4	3.5
4	一排干沟	解放闸局	1968	磴口区、杭锦后旗和农场	19.3	26.5
5	二排干沟	解放闸局	1968～1971	磴口区、杭锦后旗	37.4	33.0
6	三排干沟	解放闸局	1989	临河区、杭锦后旗	30.0	108.6
7	四排干沟	永济局	1966～1979	临河区	57.6	76.2
8	五排干沟	永济局	1966～1978	临河区和农场	47.4	47.4
9	六排干沟	义长局	1964	五原县	46.7	50.7
10	七排干沟	义长局	1958（旧）、1992（新）	五原县	48.9	58.8
11	义通排干沟	义长局	1970	五原县	37.5	36.6

续表

序号	名称	管理局	建设年份	受益区域	渠道长度/km	排域面积/万亩
12	皂沙排干沟	义长局	1967	五原县	18.2	18.1
13	八排干沟	乌拉特局	1972	乌拉特前旗	43.4	44.3
14	九排干沟	乌拉特局	1978	乌拉特前旗	46.9	43.8
15	十排干沟	乌拉特局	1966	乌拉特前旗	31.6	29.2
合计					**738.3**	**1722.6**

资料来源：黄河灌溉管理总局。

磴口扬水灌区①横跨呼和浩特市和包头市，西起包头市九原区磴口村，东至呼和浩特市大黑河灌区，北至京包铁路，南至民族团结渠。灌区始建于1966年，设计引黄灌溉面积约116.0万亩，现状有效灌溉面积约69.9万亩。灌区渠首工程由临河式泵站和进水闸式泵站两部分组成。总干渠设计流量为50m^3/s，近年来年平均提水量为2.32×10^{8}m^3。渠系工程有总干渠1条，长18.05km；干渠4条，分别是民生渠52.6km，跃进渠59.9km，一扬干19.6km，二扬干50.6km。有哈素海水库1座，扬水站4座；土渠78.1km；建筑物138座，其中闸68座、桥41座、涵洞6座、渡槽23座。此外，灌区内的哈素海扬水灌区，位于土默特左旗境内，靠磴口扬水站经民生渠补水入哈素海，从哈素海提水灌溉。灌区东起大黑河灌区的永顺渠、西至哈素海泄洪渠、南至大黑河故道，主要供敕勒川镇、善岱镇、塔布赛乡的农田灌溉。

麻地壕扬水灌区②位于呼和浩特市南部托克托县内，由大井壕灌域、丁家夭灌域和毛不拉灌域组成。灌区西界哈素海泄洪渠，北起土默特左旗南边界、南滨黄河、东与和林县接壤。设计总灌溉面积约78.32万亩，采用泵站提黄河水的方式进行灌溉，目前已实施干、支渠共60条，配套建筑物457座（处），混凝土衬砌渠道长373.44km，已初步形成提、灌、排工程体系，灌区节水工程初具规模。

大黑河灌区，利用大黑河水和地下水灌溉。灌区东起卓资县十八台乡，西止土默特左旗北什轴乡，南与蛮汉山灌区、麻地壕扬水灌区相接，北连沿山灌区。灌区分为山丘灌区和平原灌区。平原灌区处于研究区内，由14个灌域组成，各灌域基本情况见表1.8。平原灌区总土地面积为234.30万亩，规划灌溉面积为77.68万亩，有效灌溉面积为62.98万亩。

表1.8 大黑河平原灌区基本情况表

序号	灌域名称	干渠总长度/km	主要灌溉乡镇	规划灌溉面积/万亩	有效灌溉面积/万亩
1	和合灌域	68.0	榆林镇	2.06	1.33
2	东风灌域	46.0	保合少镇、榆林镇、巴彦镇	4.48	2.20

① 资料来源：磴口扬水灌区管理局。

② 资料来源：麻地壕扬水灌区管理局。

续表

序号	灌域名称	干渠总长度/km	主要灌溉乡镇	规划灌溉面积/万亩	有效灌溉面积/万亩
3	朝阳灌域	36.5	黄合少镇	2.58	2.40
4	解放灌域	47.0	黄合少镇	2.90	1.43
5	涌丰灌域	80.5	黄合少镇、巴彦镇	4.12	3.40
6	乾通灌域	39.0	黄合少镇、金河镇、小黑河镇、沙尔沁镇、白庙子镇	15.00	13.56
7	永顺灌域	104.0	北什轴乡、塔布赛乡	12.00	11.99
8	同意灌域	20.6	金河镇、小黑河镇	1.80	0.94
9	民主灌域	11.0	小黑河镇	1.20	0.70
10	万顺灌域	29.6	小黑河镇、白庙子镇、沙尔营乡	1.26	1.10
11	六合灌域	37.2	白庙子镇、沙尔营乡、古城镇	2.48	1.60
12	义利灌域	18.0	台阁牧镇	1.10	0.46
13	济通灌域	95.0	小黑河镇、白庙子镇、台阁牧镇、北什轴乡、故城镇	12.00	8.74
14	红领巾灌域	28.6	毕克齐镇、北什轴乡、塔布赛乡	14.70	13.13
合计		661.0		77.68	62.98

资料来源：大黑河灌区管理局。

2. 水库

平原区内水库主要有二道凹水库、海流水库和哈素海水库等（表1.9）。二道凹水库位于土默特左旗沙尔沁镇二道凹村东北，什拉乌素河、干沟子、二道河三条河流汇合处，为中型平原水库。水库始建于1973年11月，坝址以上控制流域面积为225km^2，设计总库容为1157万m^3，以灌溉为主，设计灌溉面积为1.6万亩，同时兼顾林牧业的发展。海流水库位于土默特左旗北什轴乡北海流村东，为小型平原水库，水源主要来自小黑河供给的生活污水和汛期山前沟谷、五一水库下泄洪水及水库以北区域进入库区的洪水。水库1982年建成，1985年维修加固，坝址以上控制流域面积为87km^2，水库平均水深1.39m，最大库容达686万m^3，多年平均入库径流量为3112万m^3。哈素海水库依托哈素海，因修建水利工程而形成水库。

3. 山区水库和截伏流工程

河套平原周边山区共有水库40座，其中，呼和浩特市有大型水库1座、中型水库5座、小型水库17座，总库容为2.55亿m^3，有效灌溉面积为79.8万亩；包头市有中型水库2座、小型水库3座，总库容为1.18亿m^3，有效灌溉面积为15.3万亩；巴彦淖尔市有中型水库7座、小型水库4座，总库容为2.65亿m^3，有效灌溉面积为18.7万亩；鄂尔多斯市只有中型水库1座，总库容为0.11亿m^3，有效灌溉面积为0.12万亩。哈拉沁水库为大型水库，位于呼和浩特市正北约35km，始建于2002年，于2003年开始蓄水运行。坝址以上控制流域面积为621km^2。主要任务是防洪，兼顾灌溉和供水。水库校核洪水位（P=0.05%）为1452.82m，正常蓄水位为1444.35m，总库容为6730万m^3，兴利库容为1986万m^3。防洪高水位为1448m，防洪库容为983万m^3，设计最大泄洪量为402m^3/s。

表1.9　河套平原及周边山区主要大中型水库基本情况一览表

序号	水库名称	水库规模	总库容/万m^3	设计灌溉面积/万亩	所在河流	控制流域面积/km^2	所属行政区
1	哈拉沁水库	大型	6730	1.2	哈拉沁沟	621	呼和浩特市
2	哈素海水库	中型	6060	31	哈素海	1976	
3	万家沟水库	中型	2576	30	万家沟	308	
4	红领巾水库	中型	1663	7.4	水磨沟	1381	
5	二道凹水库	中型	1157	1.6	什拉乌素河	225	
6	石咀子水库	中型	2715	3.5	宝贝河	256	
7	海流水库	小型	686	—	小黑河	87	
8	昆都仑水库	中型	7850	2.0	昆都仑河	2581	包头市
9	美岱水库	中型	2039	12.8	美岱沟	896	
10	狼山水库	中型	3300	1.2	乌兰布拉格沟 迪格努勒高勒	895	巴彦淖尔市
11	德岭山水库	中型	8670	10.5	海流图河	1987	
12	韩乌拉水库	中型	1386	1.2	罕乌拉音高勒	319	
13	红格尔水库	中型	5423	1.1	敖布拉格河	1053	
14	增隆昌水库	中型	1888	1.8	乌苏图勒河	1044	
15	石哈河水库	中型	2675	1.3	石哈河	241	
16	红山口水库	中型	1280	1.2	蓿荄口子	447	
17	乌兰水库	中型	1130	0.12	卜尔嘎斯太沟	510	鄂尔多斯市

在大青山、乌拉山、狼山等山区沟谷中修建了大量的截伏流工程，主要用于饮水和农业灌溉。在呼和浩特市，从1962年开始逐步在周边山区中修建截伏流工程。20世纪60年代修建截伏流工程3个，70年代增加至7个，80年代增加至14个，90年代增加至18个，截至2010年共有20个。此外，还有村民、乡镇小企业自建的规模较小的截伏流工程10余处。

第五节　前第四纪地质概况

一、地层

河套平原内埋藏及周边出露地层主要有太古宇变质岩系，元古宇长城系、蓟县系、青白口系，中生界白垩系、侏罗系，以及新生界古近系、新近系、第四系。局部有不同时代的岩浆岩。

（一）太古宇

兴和岩群（Ar_1x）和集宁岩群（Ar_2j）：出露于平原的东南山区。兴和岩群为角闪岩相-麻粒岩相的高级变质岩系，岩石类型包括夕线石榴片麻岩系、二辉斜长麻粒岩系及透辉斜长变粒岩等，其原岩为中基性火山岩-富铝沉积碎屑岩、泥岩和碳酸岩等。集宁岩群为石榴浅粒岩、夕线石榴钾长片麻岩、大理岩等。

乌拉山岩群（Ar_2w）：主要出露于平原以北的乌拉山至大青山一带，岩性为片麻岩、角闪岩，夹变粒岩、磁铁石英岩、大理岩、石英岩等。在包头麻池一带及其地面10m以下，岩性主要为灰黑色黑云角闪斜长片麻岩和肉红色花岗质片麻岩相间出现。

（二）元古宇

长城系（Chc）：出露于狼山、大青山，岩性为暗色板岩，夹变质砂岩、透辉石大理岩、黑云母石英片岩等。

蓟县系（Jx）：主要分布在狼山、大青山，岩性为板岩、变质砂岩、泥灰岩等。

青白口系（Qb）：主要分布在狼山、大青山，岩性为灰岩、钙质粉砂岩、石英岩、钙质板岩等。

（三）中生界

上侏罗统（J_3）：分布在大青山、乌拉山和狼山，呈盖层覆盖在老地质体之上；在呼和浩特市东保合少乡，埋深为60~80m。岩性主要为厚层状灰色砂岩和黄色砂砾岩互层夹炭质页岩。被古近系、新近系上新统不整合覆盖。

下白垩统（K_1）：出露于大青山、狼山山前与鄂尔多斯台地北缘，深埋于河套盆地中。据山前出露以及和林格尔县-托克托县一带钻孔揭露，岩性主要为灰、灰白色含砾粗砂岩、钙质石英长石砂岩与粉砂岩互层，灰紫色含砾粗砂岩与紫红色砂岩、粉砂岩互层，紫红色粗砂岩、细砂岩。

（四）新生界

古近系始新统乌拉特组（E_2w）：埋藏于盆地内，为一套胶结致密的深色沉积岩，底部为棕色块状砾岩、砾状砂岩；中上部为棕红、紫红、灰绿色粉细砂岩与泥岩不等厚互层，夹白云质灰岩或白云岩。

古近系渐新统临河组（E_3l）：埋藏于盆地内，为一套胶结致密的暗色碎屑岩，由灰绿、深灰、灰黑色泥岩夹粉细砂岩组成，夹浅灰色白云岩及次生石膏。

新近系中新统五原组（N_1w）：埋藏于盆地内，为一套胶结较紧密的杂色碎屑岩，以紫褐、灰绿、蓝灰、深灰色泥岩为主，粉细砂岩次之，夹薄层泥灰岩及鲕状灰岩，普遍含黄铁矿结核、硬石膏斑块及生物碎屑。在呼包盆地东南和林格尔县盛乐镇一带山前出露一套灰黑色玄武岩夹棕红、紫红色泥岩、砂岩，局部埋藏于山前平原中。

新近系上新统乌兰图克组（N_2wl）：埋藏于盆地内，偶见于盆地边缘。岩性为一套胶结疏松的棕红色碎屑岩组合，岩性以棕红、棕褐色泥岩与灰黄、浅灰色粉细砂岩互层，偶夹薄层泥灰岩和薄层砾岩，普遍含石膏。

二、岩浆岩

岩浆岩主要见于盆地周边山地，如北部、东南部山区与和林格尔县东部一带，为古、新太古代变质深成侵入岩，岩性为黑云母花岗岩、黑云榴石花岗岩、黑云榴石二长花岗岩、黑云榴石斜长花岗岩和钾长花岗岩，古生代、中生代侵入岩的主要岩性为二长花岗岩、黑云母花岗岩、钾长花岗岩等。此外，还分布有侏罗纪安山岩（乌素图镇等地），以及中新世玄武岩（和林格尔县以东地区）。

三、构造

（一）主要构造形迹

河套平原是中新生代大型断陷盆地，地处鄂尔多斯台拗（I_4）北部。北联狼山-白云鄂博台缘拗陷（I_5）与内蒙台隆（I_2），西接阿拉善台隆（I_1）及东距山西台隆（I_6）（图1.5）。盆地南北宽40～80km，东西长约440km。盆地周缘受断裂（带）控制，其西界为狼山山前断裂带（F_1），东界是托克托-和林格尔断裂带（F_9），南界为鄂尔多斯北缘断裂带（F_{10}）以及北界为色尔腾山山前断裂带（F_2）、乌拉山北缘断裂带（F_3）与大青山山前断裂带（F_7）（图1.6）。河套周边断裂带主要表现为阶梯状正断层。现将各主要断裂（带）的空间分布特征、形成与活动特征分述如下。

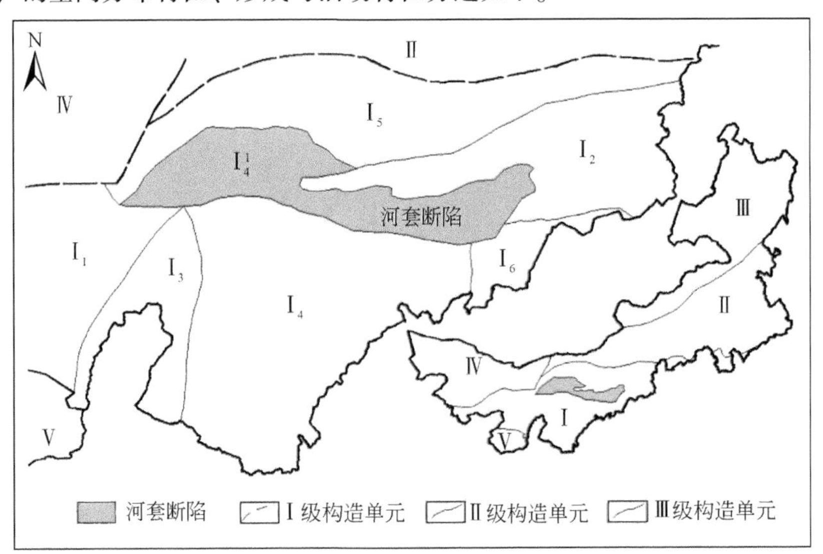

图1.5　河套盆地大地构造单元位置图

Ⅰ. 华北地台；I_1. 阿拉善台隆；I_2. 内蒙台隆；I_3. 鄂尔多斯台缘拗陷；I_4. 鄂尔多斯台拗；I_5. 狼山-白云鄂博台缘拗陷；I_6. 山西台隆；Ⅱ. 内蒙古中部地槽褶皱系；Ⅲ. 兴安地槽褶皱系；Ⅳ. 天山地槽褶皱系；Ⅴ. 祁连加里东地槽褶皱系

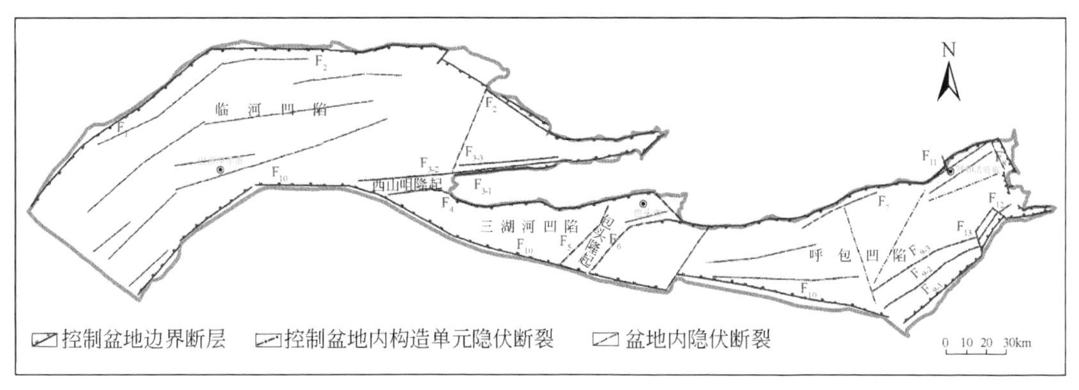

图 1.6　河套平原构造分布图

F_1. 狼山山前断裂带；F_2. 色尔腾山山前断裂带；$F_{3\text{-}1}$ ~ $F_{3\text{-}3}$. 乌拉山北缘断裂带第一—第三断裂；F_4. 乌拉山南缘断裂带；F_5. 包头西缘断裂带；F_6. 兰阿断裂；F_7. 大青山山前断裂带；F_8. 奎素沟断裂；$F_{9\text{-}1}$ ~ $F_{9\text{-}3}$. 托克托-和林格尔断裂带第一—第三断裂；F_{10}. 鄂尔多斯北缘断裂带；F_{11}. 乌图素沟断裂；F_{12}. 公喇叭断裂；F_{13}. 土城子断裂

1. 狼山山前断裂带（F_1）

狼山山前断裂带沿狼山山麓阶地前缘分布，是控制河套断陷带临河次级盆地的西北边界断裂。断裂带全长约 160km；总体走向 NE55°，倾向东南，倾角为 60° ~ 70°，为一高角度阶梯状分布的正断层。该断裂带最早形成于侏罗纪末，当时为逆断层。喜马拉雅运动期由于构造应力场的变化，在北西-东南向拉伸作用下，断裂性质转为张性。

2. 色尔腾山山前断裂带（F_2）

色尔腾山山前断裂带控制着河套盆地临河凹陷的北界，西起狼山口，呈近东西向，到乌不浪口之后，转向东南延伸至台梁附近，全长约 150km。总体走向近东西，约南倾，倾角为 55° ~ 70°。晚侏罗世—早白垩世，在南北向挤压作用下，该断裂形成了近南北向挤压破碎带。始新世以后，受到北西-南东向拉伸作用，断层在山前表现为一系列阶梯状正断层，以垂直差异运动为主。

3. 乌拉山南缘断裂带（F_4）

乌拉山南缘断裂带是河套断陷带中部三湖河次级盆地的主控断裂，总体近东西走向，全长 110km。该断裂展布于乌拉山南麓，东起包头市昆都仑召一带，向西经哈业胡同镇北、白彦花镇、公庙子北，至乌拉山镇西南部隐伏于平原中。该断裂在剖面上由一系列南倾的阶梯状正断层组成，向深部倾角变缓呈铲形。该断裂带北侧为乌拉山隆起，其南侧三湖河凹陷渐新世以来持续沉降，最大沉降带紧靠乌拉山南缘断裂带分布，接受了巨厚的新生代沉积物，新生界累计厚度逾 5000m，其中第四系厚约 2000m。

4. 大青山山前断裂带（F_7）

大青山山前断裂带为大青山山地与呼包凹陷的分界线，西起包头东河一带，向东至呼和浩特以东奎素村一带，全长约 200km。总体走向北东东，倾向南，倾角为50°~70°。剖面上表现为阶梯状正断层。大青山山前断裂带形成于燕山运动早期，侏罗纪时为一条近东西向的右旋逆倾滑断裂；早白垩世时，转为拱张正断层，仍具右旋性质；进入新生代，区域应力场发生重大变化，断裂转变为拉张正断层，表现为南降北升的垂直运动。

5. 托克托-和林格尔断裂带（F_9）

托克托-和林格尔断裂带大体沿河套断陷盆地东南界分布。由三条北东向阶梯状断裂组成。断裂西起托克托县，向东至盛乐镇一带，长约 100km，总体走向北东，倾向北西，倾角为 60°~70°，属张性断裂。据和林格尔地区的地质资料，该断裂带错断中新世所夹的玄武岩地层，推定和林格尔断裂最早形成于中新世末至上新世早期。

6. 鄂尔多斯北缘断裂带（F_{10}）

鄂尔多斯北缘断裂带为河套断陷盆地与鄂尔多斯台地边界。全长约 340km，走向东西，倾向北，倾角约 78°，断距西段较大，为 1500~2000m，向东逐渐减小。该断裂控制河套平原的南界。鄂尔多斯北缘断裂带为形成于中新世末的正断层，其活动强度及所造成的地貌差异，远逊于河套断陷北侧的断裂带。

（二）河套盆地构造发展史

河套盆地属中新生代断陷盆地，经历了两个不同的构造发展过程。

中生代时期，河套地区早期遭受剥蚀。晚侏罗世末期，由于燕山运动，南北向强烈的挤压作用，导致地壳表层形成一系列近东西向的褶皱和逆冲断层。在狼山、色尔腾山、乌拉山和大青山南麓，逆冲断层发育，规模宏大，均向北逆冲。强烈的构造运动在大青山南麓乌素图及盆地内等地造成火山喷发与地表形变，局部形成安山岩与紫红色粗碎屑建造。白垩纪早期，河套地区构造格局发生了明显的变化，在盆地北缘形成了一系列断裂，区内从隆起转变为沉降，开始接受河湖相沉积；沉积地层自南向北超覆，与鄂尔多斯古湖盆相连。早白垩世末期，发生了燕山运动最后一幕，狼山南麓可见海西期花岗岩或变质岩系逆冲于白垩系砂砾岩之上。河套地区沉积间断，再次隆起遭受剥蚀。

新生代时期，古新世时段，河套地区仍处于剥蚀阶段。始新世以后，喜马拉雅运动强烈影响本区，河套地区受到北西-南东向的拉伸作用，开始形成了现代河套断陷盆地的雏形。此后，由于断裂差异性活动，盆地沉降强烈区形成了巨厚的古近系、新近系；沉降较弱区沉积地层则较薄（相对隆起区），基本上形成了盆地内“三凹两隆”的次级构造分区。由于大青山、乌拉山、色尔腾山与狼山山前断裂活动强烈，盆地呈现北断南超的构造格局，与北厚南薄的箕状结构。渐新世以来，在断裂差异性运动过程中河套断陷盆地内堆积了巨厚的新生代地层（图 1.7）。

（三）新构造运动特征

上新世以来，河套盆地断陷作用加强，开始快速沉积，断陷范围和沉降幅度达到最大。本节讨论的新构造运动为河套盆地上新世以来的构造运动。

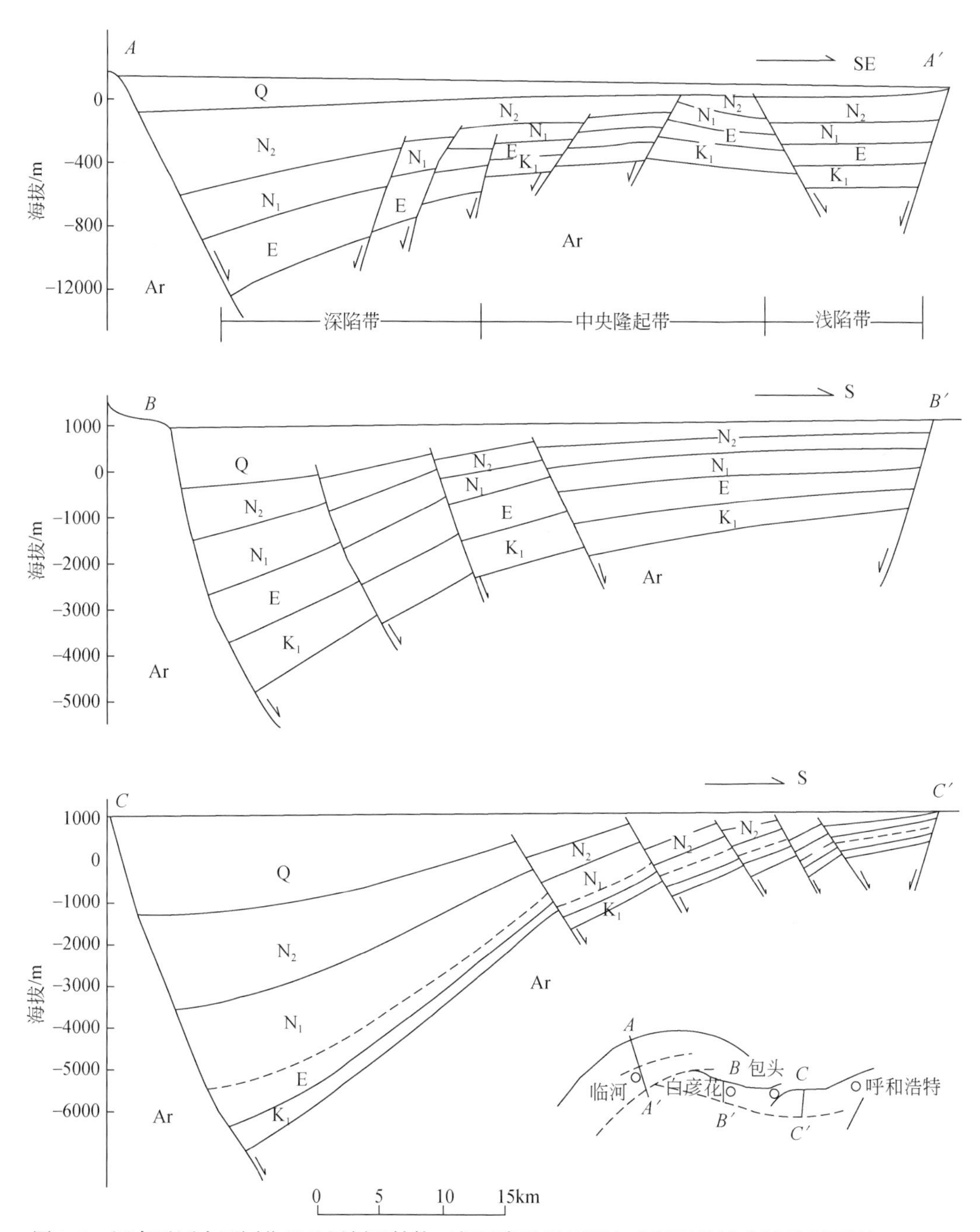

图 1.7　河套平原内不同位置地层剖面结构（据国家地震局鄂尔多斯周缘活动断裂系课题组，1988）

第四纪时期，河套盆地继承上新世的断陷作用，并加快了盆地的沉降幅度和沉积范围（表 1.10）。

表 1.10　新生代地层最大厚度与沉积速率一览表

地质时代	临河凹陷		三湖河凹陷		呼包凹陷	
	厚度 /m	沉积速率 /(mm/a)	厚度 /m	沉积速率 /(mm/a)	厚度 /m	沉积速率 /(mm/a)
第四纪（Q）	2000	0.78	1300	0.50	1600	0.62
上新世（N_2）	6000	2.14	900	0.32	1800	0.64
中新世（N_1）	3800	0.20	1200	0.06	2300	0.12
渐新世（E_3）	2600	0.20	1000	0.08	1000	0.08
新生代（Kz）	14400	0.22	4400	0.07	6700	0.10

注：据国家地震局鄂尔多斯周缘活动断裂系课题组，1988，修编。

1. 断裂构造特征

河套断陷带周边主要发育正断层，局部见张扭性正断层，主要显示左旋扭动特征。从断陷盆地边界断裂及其所控制的凸起、凹陷宏观布局均作左行斜列，断陷带中最大沉降地段位于狼山山前和包头凸起东南侧，以及受北东向的断裂控制，显示断陷带两侧的阴山块体与鄂尔多斯块体相对作左旋拉张运动。

近年来的研究表明，河套断陷盆地新构造运动十分活跃，它具有鄂尔多斯周缘最强的断裂垂直差异运动，具有最大的盆地沉降与山地上升幅度的比值，具有最强的地壳伸展率，以伴有大断裂的垂直差异运动为主要特征。

2. 断裂垂直差异活动强烈

河套平原周缘边界的断裂活动都很强烈，普遍错断了第四系，断层表现为一系列阶梯状正断层，以垂直差异运动为主。盆地北部边界断裂带较盆地南部鄂尔多斯北缘断裂带活动强烈，因此阴山山地相对抬升，河套断陷带则不断沉降，断裂两盘相对活动的垂直差异幅度可达 6 ~ 16km，表明断裂带垂直差异运动是十分强烈的。除了盆地边界断裂外，盆地内部也分布有不少隐伏断裂（如乌拉山北缘断裂带西延伸至盆地内部的西山咀潜山构造隆起，以及包头西缘断裂带与兰阿断裂所挟持的包头潜山构造隆起），在垂直差异活动的作用下，形成了河套平原“三凹两隆”的内部结构。

3. 新构造与第四纪沉积演化

河套断陷各边界断裂带的活动性较为强烈，断裂带普遍错断了第四系，明显的地貌标志和构造标志沿断裂带均可见到。断裂活动仍保持晚新近纪以来的特点，外围山地缓慢抬升，断陷盆地不断沉降。但随着时间的推移，山前断裂带活动重心有向盆地方向迁移的特点，以至于在狼山与色尔腾山的一些地点，新近纪地层已构成上升山区的一部分，而在各处山前晚更新世湖河相地层台地已位于第四纪活动断裂的北面，并抬升到一定高度之上。断陷带的沉降中心始终在临河凹陷，沉积厚度达 2000m，三湖河凹陷和呼和凹陷厚度亦较大，分别为 1300m 和 1600m，最大沉积厚度沿北部边界断裂分布，仍为北深南浅的箕状断陷盆地。

第二章　第四纪地质特征及沉积环境演化

第一节　调查与研究方法

在充分收集和分析河套平原第四纪地质研究成果基础上，采用野外调查与室内样品测试等技术手段，以及地貌学、地层学、年代学、气候学、岩相古地理学等研究方法，对河套平原第四纪地质与沉积环境演化开展了系统的调查研究。

一、钻孔资料编研

以“内蒙古巴盟河套平原土壤盐渍化水文地质条件及其改良途径的研究（1982年）”和“内蒙古呼包平原水文地质工程地质环境地质综合勘察（1985年）”项目钻孔资料为主，对收集到的1100多个钻孔（总进尺139000m）记录的地层的岩性、颜色、厚度等进行详细的编研和岩石地层对比。此外，还收集利用了13个揭穿第四纪地层的地热钻孔和石油钻孔（表2.1），作为第四系底界划分的重要依据。

表2.1　钻孔基本情况一览表

序号	钻孔编号	钻孔位置	孔深/m	第四系厚度/m	备注
1	BT1	包头市麻池镇南	1511	1108	本次实施
2	临深1	巴彦淖尔市乌兰图克镇	3679.7	1010	石油井
3	临深2	巴彦淖尔市民族乡	3812.5	912	石油井
4	临深3	巴彦淖尔市八岱乡	4010	956	石油井
5	临深5	巴彦淖尔市五原县巴彦套海镇	3796	550	石油井
6	临3	巴彦淖尔市乌拉特前旗新安镇	1171.1	246.5	石油井
7	LR1	巴彦淖尔市临河区	2012	958	地热井
8	HR1	呼和浩特市地勘局院内	3005	230	地热井
9	HR2	呼和浩特市国土资源厅院内	3252.3	528	地热井
10	HR3	呼和浩特市土默特左旗哈素海北	3368.95	1266	地热井
11	HR4	呼和浩特市回民区金川彩虹大桥东南	2503	288	地热井
12	毕探1	呼和浩特市土默特左旗兵州亥乡小里堡南	3610	600	石油井
13	呼参1	呼和浩特市土默特左旗儿梁乡丁字壕村北	4293	1414	石油井

二、地层剖面测量与钻探

在典型露头上实测了四条露头剖面。本着一孔多用的原则，对实施的 20 个水文地质钻孔采用专门的取心钻机进行钻探，并按第四系调查的要求进行了详细编录和高精度的样品采集。同时，实施了专门的第四系标准钻孔（BT1），建立河套平原第四纪地层序列标准剖面。

利用钻孔岩心和露头剖面系统地采集了古地磁、光释光测年（optical stimulated luminescence，OSL）、^{14}C 测年、电子回旋共振（electron spin resonance，ESR）测年、孢粉、微体古生物、粒度等样品。

三、物探

为探明河套平原第四系空间分布特征，尤其是平原深覆盖区尚未钻遇到第四系底部，部署了 24 条物探剖面（图 2.1）。采用大地电磁测深法，以第四系底界作为探测控制深度开展了物探剖面调查。据其反演的电性结构面，结合地热、石油钻孔地质编录与测井数据，框定第四系厚度与“三凹两隆”的盆地构架。

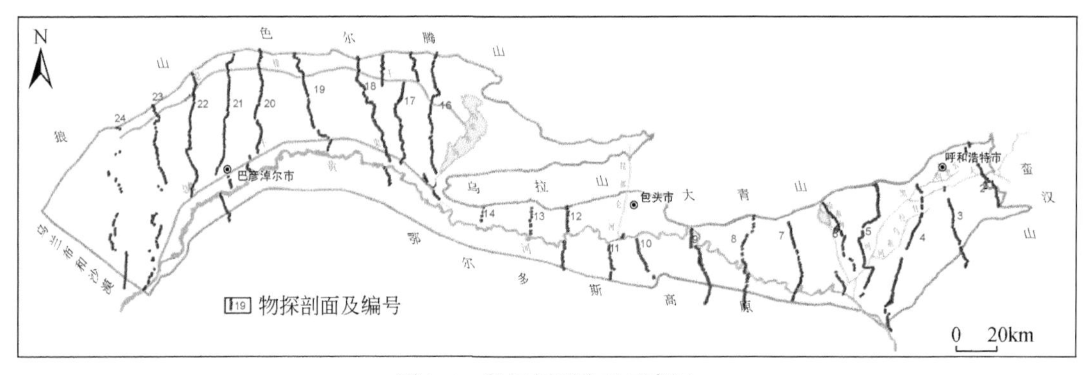

图 2.1　物探剖面位置示意图

四、地质结构综合研究

综合研究确立了区域第四纪岩石地层对比标志，绘制、修编了穿越研究区的 49 条第四纪地质剖面，基本上查明了平原内钻遇第四纪地层时空分布特征，及其岩性、岩相变化规律。

依据系统的测年（OSL 与古地磁）、古气候（孢粉）、古生物（微体）等测试数据与物探测井资料，开展了河套平原第四纪岩石地层学、年代地层学、气候地层学、沉积古地理学等第四纪地质与沉积环境综合研究，并以 BT1 标准孔为代表，建立了河套平原第四纪地层序列标准剖面。

第二节　岩 石 地 层

一、研究历史与划分依据

（一）研究历史

河套平原第四系广泛发育，成因类型多样，为黄河流域上游地区的一个重要代表性地区。自20世纪50年代以来，先后有包头水文地质环境观测总站①②、内蒙古水文地质队③、内蒙古第一区调队④、内蒙古水文地质工程地质队⑤，内蒙古自治区地质矿产局（1991）、内蒙古第一区域地质研究院⑥、邓金宪等（2007）及李建彪等（2007）对该区第四纪地层进行过划分工作（表2.2）。

目前，河套平原第四纪地层划分方案具有三个特征：①河套平原地层划分主要依托于水文地质工作开展，而水文地质钻探涉及地层深度主要在200～300m，所揭露的第四纪地层主要集中在全新统、上更新统；研究区东部（呼包平原）少数水文钻孔可钻遇到中更新统下部地层、后套平原较少揭穿中更新统上部地层。地热、石油地震钻孔虽可揭穿河套平原第四系底界，但未取得岩心实物资料。因此，河套平原（中）下更新统地层划分还缺乏系统的认识。②河套平原第四纪地层划分参考标准主要以岩石地层特征为主，较少有可靠、翔实的年代地层，以及气候、生物地层佐证；仅邓金宪等（2007）与李建彪等（2007）分别对河套平原东部包头市、呼和浩特市两个地区的第四系岩石地层、年代地层、磁性地层与生物地层开展了区域地层对比研究工作，尝试建立了新的更新统地层内部组名。③河套平原第四纪地层划分工作主要集中在东部的呼包平原，并且地层剖面是零星和不完整的，较少涉及完整的第四纪各时期，全盆地尚未有统一的第四纪地层划分方案。

（二）本次研究方法与划分依据

1. 研究方法

运用岩石地层学方法，划分剖面沉积物的颜色、岩性、结构构造、岩相组合、接触关系、生物遗迹、风化程度、厚度以及沉积旋回特征，确立岩石地层剖面序列。在多剖面综

① 包头水文地质环境观测总站，1956～1962，包头市新旧市地下水动态报告。
② 包头水文地质环境观测总站，1984，包头市地下质量评价。
③ 内蒙古水文地质队，1982，内蒙古巴盟河套平原土壤盐渍化水文地质条件及其改良途径的研究。
④ 内蒙古第一区调队，1984，包头市幅K-49-(32)、土默特右旗幅K-49-(33)区域地质调查报告。
⑤ 内蒙古水文地质工程地质队，1985，内蒙古呼包平原水文地质工程地质环境地质综合勘察。
⑥ 内蒙古第一区域地质研究院，1993，包头市城市(六幅联测)1∶5万区域地质调查报告。

表 2.2　河套平原（地区）第四纪地层划分沿革表

<table>
<tr><th>时代</th><th>包头水文地质环境观测总站①</th><th>内蒙古水文地质队②</th><th>包头水文地质环境观测总站③</th><th>内蒙古第一区调队④</th><th>内蒙古水文地质工程地质队⑤</th><th>内蒙古自治区地质矿产局（1991）</th><th>内蒙古第一区域地质研究院⑥</th><th colspan="2">邓金宪等（2007）</th><th>李建彪等（2007）</th></tr>
<tr><td>Qh^3</td><td rowspan="3">砂砾石层</td><td rowspan="3">冲积为主的冲湖积、湖沼堆积物</td><td rowspan="3">砂砾石层</td><td rowspan="3">冲洪积砂砾石层、黏土层、湖积黑色黏土夹泥炭层、冲积细砂层夹细砾石层、风成粉细砂层</td><td rowspan="2">近山麓以砂砾石为主，平原为粉细砂夹砂砾石，以现代河流堆积为主</td><td rowspan="3">洪积层、风积层、冲积层、湖积层、冲洪积层、冲湖积层</td><td>人工堆积、冲积、洪积、湖积、残坡积</td><td colspan="2">滴哨沟湾组</td><td rowspan="3">冲洪积</td></tr>
<tr><td>Qh^2</td><td>沼泽堆积、冲积、洪积、河湖堆积</td><td colspan="2" rowspan="2">大沟湾组</td></tr>
<tr><td>Qh^1</td><td rowspan="8">近山麓为砂砾卵石夹中粗砂，向平原逐渐变细，为湖沼堆积砂、黏土、淤泥质黏土及有机质</td><td>古城湾组</td></tr>
<tr><td rowspan="5">Qp_3^3</td><td rowspan="5">砂砾石层</td><td rowspan="7">上部为冲湖积，山前以冲洪积–湖积相为主，下部以湖积相砂层为主</td><td rowspan="7">砂砾石层</td><td rowspan="8">粉砂土层，下部夹泥质结核及透镜体，下部夹黑色淤泥</td><td rowspan="7">湖积层</td><td>呼鲁斯太组</td><td rowspan="5">马兰黄土</td><td rowspan="5">城川组</td><td rowspan="5">城川组</td></tr>
<tr><td>马兰黄土</td></tr>
<tr><td>色气湾组</td></tr>
<tr><td>壕赖沟组</td></tr>
<tr><td>西脑包组</td></tr>
<tr><td>Qp_3^2</td><td rowspan="2">黑城淤泥层</td><td>冲积+湖积</td><td colspan="2" rowspan="2">萨拉乌苏组</td><td rowspan="2">萨拉乌苏组</td></tr>
<tr><td>Qp_3^1</td><td>冲积+湖积</td></tr>
<tr><td>Qp_2^2</td><td rowspan="3">黄绿色黏性土、砂砾石</td><td>湖相层，下部为深水湖积层，上部为静水湖积层</td><td>淤泥、砂砾石层</td><td>盆地边缘为冲洪积–湖积砂砾石夹粉砂；盆地内湖积粉砂质淤泥、淤泥质粉砂夹粉细砂薄层，夹 1～4 层芒硝薄层</td><td rowspan="2">湖积层</td><td rowspan="2">冲积+湖积</td><td colspan="2" rowspan="2">离石黄土（上部）</td><td>沟子板组上段</td></tr>
<tr><td>Qp_2^1</td><td></td><td>黏性土及砂砾石层</td><td>山麓相钙质胶结碎屑岩，呈陡坎景观</td><td>盆边以冲洪积砂砾石为主，盆地内以湖积淤泥质黏砂土为主</td><td>沟子板组下段</td></tr>
<tr><td>Qp_1</td><td>湖相层</td><td></td><td></td><td>仅揭露于盆地东缘冲洪积</td><td>湖积层</td><td></td><td colspan="2"></td><td></td></tr>
</table>

①包头水文地质环境观测总站，1956～1962，包头市新旧市地下水动态报告；②内蒙古水文地质队，1982，内蒙古巴盟河套平原土壤盐渍化水文地质条件及其改良途径的研究；③包头水文地质环境观测总站，1984，包头市地下质量评价；④内蒙古第一区调队，1984，包头市幅 K-49-(32)、土默特右旗幅 K-49-(33) 区域地质调查报告；⑤内蒙古水文地质工程地质队，1985，内蒙古呼包平原水文地质工程地质环境地质综合勘察；⑥内蒙古第一区域地质研究院，1993，包头市城市（六幅联测）1∶5 万区域地质调查报告。

合研究基础上，建立岩石地层划分对比标志，结合各类测年、生物、气候变化等依据，进行第四纪岩石地层单位划分。

2. 岩石地层划分的依据

1）颜色标志

上更新统—全新统（$Q_{3\text{-}4}$）：以灰黄、棕黄色为主（盆地沉积中心局部夹灰褐色）；中更新统（Q_2）：上部（Q_2^2）以灰黑、灰、青灰色为主（盆地沉积中心以灰黑、青灰色为主），下部（Q_2^1）以棕黄、灰、灰褐色为主（盆地沉积中心以灰褐色为主）；下更新统（Q_1）：以红棕、灰褐、棕黄色为主（盆地沉积中心以灰褐色为主）。

新近系上新统（N_2）：以砖红、棕红色为主。

2）岩性组合序列

山前地带第四系多为砾石、砂砾、砂等粗、中碎屑建造；平原内第四系受各时代沉积环境控制，岩性组合具较明显的差别，其地层序列由上而下特征如下。

（1）上更新统—全新统（$Q_{3\text{-}4}$）：以粉细、中细砂，夹黏土质粉砂为主。

（2）中更新统（Q_2）：上部（Q_2^2）淤泥、淤泥质黏土、淤泥质砂，粉砂质黏土，局部夹砂层；下部（Q_2^1）中细、中粗砂与黏土质粉砂、粉砂质黏土、淤泥质黏土互层。

（3）下更新统（Q_1）：据钻孔资料，盆地边缘岩性组合为砂质黏土夹粉细砂、砂砾石层；平原内多为粉细砂、中细砂与黏土质粉砂、黏土互层。

（4）新近系上新统（N_2）：红黏土（泥岩）。

3）特殊层标志

淤泥、淤泥质层：分布较广泛，其中厚大、连续、分布广的“淤泥质黏性土层”（淤泥质砂质黏土-亚黏土、黏质砂土-亚砂土、黏土、淤泥、淤砂）主要发育于中更新世晚期，可作为河套平原中更新统上部的岩石地层划分标志。

芒硝化学沉积：在平原内分布较广，主要赋存于呼包凹陷中西部的中更新统上部，为这一区域的岩石地层划分的重要标志之一。

4）接触关系

河套平原第四系多为连续沉积，仅在盆地边缘露头剖面可见上更新统与中更新统间为侵蚀间断。在平原内相对隆起地层区的局部地带，第四系中下部多缺失，并与前第四纪基岩呈不整合接触。另据哈素海等盆地边缘带深孔（HR3）资料，Q-N 界线为平行不整合接触；平原内部 Q-N 间多为连续沉积（BT1）。

二、河套平原第四纪岩石地层特征

（一）分区岩石地层特征

河套平原具有“三凹两隆”的地质构造空间格局（国家地震局鄂尔多斯周缘活动断裂系课题组，1988；图 1.6），其构造格局基本上控制了第四系沉积层序的地层格架、沉积（相）模式以及沉积体系的空间展布等。因此，根据河套平原第四系沉积体系的内部结构、构造界面、岩性、岩相等综合因素，将其划分为五个岩石地层分区，即临河凹陷地层区、西山咀隆起地层区、三湖河凹陷地层区、包头隆起地层区和呼包凹陷地层区。现分述如下：

1. 临河凹陷地层区

1）地质概况

临河凹陷地层区位于狼山－色尔腾山以南，鄂尔多斯台地北缘与乌拉山北缘断裂带（F_3）以北，面积约 1.62 万 km^2。该凹陷内第四系主要由冲湖积灰黄、灰、深灰、灰绿色粉砂质黏土与黏土质粉砂、粉砂、粉细砂互层构成，总体呈北厚南薄的分布规律（图 2.2）。山前地带岩性主要由冲洪积砂砾石、砾石组成。该凹陷区南部 LR1 与临深 1、临深 2、临深 3、临深 4、临深 5 孔等揭露地层表明，第四系与下伏的新近系上新统浅棕红色泥岩为平行不整合接触。据物探测量资料，区内第四系厚度一般在 500 ~ 1200m，沉降中心厚度可达 1600 ~ 2000m。

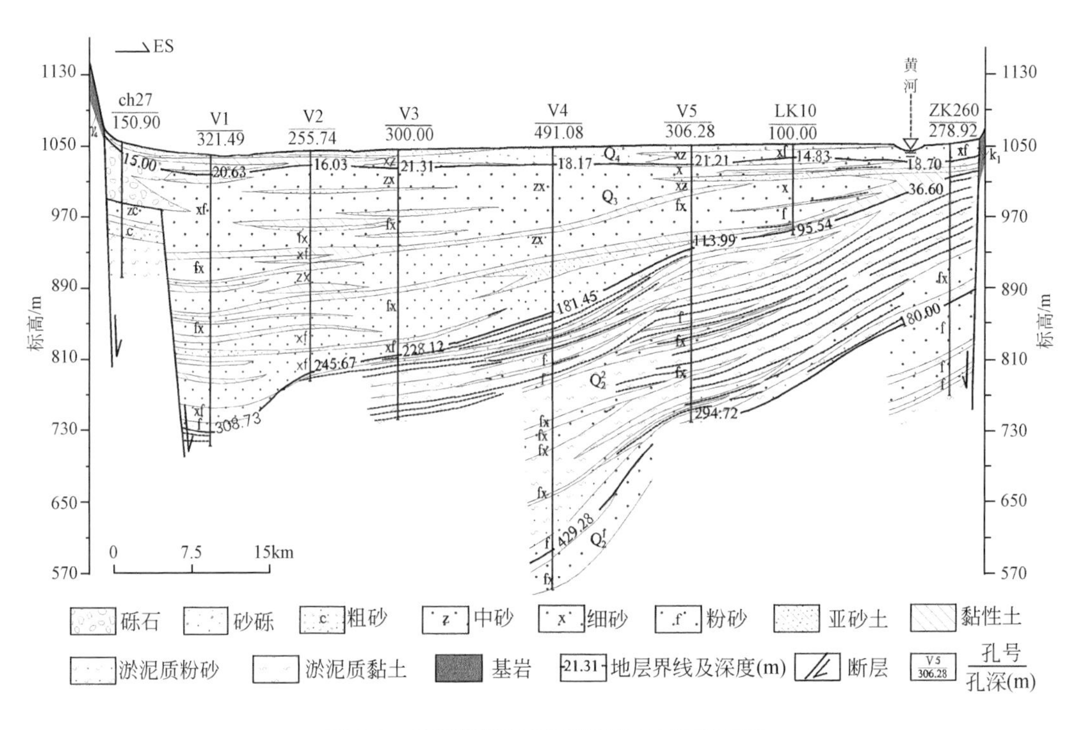

图 2.2　临河凹陷地层区第四纪地质剖面图

2）岩性特征

全新统（Q_4）：在狼山、色尔腾山与佘太盆地周边山前地带呈扇状分布，岩性主要为洪积、冲洪积灰黄色砾石、砂砾石，厚 0 ~ 45m。盆地内主要有以冲积为主的冲湖积灰黄、浅棕黄色粉细砂、中细砂，粉砂质黏土、黏土质粉砂，局部黏土质粉砂、粉砂质黏土夹层较多，呈下粗上细的粒序特征，厚 10 ~ 50m。

上更新统（Q_3）：山前地带的岩性为冲洪积灰黄色砾石、砂砾石夹砂层，厚 20 ~ 47m。

盆地内岩性主要为冲积、冲湖积灰黄色粉细砂、中细砂，夹灰黄色黏土质粉砂、粉砂质黏土薄层。在狼山–色尔腾山山前的沉降中心及佘太盆地腹地，上更新统岩性为河湖交互相的灰黄色黏土质粉砂、粉砂质黏土与粉细砂、中细砂互层。乌梁素海西北等地的湖沼相黏土、粉砂质黏土与淤泥质黏土较为发育。总厚 20 ~ 260m。

中更新统（Q_2）：上部地层（Q_2^2）山前地带冲洪积砂砾石不甚发育，多夹砂、灰色淤泥质黏土层，厚 20 ~ 60m；盆地内广泛发育湖冲积灰、灰黑色淤泥、淤泥质黏土、淤泥质粉砂和淤泥质粉细砂，局部夹灰、灰黄色粉砂、细砂层，灰、灰黄、浅棕红色黏土、粉砂质黏土、黏土，厚度大于 100m。下部地层（Q_2^1）在山前及佘太盆地周边山前地带岩性主要为冲洪积灰黄、棕黄色砂砾石、砾石层，夹砂层，揭露厚度为 56m；盆地内岩性为冲湖积灰黄、浅灰色粉细砂与黏土质粉砂互层，局部夹灰色淤泥、淤泥质粉细砂，见植物残骸，厚度大于 120m。

下更新统（Q_1）：由南向北下更新统厚度渐增。据临深 1、临深 2、临深 3、临深 5、LR1 等钻孔揭露，南部岩性上部为冲湖积灰、浅灰、灰黄色黏土、砂质黏土与粉砂互层，夹灰黑色淤泥质黏土；下部为灰黄、浅灰色粉细砂、黏土质粉砂与黏土、粉砂质黏土互层，厚度大于 640m。

2. 西山咀隆起地层区

1）地质概况

西山咀隆起地层区位于乌拉山北缘断裂带（F_3）与乌拉山南缘断裂带（F_4）之间，为近东西展布的狭长地段，总面积约 520km^2。该区地处相对隆升带，第四系东薄西厚，受断裂影响，局部地层缺失，使上更新统或全新统超覆于新近系之上，为不整合接触(图 2.3)。据物探测量资料，区内第四系厚 50 ~ 120m。

2）岩性特征

上更新统—全新统（Q_{3-4}）：该区东部西山咀台地露头剖面揭露岩性为冲洪积–坡洪积灰褐色砂砾石，呈棱角、次棱角状，分选差，中部夹有灰黄色黏土质粉砂，局部上覆次生黄土状黏土质粉砂，厚 4. 5 ~ 10m。该区东部浅覆盖区岩性主要为冲湖积灰黄、土黄色粉细砂、粉砂、黏土质粉砂、黏土，钻孔揭露厚度约 21m。该区西部平原较深覆盖区岩性为以冲积为主的冲湖积灰黄、浅灰黄色粉细砂、中细砂、粉砂、砂质黏土、黏土，局部含螺类化石，厚 14 ~ 33m。

中更新统（Q_2）：西山咀台地露头剖面揭露该区东部上部地层（Q_2^2）岩性为以湖积为主的湖冲积灰褐、灰绿色粉砂质黏土、黏土质粉砂，夹粉细砂薄层，厚约 30m；下部地层（Q_2^1）仅出露极薄的灰褐、灰黑色砾石层。西部平原较深覆盖区上部地层（Q_2^2）岩性为以湖沼沉积为主的冲湖积灰、灰黄色淤泥质黏土、淤泥质砂黏土、黏土，厚度大于 41. 05m；下部地层（Q_2^1）岩性主要为冲湖积黄、灰黄色黏土与灰黄色粉砂、粉细砂互层，见大蚌壳化石碎片，揭露厚度 44. 71m，未见底。

尚未揭遇下更新统。

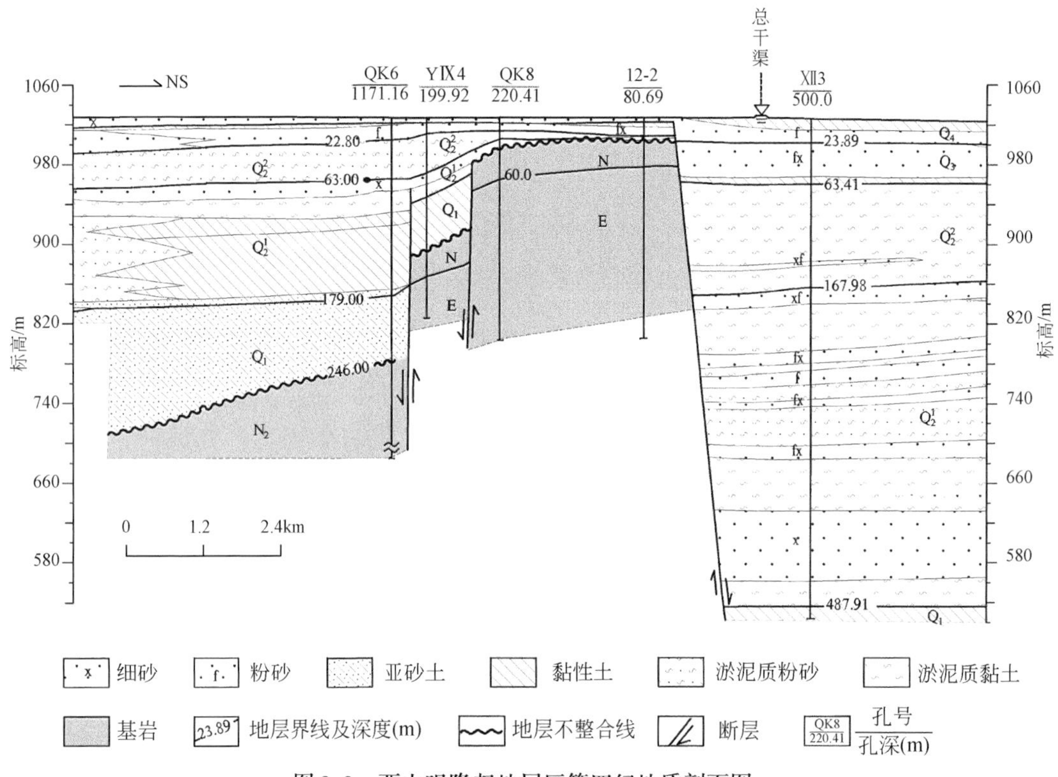

图 2.3　西山咀隆起地层区第四纪地质剖面图

3. 三湖河凹陷地层区

1）地质概况

三湖河凹陷地层区位于乌拉山南缘断裂带（F_4）以南（东），包头西缘断裂带（F_5）以西，鄂尔多斯北缘断裂带（F_{10}）以北，分布面积约 2100km^2。区内钻孔揭露深度较浅，仅个别钻孔揭遇下更新统上部地层。该区山前地带岩性主要为冲洪积砂砾等；盆地内岩性主要为冲湖积粉砂质黏土、黏土与粉细砂、中细砂互层，亦呈北厚南薄的沉积趋势（图 2.4）。据物探测量资料，区内第四系厚度为 500～1200m。

2）岩性特征

全新统（Q_4）：乌拉山南麓山前地带岩性主要为冲洪积灰黄色砂砾石、含卵砂砾石，少夹砂层，厚 20～70m；盆地内岩性主要为以冲积为主的冲湖积灰黄、土黄色细砂、粉细砂、粉砂质黏土，下部砂层较为发育，厚 6～22m。

上更新统（Q_3）：山前地带岩性主要为冲洪积土黄、灰黄色砾石、砂砾石，夹灰黄、土黄色粗砂、黏土质砂层，厚 30～60m；盆地内岩性主要为冲积、冲湖积灰黄、土黄色细砂、粉细砂、中砂，少夹黏土、粉砂质黏土，厚 20～60m。

中更新统（Q_2）：上部地层（Q_2^2），山前地带（局部）岩性主要为冲洪积灰、棕灰、土黄色卵砾石、砂砾石、中粗砂、中细砂，夹较厚的淤泥质黏土层，厚度大于 66m；盆地

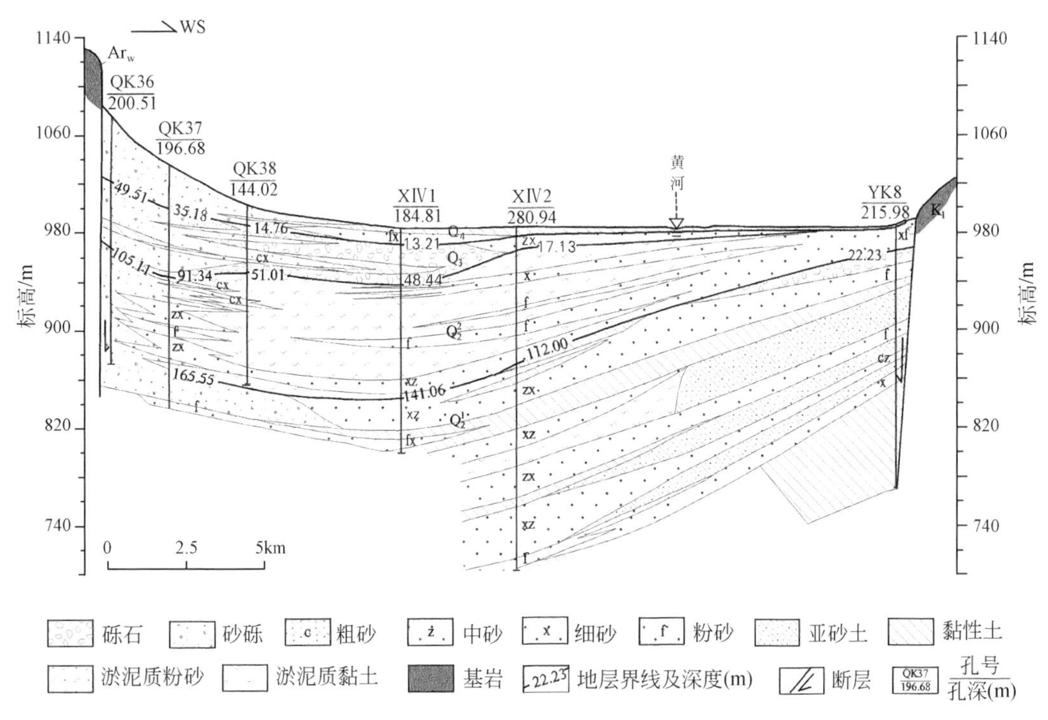

图 2.4 三湖河凹陷地层区第四纪地质剖面图

内岩性主要为以湖积为主的冲湖积灰、灰黑、灰蓝色淤泥、淤泥质黏土、淤泥质砂、黏土质粉砂，局部夹灰、黑色细砂、粉细砂层，厚 14 ~ 189m。下部地层（Q_2^1），山前地带的岩性主要为冲洪积灰、土黄、灰白色砾石、砂砾石，揭露厚度大于 50m；盆地内岩性主要为冲湖积灰黄、深灰、灰棕色黏土、粉砂质黏土、黏土质砂、淤泥质黏土，夹细粉砂、中砂、中粗砂，最大揭露厚度约 319m。

下更新统（Q_1）：盆地内上部地层岩性为冲湖积黄灰色黏土、粉砂质黏土、黏土质粉砂，夹细中砂、中细砂、粉细砂层，揭露厚度 98.18m，未见底。

4. 包头隆起地层区

1）地质概况

包头隆起地层区位于乌拉山南缘断裂带（F_4）东段以南，鄂尔多斯北缘断裂带（F_{10}）以北，包头西缘断裂带（F_5）以东，兰阿断裂（F_6）以西，呈南北向展布的狭长地段，面积约 980km²。由于包头西缘断裂带与兰阿断裂差异性升降活动，造成区内基底的相对隆起，局部第四系直接覆盖于太古界片麻岩之上。该区基底北高南低，第四系北薄南厚（图 2.5）。北部地区第四系岩性主要以冲洪积砂砾、砂为主，少夹黏土质粉砂、淤泥质黏土，多处缺失第四系下部，与太古界片麻岩为角度不整合接触。南部地区岩性主要为冲积-冲湖积灰黄、灰褐、深灰色粉细砂、含砾粗砂，以粉砂质黏土、淤泥为主。多未钻遇下更新统。据物探测量资料，区内第四系厚度为 50 ~ 800m。

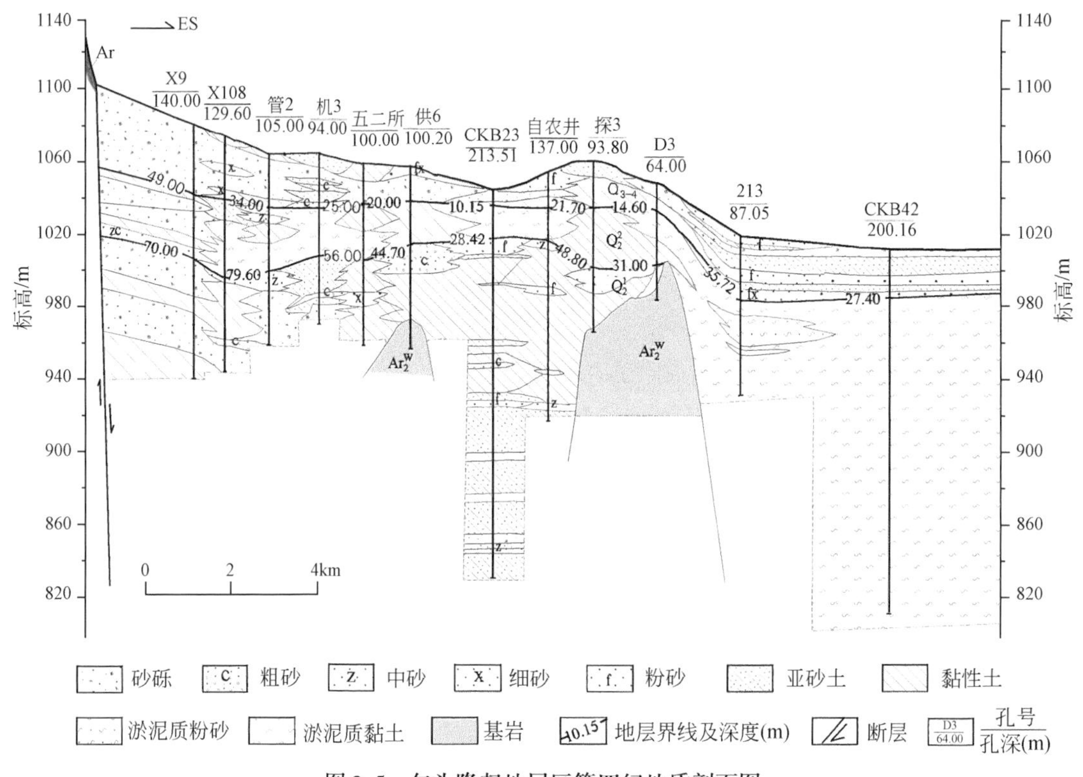

图 2.5 包头隆起地层区第四纪地质剖面图

2）岩性特征

上更新统—全新统（Q_{3-4}）：北部地区岩性主要为以冲洪积为主的灰黄、黄褐色砂砾石、砂，夹粉砂质黏土层（多含砂、小砾）。近山前渐变为砂砾石层，砾石分选差，呈滚圆–次棱角状，厚 10 ~ 50m。曾发现晚更新世 *Palaeoloxoden namadicus*（纳玛象），*Equus* sp.（马）等化石（聂宗笙和李克，1988）。南部地区岩性则主要为以冲积为主的冲湖积灰黄色粉细砂、含砾粗砂，夹黏土质粉砂层，厚 26 ~ 50m。

中更新统（Q_2）：北部地区中更新统上部地层（Q_2^2）岩性主要为以浅湖沼泽沉积为主的灰、青灰色淤泥质粉细砂、淤泥质黏土、含砂砾黏土质粉砂，局部夹冲洪积粗砂、含砾中粗砂层，厚 15 ~ 40m；其下部地层（Q_2^1）岩性主要为以冲洪积为主的灰黄、褐黄、浅灰色砂砾石与黏土质砂、砂质黏土互层，局部含小砾，厚 10 ~ 185m。南部地区中更新统上部（Q_2^2）岩性主要为以冲湖积为主的深灰、黄灰色粉砂质黏土、黏土质粉砂夹粉细砂层，厚 40 ~ 170m；其下部地层（Q_2^1）岩性主要为以冲湖积为主的灰、深灰、灰黄色粉细砂夹黏土质粉砂、粉砂质黏土，揭露厚度为 150m。

未揭遇下更新统。

5. 呼包凹陷地层区

1）地质概况

呼包凹陷地层区位于兰阿断裂（F_6）以东，大青山山前断裂带（F_7）以南，鄂尔多斯北缘断裂带（F_{10}）与和林格尔断裂之北，总面积约9200km²。该区内山前地带第四系岩性多为冲洪积灰黄、灰白、褐色砾石、砂砾石，夹砂、黏土质粉砂薄层，与下伏新近系上新统残积-坡洪积砖红色黏土、含砾黏土平行不整合接触（HR3）。盆地内第四系岩性主要由冲积-冲湖积灰褐色黏土、淤泥质黏土、淤泥质砂、黏土质粉砂，夹细砂、中细砂、粉细砂组成，局部呈互层状，与下伏新近系上新统深灰绿、灰褐色粉砂黏土为连续沉积（BT1）。在达拉特旗等地区中更新统上部地层夹多层较厚的芒硝沉积。据物探测量成果表明，区内第四系厚100～1400m，总体亦呈北厚南薄、西厚东薄的沉积特征（图2.6）。

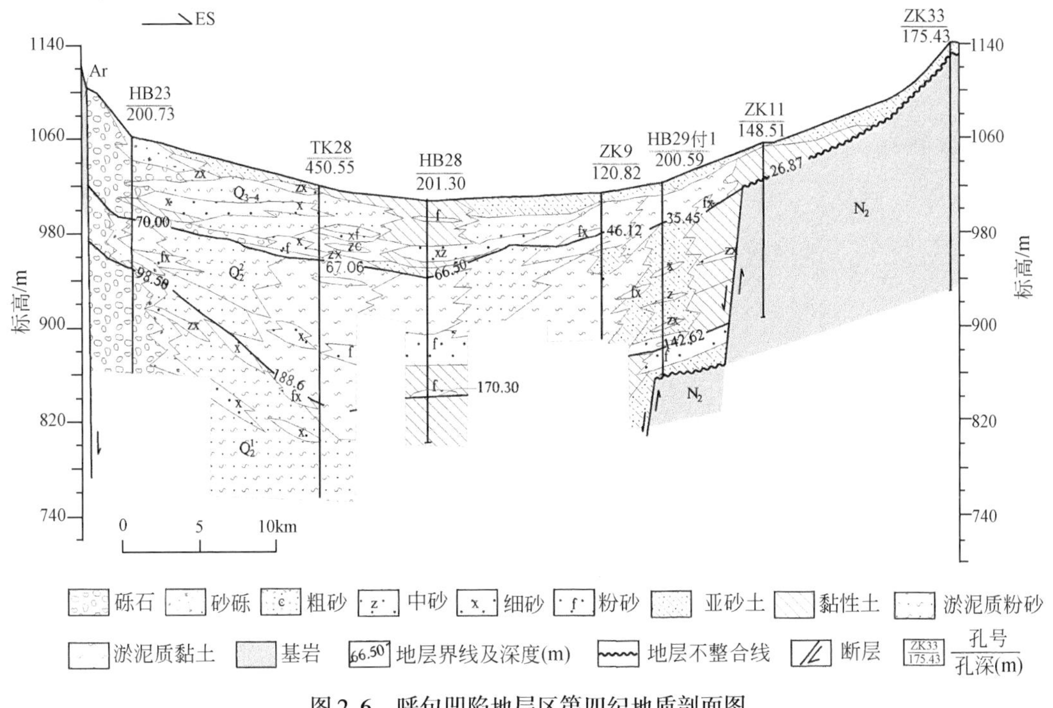

图2.6　呼包凹陷地层区第四纪地质剖面图

2）岩性特征

上更新统—全新统（Q_{3-4}）：在大青山、蛮汉山山前地带岩性主要为冲洪积灰黄、灰褐色砂砾石、砾石，夹含砾粗砂、中细砂、黏土质粉砂。山麓边缘及托克托台地一带局部发育晚更新世灰黄色黄土状黄土，偶含钙质结核，柱状节理较发育。总厚30～120m。盆地内部岩性主要为以冲积为主的冲湖积灰黄、浅棕黄色中细砂、粉细砂、细砂，夹黏土质粉砂、粉砂质黏土；局部岩性主要为灰黄、浅黄色粉细砂、细砂与灰黄、浅灰、灰色黏土质粉砂、粉砂质黏土、淤泥质黏土互层，浅湖沼泽沉积的灰色黏土质粉砂、粉砂质黏土、淤泥质黏土渐增，厚20～192m。

中更新统（Q_2）：上部地层（Q_2^2），山前地带地层中冲洪积砂砾石、砾石不发育，局部冲湖积粉细砂、粉砂质黏土、淤泥质黏土超覆于山前，厚20～100m；盆地内地层岩性主要为分布广泛、厚大的浅湖沼泽沉积的灰、深灰、灰黑色淤泥、淤泥质黏土、淤泥质粉细砂，局部夹灰、黄灰色粉细砂、细砂层。在达拉特旗王爱召镇、麻池镇，以及土默特右旗一带，该套地层中夹多层芒硝沉积（局部成矿），上部地层厚 40 ~ 170m。下部地层（Q_2^1），山前地带岩性主要为冲洪积棕黄、灰黄、灰褐色砾石、砂砾石、泥砾，夹砂层、粉砂质黏土，其冲洪积堆积范围大于中更新世晚期，厚 30 ~ 120m；盆地内岩性主要为冲湖积灰、深灰、棕黄、黄褐色粉细砂、中细砂、粉砂与黏土质粉砂、粉砂质黏土互层，局部夹灰色淤泥质黏土，砂层发育，厚 20 ~ 182m。

下更新统（Q_1）：绝大多数钻孔未揭遇下更新统。据哈素海 HR3、HR2 等深孔资料，近山前地带岩性上部主要为冲积、冲洪积灰白、灰褐、肉红色粉细砂、中粗砂、含砾砂；中部岩性主要为冲湖积棕红色砂质黏土，黄、灰白色砂砾，夹灰绿色黏土薄层；下部岩性主要为湖冲积灰、灰绿、黄色砂质黏土，少夹灰绿、白色粗砂层；底部岩性为冲洪积肉红、白、灰绿色砂砾石，呈次棱角状。HR3 钻孔剖面处下更新统厚 734m。据麻池 BT1 孔资料，盆地内下更新统岩性主要为冲湖积灰、灰褐、灰绿、棕、棕褐色粉砂质黏土、黏土质粉砂、淤泥质黏土与粉细砂、中细砂层，底部为砂砾石层，该剖面处地层厚约 633. 81m。

（二）岩石地层的区域性特征

依据钻孔岩心的颜色、岩性岩相、结构构造、地层厚度、层间接触关系、沉积旋回特征，河套平原第四系岩石地层由上而下可划分出四个岩组。

第一岩组（Q_{3-4}）：颜色以灰黄、浅灰色为主。在山前地带主要由砂砾石、砾石构成冲洪积扇群。盆地内部地层岩性主要为冲积中细砂、粉细砂夹中粗砂，冲湖积粉细砂、细砂与粉砂质黏土不等厚互层，局部夹淤泥质黏土。厚 10 ~ 260m。

第二岩组（Q_2^2）：颜色以黑灰、灰黑、浅灰、灰褐色为主。盆地内地层岩性主要为湖沼相淤泥、淤泥质黏土、淤泥质粉细砂、粉砂质黏土，局部夹多层芒硝。该套以细碎屑为主的湖沼相岩组广泛分布于盆地中，为区域岩石地层划分、对比标志。近山前地段，局部零星分布有冲洪积砂砾石、砾石，局部夹淤泥质黏土或淤泥层。厚 30 ~ 170m。

第三岩组（Q_2^1）：颜色以棕黄、浅灰、灰褐色为主。盆地内部地层岩性主要为冲湖积粉细砂、中细砂、中粗砂与厚层黏土质粉砂、粉砂质黏土互层，局部夹浅灰色淤泥质黏土。山前地带地层岩性为冲洪积砂砾石、砾石，局部为泥砾层。厚 20 ~ 319m。

第四岩组（Q_1）：鲜有钻孔揭遇第四岩组，仅据包头市麻池镇 BT1 孔及少数石油、地热等钻孔资料概述。BT1 孔位于呼包凹陷西部断块区，第四岩组为以湖相为主的灰、灰褐、灰绿色黏土质粉砂、粉砂质黏土与粉细砂、中细砂互层，底部为砂砾石（揭露厚度约 7. 99m）。

第三节　年代地层

结合前人研究成果，利用本次光释光和古地磁等年代学测试资料，对钻孔剖面的地层年代测试结果进行了综合分析。本次河套平原第四纪地层年代采用的界线为第四纪下限（N–Q 界线）2. 58Ma，早–中更新世界线（Q_1–Q_2界线）0. 78Ma，中–晚更新世界线（Q_2–Q_3界线）0. 13Ma，更新世与全新世界线（Q_3–Q_4界线）0. 01Ma（全国地层委员会编，2001）。

一、临河凹陷地层区

杭锦后旗沙海镇北五星村 QK1 孔的光释光年代测试结果表明，6.10m 处年龄为 8.4±0.3ka，128.10m 处年龄为 91.2±3.8ka，结合该孔岩石地层特征，内插外推计算全新统底界约 8.60m，上更新统底界约 141.80m。该孔古地磁测试结果表明其揭露地层属于布容正极性，也即未揭穿中更新统底板。63.80～87.80m 灰色含淤泥亚黏土夹浅灰色粉细砂层为末次冰期间冰阶形成的浅湖沼泽与河流交互相沉积物。115.60～188.00m 厚大的灰黑、灰褐色“含淤泥黏性土层”应形成于晚更新世早期与中更新世晚期，其泥层累计厚度约 51.60m，最大单层厚度可达 19.50m，平均单层厚度约 6.50m，泥地比（黏性土层、泥质层累计厚度与该段地层总厚度的比值）约 71.27%。

托克托县古城镇砖厂 QK3 孔的光释光年代测试结果表明（光释光年代可能略有偏老），8.15m 处年龄为 5.6±0.4ka，15.50m 处年龄为 14.6±0.7ka，124.70m 处年龄为 99.4±4.3ka，169.41m 处年龄为 153.1±6.4ka，结合地层岩性特征，内插推测全新统底界约 14.60m，上更新统底界约 147.14m。该孔古地磁测试结果表明其揭露地层均为布容正极性，未揭穿中更新统底部。5.20～61.89m 厚大的灰褐、灰蓝色“含淤泥黏性土层”应形成于晚更新世晚期与早中全新世。137.16～176.95m 厚大的灰褐、灰蓝、青灰色“含淤泥黏性土层”主要发育于中更新世晚期与晚更新世早期，其泥层累计厚度约 39.79m，最大单层厚度可达 5.65m，平均单层厚度约 3.32m，泥地比约 100%。237.93～246.00m 灰黑色淤泥层则应为中更新世早中期沉积物。

五原县新公中镇创业村 QK5 孔 8.55m 以上的五个光释光样品年代测试结果均小于 7.0ka。结合岩石地层分析，外推推断全新统底界为 11.25m，其岩性以黄褐色黏土为主，下部为灰色粉砂；上更新统底界为 139.09m。该孔古地磁测试结果表明其揭露地层均为布容正极性，即该孔中更新统未见底。14.40～99.59m 厚大的灰褐、灰绿色“含淤泥黏性土层”形成于晚更新中晚期，其泥层累计厚度可达 73.40m，单层最大厚度可达 20.80m，单层平均厚度约 7.34m，泥地比约 86.16%；107.35～151.99m 厚大的灰褐、青灰色“含淤泥黏性土层”形成于晚更新世早期与中更新世晚期，累计厚度约 23.79m，最大单层厚度可达 9.84m，平均单层厚度约 3.97m，泥地比约 53.29%。

乌拉特中旗德岭山镇胡连村的 WY1 孔的光释光年代测试结果表明，4.90m 处年龄为 6.7±0.4ka，16.10m 处年龄为 14.6±0.7ka，93.80m 处年龄为 98.3±4.4ka，103.70m 处年龄为 129.9±5.4ka，结合该孔岩性特征，内插推测全新统底界约 14.34m，上更新统底界约 105.80m，中更新统未见底。75.12～109.22m 厚大的青灰、灰褐色“含淤泥黏性土层”形成于晚更新世早期与中更新世晚期，其泥层累计厚度约 34.10m，最大单层厚度约 16.80m，平均单层厚度约 11.36m，泥地比约 100%。

五原县隆兴昌镇浩丰村 WY2 孔的光释光年代测试结果表明（全新统中部分光释光年代结果可能略有偏老），6.80m 处年龄为 6.8±0.5ka，54.25m 处年龄为 43.2±3.0ka，120.90m 处年龄为 122.1±5.9ka，147.20m 处年龄为 137.4±7.4ka，结合该孔地层岩性特征，内插推测全新统底界约 12.55m，上更新统底界约 141.01m，中更新统未见底。其中

102.27～187.62m 厚大的青灰、灰黑色“含淤泥黏性土层”应为中更新世晚期与晚更新世早期的湖相细碎物，其泥质层累计厚度约 62.54m，最大单层厚度约 27.40m，平均单层厚度约 7.82m，泥地比约 73.27%。

杭锦旗碱柜村 WY3 孔的光释光年代测试结果表明，93.90m 处年龄为 125.6±7.0ka，103.60m 处年龄为 129.9±6.4ka，内插推测上更新统底部约 95.04m，中更新统未揭穿。其中 10.60～114.87m 厚大的青灰、灰褐、灰黑色“含淤泥黏性土层”形成于中更新世晚期与晚更新世，其泥质层累计厚度约 81.66m，最大单层厚度约 14.23m，平均单层厚度约 3.71m，泥地比约 78.32%。

上述钻孔的绝对年代地层划分综合研究表明：临河凹陷北部山前倾斜平原前缘全新统底界从西到东具有浅（QK1）—深（QK3）—浅（QK5）的变化趋势，变化范围为 8.60～14.60m；其上更新统底界亦具有浅（QK1）—深（QK3）—浅（QK5）的变化趋势，变化范围为 139.09～147.14m。由北往南，临河凹陷上更新统底界具有较深（WY1）—深（WY2）—浅（WY3）的变化趋势，变化范围为 95.04～141.01m；山前冲洪积扇体全新统地层较厚，盆地内部全新统地层则较薄。此外，上述钻孔均未揭穿中更新统底板。第四纪中晚期以来，临河凹陷均发育厚大的含淤泥黏性土层，但厚大、连续、稳定的“含淤泥黏性土层”集中发育于中更新世晚期与晚更新世早期，其泥质层累计厚度变化范围为 34.10～81.66m，平均厚度约为 52.41m；泥地比变化范围为 53.29%～100%，平均泥地比约为 80.33%。

二、三湖河凹陷地层区

包头市哈业色气村 QK7 孔古地磁测试结果表明，其揭露地层属于布容正极性，未揭穿中更新统底部。该孔光释光年代测试结果略微偏老，其 35.20m 处年龄为 115.2±5.5ka，41.70m 处年龄为 141.3±6.3ka，内插推测上更新统底部约 38.01m，受到山前河流冲刷、侵蚀切割的影响，上更新统应有缺失。由此推测，该孔下部厚大的淤泥质黏性土层主要的发育时间为中更新世晚期。全新统尚无确切的测年资料，6.20～15.68m 地层岩性为土黄色粗砂，15.68～20.42m 为土黄色粉土，其下部为灰蓝、灰褐、黑色松散的细碎屑堆积物，推测全新统底界不超过 20.42m。34.66～119.43m 厚大的褐灰、黑色“含淤泥黏性土层”应发育于中更新世晚期及晚更新世早期，其泥质层累计厚度约 79.42m，最大单层厚度约 26.64m，平均单层厚度约 11.35m，泥地比约 93.69%。

乌拉特前旗白彦花镇九连砖厂 QK11 孔古地磁测试结果表明，已揭露地层属于布容正极性，未揭穿中更新统底板。该孔光释光年代测试结果表明，57.70m 处年龄为 111.6±4.5ka，63.70m 处年龄为 122.1±5.5ka，57.8～66.00m 为灰蓝色粉砂，外推上更新统底部埋深约 66.00m。全新统无测试资料，2.70～11.90m 为灰褐色黏土，11.90～14.90m 为土黄色粉砂，根据岩性特征，该孔全新统地层应不超过 14.90m。其中，2.70～57.80m 厚大的土黄、灰褐色含淤泥黏性土层（黏土、粉土）形成于晚更新世—早中全新世，其累计厚度 52.10m，最大单层厚度约 22.40m，平均单层厚度约 13.03m，泥地比约 94.56%。66.00～104.40m 厚大的灰黑、蓝灰色“含淤泥黏性土层”发育于中更新世晚期，其泥质层累计厚度约26.60m，最大单层厚度约12.00m，平均单层厚度约4.43m，泥地比约69.27%。

上述钻孔的绝对年代地层划分综合研究表明：三湖河凹陷中部上更新统底部约66.00m，靠近山前地带上更新统底板埋藏更浅；中更新统底板尚无确切年代资料依据。结合其他孔的岩性资料，三湖河凹陷厚大、连续、稳定的“含淤泥黏性土层”主要形成于中更新世晚期与晚更新世早期，其平均层厚约53.00m，平均泥地比大于81.48%。局部地区晚更新世中晚期—早中全新世也有发育。

三、呼包凹陷地层区

根据呼包凹陷西部BT1孔的古地磁、光释光、ESR和^{14}C年代测试结果，建立了河套平原第四纪标准的年代地层框架：全新世和晚更新世地层颜色以灰黄色为主，岩性以粉土、砂层为主，全新统底界为16.90m，上更新统底界为101.10m；中更新世晚期地层颜色以灰绿色为主，岩性以粉土、粉质黏土夹砂层，见芒硝，底界为226.00m；中更新世早期地层颜色以灰绿色为主，岩性以粉土、粉质黏土、砂层互层，底界为464.00m；早更新世地层颜色以灰绿色为主，岩性以粉质黏土、砂层互层，底部钙质胶结明显，下更新统底界为1097.00m。新近系颜色以棕红色为主，岩性以砂层、砂岩为主，未见底。该孔84.20~226.00m厚大的灰、灰褐、灰黑色“含淤泥黏性土层”夹芒硝层形成于中更新世晚期—晚更新世早期，其累计层厚大于105.22m，泥地比大于74.3%；其中芒硝夹层累计厚度大于11.50m，最大单层厚度约6.40m，平均单层厚度约3.80m。该层可作为区域性地层划分对比的标志层，或岩相-古地理研究中的（近似）等时体。

土默特左旗沙尔营乡大图利村的QK20孔的古地磁测试表明，中更新统未见底。光释光年代测试结果分析可知，该孔全新统底界为1.15m，上更新统底界为51.00m。该孔51.00~128.75m厚大的灰黑、灰绿色含淤泥粉土、黏土夹层应形成于中更新世晚期，其泥质层累计厚约63.15m，最大单层厚度约18.55m，平均单层厚度约7.89m，泥地比约81.22%。

李建彪等（2007）对呼和浩特市玉泉区沟子板村南ZKHB孔的年代地层研究表明，全新统底界约12.77m，上更新统底界约64.22m，中更新统底界约219.90m，下更新统未见底。25.70~103.34m厚大的浅灰、深灰、蓝色“含淤泥黏性土层”发育于中更新世晚期与晚更新世早期，其累计层厚约68.41m，最大单层厚度约22.64m，平均单层厚度约8.55m，泥地比约88.11%。

上述钻孔及剖面的年代学测试结果表明，呼包凹陷西、东部全新统底界分别为16.90m、12.77m；上更新统底界依次为101.10m、64.22m；中更新统底界分别为464.00m、219.90m。呼包凹陷西部第四系厚度达1097.00m。从西到东，各时期的沉积厚度有变薄的趋势。该区厚大、连续、稳定的“含淤泥黏性土层”主要发育于中更新世晚期和晚更新世早中期，其平均层厚约78.93m，平均泥地比大于81.21%。

本次年代地层学研究系统地进行了河套平原钻孔的绝对（相对）地层年代测试与分析，取得了如下三点认识。

（1）系统地厘定了河套平原临河、三湖河、呼包三个凹陷区第四纪不同时代的地层界线：①临河凹陷全新统底板埋深变化范围为 8.60～14.60m，上更新统底板变化范围为 95.04～147.14m；由东往西，全新统与上更新统底板埋深都具有浅—深—浅的变化趋势；自北向南，全新统与上更新统底板埋深都具有较深—深—浅的变化趋势。②三湖河凹陷全新统底板埋深不超过 20.42m，上更新统底板埋深不超过 66.00m。③呼包凹陷全新统底板埋深变化范围为 1.15～16.90m，上更新统底板埋深变化范围为 51.00～104.20m，中更新统底板埋深范围为 219.90～464.00m，中更新统上段底界埋深范围为 145.44～275.80m，同一时期的地层埋深变化具有西深东浅的趋势。

（2）对河套平原分布稳定、厚度较大的“含淤泥黏性土层”的时代进行了确认。该“含淤泥黏性土层”的发育时代集中于中更新晚期与晚更新世早期，但局部地区其他时段也发育了厚大的含淤泥黏性土层，甚至局部地区“含淤泥黏性土层”穿时性连续沉积（如 WY3、ZKHB）：①临河凹陷“含淤泥黏性土层”顶板埋深变化范围为 10.60～137.16m，其底板埋深变化范围为 109.20～188.00m，沉积厚度变化范围为 34.10～104.30m，平均厚度约 63.43m，平均泥地比约 79.36%；②三湖河凹陷“含淤泥黏性土层”顶板埋深变化范围为 34.66～66.00m，其底板埋深变化范围为 104.40～119.43m，沉积厚度变化范围为 38.40～84.77m，平均厚度约 61.58m，平均泥地比约 81.48%；③呼包凹陷“含淤泥黏性土层”顶板埋深变化范围为 25.00～84.20m，其底板埋深变化范围为 103.34～226.00m，沉积厚度变化范围为 77.64～141.61m，平均厚度约 99.00m，平均泥地比约 81.21%。

（3）利用 BT1 孔建立了河套平原标准的第四纪年代地层框架。该孔全新统底界为 16.90m，上更新统底界为 101.10m，中更新统上段底界为 275.80m，中更新统下段底界为 464.00m，下更新统底界为 1097.91m。

第四节　气 候 地 层

针对河套平原代表性钻孔进行了孢粉组合与古气候特征分析，选取孢粉总浓度、乔木花粉、灌木花粉、草本花粉、蕨类孢子等 22 个代表性数量指标，运用专业制图软件绘制了孢粉百分比含量图式，并根据聚类分析结果，结合年代地层、岩石地层，建立了气候地层格架，恢复了河套平原第四纪以来的古植被与古气候。

一、临河凹陷地层区

临河凹陷选取钻孔 QK1、QK3 和 QK5 进行了孢粉分析。以 QK5 孔为主分析该区气候地层，共分析 205 个孢粉样品，划分为 11 个孢粉组合（气候）带（图 2.7）。

孢粉带Ⅰ：松-云杉-水龙骨-菊科孢粉组合（190～185m，172.6～168.0ka），孢粉总浓度为 185 粒/g，孢粉较丰富，乔木植物花粉占绝对优势，其次是草本植物花粉、蕨类植物孢子，还有少量的灌木植物花粉。此段孢粉组合反映的植被类型为针叶林，气候凉偏湿。

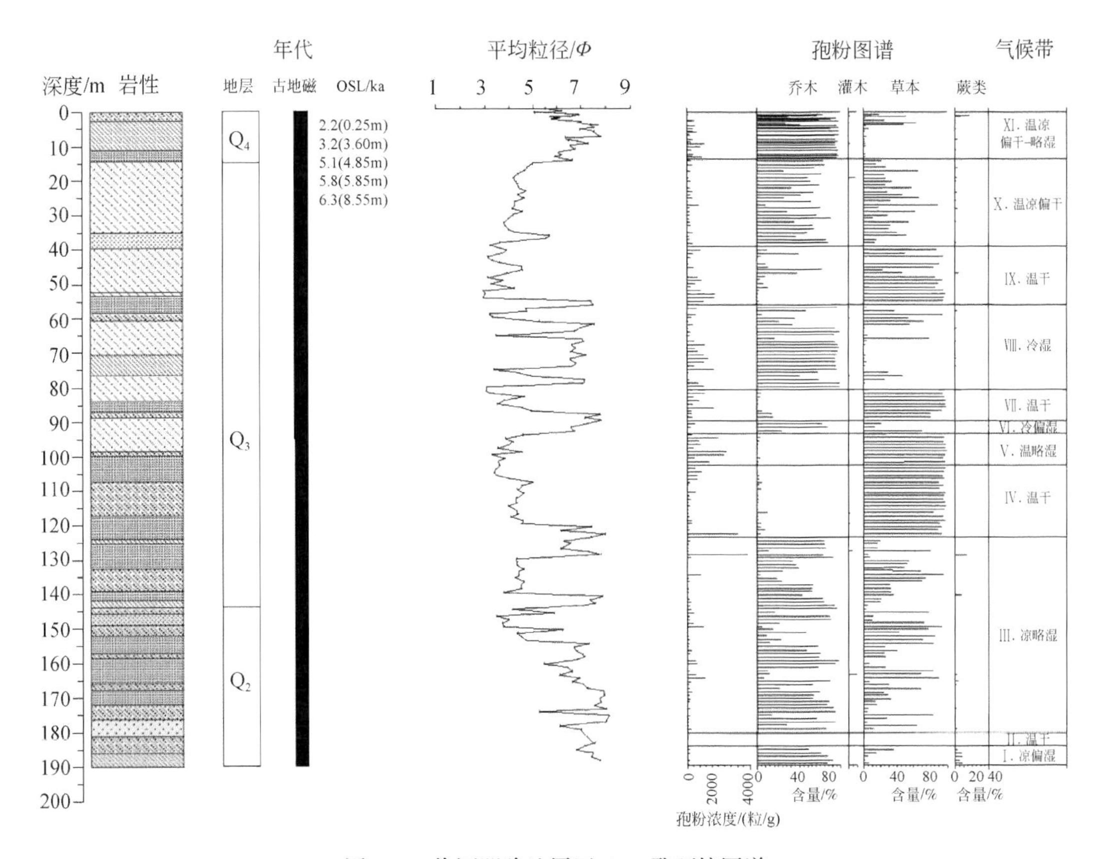

图 2.7　临河凹陷地层区 QK5 孔环境图谱

孢粉带Ⅱ：（185～181m，168.0～164.3ka）此带孢粉贫乏，达不到统计量，荒漠植被，气候恶劣，温干。

孢粉带Ⅲ：松-云杉-菊科-禾本科孢粉组合（181～124m，164.3～111.5ka），孢粉总浓度为375粒/g，孢粉丰富，乔木植物花粉略占优势，草本植物花粉次之，还有少量的蕨类植物孢子和灌木植物花粉。此段孢粉组合特征反映的植被类型为针叶林草原，气候凉略湿。

孢粉带Ⅳ：菊科-藜科-蒿孢粉组合（124～103m，111.5～92.0ka），孢粉总浓度为585粒/g，孢粉丰富，草本植物花粉占绝对优势，其次是乔木植物花粉、灌木植物花粉、蕨类植物孢子。此段孢粉组合特征反映的植被类型为草原，气候温干。

孢粉带Ⅴ：菊科-禾本科孢粉组合（103～95m，92.0～84.6ka），孢粉总浓度为8372粒/g，孢粉丰富，草本植物花粉占绝对优势，此段孢粉组合特征反映的植被类型为草原，气候温略湿。

孢粉带Ⅵ：云杉-松-禾本科孢粉组合（95～90m，84.6～80.0ka），孢粉总浓度为554粒/g，孢粉丰富，乔木植物花粉占绝对优势，其次是草本植物花粉和蕨类植物孢子。此段孢粉组合特征反映的植被类型为针叶林草原，气候冷偏湿。

孢粉带Ⅶ：菊科-禾本科孢粉组合（90～81m，80.0～71.7ka），孢粉总浓度为946粒/g，孢粉丰富，草本植物花粉占绝对优势，其次是乔木植物花粉，蕨类植物孢子和灌木植物花粉含量很低。此段孢粉组合特征反映的植被类型为草原，气候温干。

孢粉带Ⅷ：松-云杉-菊科孢粉组合（81～56m，71.7～48.5ka），孢粉总浓度为平均754粒/g，孢粉丰富，此段孢粉组合特征反映的植被类型为针叶林，气候冷湿。

孢粉带Ⅸ：菊科-禾本科-松孢粉组合（56～39m，48.5～32.8ka），孢粉总浓度为835粒/g，孢粉较丰富，以草本植物花粉为主，乔木植物花粉次之，还有少量的蕨类植物孢子和灌木植物花粉。此段孢粉组合特征反映的植被类型为疏林草原，气候温干。

孢粉带Ⅹ：松-菊科-云杉-藜科孢粉组合（39～13.4m，32.8～9.4ka），孢粉总浓度为342粒/g，植被比带Ⅶ稀疏。孢粉组合中乔木植物花和草本植物花粉占优势，其次是少量的灌木植物花粉和蕨类植物孢子。此段孢粉组合特征反映的植被类型为针叶林草原，气候温凉偏干。

孢粉带Ⅺ：松-云杉-蒿-禾本科孢粉组合（13.4～0.5m，9.4～2.3ka），孢粉总浓度为504粒/g，孢粉丰富，乔木植物花粉占绝对优势。此段孢粉组合特征反映的植被类型为针叶林-疏林草原，气候温凉偏干-略湿。

临河凹陷三个钻孔的孢粉组合与古气候特征综合分析认为，临河凹陷中更新世末期气候凉略湿，植被以森林为主；晚更新世气候演化可分为三个阶段，130.0～90.0ka气候温凉略干，90.0～50.0ka冷偏湿，50.0～10.0ka温偏干；全新世本区气候温凉偏干，气候整体以温干为主，间有较小的气候波动，植被为森林-森林草原。

二、三湖河凹陷地层区

本区选取QK7孔和QK11孔进行了孢粉分析。以QK7孔为主分析了本区气候地层，共分析了275个孢粉样品，划分为14个孢粉组合带（图2.8）。

孢粉带Ⅰ：松-云杉-禾本科孢粉组合（200～192m，515.6～499.8ka），孢粉总浓度为62粒/g，孢粉较少，反映植被稀疏。孢粉组合中乔木植物花粉占优势，其次为草本植物花粉。此段孢粉组合特征反映的植被类型为针叶林草原，气候凉略湿。

孢粉带Ⅱ：（192～187.5m，499.8～490.9ka）此段孢粉贫乏，达不到统计量，植被单调，属于荒漠植被，气候温干。

孢粉带Ⅲ：松-禾本科-蒿孢粉组合（187.5～173m，490.9～462.3ka），孢粉总浓度为24粒/g，孢粉稀少，反映植被稀疏。孢粉组合中草本植物花粉占优势，其次是乔木植物花粉。此段孢粉组合特征反映的植物类型为草原，温度明显比Ⅰ带高，湿度降低，气候温偏干。

孢粉带Ⅳ：松-云杉-禾本科-阴地蕨孢粉组合（173～150.5m，462.3～396.4ka），孢粉总浓度为237粒/g，孢粉丰富，乔木植物花粉占绝对优势。此段孢粉组合特征反映的植被类型为针阔叶混交林，气候冷湿。

孢粉带Ⅴ：松-云杉-禾本科-蒿-藜科孢粉组合（150.5～115m，396.4～326.3ka），孢粉总浓度为51粒/g，孢粉明显减少，乔木植物花粉占绝对优势，草本植物花粉次之。此段孢粉组合特征反映的植物类型为针叶林草原，气候凉略湿。

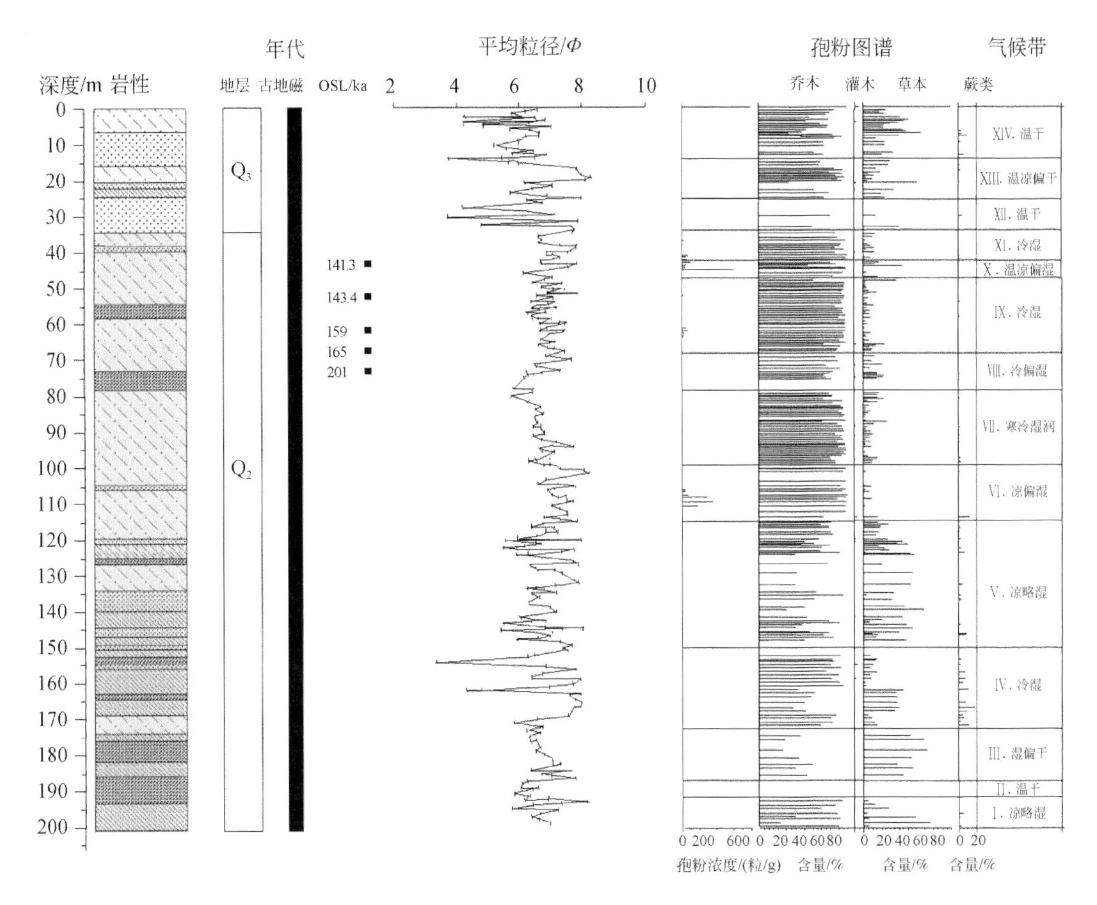

图 2.8　三湖河凹陷 QK7 孔环境图谱

孢粉带Ⅵ：松–云杉–藜科–禾本科孢粉组合（115～99.5m，326.3～295.7ka），孢粉总浓度为7692粒/g，此段孢粉十分丰富，乔木植物花粉占绝对优势，其次是草本植物花粉，还有少量的蕨类植物孢子。此段孢粉组合特征反映的植物类型为针叶林森林，气候凉偏湿。

孢粉带Ⅶ：松–云杉–菊科–蒿孢粉组合（99.5～78.5m，295.7～228.3ka），孢粉总浓度为260粒/g，孢粉较丰富，乔木植物花粉依然占绝对优势，草本植物花粉次之。此段孢粉组合特征反映的植物类型为以云杉、松为主的针叶林，气候寒冷湿润。

孢粉带Ⅷ：松–云杉–菊科–禾本科孢粉组合（78.5～68.5m，228.3～172.9ka），孢粉总浓度为451粒/g，孢粉丰富，乔木植物花粉占绝对优势，草本植物花粉次之。此段孢粉组合特征反映的植被类型为以松、云杉为主的针叶林，气候冷偏湿。

孢粉带Ⅸ：松–云杉–菊科–蒿孢粉组合（68.5～47.5m，172.9～142.4ka），孢粉总浓度为1163粒/g，孢粉丰富，乔木植物花粉占绝对优势，其次是草本植物花粉，还有少量的灌木植物花粉和蕨类植物孢子。此段孢粉组合特征反映的植被类型为针叶林，气候冷湿。

孢粉带Ⅹ：松–云杉–蒿孢粉组合（47.5～42.5m，142.4～141.4ka），孢粉总浓度为

10935 粒/g，孢粉极其丰富，为本孔最丰富的一带，乔木植物花粉占绝对优势，草本植物花粉次之。此段孢粉组合特征反映的植被类型为针叶林森林，气候温凉偏湿。

孢粉带Ⅺ：松–云杉–藜科–禾本科孢粉组合（42.5～34m，141.4～125.8ka），孢粉总浓度为 6576 粒/g，孢粉非常丰富，乔木植物花粉占绝对优势，其次是草本植物花粉。此段孢粉组合特征反映的植被类型为针叶林森林，气候冷湿。

孢粉带Ⅻ：松–藜科孢粉组合（34～25.5m，125.8～72.1ka），孢粉非常贫乏。此段孢粉组合特征反映的植被类型为荒漠草原，气候温干。

孢粉带XⅢ：松–云杉–禾本科–蒿孢粉组合（25.5～14.1m，72.1～9.0ka），孢粉组合中乔木植物花粉占绝对优势，其次是草本植物花粉。此段孢粉组合特征反映的植被类型为针叶林森林，气候温凉偏干。

孢粉带XⅣ：松–云杉–禾本科–蒿孢粉组合（14.1～0.5m，9.0～0.3ka），孢粉总浓度为 14 粒/g，孢粉极其稀少，反映植被稀疏。孢粉组合中乔木植物花粉占绝对优势，其次是草本植物花粉。此段孢粉组合特征反映的植被类型为疏林草原，气候温干—冷湿—温干，但整体趋势是温干。

三湖河凹陷钻孔的孢粉组合与古气候特征综合分析认为，三湖河凹陷中更新世 500.0ka 以来，到晚更新世末期气候以凉湿和凉略湿为主，其中间有冷温—干湿的气候波动，植被以森林或森林草原为主，气候演化序列为温偏干—凉湿—凉偏湿—温干；全新世气候以偏冷干为主，植被以森林为主。

三、呼包凹陷地层区

本区选取了呼和浩特市南 QK20、包头市麻池镇南 BT1 孔分别探讨了呼包凹陷东、西部地区的孢粉组合与古气候特征。

（一）呼包凹陷东部

QK20 孔共分析了 273 个孢粉样品，划分了九个孢粉组合带（图 2.9）。

孢粉带Ⅰ：松–云杉–禾本科–菊科孢粉组合带（218.5～151m，556.3～384.1ka），孢粉总浓度为 165 粒/g，孢粉丰富，反映植被繁盛，乔木植物花粉占绝对优势，草本植物花粉次之。根据孢粉样品在此段的分布及统计情况，将本带自下而上分为三个孢粉富集段（Ⅰ-1、Ⅰ-3、Ⅰ-5）和三个孢粉贫乏段（Ⅰ-2、Ⅰ-4、Ⅰ-6）。

孢粉带Ⅱ：松–云杉–菊科–藜科孢粉组合（151～130m，384.1～305.6ka），孢粉总浓度为 2067 粒/g，孢粉极其丰富，反映植被繁盛，乔木植物花粉占绝对优势，蕨类植物孢子及草本植物花粉较少。孢粉植物组合反映了以松和云杉等针叶树组成的针叶林，气候较凉干。

孢粉带Ⅲ：云杉–松–菊科–禾本科孢粉组合（130～99.7m，305.6～276.8ka），孢粉总浓度为 838 粒/g，孢粉较Ⅱ带少，植被略稀疏，乔木植物花粉明显占优势，草本植物花粉较带Ⅱ增多，最多占孢粉总数的 24.74%。此段孢粉组合特征反映的植物被类型为针叶林，气候冷干。

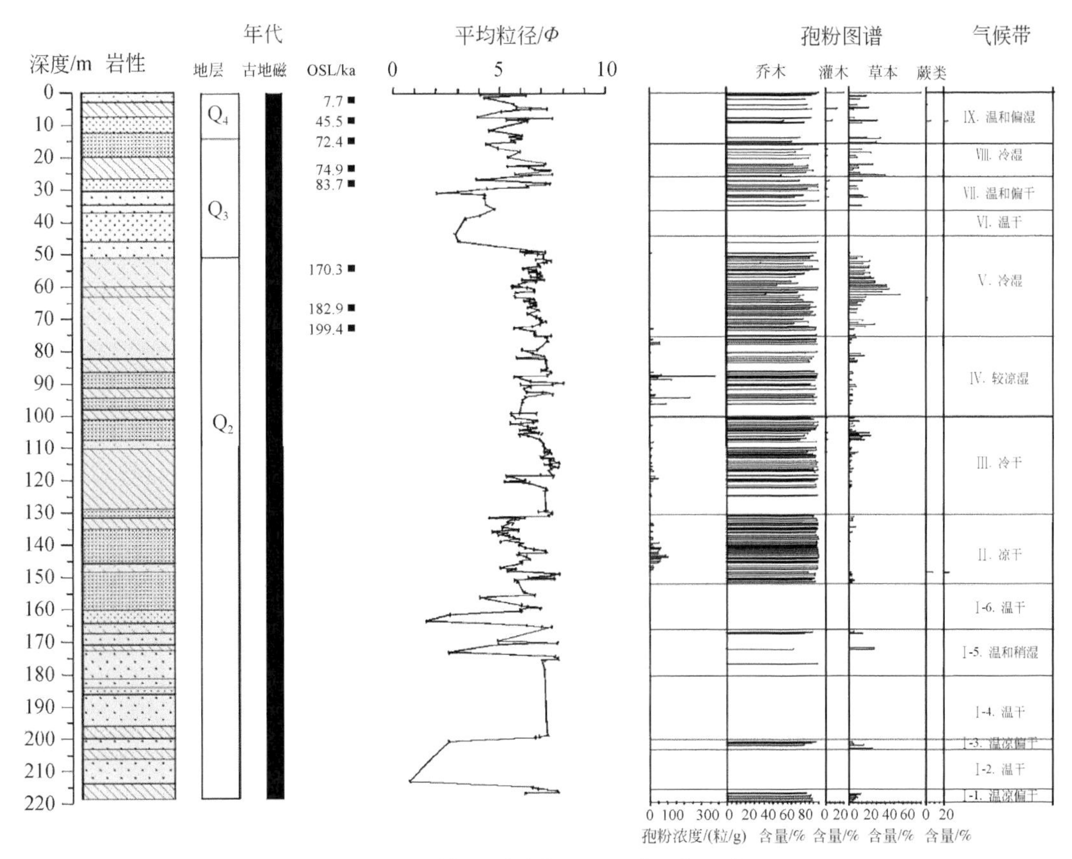

图 2.9 呼包凹陷东部 QK20 孔环境图谱

孢粉带Ⅳ：松-云杉-菊科-蒿-藜科孢粉组合（99.7～75.2m，276.8～207.9ka），孢粉总浓度为3816粒/g，本钻孔最丰富的带。孢粉组合中乔木植物花粉依然占绝对优势，草本植物花粉次之，还有少量的蕨类植物孢子和灌木植物花粉。此段孢粉组合特征反映的植被类型为针叶林，气候较凉湿。

孢粉带Ⅴ：松-云杉-菊科-禾本科孢粉组合（75.2～44m，207.9～115.5ka），孢粉总浓度为239粒/g，明显低于上一阶段，乔木植物花粉依然占优势，其次是草本植物花粉。此带孢粉组合特征反映的植被类型为针叶林，气候冷湿。

孢粉带Ⅵ：（44～36m，115.5～99.0ka），此段孢粉贫乏，达不到统计量，荒漠植被，反映了环境的极度恶化，气候温干。

孢粉带Ⅶ：松-藜科-禾本科孢粉组合（36～25.6m，99.0～77.4ka），孢粉总浓度为21粒/g，是本钻孔中浓度最低的。乔木植物花粉为主。本段孢粉组合反映的植被类型为针叶林，气候温和偏干。

孢粉带Ⅷ：松-云杉-菊科-禾本科-藜科孢粉组合（25.6～15.3m，77.4～67.5ka），孢粉总浓度为48粒/g，孢粉组合中乔木植物花粉占绝对优势，其次是草本植物花粉。此段孢粉组合特征反映的植被类型为针叶林，气候冷湿。

孢粉带Ⅸ：松属-禾本科-菊科-莎草（15.3～0m，67.5ka至今），孢粉总浓度为

65 粒/g，较带Ⅷ略丰富，乔木植物花粉依然占优势，其次是草本植物花粉。此段孢粉组合特征反映的植被类型为疏林草原，气候温和偏湿。

根据年代地层，该钻孔未见 B-M 界线，因此推断该孔为中更新世以来的沉积。孢粉分析结果反映了呼包凹陷东部 556. 3ka 以来，植被经历了森林草原—森林—森林草原的演变，气候经历了温凉偏湿—凉湿—冷湿的变化。晚更新世以来（130. 0ka），呼和浩特市地区植被经历了森林草原—森林的演变，气候为温凉略湿。

（二）呼包凹陷西部

包头 BT1 孔取样深度为 1454. 04m，第四系底界约 1097. 91m，分析了 802 件孢粉样品，该孔 0 ~ 1250m 划分了五个孢粉带，10 个孢粉亚带（图 2. 10）。自下而上各孢粉组合带特征及所反映的植被类型和气候分述如下。

孢粉带Ⅰ（1250. 28 ~ 1097. 91m，地层为 N_2）：本带共涉及样品 103 个，孢粉组合以木本植物花粉为主，其次为草本植物花粉，木本植物中以松属花粉含量最高，草本植物中藜科和蒿属花粉含量较高，反映了当时的植被类型为稀树草原植被，地势较高的山地可能分布着松和云杉-冷杉，一些落叶阔叶树种栎、桦和榆属等点缀于其间，气候特征为温和偏湿。

孢粉带Ⅱ（1097. 91 ~ 447. 00m，地层为 Q_1）：本带共涉及样品 368 个，孢粉组合以木本植物花粉为主，其次为草本植物花粉，但与带Ⅰ相比，木本植物花粉含量降低，草本植物花粉含量增多，草本植物中藜科和蒿属花粉增多，同时木本植物中松属花粉减少但云杉花粉有小幅增加，本带植被仍为稀树草原，气候特征为凉干。本孢粉带可以细分为四个孢粉亚带，自下而上各孢粉亚带组合特征及所反映的植被类型和气候如下所述。

（1）孢粉亚带Ⅱ-1（1097. 91 ~ 928. 41m）：本亚带共涉及样品 108 个，孢粉组合以木本植物花粉为主，其次为草本植物花粉，在木本植物中松属花粉较带Ⅰ明显降低，而云杉花粉含量略有上升，草本植物中藜科和蒿属花粉含量有所上升。本亚带植被类型为稀树草原，气候为偏凉偏干。

（2）孢粉亚带Ⅱ-2（928. 41 ~ 819. 41m）：本亚带共涉及样品 58 个，孢粉组合以草本植物花粉为主，其次为木本植物花粉，木本植物中松属花粉含量继续降低，云杉、冷杉花粉含量也减少，草本植物中藜科和蒿属花粉含量增加。本亚带植被类型为荒漠草原，气候为凉干。

（3）孢粉亚带Ⅱ-3（819. 41 ~ 550. 00m）：本亚带共涉及样品 156 个，孢粉组合以木本植物花粉为主，其次为草本植物花粉，在木本植物中松属花粉较亚带Ⅱ-2 含量有所增加，同时云杉花粉含量大幅上升，草本植物中藜科和蒿属花粉含量有所降低。本亚带植被类型为稀树草原，气候为偏凉偏干。

（4）孢粉亚带Ⅱ-4（550. 00 ~ 464. 10m）：本亚带共涉及样品 49 个，孢粉组合以木本植物花粉为主，其次为草本植物花粉，木本植物花粉含量较亚带Ⅱ-3 有所降低，草本植物花粉含量有所增加，在木本植物中松属花粉较亚带Ⅱ-3 含量有所降低，同时云杉花粉含量略有上升，草本植物中藜科和蒿属花粉含量有所降低。本亚带植被类型为稀树草原，气候仍为偏冷偏湿，较上带有变冷、变湿的趋势。

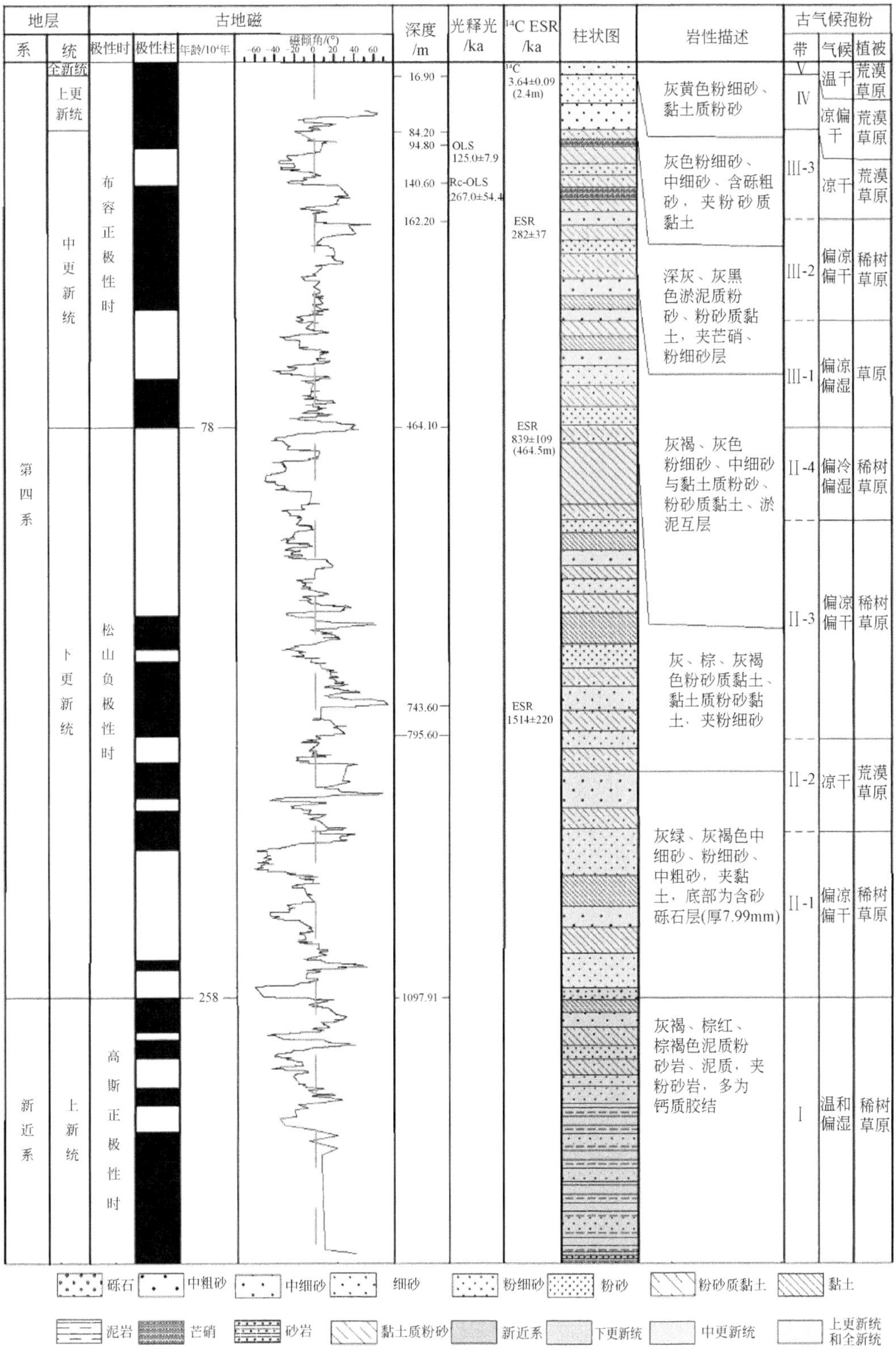

地层：系、统；古地磁：极性时、极性柱、年龄/10⁴年、磁倾角/(°)（-60 -40 -20 0 20 40 60）；深度/m；光释光/ka；¹⁴C ESR/ka；柱状图；岩性描述；古气候孢粉：带、气候、植被

系：第四系；新近系

统：全新统；上更新统；中更新统；下更新统；上新统

极性时：布容正极性时；松山负极性时；高斯正极性时

年龄/10⁴年：78；258

深度/m：16.90；84.20；94.80；140.60；162.20；464.10；743.60；795.60；1097.91

光释光/ka：OLS 125.0±7.9；Rc-OLS 267.0±54.4

¹⁴C ESR/ka：¹⁴C 3.64±0.09 (2.4m)；ESR 282±37；ESR 839±109 (464.5m)；ESR 1514±220

岩性描述：

灰黄色粉细砂、黏土质粉砂

灰色粉细砂、中细砂、含砾粗砂，夹粉砂质黏土

深灰、灰黑色淤泥质粉砂、粉砂质黏土，夹芒硝、粉细砂层

灰褐、灰色粉细砂、中细砂与黏土质粉砂、粉砂质黏土、淤泥互层

灰、棕、灰褐色粉砂质黏土、黏土质粉砂黏土，夹粉细砂

灰绿、灰褐色中细砂、粉细砂、中粗砂，夹黏土，底部为含砂砾石层(厚7.99mm)

灰褐、棕红、棕褐色泥质粉砂岩、泥质，夹粉砂岩，多为钙质胶结

古气候孢粉：

带	气候	植被
V	温干	荒漠草原
IV	凉偏干	荒漠草原
III-3	凉干	荒漠草原
III-2	偏凉偏干	稀树草原
III-1	偏凉偏湿	草原
II-4	偏冷偏湿	稀树草原
II-3	偏凉偏干	稀树草原
II-2	凉干	荒漠草原
II-1	偏凉偏干	稀树草原
I	温和偏湿	稀树草原

图例：砾石　中粗砂　中细砂　细砂　粉细砂　粉砂　粉砂质黏土　黏土　泥岩　芒硝　砂岩　黏土质粉砂　新近系　下更新统　中更新统　上更新统和全新统

图 2.10　呼包凹陷西部 BT1 孔综合柱状图

孢粉带Ⅲ（464.10～84.20m，地层为 Q_2）：本带共涉及样品232个，孢粉组合以木本植物花粉为主，其次为草本植物花粉，木本植物花粉较带Ⅱ含量升高，草本植物花粉含量降低，木本植物中松属花粉含量升高，云杉花粉含量降低；草本植物中藜科花粉降低，蒿属花粉含量上升。本带植被类型为稀树草原植被，气候凉偏湿。

本孢粉带可以细分为三个孢粉亚带，自下而上各孢粉亚带组合特征及所反映的植被类型和气候如下所述。

（1）孢粉亚带Ⅲ-1（464.10～320.00m）：本亚带共涉及样品89个，花粉组合中以木本植物花粉为主，其次为草本植物花粉，木本植物花粉含量较亚带Ⅱ-4升高，草本植物花粉含量降低，木本植物中松属花粉含量升高，云杉花粉含量略有降低，基本持平；草本植物中仍以藜科和蒿属花粉为主，较亚带Ⅱ-4含量均有所降低。本亚带植被为草原植被，气候为偏凉偏湿。

（2）孢粉亚带Ⅲ-2（320.00～210.00m）：本亚带共涉及样品47个，花粉组合中以木本植物花粉为主，其次为草本植物花粉，木本植物花粉含量较亚带Ⅲ-1降低，草本植物花粉含量增加，木本植物中松属花粉含量基本持平，云杉花粉含量降幅较大，由12.50%降为3.00%，草本植物中藜科和蒿属花粉含量均有增加。本带植被为稀树草原，气候为偏凉偏干。

（3）孢粉亚带Ⅲ-3（210.00～84.20m）：本亚带共涉及样品96个，花粉组合以草本植物花粉为主，其次为木本植物花粉，较亚带Ⅲ-2木本植物花粉含量降低，草本植物花粉含量升高，木本植物中松属花粉含量降低，云杉花粉含量略有上升，草本植物中藜科和蒿属花粉含量均有所增加。本亚带中植被为荒漠草原植被，气候为凉干。

在本带96.00～98.30m为一层芒硝晶体，其反映了凉干的气候环境，以干旱为主，湖盆面积萎缩，主要为以化学作用为主的盐湖沉积。

孢粉带Ⅳ（84.20～16.90m，地层为 Q_3）：本带共涉及样品52个，花粉组合以草本植物花粉为主，其次为木本植物花粉，木本植物花粉含量较带Ⅲ有大幅降低，由56.06%降到17.76%，同时草本植物花粉含量由43.17%增加到81.59%，其中木本植物中松属花粉含量仅为11.50%，而草本植物中藜科（29.46%）和蒿属（38.32%）花粉含量均有大幅增加。本带植被类型为荒漠草原，气候为凉偏干。

孢粉带Ⅴ（16.90～0m，地层为 Q_4）：本带共涉及样品35个，花粉组合以草本植物花粉为主，其次为木本植物花粉，木本植物花粉含量较带Ⅳ有所降低，同时草本植物花粉略有增加，其中木本植物中松属花粉含量仅为7.75%，而草本植物中藜科（33.87%）和蒿属（40.61%）花粉含量均有大幅增加。本带植被类型为荒漠草原，气候为温干，总体呈干旱趋势。

综上所述，由包头BT1孔孢粉分析初步建立了上新世晚期以来古气候变化序列：上新世晚期气候特征为温和偏湿；早更新世气候特征为凉干；中更新世气候特征为凉偏湿；晚更新世气候特征为凉偏干；全新世气候特征为温偏干，总体呈干旱趋势。

通过河套盆地六个200m钻孔以及揭穿第四纪的包头BT1深孔的年代学和孢粉分析，首次建立了该区完整的第四纪古气候变化序列。

早更新世：气候综合特征温和偏湿。可进一步划分为四个气候变化阶段：温和偏干

(2.73～2.42Ma)—温和偏湿（2.42～1.87Ma)—温和偏干（1.87～1.58Ma)—温和偏湿(1.58～0.84Ma)。中更新世：气候主要特征凉偏湿，气候变化有三个阶段：温凉干旱(0.84～0.50Ma)—温偏干（0.50～0.40Ma)—凉湿（0.40～0.13Ma)。晚更新世：气候主要特征凉偏干，分为三个阶段：温和略干（0.13～0.09Ma)—凉偏湿（0.09～0.06Ma)—温偏干（0.06～0.01Ma)。全新世气候温偏干。

第五节　沉积古地理演化

沉积环境是在物理上、化学上和生物上均有别于相邻地区的一个自然地理单元，也是发生沉积作用的场所。沉积相则是沉积环境中形成的沉积物特征的综合表现。沉积环境是形成沉积岩相特征的决定因素，沉积岩相特征则是沉积环境的物质表现。在构造地质学、岩石地层学、古生物学、古气候学与岩相古地理学等多学科交叉分析基础上，划分了河套平原第四纪沉积岩相类型，恢复了其古地理条件与沉积环境，为区域第四纪地质环境演化、水文地质研究等提供基础资料与理论依据。

一、沉积相类型及划分

沉积相判别标志包括沉积物岩性（如岩石的颜色、物质组成、结构、沉积构造、矿物以及特殊地层）与古生物（如生物的种属和生态）等特征。参考前人对河套平原第四纪研究成果，根据露头剖面、水文地质钻孔及地热钻孔资料所揭示的沉积环境标志与沉积层序类型，以相序递变规律为基础，将河套平原第四纪沉积物划分为九种主要沉积（亚）相，即残坡积相、冲洪积扇相、河流相、湖泊相（滨湖相、浅湖相、半湖相、盐沼相)、河湖三角洲相与风积相，各沉积相类型及相判别标志见表2.3。

二、沉积相特征及古地理演化

区内绝大部分的钻孔资料揭穿了中更新统上部地层，较少的钻孔资料揭遇（穿）了中更新统下部地层，鲜有若干地热钻孔、水文地质钻孔揭穿了第四系。综合钻孔的岩性、岩相等特征分析，河套平原中更新统下部及以下地层具有很明显的区域性差异，但中更新统上部及以上地层则具有很高的相似性。因此，早更新世（Q_1）、中更新世早期（Q_2^1）的古地理环境演化将按照“三凹两隆”的构造格局与地层框架简单分述，中更新世晚期（Q_2^2）以来的古地理特征则依据各主要沉积相带分布特征与演化加以详述。

（一）早更新世

河套平原仅有LR1、HR3地热钻孔，BT1、XV-1水文地质钻孔等揭穿了下更新统，并且各区典型钻孔的岩性岩相特征有较大的差别，因而将根据各自沉积特征分区进行大致地判定分析，为河套平原下更新统（Q_1）岩相古地理特征及演化提供概略性认识。

表 2.3　主要沉积（亚）相类型特征表

沉积相类型		沉积相标志	主要发育地层	主要分布位置
亚	亚相			
残坡积相		灰黄、灰褐、棕黄色的角砾石、砂砾石，含少量粗中细砂，夹亚砂土，分选性与磨圆度差，砾石形状以棱角状-次棱角为主，无层理构造，并且无生物化石	$Q_{3\text{-}4}$	平原内的德令山、托克托台地、岗地与残丘上
冲洪积扇相		厚大的杂色、肉红、棕红、灰黄、棕黄、黄绿色卵（角）砾石、砂砾石，夹少量黏性土薄层，分选性与磨圆度较差，矿物成熟度低，少生物化石；粒度由扇根向扇中、扇缘逐渐变细，分选性、磨圆度逐渐变好，泥质含量逐渐增多，水动力条件强劲多变，强氧化环境	Q_2、$Q_{3\text{-}4}$	狼山-色尔腾山、乌拉山、大青山、蛮汉山等山前地带及平原东南部抬升斜坡带
河流相		以厚大的浅黄、土黄、灰黄、浅棕黄、黄灰、浅棕、（浅）灰绿色粗中砂、中细砂、粉细砂为主，少含砂砾，局部夹淤泥质粉砂、砂质黏土（亚黏土）、黏土薄层。沉积物颜色偏浅，砂体厚度大，具有水平、斜层理，水动力条件强且多变，多为（强）氧化环境	Q_2^2、$Q_{3\text{-}4}$	临河凹陷中西部、三湖河凹陷中部、呼包凹陷东西部
湖泊相	滨湖相	以较厚的灰黄、黄灰、黄绿、（浅）灰、棕灰、青灰、灰绿色粉细砂、中细砂、中细砂为主，偶含小卵砾，夹泥质砂土、淤泥质（亚）黏土薄层，含介形虫、螺类化石及植物枝叶，具有水平与交错层理，水动力条件较弱，偏还原-弱氧化环境	Q_1、Q_2^2、Q_2^1、Q_3^1	河套平原南部
湖泊相	浅湖相	厚大的灰、棕灰、黑灰、青灰、灰绿色淤泥质粉（细）砂或砂质黏土、淤泥质（亚）黏土、淤泥近似等厚互层组成，含介形虫化石等，具水平与小型交错层理，水动力条件弱，属还原环境	Q_1、Q_2^2、Q_2^1、Q_3^1	河套平原中南部
湖泊相	半湖相	由巨厚的棕灰、灰褐、灰黑、蓝灰色淤泥质粉（亚）黏土和粉砂质黏土组成，少夹薄粉砂层，特征为颜色深，粒度细，有机质含量高，发育块状与水平层理，水动力条件很弱，偏强还原环境	Q_1、Q_2^2、Q_2^1、Q_3^1	河套平原北部
湖泊相	盐沼相	灰、灰绿、灰黑色淤泥质黏土、黏砂土（或黏土）及粉砂质淤泥，夹若干白色的芒硝（石膏）晶体，具明显的水平细纹层理构造，水动力条件很弱，偏还原环境	Q_2^2、Q_3^1	呼包凹陷西部断块区
河湖三角洲相		灰、灰绿、黄绿色粗中砂、砂砾石，夹粉细砂，局部夹（淤泥质）黏性土薄层，具斜、交错层理，水动力条件较强，偏弱还原-氧化环境	Q_2^2、Q_2^1、$Q_{3\text{-}4}$	黄河、大黑河等诸水系进入湖盆的过渡带
风积相		灰黄、黄、灰（褐）色粉细砂、粉砂，少夹含淤泥亚砂土，黄灰色亚砂土夹黑垆土，分选性好，结构疏松，孔隙度大	$Q_{3\text{-}4}$	乌兰布和与库布齐沙漠、余太盆地中部、大黑河流域上游一级阶地、托克托台地

1. 临河凹陷

临河 LR1 地热钻孔资料[1]表明，其下更新统上部地层岩性-岩相组合为一套冲湖积浅灰、黄灰色黏土、黏土质粉砂，夹粉砂层，底处为灰黑色碳质层，含植物枝叶，厚约385m，具有浅水、偏弱还原环境沉积特征；下部为黄棕、棕红、浅灰色黏土、粉砂，夹黏土质粉砂、细砂层，半固结状，厚约265m，具有浅水、偏弱氧化-还原环境沉积特征。据此认为，早更新世临河凹陷南部为滨浅湖环境，根据断陷盆地形成机制及相序递变规律，推测该区北部应为浅湖-半深湖。

2. 三湖河凹陷

据三湖河凹陷中部XV-1孔资料，下更新统上部（327.3～425.8m）岩性为黄灰色黏土、砂质黏土与（灰）黄色中细砂、粉细砂、粉砂不等厚互层，并含平卷螺化石残片，具有水动力条件较强、偏（强）氧化环境沉积特征，河流加积作用明显，这表明早更新世该区沉积环境以河流为主，间有浅湖（洼地）交替演化。

3. 呼包凹陷

包头麻池 BT1 孔中下更新统（464.1～1097.9m）岩性-岩相组合可分为五段：顶部（464.1～550.3m）岩性为一套滨浅湖相灰褐、灰色黏土质粉砂、粉砂质黏土、砂质黏土层；上部（550.3～707.3m）岩性为一套浅湖相灰、浅灰褐、棕色粉砂质黏土、黏土质粉砂、黏土，夹厚层粉细砂、粉砂层；中部（707.3～986.9m）为一套滨浅湖相深灰绿、灰褐、灰色厚层中细砂、中粗砂，偶夹（深）棕色黏土、粉砂质黏土；下部（986.9～1089.9m）为一套滨浅湖深棕、深灰褐、深灰绿色黏土、粉砂质黏土，少夹中细砂、粉砂层；底部（1089.9～1097.9m）为砂砾石层，为一套冲洪积物。总体而言，早更新世呼包凹陷西部主要发育古湖。

据哈素海 HR3 地热钻孔的下更新统岩性资料[2]，顶部为棕红色砂质黏土，夹白、绿色中细砂薄层，厚约88m；上部为白、灰绿、黄色砂砾石（成分以石英岩为主），偶夹灰绿色黏土层，厚约160m；中下部为灰、灰绿、黄色砂质黏土，偶夹砂层，厚约429m；底部为灰绿、白色粗砂（成分主要为石英），分选较差，厚约57m。该套地层以粗碎屑为主，夹泥质透镜体，具有很强的水动力条件及较强的氧化环境，这表明该处古地理单元主要为冲洪积扇洪中下部或滨湖交接地带。另据呼和浩特市南沟子板村 ZKHB 孔下更新统下段（219.9～250.0m）的岩性资料（李建彪等，2007），其为一套棕红、棕黄色黏土、黏土质粉砂，夹薄层细砂，底部为中粗砂层（未揭穿第四系底），具有下粗上细的粒序特征，并处于很强的氧化环境，这表明该处先期河流发育，继而转为浅湖洼（地）为主。

综合上述分析认为，早更新世呼包凹陷古地理环境差异明显，其西部发育古湖泊，中东部以河流为主，兼有浅湖（洼地）发育，山前地带则发育较小规模的冲洪积扇体，并且

① 内蒙古自治区地质调查院，2012，内蒙古自治区巴彦淖尔市临河区地热资源预可行性勘查报告。
② 内蒙古自治区地质调查院，2011，内蒙古自治区土默特左旗哈素海地区地热资源勘查报告。

湖盆中东部处于强氧化环境。

（二）中更新世早期

河套平原北部（深覆盖区）很少有钻孔揭露该套地层；南部（浅覆盖区）钻孔则多揭遇（穿）了该套地层，特别是呼包凹陷东部的钻孔资料揭露情况较翔实。但各区典型的钻孔资料反映的岩性、岩相、沉积环境特征有很大不同，因此仍将分区加以说明。

1. 临河凹陷

从Ⅰ-3、Ⅱ-3与Ⅱ-4孔钻孔资料综合分析，其岩性以厚层的浅棕黄、灰绿、黄绿色（少含砾）粗中砂、细中砂为主，夹少量（泥质）粉砂与黄绿色黏土；Ⅲ-4孔岩性为厚层的暗黄绿、灰黑色粉细砂、中细砂，夹蓝灰、灰（黑）色（粉质）黏土薄层，这反映巴彦高勒镇北部10～15km范围内应为入湖的河湖三角洲；至补隆淖镇（Ⅲ-4孔）过渡为滨湖环境。临河LR1地热钻孔中更新统下段（Q_2^1）岩性主要为浅灰色黏土、灰黄色黏土质粉砂，夹深灰色淤泥，局部厚砂层发育，说明临河地区已处于滨浅湖环境。巴彦高勒镇—补隆淖镇—临河一带的沉积相带分布具有河湖三角洲相—滨湖相—滨浅湖相的相变规律。

尽管临河凹陷北部缺乏直接的钻孔资料证据，但根据断陷盆地形成机制以及相律递变原则，结合该区南部沉积相特征仍可推测其北部沉积环境也应为湖泊。另据第12号第四纪地质剖面分析，南部拗陷带为（细）粉砂、亚砂土、淤泥或黏土互层发育，至北部Ⅻ1孔265.1～463.6m岩性则为单一的厚大黏性土层。这种沉积物粒序组合反映了由南往北，具有滨湖相—滨浅湖相—（半）深湖相的相变规律，这表明中更新世早期乌拉特前旗新安镇—苏独仑镇一带确为湖泊占据。

2. 三湖河凹陷

据三湖河凹陷中部ⅩⅣ2、ⅩⅤ-1与ⅩⅣ-2孔资料，ⅩⅣ2孔（112.0～280.9m）岩性为厚层的黄色中细砂、细中砂夹红、浅棕、（棕）灰色黏土与淤泥质粉砂；ⅩⅤ-1孔（94.3～327.4m）岩性为灰黄、黄灰色粉砂、细中砂、中细砂，夹灰蓝、灰黄、灰黄色黏土夹砂质黏土；ⅩⅣ-2孔（113.9～206.2m）岩性为灰色粗中砂、细中砂、中细砂与粉细砂与棕、（浅）棕灰色黏土近似等厚互层，但黏土层稍厚。上述三个孔中更新统下部地层（Q_2^1）岩性都以黄、灰黄色河流相粗碎屑为主，并夹有红、（浅）棕、（棕）灰色黏性土，反映当时该区水动力沉积作用强烈，并处于较强的氧化环境。综合分析认为，中更新世早期三湖河凹陷（中部）以发育河流为主，间有浅水湖洼（地）发育，并表现出较强的氧化环境；但与早更新世沉积环境相比，这一时期的湖积作用有所增强。

3. 呼包凹陷

大青山山前地带，水77、HR3、TK19、HB23、TK30、N03、84-3、CKB41、L29、Ⅲ-1与Ⅲ-2等孔揭遇（穿）的中更新统下部地层为厚大的杂色、肉红、白、棕黄、棕红、黄褐卵砾石、砂砾石、中粗砂、粉砂，夹灰、灰褐色含淤泥砂质黏土与淤砂薄层，其沉积物以粗碎屑为主，分选性较差-差，磨圆度低，反映其水动力条件强劲多变，以强氧化环境为主，属于典型的冲洪积扇相。这表明中更新世早期大青山山前发育了一定规模的冲洪积扇体（群），九原区沙尔沁镇-土默特右旗萨拉齐镇、美岱召镇-土默特左旗哈素海北、毕克齐镇、兵州亥村-呼和浩特市新城区、回民区-白塔机场等一带均已为冲洪积扇体（群）所据。该套地层顶板埋深为50～330m，具有西深东浅特征，并且大青山东段局部地区冲洪积层已被湖积层超覆。

蛮汉山山前至桃花乡东，Ⅲ-4、HS3、Ⅳ1、HS22、Ⅳ2、S13、Ⅴ2付、Ⅴ2主等孔揭遇（穿）中更新统下部地层为棕黄、（灰）黄、杂色卵砾石、砂砾石、中粗砂、粗砂、中细砂，夹褐灰、深灰色淤砂与淤泥透镜体，该套地层顶板埋深范围为60～130m，底板埋深范围为140～225m，由东往西，顶、底板埋深逐渐变大；沉积物以粗碎屑物为主，向盆地内部粒级变细、粗碎屑物含量减少、颜色渐深、泥质透镜体层数增多、厚度增加，反映其形成环境水动力条件强烈多变，偏强氧化环境，为典型的河流环境沉积。

桃花乡西Ⅵ2孔与沙尔营乡东TK37孔揭遇（穿）的中更新统下部地层为黄、褐黄、灰绿、（黄）灰、棕黄色少含砾中粗砂、粉细砂、淤泥质粉砂与黄褐、灰绿、黄绿色粉砂质淤泥多期互层，该套地层顶、底板埋深分别为177m、436m，其沉积特征具有很强的水动力条件且复杂多变，偏弱还原环境，水体较浅，属于河湖三角洲过渡相，表明沙尔营乡以东至桃花乡西为入湖的河湖三角洲环境。

这一时期，呼包凹陷湖积层范围较早更新世有所扩展，湖积层范围东延至沙尔营乡，南抵鄂尔多斯台地北缘与托克托台地新营子镇—舍必崖乡一线，呼包凹陷西部断块区仍发育湖相层。托克托台地新营子镇—舍必崖乡一线以南缺失中更新世下部地层，表明该区处于剥蚀状态。

呼包凹陷西部，TK28、HB28、Zk276、SK72、ZK289、HB17、ZK14、ZK24与HB29付1等孔揭遇（穿）中更新统下部地层为浅黄灰、浅黄、褐黄、灰绿、灰、青灰、褐黑色粗中砂、细中砂、粉细砂、粉砂，夹若干浅黄、浅黄灰、蓝灰、褐黑、褐灰色含淤泥砂质黏土、淤泥与淤砂，局部可见含蚌壳化石碎片，该套地层顶板埋深范围为170～200m，其反映沉积水动力条件较强且多变，偏还原环境，水体偏浅，为滨湖相沉积。这表明达拉特旗王爱召镇—将军尧镇—伍什家镇—舍必崖乡北—沙尔营乡西一带发育（浅）滨湖。

呼包凹陷（东）中部，SK41孔、SK71、HB8付1与HB16付1等孔揭遇（穿）中更新统下部地层岩性为厚大的浅灰、灰褐、灰黑、灰蓝色淤泥质亚黏土、黏土、淤砂，夹（浅）灰、灰黑色粉细砂、粉砂薄层，局部可见水平层理，其反映了沉积水动力条件偏弱，属还原环境，水体较深，具浅湖相沉积特征。这表明树林召镇—王爱召镇—将军尧镇—五申镇—永圣域乡—北什轴乡一带为（滨）浅湖所覆盖，依据相序递变规律，该相带以北的沉积断陷区应为半深湖。

尽管西山咀与包头两个隆起区缺少深部地层资料，但从临河、三湖河与呼包三个凹陷的沉积物粒度特征与颜色变化来分析，三湖河凹陷沉积物粒度偏粗（中粗砂、中细砂），颜色偏浅（棕红、灰黄、黄、棕黄色），以河流相粗碎屑为主，物源应来自于其两侧乌拉山与鄂尔多斯台地诸古水系搬运带来；临河凹陷、呼包凹陷西部地层岩性为细碎屑沉积（含淤泥砂质黏土、亚黏土、黏土、淤泥及细粉砂），颜色较深（灰、青灰、灰褐、灰黑色），以湖相层为主。综合“两隆三凹”的岩性、岩相与物源供给特点，据此可以认为中更新世早期临河、三湖河与呼包三个凹陷应是各自独立演化，并推测西山咀与包头两个隆起应处于剥蚀阶段，并未完全沟通整个湖盆。

（三）中更新世晚期—晚更新世早期

依据岩石地层、年代地层等资料分析，现有钻孔资料几乎都已揭穿了中更新统上部地层，中更新世晚期—晚更新世早期（Q_2^2—Q_3^1）河套地区发育了巨厚的广复式湖相层，甚至于西山咀隆起东部、包头隆起北部两个浅覆盖区，以及阴山山麓阶（台）地上均保存了一定厚度的湖积物。这表明河套地区已由中更新世早期“三凹两隆”构造单元独立演化的古地理格局进入全盆地协同演化阶段，变成了黄河上游一个统一的封闭古大湖盆。因此，将依据主要沉积相带分布特征阐述古地理演化情况。

1. *冲洪扇积相*

大佘太镇ZK30，乌拉山北缘ZK32、ZK23、ZK22诸孔揭穿中更新统上部地层为杂色、黄色冲洪积砂砾石、中细砂与粉细砂；呼和浩特以东的大青山山前，S1、HS10、V1、KⅢ1、Q27、CKB41、L-29、Ⅲ-1、L32等孔揭穿该段地层岩性为杂色、棕红、黄色的冲洪积卵砾石、砂砾石及粗中砂等碎石层；蛮汉山黄合少镇一带Ⅰ-4、Ⅰ-5孔地层岩性为灰白、灰、黄色卵砾石、砂砾石、中细砂、粉细砂，少夹黏土薄层。这表明佘太盆地、大青山东段和蛮汉山山前地带以冲洪积扇为主，但冲洪积扇体发育规模很小，直入湖盆构成了水下扇或与滨湖地带相接。此外，现今大黑河出山口（美岱村）一带则缺失该段地层，这表明该时期大黑河出山口应处于蛮汉山山前黄合少镇一带。

2. *湖泊相*

该套广复式湖相层富含大量淤泥质及有机质、细微薄层理发育明显、含盐量较高、颜色深，以分布广、厚度大、沉积连续的灰、青灰、灰蓝、灰褐、灰黑色淤泥质黏性土（淤泥、淤砂、砂质黏土、黏质砂土、黏土）为主，其可作为本次岩相古地理研究中等时体。湖相层发育特征与盆地断陷-拗陷性质密切相关。半深湖相主要位于河套平原北部断陷带（深覆盖区）。浅湖相、滨湖相相带环半深湖相依次展开，受阴山山前构造抬升影响，浅湖相与滨湖相在北部山盆边缘处的相带较陡窄，在南部地区（浅覆盖区）相带则较为宽缓（图2.11）。

滨湖相的沉积特征为较厚的灰白、青灰、（深）灰、灰黑色淤泥质黏土、淤砂、淤泥与较薄的灰绿、黄绿、灰色粉中细砂、细砂、粉砂层近似等厚互层，可见水平、斜层理。向盆地内部，地层厚度增大，砂层减少，层厚变薄至尖灭，淤泥质黏性土层越加厚实，土色渐深。该套地层底板埋深在临河凹陷、三湖河凹陷与呼包凹陷变化范围分别为60～230m、110～200m、50～226m，反映其沉积环境的水动力条件较强，偏弱氧化-还原条件。该相带主要分布于北部阴山山前；南部补隆淖镇、临河区、乌拉特前旗；杭锦淖尔村、包头市区；白泥井、托克托县城、燕山营村、沙尔沁镇、盛乐镇、呼和浩特市区、土默特右旗、土默特左旗南等区域。相带宽度以临河凹陷为最大，呼包凹陷次之，三湖河凹陷窄。

浅湖相的沉积特征为厚大的深灰、青灰、灰褐、灰黑色淤泥质黏土、淤泥、淤泥质粉

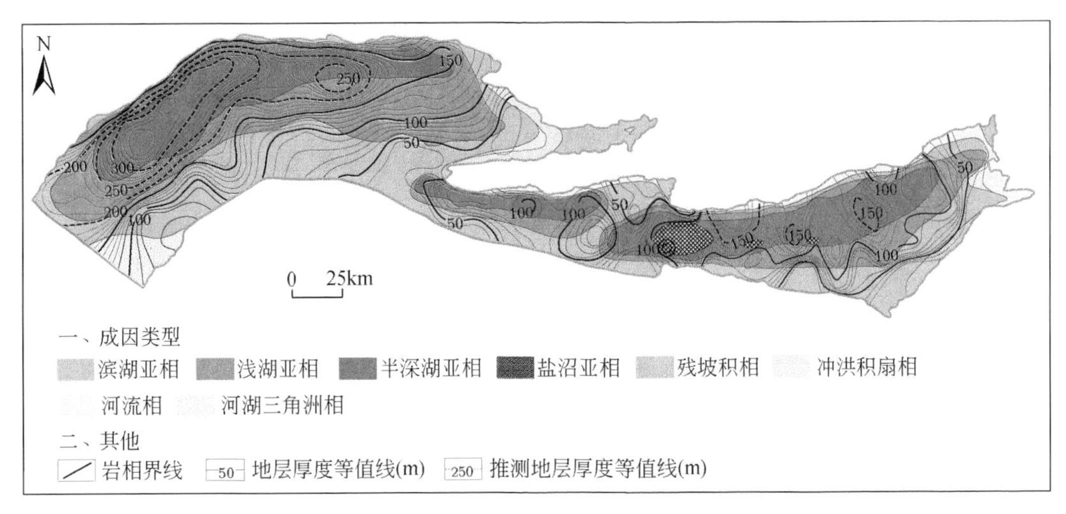

图 2.11　中更新世晚期—晚更新世早期河套平原岩相古地理示意图

砂、黏土，夹灰、青灰、灰黑色细粉砂、粉砂薄层，可见水平层理，单个黏性土层厚度为20～30m，单个砂层厚度为3～5m，这反映其形成环境水动力条件较弱，属还原环境。该相带主要分布于哈腾套海、隆盛合镇-二道桥镇之间、塔尔湖镇-复兴镇之间、苏独仑镇-新安镇之间，沙日召嘎查、乌兰镇北、全巴图村，以及将军尧镇、五申镇、伍什家镇、永圣域乡、巧尔什营乡北、桃花乡、金河镇、台阁牧镇南、土默特右旗南等区域。

半湖相的沉积特征为巨厚的棕灰、深灰、深褐黑、灰黑色淤泥质黏土、淤泥、（粉质）亚黏土、黏土，夹若干青灰、灰黑色淤泥质粉砂、粉砂透镜体，其中黏性土层可达50～60m及以上，这反映其形成环境水动力条件很弱，偏强还原条件。该相带主要分布于磴口县沙金套海苏木，杭锦后旗双庙镇、三道桥镇，乌拉特中旗白脑包镇、五原县银定图镇、五原县城北，乌拉特前旗苏独仑镇西、先锋镇，达拉特旗展旦召苏木、王爱召镇，土默特右旗明沙淖乡、发彦申村、美岱召镇，土默特左旗善岱镇、敕勒川镇、北什轴乡、白庙子镇等区域。该相带易于发育沉积中心，临河凹陷沉积中心处于三道桥镇-白脑包镇一带，推测沉积厚度可达250m以上；三湖河凹陷沉积中心位于先锋镇南，沉积厚度约120m；呼包凹陷则有若干个沉积中心，依次为王爱召镇、美岱召镇、善岱镇及白庙子镇，推测厚度可达150m。

盐沼相由湖盆萎缩、湖水蒸发进而盐化形成，多处于湖心，岩性为灰、灰绿、灰黑色淤泥质砂质黏土、黏质砂土、黏土及淤泥，具水平细纹层，多夹若干2～4m厚的芒硝层，其主要分布于呼包凹陷西部达拉特旗王爱召镇一带。芒硝作为冷相盐类矿物，是冷干或极端冷干环境的标志。根据芒硝形成的温度条件（郑绵平等，1989），推测当时呼包凹陷西部的气温要比现今的平均气温还要低2～4℃，年平均温度应在0℃以下，气候异常干旱，湖泊来水减少，蒸发强烈。

这一时期，河套平原基本上被古湖泊所占据。盆地内钻孔黏土的可溶盐分析表明，中更新世晚期（Q_2^2）含盐量为6‰～15‰，属分布最广的区域性富盐期，晚更新世早期（Q_3^1）含盐量为4‰～8‰，皆是河套平原第四纪时最主要的富盐期（杨友运，2004）。临河凹陷与呼包凹陷钻孔剖面中更新统上段与上更新统中介半咸水-咸水的近岸正星介等喜盐属种渐渐增多，而其他种属锐减，也表明湖水咸化（高胜利等，2007）。陈笑霞（2013）根据河套平原四个露头剖面湖相层盐度特征，推断距今40万~9万年河套平原沉积环境为半咸水-咸水湖，进入碳酸盐湖-硫酸盐湖演化阶段。

中更新世晚期（Q_2^2）与晚更新世早期（Q_3^1），沉积相带的分布格局、类型变化及沉积特征基本相似，只是湖盆变浅，湖水略有缩小，浅水沉积范围进一步扩大。古气候条件对古湖盆演化差异有一定影响。晚更新世早期（Q_3^1）为较暖湿气候的末次间冰期，但中更新世晚期（Q_2^2）气候较冷干，是河套地区形成区域性富盐期的必要条件。

（四）晚更新世中晚期—全新世

现有钻孔资料都揭穿了上更新统中上部地层，河套平原周缘以冲洪积扇相粗碎屑物为主，平原内则广泛发育冲积相细碎屑物，冲湖积物主要发育于临河凹陷东部乌梁素海一带，以及呼包凹陷中部土默特平原。将依据主要沉积相带分布特征阐明古地理演化特征（图2.12）。

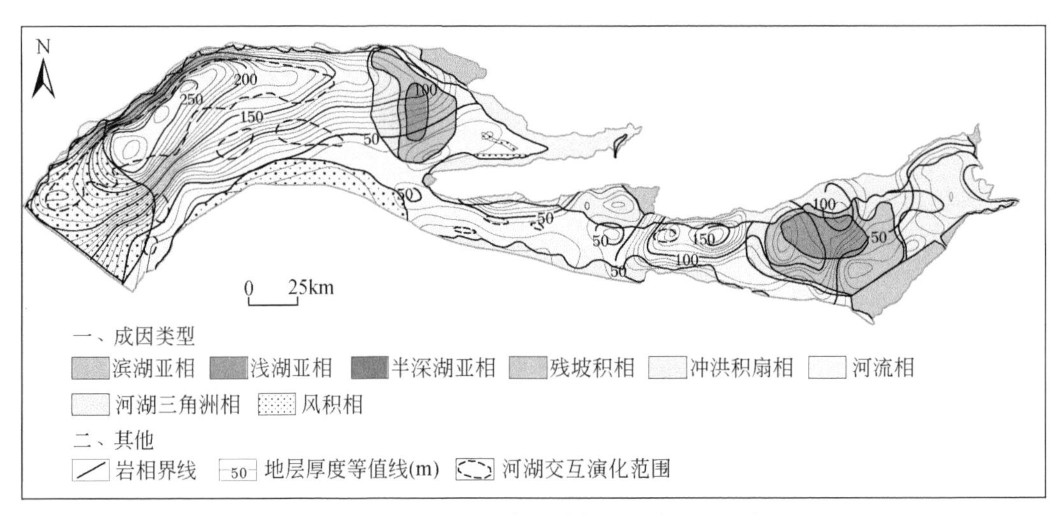

图2.12　晚更新世中晚期—全新世相古地理示意图

1. 冲洪积扇相

该相带呈东西带状断续分布于阴山山前及东南部边缘抬升斜坡带，狼山-色尔腾山山前该相带宽不超过5km，层厚70~90m，而大青山山前该相带宽可达近20km，层厚100~180m。沉积相特征为较厚大的杂色、（浅）棕红、（浅）黄、棕黄、黄绿、（黄）灰色卵砾石、砂砾石、中粗砂、中细砂，夹灰黄、灰、灰绿色细粉砂、粉质亚黏土、淤泥质黏土。沉积物自北而南和自扇轴部向两翼由粗变细，扇端与扇中的岩性多以杂色、黄色卵砾石、砂砾石与碎石层为主，扇缘与扇间的岩性多为黄绿、（黄）灰色中细砂、细粉砂与粉砂黏土、淤泥质黏土互层。下部多为卵砾石和砂砾石层，上部则为砂砾石夹砂土层，上更新世至全新世为连续沉积，大体上初期以洪积相为主，后期以洪冲积相为主。

同上一时期相比，这时期河套平原山前冲洪积扇体（群）整体上有更进一步的发育，狼山-色尔腾山山前冲洪积扇（群）发育规模较小，而大青山山前冲洪积扇体（群）发育规模则更为宏大（图2.12）。主要原因是外地质营力存在差异，晚更新世以来河套平原东部较之西部的山前构造活动更强烈，构造抬升与差异性沉降所营造的沉积空间更广阔。大青山山前冲洪积扇（群）发育特征具有多期扇中扇构造，在古老冲积扇或大冲积扇上，又覆盖着新的冲洪积扇或小冲积扇，显然是强烈的新构造运动的表现。另外，从内地质营力分析，黄河较之大黑河充填盆地的超补偿沉积作用更强大，导致河套平原西、东部的侵蚀基准面（相对于山前冲洪积作用而言）有高低差异，从而使得河套平原东、西部山前冲洪积作用有强弱之别。从外、内地质营力综合分析，河套平原东部扇体（群）的建造能力更强，故而其发育规模有“东大西小”的明显差异。

2. *河流相*

河套古湖水外泄后，本区河流作用逐渐占主导，因而河流相广泛的分布于河套平原内。

临河凹陷河流相地层主要为巨厚的（浅）灰、灰黄、棕黄、黄色中细砂、粉细砂、粉砂，具水平、斜层理，底板埋深不超过250m，主要分布于五原县-乌拉特前旗以西广大地区。由西往东，沉积物粒度具有粗—细渐变特征（粗中砂—中细砂—粉细砂—泥质粉砂）。由南往北，砂层厚度增加，黏性土层多增多，黏性土层数可达十数层，厚度为2～10m（图2.13）。以临河凹陷QK3孔粒度资料为例，该孔以中砂、细砂为主，夹若干黏性土薄层，砂层粒径平均值范围为2.8Φ～4.2Φ，频率曲线以单峰为主，少见双峰态，正偏态，概率累积曲线以二段型为主，反映了水动力条件强的河流环境。含黏性土层粒径平均值为6.5Φ～7.8Φ，黏土含量为30%～57%，频率曲线以单峰为主，正偏态，概率累积曲线以细一段型为主，反映了水动力条件较弱的浅湖洼环境。另据QK1、QK3、QK5与WY1孔四个钻孔的微体古生物分析，介形虫化石分布稀少，主要为玻璃介、丰满白花介、背瘤白花介与东山土星介，反映沉积环境为沟河、溪流与池塘。由此可见，临河凹陷北部沉降断陷带多为河流与湖泊交互演替发育，并且河流演变时间更长，南部拗陷带则以河流环境为主。临河凹陷沉积中心仍发育于其北部沉降断陷带（三道桥镇-白脑包镇-银定图镇），沉积厚度可达250m。

三湖河凹陷中部河流相沉积物主要为较厚的灰、灰黄、黄灰色粗中砂、中细砂、细砂、粉砂，少夹浅黄、灰黄、（棕）灰色淤泥质黏土、砂质黏土、黏土薄层，底板埋深不超过60m。据QK7孔微体古生物分析表明84m以上地层未见微体化石。这表明三湖河凹陷中部与临河凹陷北部沉积环境相似，以河流环境为主，兼有河湖交互演化，但黏性土层更薄，层数更少，表明浅湖洼地发育频繁，但演替时间更短。

呼包凹陷西部河流相沉积物主要为厚大的灰黄、（浅）灰色粉细砂，多夹若干黄、（浅）灰色黏土，砂层厚可达60m，黏性土层厚2～4m，底板埋深范围为100～150m，主要分布于包头市以东至土默特右旗发彦申村西一带。包头市BT1孔研究表明晚更新世中晚期以来，气候干旱，应为河湖交替沉积，但存在着四期明显的以湖泊为主的沉积环境：距今8.7～8.6万年、距今7.5～7.2万年、距今6.8～4.9万年与距今4.1～3.1万年，这期

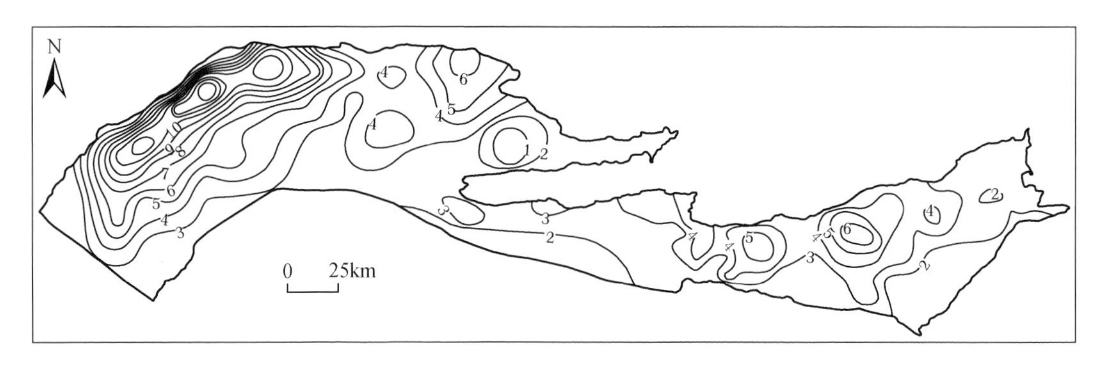

图 2.13　上更新统—全新统泥层层数等值线示意图

间则为湖泊-河流过渡期或河流发育期。由此可见，呼包凹陷西部、三湖河凹陷与临河凹陷北部的沉积环境相似，以河流沉积为主，河湖频繁地交互演化。其中，该区发育了王爱召镇、明沙淖乡两个沉积中心，沉积厚度可达 150m。

呼包凹陷东部该套地层岩性为棕黄、（灰）黄色卵砾石、砂砾石、中砂、细砂，夹棕黄、褐黄、黄灰色亚砂土、亚黏土，砂（砾）层可达 10m，底板埋深不超过 60m，向东沉积物粒度愈粗，黏性土层减少。以呼和浩特市桃花乡 QK20 孔为例，该孔以灰黄、棕黄、黄色少含砾中细、粉细砂、粉砂为主，粒序具有下粗上细二元结构，上部粒径范围为 $2\Phi \sim 4.5\Phi$，下部粒径范围为 $4.5\Phi \sim 6.2\Phi$，频率曲线以单峰为主，正偏态，概率累积曲线以二段型为主，反映了水动力条件较强的河流沉积作用。至现今大黑河出山口一带，岩性基本上为冲积相杂色、黄色卵砾石、砂砾石及粗中砂，而黄合少镇一带则为冲洪积相杂色卵砾石、砂砾石，表明这一时期大黑河已改道，经由美岱村出山口进入了河套平原内。

3. 湖泊相

从河套平原沉积物岩性、岩相组合特征分析，湖积层主要分布于临河凹陷东侧的乌梁素海（西），以及呼包凹陷中部土默特（冲）湖积平原。

临河凹陷的新安镇-苏独仑镇-乌梁素太乡一带（今乌梁素海及其以西地区）主要发育滨、浅湖相，岩性为较厚的黄灰、灰、灰黑色含淤泥或淤泥质亚黏土、黏土与（黄）灰色粉细砂、粉砂层近似等厚互层，（浅）湖中心发育于乌拉特前旗树林子村-长胜乡东一带（今乌梁素海西），ZK30 孔揭穿底板最深达 113m。

呼包凹陷中部土默特（冲）湖积平原主要发育滨、浅湖相地层，滨湖范围为西至美岱召镇西，东抵北什轴乡、永圣域乡，南达托克托县伍什家镇，北到苏波盖乡、善贷镇，岩性特征为较厚的含淤泥（亚）黏土、淤砂，夹粉细砂、粉砂薄层。浅湖范围为五申镇、善岱镇、美岱召镇东、苏波盖乡东南，岩性特征为厚大的淤泥质亚黏土、黏土、淤砂，少夹粉砂透镜体，浅湖中心发育于善贷镇与五申镇之间的哈素海退水渠一带，揭穿底板最深可达 135m。呼包凹陷中部发育有美岱召镇、善岱镇两个沉积中心，沉积厚度分别可达 140m、120m。

受黄河、大黑河冲积作用影响，与中更新世晚期—晚更新世早期统一的大型封闭古湖盆相比较，这一时期湖泊范围明显萎缩，但与上一时期的湖泊演化存在一定的继承性。

4. 河湖三角洲相

该相带主要分布于乌梁素海（西）湖积层西侧，以及呼包凹陷中部土默特（冲）湖积平原东、西两侧，为黄河、大黑河河流作用与湖积作用之间的过渡地带。

五原县隆兴昌东至乌梁素海西一带，该相带环新安镇-苏独仑镇-乌梁素太乡滨浅湖呈半扇状发育。岩性为较厚的灰黄、灰、灰黑色中细砂、粉细砂、细砂，夹若干棕黄、灰黄、灰色黏质砂土、黏土层，可见水平、斜层理，砂层厚度为 6～30m，黏性土层厚 5～22m。

呼包凹陷东部桃花乡西、白庙子镇、北什轴乡东一带，该相带位于呼包凹陷东部河流相与中部浅滨湖相之间，岩性多为褐黄、灰褐色砂砾石、中粗砂、粉砂夹黄褐、灰褐色含淤泥砂质黏土、淤砂。砂砾层厚 2～15m，黏性土层厚 3～4m。

呼包凹陷中西部之间发彦申村东-十二连城乡一带，该相带环苏波盖乡-将军尧镇浅滨湖呈半扇状发育。岩性为灰褐、灰黄、灰色细砂、粉细砂、粉砂与若干灰白、灰、灰褐色淤泥质粉砂、淤泥质亚砂土、亚黏土及淤泥近似等厚互层，砂层厚度为 2～20m，黏性土层厚度为3～10m。

5. 风积相

该相带主要分布于河套平原乌兰布和沙漠、库布齐沙漠以及佘太盆地，岩性以（灰）黄色细砂、粉砂为主，少夹灰色含淤泥砂质黏土、黏土薄层。李国强（2012）研究表明乌兰布和沙漠在晚更新世出现了多次沙漠-湖泊环境变化。距今 8～7ka 形成了覆盖乌兰布和北部大部分地区的“乌兰布和”古湖；距今 7～6.5ka 古湖解体，发育风沙堆积；距今 5～2ka 以古土壤发育和固定沙丘为特征；距今 2ka 以来，该地区呈现沙漠化。

此外，大黑河流域东部河流一级阶地上发育了 2～3m 厚的全新世风成黄土，多夹 2～3 层黑垆土；托克托台地则发育了厚达 8m 的马兰黄土，其下为早期的湖积层，其上则多浅覆薄的残坡积层。由此可见，托克托台地最终形成于晚更新世早、中期之际，与黄河河套段的最终贯通时间基本上一致（8～10ka）。

第六节　第四纪地质环境演化

河套平原是一个大型的中新生代断陷盆地，断陷盆地沉积肇始于早白垩纪，形成于古近纪晚始新世—新近纪，继上新世干热、氧化环境下形成的湖泊消亡后，河套地区重新发育第四纪偏冷干气候条件下的古湖泊，并形成了一套巨厚的暗色河湖相沉积物（国家地震局鄂尔多斯周缘活动断裂系课题组，1988）。

一、早更新世

河套断陷盆地演化严格受构造运动的控制，整体呈北深南浅的箕状构造特点。第四纪初期，断陷活动仍然保持新近纪的特点，其周边山地继续抬升，盆地内部继承性沉降。

河套地区第四纪地层不整合于古近系、新近系之上，临河凹陷南部、呼包凹陷中西部下更新统均表现为黄灰、灰、灰褐色中、细碎屑湖相沉积，三湖河凹陷中部则为（灰）黄色河流相冲积物，大青山中段近山前地带主要为粗碎屑山麓-滨湖相冲洪积层，蛮汉山山前地带、托克托地区缺失下更新统。由西往东，河套地区古地理格局具有湖泊（临河凹陷）—构造剥蚀低山丘陵区（西山咀隆起）—河流兼发育短期的浅湖、洼地（三湖河凹陷）—构造剥蚀低山丘陵区（包头隆起）—湖泊（呼包凹陷中西部）—基岩剥蚀区（蛮汉山山前地带）的变化；自北向南，呼包凹陷中部古地理格局具有近山前冲洪积扇—湖泊—古近系、新近系基岩剥蚀区的变化。整体而言，河套地区沉积环境为局限性河湖沉积体系，属于封闭断陷盆地，西山咀与包头两个低山隆起产生了阻隔作用，使得临河、三湖河与呼包三个凹陷各自独立演化，黄河应尚未大规模流入河套地区，各沉积区物源应来自于周边山地。

孢粉组合中，以乔木植物松科花粉占绝对优势，草本植物以蒿科花粉为主，植被类型为温性针叶林，气候总体温和偏湿，经历了温和偏湿—温和偏干—温和偏湿的变化。

二、中更新世

中更新世后，河套平原古地理基本格局未变，周边山地继续抬升，平原内大部分地区继承性沉降接受沉积。中更新统分布甚广，河套地区周围山麓阶地也有广泛出露，近山前地带岩性为粗碎屑偏浅色冲洪积层，平原内则为广覆式冲湖积与湖积层。中更新统地层具有明显的两段式特征：下段为暗色中、细碎屑的冲湖积物；上段则为深色富含淤泥质或有机质的细碎屑湖积物。

中更新世早期河套地区古地理格局为湖泊（临河凹陷）—构造剥蚀低山丘陵区（西山咀隆起）—河流间发育浅湖、洼地（三湖河凹陷）—构造剥蚀低山丘陵区（包头隆起）—湖泊（呼包凹陷中西部）—河湖三角洲与冲洪积扇（呼包凹陷东部）；由北往南，呼包凹陷中部古地理格局为山前冲洪扇—湖泊—古近系、新近系浅埋台地剥蚀与堆积区—古近系、新近系基岩剥蚀区。由此可见，这一时期河套地区沉积环境与早更新世古地理格局很相似，仍是“三凹两隆”各自独立演化，为局限性、封闭性的河湖沉积体系。与早更新世相比，该时期临河凹陷沉积物粒级变细，颜色渐深，淤泥质含量增高，这表明临河凹陷湖积作用逐渐增强，河流溯源侵蚀正逐渐沟通蒙宁黄河峡谷段。

根据蒙宁黄河峡谷之间的岗德尔山地西侧河湖相阶地研究表明，该处曾发育有中、晚更新世接连河套与银川两个盆地的河湖地貌（底部 ESR 测年约 46.7 万年）（陈俊等，2014），说明中更新世早、晚之际（至少 46.7 万年），银川与河套两盆地已被黄河溯源侵蚀彻底沟通了。根据前述的岩相特征和沉积环境分析，中更新世晚期，河套地区已由“三凹两隆”独立演化的古地理格局，成为黄河上游一个统一的、封闭的尾闾古湖（盆），该古大湖泊发育范围极广，可直抵北部山前。

中更新世时期，临河凹陷区乔木植物占绝对优势，以针叶树松和云杉为主，落叶阔叶树种稀少，林下零星地生长了一些阴地蕨和三缝孢蕨类植物；草本植物花粉以禾本科、菊科和蒿科为主，草本植物中，出现零星的莎草科花粉，说明气候总体特征由早期的温凉干旱变为凉湿。三湖河凹陷气候呈现多个温干—冷湿旋回，云杉花粉的波动很好地反映了这一时期的气候变化，森林面积出现了几次扩大—缩小的过程。介形虫鉴定分析显示本时期化石较丰富，晚期出现半咸水种，表明古湖水的咸化。呼包凹陷气候总体上呈现凉湿，经历了温干—凉干—冷干—较凉湿-冷湿的变化过程。植被以针叶林为主，云杉花粉出现了两次波动，反映了两次气候变冷过程，300ka 和 200ka 前后是植被最为发育的时期，森林面积较大，平原区生长以禾本科和菊科为主的草本植物。包头 BT1 孔（100～170m）地层中，乔木花粉喜凉云杉属较多，草本花粉和蕨类孢子零星分布，说明当时气候寒冷，植被类型为针叶林。

三、晚更新世

河套地区上更新统底部与中更新统上部的岩性岩相组合特征很相似，均为厚大的湖相层，但未出现芒硝沉积，这表明晚更新世早期河套地区继承了中更新世晚期的古地理格局，平原内部继续以湖相沉积为主，但晚更新世早期为末次间冰期较为暖湿气候条件，不利于芒硝形成。乌拉特中旗砖厂、包头万水泉（距今 10 万～9 万年）、托克托台地郝家窑（距今 40 万～10 万年）与牙尔崖（距今 20 万～10 万年）四个露头剖面（钻孔）的易溶盐分析结果揭示出中更新世晚期—晚更新世早期河套地区沉积环境为半咸水湖（碳酸盐湖阶段）或咸水湖（硫酸盐湖阶段）（陈笑霞，2013），表现出内陆封闭湖泊特有的特征，因此黄河应尚未贯通河套盆地尾端的陕晋大峡谷北段分水岭。

晚更新世早、中期之际（约 10 万年），受“共和”运动控制影响，河套地区新构造运动处于相对活跃状态，北部阴山山脉继续抬升，上一时期形成的湖积层抬升出露构成了山麓阶地或台地（如德岭山台地）；东南部托克托地区也大幅度抬升，托克托-和林格尔断裂带第二断裂（$F_{9\text{-}2}$）错断了中晚更新世湖积层，南部上升盘抬升出露形成了托克托台地，约 8 万年以后马兰黄土开始堆积其上（李建彪等，2005）。受同期构造影响，大黑河出山口改道，经由美岱村进入河套地区；黄河溯源侵蚀导致陕晋大峡谷北段分水岭彻底被切穿，黄河逐渐外流并贯通下游（傅建利等，2013；王书兵等，2013）。

由河套平原上更新统中上部的岩性岩相综合分析表明，晚更新世中晚期大范围的湖相沉积结束也标志着黄河已经开始外流，随着古湖泊逐渐萎缩—裂解—消亡，河套地区沉积环境由前期的封闭古湖盆转为河湖交替演化，直至以河流沉积为主。河套地形地貌进一步发展为平原地貌特征，受基底构造控制已不甚明显，但仍有继承性；晚更新世末期，河套地区北部再一次的构造升降运动造就的古地理面貌逐渐接近于现今山区与平原的地理格局。晚更新世几次间歇性构造运动，促进了山前冲洪积扇的进一步发育。

孢粉组合特征反映临河凹陷区气候总体上较为干旱，西部地区早期植被发育，主要是以云杉为主的针叶林，晚期孢粉极其贫乏；东部地区早期为荒漠草原植被，种类单一。中期植被较发育，山地以云杉、松为主，平原地区以菊科、禾本科为主，晚期又以草原为主。三湖河凹陷区气候总体上由冷湿转为温干，早期植被发育，西部地区主要是以云杉为主的针叶林，东部为草原植被，种类丰富，晚期植被单调，山地以松为主的森林，平原地区以禾本科为主的干草原。呼包凹陷区气候由干冷变为凉湿、温湿，这一时期植被类型由荒漠草原逐渐变为针叶林-草原，晚期气候变暖，喜冷湿的云杉大幅度减少。整个河套平原晚更新世时期，植被类型以森林草原-草原为主，气候较冷干。

四、全新世

全新世时期，河套断陷周缘断裂仍继承性活动，但新构造运动较强烈，山体继续抬升，遭受侵蚀-剥蚀，平原持续以接受河流沉积为主，平原内侵蚀基准面不断地下降。北部阴山山脉继续缓慢抬升，侵蚀、剥蚀的粗碎屑物除少部分滞留于山区沟谷中，大量的粗中碎屑物堆积于山前地带形成冲洪积扇，构成了山前冲洪积倾斜平原。早全新世洪积扇规模较大，中、晚全新世洪冲积扇规模较小，大青山山麓冲洪积扇裙中上部多见扇上扇的叠置现象，表明该时期间歇性新构造运动导致了冲洪积扇不断地后退与重叠。

黄河经蒙宁低山峡谷出山后，自西向东流入河套地区，由于河套平原北部的构造沉降作用更强烈，东流的黄河易于向北迁徙形成所谓的“北支（河)”；又由于北部山前洪积扇群逐渐增大，平原中南部持续性沉降，迫使黄河趋于由北往南迁移形成所谓的“南支(河)”；经多期次黄河泛滥、迁移、夷平等（内）外地质营力作用形成了地势平坦的(湖）冲积平原，地形的基本面貌与晚更新世末期无重大变化。平原继续性沉降导致其侵蚀基准面不断地下降，河套平原经受着轻微地剥蚀及河谷下切作用，阴山山麓与冲洪积平原上部之间存在明显的3~5级山麓台地或河流阶地，平原内河流普遍发育1~3级阶地，阶地上往往堆积有厚1~3m黄土状土或风积物。

河套平原全新统一般厚10~15m，以浅灰黄色亚砂土沉积为主；但呼包凹陷中部仍继续发育浅湖沼环境，全新统—上更新统无明显的地层界线。整个平原表现为以河流冲积相为主的古地理环境，河道带之间分布有零星的沼泽洼地，其岩性为灰褐色淤泥质亚黏土，局部地方还保存着河迹湖，如乌梁素海、哈素海等。

总体而言，临河凹陷区沉积环境以河流为主，北部河流与浅水湖洼地并存，气候总体上由温凉偏湿转为温干，植被景观以松林为主，草原面积较小，晚期云杉花粉迅速下降，藜科有所增加。三湖河凹陷区沉积物由多个沉积旋回组成，浅水湖洼与河流交替出现，近山前地带沉积物以含卵砾石粗砂为主，气候总体上为凉偏湿。整个河套平原，东部（呼包凹陷）较为繁盛，西部地区植被稀疏，植被类型以森林草原-草原为主，气候由凉偏湿转为温干，晚全新世以来总体呈干旱趋势，乌兰布和沙漠东进，库布齐沙漠北扩，佘太盆地中部零星出现了风积沙地地貌。

第三章　地下水系统特征

第一节　地下水系统划分及特征

一、地下水系统划分基本原则

地下水系统包括含水层系统和地下水流系统两部分。含水层系统主要界定地下水赋存条件的介质场特征，地下水流系统主要界定地下水补给、径流、排泄条件的渗流场特征(仵彦卿，1990；徐恒力，1992；陈梦熊，1993)。含水层系统是地下水系统划分的基础，地下水流系统是地下水系统划分的首要依据，系统之间是否具有水力联系或水力联系强弱是划分地下水系统最为核心的因素，水力联系可以把不同含水层的地下水纳入一个整体的流动系统中。地下水系统划分应遵循以下三点基本原则。

（一）以自然状态不同级别地下水流系统作为地下水系统划分的首要依据

地下水系统划分要保持不同级别地下水流系统的完整性和相对独立性，不同的地下水流系统应划分为不同的地下水系统。地下水流系统常受构造、地貌和地表流域的控制，在划分时应充分考虑构造、地貌格局和地表水流域的分布特征。

（二）以含水层系统作为判断同一地下水流系统内部结构和水力联系的重要基础

在同一个地下水流系统内，根据含水层系统的结构、成因、岩性，尤其是含水层边界的水理性质（导水、隔水等）来判断地下水流系统的内部结构和水力联系，进一步区分次级（区域、中间或局部）地下水流系统，划分次级地下水系统。

（三）垂向上应区分地下水系统的层次性

在垂向上应区分不同层次的含水层系统（浅层含水层系统、承压含水层系统等)，针对不同的含水层系统，依据不同级别地下水流系统特征，划分各自的地下水系统。

二、地下水系统划分依据

河套平原整体为断陷盆地，北边界由狼山、色尔腾山、乌兰山、大青山山前断裂组成，东部边界为奎素沟断裂（F_8）等蛮汉山山前断裂组成、东南部边界为托克托–和林格尔断裂带（F_9）组成，南边界为鄂尔多斯北缘断裂带（F_{10}），西边界为乌兰布和沙漠与河套平原的分界。黄河贯穿整个平原，形成区域地下水排泄基准，地下水由周边山区向平原区径流，通过黄河排泄，形成区域地下水流系统；在区域水流系统内，受河套盆地基底“三凹二隆”构造格局控制，区内以乌梁素海、哈素海和黄河等地表水体为排泄基准形成了数个中间水流系统（崔亚莉，2004）；在中间水流系统内，受地貌和含水层成因、岩性的控制，又形成若干个局部水流系统。不同级别的地下水流系统是本次地下水系统划分的首要依据。

河套平原在垂向上可划分为上更新统—全新统的浅层含水层系统和下—中更新统下段的承压含水层系统。由于后套平原现有钻孔的揭露深度基本都在300m以内，尚不能揭穿中更新统，而且三湖河平原、呼包平原部分地区的下—中更新统地下水研究程度和开发利用程度很低，缺乏承压水流场、地下水动态等相关水文地质资料，针对下—中更新统承压含水层的地下水系统划分目前尚无法开展，故本次只针对上更新统—全新统浅层含水层系统进行划分。

（一）以具有排泄基准面的中间地下水流系统作为划分一级地下水系统的依据

河套平原基底“三凹二隆”构造格局控制了第四系沉积环境，并对现今地形地貌的塑造有着重要的影响。在基底构造和地表地貌共同控制作用下，区内第四系地下水形成了几个独立的中间地下水流系统。乌梁素海、哈素海和黄河等地表水体构成了各地下水流系统的排泄基准面。

后套平原以临河凹陷为主体，区域地下水以乌梁素海为排泄基准面。区域地下水在黄河冲湖积平原由南向北流动，在狼山和色尔腾山山前从北向南流动，总体上由西南向东北流动，最终在乌梁素海一带集中排泄。

佘太盆地是位于乌拉山山区的次级构造盆地，北、南、东三侧环山，西侧与后套平原相接。地下水由山区向盆地中心汇集后自东向西径流，最终向乌梁素海一带排泄，形成一个独立的区域水流系统。

三湖河平原以三湖河凹陷为主体，包括了西山咀隆起和包头隆起两个构造单元。地下水主要从乌拉山山前由北向南径流，以黄河为排泄基准面，沿黄河形成区域地下水排泄中心。

呼包平原以哈素海及哈素海退水渠为界，西边为黄河冲湖积平原，东边为大黑河冲湖积平原，形成东西两个区域地下水流系统，划分为呼包平原西部和呼包平原东部两个独立的一级地下水系统。呼包平原东部地下水总的流向是由北东到南西，呼包平原西部地下水总的流向由北西到南东，哈素海及沿哈素海退水渠一线的区域为浅层地下水排泄中心。

黄河南岸平原，南部以鄂尔多斯北缘断裂为界，北部以黄河为界。浅层地下水由鄂尔多斯高原前缘向北部径流，黄河沿岸为地下水集中排泄区，形成一个独立的区域地下水流系统，划分为一级地下水系统。

（二）二级地下水系统主要考虑地貌、含水层成因、岩性及结构特征，以及局部水流系统和次级构造进行综合划分

二级地下水系统应具有相对独立的地下水补给、径流、排泄体系，系统内的含水介质形成条件相对单一。

后套平原地下水系统划分为狼山山前冲洪积平原、黄河冲湖积平原两个二级地下水系

统；佘太盆地地下水系统划分为山前冲洪积平原和中部冲湖积平原两个二级地下水系统；三湖河平原地下水系统划分为乌拉山山前冲洪积平原、黄河冲湖积平原两个二级地下水系统；呼包平原西部地下水系统划分为大青山山前冲洪积平原、黄河冲湖积平原和呼包平原西部断块区三个二级地下水系统；呼包平原东部地下水系统划分为大青山山前冲洪积平原、大黑河冲湖积平原和托克托湖积台地前缘三个二级地下水系统。

（三）三级地下水系统主要根据地下水资源评价的需要划分

后套平原的灌溉引水和排水渠系十分发达，引黄灌溉入渗和排水渠系的排水量是地下水资源评价中的重要源汇项。由于不同灌域之间引黄灌溉量、灌溉定额、灌溉制度均存在较大差异，从地下水资源评价的角度考虑，按照灌域的边界，将后套平原的黄河冲湖积平原二级地下水系统划分为六个三级地下水系统。

三、地下水系统划分结果

根据前述划分原则和依据，把河套平原划分为六个一级地下水系统、12 个二级地下水系统。根据地下水资源评价的需求，针对后套黄河冲湖积平原二级地下水系统，进一步划分为六个三级地下水系统，详见表 3. 1 和图 3. 1。

表 3. 1　地下水系统划分表

<table>
<tr><th></th><th>一级系统</th><th>二级系统</th><th>三级系统</th></tr>
<tr><td rowspan="18">河套平原地下水系统</td><td rowspan="7">后套平原地下水系统（A）</td><td>狼山山前冲洪积平原地下水系统（A01）</td><td></td></tr>
<tr><td rowspan="6">黄河冲湖积平原地下水系统（A02）</td><td>乌兰布和沙漠地下水系统（A02-1）</td></tr>
<tr><td>乌兰布和灌域地下水系统（A02-2）</td></tr>
<tr><td>解放闸灌域地下水系统（A02-3）</td></tr>
<tr><td>永济灌域地下水系统（A02-4）</td></tr>
<tr><td>义长灌域地下水系统（A02-5）</td></tr>
<tr><td>前旗灌域地下水系统（A02-6）</td></tr>
<tr><td rowspan="2">佘太盆地地下水系统（B）</td><td>佘太盆地山前冲洪积平原地下水系统（B01）</td><td></td></tr>
<tr><td>佘太盆地冲湖积平原地下水系统（B02）</td><td></td></tr>
<tr><td rowspan="2">三湖河平原地下水系统（C）</td><td>乌拉山山前冲洪积平原地下水系统（C01）</td><td></td></tr>
<tr><td>黄河冲湖积平原地下水系统（C02）</td><td></td></tr>
<tr><td rowspan="3">呼包平原西部地下水系统（D）</td><td>大青山山前（西）冲洪积平原地下水系统（D01）</td><td></td></tr>
<tr><td>黄河冲湖积平原地下水系统（D02）</td><td></td></tr>
<tr><td>呼包平原西部断块区地下水系统（D03）</td><td></td></tr>
<tr><td rowspan="3">呼包平原东部地下水系统（E）</td><td>大青山山前（东）冲洪积平原地下水系统（E01）</td><td></td></tr>
<tr><td>大黑河冲湖积平原地下水系统（E02）</td><td></td></tr>
<tr><td>托克托湖积台地前缘地下水系统（E03）</td><td></td></tr>
<tr><td>黄河南岸平原地下水系统（F）</td><td></td><td></td></tr>
</table>

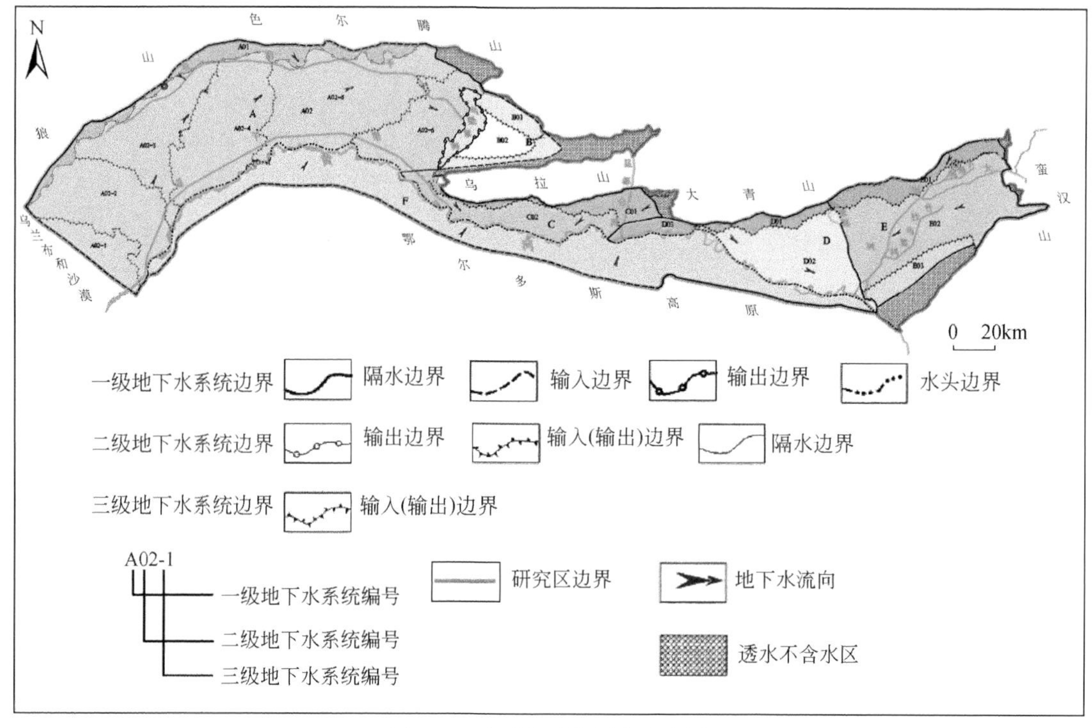

图 3.1　地下水系统划分示意图

四、地下水系统特征

（一）后套平原地下水系统（A）

系统北部边界为狼山山前断裂带（F_1）和色尔腾山山前断裂带（F_2）。边界条件受山地岩性控制，在边界中西段的希日河–西乌盖沟之间，基岩山地岩性主要为白垩系碎屑岩、砂岩、长城系–青白口系砂岩、粉砂岩；在边界中东段呼勒斯太沟–罕乌拉沟之间，基岩山地岩性主要为长城系–青白口系砂岩、粉砂岩，以及侏罗系砂岩、砾岩，这两段的基岩裂隙水侧向补给山前平原，构成侧向补给边界。在边界东段乌家镇–海流图河之间，基岩山地岩性主要为花岗岩，北部边界其他地段基岩山地大多为片麻岩，富水性差；这些地段基本为隔水边界；系统东北部为德岭台地，岩性为新近系上新统红色泥岩，上覆第四系地层厚度很薄，透水不含水。另外北部山区的希日河、大坝沟、西乌盖沟、东乌盖沟、呼勒斯太沟、敖布拉格沟较大沟谷，有沟谷潜流补给山前平原，各沟谷断面为补给边界。

系统南边界为黄河。临河区马场地村以西，黄河水位高于地下水，构成侧向补给边界；马场地村以东，黄河水位逐渐低于浅层地下水位，构成排泄边界。系统东边界为乌梁素海，区域地下水向乌梁素海排泄，构成侧向排泄边界。系统东南边界为乌拉山北缘断裂带（F_3）西段，为隔水边界。系统西边界为河套平原与乌兰布和沙漠的分界，为侧向流入边界。

地下水主要接受引黄灌溉入渗补给，北部基岩山地侧向径流，西部乌兰布和沙漠的侧向径流、南部黄河侧渗补给，以及北部沟谷的地下潜流补给。在北部山前冲洪扇群地带，地下水基本自北向南径流，而在南部的黄河冲积平原，地下水自西南向东北径流，在北部总排干沿线一带交汇形成局部滞流排泄区，地下水径流非常缓慢，最终向东径流排泄到乌梁素海。

1. 狼山山前冲洪积平原地下水系统（A01）

1）边界条件

该系统面积为1113.92km^2。系统北边界为一级系统边界，在中西段和东段为侧向补给边界，其他地段为隔水边界，仅在较大的沟口通过地下潜流补给山前冲洪积平原；南边界为山前冲洪积平原与黄河冲湖积平原的地质界线，为侧向排泄边界。

2）含水层特征

含水层主要为全新统和上更新统冲洪积含卵砂砾石、含砾中粗砂，展布宽度一般为4～10km，东部较宽，向西变窄。在扇群顶部及中上部，含水层岩性主要为含卵砂砾石和砂砾石，厚度为45～100m，扇群中下部至前缘，含水层颗粒变细，岩性主要为含砾中粗砂、中粗砂，总厚度为40～130m，单层厚度变薄，黏性土夹层增厚。由扇群顶部至前缘，水位埋深由20～40m变为3～5m，单位降深涌水量由大于30m^3/(h·m)或20～30m^3/(h·m)变为5～10m^3/(h·m)。

3）地下水补给、径流、排泄

地下水主要接受北部山区侧向补给、较大沟谷的地下潜流补给、降水入渗补给及山前井灌溉区的灌溉入渗补给。地下水基本自北向南径流，在与黄河冲湖积平原的交汇地带形成滞流排泄区。

2. 黄河冲湖积平原地下水系统（A02）

1）边界条件

该系统面积为11427.93km^2。系统北边界为黄河冲湖积平原与山前冲洪积平原的地质界线，其余边界为一级系统边界。

2）含水层特征

含水层岩性主要为上更新统—全新统冲湖积中细砂、细砂和粉细砂，局部为含砾中粗砂，含水层顶板埋深一般小于20m，分布有2～4层较连续黏性土层，层厚3～20m，水力特性南部以潜水为主，北部以半承压水和承压水为主。受临河凹陷西深东浅、北深南浅的影响，含水层总体由东南向西北逐渐变厚，由东部的60～80m，向西增至150～240m，由南部的20～60m，向北部增至100～200m。就全区来看，含水层岩性以中细砂和粉细砂分布最广，在西南部磴口及南部近黄河一带颗粒较粗，由西南向东北含水层岩性由细中砂→中细砂→细砂→粉细砂递变，在北部扇前深拗陷带和东部乌梁素海西侧一带颗粒最细，以粉细砂为主。含水层颗粒的这一变化规律，使富水性由西南向北东有逐渐变差的趋势，在西南部，单位降深涌水量为15～20m^3/(h·m)，局部为20～25m^3/(h·m)，向东递变为

10～15m^3/(h·m) 及6～10m^3/(h·m)，至乌梁素海西侧一带不足6m^3/(h·m)。

3）地下水补给、径流、排泄

地下水接受引黄灌溉入渗、大气降水入渗、西部乌兰布和沙漠的侧向径流以及南部黄河侧渗补给，南西–北东向径流，在总排干沿线形成浅层地下水的滞流排泄带，最终向东径流排泄到乌梁素海。

（二）佘太盆地地下水系统（B）

佘太盆地处于乌拉山和色尔腾山之间，属次级构造断陷盆地。受差异性构造升降影响，盆地周边北、东、南部为新近系红色泥岩隆升区，第四系较薄，含水层厚度较小，基本不含水，将其统一划分为透水不含水区，不作为地下水系统考虑。盆地内的色尔腾山、乌拉山山前冲洪积平原和中部冲湖积平原是地下水主要分布区。地下水系统北边界为色尔腾山山前断裂带（F_2）东段，基岩山区岩性为白垩系砾岩、含砾砂质泥岩，山区基岩裂隙水侧向补给山前冲洪积扇裙，构成侧向补给边界；南边界为乌拉山北部山前阶梯断裂的第二断裂（F_{3-2}），基岩岩性为片麻岩和麻粒岩，构成隔水边界；东边界为盆地内的次级断裂，断裂西侧为凹陷区，东侧为隆起区，岩性为乌兰山群片麻岩、变粒岩，构成隔水边界；西边界为乌梁素海，为侧向排泄边界。

地下水接受基岩裂隙水、沟谷地下潜流及泉水下渗补给，由盆地北、南、东三侧向盆地中心汇集，最终向乌梁素海径流排泄。

1. 佘太盆地山前冲洪积平原地下水系统（B01）

1）边界条件

该系统面积为617.53km^2。系统外侧边界为一级系统边界。系统内部边界为盆地冲湖积平原与山前冲洪积平原的地质分界，为侧向排泄边界。

2）含水层特征

色尔腾山冲洪积扇群由大小不等的冲洪积扇相连而成，厚度大于200m，由厚层砂砾石层夹黏性土层构成。在200m以内，含水层厚度为60～120m，单位降深涌水量一般为18～36m^3/(h·m)。地下水位埋深受地形的影响，从东向西由扇裙的顶部向前缘及扇间递减，东部扇裙的顶部水位埋深为60～100m，往西在扇裙的前缘小于10m。

乌拉山冲洪积扇群也由大小不等的冲洪积扇相互叠置而成。在乌拉山北缘断裂带第二断裂（F_{3-2}）以北，地下水位埋藏变浅，大部分地区小于10m，含水层厚度达到50～66m，以砂砾石为主，单位降深涌水量为36～108m^3/(h·m)，含水层组顶板埋深为90～120m，底板埋深为100～150m，含水层厚度一般为2～15m。在第三断裂（F_{3-3}）以北，含水层顶板埋深为120～175m，底板埋深为147～195m，亦由南向北倾斜，含水层以砂砾石为主，并向扇群前缘及扇间变细。

3）地下水补给、径流、排泄

地下水主要接受色尔腾山与乌拉山基岩裂隙水、沟谷地下潜流及泉水下渗补给。受色尔腾山、乌拉山山前断裂的影响，外围的透水不含水区与地下水系统形成跌水，水位高差大于60m。地下水由扇群顶部向前缘及倾斜平原径流，主要通过开采和向盆地冲湖积平原侧向径流排泄。

2. 佘太盆地冲湖积平原地下水系统（B02）

1）边界条件

该系统面积为436.54km^2。系统北、北东、南边界均为盆地冲湖积平原与山前冲洪积平原的地质地貌界线，构成侧向补给边界；西边界为乌梁素海，为侧向排泄边界。

2）含水层特征

冲湖积平原地层岩性主要为粉细砂、淤泥质粉砂、粉砂质淤泥，近冲洪积扇裙地带局部夹砂砾石层。含水层可分为上下两层，上部为潜水含水层，水量微弱；潜水含水层之下为一分布较为稳定的湖积淤泥层，淤泥层下部为承压含水层，岩性由粉细砂和淤泥质粉细砂组成，承压含水层埋藏深度为30～90m，由东向西，由近冲洪积扇地带向湖积平原中部埋藏深度逐渐增大，含水层厚度沿上述方向由110～120m递减为60～70m，单位降深涌水量由18～36m^3/(h·m）递减为1.8～3.6m^3/(h·m)，水位埋深由30～60m至高出地面10～20m或更高。

3）地下水补给、径流、排泄

地下水主要接受山前冲洪积平原地下水侧向补给和降水入渗补给，通过开采和向乌梁素海径流排泄。

（三）三湖河平原地下水系统（C）

该系统西部以乌拉山北缘断裂带（F_3）西段为界，与后套平原地下水系统相隔，为隔水边界；南边界为黄河，主体为侧向排泄边界；东边界以兰阿断裂（F_6）为界与呼包平原西部地下水系统相隔，为隔水边界；北边界为乌拉山南缘山前断裂带（F_4），主体为隔水边界，仅在布局地段存在基岩裂隙水侧向补给，在较大沟口有第四系地下潜流和洪流入渗补给。

地下水主要接受乌拉山的地表径流、较大沟谷的第四系地下水潜流，以及降水与灌溉入渗补给，在西山咀隆起以东由北西向南东径流，在包头以东基本由北东向南西径流，通过人工开采和向黄河侧向径流排泄。

1. 乌拉山山前冲洪积平原地下水系统（C01）

1）边界条件

该系统面积为662.01km^2。系统北边界为乌拉山南缘断裂带（F_4），主体为隔水边界。在乌兰不浪沟、梅力更沟、哈德门沟、昆都仑河等较大沟口有第四系地下水潜流补给和地表洪流入渗补给；东北边界为大青山山前断裂带（F_7）西段，也是包头隆起区东北界，该边界外侧主要为太古宇片麻岩，上覆上新统红色泥岩，第四系厚度很薄，构成隔水边界；南边界为山前冲洪积平原与黄河冲湖积平原的地质分界线，为侧向排泄边界；南东边界为兰阿断裂（F_6）北段，构成隔水边界；西边界为乌拉山北缘断裂带（F_3）西段，为隔水边界。

2）含水层特征

该系统主体由乌兰布拉格沟、宝力格沟、大坝沟、梅力更沟、哈德门沟、昆都仑河等一系列较大冲洪积扇及扇前缘倾斜平原组成。在冲洪积扇的轴部和中上部，含水层厚度一般为80～150m，由中更新统砂砾石、粗砂以及上更新统—全新统砂卵砾石组成，上更新统与中更新统之间的黏性土层很薄，一般不超过10m，构成单一结构潜水含水层，水位埋深一般为35～70m，单位降深涌水量为75～104m³/(h·m)。从洪积扇中上部向前缘，含水层厚度变小，含水层岩性逐渐变为中粗砂、细砂和粉细砂，水位埋深逐渐变为3～10m，黏性土隔水层增多。在冲洪积扇前缘，中更新统含水组和上更新统—全新统含水组之间分布着稳定较厚的淤泥层，一般厚度为40～70m，形成上部潜水含水层，下部承压含水层的双层结构，水位埋深变浅，潜水含水层单位降深涌水量一般4～13m³/(h·m)。在较大冲洪积扇的扇间地带，含水层厚度较扇群轴部小，含水层可基本分为两层，上层以上更新统—全新统砂砾石夹中细砂为主，厚度一般为20～50m，下层以中更新统下段的中砂、砂砾石为主，不同地段厚度变化较大，两者之间有较厚的黏性土层，水位埋深一般为30～70m，单位降深涌水量一般为2～8m³/(h·m)。

3）地下水补给、径流、排泄

地下水主要接受乌拉山山前较大沟谷的第四系地下水潜流补给、地表洪流入渗及部分地段基岩裂隙水的侧向补给，由冲洪积扇顶部向前缘径流，通过人工开采、侧向流出及蒸发排泄。

2. 黄河冲湖积平原地下水系统（C02）

1）边界条件

该系统面积为934.79km²。系统西边界为乌拉山北缘断裂带（F_3）西段，为隔水边界；南边界为黄河，主体为侧向排泄边界；东边界以兰阿断裂（F_6）南段为界与呼包平原西部地下水系统相隔，为隔水边界；北边界为山前冲洪积平原与黄河冲湖积平原的地质界线，为侧向补给边界。

2）含水层特征

受基底北深南浅的控制，黄河冲湖积平原含水层厚度也自北向南逐渐变薄。潜水含水层主要由第四系上更新统和全新统中细砂、粉细砂组成，局部河道带为砂砾石，自北部向黄河沿岸，含水层岩性由中细砂渐变到细砂、粉细砂，含水层厚度由30～40m逐渐减小到20～30m，水位埋深由5～10m减小到1～3m，单位降深涌水量一般4～12m³/(h·m)。潜水含水层下分布着较厚的淤泥层，其下为承压含水层；承压含水层主要由中更新统下段细砂、粉细砂组成，自北部向黄河沿岸，含水层颗粒也存在逐渐变细的规律，含水层厚度在北部一般为50～90m，向南部黄河沿岸减小到30～50m，分布着较稳定的2～3层黏性土层，层厚6～20m，单位降深涌水量一般为2～5m³/(h·m)。

3）地下水补给、径流、排泄

地下水主要接受灌溉和降水入渗、山前冲洪积平原侧向径流补给，总体上向黄河径流，通过开采、蒸发及向黄河侧向径流排泄。

（四）呼包平原西部地下水系统（D）

呼包平原西部地下水系统南部以哈素海退水渠为界，北部以美岱沟-白石头沟冲洪积扇与大水沟冲洪积扇之间的扇间洼地为界。哈素海退水渠沿线基本为地下水滞留排泄区，在扇间洼地该边界走向沿着地下水流向，总体上该边界概化为零流量边界；北边界以大青山山前断裂带（F_7）为界，为山区和平原区的分界线，断裂以北基岩山地岩性主要为太古宇片麻岩，裂隙不发育，富水性很差，主体为隔水边界，地下水主要接受山前较大沟口的第四系地下水潜流和洪流入渗补给；西边界为兰阿断裂（F_6），构成隔水边界；南边界为黄河，构成侧向排泄边界。

地下水主要接受大青山较大沟谷的第四系地下水潜流侧向补给以及洪流、降水、灌溉入渗补给，在磴口村以西，从山前向黄河径流，磴口村以东基本北西-南东向由山前向哈素海退水渠一线径流排泄。

1. 大青山山前（西）冲洪积平原地下水系统（D01）

1）边界条件

该系统面积为337.45km^2。系统北边界与一级地下水系统边界一致，南边界为大青山山前冲洪积平原与黄河冲湖积平原的地质界线，构成侧向排泄边界；西边界为五当沟-阿善沟冲洪积扇与山和园沟-雪海沟冲洪积扇之间的扇间洼地，基本为零流量边界；东边界为美岱沟-白石头沟冲洪积扇与大水沟冲洪积扇之间的扇间洼地，为零流量边界。

2）含水层特征

整体来看，中西部含水层厚度较大，一般为80～120m，东部含水层厚度相对较小，一般为50～90m。从冲洪积扇顶部向前缘至倾斜平原，含水层颗粒由粗变细，厚度有所减小，在冲洪积扇顶部一般厚为70～120m，主要由上更新统和全新统砂卵砾石组成，为单一结构，到扇前缘和山前倾斜平原地带，厚度有所减小，一般为40～90m，岩性渐变为中更新统下段、上更新统以及全新统的中细砂、粉细砂，一般有2～4个黏性土层，厚度4～20m。水位埋深由扇顶部的30～50m渐变为前缘5～10m，富水性显著变差。

3）地下水补给、径流、排泄

地下水主要接受山前较大沟谷的第四系地下水潜流侧向补给、地表洪流入渗，以及降水和灌溉入渗补给，由冲洪积扇的顶部向前缘径流，通过开采和侧向流出排泄，部分水位埋深较浅的地区存在蒸发排泄。

2. 黄河冲湖积平原地下水系统（D02）

1）边界条件

该系统面积为1759.40km^2。系统北边界为大青山山前冲洪积平原与黄河冲湖积平原的地质界线，为侧向流入边界；南边界为黄河，为侧向排泄边界；西边界为五当沟-阿善沟冲洪积扇与山和园沟-雪海沟冲洪积扇之间的扇间洼地，为零流量边界；东边界为一级地下水系统边界。

2）含水层结构

全新统和上更新统含水层主要由中细砂、粉细砂组成，为潜水-微承压含水层。在中部地区隔水层层数较少，一般为2～3层，单层厚度较大，最厚可达40m，其他地区一般发育3～5层黏性土隔水层，层厚5～20m，近黄河沿岸，隔水层层数多，单层厚度变小。

总体来看，该系统西北部含水层厚较大，一般为 80 ~ 100m，中部含水层厚度为40 ~ 80m，东部含水层厚较小，一般为 20 ~ 40m。由近山前平原向黄河沿岸，含水层岩性由中细砂向细砂、粉砂渐变，黄河沿岸除局部为颗粒较粗的中细砂外，大部分地区为粉砂、粉细砂。水位埋深在近山前为 5 ~ 10m，在黄河沿线及系统东部较浅，一般为 2 ~ 5m。

3）地下水补给、径流、排泄

主要接受大青山山前平原的地下水侧向补给和灌溉、降水入渗补给，基本呈北西-南东向由山前倾斜平原前缘向哈素海退水渠一线和黄河径流，哈素海村、善岱镇一带为浅层地下水汇聚中心，通过开采、蒸发以及向哈素海退水渠、黄河侧向径流排泄。

3. 呼包平原西部断块区地下水系统（D03）

1）边界条件

该系统面积为 260.91km^2。系统东边界以山和园沟-雪海沟冲洪积扇与五当沟-阿善沟冲洪积扇之间的扇间洼地为界，为零流量边界；西边界为一级地下水系统边界；南边界为黄河，为侧向排泄边界，北边界为一级地下水系统边界。

2）含水层结构

该系统主要由山前倾斜平原组成。含水层岩性在山前地带基本由砂砾石和中细砂组成，仅局部地带全部为砂砾石，含水层厚度为 40 ~ 80m，在山前发育 1 ~ 2 层黏性土层，厚度一般为 3 ~ 10m，水位埋深为 10 ~ 30m，单位降深涌水量为 4 ~ 10m^3/(h · m)；从山前到黄河沿岸，含水层岩性逐渐过渡到细砂、粉细砂，含水层厚度有所增加，黄河沿岸含水层厚度达到60 ~ 100m，水位埋深减小到 1 ~ 3m，单位降深涌水量一般为 1 ~ 5m^3/(h · m)。从山前到黄河沿岸，黏性土隔水层逐渐增多，单层厚度增加，在近黄河沿地带一般有 3 ~ 4 个较稳定黏性土层，单层厚为 5 ~ 20m。总体来看，含水层在西部、中部较薄，东部尤其是东南部较厚。

3）地下水补给、径流、排泄

地下水主要接受沟谷洪流、降水入渗和灌溉入渗补给，基本呈北东-南西向由山前向黄河径流，通过开采和向黄河侧向径流排泄。

（五）呼包平原东部地下水系统（E）

系统北边界为大青山山前断裂带（F_7），主体为隔水边界。在土默特左旗察素齐镇-红领巾水库、霍寨村-乌素图水库、哈拉沁村-水磨村，基岩山地岩性为白垩系碎屑岩、砂岩、粉砂岩，基岩裂隙孔隙水侧向补给山前冲洪积平原，构成侧向补给边界，其他地段基岩山地岩性主要为片麻岩，基本为隔水边界。另外山区沟谷第四系地下水的潜流补给平原区，构成侧向补给断面；东边界为河套平原东边界，除在大黑河沟口接受地下潜流补给外，其他基本都为隔水边界；东南边界为托克托-和林格尔断裂带第二断裂（F_{9-2}），由于断裂南侧新近系基岩抬升，第四系厚度非常薄，基本不含水，总体上为隔水边界，仅接受南部什拉乌素前河等较大河流补给；西边界为呼包平原西部地下水系统和呼包平原东部地下水系统的分界线。

浅层地下水主要接受侧向补给以及降水、洪水、灌溉入渗补给。地下水总体由北到南，由北东到南西径流，哈素海村、善岱镇一带为浅层地下水汇聚中心，最后经哈素海退水渠排泄到黄河。人工开采和径流排泄是地下水的主要排泄方式。

1. 大青山山前（东）冲洪积平原地下水系统（E01）

1）边界条件

该系统面积为789.84km^2。南边界为大青山山前冲洪积平原与大黑河冲湖积平原的地质分界，为侧向排泄边界；西边界为美岱沟-白石头沟冲洪积扇与大水沟冲洪积扇之间的扇间洼地，为隔水边界；其余边界为一级地下水系统边界。

2）含水层特征

该系统主要由霍寨沟、乌素图沟、坝口子沟、红山口沟、哈拉沁沟、哈拉更沟、小井口、奎素沟、面铺窑子沟等冲洪积扇组成，各扇体连成一体。含水层岩性以卵砾石、砂砾石、中粗砂为主。根据含水层形成地质时代和沉积环境，可划分为中更新统含水层和上更新统—全新统含水层。中更新统与上更新统—全新统含水层之间无稳定的隔水层，构成统一的含水体。中更新统含水层北部山前为湖盆边缘近滨带和河流冲洪积沉积带，没有中更新统上段淤泥质黏土层，与上更新统—全新统含水层连成一体，构成单一结构潜水含水体；含水层埋藏深，一般埋藏于60～80m。上更新统—全新统含水层厚度在甲兰板一带最薄，只有30m左右，往西渐厚，哈拉沁沟附近厚达50m，水位埋深大于60m，水量中等，单位降深涌水量一般在20m^3/(h·m)。由北往南，含水层颗粒由粗颗粒的卵砾石、砂卵砾石过渡为细颗粒的中粗砂，层次增多，单位涌水量由小变大。上部上更新统—全新统含水层含水介质为山前冲洪积卵砾石、砂砾石及中粗砂，含水层厚度一般在50～70m，从山前往南，沉积物颗粒由粗变细，含水层厚度由薄变厚；山前地带地下水位一般大于60m，在东北部保合少村、大窑村一带地下水位较浅，一般在30m左右；富水性中等，单位降深涌水量一般在4～20m^3/(h·m)，东北部小于4m^3/(h·m)。

3）地下水补给、径流、排泄

地下水主要接受北部山前侧向补给、洪流入渗补给、灌溉-降水入渗补给，总体上由洪积扇的顶部向前缘径流，主要通过人工开采、侧向流出和蒸发排泄。

2. 大黑河冲湖积平原地下水系统（E02）

1）边界条件

该系统面积为2838.29km^2。系统北边界为大青山山前冲洪积平原与大黑河冲湖积平原的地质界线，构成侧向排泄边界；其余边界为一级地下水系统边界。

2）含水层特征

大黑河冲湖积平原东南侧宝贝河河口-四铺村-保此老村一带分布着规模较小的冲洪积扇群，含水层岩性主要是上更新统—全新统砂砾石，底板埋深为10～20m，厚度为5～10m，潜水富水性较好。

大黑河冲湖积平原上更新统—全新统含水层，可进一步划分为大黑河平原冲积层潜水-微承压含水层和冲湖积层微承压含水层。大黑河平原冲积层潜水-微承压含水层岩性由北部和东部边缘的冲洪积砂卵砾石、砂砾石向湖盆内渐变为冲湖积砾砂、中粗砂、中细砂、细粉砂，由东向西地下水位埋深由15m左右渐变浅至5m左右，含水层厚度由10m增加至27m，水量丰富，单位降深涌水量为42～133m³/(h·m)；冲湖积层微承压含水层为冲洪积层与湖积层交互沉积，岩性变化较大，以中粗砂、粉细砂为主，间夹细砂砾石层和厚3～5m的淤泥质，形成局部微承压水，由东北向南西方向含水层颗粒由粗变细，层次增多，厚度变薄，含水层厚15m左右，水位埋深为2～3m，单位降深涌水量为4～20m³/(h·m)。

大黑河冲湖积平原中更新统下段（Q_2^1）承压含水层在东部白庙子村–新德利村–南双树村–老龙不浪村–二道凹村–南台什村一带处于湖滨带，含水层岩性多为砂砾石、砂砾和中粗砂，顶板埋深为80～140m，揭露厚度为60～120m；在哈素海以南的沉降中心，含水层以粉砂为主，呈薄层或透镜体夹于黏性质和淤泥质土层中，在沉降中心带含水组顶板埋深为190～250m，揭露厚度为10～35m，沉降中心北侧含水层顶板埋藏略浅，揭露厚度为40～60m，南侧含水组顶板埋深为40～100m，厚度为5～40m。含水层的富水性差别较大，东部大致在讨尔号村–新德利村–沙尔营村–保此老村以东，单位降深涌水量为4～20m³/(h·m)，以西单位降深涌水量2～4m³/(h·m)；北部单位降深涌水量为2～4m³/(h·m)，向盆地中心，北官地乡—塔布赛乡—北什轴乡—巧尔什营乡一线以南单位降深涌水量均小于2m³/(h·m)。

3）地下水补给、径流、排泄

浅层地下水主要接受北部大青山山前冲洪积平原的侧向补给，东侧大黑河河谷地下潜流，通过人工开采和侧向流出排泄。

3. 托克托台地前缘地下水系统（E03）

1）边界条件

该系统面积为383.18km²。系统北边界为托克托–和林格尔断裂带第三断裂（F_{9-3}），属侧向排泄边界；南边界为托克托–和林格尔断裂带第二断裂（F_{9-2}），由于断裂南侧新近系基岩抬升，第四系厚度非常薄，基本不含水，总体上为隔水边界；系统东边界为土城子断裂（F_{13}），为隔水边界，西边界为一级系统边界。

2）含水层特征

湖积台地前缘及临近台地的平原地段，上更新统—全新统含水层厚度薄，富水性差。在150～200m揭露深度内主要为第四系中更新统下段细砂层，为承压含水层，含水层顶板埋深为10～70m，厚度为15～50m，水位埋深多小于10m，东段水量中等，单位降深涌水量为15～20m³/(h·m)，西段水量较小，单位降深涌水量为0.5～2m³/(h·m)。

3）地下水补给、径流、排泄

地下水主要接受降水入渗补给和台地后缘侧向径流补给，基本呈南东–北西向从台地向平原区径流，通过人工开采和侧向流出排泄。

（六）黄河南岸平原地下水系统（F）

1. 边界条件

该系统面积为4994.86km²。系统南边界以鄂尔多斯北缘断裂带（F_{10}）为界。在达拉特旗以西，鄂尔多斯北缘断裂带为两条阶梯状断裂，第二条断裂以南上部为库布齐沙漠，下伏为白垩系泥岩，北部为第四系厚度巨大的河套盆地主体。鄂尔多斯高原浅层地下水侧向流入库布齐沙漠区，沙漠地下水以“跌水”形式侧向补给黄河冲湖平原地下水。在达拉特旗以东，断裂南侧为侏罗系，富水性很差，基本不能通过断裂形成侧向补给，为隔水边界。北边界为黄河，总体上属于侧向排泄边界。

2. 含水层特征

黄河南岸平原南部为库布齐沙漠的波状沙丘，北部为黄河冲积平原。黄河冲积平原含水层由两个含水组构成。第一含水组由第四系上更新统—全新统冲洪积、冲湖积粉细砂、细砂、粉砂组成，局部夹粗砂、含砾粗中砂。含水层岩性、涌水量及水位埋深等由南部向北部近黄河带变化明显，含水层颗粒逐渐变细；含水层厚度由小于50m增至50～100m，局部地区大于100m；涌水量由小于100m^3/d到100～500m^3/d；地下水水位埋深由15m变为小于5m。第二含水岩组由中更新统下段冲湖积细砂、粉砂组成，南部局部含砾石，含水层埋藏深度由几十米到大于100m不等。该含水岩组总体研究程度较低，仅在达拉特旗一带研究程度稍高。含水层厚度大于100m，最厚达213.7m，以承压水为主，水头高出地表10～20m，涌水量为500～2500m^3/d，在黄河沿岸一带小于250m^3/d。

3. 地下水补给、径流、排泄

地下水主要接受降水入渗、南部鄂尔多斯侧向补给、沟谷洪流入渗以及引黄灌溉入渗补给，总体由鄂尔多斯高原前缘向北部径流，以人工开采、蒸发蒸腾和向黄河侧向渗流为主要排泄方式。

第二节　含水层系统划分及特征

一、划分原则和依据

在河套平原第四系地下水系统划分基础上，以含水层介质场特征为主要依据，划分第四系含水层系统。含水层介质场特征主要考虑含水层成因、岩性、埋藏条件等因素。含水层系统应能够充分反映含水层系统水力特征和不同含水层系统相互之间的水力联系。

1. 以第四系沉积环境作为划分含水层结构基础

地层沉积环境分析成果表明，河套平原第四系地层岩相主要为冲洪积相和冲湖积相。冲洪积相沉积物以砂砾石为主，形成的含水层厚度大、富水性好，中间没有稳定的隔水层，将其划分为单一结构含水层。冲湖积相沉积物通常有多个沉积旋回，形成多个含水层或含水层组。

2. 以区域分布稳定地层作为含水层系统划分的标志层

第四系中更新统上段淤泥层分布范围广、厚度大，构成了稳定的区域隔水层，将其作为区域含水层系统划分的重要标志层。该淤泥层构成了承压含水层顶板，其上为潜水、微承压或半承压含水层，统称为浅层含水层；其下为承压含水层（特指中更新下段承压含水层）。淤泥层分布范围外划分为单一结构含水层分布区，淤泥层范围内划分为双层结构含水层分布区。在中更新世岩相古地理图基础上，利用钻孔和物探资料确定的淤泥层分布特征见图 3.2。

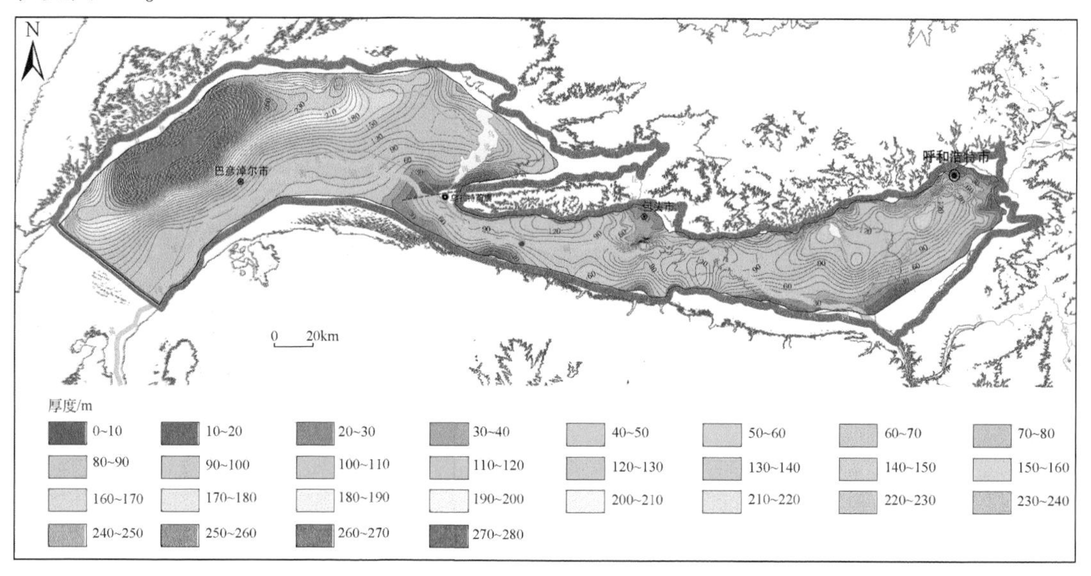

图 3.2　淤泥质黏土层厚度等值线示意图

3. 充分考虑水文地质勘探深度和主要开采目的层

河套平原水文地质勘探深度一般在 300m 左右。冲洪积平原区的单一结构含水层一般揭露到上更新统—全新统含水层和下—中更新统含水层。在冲湖积平原区含水层系统为双层结构，西部的后套平原地区主要揭露了上更新统—全新统浅层含水层，大部分地区尚不能揭穿承压含水层顶板；东部的呼包平原主要揭露到中更新统下段承压含水层，个别深孔揭露了部分下更新统含水层。

二、含水层系统空间分布

按照上述原则和依据，将河套平原含水层系统划分为单一结构含水层和双层结构含水层。双层结构含水层又进一步划分为浅层含水层和承压含水层。具体划分结果见表 3.2。

1）单一结构含水层

分布于河套平原周边山前倾斜平原。主要有狼山-色尔腾山、佘太盆地、乌拉山、大青山、蛮汉山等山前冲洪积含水层。单一结构含水层包括了上部的上更新统—全新统冲洪积含水层和下部的中更新统冲洪积含水层。受地理、构造及沉积环境等控制因素的影响，单一结构含水层发育规模表现出明显的差异。总体发育规模上东部呼包平原山前较西部后套平原山前发育，北部狼山-色尔腾山、大青山山前较南部鄂尔多斯盆地北缘山前发育。后套平原北部的狼山-色尔腾山山前以单个冲洪积扇体发育为主，并且数量少发育规模较小，单一结构含水层分布范围较小。呼包平原北部大青山山前冲洪积扇扇体规模大、数量多，以冲洪积扇群形式发育，单一结构含水层分布范围较大。

表 3.2　含水层系统划分

	含水层系统		地下水系统
单一结构含水层	潜水含水层	狼山-色尔腾山山前冲洪积含水层	狼山山前冲洪积平原地下水系统（A01）
		佘太盆地山前冲洪积含水层	佘太盆地山前冲洪积平原地下水系统（B01）
		乌拉山山前冲洪积含水层	乌拉山山前冲洪积平原地下水系统（C01）
		大青山山前冲洪积含水层	大青山山前（西）冲洪积平原地下水系统（D01）
			大青山山前（东）冲洪积平原地下水系统（E01）
		蛮汉山山前冲洪积含水层	大黑河冲湖积平原地下水系统（E02）
		和林格尔丘陵前缘冲洪积含水层	大黑河冲湖积平原地下水系统（E02）
		黄河南岸平原冲洪积含水层	黄河南岸地下水系统（F）
双层结构含水层	上部 Q_{3-4} 浅层含水层+下部 Q_{2-1} 承压含水层	后套平原冲湖积含水层	黄河冲湖积平原地下水系统（A02）
		三湖河平原冲湖积含水层	黄河冲湖积平原地下水系统（C02）
		呼包平原西部冲湖积含水层	黄河冲湖积平原地下水系统（D02）
			呼包平原西部断块区地下水系统（D03）
		呼包平原东部冲湖积含水层	大黑河冲湖积平原地下水系统（E02）
			托克托湖积台地前缘地下水系统（E03）
		黄河南岸平原冲湖积含水层	黄河南岸地下水系统（F）

2）浅层含水层

浅层含水层是指上更新统—全新统含水层，其底界为中更新统上段淤泥层。浅层含水层分布范围广泛，在后套平原、三湖河平原、呼包平原等地下水系统区均有分布。浅层含水层包括了潜水含水层和微承压-半承压含水层，在后套平原的黄河北岸以及西部一带主要为潜水含水层，从南向北，自西向东由潜水含水层逐渐过渡为半承压或承压含水层。在呼包平原的北部和东部以潜水含水层分布为主，从北向南、自东向西逐渐过渡为微承压和半承压含水层。在黄河南岸平原以潜水含水层分布为主。

3）承压含水层

受淤泥层埋深和厚度控制，河套平原承压含水层的揭露情况有所差异。在后套平原，淤泥层在西部、北部埋藏深、厚度大，多数钻孔没有揭穿，甚至没有揭露到淤泥层；向东部、南部淤泥层逐渐变浅变薄，勘探揭露的承压含水层主要分布于东南部一带。三湖河平原、呼包平原和黄河南岸平原淤泥层最大沉积厚度在150m左右，埋深一般在30～60m，多数钻孔仅揭露到了中更新统下段含水层，少数钻孔揭露到了下更新统含水层。

三、含水层水力联系

在山前平原一带，单一结构含水层的下部与承压含水层系统直接接触，上部与浅层含水层相连（图3.3）。单一结构含水层中的潜水是浅层含水层和承压含水层的共同补给源。单一结构含水层接受大气降水、山区的侧向补给，然后以侧向径流的形式补给浅层含水层和承压含水层。单一结构含水层中地下水位的变化决定了浅层地下水和承压水的侧向补给量。除此之外，浅层地下水和承压水在一定条件下通过越流形式发生水力联系。

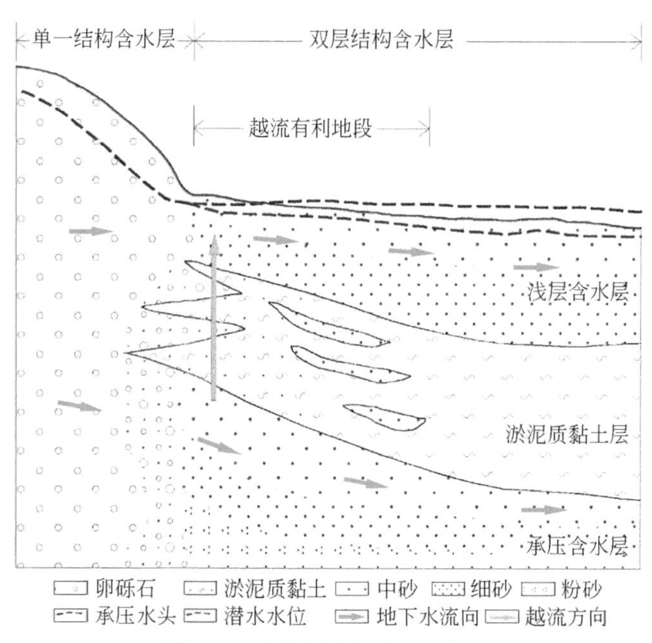

图3.3　含水层水力联系示意图

根据承压含水层隔水顶板岩性结构和厚度分布特征，存在有发生越流的地层条件，淤泥层边缘地带是越流发生的有利地段。一方面，在沉积盆地周边为滨湖相沉积环境，淤泥层的岩性特征为黏性土与砂性土互层，淤泥层的总厚度和有效厚度都较小，因此淤泥层边缘是越流有利地段。另一方面，在河湖三角洲地带，受河流冲刷影响，淤泥层的总厚度和有效厚度更小，砂性土颗粒更粗，并有可能形成“天窗”。从淤泥层埋深和厚度（图3.2）的变化上可以明显地识别出大黑河（古河道、现代河道）、哈拉沁沟、昆都仑河等大的河流形成的河湖三角洲分布范围，其淤泥层有效厚度都较小，是发生越流的有利地段。

四、含水层系统特征

在编制的第四系地质剖面的基础上，利用水文地质钻孔数据，编制了46条南北向和2条东西向水文地质剖面图，对第四系含水层特征进行了研究。

（一）单一结构含水层

研究区内单一结构含水层主要有七个，由西向东分述如下。

1. 狼山-色尔腾山山前冲洪积含水层

该含水层分布于狼山-色尔腾山山前扇群地带，展布宽度为4～10km，东部较宽，向西变窄。在扇群顶部及中上部，含水层岩性为含卵砂砾石和砂砾石，厚度为45～100m，单位涌水量为100～150m^3/（d·m），水位埋深为10～40m，矿化度小于0.5g/L；在扇中下部及前缘，厚度为40～130m，单位涌水量为25～100m^3/（d·m），水位埋深为5～10m，矿化度为1～3g/L（图3.4）。含水层总体埋藏浅，底板埋深为70～90m，是良好的供水含水层。德岭山山前台地为透水不含水层，在前缘有接触带潜水，赋存于砂砾层（Q_{1-2}）与下伏红色泥岩、砂泥岩（N_2）的顶面接触带处，多为侵蚀下降泉，流量为4L/s，水质良好，矿化度小于0.5g/L。

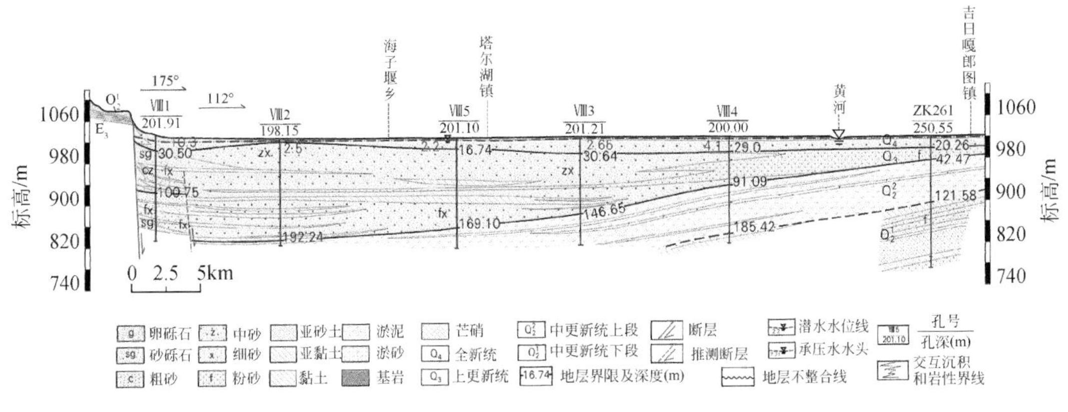

图3.4　后套平原中部狼山山前-黄河南岸水文地质剖面图

以下水文地质剖面图同此图例

2. 佘太盆地山前冲洪积含水层

属佘太盆地山前冲洪积平原二级地下水系统（B01）。色尔腾山山前的冲洪积扇群中，佘太冲洪积扇范围大，扇裙带宽9km多，其余一般为3～4km。含水层由中更新统厚层含卵砂砾石、砂砾石及少量粗砂、细砂组成。在扇后缘，含水层厚为40～50m，水位埋深为20～60m，单位涌水量近400m^3/（d·m）；至扇中部，水位埋深20m左右，含水层厚递减至35m左右，含水层岩性变为以砂砾石、含砾粗细砂为主，单位涌水量为

150m³/(d·m)；至扇前缘，水位递减至 10m 左右，含水层厚度为 25～30m，含水层以砂砾石为主，单位涌水量为 70～80m³/(d·m)，水质好，矿化度小于 0.5g/L（图 3.5）。乌拉山北麓山前冲洪积扇后缘，由于所处位置较高，一般透水不含水，只是在冲洪积扇中前缘及边部形成单一结构含水层。含水层厚度为 35～85m，含水层顶板埋深为 90～120m，水量较丰富，单位涌水量为 50～200m³/(d·m)，水位埋藏由近山麓的 40～60m 递减到冲洪积扇裙边部10～30m。水质良好，矿化度小于 0.5g/L。

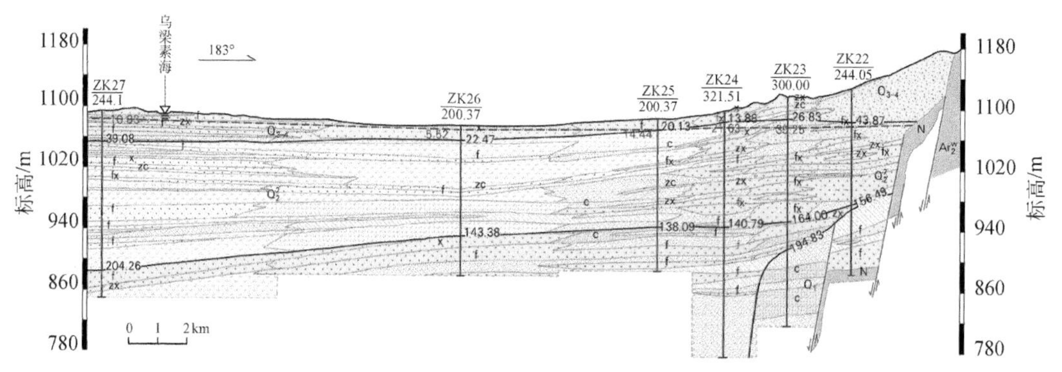

图 3.5　佘太盆地乌梁素海东部水文地质剖面图

3. 乌拉山山前冲洪积含水层

属三湖河平原地下水系统，主体由乌兰布拉格沟、宝利格沟、大坝沟、梅力更沟、哈德门沟、昆都仑河等冲洪积扇群组成。含水层位于冲洪积扇的轴部及中后缘，以及扇间地带的中上部。在冲洪积扇的轴部和中后缘，含水层由上更新统—全新统砂卵砾石及中更新统砂砾石、粗砂组成，之间夹薄层不连续黏性土层，一般仅几米厚，含水层厚度一般为 60～150m，水位埋深为 35～70m，单位涌水量为 500～1000m³/(d·m)；从洪积扇中后缘向前缘，含水层厚度变小，一般厚 5～20m，含水层岩性逐渐变为中粗砂、细砂及粉细砂，水位埋深逐渐变为 3～10m，单位涌水量为 150m³/(d·m)，黏性土薄夹层增多（图 3.6）。在较大冲洪积扇的扇间地带中上部，含水层厚度较扇群轴部小，可分为上下两层，上层以上更新统—全新统砂砾石夹中细砂为主，厚度一般为 20～50m，下层以中更新统下段的中砂、砂砾石为主，不同地段厚度变化较大，一般厚 20～30m，水位埋深一般为 30～70m，单位涌水量一般为 50～200m³/(d·m)。在扇间地带，从山前至前缘也存在含水层厚度变小，颗粒变细、黏性土隔水层增多、水位埋深变浅、涌水量变小的规律。在昆都仑河冲洪积扇后缘，含水层埋深为 30～60m，含水层厚度为 5～20m，水位埋深大于 30m，单位涌水量为 400m³/(d·m)；往扇的中后缘，水位埋深变浅，一般小于 30m，含水层厚度有所增加，但增加幅度不大，单位涌水量变化不大。

4. 大青山山前冲洪积含水层

分布于呼包平原西部和呼包平原东部两个地下水系统，由五当沟、水涧沟、美岱沟、万家沟、苏盖营子沟、水磨沟、乌素图沟、白石头沟、哈拉沁沟、奎素沟等沟谷冲洪积扇

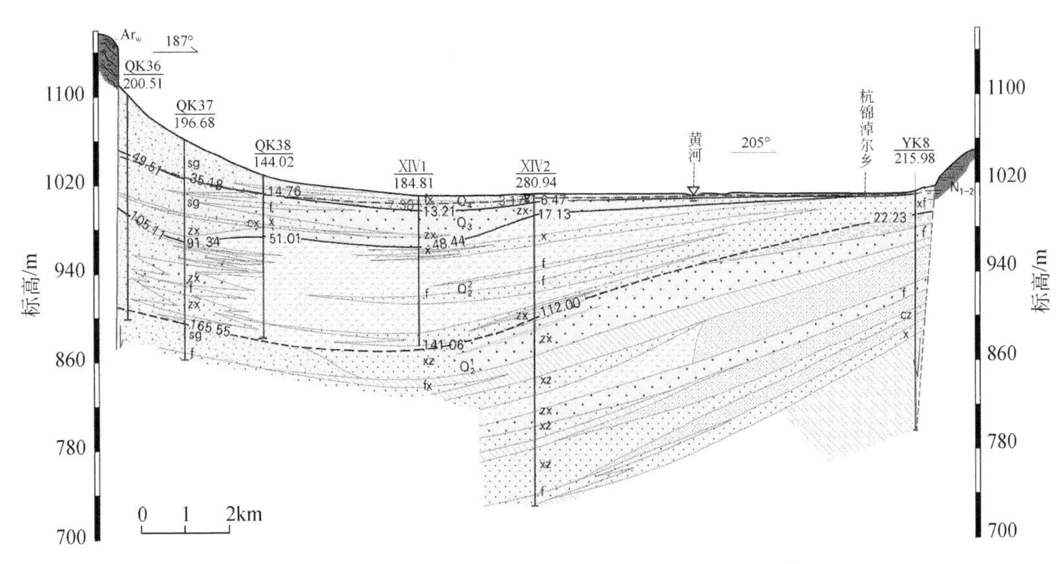

图 3.6　三湖河平原西部乌拉山山前-黄河南岸水文地质剖面图

群构成，各扇体连成一体，形成单一结构含水层。展布宽度一般为 3 ~ 8km。含水层主要岩性为卵砾石、砂砾石、中粗砂，在钻探揭露深度范围内含水层厚度中西部较大，一般为 80 ~ 120m，在水磨沟一带大于 100m，东部相对较小，一般为 50 ~ 90m。地下水位埋深在呼包公路以北大部分地段大于 70m，由北向南水位埋深逐渐变浅，至含水层的南部边界水位埋深为 30 ~ 40m；含水层富水性中等，单位涌水量为 100 ~ 500m³/(d · m)(图 3.7)。含水层水质总体较好，矿化度多小于 1.0g/L。

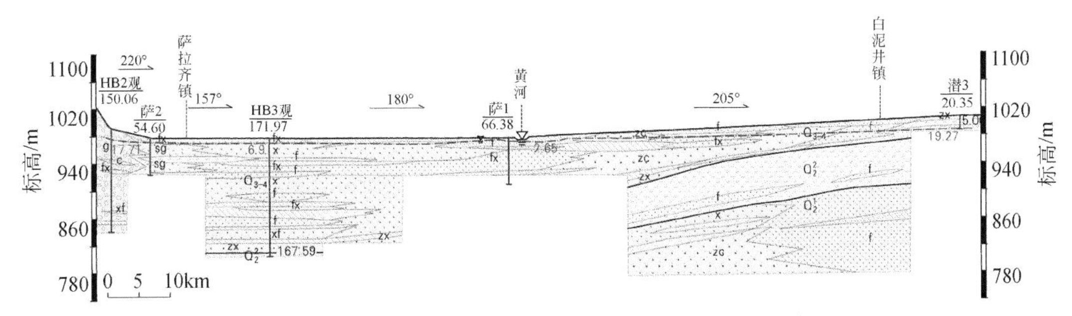

图 3.7　呼包平原西部大青山山前-黄河南岸水文地质剖面图

在呼包平原东北角的奎素沟、面铺窑子沟等冲洪积扇，由于基底抬升下伏新近系地层埋藏浅，部分地区甚至直接出露地表，第四系厚度较薄。含水层在东北角地区（呼和浩特市新城区保合少镇以东）为透水不含水层。往南西方向含水层逐渐增厚，最大厚度 45m 左右；地下水富水性较差，一般小于 100m³/(d · m)。地下水水位埋藏较浅，与平原区主体地下水不具有统一水位，呈“跌水”状态。

5. 蛮汉山山前冲洪积含水层

属于呼包平原东部地下水系统，主要为大黑河在古河道和现代河道出山口附近形成的冲洪积扇。现代河道冲洪积扇位于美岱村一带；古河道冲洪积扇位于西黄河一带；两扇体相互独立。含水层大部分为上更新统（Q_3）至全新统（Q_4）沉积，下部基底主要为中—上新统（N_{1-2}）基岩，在二十家村近山前一带为太古宇基底。含水层岩性为砾卵石、含卵砂砾石、中粗砂、粉细砂。含水层底板埋藏浅，在 20 ~ 50m，大黑河古河道局部大于 50m；含水层厚度较薄，一般小于 20m，大黑河古河道局部为 30 ~ 50m，在东部丘前地带含水层厚度仅 10m 左右（图 3.8）。地下水位埋藏浅，一般小于 20m。含水层富水性好或极好，一般单位涌水量为 1000 ~ 3000m^3/(d · m)，在大黑河古河道和出山口地带单位涌水量大于 5000m^3/(d · m)，在榆林台地区域单位涌水量为 500 ~ 3000m^3/(d · m)。水质良好，矿化度小于 0.5g/L。

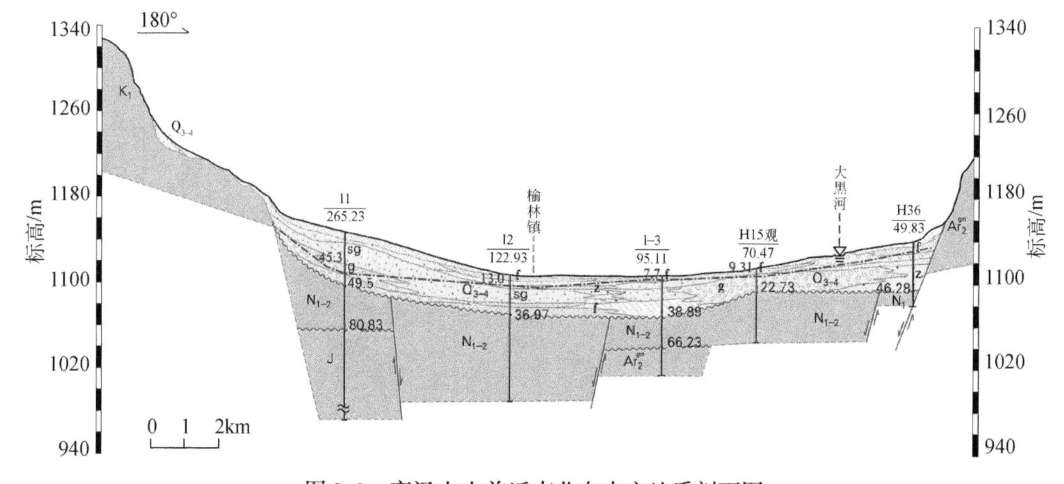

图 3.8　蛮汉山山前近南北向水文地质剖面图

6. 和林格尔丘陵前缘冲洪积含水层

属于呼包平原东部地下水系统，主要为和林格尔丘陵前缘的什拉乌素河、什拉乌素前河、西门沟冲洪积扇，各扇体独立分布，发育规模较小。含水层岩性为上更新统—全新统冲积、洪积、冲洪积砂砾石及中粗砂，砂砾石成分一般为花岗岩、片麻岩、玄武岩等，颗粒分选性差。河谷地带含水层厚度一般 10m 左右，水位埋深一般 2m 左右，深者可达 10m，富水性较差，单位涌水量为 15 ~ 30m^3/(d · m)，局部地区大于 30m^3/(d · m)。靠近平原区，含水层厚度一般为 10 ~ 20m，水位埋深一般大于 10m，个别地带可达 20m，矿化度小于 1g/L。

在丘陵前缘第四系之下埋藏有新近系中新统玄武岩含水层。200m 以浅深度内玄武岩含水层大致分布于从盛乐镇向西南方向延伸至土城子乡一带，宽度为 2 ~ 12km。六次喷发旋回形成四个含水岩段，单个含水岩段厚度为 7 ~ 25m。含水层厚度从山前向平原，由 80m 逐渐减小到小于 20m。玄武岩在附近山区直接出露于地表。含水层顶板埋深在山前较小，为 50 ~ 100m，由西南方向向平原区逐渐变大，最大揭露埋深 200m。富水性差异也较大，涌水量最小约 100m^3/d，最大在 1000m^3/d 左右。含水层水质好，矿化度小于 1g/L。玄武岩含水岩是附近农业灌溉开采的主要目的层。

7. 黄河南岸平原冲洪积含水层

黄河南岸平原水文地质工作程度低，仅在杭锦旗、达拉特旗、准格尔旗境内部分地区开展过水文地质工作，水文地质钻孔资料少。整体上，南部山前冲洪积扇不发育，仅较大的沟谷在台缘前发育一定规模的冲洪积扇，如毛布拉格孔兑、布尔嘎斯太沟、黑赖沟、西柳沟、哈什拉川等沟谷。含水层岩性为全新统冲洪积砂砾石层，厚度多小于20m；富水性一般，单位涌水量多小于100m^3/(d·m)；水位埋深浅，一般为2～5m；水质较好，一般矿化度小于1g/L（图3.9）。

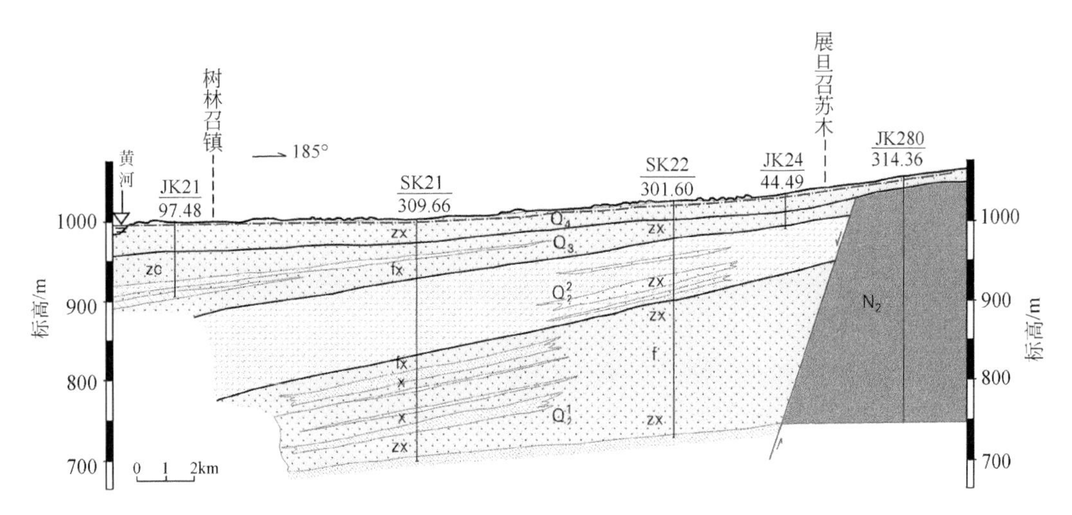

图3.9　黄河南岸平原达拉特旗水文地质剖面图

(二) 双层结构含水层

双层结构含水层以中更新统上段淤泥质黏土层分布范围为界。浅层（潜水-半承压）含水层和承压含水层的埋藏条件受该淤泥质黏土层埋深和厚度控制。

1. 后套平原冲湖积含水层

1) 浅层含水层

属黄河冲湖积平原二级地下水系统。含水层的分布和特征表现出从南向北、至西向东的规律性。含水层岩性为上更新统至全新统（Q_{3-4}）的湖积、冲湖积中细砂、细砂和粉细砂，局部有含砾中粗砂。含水层底板埋深总体上由狼山-色尔腾山山前沉积中心向外埋深逐渐变浅，沉积中心埋深为270～308m，主体上西北深、东南浅，在东部为80～100m，向西增至150～300m；在南部为30～80m，向北增至100～200m。含水层厚度总体上是西北厚、东南薄，由东部的60～80m，向西增至150～240m，由南部的20～60m，向北部增至100～200m。在西部陕坝以北的区域凹陷沉积中心，含水层厚度最大，据目前钻孔揭露最大厚度为238m；在东南部乌拉山镇一带，含水层厚度最小，小于20m。

黄河从西南进入后套平原，含水介质颗粒由南向北、由西向东逐渐变细，黏土质层层数和厚度增加。在西南部磴口县一带含水层颗粒最粗，以含砾中砂为主，局部可见中粗砂，向东北方向递变为细中砂、中细砂、细砂、粉细砂；在北部狼山-色尔腾山山前沿总排干一线和东部乌梁素海西部一带颗粒最细，均以粉细砂为主，并且黏土质层增多、增厚，地下水多为微承压和半承压水。含水层的富水性由西南向东北变差，单井涌水量在西南部350～500m³/d，局部可达600m³/d，向东北部渐变为250～350m³/d及150～250m³/d，至乌梁素海西侧一带，不足150m³/d。

总体上，后套黄河冲湖积平原的南部为地下水补给区，主要分布潜水含水层；北部的山前冲洪积平原和黄河冲湖积平原交接地带为地下水局部排泄区，主要分布有半承压和承压含水层，东部为地下水集中排泄区，浅层含水层多为承压含水层。地下水位埋深浅，为1～3m，西部磴口县西北地区地下水位埋深为3～10m。

含水层水质总体差，多为矿化度1～3g/L的微咸水。矿化度小于1g/L淡水零星分布。在沿总排干流向，西起树林召镇、东至份子地乡的狭长地带，地下水为矿化度3～5g/L的咸水，这一地带也是区域地下水排泄中心。在乌拉特前旗乌拉山镇北、新安镇东地区，分布有矿化度大于50g/L的卤水，最大达70g/L。

2）承压含水层

后套平原中更新统下段（Q_2^1）承压含水层，没有钻孔和水井完整揭露该含水层，在后套平原南部总干渠沿线一带和东部的西山咀隆起地区，少量勘探钻孔揭露到承压含水层顶板。在磴口县总干渠西北一带，顶板埋深160～190m；在临河区总干渠北八岱乡至复兴镇一带，顶板埋深220～294m；五原县总干渠北城南乡一带160～188m；至后套平原东部西山咀隆起北部，顶板埋深60～120m。个别钻孔揭露到的顶板最大埋深达464m（WK5孔）。含水层岩性以中砂、细砂为主，夹薄层黏土、亚黏土层。该含水层由于埋深大，水质差基本未被开采利用。个别揭露到该含水层钻孔数据表明含水层富水性和水质差，磴口县坝楞乡Ⅱ4孔单位涌水量为7.89m³/(d·m)，矿化度为3.65g/L；乌拉特前旗新安镇QK5孔单位涌水量为5.06m³/(d·m)，矿化度为60.02g/L（图3.10）。

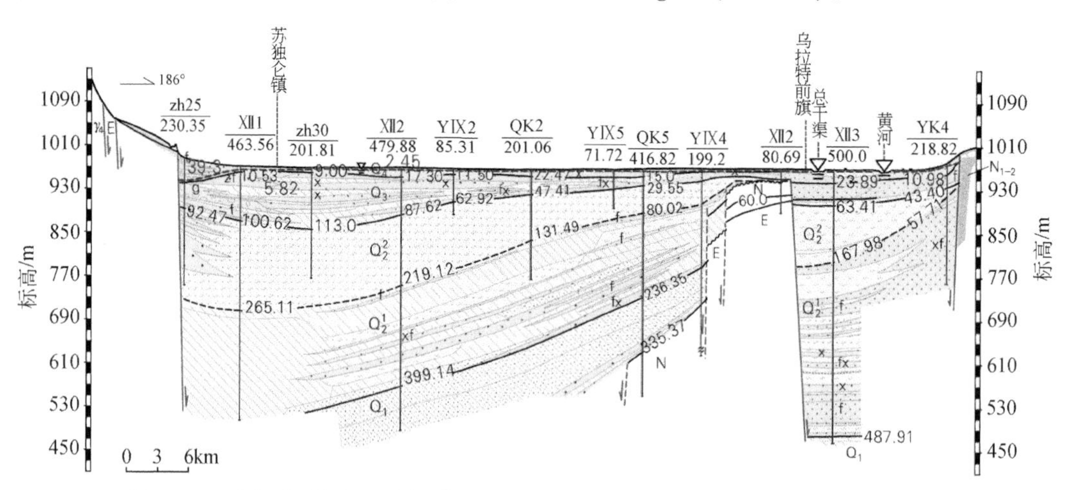

图3.10　后套平原东部（乌梁素海西）色尔腾山山前-黄河南岸水文地质剖面图

2. 三湖河平原冲湖积含水层

1）浅层含水层

在三湖河凹陷区，含水层底板埋深由北向南变浅，北部最深达150m，一般为50～80m，在南部为10～20m。含水层岩性主要由第四系全新统和上更新统中细砂、粉细砂组成，局部夹有薄层黏性土层，形成半承压含水层。在西部西山咀隆起和东部包头隆起区含水层底板埋深北部为30～40m，南部为50～70m。含水层厚度总体较薄，东西部变化不大。富水性差，一般单位涌水量为50～200m³/(d·m)。水位埋深较浅，由南部的1～5m增加到北部的10～15m。地下水水质较好，多小于1g/L。

2）承压含水层

中更新统下段承压含水层岩性由中细砂、细砂、粉细砂组成，夹多层黏土、亚黏土层，单层厚几米至20～30m。在凹陷区含水层顶板埋藏深，厚度大，目前仅有个别钻孔揭穿该层；顶板埋深在南部黄河北岸一带为220m，北部山前冲洪积扇前缘为200m左右；据乌拉特前旗乌拉山镇Ⅶ3号孔（孔深为500m），含水层顶板埋深为180m，厚度为320m；在东部包头隆起区含水层顶板埋深为100～110m。根据乌拉山镇南ⅩⅢ2孔（孔深为211m）揭露的数据，单位涌水量为39.90m³/(d·m)，矿化度为0.6g/L；公庙子乡南ⅩⅣ2孔（孔深为281m），单位涌水量为11.64m³/(d·m)，矿化度为0.31g/L。

3. 呼包平原西部冲湖积含水层

1）浅层含水层

西部断块区与东部黄河冲洪积平原区含水层结构有所不同。在西部断块区该含水层底板埋深相对较浅，在中部最深一般为60～70m；含水层由上更新统和全新统（Q_{3-4}）的中砂、粉砂、粉细砂组成，夹多层黏土、亚黏土层，局部地区形成半（微）承压含水层；含水层厚度北部较薄，仅十几米；地下水位埋深北部为5～10m，南部为2～5m；单位涌水量在北部山前冲积扇前缘地带为100～500m³/(d·m)，局部地区为500～1000m³/(d·m)，靠近黄河北岸，单位涌水量小于50m³/(d·m)。含水层水质在北部地区矿化度为1～2g/L，在黄河北岸矿化度多小于1g/L。

在东部的黄河冲洪积平原区，含水层底板埋深有三个埋深中心，最大埋深分别为141m、185m和192m。总体上埋深中心靠近北部山前，呈北深南浅的规律。含水层由上更新统和全新统（Q_{3-4}）中细砂、粉砂、粉细砂组成，由北部山前向黄河沿岸，岩性由中细砂向粉细砂、粉砂渐变。在中部地区，含水层中一般夹2～3层淤泥质黏土层，单层厚度较大，最厚可达40m；其他地区一般夹3～5层，层厚一般为5～20m；近黄河沿岸，夹层数增多，单层厚度变小。含水层厚度西北部较大，一般为70～100m，中部为40～80m，东部厚度较小，一般为20～30m。水位埋深在北部为5～10m，在黄河北岸及东部地区较浅，一般为2～5m。含水层水量在中部地区小，单位涌水量一般为50～100m³/(d·m)，在北部山前冲积扇前缘，单位涌水量为100～500m³/(d·m)，局部地区为500～1000m³/(d·m)；靠近黄河北岸，单位涌水量小于50m³/(d·m)。含水层水质总体较差，仅在西北部、北部山前冲洪积扇前缘狭长地带及东南部黄河北岸地区，矿化度为1～2g/L，其余地区矿化度均大于2g/L；在哈素海西南美岱召镇、三间房乡一带矿化度大于5g/L。

2）承压含水层

部分地区钻孔未揭露到承压含水层。在揭露区含水层顶板埋深由南部的黄河一带的30～40m，向北增大，至跃进渠一线达200m；再向北至哈素海东南方向民生渠与跃进渠之间达到最大揭露深度401m（TK5孔）；东部地区由北向南增大，北部埋深在175m左右。含水层岩性以细砂、粉细砂为主，呈薄层或透镜体夹于淤泥质黏土层中，揭露厚度为10～35m。水质差，矿化度多大于3g/L。据明沙淖乡黄河北岸边HB8付孔（孔深为213m），含水层顶板埋深为127m，含水层揭露厚度为25m，矿化度为2.45g/L（图3.11）。

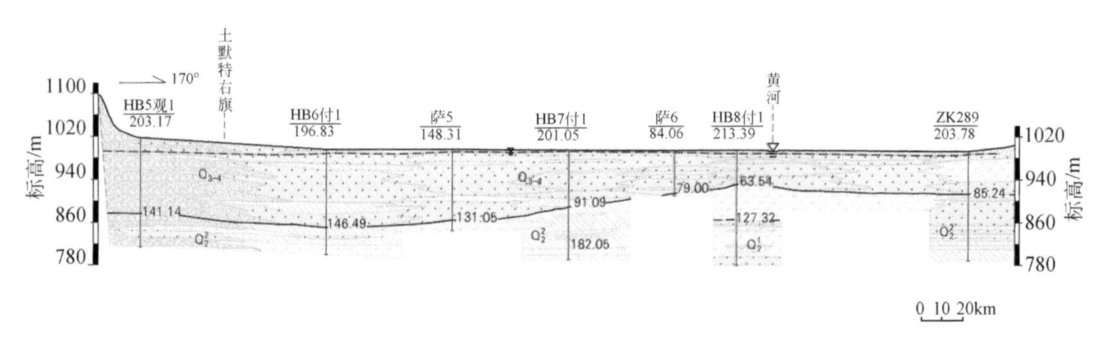

图3.11　呼包平原西部大青山山前–黄河北岸水文地质剖面图

4. 呼包平原东部冲湖积含水层

1）浅层含水层

可进一步分为大黑河平原冲积层潜水–微承压含水层和冲湖积层微承压含水层。大黑河平原冲积层潜水–微承压含水层岩性由北部和东部边缘的冲洪积砂卵砾石、砂砾石向平原内渐变为冲湖积砾砂、中粗砂、中细砂、细粉砂；冲湖积微承压含水层为冲洪积层与湖积层交互沉积，岩性变化较大，以中粗砂、粉细砂为主，间夹细砂、砾石层和厚3～5m的淤泥质黏土层，形成局部微承压水，由东北向南西方向含水层颗粒由粗变细，层次增多，厚度变薄。

含水层底板埋深在西部埋深最大，达130～150m，向东南方向埋深逐渐变浅。地下水位埋深由东向西由15m左右渐变至5m左右，至平原中部地下水位为6～10m。含水层水量丰富，涌水量为500～1000m^3/d，北部扇群前缘地带属于水量丰富和较丰富地带，东部河谷地带是最富水区，涌水量大于1000m^3/d，最大值可达3000～5600m^3/d。仅乌素图东山前群扇前缘涌水量在500m^3/d以下。中部平原区内由东北至西南，单位涌水量由100～500m^3/d递减至50～100m^3/d，局部地带甚至小于50m^3/d。

2）承压含水层

含水层岩性从盆地周边的砂砾石、砂砾和中粗砂，向盆地中心逐渐变为细砂、粉细砂，厚度逐渐减小，泥质含量增大。含水层顶板埋深总趋势由东向西、由北向南逐渐加深。在乌素图镇以西地区，顶板埋深在90～218m，含水层揭露厚度为40～60m，水头埋深为15～25m；东南部湖积台地前缘向盆地中心，顶板埋深由35m递增至192m，200m深度内含水层厚度为15～50m。在哈素海一带的沉积中心淤泥层厚度大，含水层顶板埋深大于220m，300m勘探深度内未揭穿。含水层水量在北部及东部山前倾斜平原地带，水量中等，单位涌水量一般为100～500m³/(d·m)，在东部大黑河古湖滨三角洲最大，单位涌水量可达1000m³/(d·m)以上，北部山前局部地区也可达1000m³/(d·m)以上，至中部平原区递减为50～100m³/(d·m)，托克托湖积台地前缘多小于50m³/(d·m)。含水层水质总体上优良，大部分地区矿化度为0.2～1g/L，向盆地中心水质变差（图3.12）。

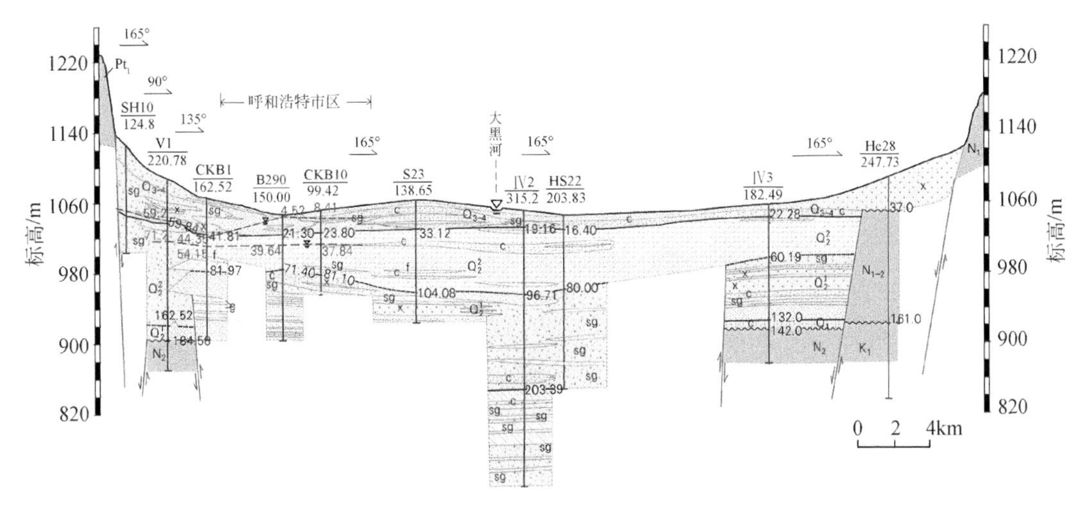

图3.12　呼包平原东部大青山山前-和林格尔台地前缘水位地质剖面图

5. 黄河南岸平原双层结构含水层

1）浅层含水层

在鄂尔多斯北缘断裂带第二条断裂以北，含水层岩性为第四系上更新统—全新统冲洪积、冲湖积粉细砂、细砂、粉砂等，局部夹层为粗砂、含砾粗中砂、砾砂。含水层岩性、涌水量及水位埋深等由南向北变化明显，由南部库布齐沙丘前缘向北部近黄河边颗粒逐渐变细。含水层厚度由南部小于50m向北增至50～100m，局部地区大于100m，涌水量为100～500m³/d，南部涌水量小于100m³/d。地下水水位埋深小，多小于5m。

2）承压含水层

岩性为中更新统下段冲湖积细砂、粉砂，南部丘陵前缘局部含砾。该含水层总体研究程度较低，仅在达拉特旗一带研究程度稍高。达拉特旗含水层顶板埋深由南向北埋深逐渐增大，由南部的20～50m增加到黄河岸边大于50m。含水层厚度及岩性变化较大，一般靠近丘陵前缘含水层颗粒较粗，含水层厚度大于100m，最大揭露厚度达213.7m。水量较丰富，近丘陵前涌水量为500～2500m³/d，向黄河沿岸递减为250m³/d以下，承压水头高出地表仅几米，最高为6.8m。

第三节　水文地质参数

一、水文地质参数调查

在系统整理和分析已有水文地质参数基础上，针对水文地质参数问题，开展专门的水文地质参数调查，形成水文地质参数系列，为量化反映地下水系统特征，评价地下水资源提供基础。采用的主要调查方法包括以下三种。

1. 水文地质参数编研

为了查明河套平原水文地质、环境地质条件，满足城镇供水和工农业生产需求，服务于国家和地方政府规划，不同时期开展了大量的水文地质环境地质调查和评价工作，积累了丰富的水文地质参数资料。

1960～1964 年，内蒙古自治区水文地质队在包头均衡试验场进行了大量水文地质参数实验，获取了一大批水文地质参数；1986～1990 年，内蒙古自治区地质环境监测总站包头站开展了潜水水量垂向均衡试验研究，通过多年观测试验结果，积累了大量实验数据，提出了大气降水入渗系数等系列包气带水文地质参数，为河套平原历次地下水资源评价提供了重要的参数依据。这些参数在国内许多条件相近地区的地下水资源评价中也得到了应用。

1982 年，内蒙古水文地质队以河套平原（后套平原）为工作区，完成了“内蒙古河套平原盐渍土改良及农田供水水文地质勘察报告”；1983～1985 年，内蒙古自治区水文地质工程地质队完成了“内蒙古自治区呼包平原水文地质、工程地质、环境地质综合勘察报告”。这两项工作依据相关工作规范系统地布置了勘探线和勘探孔，根据含水层结构都开展了单层或分层抽水试验，获取了系统的河套平原含水层水文地质参数。

此外，本次工作还对城镇及工矿企业供水水文地质勘探钻孔和抽水试验成果进行了收集和整理。

2. 包气带参数试验

为获取和校核包气带水文地质参数，在巴彦淖尔市杭锦后旗建立了包气带水盐运移试验场。试验场由原位试验区、条件控制试验区和辅助试验区组成（图 3.13），安装有负压计、中子管和简易气象观测站。

通过长时间的试验观测，获取了不同包气带岩性、不同地下水位埋深条件下的降水入渗系数、蒸发系数及灌溉入渗系数。

3. 钻孔抽水试验

为了进一步查明河套平原水文地质条件，根据查漏补缺的原则，主要针对含水层结构不清、水文地质参数缺乏的地段，山区与平原区地下水系统边界等重点地段，部署水文地

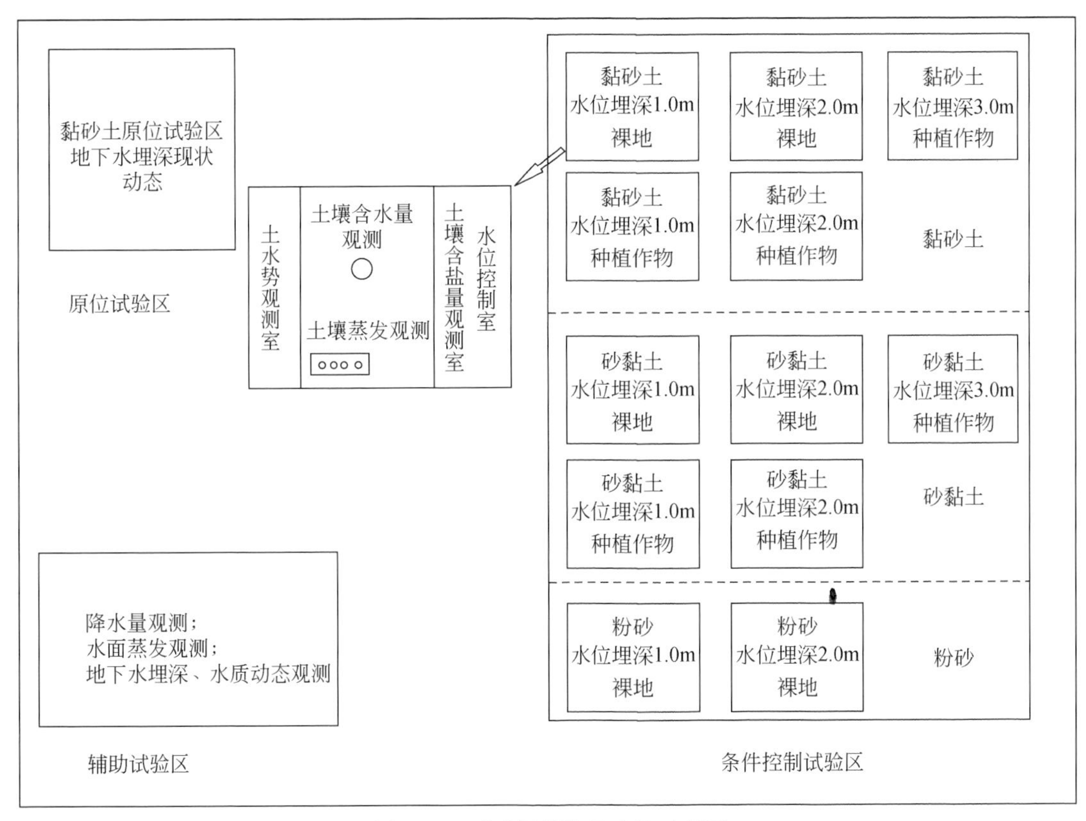

图 3.13 试验场设施及功能示意图

质勘探孔 22 组。每个孔组包括勘探孔和观测孔，进行了非稳定流抽水试验，计算评价了主要开采含水层的水文地质参数。

通过上述工作，掌握了已有水文地质参数及其分布，获取了新的水文地质参数，通过对水文地质参数的甄别和校正，最终建立了河套平原的水文地质参数系列。

二、水文地质参数及分布

1. 降水入渗系数

根据降水特征、包气带岩性及组合、地形地面植被特征，以实验数据为基础，结合以往降水入渗数据，对河套平原降水入渗系数进行校正，校正后的降水入渗系数见表 3.3 和图 3.14。

2. 给水度

本次给水度的确定以抽水试验数据为主，在资料匮乏的地区充分考虑地下水水位变动带岩性和水文地质单元，根据以往的经验值来确定（表 3.4，图 3.15）。

表 3.3　降水入渗系数取值表

地下水系统	岩性	地下水埋深					
		<1m	1～2m	2～3m	3～5m	5～7m	>7m
山前冲洪积平原地下水系统	亚砂土	0.40～0.58	0.22～0.4	0.12～0.22	0.11～0.21	0.10～0.20	0.05～0.10
	粉砂	0.47～0.68	0.30～0.47	0.24～0.30	0.21～0.24	0.20～0.26	0.11～0.20
	中砂、粗砂	0.48～0.59	0.39～0.48	0.35～0.39	0.28～0.35	0.26～0.35	0.18～0.26
	卵砾石	0.47～0.57	0.4～0.47	0.35～0.4	0.32～0.35	0.3～0.35	0.24～0.3
黄河冲湖积平原地下水系统	黏土	0.18～0.32	0.09～0.18	0.04～0.09	0.03～0.04	0.03～0.04	0.02～0.03
	亚黏土	0.23～0.39	0.12～0.23	0.09～0.12	0.06～0.09	0.04～0.07	0.03～0.05
	亚砂土	0.37～0.58	0.20～0.37	0.11～0.20	0.10～0.20	0.09～0.20	0.03～0.09
	粉砂	0.42～0.65	0.27～0.42	0.22～0.27	0.19～0.22	0.15～0.22	0.07～0.15

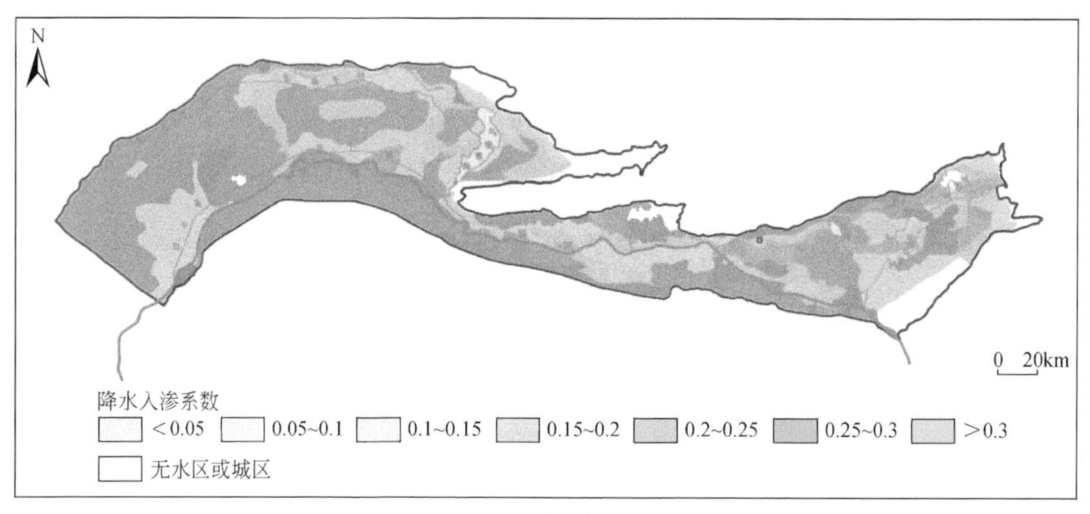

图 3.14　降水入渗系数分区示意图

表 3.4　给水度取值表

地下水系统	沉积环境	卵砾石	中砂、粗砂	粉砂	亚砂土	亚黏土	黏土
后套平原、佘太盆地	山前冲洪积平原	0.12～0.20	0.08～0.15	0.08～0.12	0.06～0.08		
	黄河冲湖积平原			0.08～0.10	0.06～0.08	0.04～0.06	0.02～0.04
三湖河平原、呼包平原西部、呼包平原东部	山前冲洪积平原	0.12～0.27	0.10～0.15	0.08～0.12			
	黄河冲湖积平原			0.07～0.10	0.06～0.08	0.04～0.06	0.03～0.04

续表

地下水系统	沉积环境	卵砾石	中砂、粗砂	粉砂	亚砂土	亚黏土	黏土
黄河南岸平原			0.08～0.12	0.08～0.10	0.06～0.08	0.04～0.06	0.02～0.04

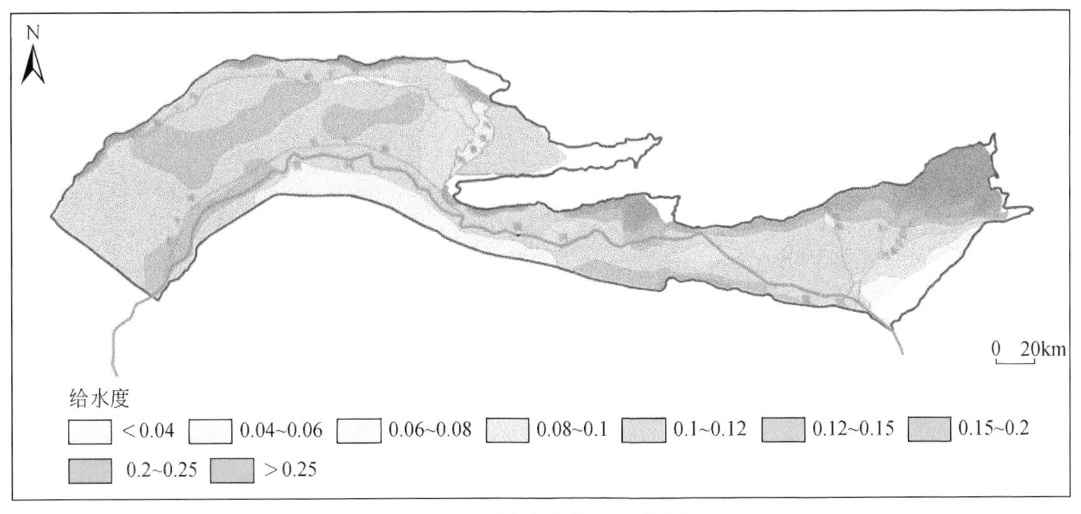

图 3.15　给水度分区示意图

河套平原给水度分布规律：①山前冲洪积平原水位变动带颗粒较粗，以砂卵砾石、中粗砂为主，给水度较大，给水度为0.1～0.27；局部冲洪积扇间带水位变动带岩性为粉砂、亚砂土，给水度为0.06～0.1；冲湖积平原水位变动带岩性以亚砂土、亚黏土为主，给水度为0.02～0.10；黄河南岸水位变动带岩性以粉砂、亚砂土和亚黏土为主，大部分区域给水度值为0.04～0.08。②河套平原的给水度值呈现出自西向东递增的规律。狼山、色尔腾山山前零星分布规模较小的冲洪积扇扇体，给水度为0.08～0.20；乌拉山山前沟谷汇水面积较小，山前冲洪积扇体不发育，昆都仑河冲洪积扇扇体规模较大，给水度为0.2～0.25；大青山山前冲洪积扇规模较大，其东部扇体和大黑河河道带为全区给水度最大的区域，给水度达到0.20～0.27；在黄河冲湖积平原和黄河南岸地区，河套平原东部水动力条件强于西部，东部的水位变动带岩性较西部稍粗，给水度呈现自西向东递增的规律。

3. 渗透系数

在水文地质钻孔抽水试验获取的渗透系数基础上，结合地下水系统、含水层沉积环境、含水层岩性进行甄别和修正，综合分析确定河套平原渗透系数值（表3.5，图3.16）。

浅层含水层渗透系数分布规律：三湖河口以下黄河段、后套平原总排干、乌梁素海及其退水渠与哈素海退水渠为四个区域地下水排泄带，是渗透系数最小的地区；山前冲洪积平原自西向东，渗透系数逐渐增大，大黑河河道带、大黑河古河道带和昆都仑河冲洪积扇为河套平原渗透系数最大的地区，渗透系数一般大于100m/d，在大黑河河谷出山口局部区域达到 400m/d。

表 3.5　渗透系数取值　　　(单位：m/d)

地下水系统	沉积环境	卵砾石	中砂、粗砂	粉砂	亚砂土	亚黏土	黏土
后套平原、余太盆地	山前冲洪积平原	100～400	20～100	10～20	5～10		
	黄河冲湖积平原			5～20	5～10	1～5	<1
三湖河平原、呼包平原西部、呼包平原东部	山前冲洪积平原	50～100	20～50	10～20	5～10		
	黄河冲湖积平原			5～20	5～10	1～5	<1
黄河南岸平原			10～20	5～10	3～10	1～3	<1

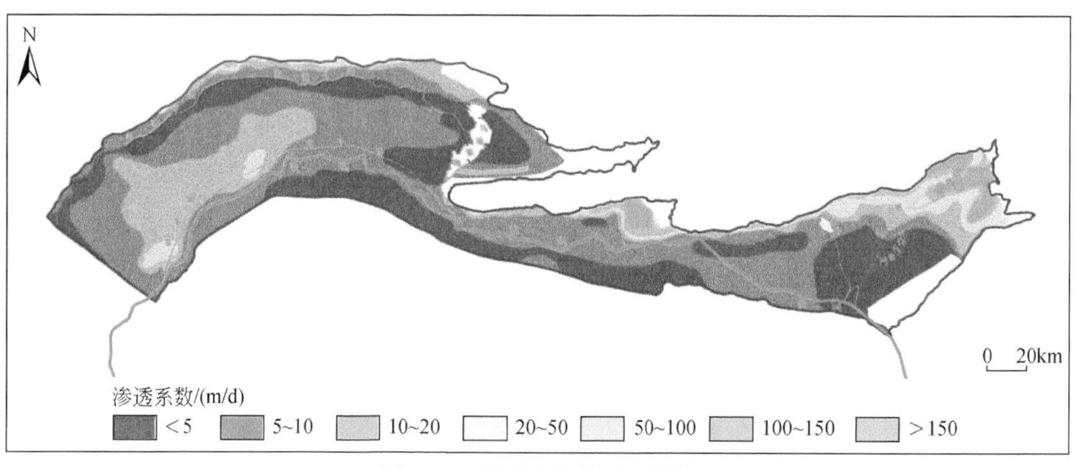

图 3.16　渗透系数分区示意图

承压含水层渗透系数分布规律：呼包平原东部，大青山前冲洪积平原渗透系数大于 50m/d，大黑河古扇群带渗透系数也大于 50m/d，渗透系数由东北部的大于 50m/d 递减到哈素海退水渠排泄带附近的小于 5m/d，局部区域小于 1m/d；包头市昆都仑河扇群带，渗透系数为 30～100m/d，西部的哈业胡同附近，渗透系数递减到 10～30m/d，哈业胡同以南区域为 5～10m/d。

4. 潜水蒸发系数

1960～1964 年包头均衡试验场给出了亚砂土在 0.5m、1m、2m、4m 时的潜水蒸发系数；1986～1990 年的“包头潜水水量垂向均衡试验总结报告”中给出了亚黏土、亚砂土、粉细砂、中粗砂、砂砾石五种岩性，以及三种典型岩性组合在 1m、2m、3m、4m、6m、8m 时的潜水蒸发系数。综合考虑上述试验结果和本书 2010～2011 年在杭锦后旗实验场实验数据，确定的潜水蒸发系数见表 3.6。

表 3.6　潜水蒸发系数取值表

地下水系统	岩性	地下水埋深			
		<1m	1 ~ 2m	2 ~ 3m	3 ~ 5m
山前冲洪积平原地下水系统	亚砂土	0.146 ~ 0.185	0.099 ~ 0.146	0.036 ~ 0.099	<0.036
	粉砂	0.284 ~ 0.324	0.142 ~ 0.284	0.037 ~ 0.142	<0.037
	中砂、粗砂	0.048 ~ 0.075	0.028 ~ 0.048	0.012 ~ 0.028	<0.012
	卵砾石	0.036 ~ 0.055	0.017 ~ 0.036	0.007 ~ 0.017	<0.007
黄河冲湖积平原地下水系统	黏土	0.043 ~ 0.065	0.020 ~ 0.043	0.007 ~ 0.020	<0.007
	亚黏土	0.064 ~ 0.085	0.029 ~ 0.064	0.009 ~ 0.029	<0.009
	亚砂土	0.108 ~ 0.185	0.054 ~ 0.108	0.036 ~ 0.054	<0.036
	粉砂	0.172 ~ 0.324	0.067 ~ 0.172	0.023 ~ 0.037	<0.023

5. 灌溉入渗参数

灌溉入渗系数的选取以 2010 ~ 2011 年在杭锦后旗实验场获取的亚砂土、亚黏土、粉砂在 0.5m、1m、1.5m、2m、3m 的灌溉入渗系数为基础，参考 1986 ~ 1990 年“包头潜水水量垂向均衡试验总结报告”中给出的细砂-亚黏土的岩性组合在 1m、2m、3m 时的灌溉入渗系数，依据河套平原的灌溉方式、包气带岩性、水位埋深等因素进行确定。灌溉入渗系数见表 3.7，灌溉入渗系数分区见图 3.17。

表 3.7　灌溉入渗系数取值表

灌溉方式	岩性	地下水埋深					
		<1m	1 ~ 2m	2 ~ 3m	3 ~ 5m	5 ~ 7m	>7m
引黄灌溉	黏土	0.325 ~ 0.387	0.226 ~ 0.325	0.153 ~ 0.226	0.132 ~ 0.153		
	亚黏土	0.432 ~ 0.542	0.328 ~ 0.432	0.256 ~ 0.328	0.229 ~ 0.256		
	亚砂土	0.523 ~ 0.647	0.301 ~ 0.523	0.202 ~ 0.301	0.202 ~ 0.252		
	粉砂	0.520 ~ 0.613	0.385 ~ 0.520	0.300 ~ 0.385	0.288 ~ 0.343		
井灌	黏土	0.306 ~ 0.387	0.276 ~ 0.306	0.190 ~ 0.276	0.152 ~ 0.190	0.150 ~ 0.170	0.125 ~ 0.170
	亚黏土	0.437 ~ 0.542	0.380 ~ 0.437	0.292 ~ 0.380	0.259 ~ 0.292	0.242 ~ 0.259	0.213 ~ 0.259
	亚砂土	0.585 ~ 0.647	0.412 ~ 0.585	0.252 ~ 0.412	0.208 ~ 0.252	0.214 ~ 0.238	0.202 ~ 0.223
	粉砂	0.517 ~ 0.613	0.453 ~ 0.517	0.343 ~ 0.453	0.316 ~ 0.343	0.256 ~ 0.316	0.223 ~ 0.256

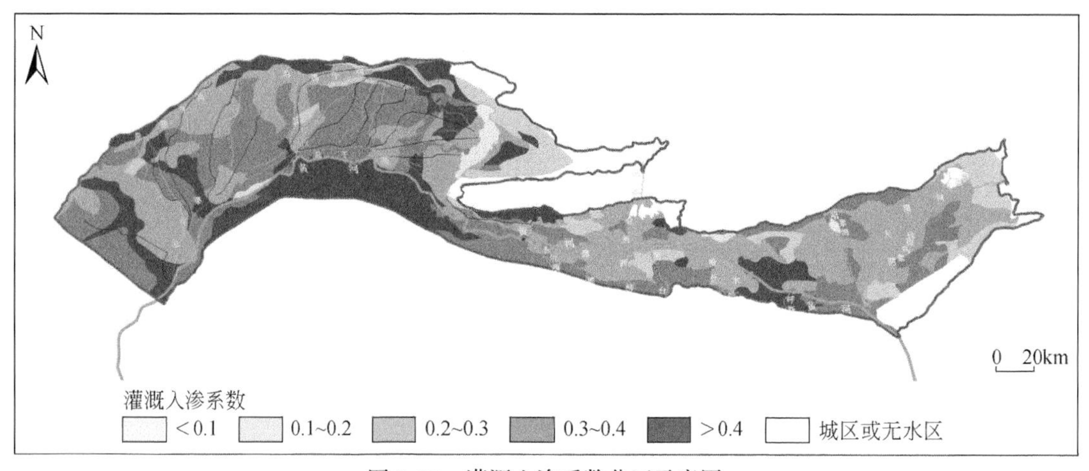

图 3.17　灌溉入渗系数分区示意图

6. 弹性释水系数（μ_e）

依据水文地质钻孔的抽水试验数据，呼包平原东部承压含水层释水系数取值为 5×10^{-5} ~ 9×10^{-4}，包头市承压含水层释水系数取值为 5×10^{-6} ~ 6×10^{-4}。

第四章　水文地球化学特征及成因

本次区域水文地球化学研究主要以浅层地下水为对象。浅层地下水样品分布较均匀，可以较好地反映全区的地下水化学特征。地下水样品的采集、保存、送检及测试均按有关规范规程要求进行。样品采集时用便携式多参数水质分析仪进行现场指标测试，对于特殊测试项目按照有关规范要求添加了保护剂，本次研究对1009组样品进行了全分析测试，对砷、铁元素进行了形态测试。

第一节　区域地下水化学特征

一、地下水化学总体特征

1. 地下水化学类型

根据舒卡列夫分类法，河套平原浅层地下水化学类型多达128种。70%样品的水化学类型集中在HCO_3-Na · Mg型、HCO_3-Ca · Mg型、Cl · HCO_3-Na型等33种水化学类型。30%样品的水化学类型分散在HCO_3 · Cl-Na · Ca型、SO_4 · Cl-Na · Ca · Mg型、Cl-Na · Ca型等95种水化学类型中，每种类型样点占比均小于1%。区域地下水化学类型分布基本上反映了地下水从补给区到排泄区的水化学分布特征（图4.1）。

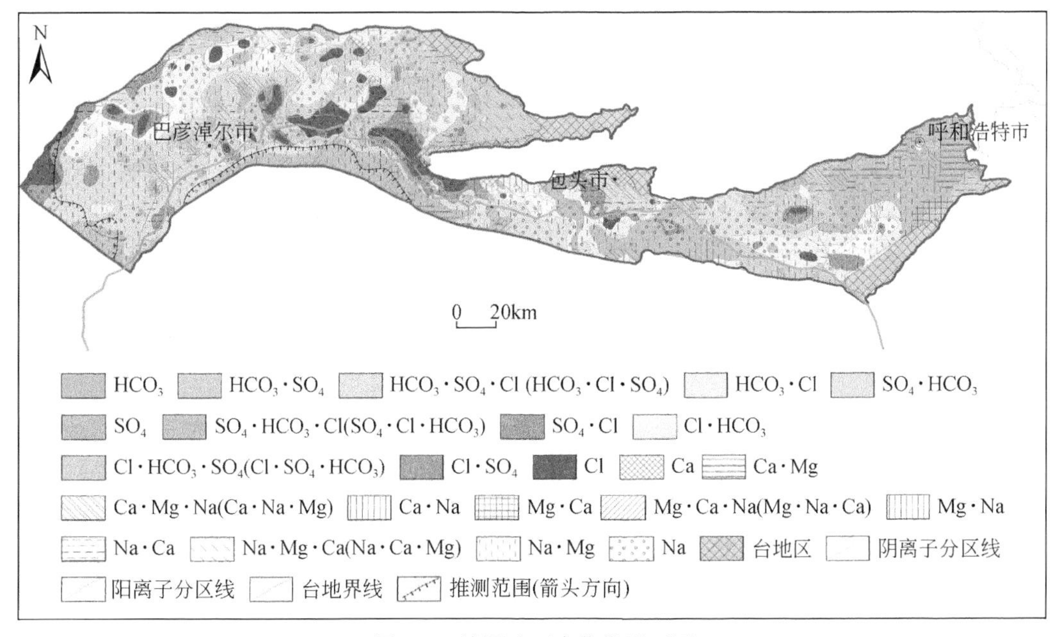

图4.1　浅层地下水化学类型图

2. 地下水化学类型差异性

地下水化学类型总体上表现为从山前向平原区，由补给区向排泄区演化的分带特征。但是，西部的后套平原和东部的呼包平原地下水化学特征也存在较大的差异性（表4.1）。在西部后套平原受基底构造北深南浅格局的影响，地下水化学类型由南部黄河向北部狼山山前演化；而东部呼包平原地下水演化路径则由北部大青山山前向南部黄河排泄基准面演化。

表4.1 地下水化学类型差异对比表

地区	呼包平原	后套平原
山前冲洪积平原区	以 HCO_3-Ca · Mg 型为主	HCO_3 · Cl-Na · Mg · Ca 型和 HCO_3 · SO_4-Na · Mg · Ca 型
冲湖积平原区	以 HCO_3 · SO_4-Ca · Na · Mg 型为主	水化学类型复杂多样，阴离子以 HCO_3 · SO_4 · Cl 型和 Cl · HCO_3 型为主，阳离子以 Na · Ca · Mg 型为主
排泄区	Cl · HCO_3-Na 型和 Cl · HCO_3 · SO_4-Na 型	Cl · SO_4-Na 型、Cl · HCO_3-Na 型和 Cl-Na 型

从山前冲洪积平原区来看，后套平原山前冲洪积平原规模较小，冲洪积扇不发育且分布不连续。地下水化学成分表现出非典型性补给区特征，如 Cl、SO_4、Na 等离子含量较高，地下水阴离子水化学类型以 HCO_3 · Cl 型和 HCO_3 · SO_4型为主，阳离子水化学类型则以 Na · Mg · Ca 型为主，总含盐量（total dissolved solid，TDS）为0.6～1g/L。呼包平原的山前冲积平原规模大，冲洪积扇较为发育，水动力条件较好，地下水化学类型以 HCO_3-Ca · Mg 型为主，属典型的补给区地下水化学特征。

从冲湖积平原区来看，后套平原主要为黄河冲湖积平原，呼包平原西部以黄河冲湖积平原为主体，而东部则为大黑河冲湖积平原。黄河冲湖积平原受引黄灌溉影响，水化学类型极为复杂，阴离子水化学类型主要为以重碳酸为主的混合型水和以氯为主的混合型水，阳离子水化学类型主要为以 Na 型为主的混合型水。大黑河冲湖积平原地下水化学特征较好地反映了地下水从补给区到排泄区的演化规律。

从地下水排泄区来看，后套平原地下水径流受构造控制，形成了沿狼山–色尔腾山山前东西向分布的地下水排泄带，地下水以高矿化度的 Cl · SO_4-Na 型、Cl · HCO_3-Na 型和 Cl-Na 型为主；而呼包平原则以黄河为排泄基准面形成地下水排泄带，阴离子水化学类型以 Cl · HCO_3-Na 型和 Cl · HCO_3 · SO_4-Na 型为主，阳离子则为 Na 型，局部地区出现 HCO_3-Na 型。

二、地下水系统水化学特征

地下水系统有各自相对独立的补给、径流、排泄条件和水文地球化学形成演化过程。因此，各地下水系统表现出了不同的水文地球化学特征。

（一）后套平原地下水系统

后套平原采集地下水样品431个，占河套平原样点总数的42.7%。浅层地下水化学类型复杂，从北部山前到南部黄河，地下水化学类型总体上呈现规律性变化（图4.2）。

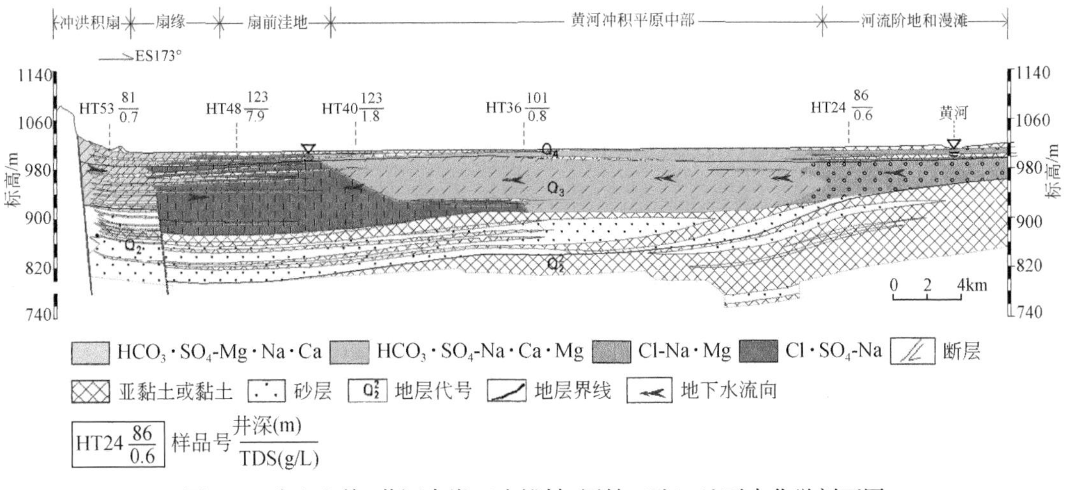

图4.2　狼山山前-黄河南岸（丰裕村-团结三队）地下水化学剖面图

1. 狼山-色尔腾山山前冲洪积平原潜水

狼山-色尔腾山山前冲洪积平原的发育规模较小，地下水径流距离小，水化学特征更多地受到山区岩性的影响，沿地下水流向由冲洪积扇顶部的HCO_3·SO_4-Ca·Na·Mg型演化为冲洪积扇缘的HCO_3·SO_4-Na·Ca·Mg型，TDS小于1g/L。在东升庙冲洪积扇形成以SO_4·HCO_3-Na·Mg型为主的地下水，扇间地带则多为HCO_3·Cl-Na·Mg·Ca型。山前冲洪积平原为地下水补给区，地下水的矿化度较低，但是SO_4和Na含量较高，SO_4形成可能与北部山区存在有大型硫化铁矿矿床有关，Na离子则可能与山前分布的新近系红色泥岩矿物成分及吸附作用有关。

2. 黄河冲湖积平原浅层地下水

黄河冲湖积平原是整个后套平原的主体，受黄河水补给和黄河水灌溉入渗补给的影响，浅层地下水化学类型复杂。西南部乌兰布和灌域为地下水补给区，浅层地下水化学类型主要为HCO_3·Cl·SO_4-Na·Mg型、HCO_3·SO_4·Cl-Na·Mg型和HCO_3·Cl-Na·Mg型，TDS小于1g/L，局部零星分布有SO_4·Cl·HCO_3-Na·Ca型。平原中部解放闸灌域和永济灌域为浅层地下水径流区，地下水化学类型主要为Cl·HCO_3-Na型、HCO_3·Cl-Na型、Cl-Na型、Cl·SO_4-Na·Mg型、HCO_3·Cl·SO_4-Na型和HCO_3·SO_4-Na·Mg型，TDS在0.4~6.3g/L，分布极不均匀。乌梁素海及以西一带为浅层地下水最终排泄区，地下水化学类型多为以Cl型为主的Cl-Na型、Cl·SO_4-Na型、Cl·HCO_3-Na型和Cl·HCO_3-Na·Mg型，TDS为2~10g/L。其中在西小召镇至乌拉特前旗分布有一定范围的卤水，矿化度最高可达 70g/L。

3. 浅层地下水排泄带

总排干沿线是北部山前冲洪积平原与黄河冲湖积平原的交接地带，构成了狼山–色尔腾山山前冲洪积平原潜水和黄河冲湖积平原浅层地下水的共同排泄带。总排干曾是黄河故道，历史上称为黄河北河，总排干沿线排泄带水化学类型以 Cl-Na 型、Cl · SO_4-Na 型、Cl · SO_4-Na · Mg 型和 Cl · HCO_4-Na · Mg 型为主，矿化度多大于 3g/L。

除总排干沿线排泄带外，在黄河冲湖积平原根据水化学特征还可识别出两个局部排泄带。

（1）西北部的乌兰布和沙漠地带为湖相地层沉积环境，是区域沉降中心，亦属于地下水排泄带，由于无法采集到地下水样品，根据其相邻地区样品点推断其水化学类型应为 Cl · SO_4-Na 型和 Cl-Na 型，TDS 为 3 ~ 5g/L。

（2）巴彦淖尔市临河区马场地村以东的黄河沿岸，黄河水位低于浅层地下水位，浅层地下水向黄河排泄，形成沿黄局部排泄带，水化学类型以 Cl-Na 型、Cl-Na · Mg 型、Cl · HCO_4-Na 型和 Cl · HCO_4-Na · Ca 型为主，TDS 为 2 ~ 5g/L。

（二）佘太盆地地下水系统

佘太盆地采集地下水样品 35 个，占河套平原样点总数的 3.5%。浅层地下水阴离子水化学类型多以 HCO_3 · SO_4型为主，阳离子水化学类型由山前冲洪积平原–冲湖积平原–乌梁素海湖积平原呈规律性变化。

1. 山前冲洪积平原潜水

山前冲洪积平原单一结构含水层潜水分布于北侧色尔腾山和南部乌拉山山前，以 HCO_3 · SO_4-Na · Ca 型为主，TDS 小于 1g/L，北部黑水濠河两岸山前扇间洼地分布有 Cl · HCO_3 · SO_4-Na · Ca · Mg 型。

2. 冲湖积平原浅层地下水

冲湖积平原浅层地下水以 HCO_3 · SO_4-Na · Ca · Mg 型和 HCO_3 · SO_4-Na · Mg · Ca 型为主。盆地西部为地下水排泄区，阳离子水化学类型以 Na · Mg 型为主，阴离子仍以 HCO_3 · SO_4型为主，局部有 HCO_3型、HCO_3 · SO_4 · Cl 型、SO_4 · HCO_3型、SO_4型、SO_4 · HCO_3 · Cl 型和 Cl · SO_4型分布，TDS 为 0.3 ~ 1.9g/L。

（三）三湖河平原地下水系统

三湖河平原采集地下水样品 79 个，占河套平原样点总数的 7.8%。浅层地下水化学类型较复杂。地下水阳离子类型在山前冲洪积平原以 Ca 型为主，在黄河冲湖积平原以 Na 型为主。地下水阴离子类型分布呈现南北向条带状分带特征。

1. 乌拉山山前冲洪积平原潜水

以乌拉特前旗呼和宝力格为界，以西地区地下水均为以 Cl 型为主的 Cl・SO_4-Na 型和 Cl-Na 型为主，TDS 小于 3g/L。以东大部分地区为以 HCO_3 为主的 HCO_3・SO_4・Cl 型和 HCO_3・Cl 型，梅力更冲洪积扇和乌兰不浪冲洪积扇区为 HCO_3型，TDS 小于 1g/L。

2. 黄河冲湖积平原浅层地下水

以乌拉特前旗呼和宝力格为界，以西地区地下水为以 Cl 型为主的 Cl・SO_4-Na 型和 Cl・SO_4-Na・Mg 型，TDS 小于 2g/L。呼和宝力格以东地区水化学阳离子类型自北向南呈由Mg・Na 型向 Na・Mg・Ca 型、Na・Mg 型、Na 型演化的规律。水化学阴离子类型在昆都仑河以西大部分地区以 HCO_3・Cl 型为主，局部有 Cl・HCO_3型和 Cl 型分布，哈业胡同镇东银匠圪旦–柴脑包村一带为 HCO_3型，包钢尾矿坝以南的冲湖积平原为 SO_4・Cl 型；昆都仑河以东的冲湖积平原区为 HCO_3・Cl・SO_4型，TDS 为 1 ~ 2g/L。

京包铁路以北，地下水径流条件好、人类活动较少，地下水化学类型以 HCO_3・SO-Na・Ca 型为主。京包铁路以南，地下水化学条件变化较大。哈业脑包村以东地区地下水化学类型为 SO_4・Cl-Ca・Mg・Na 型。黄河北岸一带，由于受黄河水灌溉影响，地下水化学类型为 HCO_3・SO_4-Na 型和 HCO_3・SO_4・Cl-Na 型。昆都仑河沿岸地下水 TDS 为 0.4 ~ 6.6g/L（图 4.3）。

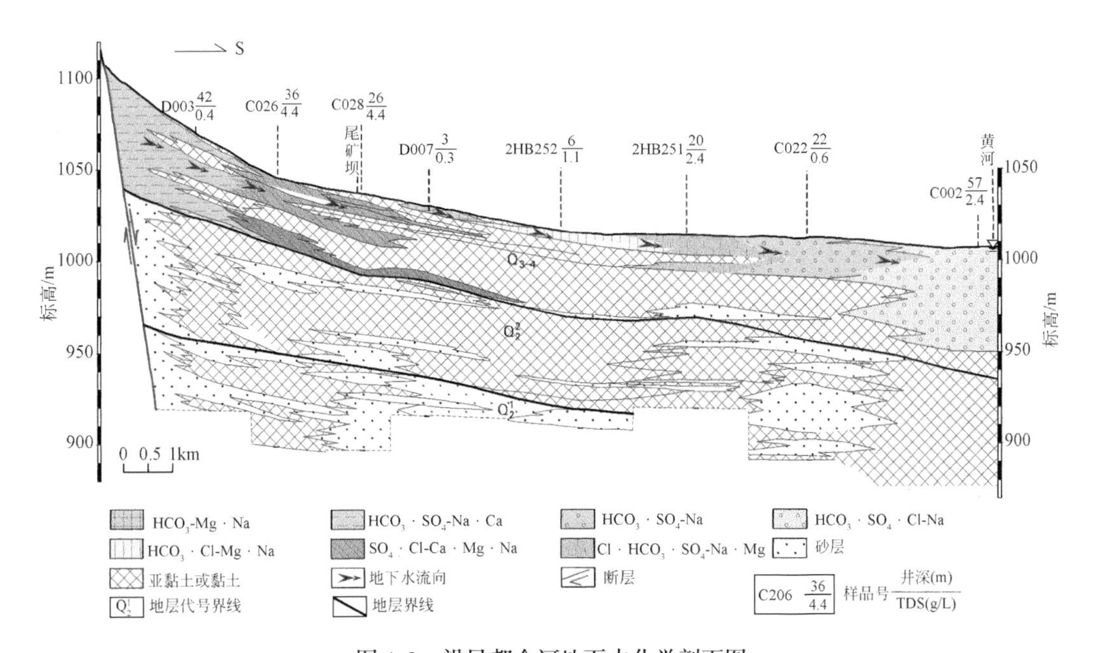

图 4.3　沿昆都仑河地下水化学剖面图

（四）呼包平原西部地下水系统

呼包平原西部地下水系统采集地下水样品 105 个，占河套平原样点总数的 10.4%。地下水化学特征从北部山前到黄河北岸具有明显的分带规律（图 4.4）。

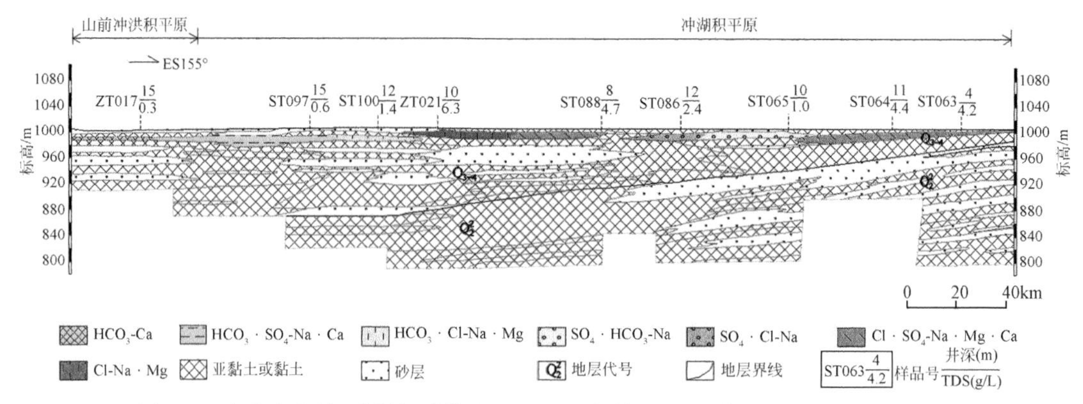

图 4.4　大青山山前–大黑河冲湖积平原（瓦窑村–旧召圪堵）地下水化学剖面图

1. 大青山山前冲洪积平原潜水

北部大青山山前冲洪积平原潜水以 HCO_3-Ca 型、$HCO_3 \cdot SO_4$-Ca 型和 $HCO_3 \cdot SO_4$-Ca · Mg 型为主，洪积扇间洼地为 $HCO_3 \cdot SO_4 \cdot$ Cl-Ca · Mg · Na 型，TDS 小于 1g/L。土默特右旗北部山区分布有大型煤炭、泥炭、石墨矿床，矿物中的 SO_4^{2-} 离子溶解渗入地下水，从沙尔沁镇至沟门镇一带潜水以 $SO_4 \cdot HCO_3$-Na · Ca 型为主，局部有 $SO_4 \cdot$ Cl-Na · Mg 型分布，TDS 为 1 ~ 2g/L。

2. 黄河冲湖积平原浅层地下水

黄河冲湖积平原浅层地下水化学类型由北向南具有明显的分带特征。北部冲洪积平原与湖积平原交互带为 $HCO_3 \cdot SO_4$-Na · Ca 型和 $HCO_3 \cdot SO_4$-Na 型，TDS 为 1 ~ 2g/L。哈素海一带处于冲洪积扇洪中下部，为古地理环境的区域沉降中心，是地下水的排泄带。由哈素海向南至跃进渠一带，阴离子水化学类型呈环状从外至内由 Cl · $SO_4 \cdot HCO_3$ 型—Cl · SO_4 型—Cl 型演变，阳离子类型以 Na · Mg 型和 Na 型为主，TDS 大于 3g/L。受沟门乡山前 $SO_4 \cdot HCO_3$-Na · Ca 型径流补给的影响，黄河冲湖积平原中部条带状分布 $SO_4 \cdot HCO_3$-Na 型，再向南浅层地下水化学演变为 $HCO_3 \cdot$ Cl-Na 型、$HCO_3 \cdot$ Cl-Na · Mg 型，局部为 Cl-Na 型，TDS 为 2 ~ 3g/L。

（五）呼包平原东部地下水系统

呼包平原东部地下水系统共有 173 个样点，占河套平原样点总数的 17.1%。浅层地下水化学类型总体上呈山前冲洪积平原—冲洪积平原与湖积平原交互带—冲湖积平原中部—冲湖积平原边缘规律性分布。

1. 大青山–蛮汉山山前冲洪积平原潜水

山前单一结构含水层潜水水化学类型以 HCO_3-Ca 型和 HCO_3-Ca · Mg 型为主，东南部和林格尔丘陵前缘单一含水层结构区潜水水化学类型以 HCO_3-Ca · Na · Mg 型为主，TDS 小于 1g/L。

2. 大黑河冲湖积平原浅层地下水

山前冲洪积平原与黄河湖积平原交互带浅层地下水化学类型为 HCO_3-Ca · Mg · Na 型、HCO_3-Ca · Na · Mg 型和 HCO_3 · SO_4-Ca · Na · Mg 型，TDS 小于 1g/L。平原中部地下水化学类型演化为 HCO_3 · Cl-Na · Ca 型和 HCO_3 · Cl-Na · Ca · Mg 型，TDS 为 0.5 ~ 2g/L，最终在地下水排泄带演化为 HCO_3 · Cl-Na · Mg 型、Cl · HCO_3-Na · Mg 型和 Cl-Na 型，TDS 为 3 ~ 6.8g/L（图 4.5）。

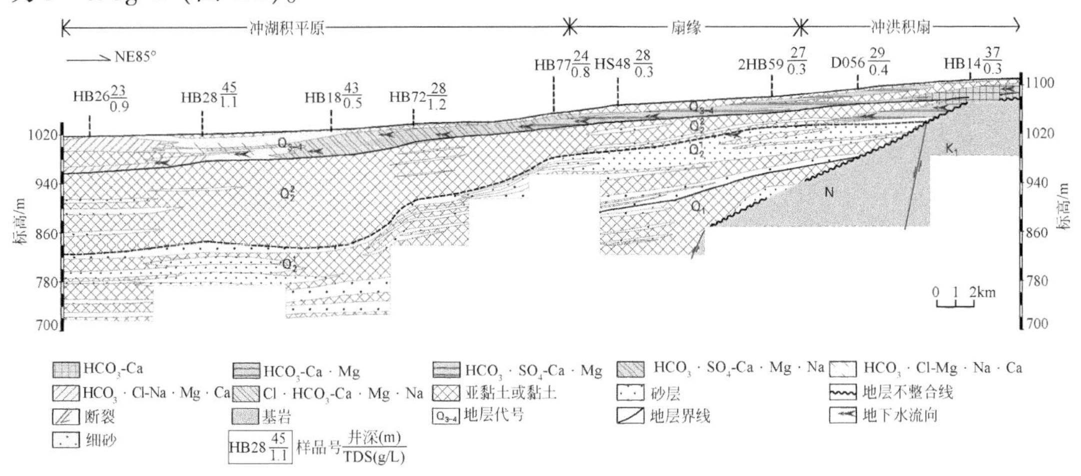

图 4.5　东部山前–大黑河冲湖积平原（榆林镇–白庙子镇）地下水化学剖面图

根据水化学特征可识别出两个地下水排泄带：一是哈素海东善岱镇排泄带，为 Cl · SO_4 · HCO_3-Na · Mg 型和 Cl · SO_4 · HCO_3-Na · Ca 型，TDS 为 1 ~ 2g/L；二是托克托县城一带的区域地下水排泄中心，地下水化学类型为 Cl · HCO_3-Na · Mg 型和 Cl-Na 型，TDS 大于 3g/L。

（六）黄河南岸平原地下水系统

黄河南岸平原采集地下水样品 186 个，占河套平原样点总数的 18.4%。以杭锦旗独贵塔拉镇为界，以东地区阴离子水化学类型以 HCO_3 型和 HCO_3 · SO_4 型为主，阳离子类型以 Na 型为主，Ca 型次之，局部地下水 SO_4^{2-} 离子含量较高，为 SO_4 · Cl-Na 型、Cl-Na 型。独贵塔拉镇以西地区主要为库布齐沙漠区，未采集到样品。地下水由南向北径流，黄河沿岸为地下水排泄区，水化学类型以 Cl-HCO_3 型、Cl-HCO_3 · SO_4 型和 Cl 型为主，局部地段分布有 SO_4-HCO_3 型，阳离子以 Na 型为主，Mg 型次之。

第二节　水文地球化学过程

一、研究方法

（一）矩形分类法

矩形分类法是以主要阴阳离子的毫克当量百分数为基础进行分类。将 $c(CO_3^{2-}+HCO_3^-)-c(Cl^-+SO_4^{2-})$ 为 Y 轴，$c(Ca^{2+}+Mg^{2+})-c(Na^++K^+)$ 为 X 轴的矩形区域[$c(Na^+)$ 表示 Na^+ 的毫克当量百分数] 分为 16 个次级区域，各区域均对应不同的水化学类型，从地下水补给区至排泄区，地下水化学组分的演化路径可简化为①→⑦（图 4.6）。

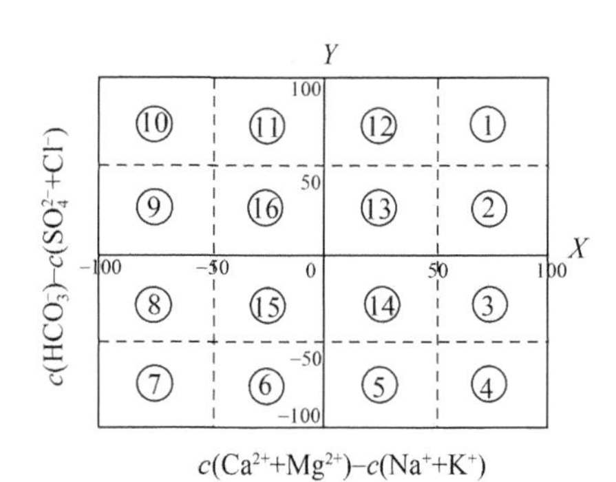

图 4.6　矩形水化学图

矩形水化学图 16 个次级区域代表的水化学类型分别如下。

（1）区域①表示 $c(Ca^{2+}+Mg^{2+})>c(Na^++K^+)$，$c(HCO_3^-)>c(Cl^-+SO_4^{2-})$，并且 $c(Ca^{2+}+Mg^{2+})$ 和 $c(HCO_3^-)$ 均大于 75%，水化学类型为 HCO_3-Ca · Mg 型。

（2）区域②、③表示 $c(Ca^{2+}+Mg^{2+})>c(Na^++K^+)$，其中 $c(Ca^{2+}+Mg^{2+})>75\%$，$25\%\leqslant c(Cl^-+SO_4^{2-})\leqslant 75\%$，水化学类型为 HCO_3 · SO_4 · Cl-Ca · Mg 型或 SO_4 · HCO_3-Ca · Mg 型。

（3）区域④表示 $c(Ca^{2+}+Mg^{2+})>c(Na^++K^+)$ 和 $c(HCO_3^-)<c(Cl^-+SO_4^{2-})$，并且 $c(Ca^{2+}+Mg^{2+})$ 和 $c(Cl^-+SO_4^{2-})$ 均大于 75%，此区域内的水化学类型为 SO_4 · Cl-Ca · Mg 型。

（4）区域⑤、⑥表示 $c(HCO_3^-)<c(Cl^-+SO_4^{2-})$，其中 $25\%\leqslant c(Na^++K^+)\leqslant 75\%$，$c(Cl^-+SO_4^{2-})>75\%$。水化学类型为 Ca · Mg · Na-$SO_4$ · Cl 型或 Na · Ca · Mg-SO_4 · Cl 型。

（5）区域⑦表示 $c(Ca^{2+}+Mg^{2+})<c(Na^++K^+)$ 和 $c(HCO_3^-)<c(Cl^-+SO_4^{2-})$，并且 $c(Na^++K^+)$ 和 $c(Cl^-+SO_4^{2-})$ 均大于 75%。水化学类型为 Na-SO_4 · Cl 型。

（6）区域⑧、⑨表示 $c(Ca^{2+}+Mg^{2+})<c(Na^++K^+)$，并且 $c(Na^++K^+)>75\%$，$25\%\leqslant c(Cl^-+SO_4^{2-})\leqslant 75\%$，水化学类型为 Na-$HCO_3$ · SO_4 · Cl 型或 Na-SO_4 · Cl · HCO_3 型。

（7）区域⑩表示 $c(Ca^{2+}+Mg^{2+})<c(Na^++K^+)$ 和 $c(HCO_3^-)>c(Cl^-+SO_4^{2-})$，并且 $c(Na^++K^+)$ 和 $c(HCO_3^-)$ 均大于 75%，水化学类型为 Na-HCO_3 型。

(8) 区域⑪、⑫表示 $c(HCO_3^-)>c(Cl^-+SO_4^{2-})$，并且 $25\% \leqslant c(Na^++K^+) \leqslant 75\%$，$c(HCO_3^-)>75\%$，水化学类型为 Ca·Mg·Na-$HCO_3$型或 Na·Ca·Mg-$HCO_3$型。

(9) 区域⑬~⑯内各种离子的组分含量大小不一，水化学类型多样，无占优的阴阳离子，此区域内的地下水可能是矿物简单溶解或不同水化学类型的混合。

（二）概率频率分析法

分析地下水中主要化学离子的分布及其变化是研究地下水化学特征的主要方法，主要离子之间的相互关系能够揭示某些水文地球化学问题。应用离子比可以判断地下水的成因和地下水化学成分的来源和形成过程，它比单纯采用传统的水化学类型方法，更能深入描述和刻画水化学在空间和时间尺度上的演化过程和特点，更能对水文地球化学演化作出典型的剖析。

选用 $\gamma Ca/\gamma(HCO_3+CO_3)$、$\gamma Na/\gamma SO_4$、$\gamma Cl/\gamma SO_4$、$\gamma(HCO_3+CO_3)/\gamma SO_4$离子比，采用概率累积频率分布图划分水化学群组，给出确定水化学群组的界限值。每个累积频率分布图上的拐点代表了定义每一个群组的界限值。通过每个群组的地理位置和在 Piper 图上的位置可研究其所反映的水文地球化学过程。

二、典型地下水系统水文地球化学过程研究

（一）基于矩形分类的地下水化学成因

以呼包平原东部地下水系统和后套平原地下水系统作为典型地下水系统，采用矩形分类法分析后套平原地下水系统和呼包平原东部地下水系统的特征及水文地球化学作用，对比研究河套平原东西部水文地球化学特征的差异。

1. 后套平原地下水系统

后套平原地下水系统的水化学样品点主要分布于⑭、⑮区，其次为⑤、⑥、⑦、⑧区，在①、②、④、⑪、⑫区无样品点分布，其他区域零星点分布，见图 4.7。

地下水样品点在①、②、④区没有分布，并且③区的样品点也很少，表明浅层地下水并不具备典型补给区的水化学特征，即便在山前单一结构含水层中，潜水样品多集中于⑬、⑭区，水化学类型也以 HCO_3·SO_4-Na·Ca·Mg 型和 HCO_3·Cl-Na·Mg·Ca 型为主。

黄河冲湖积平原和总排干排泄带水化学类型多而复杂，但仍然能体现出由南部黄河向总排干沿线逐渐演化的特征。黄河冲湖积平原浅层水主要分布于⑭、⑮区，为典型径流区的特征，而总排干排泄带地下水主要分布于⑥、⑧、⑭区，更多地体现出排泄区的特征。地下水化学类型由以 Cl·SO_4·HCO_3-Na·Mg·Ca 型为主逐渐演化为以 Cl·SO_4-Na 型为主。

西山咀卤水全部集中在⑦区的下部，虽然体现出排泄带水化学特征，但其在矩形水化学图中分布相对独立，且极高的 TDS 含量与周围浅层地下水相差较大，显然并非由浅层地下水演化而来，其成因在后面将会进行专门讨论。

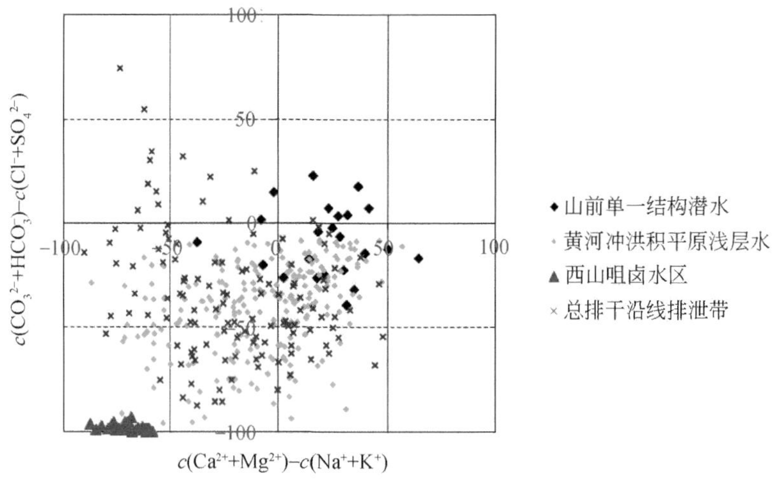

图 4.7　后套平原地下水化学矩形分类图

总排干沿线排泄带中个别样品分布于⑨、⑩区，水化学类型为 HCO_3-Na 型。其成因为在强还原条件发生脱硫酸作用下，SO_4^{2-} 被还原为 H_2S，同时有机物分解使得地下水中 HCO_3^- 含量增加。

2. 呼包平原东部

呼包平原东部地下水系统样品点在矩形图的 16 个次级区域均有分布，但在①、②、⑫、⑬区样品点分布较多（图 4.8）。

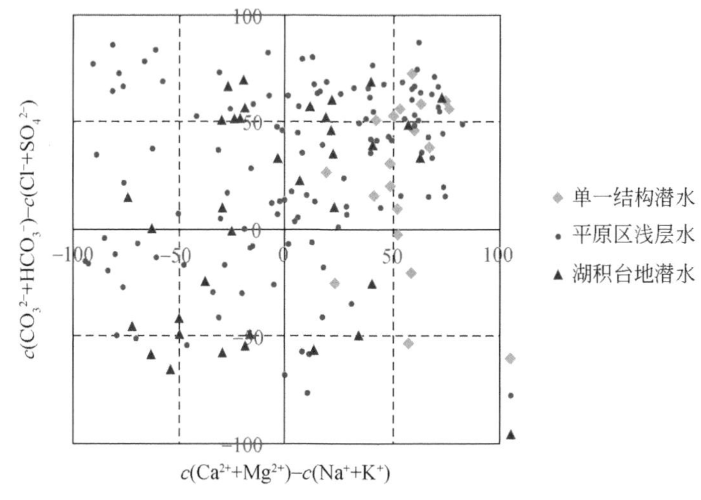

图 4.8　呼包平原东部地下水化学矩形分类图

位于矩形图①、②区中的样品点代表了补给区的水化学特征，这些样品主要采自北部大青山山前及东部蛮汉山山前冲洪积扇扇体，地下水化学类型以 HCO_3-Ca · Mg 型为主，TDS 为 0.38 ~ 0.79g/L，碱土金属和弱酸根离子占优势。在地下水补给区，水化学组分的成因以大气降水溶滤作用为主，含水层岩性为砂砾卵石、砂砾石，透水性好、地形坡降大、地下水径流条件好。

位于矩形图⑫、⑬区中的样品点主要采自大、小黑河交汇处和城区南部局部地区。由于这些地区是地下水径流区，含水层岩性主要为中细砂、细砂和粉砂，地形坡度变缓，径流变缓，水化学成分复杂，地下水中无明显占优势的阴、阳离子。

分布于⑩和⑪区的样品，$Cl^-+SO_4^{2-}$含量极低，$HCO_3^-+CO_3^{2-}$含量较高，大部分为HCO_3-Na型，这些样品主要分布于冲湖积平原的中心区域，表明地下水中发生了脱硫酸作用。湖积台地个别地下水样品在⑪区也有分布，说明台地边缘与排泄区中心交汇区域同样有脱硫酸作用发生。

（二）基于概率频率分析法的地下水化学成因

以相对独立的呼包平原东部地下水系统为对象，通过对浅层地下水中$\gamma Ca/\gamma(HCO_3+CO_3)$、$\gamma Na/\gamma SO_4$、$\gamma Cl/\gamma SO_4$和$\gamma(HCO_3+CO_3)/\gamma SO_4$四种离子比例系数的分析，揭示地下水在由补给区向排泄区径流过程中经历的水文地球化学作用。

1. $\gamma Ca/\gamma(HCO_3+CO_3)$

$\gamma Ca/\gamma(HCO_3+CO_3)$值累积频率将样品点划分为四组(图4.9)。地下水样品的$\gamma Ca/\gamma(HCO_3+CO_3)$值分布具有明显的规律性，由山前冲洪积平原到冲湖积平原的边缘，再到冲湖积平原中心，比值不断减小，反映了由补给区到排泄区的地下水中主要离子成分经历了溶滤作用-离子交换-蒸发浓缩作用的水文地球化学过程。

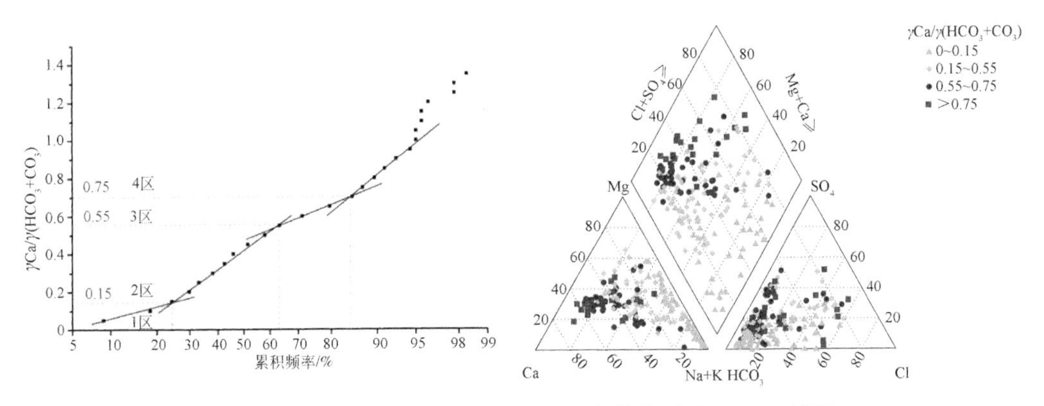

图4.9　$\gamma Ca/\gamma(HCO_3+CO_3)$值累积频率曲线图及Piper三线图

$\gamma Ca/\gamma(HCO_3+CO_3)$的值大于0.55的样品点主要分布在北部、东部的山前冲洪积平原以及大黑河河口的两侧，占总样点数的36.5%。北部山前和大黑河河口附近地下水主要接受大气降水及河水补给，水化学作用以溶滤作用为主，代表了Ca和HCO_3^-的天然背景值。

$\gamma Ca/\gamma(HCO_3+CO_3)$值为0.15～0.55的样品点主要分布山前冲洪积平原与冲湖积平原中心之间的径流区内，北至大青山山前冲洪积平原边缘，南至托克托台地都有较多分布。

在此区域内地下水的水化学作用以离子交换为主，但是北部、东部冲洪积平原与南部台地的水化学作用有所不同。北部、东部冲洪积平原以阳离子交替吸附作用为主，向排泄区Ca所占的比例不断减少，Na含量有所增加，但Cl含量不增加。南部托克托台地是一个相对独立的补给-径流区域，由于含水层厚度薄、水动力条件差，溶滤作用、离子交换作用、蒸发浓缩作用同步进行，因此地下水由南向北运移过程中，伴随着Ca的减少及Na、Cl的含量不断增加。

$\gamma Ca/\gamma(HCO_3+CO_3)$值在0～0.15的样品点集中分布在大黑河冲湖积平原的中心，即地下水集中排泄区。此时γCa在地下水中占比已降至10%以下，离子交换作用减弱，蒸发浓缩作用成为主导因素，水中Na含量不断增加；而排泄区中心强烈还原环境下发生脱硫酸作用过程中，有机物分解使得地下水HCO_3^-含量增加，甚至形成HCO_3-Na型。

2. $\gamma Na/\gamma SO_4$

$\gamma Na/\gamma SO_4$值累积频率将样品点划分为五组（图4.10）。大比值的样品集中分布于大黑河冲湖积平原的中心区域。

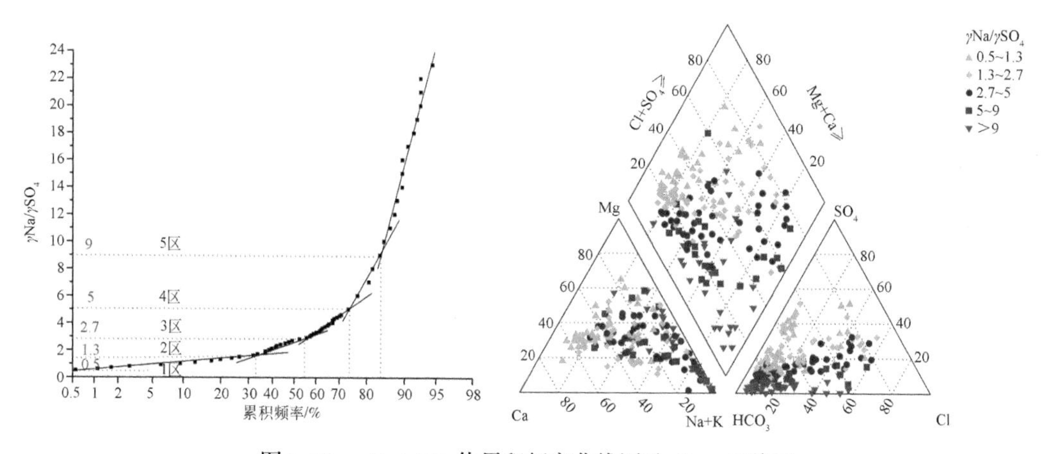

图4.10　$\gamma Na/\gamma SO_4$值累积频率曲线图及Piper三线图

$\gamma Na/\gamma SO_4$值为0.5～1.3的样品点主要分布在北部山前冲洪积平原，东南部山前冲洪积平原部分地区亦有分布，但两地略有差异，北部山前是由于Na含量很低，而东南部山前则是由于SO_4^{2-}含量略高所致，这体现出北部和东部因溶滤作用进入地下水的化学组分略有不同。

$\gamma Na/\gamma SO_4$值在1.3～2.7的样品点主要分布在东部、北部山前冲洪积平原的前缘及冲湖积平原的边缘，SO_4^{2-}含量均较低。

$\gamma Na/\gamma SO_4$值在2.7～5的样品点主要分布在托克托台地和大黑河冲湖积平原的中部靠近排泄中心的区域。由于地下水动力条件的差异，台地区和冲湖积平原内的样品点地下水化学成分明显不同。大黑河冲湖积平原的北部经过离子交换作用，地下水阳离子以Na为主，而SO_4^{2-}含量较低，因此$\gamma Na/\gamma SO_4$值较高。托克托台地由于蒸发浓缩作用导致SO_4^{2-}含量较高，为200～900mg/L，但由于Na含量更高，$\gamma Na/\gamma SO_4$值也较高。

$\gamma Na/\gamma SO_4$值>5 的样品点均分布于大黑河冲湖积平原的中心，即区域地下水集中排泄区。由于地下水中的 SO_4^{2-}稳定性较高，在地下水向排泄区径流过程中，硫酸根含量应当不断增加，但大黑河冲湖积平原由径流区到排泄区中心样品的 SO_4^{2-}含量反而不断降低，可见在此过程中发生了脱硫酸作用，导致排泄区中心 SO_4^{2-}含量低于径流区。

3. $\gamma Cl/\gamma SO_4$

$\gamma Cl/\gamma SO_4$值累积频率将样品点划分为六组（图 4.11）。比值较小的样品点广泛分布于山前冲洪积平原，比值>3.9 的六组样品点全部分布于大黑河冲湖积平原的中心。

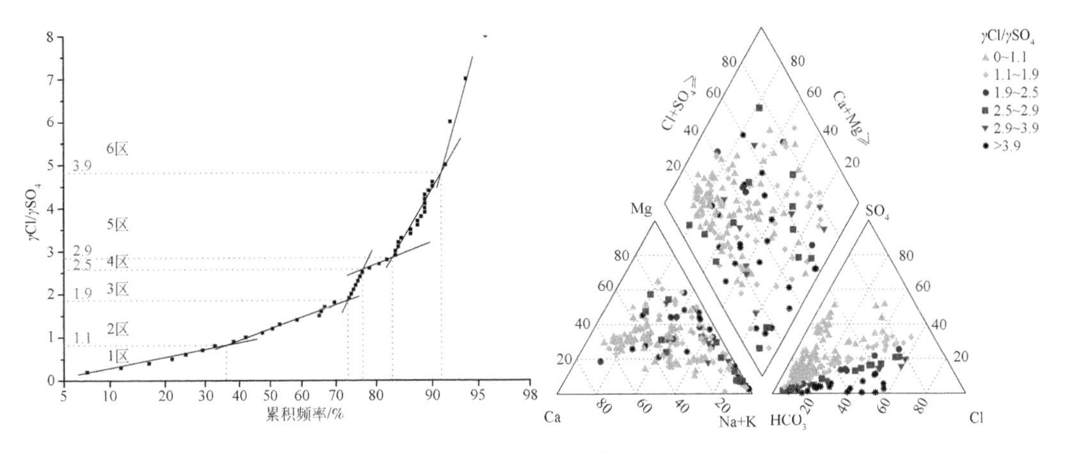

图 4.11　$\gamma Cl/\gamma SO_4$值累积频率曲线图及 Piper 三线图

$\gamma Cl/\gamma SO_4$值在 0～1.1 的样品点共 86 个，占总样品数的 47.5%，广泛分布于北、东和南部山前冲洪积平原，以及南部托克托台地的山前地带。其中北部山前地下水以 HCO_3^-和 Ca^{2+}为主，SO_4^{2-}和 Cl^-含量均较少。东部地区部分样品点 SO_4^{2-}占比可达 40%，同样体现出北部和东部溶滤作用进入地下水的化学组分有所差异。

$\gamma Cl/\gamma SO_4$值在 1.1～1.9 的样品点均匀分布于大黑河冲湖积平原的边缘地带，托克托台地同样有较大范围的分布。在大黑河冲湖积平原的边缘地区，由于水动力条件相对较好，水化学作用以离子交换为主，地下水的 Cl^-和 SO_4^{2-}所占比例均不大，总体呈现向排泄区逐渐增大的趋势；而托克托台地由于离子交换和蒸发浓缩同步进行，Cl^-和 SO_4^{2-}是地下水中主要的阴离子组分，其中 SO_4^{2-}占比在 30% 左右。

$\gamma Cl/\gamma SO_4$值在 1.9～3.9 的样品点相对较少，主要沿大黑河冲湖积平原的中心及其外围分布，即地下水排泄区的外围，此时地下水中 SO_4^{2-}的所占比例逐渐降低，同时 Cl^-含量并未明显升高，因此有脱硫酸作用参与其中。

$\gamma Cl/\gamma SO_4$值大于 3.9 的样品点几乎全部分布于大黑河冲湖积平原的中心区域，即地下水的集中排泄区。沿地下水流向，SO_4^{2-}含量继续降低，至排泄区中心地下水中已几乎不含 SO_4^{2-}。由于排泄区水动力条件迟滞，地下水环境呈现较强的还原性，脱硫酸作用与蒸发浓缩作用一起成为水化学组分形成的主控因素，此时 $\gamma Na/\gamma SO_4$和 $\gamma Cl/\gamma SO_4$值均达到最大。

4. $\gamma(HCO_3+CO_3)/\gamma SO_4$

$\gamma(HCO_3+CO_3)/\gamma SO_4$值的累积频率将样品点划分为四组（图4.12），总体趋势呈现出由补给区—径流区—排泄区比值不断增大的趋势。

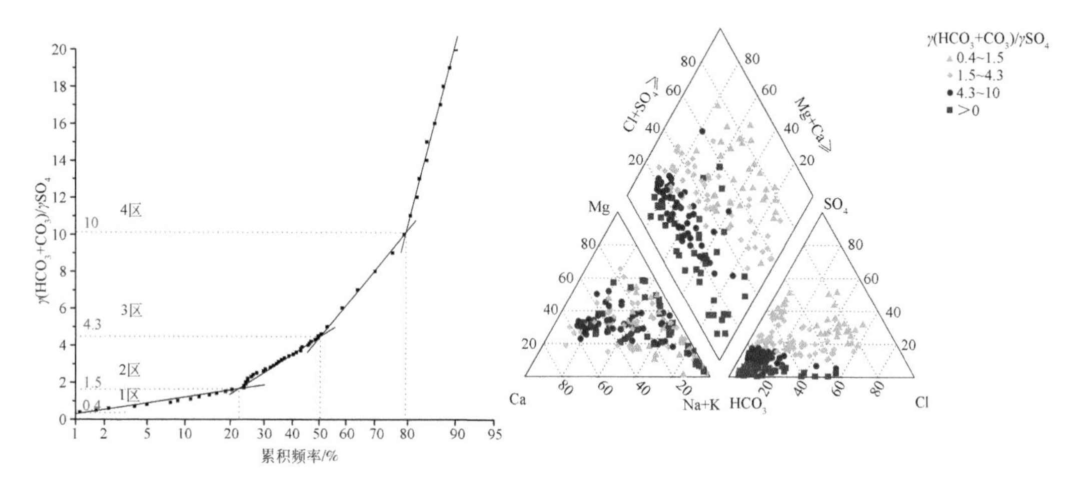

图4.12　$\gamma(HCO_3+CO_3)/\gamma SO_4$值累积频率曲线图及Piper三线图

$\gamma(HCO_3+CO_3)/\gamma SO_4$值在0.4～1.5的样品点主要分布在东南部山前冲洪积平原的前缘及托克托台地内，两者反映的水文地球化学作用各不相同。东部山前冲洪积平原的前缘地下水TDS含量较低，由于溶滤作用的影响SO_4^{2-}占据一定比例，因此比值较低；而托克托台地由于蒸发浓缩作用的影响，地下水中TDS含量较高，阴离子中Cl^-所占比例较高，或者成分复杂无占优势的阴离子，因而比例较低。

$\gamma(HCO_3+CO_3)/\gamma SO_4$值在1.5～4.3的样品点多分布于北部山前冲洪积平原前缘、大黑河入口处河道附近，托克托台地的南部山前地带也有零星分布。地下水中阴离子以HCO_3^-为主，水化学特征代表该区域直接接受大气降水补给。

$\gamma(HCO_3+CO_3)/\gamma SO_4$值在4.3～10的样品点因其成因可分为两种类型：类型一主要分布于北部、东部的山前冲洪积平原，以及托克托台地南部的山前地区，溶滤作用是地下水化学组分形成的主控因素，HCO_3^-是地下水中的主要阴离子组分，而SO_4^{2-}比例很低；类型二主要分布于排泄区的外围，受脱硫酸作用的影响，沿地下水的流向$\gamma(HCO_3+CO_3)/\gamma SO_4$的值增大，$HCO_3^-$占比不断增加，而$SO_4^{2-}$占比不断减少，两者呈现一定的负相关关系。

$\gamma(HCO_3+CO_3)/\gamma SO_4$值大于10的样品点主要分布在冲湖积平原的中心，即区域地下水的集中排泄区，受脱硫酸作用的影响，HCO_3^-含量最大，SO_4^{2-}含量最小。结合三线图的菱形区域可以明显看出由补给区向排泄区，地下水中阴离子由强酸为主逐渐演化为弱酸为主，HCO_3^-含量增加，SO_4^{2-}有不断减少的趋势。

综上所述，呼包平原东部主要的水文地球化学作用有溶滤作用、离子交换作用、蒸发浓缩作用、脱硫酸作用、混合作用。采用典型离子比值累积频率曲线可以反映水文地球化学作用，典型离子比与水文地球化学过程的对应关系见表4.2。

表 4.2　主要离子比与水文地球化学过程一览表

离子比	补径流条件与水文地球化学过程	比值范围
$\gamma Ca/\gamma(HCO_3+CO_3)$	地下水补给或径流条件较好，溶滤作用	>0.55
	离子交换、溶滤作用	0.15~0.55
	蒸发浓缩作用、脱硫酸作用	<0.15
$\gamma Na/\gamma SO_4$	地下水补给或径流条件较好	0.5~1.3
	脱硫酸作用	>5
$\gamma Cl/\gamma SO_4$	地下水补给或径流条件较好	0~1.1
	脱硫酸作用	>3.9
$\gamma(HCO_3+CO_3)/\gamma SO_4$	脱硫酸作用	>10

（三）HCO_3-Na 型水成因

HCO_3-Na 型是一种特殊的水化学类型，其成因较为复杂。河套平原地下水样品中有 40 个水化学类型为 HCO_3-Na 型，占样品总数的 4%。主要分布于排泄区的中心，包括后套平原总排干排泄区的两侧、黄河南岸平原的杭锦旗和达拉特旗，以及呼包平原东部的土默特左旗和托克托县一带。一般而言，排泄区地下水由于经过了充分的水岩反应，地下水中主要阳离子应为 Na^+，主要阴离子应为 Cl^- 或 SO_4^{2-}，但在河套平原排泄区却出现了一定数量的 HCO_3-Na 型水，其形成受到了特殊水文地球化学作用控制。

HCO_3-Na 型水中 HCO_3^- 含量可达 1200mg/L 以上，显然不是主要来自于难溶性的碳酸盐岩。其他盐岩的溶解（如铝硅酸盐）需要 CO_2 的加入方可产生 HCO_3^-，其本身溶解并不产生 HCO_3^-。在排泄区，地下水很难从大气中获得足够的 CO_2，而本区地下水又多处于冲湖积环境中，地下水中有机质含量较高，有机质参与下的氧化还原分解反应，如脱硫酸作用、反硝化作用、铁锰氧化物还原以及甲烷发酵都会产生大量的 HCO_3^-。河套平原排泄区地下水样品中 SO_4^{2-} 含量普遍较高，在排泄区中心的强烈还原环境中，脱硫酸菌的存在使得地下水中发生脱硫酸作用，并消耗有机物提供能量，使得地下水中 HCO_3^- 含量增加而 SO_4^{2-} 减少，同时产生 H_2S 和 CO_2 气体。因此排泄区 HCO_3-Na 型水中高含量的 HCO_3^- 来源应主要为脱硫酸作用中有机物的分解。

地下水中 Na^+ 除来自于易溶性盐岩的直接溶解外，主要来源于离子交换（如 Na-Ca 交换），以及含钠铝硅酸盐矿物（钠长石）的风化溶解。若 Na^+ 主要来自于钠长石等铝硅酸盐矿物的风化溶解而非 Na-Ca 交换，则地下水中 $CaCO_3$ 就会达到过饱和。研究区部分 HCO_3-Na 型水的 $CaCO_3$ 处于未饱和状态，这些 HCO_3-Na 型水中 Na^+ 应主要来源于 Na-Ca 交换。其他 HCO_3-Na 型水中 $CaCO_3$ 处于过饱和状态，两种来源的 Na^+ 都有可能。

（四）地下水化学特征成因

（1）呼包平原东部地下水系统是一个相对独立的水文地质单元，按地貌类型可分为山前冲洪积平原、大黑河冲湖积平原和托克托台地，地下水化学成分形成过程明显受到地形地貌和地下水赋存条件的控制，由补给区向排泄区汇集过程中经受了溶滤作用、离子交替吸附作用、蒸发浓缩作用、脱硫酸作用、混合作用等水文地球化学过程，在不同地貌类型区决定水文地球化学演化过程的主控因素有所不同。

（2）在北部东部山前冲洪积平原地区，含水层颗粒较粗，地下水动力条件好，碳酸盐和硫酸盐类的风化溶解是区内的主要反应，地下水化学类型单一，北部山前以HCO_3-Ca · Mg型为主，东南部阴离子中硫酸根占有一定比例，反映出地下水中溶解矿物的差异。此外受混合作用影响，地表水入渗补给地下水，使得东部大黑河河谷两侧部分地下水样品显示出接受大气降水补给的特征。

（3）随着从山前冲洪积平原向冲湖积平原边过渡，含水层岩性由粗变细，水动力条件逐渐下降，溶滤作用有所减弱，与离子交换作用一起成为水化学组分形成的主控因素。水化学类型在该区域快速演化，呈现出复杂性和多样性，TDS 含量和硬度逐渐增加，阳离子类型由 Ca 型、Ca · Mg 型逐渐过渡为 Ca · Mg · Na 型、Mg · Na 型和 Na · Mg 型，靠近冲湖积平原中心位置 Na^+含量已占绝对优势，阴离子类型也由 HCO_3型向 HCO_3 · Cl 型、Cl · HCO_3型和 Cl · SO_4型过渡。同时，随着地下水的流动，在靠近排泄区的一些地方发生脱硫酸作用，地下水中 SO_4^{2-}的含量开始逐渐降低。

（4）冲湖积平原中心是整个地下水系统的集中排泄区，地下水埋深很浅，水流交替迟滞，地下水环境呈现出较强的还原性，并且地层中有机物的含量较高。此时地下水中 TDS 含量达到最大，Na^+已成为地下水中主要的阳离子组分，Ca^{2+}的含量降至 10% 以下，蒸发浓缩作用是主要的水文地球化学形成作用，阴离子中 Cl^-的含量较高；同时地下水中发生了较强的脱硫酸作用，导致 SO_4^{2-}含量反而降至最低，而脱硫酸过程中伴随着有机物的分解产生 HCO_3^-，使得 HCO_3^-与 Cl^-成为地下水中主要的阴离子，在部分区域还形成 HCO_3-Na 型水。

（5）南部的托克托台地是一个相对独立的补给–径流区域，含水层厚度薄、岩性细、水动力条件迟缓，溶滤作用、离子交换作用、蒸发浓缩作用在台地内同时进行，地下水中主要离子统计特征与冲湖积平原中心大体相近，水化学类型复杂多样，有所不同的是台地上并未发生脱硫酸作用，Cl^-和 SO_4^{2-}是地下水中主要的阴离子组分，阳离子则以 Na^+为主。

第三节　高矿化地下水特征及成因分析

一、高矿化地下水分布及特征

河套平原浅层含水层广泛分布着矿化度大于 3g/L 的高矿化水，其面积约为 $3.45\times10^3km^2$，占河套平原总面积的 11.5%。纵观整个平原，受构造、古地理、地貌和水文地质等条件的控制，高矿化水分布呈现明显的水平分带规律，自西向东由北向南可分出五个高矿化水分布带，分别为狼山山前高矿化水分布带、黄河北岸高矿化水分布带、西山咀高矿化水（卤水）分布带、呼包平原哈素海高矿化水分布带和黄河南岸达拉特旗高矿化水分布带（图4.13）。

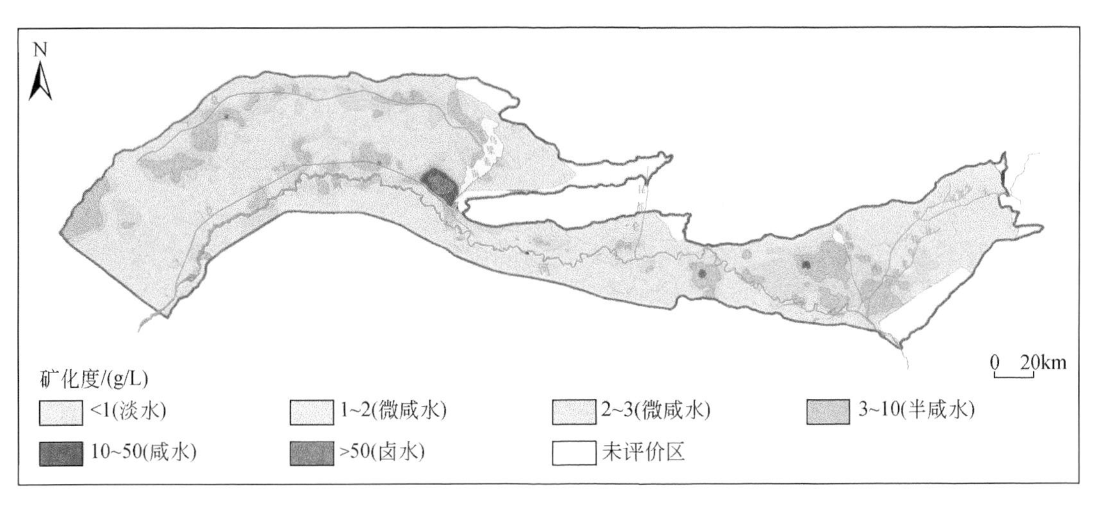

图 4.13　高矿化地下水分布示意图

（一）狼山山前高矿化水分布带

地下水矿化度为 3.0 ~ 9.2g/L。分布于狼山山前冲洪积平原与黄河冲湖积平原交汇地带，构造上属于区域沉降中心。自西向东呈串珠状分布，东西长 180km 以上，南北平均宽度为 2 ~ 10km，最宽约 13.8km。以古城镇为界，西部位于总排干南侧乌兰布和沙漠北缘，以东沿总排干两侧分布。与山前冲洪积平原淡水带呈犬牙状交错分布，在较大冲洪积扇扇轴部，淡水向南延伸较远，而在扇群翼部，咸水向北伸入。由于水动力分异作用，该咸水带矿化度呈自西向东增大的趋势。地下水化学类型主要是以 Cl 型水为主，主要水化学类型有 Cl · HCO_4-Na · Mg 型、Cl · SO_4-Na · Mg 型、Cl · SO_4-Na 型和 Cl-Na 型。

（二）黄河北岸高矿化水分布带

地下水矿化度为 1.1 ~ 7.2g/L。主要分布于黄河北岸自马场地村至东土城村一带，沿总干渠南北两侧分布，宽 5 ~ 15km，西窄东宽。因农业灌溉入渗及复杂的渠系渗漏入渗的影响，高矿化水带呈断续分布，以巴彦套海镇周围分布面积最大，达 180km^2。地下水化学类型主要有 Cl · SO_4 · HCO_4-Na 型、Cl · SO_4-Na 型和 Cl-Na 型。

（三）西山咀高矿化水（卤水）分布带

地下水矿化度一般大于 10g/L。主要分布在五原县西小召镇至乌拉特前旗一带，沿总干渠北侧呈北西–南东向似椭圆形分布，长轴约 23.5km、短轴约 12.9km。此分布带为河套平原矿化度最高的盐卤水带，并有自周边向椭圆形中心增高的趋势，尤以芦官壕村一带矿化度最高，达 70.0g/L。地下水化学类型以 Cl · SO_4-Na 型和 Cl-Na 型为主。

（四）呼包平原哈素海高矿化水分布带

地下水矿化度为 3.1 ~ 6.9g/L。主要分布于呼包平原西南哈素海退水渠东西两侧，呈不连续分布。西片区地下水化学类型较复杂，以 Cl · SO_4 · HCO_4-Na · Mg 型和 HCO_4 · Cl-

Na · Mg 型为主。东片区以托克托县为中心点，地下水化学类型为 Cl · SO_4-Na · Mg 型和 Cl · HCO_3-Na 型。地下水矿化度呈自东北向西南沿地下水流向不断增高，由微咸水逐步过渡为咸水的规律。

（五）黄河南岸达拉特旗高矿化水分布带

矿化度为 2.9 ~ 7.2g/L。分布在达拉特旗黄河南岸冲积平原上，从山前倾斜平原区到黄河南岸冲积平原区，地下水矿化度自南向北、从西向东呈逐渐增高的分布特征。地下水化学类型主要有 HCO_4-Na 型、HCO_4 · SO_4-Na 型和 Cl · SO_4-Na 型。

二、高矿化水成因分析

采用 Piper 三线图、吉布斯（Gibbs）图、$\gamma Na^+/\gamma Cl^-$系数法和苏林分类法等水化学分析方法，结合地质和水文地质条件，综合分析河套平原高矿化水成因。

（一）基于 Piper 三线图分析

在阳离子三角形图中，五个高矿化水分布带样品点均呈现向 Na+K 相对含量增高的方向发展的趋势。在阴离子三角形图中，阴离子分布较分散，除后套平原的西山咀高矿化水分布带大部分样品点 γCl 表现为异常值，接近 100% 外，其他几个高矿化水分布带 γCl 在 35% ~80%。在菱形图上也显示了相同的差异特征，后套平原的西山咀高矿化水以 Cl-Na 型为主，其他几个高矿化水分布带均呈向 Cl · SO_4-Na · Mg 型和 Cl-Na · Mg 型演化的特征（图 4.14），表明后套平原西山咀高矿化水有不同于其他几个分布带高矿化水的来源。

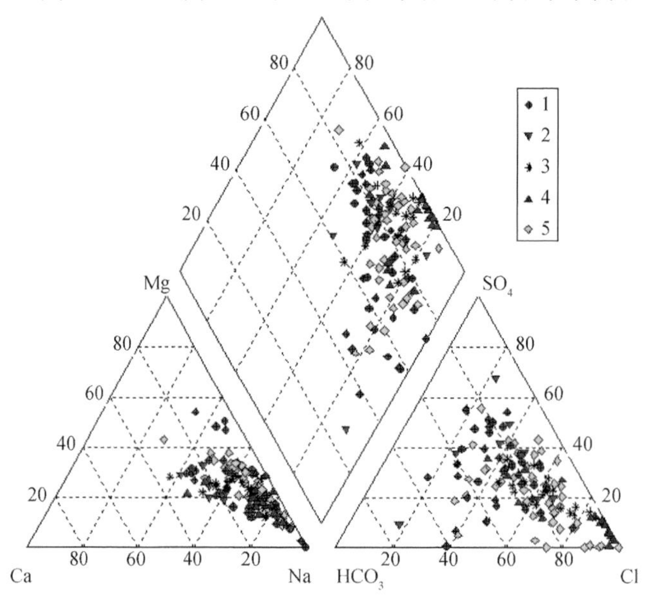

图 4.14　高矿化地下水 Piper 三线图

1. 呼包平原哈素海高矿化水分布带；2. 黄河南岸达拉特旗高矿化水分布带；3. 后套平原黄河北岸高矿化水分布带；4. 后套平原西山咀高矿化水（卤水）分布带；5. 狼山山前高矿化水分布带

在 Piper 三线图中（图4.15），后套平原西山咀高矿化水分布带 γCl 异常样品点与承压水样品点落点紧密重合，表明该带浅层高矿化水是由承压水和浅层地下水混合而生成。

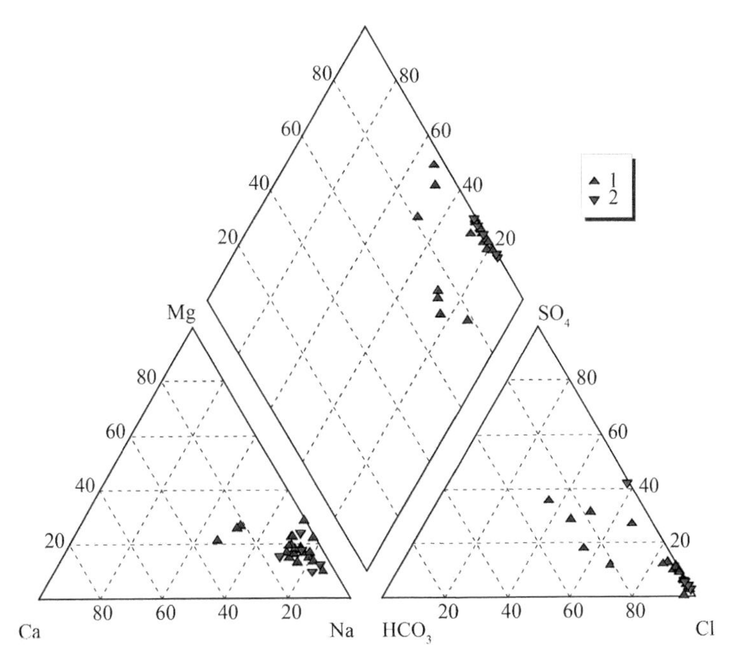

图4.15　西山咀高矿水浅层地下水和承压水 Piper 三线图

1. 西山咀高矿化带取样点；2. 西山咀承压水样点

（二）基于吉布斯图的成因分析

吉布斯（Gibbs）图可以直观地比较地表水和地下水化学组成、形成原因及彼此之间的关系。它是用 $Cl^-/(Cl^-+HCO_3^-)$ 与 TDS 的关系或 $Na^+/(Na^++Ca^{2+})$ 与 TDS 的关系来简单有效地判断地表水或地下水离子起源机制（降水控制型、岩石风化控制型和蒸发-浓缩型）的相对重要性。

吉布斯图表明（图4.16），除后套平原西山咀高矿化水分布带的样点有离散外，其他四个高矿化水分布带样品点均落于 $Na^+/(Na^++Ca^{2+})$ 大于0.5的范围内，说明其离子成分主要来源于蒸发-浓缩作用。后套平原西山咀高矿化水分布带约50%样品点 $Na^+/(Na^++Ca^{2+})$ 值接近于1，说明该带地下水接受了海相沉积起源的地下水补给，即承压水地下水补给。

（三）基于 $\gamma Na^+/\gamma Cl^-$ 系数法的成因分析

自然界的水根据其成因、特征和分布，可分为大陆淡水、大洋海水和地下水。地下水实际上是由不同时代的大陆淡水或大洋海水在沉积物中保存下来的水。因此，水按形成环境分大陆淡水和海洋水两大类。

$\gamma Na^+/\gamma Cl^-$ 系数称为地下水的成因系数，是表征地下水中钠离子富集程度的一个水文地球化学参数。普遍认为标准海水的 $\gamma Na^+/\gamma Cl^-$ 系数平均值为0.85，大陆淡水 $\gamma Na^+/\gamma Cl^-$

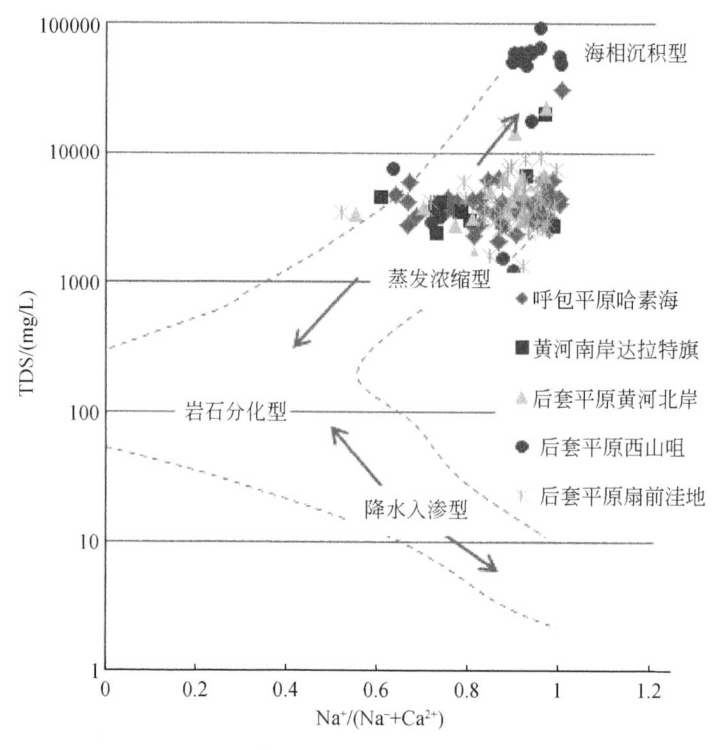

图 4.16　高矿化浅层水样品点吉布斯图

大于 0.85，大洋海水 $\gamma Na^+/\gamma Cl^-$ 小于 0.85。

研究表明呼包平原哈素海和黄河南岸达拉特旗高矿化水分布带地下水 $\gamma Na^+/\gamma Cl^-$ 值均高于 0.85，表明浅层地下水中的 Na^+ 等碱性离子主要来源于硅酸盐矿物的溶解，地下水并非起源于现代海水或海相沉积水。因此，这几个高矿化水分布带的地下水矿化度较高，可能主要受气候、沉积环境、水文地质条件、水文等因素的影响。

而后套平原狼山山前、后套平原黄河北岸和后套平原西山咀高矿化水分布带部分样点的 $\gamma Na^+/\gamma Cl^-$ 值却低于 0.85，其中后套平原狼山山前高矿化水分布带样点 $\gamma Na^+/\gamma Cl^-$ 值低于 0.85 的占 22%，主要分布在该带第二片高矿化水分布带（即双庙镇–份子地乡一带）；后套平原黄河北岸高矿化水分布带样点 $\gamma Na^+/\gamma Cl^-$ 值低于 0.85 的占 8%，主要分布在该带东部巴彦套海镇的高矿化水区；后套平原西山咀高矿化水分布带样点 $\gamma Na^+/\gamma Cl^-$ 值低于 0.85 的占 90%。从以上分析，可以初步推测得出：这三个高矿化水区的地下水均有可能受深部海相沉积成因的地下水补给。

（四）基于苏林分类法的成因分析

在 $\gamma Na^+/\gamma Cl^-$ 系数法分析的基础上，引入苏林分类法进一步对 $\gamma Na^+/\gamma Cl^-$ 系数法推测的后套平原狼山山前高矿化地下水、黄河北岸高矿化地下水及西山咀高矿化地下水水成因进行分析。

苏林认为 $\gamma Na^+/\gamma Cl^-<1$，$(\gamma Cl^- - \gamma Na^+)/\gamma Mg^{2+}>1$，属氯化钙型水，这种类型的地下

水是深部环境中的地下水。后套平原狼山山前双庙镇-份子地乡一带、后套平原西山咀盐卤水区及巴彦套海镇的高矿化水样点按苏林分类法分析结果（图4.17），可见三个高矿化水分布带的$\gamma Na^+/\gamma Cl^-$值均小于1，满足苏林分类法的第一个条件，然而$(\gamma Cl^- - \gamma Na^+)/\gamma Mg^{2+}$在双庙镇-份子地乡一带以及巴彦套海镇的值均小于1，不符合苏林分类法的第二个限制条件；在后套平原西山咀盐卤水区55%样点的值大于1，符合苏林分类法的第二个条件。因此，综合$\gamma Na^+/\gamma Cl^-$系数法和苏林分类法可以得出：后套平原西山咀高矿化水分布带的盐卤水部分来源于深部地下水。

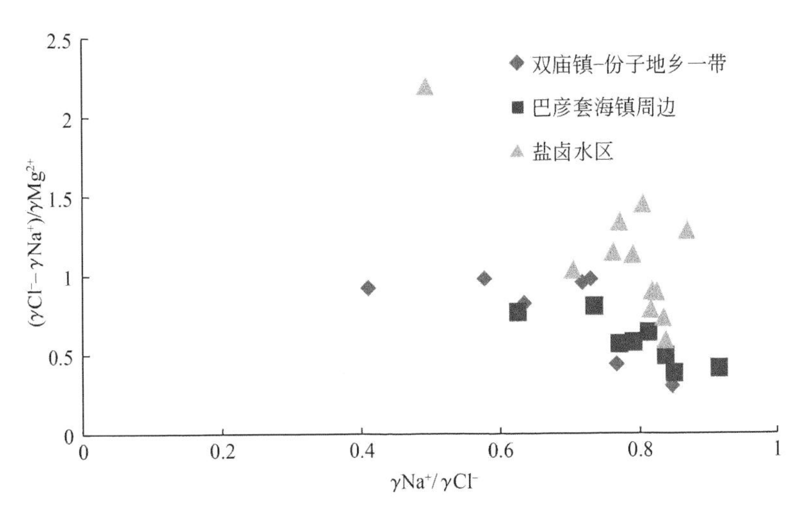

图4.17　高矿化地下水$\gamma Na^+/\gamma Cl^-$与$(\gamma Cl^- - \gamma Na^+)/\gamma Mg^{2+}$关系图

三、西山咀卤水的同位素研究

（一）基于^{37}Cl地下盐卤水溶质（盐分）来源识别

标准海水（SMOC）的$\delta^{37}Cl$值为0，现代海水为0±0.01‰。现有研究成果显示大气气溶液中$\delta^{37}Cl$的变化范围为0.42‰～2.53‰；河水中的$\delta^{37}Cl$较高为0.74‰～2.85‰，盐湖卤水$\delta^{37}Cl$则相对较低，为-2.06‰～1.01‰，地下水中$\delta^{37}Cl$变化范围较小为-0.50‰～0.69‰，岩盐中$\delta^{37}Cl$的变化范围为-0.6‰～1.2‰。

西山咀地下盐卤水的$\delta^{37}Cl$值变化范围很大（图4.18、图4.19），为-0.02‰～3.43‰，绝大部分为0～2‰，除一个样品外，$\delta^{37}Cl$值均大于0‰。氯同位素组成的大范围变化说明地下盐卤水的盐分具有多重来源（同位素分流作用、混合作用及溶滤作用）。

在$\delta^{37}Cl$值小于1.0‰（$\delta^{18}O$值为-9.5‰～-7.1‰，平均为-8.1‰±0.7‰）的西山咀地下盐卤水样品中，$\delta^{37}Cl$值为0.5‰～1.0‰的样品比例最大，与盐类沉积物中$\delta^{37}Cl$变化范围重叠，说明$\delta^{37}Cl$值小于1.0‰样品的氯主要是来自盐类的溶解；$\delta^{37}Cl$值大于1.0‰，小于2.53‰的样品（$\delta^{18}O$值为-9.2‰～-5.5‰，平均为-7.4‰±0.9‰），$\delta^{37}Cl$值低于现代大气降水，可能代表了年龄老的地下水。

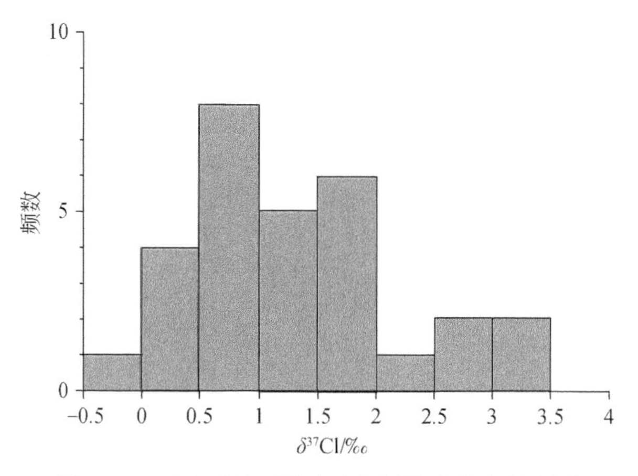

图 4.18　西山咀地下盐卤水氯同位素分布频率图

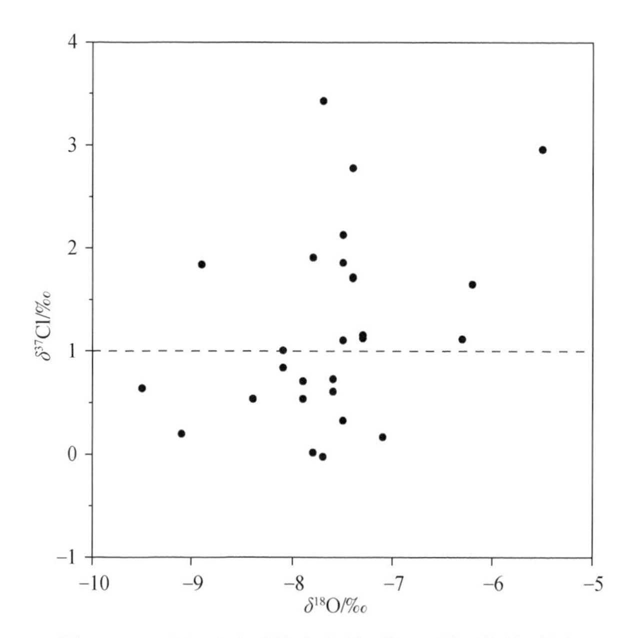

图 4.19　西山咀地下盐卤水的 δ^{37}Cl-δ^{18}O 值关系图

δ^{37}Cl 值大于 2.53‰的样品（δ^{18}O 值为−9.2‰～−5.5‰，平均为−7.4‰±0.9‰），δ^{37}Cl值最高可达 3.4‰，反映了盐卤水的溶质（盐分）来源于水体的混合、运移或溶解作用。

综上所述，西山咀地下盐卤水的溶质（盐分）具有盐类溶解、年龄老的地下水补给及水体的混合、运移或溶解作用等多重来源。

（二）基于氢氧同位素的地下盐卤水的起源

黄河水同位素的特征值和黄河水同位素关系线引自高建飞等（2011）对黄河托克托县头道拐水文站以上 10 个点的 δ^{18}O 和 δD 测试的数据（平均值：−10.5‰和−78.4‰），大气降水及其平均值是根据 IAEA 包头监测站降水监测数据统计获得。西山咀地下盐卤水的氢氧稳定同位素组成特征（图 4.20）表明：

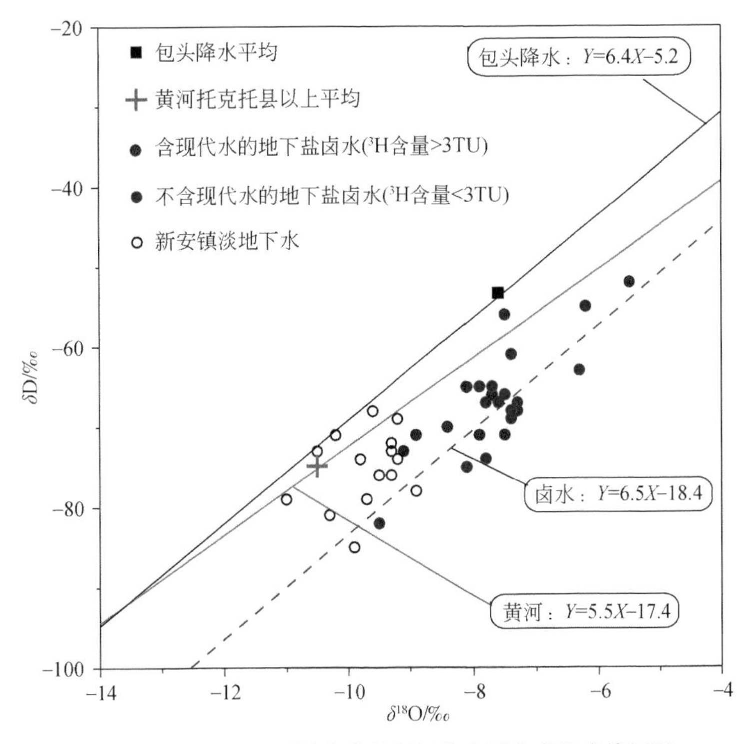

图 4.20　西山咀地下盐卤水的氢氧稳定同位素组成特征图

（1）地下淡水的稳定同位素变化范围较小，远小于当地降水均值，与黄河水的均值接近，反映出地下淡水中黄河水补给占绝对优势。

（2）地下盐卤水的 $\delta^{18}O$ 值明显高于地下淡水，反映二者的补给条件不同。地下盐卤水样品位于地下淡水的右上方，绝大多数低于大气降水的平均值，而远高于黄河水的平均值，说明地下盐卤水补给来源与黄河和当地大气降水关系均不密切。

（3）地下盐卤水的同位素 $\delta^{18}O$ 值变化范围较大，说明补给水来源不单一，或者迁移过程中受到不同类型水的影响，含氚（^3H）的地下水位于黄河同位素线附近，说明受到有黄河水补给的地下淡水的影响。

（4）地下盐卤水中不含氚的样品说明没有受到现代水循环的影响，其拟合直线的斜率与现代当地大气降水线斜率几乎相同，但氘过量偏小，平均值约为−6‰，包头大气降水的氘过量平均值约为 8.3‰。

氘过量定义为 $d=\delta D-8\delta^{18}O$，是当地大气降水线斜率为 8 时的截距，通常反映降水源区和水气循环的信息。由于地下岩石中含氢的化学组分很少，不足以影响地下水中的 δD 值，因此，该数值反映了影响地下水 $\delta^{18}O$ 变化的水岩氧同位素交换和蒸发影响等各种过程，地下水 d 值主要受控于岩性、含水层封闭条件、水体滞留时间等。一般来说，地下水的 d 值小，反映受到的蒸发影响较大，或者水在含水层中滞留时间长、径流缓慢。

西山咀高矿化水氘过量与矿化度的关系（图 4.21）显示，d 值并未表现出随着 TDS

增加而减小的趋势，说明蒸发的影响很小。因此，氘过量说明高矿化地下水是古大气降水起源，而不是残留海水。另外，高矿化水的 $\delta^{18}O$ 值低于现代大气降水平均值，说明当时的补给气候条件比现今要寒冷，很可能是晚更新世末期补给的地下水。

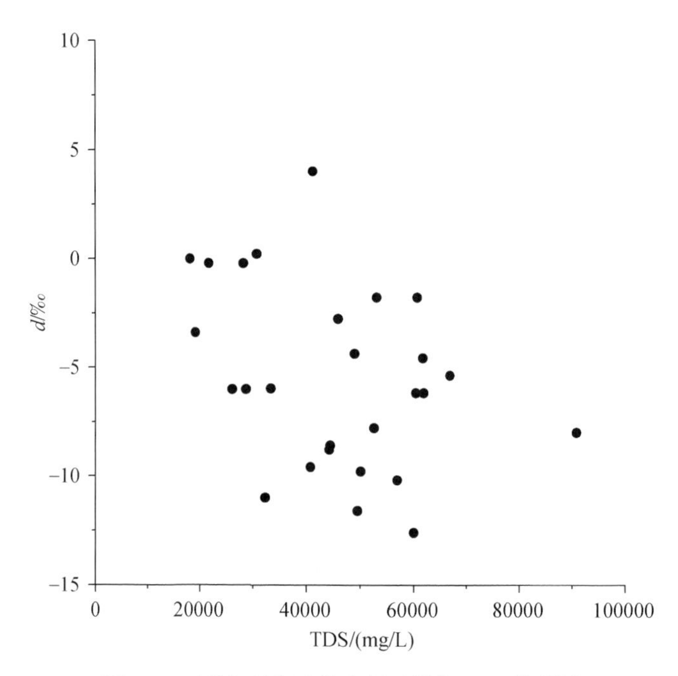

图 4.21　西山咀高矿化水氘过量与 TDS 关系图

（三）基于地质与水文地质条件的成因分析

1. 地质、水文地质条件

从地质构造方面来说，乌拉山镇（原西山咀镇）一带处于乌拉山潜伏隆起带的北缘，第四系厚度较薄。自新生代以来乌拉山隆起北缘断裂继承性活动强烈，活动断裂带可能成为深部盐分向上运移的通道。

乌梁素海为后套平原区域地下水排泄中心，乌拉山镇处于该排泄带中部。在隆起以北，浅层地下水水位标高在 1019 ~ 1017m，中更新统下部深层承压水水头在 1020 ~ 1025m，承压水水头明显高于浅层地下水水位，上下含水层之间存在较高的层间压力，且两层之间的中更新统上部地层以淤泥质砂为主，因此，深层承压水很可能经由弱透水层顶托或断裂构造导水补给浅层地下水。

2. 古气候条件和古沉积环境

第四纪以来，古气候从干冷—暖湿—干冷—略暖—干冷，出现了数次冷暖交替变化，但总体表现为向干旱转化的趋势。古气候演化直接影响着第四纪沉积环境的变化，同时也反映了地质历史时期沉积水介质条件的变化过程，进而映射出盐分富集的相间分布特征。

在整个河套平原更新世中早期湖水分布范围面积广、深度大。中更新世早期，湖水外侵，盆内形成了巨厚的广复式湖积及湖沼地层，湖相泥质沉积物中 Cl^- 离子浓度低，一般小于 0.29%，CO_3^{2-} 离子较高，地层中未见明显积盐现象。中更新世晚期，盆地气候干旱化，总体湖水范围缩小，趋于咸化，以半咸水–咸水为主，草本植物茂盛，形成了一套富含大量有机质及石灰质的具有细微薄层理的以黏性土为主的沉积层，并且含盐量较高，全盐量为 0.5% ~1%，最高达 3.6%。晚更新世早期及全新世初期，因气候变干变冷，雨量减少，湖水深度变浅，范围变小，水质全面咸化，还原环境趋弱，相应形成的地层颜色较浅，虽仍以咸水为主，但含盐量较中更新世晚期明显降低，分别为 0.5% ~0.8% 和 0.5% ~0.6%。可以看出，盆地内第四纪共有三个相对富盐期：一是中更新世晚期，属分布最广的区域性富盐期；二是晚更新世早期；三是在晚更新世晚期。

综合地下水化学特征、同位素特征和地质条件分析，河套平原高矿化地下水主要分布于地下水排泄带，蒸发浓缩作用是主要成因，而西山咀盐卤水的成因主要受深部地下水向上越流补给的影响或深部地下水与浅层地下水混合的影响。

第四节　高砷地下水分布特征及成因分析

一、高砷地下水分布特征

以《生活饮用水标准》（GB 5749—2006）中砷的限值 10μg/L 为标准，将 As 大于 10μg/L 的地下水定义为高砷地下水。全区采集 1043 组浅层地下水样品，高砷地下水样品数为 475 组，占样品总数的 46%。河套平原地下水 As 主要以 As^{3+} 的形态存在，对河套平原浅层地下水 As^{3+} 和 As^{5+} 含量均值进行分析对比，统计结果显示浅层地下水中，各个地下水系统中 As^{3+} 的平均含量均大于 As^{5+}（表 4.3）。

表 4.3　地下水系统中 As 含量

系统分区	As<10μg/L			As≥10μg/L		
	As^{3+}/(μg/L)	As^{5+}/(μg/L)	As^{3+}/As^{5+}	As^{3+}/(μg/L)	As^{5+}/(μg/L)	As^{3+}/As^{5+}
后套平原地下系统	1.74	0.94	1.85	100.69	16.24	6.20
佘太盆地地下水系统	1.40	1.02	1.38	28.54	4.57	6.24
三湖河平原地下水系统	1.61	0.84	1.91	60.93	19.27	3.16
呼包平原西部地下水系统	0.75	0.35	2.14	64.89	10.83	5.99
呼包平原东部地下水系统	1.65	0.77	2.15	78.89	14.59	5.41
黄河南岸地下水系统	2.12	0.97	2.19	39.35	7.38	5.33

河套平原浅层含水层广泛分布着高砷地下水。佘太盆地、三湖河平原和黄河南岸地下水系统地下水 As 含量一般在 10 ~50μg/L。后套平原、呼包平原西部和呼包平原东部地下水系统地下水 As 含量大于 50μg/L 的样品分布较多，475 组高砷地下水样品中 As 大于 50μg/L 的样品有 235 组（图 4.22）。

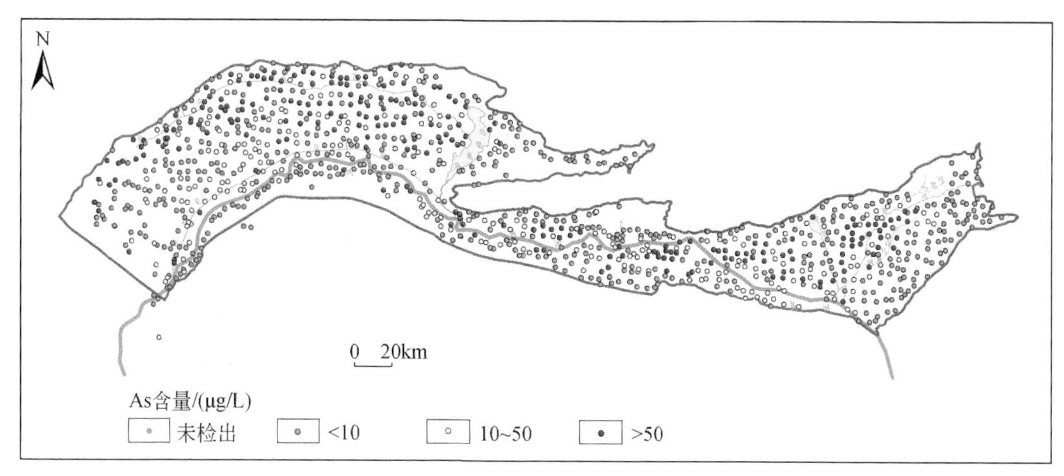

图 4.22　浅层地下水 As 含量分布图

高砷地下水较集中分布于后套平原冲湖积平原、呼包平原西部黄河冲湖积平原、呼包平原东部大黑河冲湖积平原和黄河南北两岸。

1. 后套平原冲湖积平原高砷地下水

高砷地下水在后套平原冲湖积平原广泛分布，53.6%样品超标。地下水 As 含量均值为63.28μg/L，最大值高达916μg/L。地下水 As 含量具有随着地下水径流路径，从上游至下游 As 含量逐渐增加的趋势。从西部的乌兰布和沙漠区，经乌兰布和灌域、解放闸灌域、长济灌域、义长灌域，到东部的前旗灌域地下水系统，随着地下水由南西–北东向径流，As 含量均值不断升高，从 1.50μg/L，增加到 2.57μg/L、11.25μg/L、16.45μg/L、27.40μg/L，最终达到了 31.36μg/L。北部山前冲洪积平原与冲湖积平原交接地带为地下水的排泄区，是 As 含量大于 50μg/L 的样品主要集中分布区。该高砷地下水集中分布带沿着总排干自西向东宽度逐渐增大，至乌梁素海西部地区，已扩散为以五原县为中心的不规则片状分布。高砷地下水中 As^{3+}含量大于 As^{5+}的样品数量占 90%。

高砷地下水化学特征表现为阳离子以 Na^+为主，其次为 Mg^{2+}，阴离子以 HCO_3为主，其次为 Cl^-。地下水化学类型主要有 Cl-Na 型、HCO_3 · Cl-Na 型、HCO_3 · Cl-Na · Ca · Mg 型和 HCO_3 · Cl-Na · Mg 型。

2. 呼包平原西部黄河冲湖积平原高砷地下水

呼包平原西部黄河冲湖积平原上高砷地下水，从北部的大青山山前冲洪积扇前缘到南部黄河北岸均有分布。地下水 As 超标率为 69%，平均值为 57.33μg/L，中值为 34.97μg/L，最大值为 398.9μg/L。As^{3+}含量大于 As^{5+}的样品数量占 87.3%。所有高砷地下水均以 As^{3+}为主，As 含量不超标的地下水中，以 As^{3+}为主的样品数量为 59.1%。

高砷地下水化学特征表现为阳离子以 Na^+为主，阴离子以 HCO_3^-为主，其次为 Cl^-。地下水化学类型主要有 HCO_3 · Cl-Na 型和 HCO_3 · Cl-Na · Ca · Mg 型。

3. 呼包平原东部大黑河冲湖积平原高砷地下水

呼包平原东部地下水系统高砷地下水主要分布于大黑河冲湖积平原。地下水 As 的超标率为92.7%，平均值为40.97μg/L，中值为5.40μg/L，最大值为357.5μg/L。高砷地下水主要集中分布于大黑河冲湖积平原中、下游，在大黑河、什拉乌素河两岸有大面积的高砷地下水分布。沿着大黑河河道，由上游至下游，地下水 As 含量具有逐渐增大的趋势。在土默特左旗南部及托克托县北部的大黑河冲湖积平原中心，即地下水排泄区是 As 含量大于 50μg/L 的样品主要集中分布区。根据 As^{3+} 及 As^{5+} 的比值，As^{3+} 含量大于 As^{5+} 的数量占 92.7%，高砷地下水中 98% 的样品以 As^{3+} 为主，As 不超标的地下水中以 As^{3+} 为主的样品数量为 89.2%。

高砷地下水化学特征表现为阳离子以 Na^+ 为主，阴离子以 HCO_3^- 为主，其次为 Cl^-。地下水化学类型主要有 HCO_3-Na 型、HCO_3-Na · Ca · Mg 型、HCO_3 · Cl-Na 和 Cl · HCO_3-Na 型。

4. 黄河沿岸高砷地下水

从黄河入套至托克托县黄河出套，黄河南、北两岸分布多处高砷地下水富集区域。沿着黄河的流向由西向东，黄河北岸有三处高砷地下水带：①磴口北部–临河区–五原车站南高砷地下水带；②乌拉特前旗乌拉山镇–包头九原区西高砷地下水带；③土默特右旗高砷地下水带。这三条高砷地下水带均位于黄河河漫滩上，且都是地下水的局部排泄带。

黄河南岸高砷地下水带由鄂尔多斯市杭锦旗独贵特拉镇向东，经包头达拉特旗，至鄂尔多斯市准格尔旗呈带状相对连续分布。黄河南岸浅层地下水 As 超标严重，总 As 平均值达到 200μg/L。

高砷地下水化学特征表现为阳离子以 Na^+ 为主，其次为 Mg^{2+}，阴离子以 HCO_3^- 为主，其次为 Cl^-。地下水化学类型主要有 HCO_3 · Cl-Na 型、HCO_3 · Cl-Na · Ca · Mg 型和 HCO_3 · Cl-Na · Mg 型。

二、高砷地下水赋存特征

（一）沉积环境

河套平原现状揭露的高砷地下水主要赋存于晚更新统—全新统浅层含水层。中更新世晚期至晚更新世早期，河套平原为统一的大型咸水–半咸水湖泊。晚更新世中晚期以后，黄河外流，沉积环境由湖相沉积转变为以河流相为主，但浅湖洼地沉积环境仍在一定范围内存在。高砷地下水的分布受到浅湖洼地沉积环境控制。

晚更新世—全新世岩相古地理沉积环境研究表明，后套平原浅湖洼地沉积环境主要分布于沿狼山–色尔腾山山前和乌梁素海一带。浅湖洼地沉积相的形成都与黄河变迁有关。受北深南浅的基底构造控制，黄河进入地势平坦的河套平原后首先向北部的区域沉降中心流动，然后沿狼山–色尔腾山山前由西向东流动，历史上俗称北河（现称乌加河）。北河构成了山前冲洪积平原与黄河冲湖积平原的分界，并沿构造沉降带形成了河湖相沉积环境。这一区域正是高砷地下水的集中分布区，也是地下水中砷含量最高的区域。黄河北河向东最终汇入乌梁素海，并且北河在汇入乌梁素海之前无固定河道，呈散流状态，因此在乌梁素海周边一带形成范围较大的浅湖沼相沉积环境。这一区域也是高砷地下水广泛分布的区域。

呼包平原晚更新世中晚期以来总体上为河流相沉积环境。在东部地区平原的主体为大黑河冲洪积和冲湖积平原。相比后套平原，呼包平原的湖相沉积环境分布范围较小，主要分布在哈素海一带的区域沉降中心。哈素海一带是黄河冲湖积平原和大黑河冲湖积平原交界处，也是呼包平原高砷地下水的集中分布区。

总体上来说，浅湖洼相和湖沼相代表了盆地中相对的负地形或沉积中心。根据钻孔岩性资料，河套平原富砷含水层岩性主要为浅湖洼环境成因的灰、灰黑色粉细砂，夹灰黑色亚砂土、亚黏土。亚砂土和亚黏土中砷含量较高。河套平原高砷地下水除了在狼山-色尔腾山山前和乌梁素海一带的浅湖沼沉积环境区集中分布外，在后套平原、三湖河平原、黄河南岸平原等区域均有分布，分布规律并不明显，这可能与黄河决口、改道等形成的局部浅湖洼地相沉积环境有关。

（二）地下水径流条件

依据浅层地下水水力梯度，将河套平原地下水径流强度划分为强径流区（水力梯度>10‰）、一般径流区（水力梯度为3‰～10‰）、弱径流区（水力梯度为0. 5‰～3‰）和滞留区（水力梯度<0. 5‰）四个等级（图4. 23）。

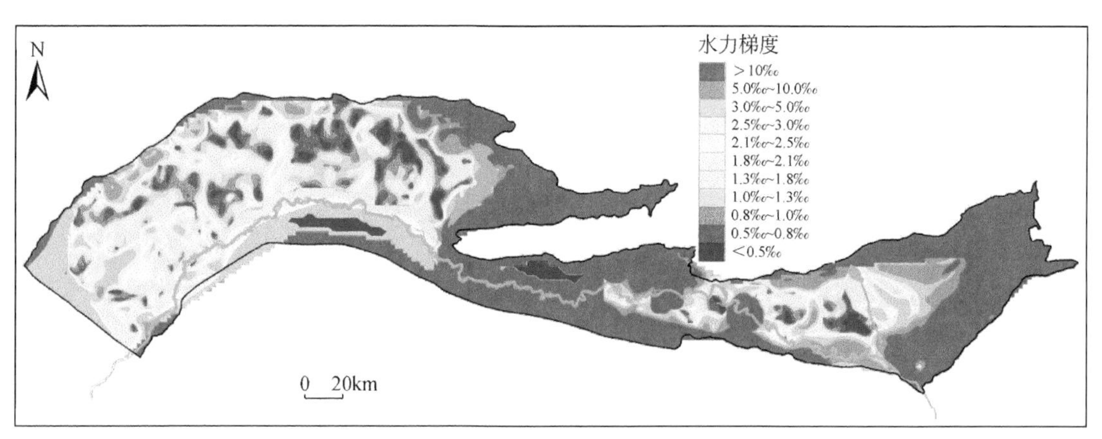

图4. 23　浅层地下水水力梯度分布图

地下水径流强度与高砷地下水分布关系密切（图4. 24）。强径流区主要为地下水的补给区，地下水As超标率仅为1. 7%；一般径流区地下水As超标率在7%～11%。

弱径流区是高砷地下水的主要分布区，地下水砷超标率在61%～74%。这些区域主要分布于黄河冲湖积平原和东部的大黑河下游冲湖积平原区，为地下水的排泄区。滞留区主要是地下水的排泄中心地带，地下水As超标率高达100%，主要分布于呼包平原西部黄河冲湖积平原的土默特右旗、后套平原总排干沿线及乌梁素海以西地区。

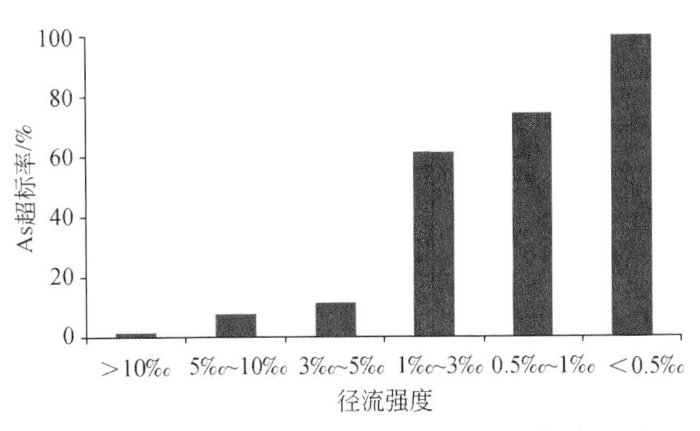

图 4.24 地下水径流条件与地下水 As 超标关系图

(三) 高砷地下水化学特征

从 pH、氧化还原条件、常规离子、微量元素等方面分析河套平原高砷地下水化学特征和影响因素。

1. pH

地下水的酸碱性影响着沉积物颗粒表面对砷的吸附。较高的 pH 抑制了矿物与砷氧阴离子的配合反应，减少了沉积物颗粒对砷氧阴离子的内外层吸附，使得砷氧阴离子在矿物表面的迁移能力增强，吸附性能减弱，进而发生解吸附。河套平原地下水 pH 的平均值为 7.83，总体上高砷地下水的 pH 高于低砷地下水，砷含量低于 10μg/L 的地下水中 pH 为 7.81，砷含量在 10～50μg/L、50～100μg/L 和大于 100μg/L 的地下水中 pH 平均值分别为 7.82、7.86 和 7.93。在各地下水系统中，后套平原和佘太盆地的高砷水中 pH 平均值与砷含量之间存在一定的正相关性，但其他地下水系统中两者的相关性并不显著（图 4.25）。

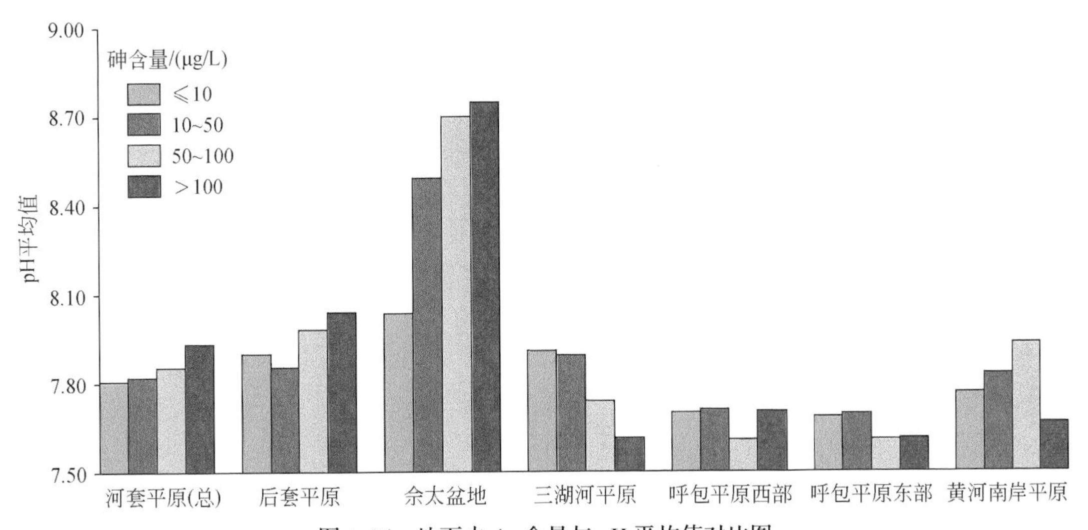

图 4.25 地下水 As 含量与 pH 平均值对比图

2. 常规水化学离子

1）HCO_3^-

河套平原高砷地下水中往往 HCO_3^- 的含量也较高。浅层地下水中 HCO_3^- 平均含量为 512.70mg/L，其中低砷地下水中 HCO_3^- 平均含量为 462.33mg/L，而砷含量在 10～50μg/L、50～100μg/L 和大于 100μg/L 的高砷地下水中 HCO_3^- 的平均含量分别为 546.44mg/L、619.40mg/L 和 614.83mg/L，随着地下水砷含量增高，地下水 HCO_3^- 含量增大（图 4.26）。这可能与其所处的还原环境有关，在富含有机质的还原环境中，脱硫酸作用等还原反应使得有机质氧化，地下水中的 HCO_3^- 含量升高。

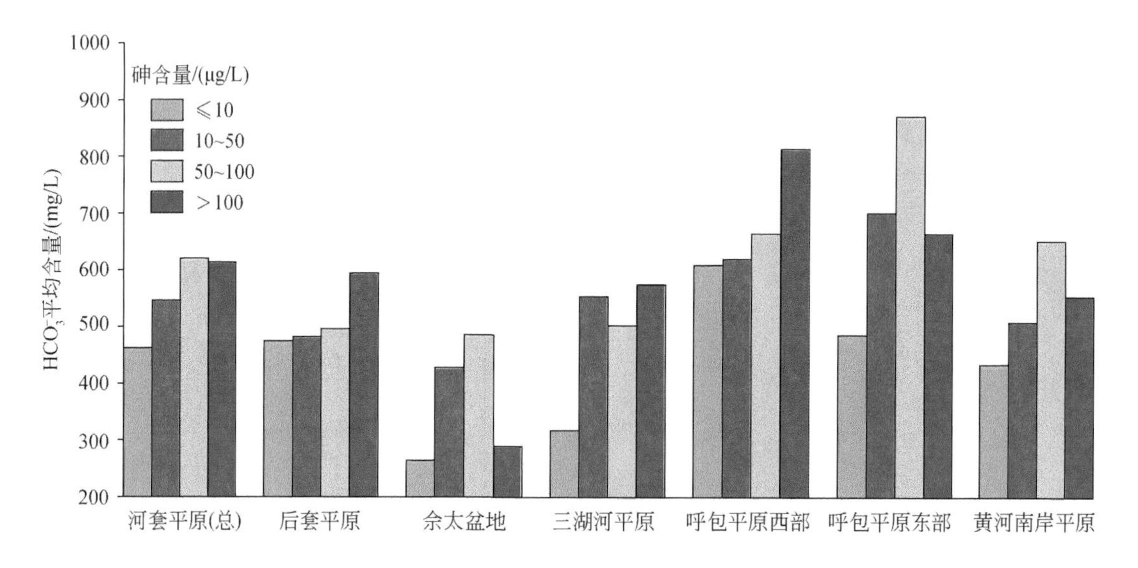

图 4.26　地下水 As 含量与 HCO_3^- 平均含量对比图

2）Fe

河套平原高砷地下水中砷与铁往往具有较好的相关性（图 4.27）。河套平原地下水中 Fe 平均含量为 1.63mg/L，其中低砷地下水中 Fe 平均含量为 0.87mg/L，而砷含量在 10～50μg/L、50～100μg/L 和大于 100μg/L 的高砷地下水中 Fe 的平均含量依次增加，分别为 1.94mg/L、3.07mg/L 和 3.76mg/L。各地下水系统中地下水中 Fe 平均含量基本上也与砷含量呈正相关关系。在还原条件下，铁氧化物接受电子还原成低价溶解态离子，吸附态和结构态砷也随之进入地下水中，这可能是地下水中铁、砷含量增加的主要原因。

3）HPO_4^{2-}

河套平原地下水中 HPO_4^{2-} 平均含量为 0.15mg/L，其中低砷地下水中 HPO_4^{2-} 平均含量为 0.04mg/L，而砷含量在 10～50μg/L、50～100μg/L 和大于 100μg/L 的高砷地下水的 HPO_4^{2-} 平均含量也依次增加，分别为 0.14mg/L、0.37mg/L 和 0.57mg/L。除三湖河平原外，各地下水系统中高砷地下水的 HPO_4^{2-} 平均含量都高于低砷地下水（图 4.28），在砷含量大于 50μg/L 的地下水中 HPO_4^{2-} 显著增高。在呼包平原东部，高砷水与低砷水中 HPO_4^{2-}

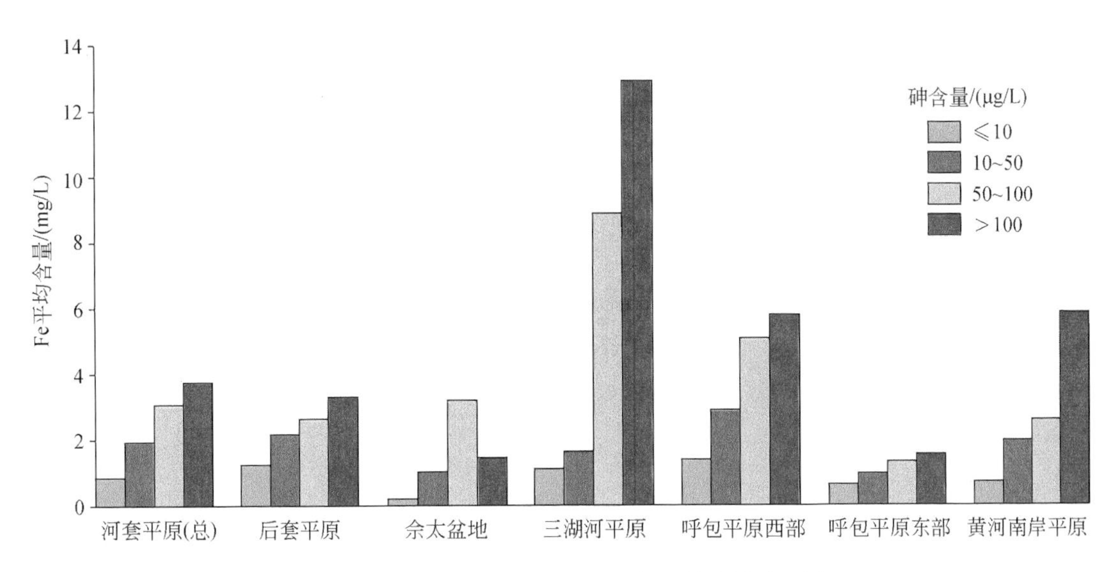

图 4.27　地下水中 As 含量与 Fe 的平均含量对比图

差别显著，砷含量为 10 ~ 50μg/L、50 ~ 100μg/L 和大于 100μg/L 的地下水中 HPO_4^{2-} 平均含量分别为 0.58mg/L、1.34mg/L 和 1.77mg/L，分别是低砷水中 HPO_4^{2-} 平均含量的 9 倍、22 倍和 29 倍。

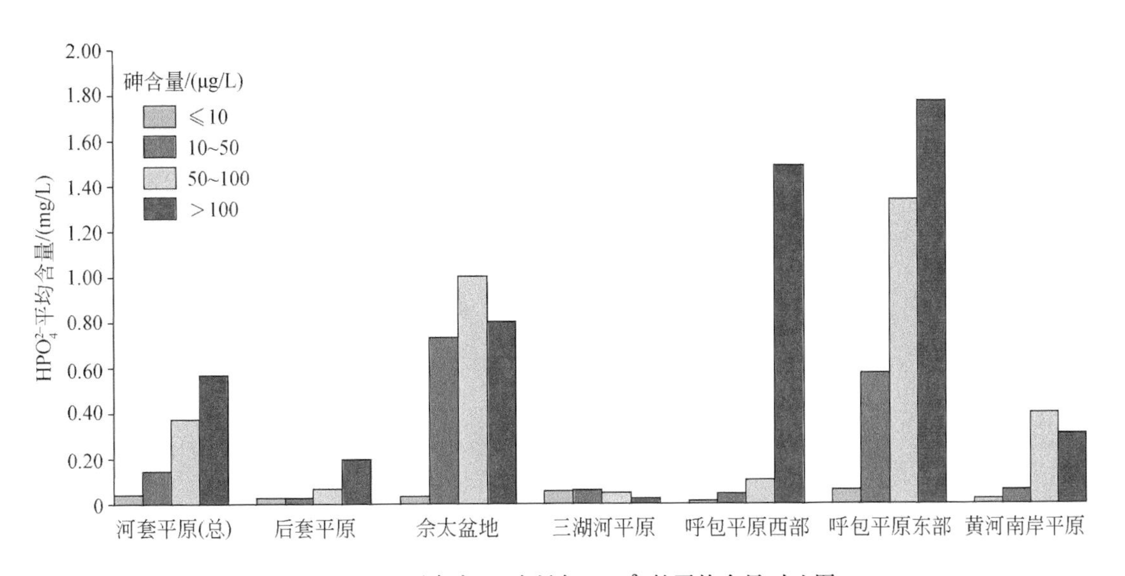

图 4.28　地下水中 As 含量与 HPO_4^{2-} 的平均含量对比图

三、沉积物中的砷

为了研究河套平原沉积物中 As 的迁移释放机制，分别在地下水砷含量较高、砷中毒地方病较为严重的杭锦后旗及土默特左旗选择典型区，进行环境地质钻探和沉积物样品采集。

（一）沉积物样品测试

沉积物的矿物成分采用荷兰 X'Pert PRO 衍射仪 DY2198 进行分析。沉积物中化学成分测定采用国家环保总局颁布的（$HCl+HNO_3+HF+HClO_4$）混酸消解方法，ICP-AES 检测。沉积物中的 As、Sb 含量测定采用王水沸水浴消解方法，称取 0.1g 经 100 天风干的沉积物样品，放在 25mL 的比色管里，加入 5mL 1∶1 的王水，水浴加热 1.5h，每 0.5h 振荡一次，冷却后再加 2.5mL 浓盐酸，定容到 25mL，放置过夜，切忌不能摇动，采用氢化物发生原子荧光法检测。

（二）沉积物化学成分

1. 杭锦后旗典型区

从后套平原狼山山前至黄河南岸，实施 8 个环境地质钻孔建立环境地质剖面，钻孔深度均为 100m。其中在杭锦后旗沙海镇和三道桥镇高砷地下水分布区内实施了五个钻孔（HH05 孔—HH09 孔），并采集岩心进行沉积物化学元素测试。

杭锦后旗沙海镇及三道桥镇是后套平原地下水砷含量最高的区域，沉积物 As 含量测试结果显示杭锦后旗典型区深度 3m 以内的沉积物 As 含量平均值为 10.32μg/g，100m 以内地层 As 含量平均值为 9.01μg/g。已有文献表明，后套平原 3m 以内地层中 As 的平均含量为 9.73μg/g，内蒙古全区地层中 As 的平均含量为 8.05μg/g，我国地层中 As 的平均含量为 11.2μg/g，世界地层中 As 的平均含量为 6.7μg/g。地层中 As 含量对比表明，河套平原高砷地下水分布区沉积物的 As 平均含量并没有显著异常。

杭锦后旗典型区沉积物 As 平均含量具有明显的分带性。山前冲洪积扇沉积物中砷的平均含量最低，仅为 5.20μg/g；黄河冲湖积平原的沉积中心狼山-色尔腾山山前一带，沉积物 As 的平均含量为 12.24μg/g（图 4.29）。

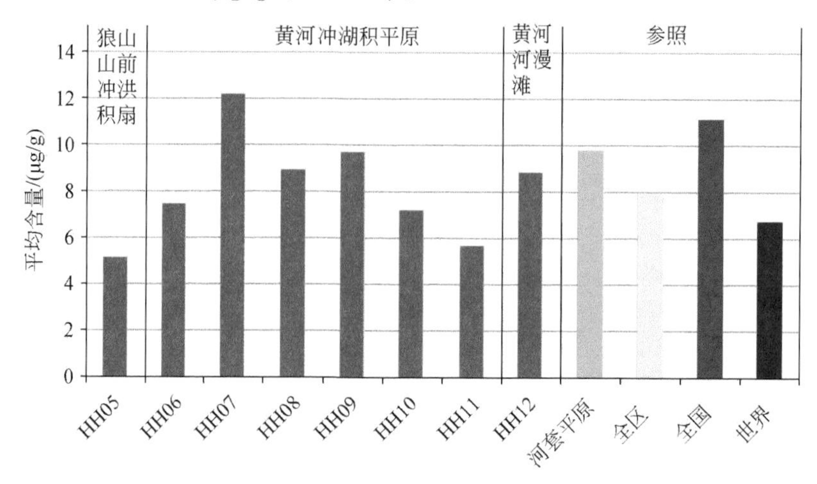

图 4.29　HH05 孔—HH12 孔剖面沉积物 As 平均含量变化图

从垂向分布来看，不同深度沉积物 As 含量主要受沉积物岩性空制。黏性土中 As 平均含量达 17.32μg/g，砂层 As 平均含量仅为 6.88μg/g。从 HH07 孔沉积物中 As 的垂向变化来看（图 4.30），在地面下 10m、20m、25m 和 28m 处砷含量明显增加，沉积物岩性均为

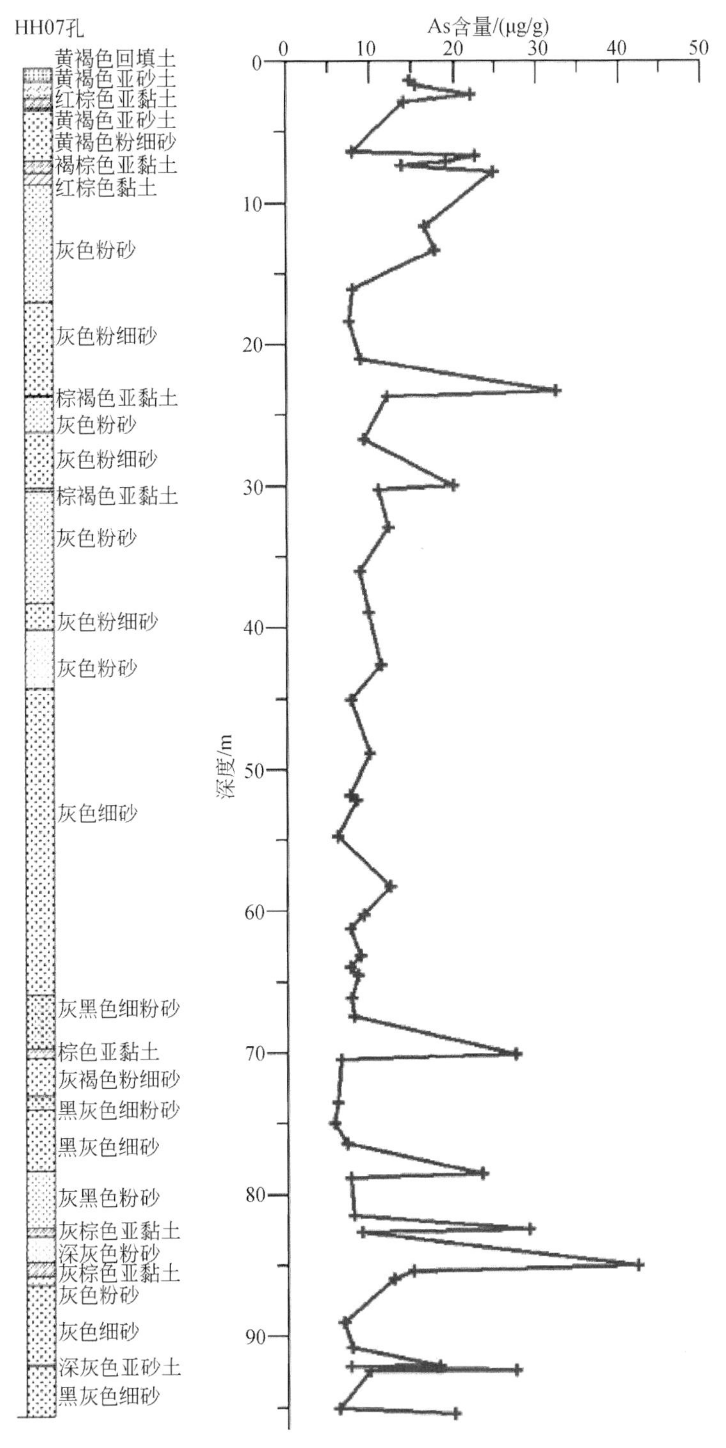

图 4.30　HH07 孔岩性及 As 含量垂向分布图

灰棕色黏土和亚黏土，黏土之间为灰黑色的粉砂及粉细砂，富砷沉积物多为灰黑色的粉细砂层或粉细砂与黏土、淤泥质黏土互层，富含有机质。

此外，沉积物中 As 与 Sb、Fe、Mn、B 和 V 等元素分布具有明显的相关性（图 4.31）。在 As 较高的黏土层或亚黏土层中，对应的 Sb、Fe、Mn、V 和 B 的含量也较高，具有一致的变化趋势，表明这些元素受到相同的地球化学过程控制或者它们具有共同的来源。As 与 Fe 的显著相关关系说明砷与沉积物中的氧化铁具有密切联系。

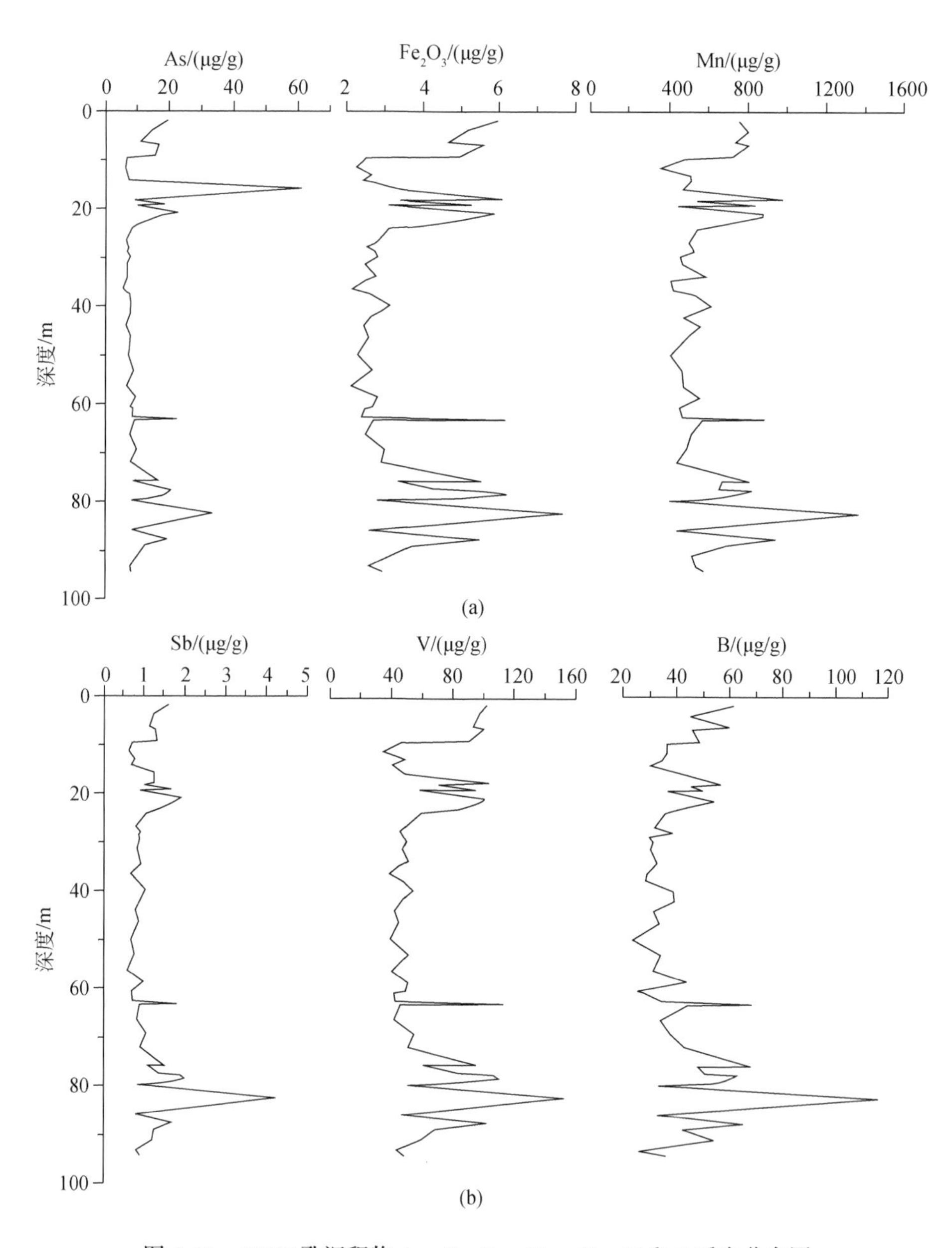

图 4.31　HH07 孔沉积物 As、Fe_2O_3、Mn、Sb、V 和 B 垂向分布图

2. 土默特左旗典型区

选择非高砷地下水分布区 TZ01 孔和高砷地下水分布区 TZ07 孔对比研究沉积物化学元素含量变化。TZ01 孔位于大青山山前冲洪积平原，地层岩性主要为中粗砂，地下水 As 含量不超过 10μg/L，地下水化学类型表现为 Ca · Mg-HCO_3型。TZ07 孔位于大黑河冲湖积平原，紧邻大黑河河道。与该钻孔紧邻的一户居民为砷中毒患者，经对该居民使用的水井取样测试，地下水 As 含量达到 671.2μg/L。对全村深度 20～30m 的浅层井进行水样检测表明，地下水 As 平均含量为 198.2μg/L。

对比 TZ01 孔和 TZ07 孔中沉积物 As 平均含量（图 4.32）发现两个孔的地层中 As 的平均含量和中值比较接近，TZ07 孔沉积物 As 平均含量为 8.98μg/g，TZ01 孔沉积物 As 平均含量为 8.39μg/g，两者非常接近；TZ07 孔 As 最大值为 18.40μg/g，比 TZ01 孔高 3.14μg/g。虽然沉积物中 As 平均含量较为接近，但地下水中 As 含量差别很大，一方面，表明了地质环境对高砷地下水具有明显的控制作用，另一方面，也可能与一定深度的富 As 沉积物有关。

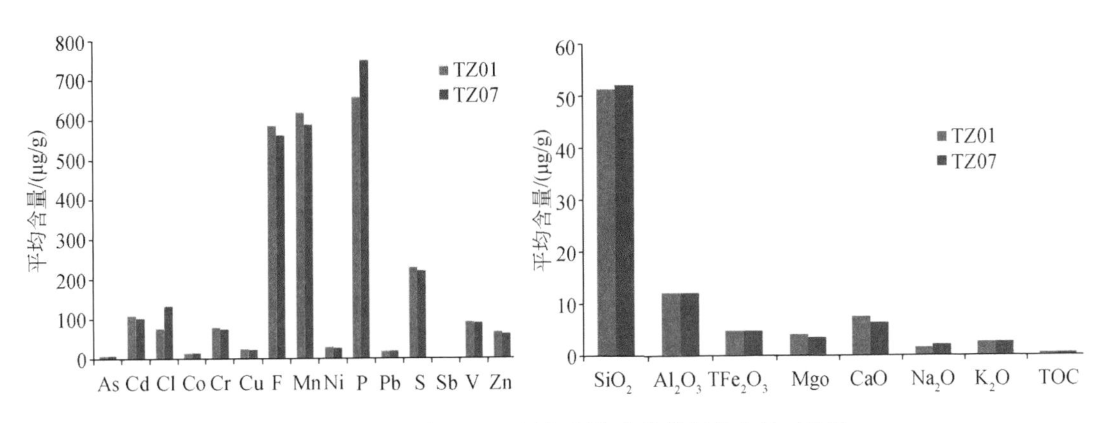

图 4.32　TZ01 孔和 TZ07 孔沉积物中化学组分含量对比图

TZ01 孔和 TZ07 孔沉积物中 As 元素的平均含量较为接近，同时沉积物中的 Fe、Mn、P、Al 的平均含量接近，并且与 As 平均含量具有一致的变化趋势。Fe、Mn、Al 元素的氧化物和氢氧化物是 As 的良好的络合物，在高砷地下水分布区和非高砷地下水分布区，沉积物中 Fe、Mn、Al 元素含量接近表明了 Fe、Mn、Al 氧化物不是 As 的迁移释放的主控因素。

垂向上 TZ01 孔和 TZ07 孔沉积物中 As 的分布总体上都表现为浅部含量大于深部含量，5～10m 的范围内 As 含量较高（图 4.33）。TZ01 孔在 5m 左右处 As 含量达到峰值，为 15μg/g，向下 As 含量逐渐减少，至 35m 以下沉积物中砷含量降至 5μg/g 左右。TZ07 孔浅部沉积物中 As 含量分布与 TZ01 孔相近，随着深度的增加，As 的含量有一定的减少。但在深度达到 30m 以下时，沉积物 As 含量大幅增加，砷含量接近 20μg/g，沉积物岩性以灰、灰黑色粉细砂夹灰黑色亚砂土为主。当地水井的取水层位主要是这个含水层，这可能是造成高砷地下水的直接原因。

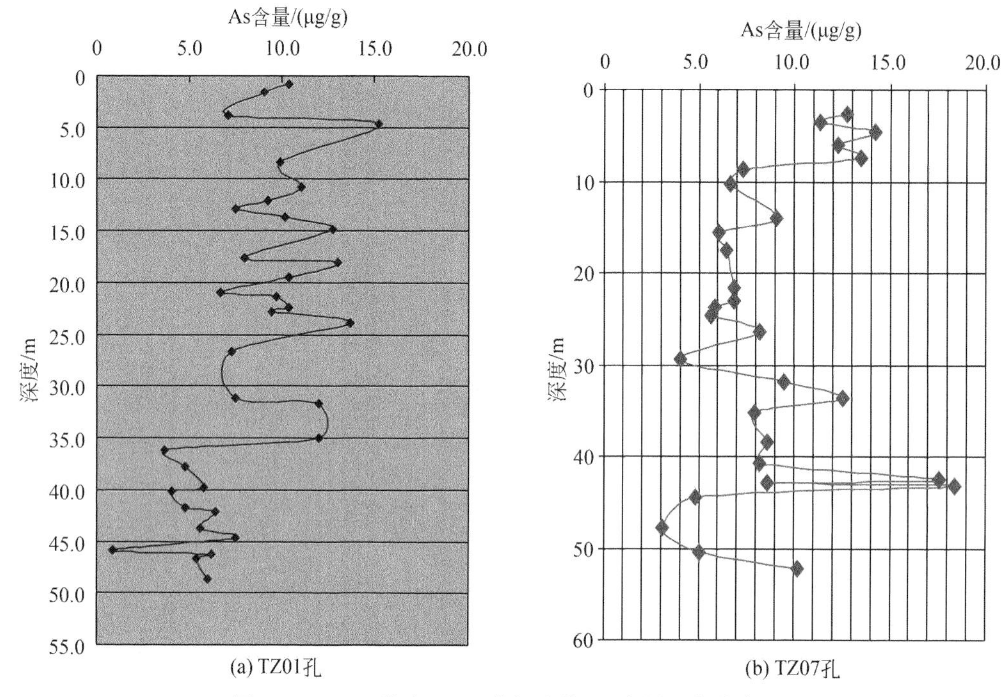

图 4.33　TZ01 孔和 TZ07 孔沉积物 As 含量垂向分布图

第五章　地下水同位素分布特征及其水文地质指示

第一节　大气降水和地表水环境同位素特征

一、大气降水的氢氧稳定同位素特征

根据国际原子能机构全球大气降水同位素数据库发布的包头站1986～1992年的观测数据，通过统计分析得到大气降水$\delta^{18}O$和δD的算术平均值和加权平均值，以及大气降水的δD-$\delta^{18}O$方程，结果见表5.1。

表5.1　大气降水稳定同位素组成特征表

年份	样品数	δD-$\delta^{18}O$方程	R^2	算数平均值/‰		加权平均值/‰	
				$\delta^{18}O$	δD	$\delta^{18}O$	δD
1986～1992	60	$Y=6.4X-5$	0.93	-8.1	-57	-7.6	-53

二、黄河水的氢氧稳定同位素特征

根据高建飞等（2011）的研究成果，黄河水的δD-$\delta^{18}O$方程为$\delta D=5.69\ \delta^{18}O-15.51$。结合本次调查数据，流经河套平原的黄河段（磴口县至托克托县）河水$\delta^{18}O$和δD的算术平均值分别为-8.7‰和-65‰（表5.2），沿黄河流向，河水的同位素比值具有增加的趋势。

表5.2　黄河水稳定同位素组成特征表（磴口县—托克托县段）

采样位置	时间	$\delta^{18}O$/‰	δD/‰	备注
磴口巴彦高勒水文站	2007年7月	-9.2	-65	高建飞等，2011
磴口黄河渡口	2009年9月	-8.7	-68	本书
包头黄河渡口	2010年7月	-8.5	-62	本书
托克托县头道拐	2007年7月	-8.3	-65	高建飞等，2011

第二节　地下水环境同位素特征

一、区域地下水同位素分布特征

（一）地下水 δD 和 $\delta^{18}O$ 的分布特征

河套平原地下水氢氧稳定同位素 δD 和 $\delta^{18}O$ 的变化范围较大，在后套平原、呼包平原和黄河南岸平原表现出不同的分布特征（图 5.1、图 5.2）。

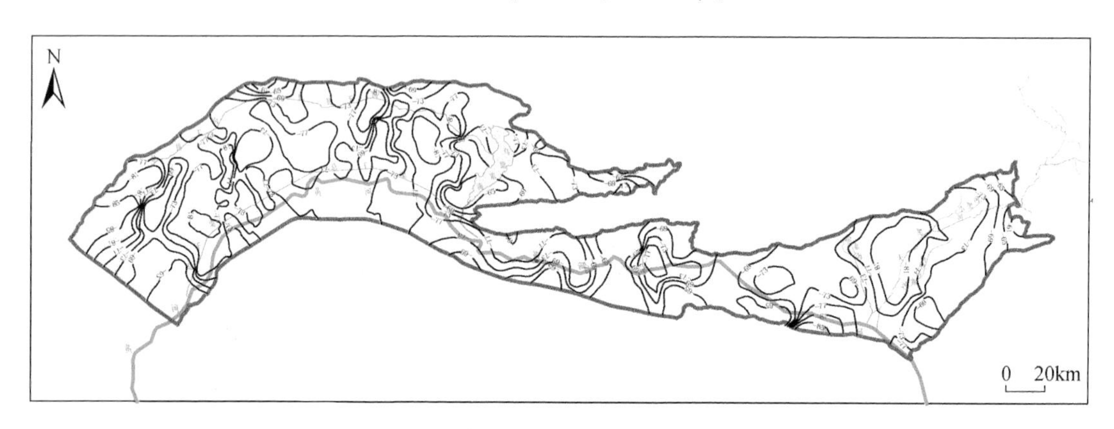

图 5.1　浅层地下水 δD（‰）分布图

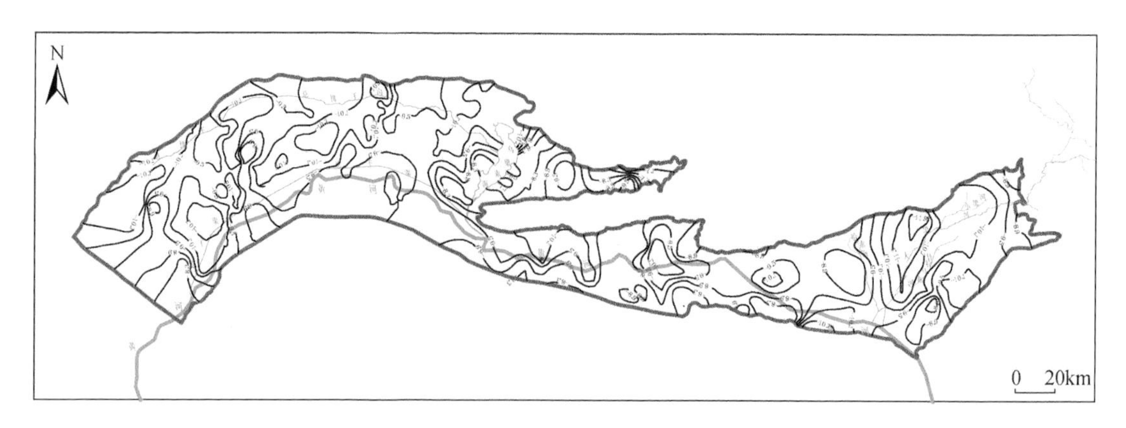

图 5.2　浅层地下水 $\delta^{18}O$（‰）分布图

（1）后套平原地下水的 δD 和 $\delta^{18}O$ 变化范围分别在 -94‰ ~ -32‰ 和 -11.8‰ ~ -2.7‰，平均值分别为 -74‰±8‰ 和 -9.6‰±1.0‰。δD 和 $\delta^{18}O$ 值的分布呈现出高低值相间分布的特征，反映出北部山前补给（同位素比值相对较大）和引黄灌溉补给（同位素比值相对较低）来源的同位素特征。

(2) 黄河南岸平原地下水的 δD 和δ^{18}O的变化范围分别在-96‰ ~ -56‰和-11.9‰ ~ -7.2‰，平均值分别为-69‰±8‰和-9.0‰±1.0‰。其 δD 和δ^{18}O值在平面上主要表现为从南向北逐渐减小，与该区的地下水流方向基本一致。

(3) 呼包平原地下水的 δD 和δ^{18}O的变化范围分别在-91‰ ~ -57‰和-12.2‰ ~ -7.7‰，平均值分别为-73‰±7‰和-9.8‰±1.0‰。其 δD 和δ^{18}O值在该地区总体上表现为从东北向西南逐渐减小，其中在塔布赛乡出现低值区；在土默特右旗一带表现为西北向东南方向逐渐减小，与该区地下水流方向基本一致。

总体来说，后套平原地下水的 δD 和δ^{18}O值在乌加河镇以东南一带、双庙镇至巴彦毛道一带、黄河镇-头道桥一带偏低；在磴口县一带，巴彦淖尔市八一乡一带、建设乡一带、石兰计乡一带，乌拉特前旗乌拉山镇一带，以及乌梁素海以东的明安镇一带较高。呼包平原地下水的 δD 和δ^{18}O值在呼和浩特市东北部、东部地区、黑城镇一带，包头市的哈林格尔镇、昆都仑区、沙尔沁镇一带较高，其他地区偏低。黄河南岸平原地下水的 δD 和δ^{18}O值除呼斯太河以东一带，大部分地区的 δD 大于-73‰，δ^{18}O值大于-9.5‰，其值比黄河以北要高。

（二）地下水^{3}H 分布特征

后套平原地下水^{3}H 含量从黄河向北部山前逐渐减小，大致沿着隆盛合镇—二道桥镇—白脑包镇—狼山一线以北地区最低，多小于 5TU［在自然界，^{3}H 含量甚微，常以氚单位（TU）来表示其含量］；在黄河南岸平原，^{3}H 含量大致以吉日嘎郎图—复兴镇一线为界，在该线附近^{3}H 含量最高，^{3}H 含量以该线为界，自该线向东西两侧方向呈递减趋势；呼包平原地下水中的^{3}H 含量多大于 5TU，只在呼和浩特市南部地区^{3}H 含量小于 5TU（图 5.3）。整体上，呼包平原地下水^{3}H 含量表现为从东北向西南逐渐减小，其中，土默特右旗一带，^{3}H 含量表现为从西北向东南逐渐减小的趋势。

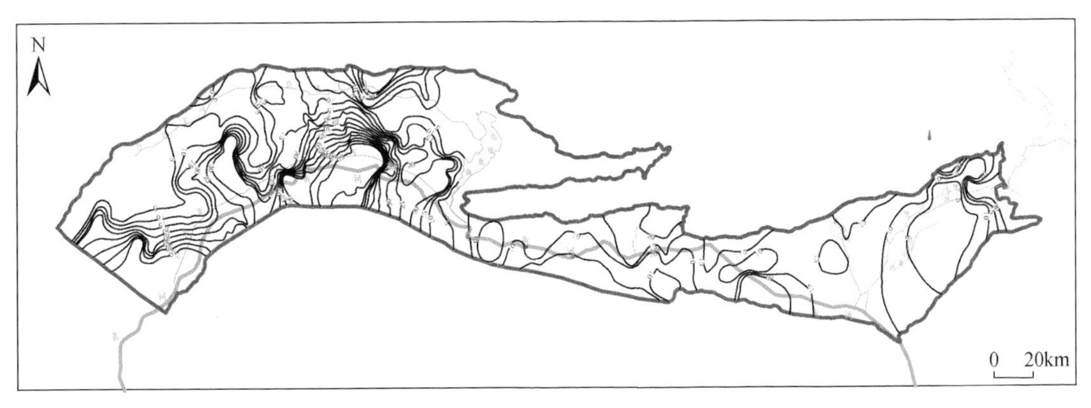

图 5.3　浅层地下水^{3}H 含量分布图（单位：TU）

二、地下水系统同位素分布特征

（一）后套平原地下水系统同位素分布特征

狼山山前冲洪积平原地下水系统的 δD 和 $\delta^{18}O$ 值变化范围分别为-89‰～-57‰和-11.8‰～-8.6‰，其平均值分别为-72‰±7‰和-9.7‰±0.7‰；黄河冲湖积平原地下水系统的 δD 和$\delta^{18}O$值的变化范围分别为-90‰～-32‰和-11.6‰～-2.7‰，其平均值分别为-75‰±8‰和-9.8‰±1.0‰（表5.3）。

表5.3　后套平原西部地下水系统同位素特征表

分区	δD		$\delta^{18}O$	
	范围	平均	范围	平均
狼山山前冲洪积平原	-89‰～-57‰	-72‰±7‰	-11.8‰～-8.6‰	-9.7‰±0.7‰
黄河冲湖积平原	-90‰～-32‰	-75‰±8‰	-11.6‰～-2.7‰	-9.8‰±1.0‰

依据 δD、$\delta^{18}O$随深度的变化特征，狼山山前冲洪积平原大致分为东西两部分，大致以联荣村—团结镇一线为界，该线以东地区（灯塔村—史在红圪旦一线以东地区除外），其 δD 和$\delta^{18}O$值基本都大于-70‰和-9.35‰；该线以西地区和灯塔村—史在红圪旦一线以东地区，其 δD 和$\delta^{18}O$值基本都小于-70‰和-9.4‰。在40m之内，δD 和$\delta^{18}O$值随着深度的增加有减小的趋势（图5.4、图5.5）。

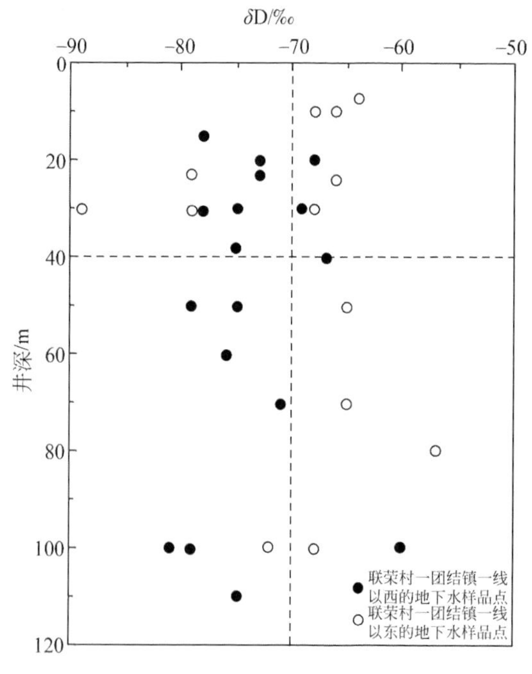

图5.4　狼山山前冲洪积平原地下水系统 δD 随深度变化图

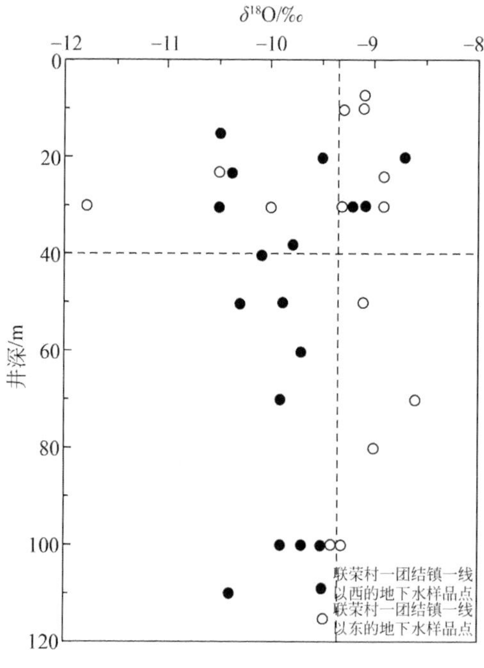

图5.5　狼山山前冲洪积平原地下水系统$\delta^{18}O$随深度变化图

黄河冲湖积平原地下水样品多分布在40m深度之内，其δD和$\delta^{18}O$值大多位于-86‰～-66‰和-11.2‰～-8.6‰范围内，随着深度的变化并不明显（图5.6、图5.7），δD和$\delta^{18}O$值小于-78‰和-9.7‰的样品点多位于总排干和黄河之间。

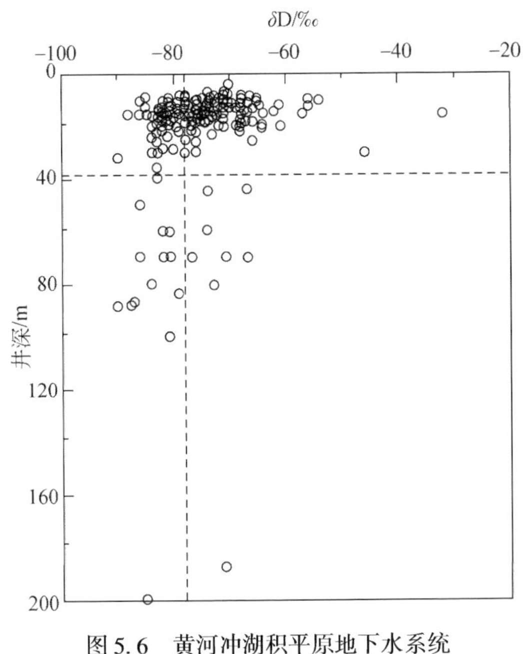

图5.6　黄河冲湖积平原地下水系统δD随深度变化图

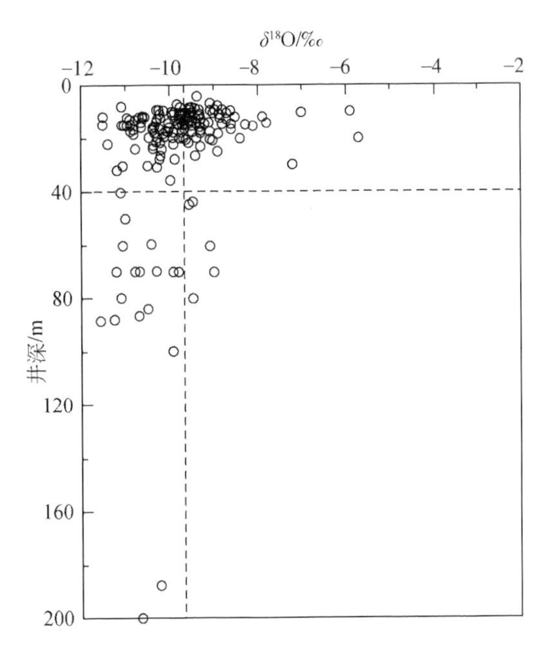

图5.7　黄河冲湖积平原地下水系统$\delta^{18}O$随井深变化图

地下水中的氚（^{3}H）含量随深度变化很大，山前冲洪积平原和西部乌兰布和沙漠中地下水氚分布深度较大，可达120m；灌区内地下水^{3}H的分布深度相对较小，多在40m以内。总体上来看，该区含^{3}H的地下水主要分布在40m深度以上，40m之下^{3}H含量表现为随着深度的增加而逐渐减小（图5.8）。

（二）佘太盆地地下水系统

佘太盆地山前冲洪积平原地下水系统的δD和$\delta^{18}O$值变化范围分别为-77‰～-66‰和-10.4‰～-7.7‰，平均值分别为-72‰±5‰和-8.9‰±1.2‰，靠近山前样品的δD和$\delta^{18}O$值高于靠近乌梁素海的样品，并随着深度的增加略有减小的趋势。冲湖积平原地下水系统的δD和$\delta^{18}O$值变化范围分别为-84‰～-62‰和-10.9‰～-8.0‰，平均值分别为-69‰±9‰和-9.7‰±0.8‰（表5.4），样品多分布在20m深度之内，δD和$\delta^{18}O$随着深度的增加变化并不明显（图5.9）。

表5.4　佘太盆地地下水系统同位素特征表

分区	δD		$\delta^{18}O$	
	范围	平均	范围	平均
山前冲洪积平原	-77‰～-66‰	-72‰±5‰	-10.4‰～-7.7‰	-8.9‰±1.2‰
冲湖积平原	-84‰～-62‰	-69‰±9‰	-10.9‰～-8.0‰	-9.7‰±0.8‰

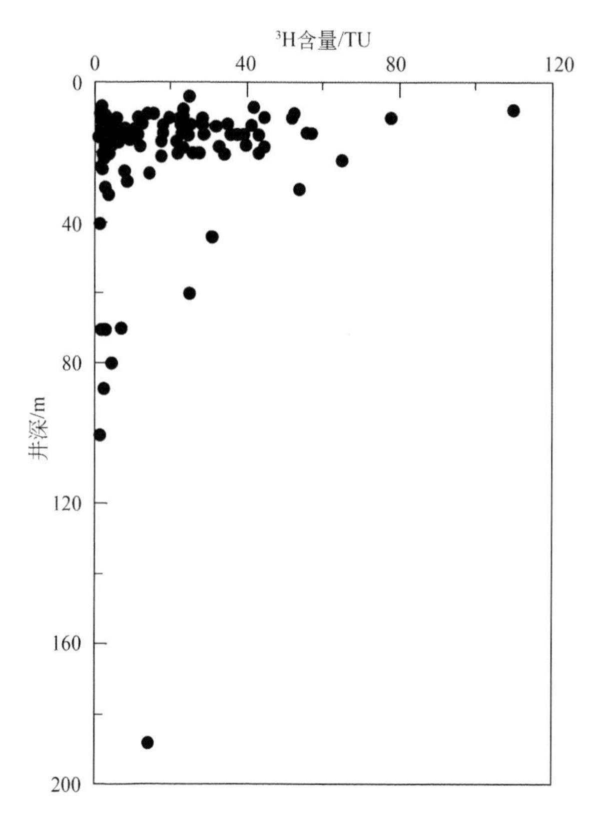

图 5.8　黄河冲湖积平原地下水系统^{3}H含量随深度变化图

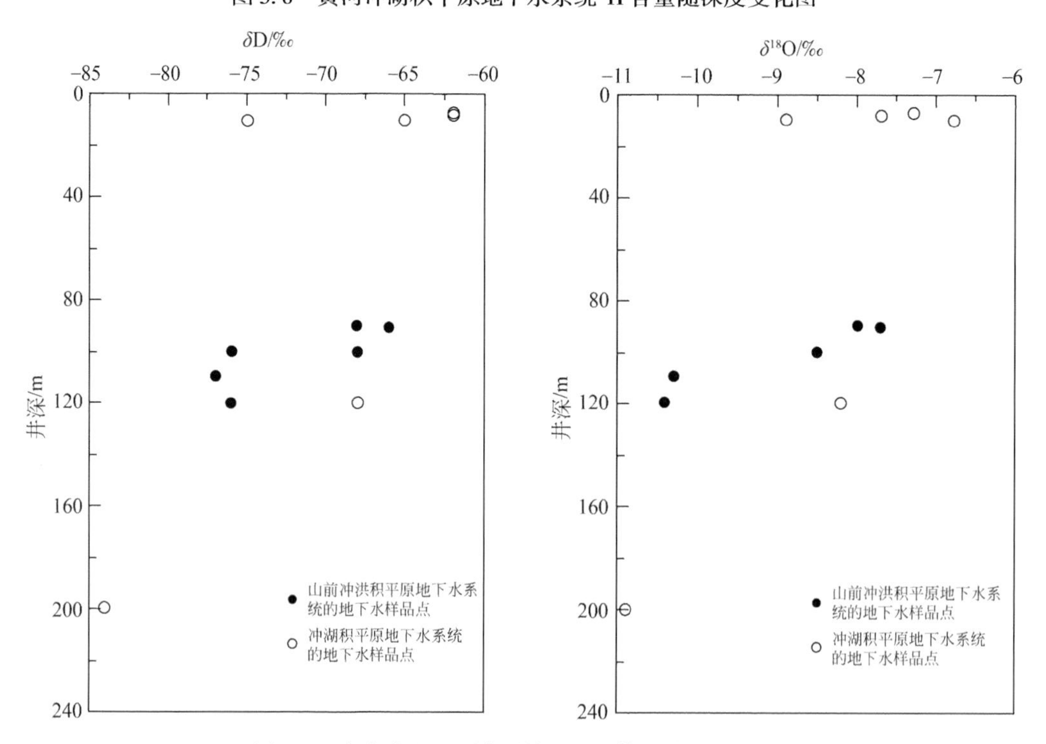

图 5.9　佘太盆地地下水系统 δD 和δ^{18}O随深度变化图

（三）三湖河平原地下水系统

乌拉山山前冲洪积平原地下水系统的 δD 和$\delta^{18}O$值的变化范围分别为-84‰～-58‰和-11.0‰～-7.7‰，平均值分别为-72‰±8‰和-9.6‰±0.8‰；黄河冲湖积平原地下水系统的 δD 和$\delta^{18}O$值变化范围分别为-83‰～-65‰和-10.9‰～-8.0‰，平均值分别为-75‰±5‰和-9.7‰±0.8‰（表 5.5，图 5.10）。

表 5.5　三湖河平原地下水系统同位素特征表

分区	δD		$\delta^{18}O$	
	范围	平均	范围	平均
乌拉山山前冲洪积平原	-84‰～-58‰	-72‰±8‰	-11.0‰～-7.7‰	-9.6‰±0.8‰
黄河冲湖积平原	-83‰～-65‰	-75‰±5‰	-10.9‰～-8.0‰	-9.7‰±0.8‰

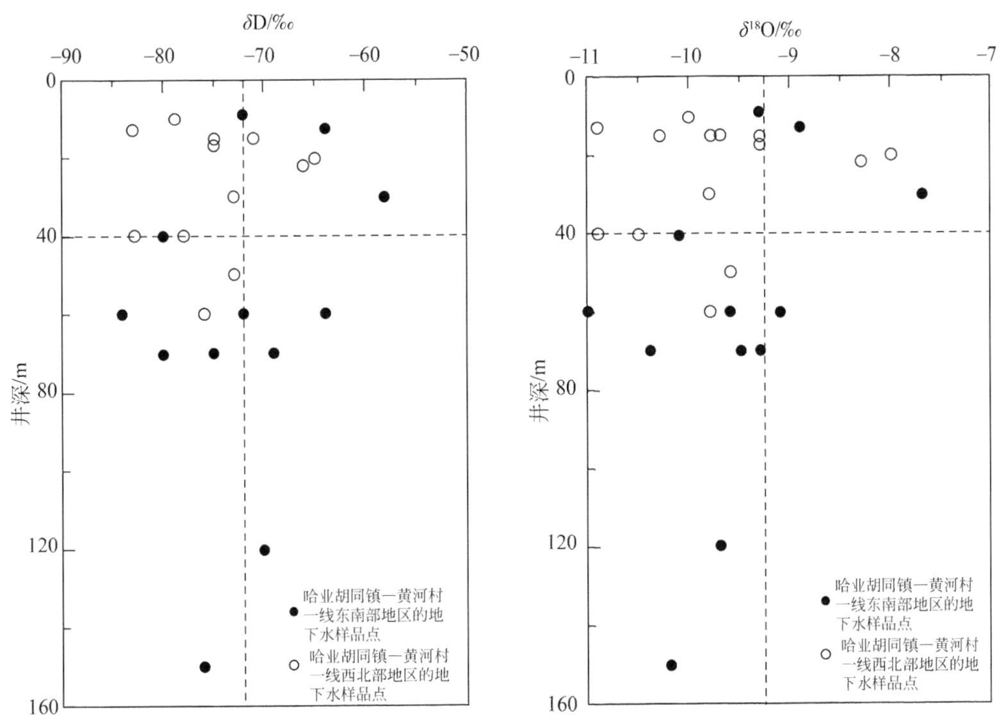

图 5.10　三湖河平原地下水系统 δD 和$\delta^{18}O$随深度变化图

该地下水系统大致以哈业胡同镇—黄河村一线为界，其西北部除靠近西山咀隆起区的地下水样品的 δD 和$\delta^{18}O$值较高外，其余地下水样品的 δD 和$\delta^{18}O$值均较低，多小于-72‰和-9.3‰；而哈业胡同镇—黄河村一线东南部地区除靠近包头隆起的地下水样品点的 δD 和$\delta^{18}O$值较低外，其余地下水样品点的 δD 和$\delta^{18}O$值均较高，多大于-72‰和-9.3‰。

（四）呼包平原西部地下水系统

呼包平原西部地下水系统的样品分别采自大青山山前冲洪积平原和黄河冲湖积平原，其中大青山山前冲洪积平原地下水系统的 δD 和 $\delta^{18}O$ 值的变化范围分别为−68‰～−66‰和−8.9‰～−8.8‰，平均值分别为−67‰±1‰和−8.9‰±0.1‰（表 5.6）。黄河冲湖积平原地下水样品的 δD 和 $\delta^{18}O$ 值的变化范围分别为−81‰～−63‰和−11‰～−8.2‰，平均值分别为−74‰±6‰和−9.7‰±1‰。大青山山前冲洪积平原地下水的 δD 和 $\delta^{18}O$ 值高于黄河冲湖积平原地下水。该地下水系统中地下水样品大多在 20m 左右，同位素比值随深度变化趋势不十分明显（图 5.11）。

表 5.6　呼包平原西部地下水系统同位素特征表

分区	δD		$\delta^{18}O$	
	范围	平均	范围	平均
大青山山前冲洪积平原	−68‰～−66‰	−67‰±1‰	−8.9‰～−8.8‰	−8.9‰±0.1‰
黄河冲湖积平原	−81‰～−63‰	−74‰±6‰	−11.0‰～−8.2‰	−9.7‰±1‰

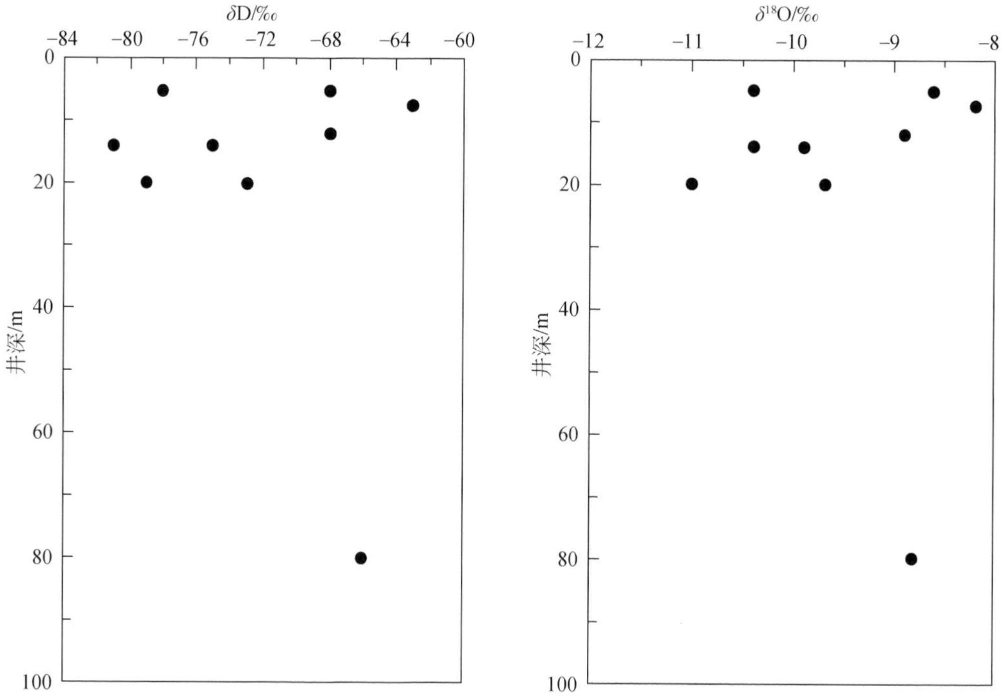

图 5.11　呼包平原西部地下水系统 δD 和 $\delta^{18}O$ 随深度变化图

除去大青山山前冲洪积平原样品点外，黄河冲湖积平原地下水样品点的 ^3H 含量多小于 20TU，没有表现出明显的随深度变化特征（图 5.12）。

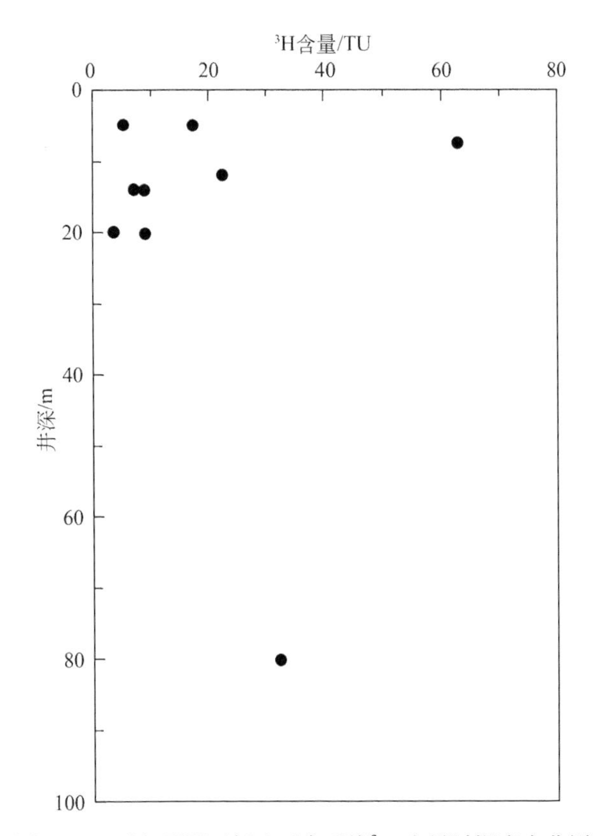

图5.12　呼包平原西部地下水系统^{3}H含量随深度变化图

（五）呼包平原东部地下水系统

1. δD和δ^{18}O分布特征

呼包平原东部地下水系统中，大青山山前冲洪积平原地下水系统的δD和δ^{18}O值变化范围分别为-82‰～-71‰和-12.2‰～-9.3‰，平均值分别为-75‰±3‰和-10.3‰±0.7‰；大黑河冲湖积平原地下水系统的δD和δ^{18}O值变化范围分别-91‰～-57‰和-11.8‰～-7.9‰，平均值分别为-74‰±8‰和-10.0‰±1.0‰；托克托-和林格尔台地区地下水系统的δD和δ^{18}O值的变化范围分别为-85‰～-64‰和-11.5‰～-8.7‰，平均值分别为-75‰±8‰和-10.3‰±1.4‰。可见，呼包平原东部地下水系统的δD和δ^{18}O值相差不大（表5.7）。

潜水地下水δD和δ^{18}O值在平面上分布特征表现为从东部、北部向西南部逐渐减小，与地下水流动方向基本一致。沿保合少镇—盛乐镇一线以东，δD值大于-64‰，δ^{18}O值大于-8.9‰；其中在黄合少镇以南有一高值分布区。沿着地下水流向，向西南部至小黑河镇—白庙子镇以西，δD值逐渐过渡到小于-76‰，δ^{18}O值小于-10.6‰，该线以东地区的

表 5.7　呼包平原东部地下水系统同位素特征表

分区	δD		$\delta^{18}O$	
	范围	平均	范围	平均
大青山前冲洪积平原	-82‰～-71‰	-75‰±3‰	-12.2‰～-9.3‰	-10.3‰±0.7‰
大黑河冲湖积平原	-91‰～-57‰	-74‰±8‰	-11.8‰～-7.9‰	-10.0‰±1.0‰
托克托-和林格尔台地	-85‰～-64‰	-75‰±8‰	-11.5‰～-8.7‰	-10.3‰±1.4‰

δD 和$\delta^{18}O$值明显高于该线以西地区（图 5.13、图 5.14）。承压地下水的 δD 和$\delta^{18}O$值在平面上的变化与潜水的特征明显不同，表现为从西北部山前和东南部台地向中部冲湖积平原区减小的趋势，其中东南部丘陵台地的 δD 和$\delta^{18}O$值要比北部山前的 δD 和$\delta^{18}O$值大，该趋势与地下水的流动趋势基本相符，在呼和浩特市区西南部和西南部白庙子镇一带附近呈现出低值区（图 5.15、图 5.16）。

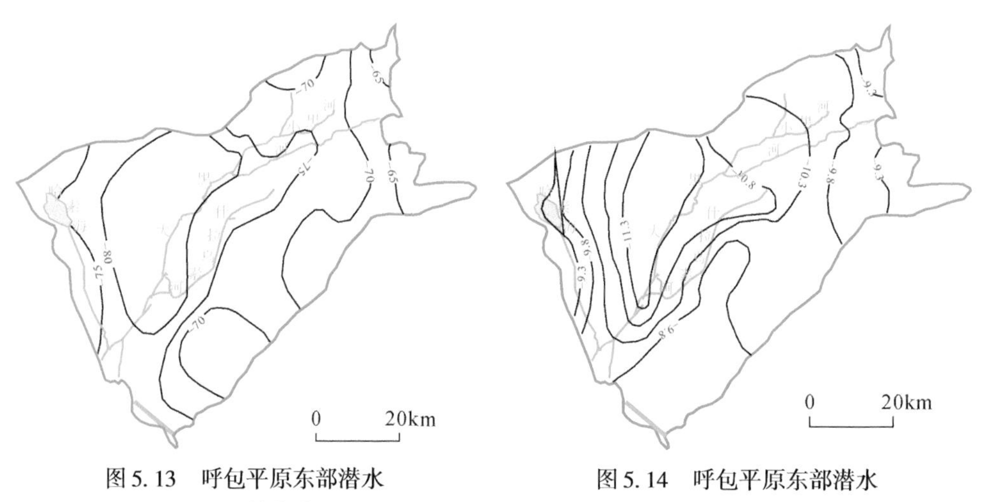

图 5.13　呼包平原东部潜水 δD（‰）等值线图

图 5.14　呼包平原东部潜水 $\delta^{18}O$（‰）等值线图

受地下水循环条件的影响，单一结构潜水同位素比值的分布有一定差异。东部丘陵台地的地下水 δD 和$\delta^{18}O$值明显高于北部山前平原（图 5.17），东部丘陵台地和北部山前的 δD 值的变化范围分别为-70‰～-58‰和 -79‰～-65‰，平均值为-66‰和-72‰；$\delta^{18}O$值的变化范围分别为-10.1‰～-8.3‰和-11.2‰～-9.6‰，平均值为-9.3‰和-10.3‰（表 5.8）。

浅层含水层地下水的 δD 和$\delta^{18}O$值大致可分为两组。基本以西菜园街道—前白庙村一线为界，该线东北部的 δD 和$\delta^{18}O$值高于该线西南部，地下水 δD 值的变化范围分别为-72‰～-59‰，平均值为-69‰；$\delta^{18}O$值的变化范围为-10.7‰～-7.8‰，平均值为-9.7‰。该线西南部的 δD 值的变化范围分别为-80‰～-71‰，平均值为-76‰；$\delta^{18}O$值的变化范围为-11.3‰～-10.0‰，平均值为-10.5‰。

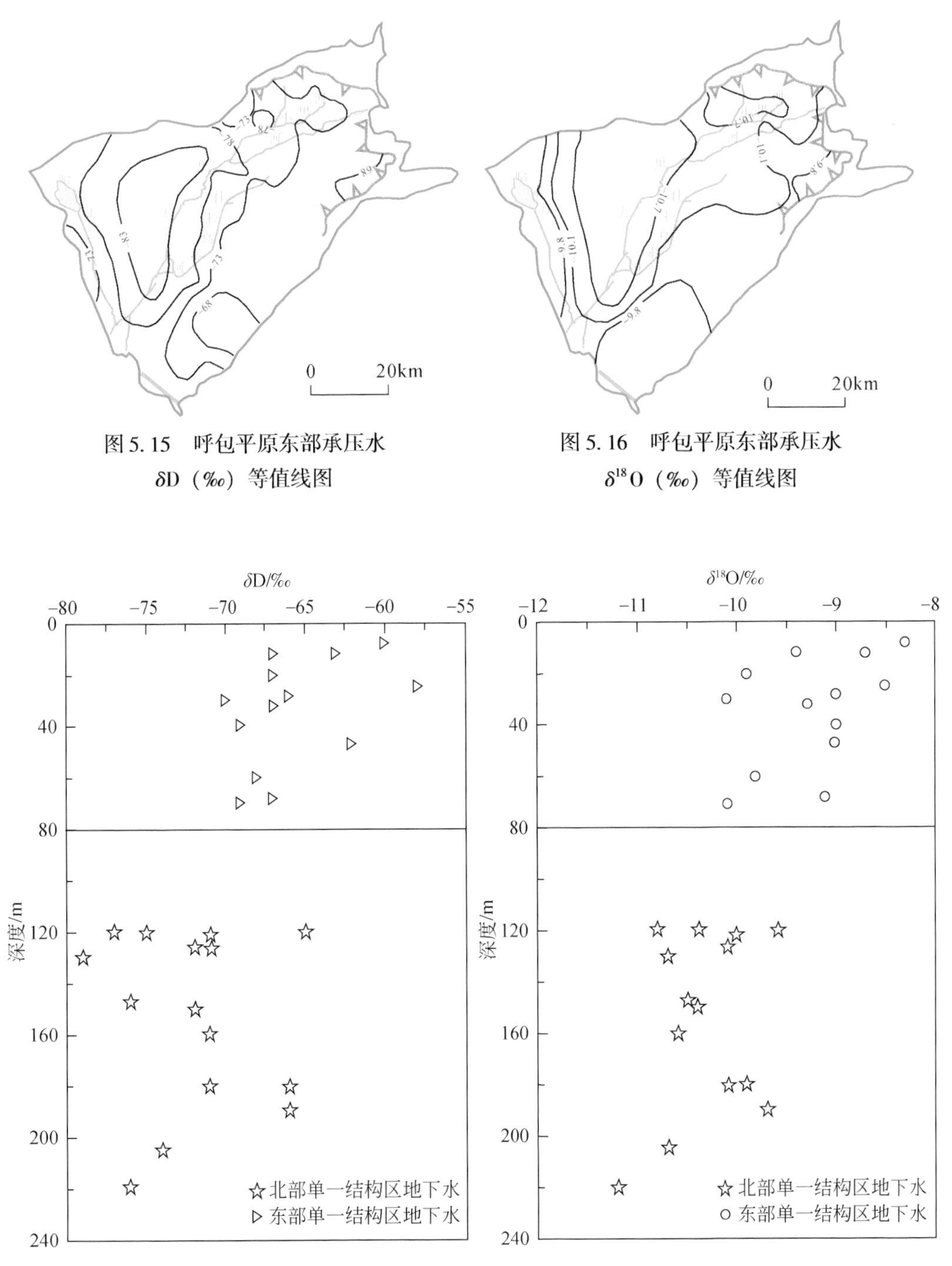

图 5.15　呼包平原东部承压水 δD（‰）等值线图

图 5.16　呼包平原东部承压水 $\delta^{18}O$（‰）等值线图

图 5.17　潜水含水层 δD 和 $\delta^{18}O$ 值随深度变化关系图

表 5.8　呼包平原东部不同区域地下水同位素统计特征表

类型	样品数/个	δD/‰		$\delta^{18}O$/‰	
		范围	平均值	范围	平均值
东部丘陵台地单一结构潜水	14	-70‰～-58‰	-66‰	-10.1‰～-8.3‰	-9.3‰
北部山前单一结构潜水	15	-79‰～-65‰	-72‰	-11.2‰～-9.6‰	-10.3‰
浅层含水层（排泄区）	36	-80‰～-71‰	-76‰	-11.3‰～-10‰	-10.5‰
浅层含水层（径流区）	20	-72‰～-59‰	-69‰	-10.7‰～-7.8‰	-9.7‰
承压含水层（顶板埋深<80m）	13	-72‰～-68‰	-71‰	-10.3‰～-9.7‰	-10.1‰
承压含水层（顶板埋深>80m）	23	-84‰～-73‰	-75‰	-11.9‰～-10.3‰	-10.7‰

承压含水层地下水的δD 和$\delta^{18}O$值大概分为两组，以含水层顶板埋深 80m 等值线为界，埋深小于 80m 的样品 δD 和$\delta^{18}O$值的变化范围分别为-72‰～-68‰和-10.3‰～-9.7‰，平均值分别为-71‰和-10.1‰。埋深大于 80m 的样品点 δD 和$\delta^{18}O$值的变化范围分别为-84‰～-73‰和-11.9‰～-10.3‰，平均值分别为-75‰和-10.7‰（图 5.18）。

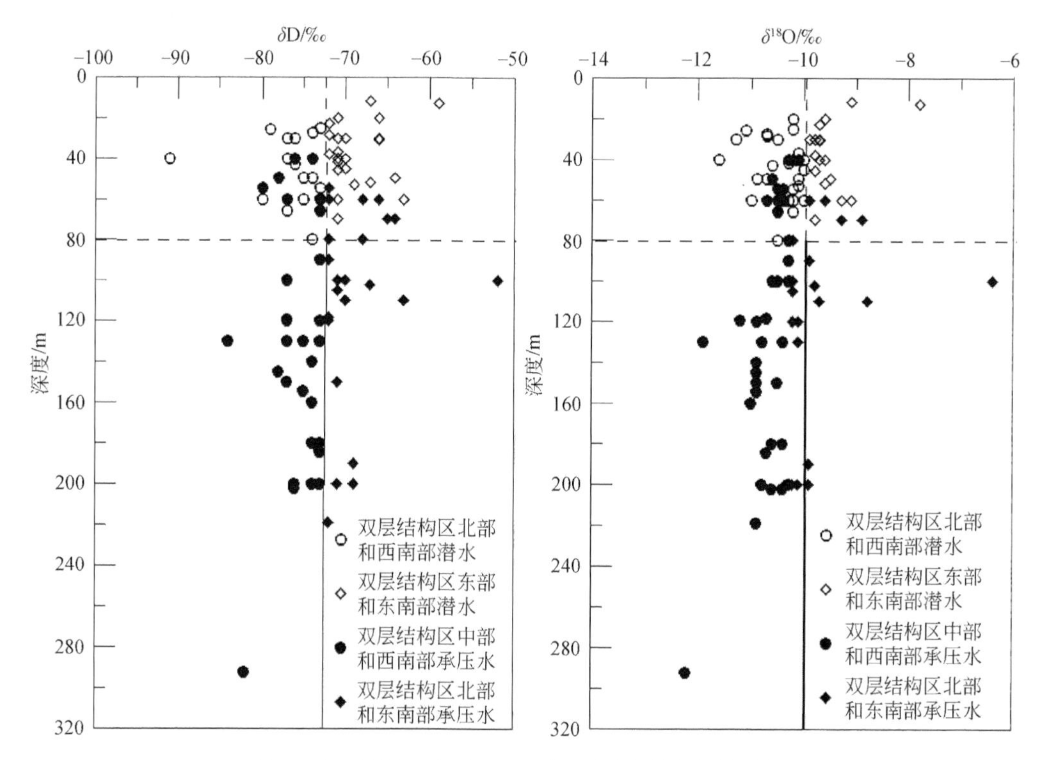

图 5.18　承压含水层 δD 和$\delta^{18}O$值随深度变化关系图

2. ^{3}H 的分布特征

地下水的氚（^{3}H）含量范围为 1～42TU。高氚含量的地下水主要分布在北部山前和东部丘陵台地的单一结构含水层区，低氚含量的地下水主要出现在双层结构的含水层分布区。从浅层含水层的^{3}H平面分布来看，从北部山前和东部丘陵台地区向中部和西南部地区逐渐减小，高值区主要分布在北部毫沁营村、东部的添密梁村和西黄合少村附近；^{3}H含量小于5TU主要分布在西南部的盛乐镇—金河镇西南—桃花乡—白庙子镇一线以南地区。另外，在呼和浩特城区南部有一个^{3}H含量小于5TU的低值区。承压含水层主要在靠近承压含水层边界附近地下水含有氚，即淤泥质黏土层边界附近（图5.19）。

图5.19　呼包平原东部地下水^{3}H含量分布图（单位：TU）

在北部、东部山前单一结构含水层，地下水^{3}H的分布深度较大，除冲积扇上部和出山沟谷地区深度160～180m的井中含有一定的^{3}H外，单一结构区^{3}H的分布深度在160m左右。在双层结构含水层分布区，地下水中^{3}H分布深度小于60m，该深度以下除个别地点外（单一、双层结构区过渡带），基本不含^{3}H，说明现代水循环深度在山前单一结构含水层和冲湖积平原区双层结构含水层分别为160m和60m（图5.20）。

3. ^{14}C垂向分布特征

地下水的^{14}C样品主要是采自承压含水层，样品的^{14}C含量在2.9～87.0pMC① 范围内，从平面上来看，总体上表现为从东北部向西南部递减。高值区主要分布在东北部，在西北部东乌苏图村附近有局部高值区，低值区主要分布在西南部，在呼和浩特市城区西南角的漏斗区有局部低值区。西南部承压地下水为不含^{3}H的年老水，^{14}C含量大多小于40pMC（图5.21）。从垂向分布特征来看，80m深度以下^{14}C含量表现为随着深度的增加减小，且在200m深度之下，地下水的^{14}C含量小于20pMC（图5.22）。

（六）黄河南岸平原地下水系统

黄河南岸平原地下水的δD和δ^{18}O值的变化范围分别为−96‰～−56‰和−11.9‰～

① pMC为现代碳百分含量（percent modern carbon）。

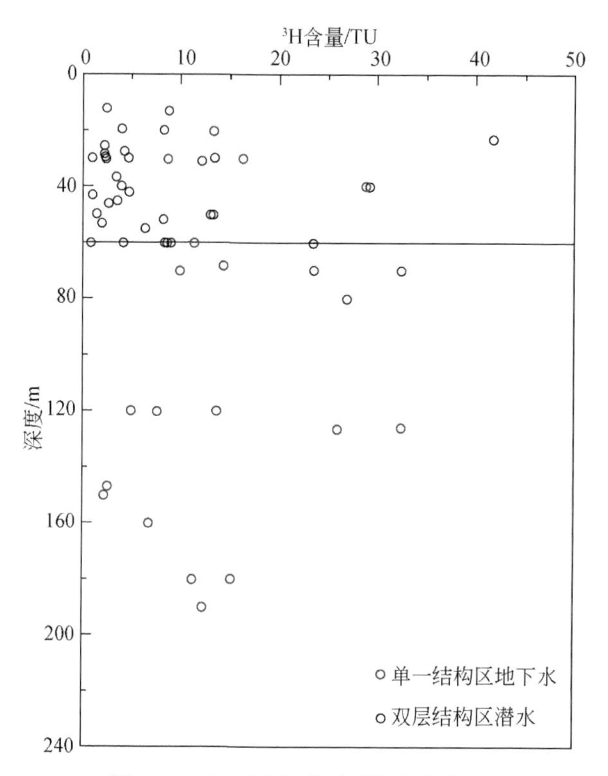

图 5.20　地下水氚含量随深度变化图

图 5.21　呼包平原东部地下水^{14}C 含量分布图（单位：pMC）

-7.2‰，其平均值分别为-69‰±8‰和-9.0‰±1.0‰。从垂向上的分布来看（图 5.23），该地下水系统的地下水的样品点多集中在 100m 深度之内。

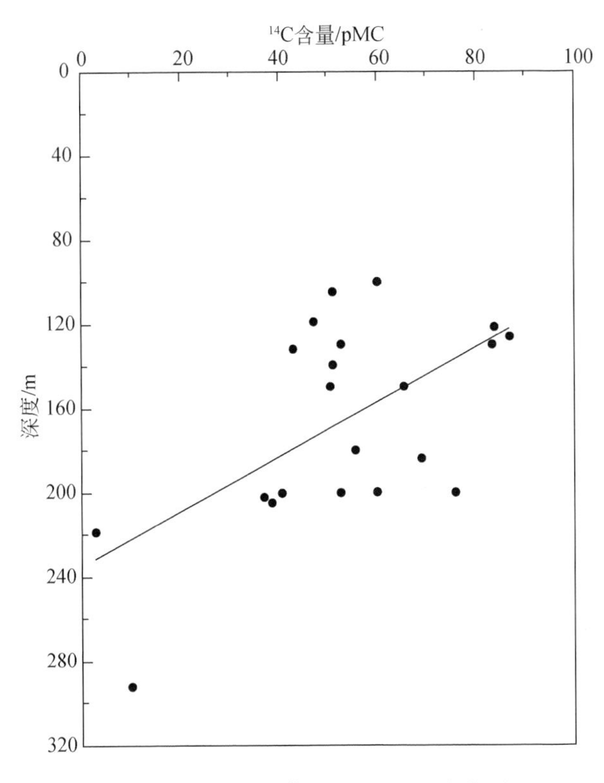

图 5.22　地下水^{14}C 含量随深度变化图

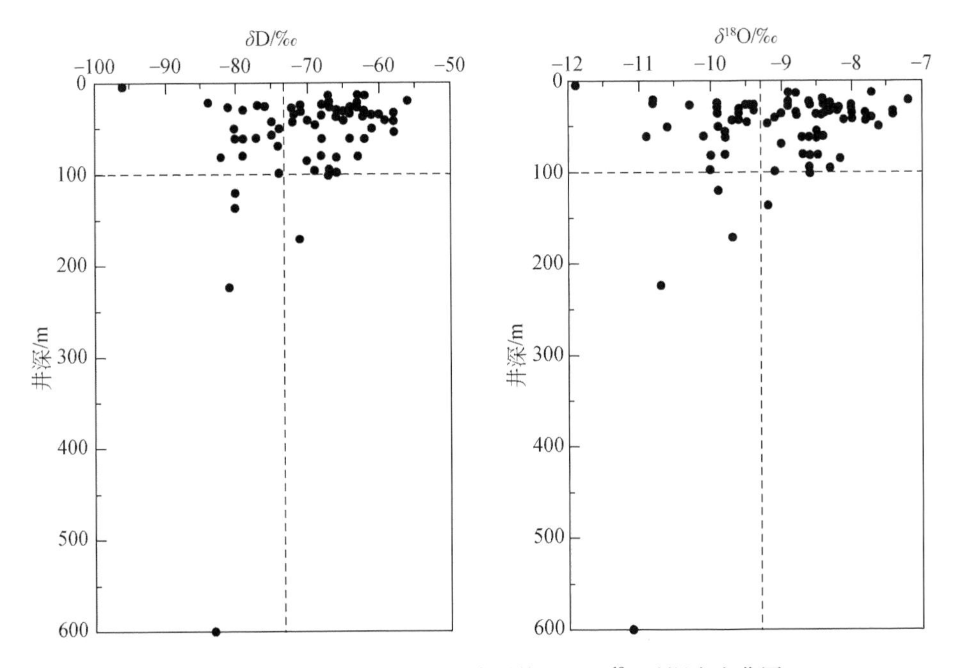

图 5.23　黄河南岸平原地下水系统 δD 和δ^{18}O随深度变化图

黄河南岸平原 100m 深度之内的地下水样品^{3}H 含量多小于 20TU，且随深度增加变化不明显；100m 深度之下的样品点的^{3}H 含量多小于 5TU（图 5.24）。

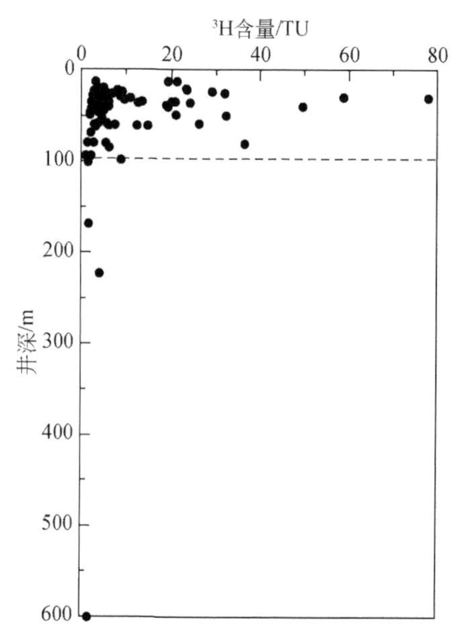

图 5.24　黄河南岸平原地下水系统^{3}H 含量随深度变化图

第三节　地下水同位素测年及年龄分布

一、潜水年龄

潜水一般比较年轻，样品含有氚（^{3}H）和氯氟碳化物（chlorofluoro carbons，CFCs），为近 50 年以来补给的“现代”地下水，最常用的测年方法是^{3}H 方法。该方法通常给出定性的年龄范围，定量的测年需要长序列的大气降水的^{3}H 输入浓度和不同时期地下水采样点的监测数据，以及相应的水文地质参数。另外，随着大气降水^{3}H 含量逐渐接近天然背景值，该方法很难定量解释年龄，逐渐被 CFCs 等方法所代替，通常选择 CFCs 和^{3}H 相互结合的测年方法确定地下水年龄。

（一）氚年龄的定性估算

利用氚确定地下水的滞留时间是以大气降水氚含量序列数据为基础的，通常通过与具有历史监测数据的观测站进行相关分析的方法来恢复研究区的大气降水氚时间序列。为此，根据国际原子能机构大气降水同位素监测网包头测站的数据序列与渥太华测站数据序列相关的方法，重建研究区 1955 ~ 2009 年大气降水氚数据序列，假设地下水沿着流动途径不发生严重的混合或扩散，通过图解确定地下水的补给时间范围（图 5.25）。

图 5.25 中的直线代表不同大气降水氚含量在不考虑混合扩散情况下，放射性衰变路

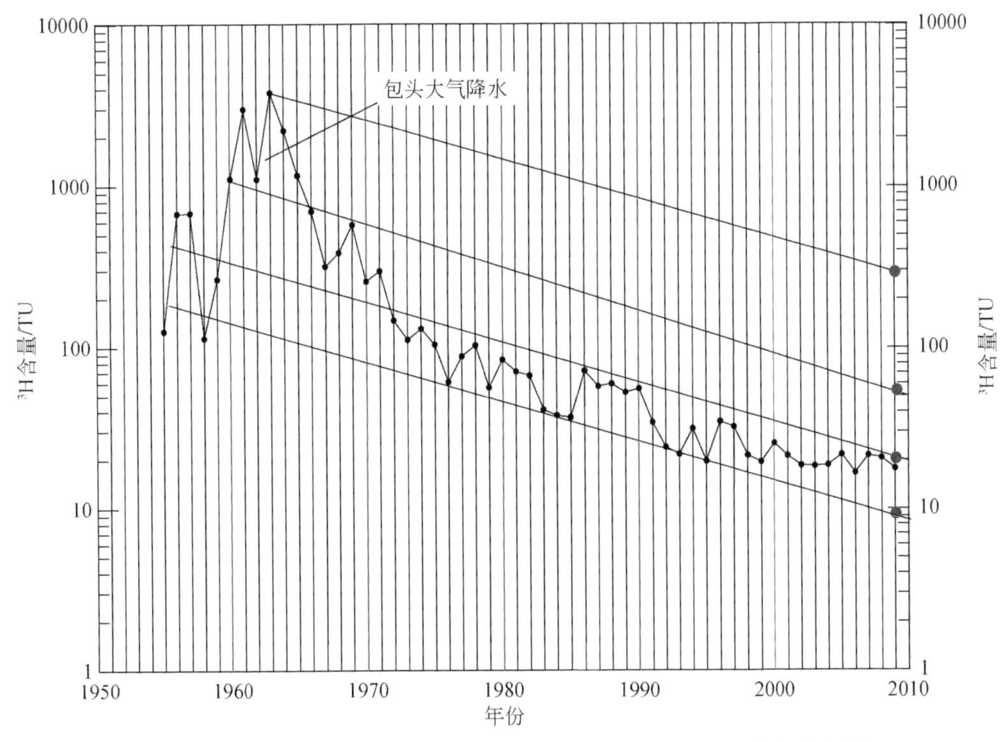

图 5.25 包头大气降水氚含量时间序列和到 2009 年的不同衰变路径图

径，这种情况代表了含水层中地下水运动的活塞流模式，可估算地下水年龄的上限。由图 5.25 可见，地下水中氚含量（2009 年）小于 10TU，为 1958 年之前补给（滞留时间大于 50 年）；氚含量（2009 年）在 10 ~ 20TU，为 1955 ~ 1959 年或 1972 ~ 2009 年补给；氚含量（2009 年）在 20 ~ 50TU，为 1966 ~ 1972 年补给，氚含量（2009 年）大于 50TU，为 1963 ~ 1969 年核爆时期补给。这些区间的样品具有多个年龄数据，因此，需要根据水文地质条件来确定合理的年龄。

由氚年龄分布图（图 5.26）可见，河套平原潜水地下水的年龄为 10 ~ 60 年，其中 20 世纪 70 年代以来补给的水占主要部分。后套平原西南部磴口县一带、后套平原南部靠近黄河一带，以及北部山前平原一带（除去沙海村—沙金套海苏木一线周边地区）地下水的年龄较为年轻，小于 40 年，其余地区的地下水年龄均较老，多大于 40 年；黄河南岸平原南部（除达拉图村—台塔盖嘎查一线周边地区）地下水年龄较之北部年轻；呼包平原北部山前平原的地下水较之南部冲湖积平原的年轻，多小于 40 年。

在呼包平原东部地下水系统中采集了潜水 CFCs 样品，因此，地下水年龄采用 CFCs 和^{3}H 两种测年方法进行确定，下文将详细介绍。

（二）呼包平原东部地下水系统潜水地下水测年

1. 地下水氟利昂测年

本区地下水样品点的 CFC-11 的浓度范围为 0.39 ~ 13.86pmol/L（1pmol = 10^{-12} mol），

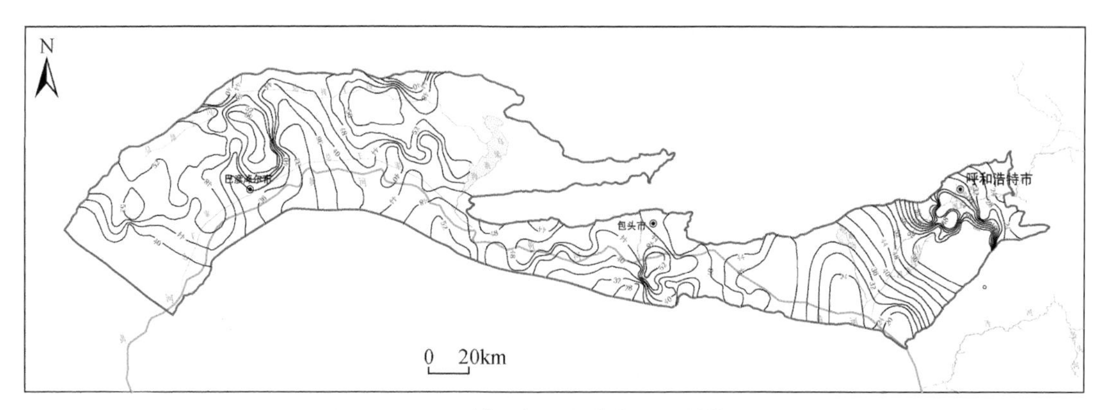

图 5.26　地下水^{3}H 年龄的分布图（单位：年）

CFC-12 的浓度为 0.05 ~ 10.2 pmol/L，CFC-113 的浓度为 0.01 ~ 0.58pmol/L。CFC-11 浓度较高的样品点主要分布在东南部丘陵地区和北部山前地区，其浓度多大于 6.25pmol/L，浓度较低的样品点主要分布在桃花乡—白庙子镇一线西北部，其浓度多小于 5pmol/L。CFC-12浓度分布大致以西菜园街道—前白庙村一线为界，该线东北部地区样品点的CFC-12的浓度多大于 2pmol/L，该线西南部地区样品点的 CFC-12 的浓度多小于 2pmol/L。CFC-113 浓度分布也大致以西菜园街道—前白庙村一线为界，该线东北部地区，其CFC-113的浓度多大于 0.19pmol/L，浓度较高的样品点主要集中在东部地区，该线西南部地区的样品点浓度较低，多小于 0.19pmol/L。

从地下水 CFCs 浓度的垂向分布来看（图 5.27），大致以 60m 深度为界，上部地下水的 CFCs 的浓度明显大于下部的浓度。在中部和西南部地区样品点分布深度多在 60m 范围内，北部山前和东南部丘陵台地的样品点分布深度较深，可达 160 ~ 200m。这与^{3}H 含量随深度的变化较吻合，进一步说明了中部和西南部地区现代水的循环深度大致为 60m，北部山前和东南部丘陵台地区现代水的循环深度大约为 200m。

地下水 CFCs 测年的基本假设是 CFCs 随补给水进入含水层并随即与大气隔绝，地下水体中 CFCs 浓度与大气圈中 CFCs 压力是平衡的，并且地下水未受到其他局部 CFCs 源的污染，用于分析的样品在取样、保存和分析过程中也未受到污染。也就是说，在含水层中的 CFCs 未受到后来的地球化学、生物或水文过程的改变，水样中所含的 CFCs 浓度代表了取样时含水层地下水的含量（郭永海等，2003）。

因此，通过地下水中 CFCs 浓度测量，结合已知的“输入函数”和溶解度数据，就可以确定地下水的年龄。一般地说，三种 CFCs 浓度都应进行分析，相应地，可以获得样品的三个年龄，如果三个年龄十分接近，则年龄数据就十分可靠。如果 CFC-113 未被测出，表明地下水年龄相对较老，基本断定为 20 世纪 70 年代早期补给的地下水；如果三种 CFCs 均未测出，表明地下水至少是 40 年代以前补给的（Han et al.，2001）。

通常假定地下水中的 CFCs 浓度与补给时间内的大气 CFCs 浓度成比例，同时假定土壤带内空气浓度与大气对流层空气浓度相同。利用亨利定律：

$$K_i = C_i P_i$$

式中，K_i 为亨利定律常数；C_i为地下水中第 i 个 CFCs 的浓度；P_i为与地下水平衡的大气

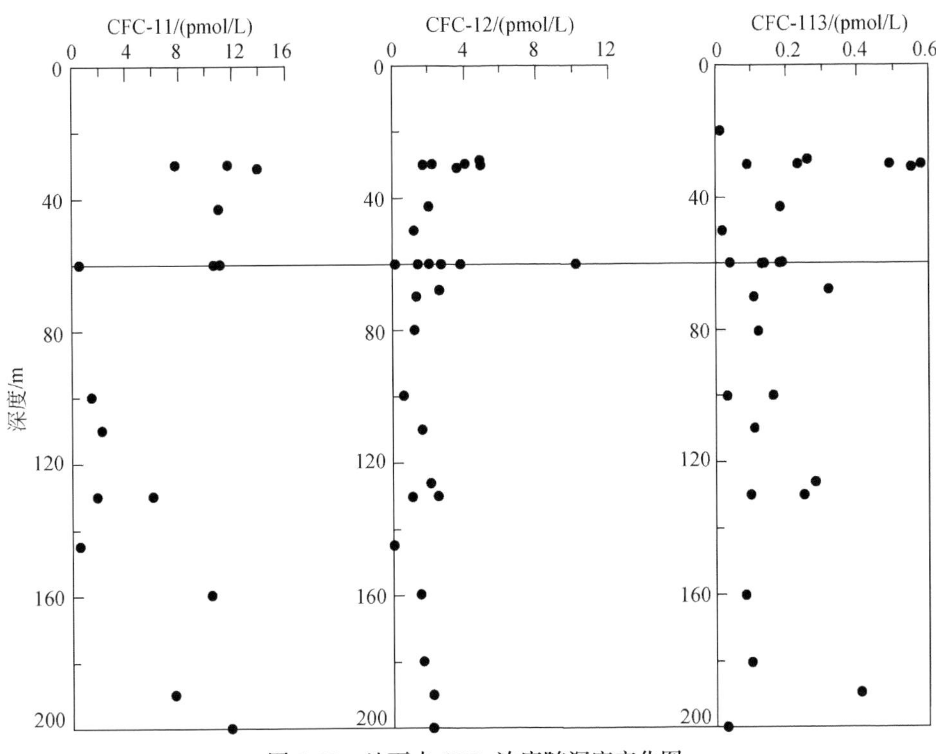

图 5.27 地下水 CFCs 浓度随深度变化图

中第 i 个 CFCs 的分压。

将地下水中测定出的 CFCs 浓度转换成与之平衡时对应的大气 CFCs 浓度，然后与大气浓度增长曲线（图 5.28）对比。

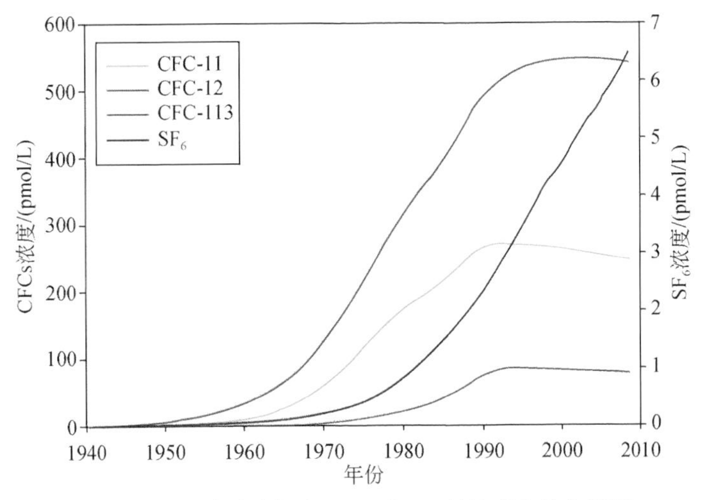

图 5.28 北半球大气中 CFCs 和 SF_6 的浓度变化曲线图

本次潜水地下水年龄计算，温度选用研究区的多年平均气温6.52℃，高程参考井口高程，S根据电导率估算，近似取0，结合水文地质条件和三种CFCs浓度的特点最终确定了CFCs的表观年龄（表5.9）。

表5.9　呼包平原东部潜水地下水年龄估算结果表

编号	井深/m	^3H含量/TU	EPM模型年龄/年	CFCs表观年龄/年	确定的年龄/年
HB21	43	<1	>60	29	>60
HB25	50	1.5±0.4	>60	—	>60
HB26	60	4.1±0.5	>60	—	>60
HB27	50	1.4±0.4	>60	—	>60
HB28	42	4.6±0.5	>60	—	>60
HB30	46	2.6±0.4	>60	—	>60
HB32	30	<1	>60	26.2	>60
HB33	20	3.9±0.5	>60	—	>60
HB36	53	1.9±0.4	>60	—	>60
HB42	30	8.7±0.6	13	—	13
HB43	60	9.1±0.6	13.1	—	13.1
HB44	52	8.2±0.6	7.3	—	7.3
HB45	40	3.9±0.5	>60	—	>60
HB49	30	16.3±0.9	20.5	—	20.5
HB56	12	2.4±0.4	>60	—	>60
HB61	30	13.4±0.7	25	22	22
HB62	31	12.2±0.7	14.3	20.5	20.5
HB64	180	11.3±0.6	13.9	31.7	31.7
HB65	160	6.8±0.5	>60	33.7	33.7
HB67	190	12.3±0.8	14.5	26	26
HB72	50	13.2±0.7	25	—	25
HB74	13	8.7±0.6	60	—	60
HB75	28.5	2.1±0.4	>60	27.5	27.5
HB76	27.5	4.2±0.5	>60	—	>60
HB77	20	8.2±0.6	>60	51	51
HB84	20	13.4±0.7	25.1	—	25.1
HH101	68	14.3±0.8	24.7	22.5	22.5
HB31	37	3.4±0.5	>60	—	>60
HB57	60	0.8±0.4	>60	—	>60
HB59	45	3.5±0.5	>60	—	>60
HH102	30	2.2±0.4	>60	32	32

续表

编号	井深/m	^{3}H 含量/TU	EPM 模型年龄/年	CFCs 表观年龄/年	确定的年龄/年
HB001	23	41.7±2.5	43.2	—	43.2
HB002	40	29.2±1.9	35.9	—	35.9
HB003	30	<1.0	>60	23.7	>60
HB005	40	28.9±1.8	35.6	—	35.6
HB007	30	2.4±1.2	>60	—	>60
HB008	30	4.6±1.2	>60	—	>60
HB009	38	9.4±1.3	58.9	—	58.9
HB010	70	32.4±1.9	38.1	—	38.1
HB011	126.54	25.9±1.7	34.1	—	34.1
HB012	120	5.0±1.3	59.9	—	59.9
HB015	25.6	2.2±1.1	>60	—	>60
HB018	55	6.4±1.3	59.7	—	59.7
10-03	126	32.4±1.5	38.2	26	26
10-06	50	13.1±1.3	56.9	35	35
10-12	70	23.6±1.8	32.5	34	34
10-05	80	27.0±1.5	34.8	34.8	34.8
10-11	60	23.5±1.9	32.5	27.5	27.5
10-08	60	8.5±1.3	59	48	48
10-07	60	8.4±1.4	59	48.5	48.5

2. 地下水^{3}H 测年

由于区内没有大气降水氚的长时间监测序列数据，地下水氚年龄计算采用国际原子能机构大气降水监测网包头站的实际监测数据和恢复数据作为本区的降水输入序列。其中2005～2011 年的数据按照2005 年的8TU 给出（目前降水中的氚浓度已经衰减到接近天然水平，基本上维持在一个稳定的范围内）。根据1952～2011 年呼和浩特气象站和包头气象站的年平均降水量（P_i），按下式计算出校正系数（表5.10）：

$$\alpha_i = \frac{P_i}{\sum_{1952}^{2011} P_i/59}$$

式中，P_i 为年平均降水量；i 为年份（1952～2011 年）。

经过校正，得到呼和浩特市大气降水中氚的历史数据。

根据上述恢复的^{3}H 的输入函数，利用 Flow PC 3.1 程序（Maloszewski and Zuber, 1996），按照研究区的水文地质条件，选择 EPM 模型来代表该区地下水系统的特征，在计算过程中，以 CFCs 的表观年龄作为标定，通过不断地调整 η 值，确定计算的现状年（2010 年和2011 年）氚的输出浓度和平均滞留时间（τ）之间的合理关系，找到最佳的 η

值。本次模型计算采用$\eta=8$，即活塞流型地下水约占87.5%。根据模型计算结果，呼和浩特市地下水^3H含量<5TU为1952年以前补给的，^3H含量>20TU的样品具有两个年龄，而5TU <^3H含量<20TU的样品具有多个年龄数据，因此需要结合研究区的地形、地质和水文地质条件并与CFCs测年结果进行对比分析，来确定潜水地下水的年龄，结果见表5.9。

表5.10　大气降水^3H的校正系数表

年份	α_i	年份	α_i	年份	α_i	年份	α_i	年份	α_i
1952	1.034	1964	1.535	1976	1.663	1988	1.199	2000	0.893
1953	1.106	1965	0.437	1977	1.091	1989	1.018	2001	0.835
1954	1.025	1966	0.913	1978	1.319	1990	1.336	2002	1.362
1955	0.919	1967	1.730	1979	1.318	1991	1.036	2003	1.843
1956	0.981	1968	1.143	1980	0.855	1992	1.493	2004	1.172
1957	1.066	1969	1.220	1981	1.283	1993	0.832	2005	0.700
1958	1.710	1970	1.207	1982	0.945	1994	1.419	2006	0.820
1959	2.619	1971	0.879	1983	1.199	1995	1.306	2007	0.736
1960	0.909	1972	1.043	1984	1.367	1996	0.997	2008	1.609
1961	1.933	1973	1.180	1985	1.221	1997	1.090	2009	0.747
1962	0.661	1974	0.639	1986	0.739	1998	1.584	2010	1.323
1963	0.906	1975	1.284	1987	0.693	1999	0.722	2011	0.527

由测年结果可见，本区潜水地下水年龄为7~60年，个别地区大于60年（图5.29）。其中20世纪70年代以来补给的水占主要部分。北部山前平原和东部丘陵台地区潜水地下水的年龄较小，其中东南部丘陵台地区的潜水地下水的年龄最年轻，小于15年，而北部山前的潜水地下水年龄相对要老一些，一般小于30年。中部和西南部平原地带的浅层地下水年龄较老，尤其是在桃花乡—白庙子镇一线以南地区，浅层地下水的年龄大于60年。另外在呼和浩特城区的西南部地区，地下水的年龄也较老，基本大于50年。

二、承压地下水^{14}C测年

对于不含氚的地下水样品，地下水为核爆炸以前补给的地下水，采用^{14}C方法进行测年。地下水溶解无机碳（dissolved inorganic carbon，DIC）^{14}C测年的基本原理是应用地下水中的溶解无机碳作为示踪剂，以^{14}C测定地下水中溶解无机碳的年龄。一般认为补给水进入含水层后便停止了与外界^{14}C的交换，所以地下水^{14}C年龄一般指地下水和土壤CO_2隔绝至今的年代，由于地下水混合作用的影响，地下水^{14}C测年得到是水在含水层中的平均驻留时间。

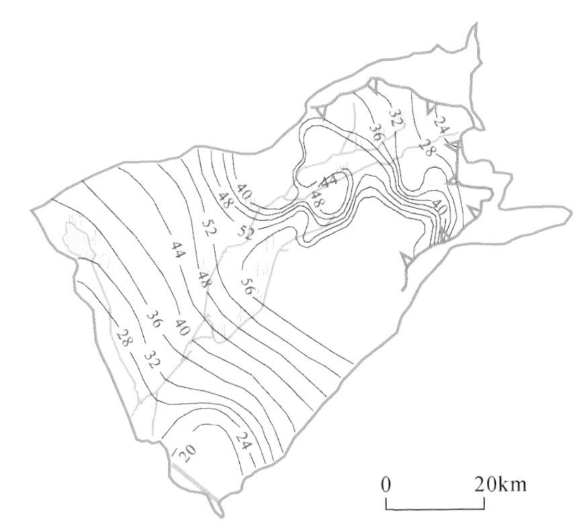

图 5.29　呼包平原东部潜水地下水年龄分布图（单位：年）

地下水的^{14}C 年龄计算公式：

$$t = -8267\ln(A/A_0)$$

式中，t 为 1950 年距今的年龄，年；A 为测试样品的总溶解无机碳的^{14}C 含量；A_0为补给时初始的总溶解无机碳的^{14}C 含量。

在地下水补给过程中，地下水经常受到^{14}C 含量小于 100pMC 的碳来源影响，特别是碳酸盐矿物的溶解产生的“死碳”，导致^{14}C 的稀释，使初始输入浓度 A_0不等于 100pMC，且在地下水的循环过程中会与周边环境发生一系列的水文地球化学作用，使得地下水的 DIC 和^{14}C 浓度发生改变，在这种情况下，^{14}C 年龄便不能代表补给以来的时间。因此，需要进行地下水^{14}C 年龄校正。^{14}C 的年龄校正有多种模型，如 Vogel 经验方法、Tamers 模型、Pearson 模型、Confiantinie 模型和 Fontes 模型等。本次研究采用最常用的化学混合模型 Tamers 模型、同位素混合模型 Pearson 模型和考虑化学同位素混合交换的 Fontes 模型进行校正，并与统计模型（85% A_0）进行对比。同时，采用另一种独立的氚校正方法来进行^{14}C 年龄校正，含氚样品的^{14}C 平均含量为 62.57pMC，大气核试验后大气中的^{14}C 含量约为 120pMC，因此，核爆前补给水的初始^{14}C 含量为 100×62.57/120＝52.1pMC。校正所用参数：土壤二氧化碳的 δ^{13}C 取值为−19‰，碳酸盐的 δ^{13}C 取值为 1‰，计算所得的地下水^{14}C 的校正年龄见表 5.11。

表 5.11　地下水样品的^{14}C 校正年龄结果

编号	深度 /m	现代碳百分数/%	^{14}C 表观年龄/ka	δ^{13}C /‰	^{3}H 含量 /TU	Vogel 年龄 /年	Tamers 年龄 /年	Pearson 年龄 /年	氚校年龄 /年	确定年龄 /年
003	170	23.02±0.77	12.14±0.28	−6.9	27.6	10799	—	4463	6585	7282
004	68	99.98±1.64	0.25±0.14	−9.3	10.4	现代	—	现代	现代	现代
006	230	53.29±1.27	5.20±0.20	−7.9	—	3859	现代	现代	现代	现代
007	60	35.02±0.97	8.68±0.23	−7.7	—	7330	2943	1792	3117	3796

续表

编号	深度/m	现代碳百分数/%	^{14}C表观年龄/ka	$\delta^{13}C$/‰	^{3}H含量/TU	Vogel年龄/年	Tamers年龄/年	Pearson年龄/年	氚校年龄/年	确定年龄/年
009	202	37.01±1.09	8.22±0.25	-9.6	—	6873	2487	2968	2660	3747
010	300	42.51±1.01	7.07±0.20	-8.4	—	5728	1341	830	1515	2354
011	200	60.14±1.22	4.20±0.17	-8.4	—	2860	现代	现代	现代	现代
012	60	53.35±1.37	5.19±0.22	-11.9	—	3850	现代	1569	现代	2710
013	50	67.39±1.47	3.26±0.18	-9.2	—	1919	现代	现代	现代	现代
014	40	68.96±1.5	3.07±0.18	-9.4	—	1728	现代	现代	现代	现代
015	292	10.26±0.52	18.83±0.42	-11.0	—	17479	13093	14600	13266	14610
016	40	50.82±1.16	5.60±0.19	-11.5	—	4252	现代	1710	现代	2981
017	55	39.71±0.93	7.64±0.20	-8.8	—	6291	1904	1737	2078	3003
018	60	5.97±0.38	23.30±0.52	-6.6	—	21956	17569	15300	17743	18142
019	60	44.6±0.93	6.68±0.18	-11.5	—	5331	944	2789	1118	2546
020	80	8.16±0.57	20.71±0.57	-7.5	—	19372	14986	13642	15159	15790
021	66	44.99±0.92	6.60±0.17	-12	—	5259	872	3041	1046	2555
022	60	5.87±0.43	23.44±0.60	-4.9	—	22096	17709	13347	17882	17759
024	90	18.40±0.61	13.99±0.28	-7.8	—	12650	8264	7207	8437	9140
025	80	51.16±2.12	5.54±0.35	-13	—	4197	现代	2592	现代	3395
026	127	0.759±0.22	40.35±2.33	-14.1	—	39007	34620	38027	34793	36612
027	68	3.52±0.32	27.67±0.74	-12.7	—	26323	21936	24539	22110	23727
028	—	6.34±0.55	22.80±0.71	-23.8	—	21459	17072	24581	17245	20089
029	60	65.44±1.53	3.51±0.20	-10.7	—	2161	现代	现代	现代	现代
030	—	37.81±0.98	8.04±0.22	-10.3	—	6696	2310	3320	2483	3702
031	—	45.91±1.10	6.44±0.20	-9.8	—	5092	705	1341	878	2004
032	60	42.22±1.05	7.13±0.21	-10.9	—	5784	1398	2836	1571	2897
033	80	26.98±0.79	10.83±0.24	-6.7	—	9486	5100	2939	5273	5700
034	70	18.89±0.65	13.78±0.29	-17.1	—	12433	8047	12952	8220	10413
035	—	95.63±1.89	0.37±0.17	-11.2	—	现代	现代	现代	现代	现代
036	70	77.24±2.04	2.14±0.22	-9.6	—	791	现代	现代	现代	现代
037	70	104.98±1.81	现代碳	-12.6	—	现代	现代	现代	现代	现代
038	30	77.03±1.65	2.16±0.18	-10.9	—	813	现代	现代	现代	现代
039	110	73.57±1.36	2.54±0.16	-8.2	—	1193	现代	现代	现代	现代
040	116	25.48±1.02	11.30±0.34	-7.5	—	9959	5573	4229	5746	6377
041	84	59.41±1.41	4.30±0.20	-11.4	—	2961	现代	352	现代	1657

续表

编号	深度/m	现代碳百分数/%	^{14}C 表观年龄/ka	δ^{13}C/‰	^{3}H 含量/TU	Vogel 年龄/年	Tamers 年龄/年	Pearson 年龄/年	氚校年龄/年	确定年龄/年
042	88	2.66±0.39	29.97±1.21	-9	—	28639	24252	24252	24426	25392
043	50	41.51±1.25	7.27±0.25	-12.1	—	5925	1538	3770	1711	3236
044	70	57.65±1.79	4.55±0.26	-11.5	—	3209	现代	667	现代	1938
045	70	43.38±1.13	6.90±0.22	-12.3	—	5560	1174	3531	1347	2903
048	150	17.25±0.69	14.53±0.33	-7.3	—	13184	8797	7257	8971	9552
049	130	10.65±0.65	18.52±0.50	-10.9	—	17171	12784	14222	12958	14284
046	—	57.88±1.48	4.52±0.21	-9.6	—	3176	现代	现代	现代	现代
047	—	73.65±1.52	2.53±0.18	-10.0	—	1184	现代	现代	现代	现代
005	180	67.14±1.67	3.29±0.21	-8.9	—	1949	现代	现代	现代	现代
10-01	121.3	83.90±1.56	1.45±0.16	-9.5	35.6	107	现代	现代	现代	现代
10-03	126	87.00±1.59	1.15±0.16	-9.8	24.2	现代	—	现代	现代	现代
10-04	120	43.96±1.04	6.80±0.20	-8.9	—	5451	—	981	1237	2556
10-09	145	51.04±1.20	5.56±0.20	-11.3	—	4216	—	1541	现代	2879
10-10	25	57.56±1.19	4.57±0.17	-9.9	—	3222	—	现代	现代	现代
10-11	70	57.45±1.30	4.58±0.19	-10.2	—	3238	现代	现代	现代	现代
10-13	100	60.24±1.20	4.19±0.17	-7.6	15.7	2846	现代	现代	现代	现代
10-14	130	52.76±1.16	5.29±0.19	-11.5	9.4	3942	现代	1400	现代	2671
10-18	70	12.36±1.03	17.29±0.69	-10.2	—	15940	11553	12490	11727	12928
10-20	150	59.49±1.21	4.29±0.17	-9.4	—	2950	—	现代	现代	现代
10-21	120	15.69±0.60	15.31±0.32	-7.6	—	13968	—	8334	9754	10685
10-22	—	62.37±1.21	3.90±0.16	-10.8	—	2559	—	现代	现代	现代
10-23	200	24.41±1.21	11.66±0.41	-32.1	—	10314	5927	15822	6101	9541
10-24	200	62.46±1.26	3.89±0.17	-12.2	<1	2547	现代	455	现代	1501
10-26	188	42.74±1.38	7.03±0.27	-8	14.1	5683	1296	425	1470	2219
10-27	200	21.26±1.23	12.80±0.48	-11.9	<1	11456	7069	9175	7243	8736
QK20	218.6	2.86±0.24	29.39±0.68	-3.0	—	28040	—	16078	23826	22648
HS42	150	65.41±1.30	3.51±0.17	-9.2	2.2	2165	现代	现代	现代	现代
HS43	200	76.10±1.44	2.26±0.16	-8.9	4.2	914	现代	现代	现代	现代
HS45	184	69.06±1.54	3.06±0.19	-10.0	0.9	1716	现代	现代	现代	现代
HS50	—	62.64±1.27	3.87±0.17	-8.0	5.1	2523	现代	现代	现代	现代
HS52	105	51.21±0.99	5.53±0.16	-6.9	7.9	4189	现代	现代	现代	现代
HS55	—	55.37±1.03	4.89±0.16	-8.8	5.8	3543	现代	现代	现代	现代

续表

编号	深度/m	现代碳百分数/%	^{14}C 表观年龄/ka	$\delta^{13}C$ /‰	^{3}H 含量/TU	Vogel 年龄/年	Tamers 年龄/年	Pearson 年龄/年	氚校年龄/年	确定年龄/年
HS59	180	55.55±1.12	4.86±0.17	-8.5	1.5	3516	现代	现代	现代	现代
HS61	—	38.84±0.95	7.82±0.21	-9.7	8.4	6474	2088	1663	2261	3122
HS65	—	40.66±0.99	7.44±0.21	-9.6	11.2	6096	1709	2268	1882	2989
HS66	—	32.60±0.92	9.27±0.24	-10.4	<1	7922	3535	4017	3709	4796
HS68	—	42.09±1.10	7.15±0.22	-16.8	<1	5810	1423	2506	1597	2834
HS70	132	43.23±1.04	6.93±0.20	-17.1	—	5589	1202	5969	1376	3534
HS72	140	51.24±1.19	5.53±0.20	-16.6	<1	4184	现代	4702	现代	4443
HS76	119	47.37±1.28	6.18±0.23	-17.5	<1	4833	446	5120	620	2755
HS80	—	52.86±1.17	5.27±0.19	-9.3	—	3926	现代	现代	现代	现代
HS82	150	50.90±1.13	5.58±0.19	-10.7	<1	4239	现代	1150	现代	2695
HB007	30	63.17±1.17	3.80±0.16	-10.0	2.4	2453	现代	现代	现代	现代
HB003	130	83.38±1.42	1.50±0.14	-17.5	8.4	159	现代	现代	现代	现代
HH103	120	52.70±1.05	5.3±0.17	-10.7	—	3951	—	4650	现代	4301

由表5.11中数据可见，采用初始浓度85%的Vogel经验方法给出的年龄偏老，说明85pMC并不是该区初始输入的^{14}C浓度，校正不足。氚方法校正年龄与Tamers模型年龄一致，Pearson模型给出的校正年龄介于前述两个模型给出的年龄之间，地下水的年龄按上述四个方法校正年龄的平均值来确定。

河套平原地下水的^{14}C的校正年龄从现在到距今37ka，现代水居多。从承压地下水^{14}C年龄分布来看，后套平原北部山前地下水样品的^{14}C年龄较年轻，总排干以北的样品多为现代，以南的样品除个别点为现代外，其^{14}C年龄从距今1.5ka逐渐增加的距今37ka，其中最老的样品分布在沙金套海苏木以北的太阳庙农场治沙站附近；呼包平原北部山前地下水样品的^{14}C年龄较为年轻，多为现代，南部冲湖积平原从距今2.5ka逐渐增加到距今23ka，其中以白庙子镇一带的地下水的^{14}C年龄最老。

第四节　同位素指示的补给与流动特征

一、后套平原地下水系统补给与流动特征

（一）补给来源与补给机制

1. 狼山山前冲积平原地下水

后套平原山前冲积平原地下水样品的氢氧稳定同位素组成表现出不同的组成特征（图

5.30）。山前冲积扇顶部地下水样品取自靠近山区与黄河灌区没有关系的典型水井，地下水样品的同位素值低于当地降水平均值，说明补给高程高于当地高程（表5.12）。但是，其同位素值高于托克托县以上段黄河水的平均值，表明与黄河及引黄灌区关系不密切；同时其氚含量相对冲洪积扇缘样品较高，说明这些水的补给源为北部山区的降水，补给机制为地下侧向径流。而冲洪积扇前缘的样品同位素比值比冲积扇顶部的低，多数样品的氚含量小于5TU，表明这个区域的地下水接受近期补给的水量较少，这与该区域为黄河冲湖积平原和山前冲洪积平原地下水的共同排泄区有关。

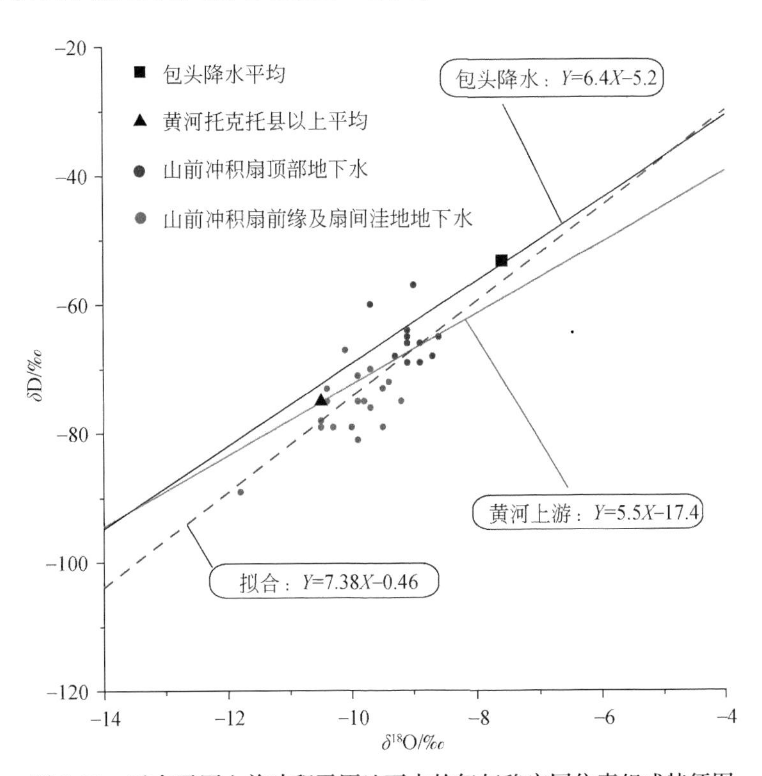

图5.30　后套平原山前冲积平原地下水的氢氧稳定同位素组成特征图

表5.12　后套平原山前冲积扇顶部地下水同位素测试结果表

编号	位置	井深/m	δD/‰	δ^{18}O/‰	^{3}H含量/TU
11499731	联丰四队村西机井	70	−65	−8.6	—
1148107152	杭锦后旗东升村	30	−69	−9.1	—
114810710	繁荣村	80	−57	−9	3.4
114810854	西哈拉葫芦	50	−65	−9.1	—
11499736	姚亮湾	7	−64	−9.1	27.6
11499737	西补隆村	30	−69	−8.9	110.3
11499702	717县道旁石敖包村	10	−66	−9.1	16.9

续表

编号	位置	井深/m	δD/‰	$\delta^{18}O$/‰	^{3}H 含量/TU
11499701	中旗砖厂西 3m，索仑公司南	100	−68	−9.3	23.6
114998029	良种厂乌兰村	100	−60	−9.7	5.7
11499740	金星大队四牛头圪旦	24	−66	−8.9	<1
1148107164	杭锦后旗新华村	20	−68	−8.7	—
114810820	沙畔乌加拉乡	10	−68	−9.3	—
114810708	麻壕东方红村	30	−68	−9.3	1.9

2. 黄河冲积平原地下水系统

从黄河冲积平原地下水样品的δD–δ^{18}O关系图（图 5.31）上可见，多数样品的同位素比值小于山前冲积扇顶部地下水的平均值，且分布在黄河水平均值附近。其中，井深大于40m 的样品同位素值最低，落在左下方，这些样品大部分不含氚，为 20 世纪 50 年代以前（核爆前）补给的水，补给来源为黄河水。深度小于 40m 的样品同位素比值变化范围较大，样品介于黄河水平均值与山前地下水平均值之间，推测是黄河水与其他补给来源地下水的混合，补给机制以黄河灌溉补给为主。

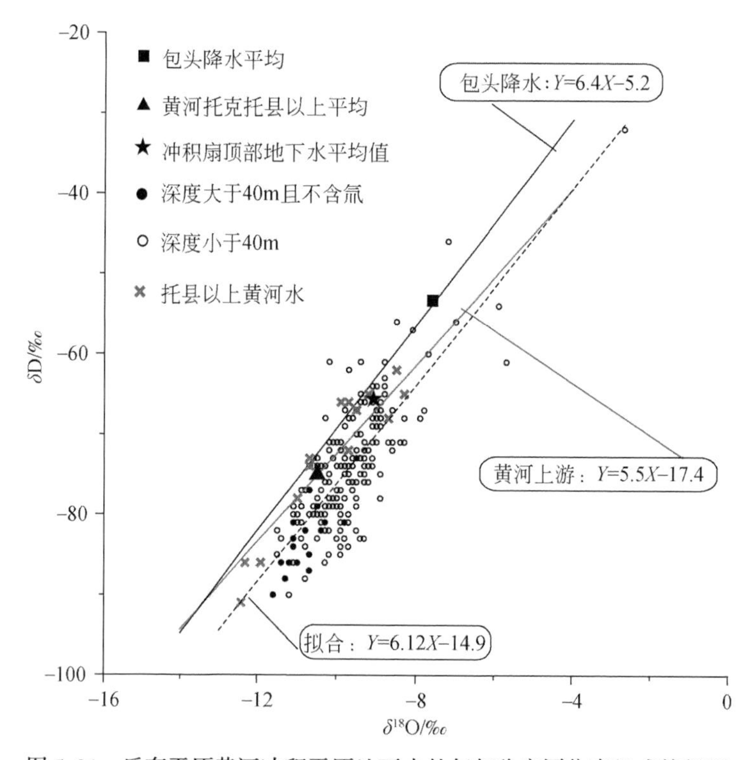

图 5.31　后套平原黄河冲积平原地下水的氢氧稳定同位素组成特征图

（二）地下水流动特征

后套平原典型地下水同位素剖面分布特征进一步指示了前述的地下水补给机制（图5.32），同时也反映出地下水的流动模式。在调查井揭穿的含水层深度内，区域地下水流不明显，与之相反，局部水流系统发育。所有剖面显示出共同特征：

（1）山前补给形成的局部水流系统，分布范围与冲积扇发育程度和分布大小有关，该水流系统通常局限于总排干以北，分布深度可达80～100m，地下水的补给主要是来自山区侧向径流，向冲积扇前缘的浅部含水层流动。

（2）黄河补给形成的局部水流系统，分布局限在黄河沿岸，范围较小，分布深度小于40m，主要补给是黄河的侧渗。

（3）引黄灌区渠系渗漏与人工灌溉补给形成局部水流系统，该类局部水流系统可见多个，主要分布在平原中部的干渠和支渠集中区以及黄河沿岸的灌区，分布范围随着渠系的分布密度而大小不等，分布深度靠近山前较大，可达60～80m，南部黄河灌区分布深度一般小于40m。地下水补给来源主要是引黄灌溉水。

综上所述，后套平原地下水的主要补给源是引黄灌溉水的入渗，山前侧向径流补给和黄河侧渗补给有限，地下水的流动以垂向流为主，在调查的深度范围内，山前侧向地下水流的范围仅限于冲积扇前缘地带，深部地下侧向径流由于缺少数据尚不能确定。

二、佘太盆地地下水系统

水文地质条件表明佘太盆地地下水的补给主要来自北部山区。从地下水样品的δD-$\delta^{18}O$关系图上可见（图5.33），样品点落在降水线的右下方，低于包头降水平均值，表明来自海拔较高的山区补给，样品点偏离降水线，呈现出经历了蒸发影响的特征。由于盆地中部存在地下分水岭，两侧的水流方向不同，各自的补给源区也不尽相同，东侧地下水样品沿着拟合直线$\delta D=4.11\delta^{18}O-33$分布，西侧样品沿着拟合直线$\delta D=4.22\delta^{18}O-34$分布，可见地下水经历的蒸发强度基本相同，所不同的是东部样品原始补给水的同位素比值（拟合直线与降水线交点）稍大于西部原始补给水的同位素比值，这表明西部的补给区高程要高于东部的补给区高程，从地貌条件来看，西部补给区的高程比东部高，证实了同位素组成特征的推断结论。

三、三湖河平原地下水系统

在三湖河平原地下水系统样品的δD-$\delta^{18}O$关系图上（图5.34），地下水样品大致分为两部分，即乌拉山山前冲洪积平原地下水样品和黄河冲湖积平原地下水样品。其中乌拉山山前冲洪积平原地下水样品的δD和$\delta^{18}O$值分布在当地大气降水线附近，部分样品靠近大气降水线并接近大气降水线的平均值，说明是接受大气降水补给；部分样品沿着黄河水蒸发线附近分布，说明是黄河水补给，因此，乌拉山山前冲洪积平原地下水的补给来源主要是大气降水和黄河水。而黄河冲湖积平原地下水位于当地大气降水线的左下方，该区域为

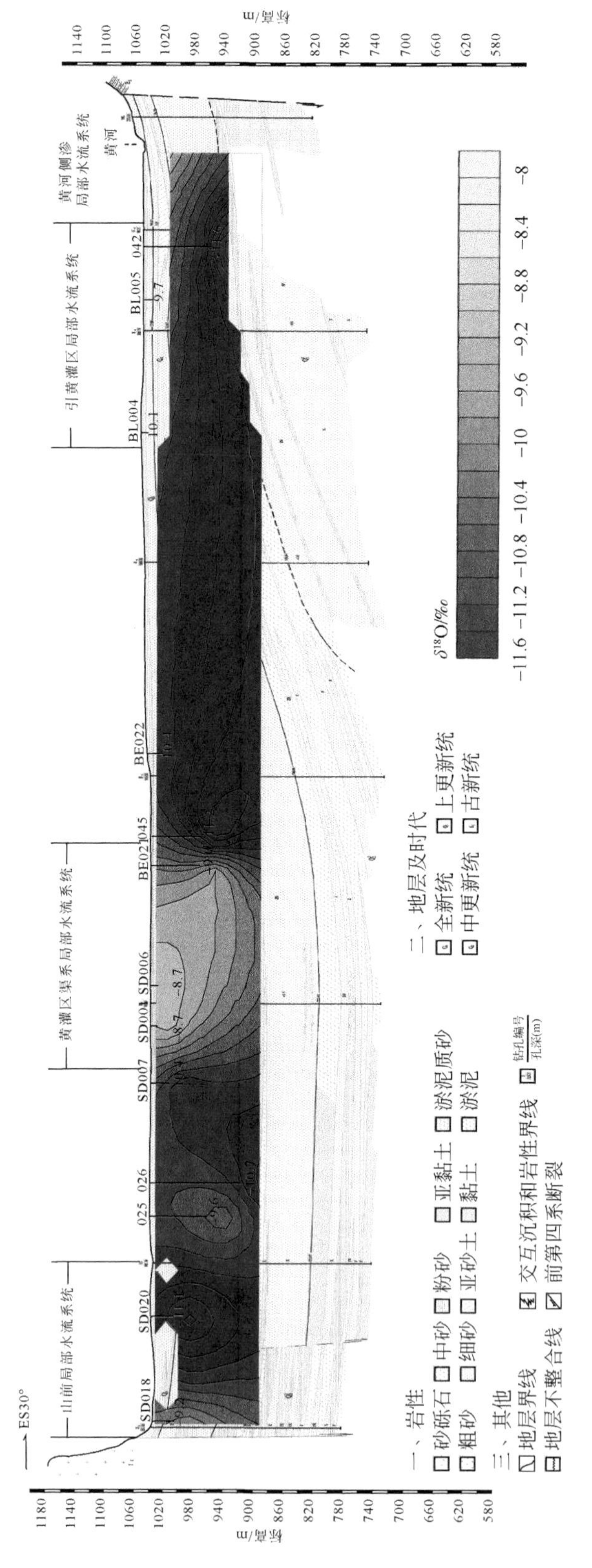

图5.32 后套平原乌拉特后旗那仁乌布尔—磴口南沙湾地下水同位素剖面

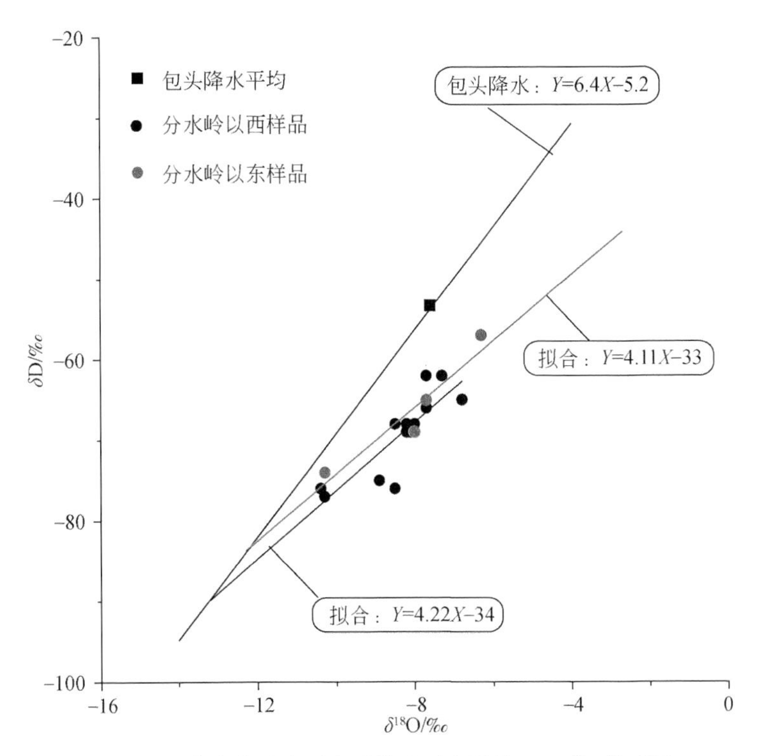

图 5.33 佘太盆地地下水系统地下水样品 δD-$\delta^{18}O$关系图

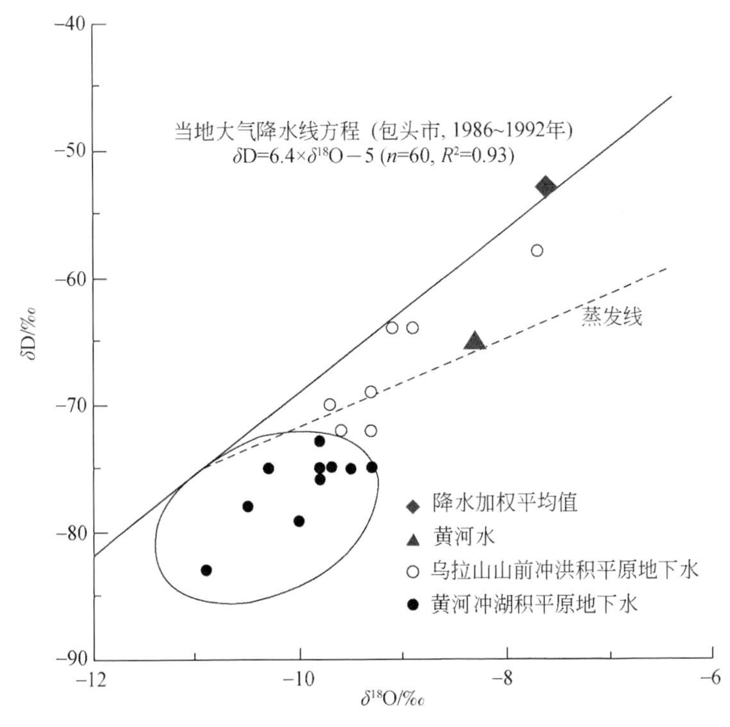

图 5.34 三湖河平原地下水系统地下水样品 δD-$\delta^{18}O$关系图

黄河水蒸发线与当地大气降水线交线的原始水的区域，说明该区地下水的补给来源可能是来自黄河水或是之前较冷的气候条件补给的年龄相对较老的水。

四、呼包平原东部地下水系统补给与流动特征

（一）补给来源

1. 单一含水层结构区潜水的补给来源

单一含水层结构区潜水的 δD 和$\delta^{18}O$的组成特征见图 5.35。地下水样品基本沿着大气降水线分布，大致分为北部山前（B）和东部山前（A）两组。

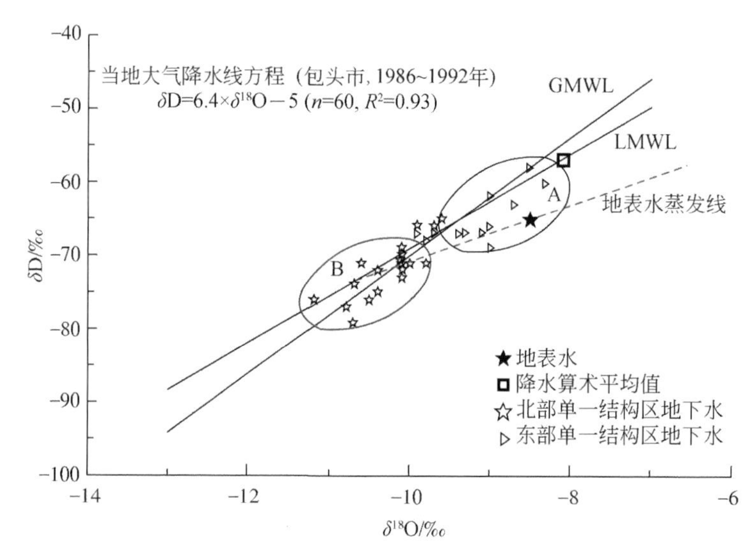

图 5.35　单一含水层结构区潜水 δD–$\delta^{18}O$关系图

GMWL 全球大气降水线；LMWL 当地大气降水线，下同

来自于北部山前的 B 组样品基本沿着当地大气降水线分布，δ 值明显小于 A 组平均值和当地降水的平均值，说明当地大气降水不是其主要补给来源。该组样品落在当地（全球）降水线上，平均$\delta^{18}O$值与大气降水相差 $\Delta\delta^{18}O=2.16‰$。根据全球平均$\delta^{18}O$高程梯度（$\Delta\delta^{18}O=-0.25‰/100m$）计算，该组地下水的平均补给高程比呼和浩特市高 864m，表明其补给来源是海拔较高的大青山区降水，因此，该组样品的平均值代表了山区（源区）降水的同位素组成特征。北部山区哈拉沁水库的地表水同位素组成特征与呼和浩特市当地降水明显不同，其值小于当地降水平均值，并且偏离当地大气降水线，表现出受到蒸发影响的特征，其补给来源应该是高海拔地区的降水。一般来说，强烈蒸发的地表水蒸发线斜率为 3 ~5，沿着蒸发线进行外推与当地降水线交点处的同位素特征，即是未受蒸发影响的原始补给水的特征。哈拉沁水库的地表水无疑是来源于山区降水，因此，连接该组平均值与哈拉沁水库的地表水样品的直线代表了该区的蒸发线，其斜率为 4。

东部山前 A 组样品的 δD 和$\delta^{18}O$值相对于北部山前 B 组偏大，落在当地大气降水线的右上部，略小于当地降水的平均值（−57‰、−8.1‰）。位于大黑河古河道附近的样品点多数落在蒸发线上，说明其原始补给来源与 B 组相似，来源于高海拔的东部蛮汉山区；而与大黑河水力联系不十分密切的四个样品点落在降水线附近并接近降水的平均值，表明有部分当地大气降水混合补给。因此，可以断定东部单一含水层结构区潜水的补给来源是蛮汉山区降水和部分当地降水混合。

靠近北部与东部交界地带的样品，在图 5.35 中落在 A 组和 B 组之间的降水线上，反映出除了山区降水来源外，还有当地降水的影响，导致具有相对富集重同位素的特征。

综上所述，山前单一含水层结构区地下水的补给来源主要是大青山区和蛮汉山区的降水，当地降水来源在北部山前占的比例很小，而东部山前地下水的补给中有少部分的当地降水。

2. 双层含水层结构区地下水的补给来源

从双层含水层结构区浅层地下水 δD–$\delta^{18}O$关系图（图 5.36）的分布特征来看，以西菜园街道—前白庙村一线为界，浅层地下水大概分为两组。C 组为东部和东南部浅层地下水，D 组为北部和西南部浅层地下水。与单一含水层结构区潜水 δD 和$\delta^{18}O$关系图（图 5.35）对比发现，C 组样品大致落在了 A 组样品的分布范围内，D 组样品大致落在了 B 组样品的分布范围内，说明双层含水层结构区浅层地下水的补给来源与单一含水层结构区地下水的补给来源相同。

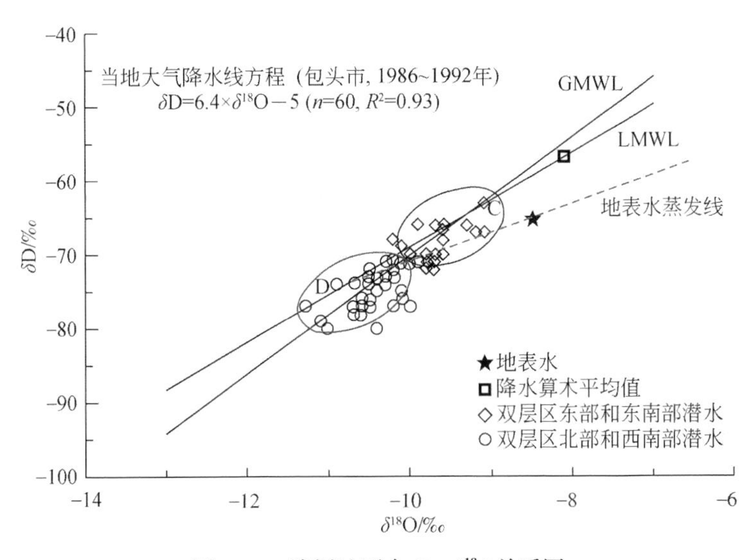

图 5.36　浅层地下水 δD–$\delta^{18}O$关系图

双层含水层结构区承压水的样品落在降水线的左下方（图 5.37），基本落在图 5.35 中的 B 组样品的区域内，说明承压水的补给来源为气候寒冷时期或高海拔山区的降水补给。

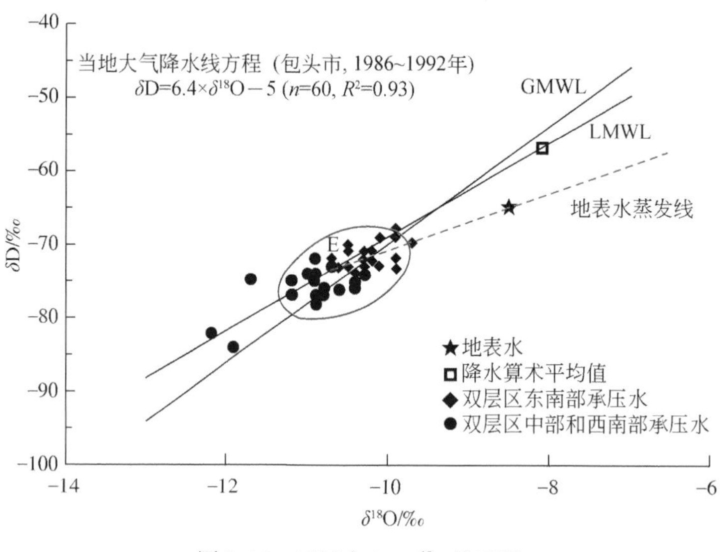

图 5.37　承压水 δD-$\delta^{18}O$ 关系图

（二）补给机制

由前述的补给来源分析可见，该区地下水的补给主要是来自山区的降水，当地降水占有少部分的比例，不同来源的补给水对含水层的补给方式和补给区域则不尽相同。

1. 单一含水层结构区地下水的补给机制

1）北部山前单一含水层结构区潜水

北部山前单一含水层结构区潜水的补给来源主要为大青山山区降水，从 δD-$\delta^{18}O$ 关系图上（图 5.35）可见，该区样品一部分落在降水线上，另一部分沿着蒸发线分布，说明该区地下水存在两种补给机制：一种是山区降水通过山区断裂或沟谷潜流从地下侧向径流补给山前含水层，补给前未受到严重的蒸发影响；另一种是山区降水通过地表河流在山前地带通过河床入渗或河道侧渗补给含水层，在补给以前地表水受到蒸发影响。该区地下水年龄随深度变化关系不明显，而随流动途径增加年龄增大（图 5.38），证实上述两种补给机制中以前一种补给为主，后一种次之。根据图中拟合直线斜率确定地下水实际流速为 0.44km/a，假设有效孔隙度为 0.15，则含水层径流强度为 0.066km/a。

2）东部山前单一含水层结构潜水

在 δD-$\delta^{18}O$ 关系图上（图 5.35）可以看到，该区少数样品点落在降水线附近并接近当地降水平均值，代表了当地降水补给占有部分比例。但是，大多数样品沿着蒸发线分布，这部分水的补给来源是蛮汉山区降水。与北部山前相似，这部分补给水也应该存在上述两种补给（图 5.39），说明除这两种补给机制外，还存在另一种主要的补给机制，即垂向补给，从稳定同位素特征来看，这些样品不是当地降水补给，因此，推测是地表水灌溉补给。地下水 NO_3^- 浓度升高是指示灌溉补给的一个水化学证据，由于化肥和农家肥的使用，在灌溉过程中，将随灌溉水从包气带进入含水层，导致地下水 NO_3^- 含量增大。这些样品的

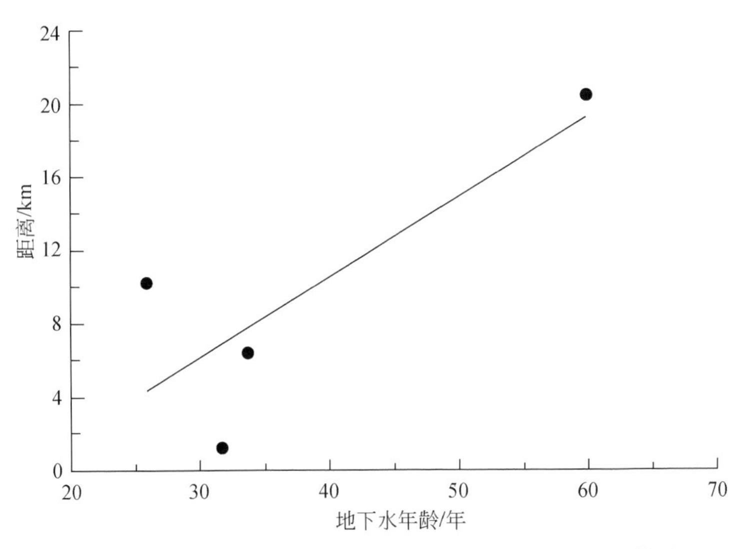

图 5.38　北部山前单一含水层结构区潜水年龄随深度变化图

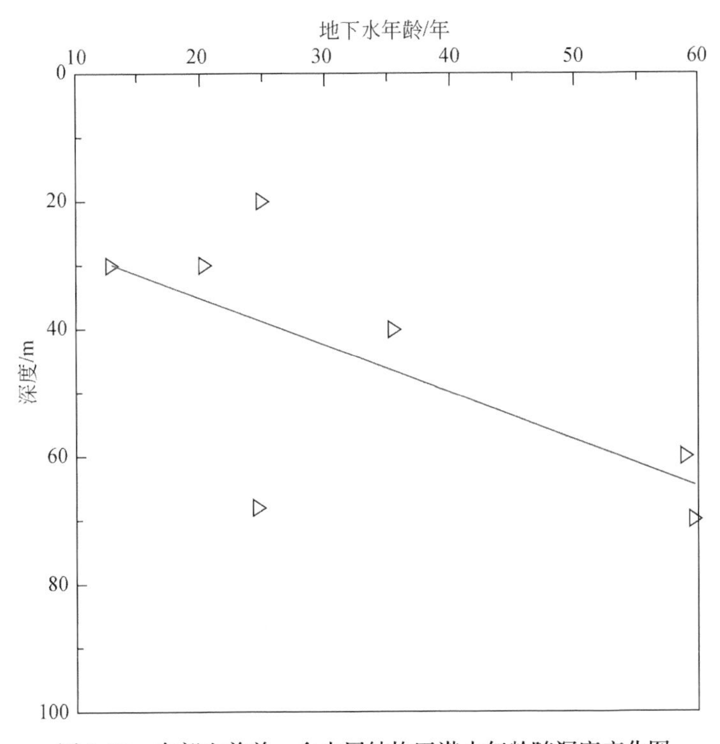

图 5.39　东部山前单一含水层结构区潜水年龄随深度变化图

NO_3^-浓度范围为 30 ~ 80mg/L，明显高于天然背景值，因此，证实了灌溉回归补给的存在。根据年龄-深度关系推算垂直流速为 0.48m/a，假设有效孔隙度为 0.15，则垂向补给强度为 0.072m/a。

综上所述，单一含水层结构区潜水的补给机制为山区地表水山前渗漏、山前侧向地下径流、当地降水补给和灌溉回归补给。其中北部山前主要以山前侧向地下径流为主，山区地表水山前渗漏次之；而东部山前以山区地表水山前渗漏和灌溉回归补给为主；山前侧向地下径流和当地降水补给次之。

2. 双层含水层结构区地下水的补给机制

1）浅层地下水

前面补给来源的讨论已经证实双层含水层结构区浅层地下水的补给来源与单一含水层结构区潜水的补给来源相同。地下水年龄与深度相关性较差，说明垂向补给不是主要的补给机制。但是，沿着径流路径从东部山前平原向西南地下水排泄区，地下水的年龄逐渐增加（图5.40），因此，来自单一含水层结构区的地下水侧向径流是主要的补给机制之一，其流动速度估算为0.41km/a。假设有效孔隙度为0.10，含水层径流强度为0.04km/a。

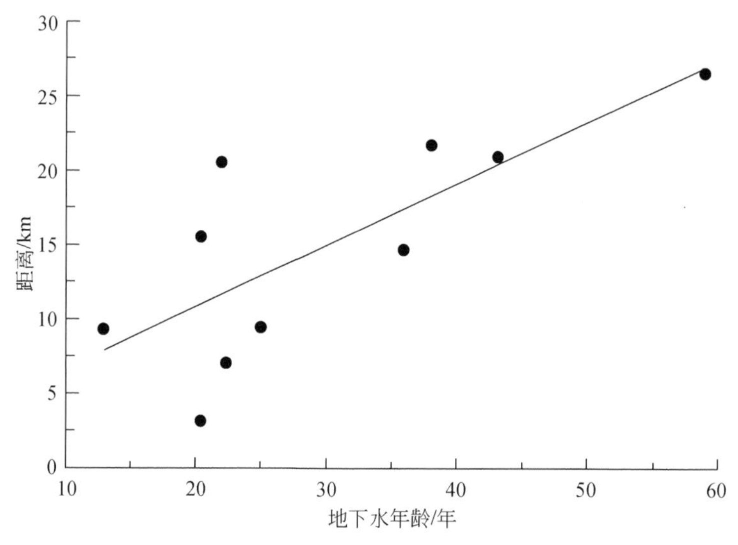

图5.40　浅层地下水年龄随深度变化图

在西南部地区，浅层地下水样品的δD和$\delta^{18}O$值很低。侧向径流这一种补给机制很难完美地解释如此偏负的稳定同位素比值，因此，一定存在同位素比值更低的地下水补给。承压水具有这种特征，但是其水位低于浅层含水层，深部向上越流的可能性并不存在。在δD-$\delta^{18}O$关系图上这部分样品显示出蒸发的影响（图5.34），因此这一部分样品的同位素特征表明了农业开采承压水的灌溉回归补给。

2）承压水

承压水稳定同位素比值明显偏负，在西南部白庙子镇一带最低。含有氚的样品的同位素比值相对较高，平面上含氚与不含氚的地下水界线基本以承压地下水顶板埋深70m等值线为界，大致在台阁牧镇南—巧报镇—金河镇一线。该线以内不含氚的地下水样品，其同位素比值小，地下水^{14}C年龄为距今4.3～24.0ka，表明是古补给。界线以外含氚样品的稳定同位素比值介于古补给水和现代补给的潜水地下水同位素比值之间，反映了现代水补给的影响，说明该界线为承压含水层现代补给的界线，其现代补给机制有两种可能：一种是来自单一结构含水层的地下径流；另一种是由于承压含水层水位下降导致的浅层水向下越流。

（三）地下水流动模式

地下水环境同位素及年龄空间分布特征可以很好地反映出地下水的流动模式。地下水年龄表明本区地下水大致分为两组：一组是相对年轻的现代水；另一组是年老的前现代水，这两组不同年龄的地下水代表了局部地下水流系统和区域地下水流系统。

1. 现代水循环深度与积极交替带

地下水中氚的存在表明受现代补给的影响。从前述分析可见：在北部、东部山前单一含水层结构地下水中^{3}H的分布深度大约在160m；在双层含水层结构区地下水^{3}H含量分布深度在60m深度以上，说明现代水循环深度在山前单一含水层结构和双层含水层结构区的潜水含水层分别为160m和60m。该深度以上称为积极补给带，更新性强，代表了局部水流系统；该深度以下更新性较差，代表了区域水流系统。

平面上，不含氚的地下水主要分布在盛乐镇—金河镇西南部—桃花乡—白庙子镇一线以南地区，这一地区地下水年龄大于60年，水循环交替缓慢；该线以外地下水年龄小于60年，为水循环交替积极带，代表了局部水流系统。

2. 浅层地下水（潜水）流动模式

从太平庄乡—西把栅乡—小黑河镇年龄剖面上来看（图5.41），在东部山前地区地下水年龄小于25年，向中部平原逐渐增加到小于40年，至西南部平原区增加到大于50年，反映出沿着流动路径年龄逐渐增加的趋势，为远距离补给，表明潜水的区域水流系统是自山前向中下游侧向流动，排泄于西南部白庙子镇一带附近，与区域水流系统相应的补给机制是来自山前的地下侧向径流。

从地下水的补给机制可见，在东部山前单一结构区，存在降水入渗补给和灌溉入渗补给，在垂向入渗至含水层后，向排泄区流动，在某些低洼地带溢出地表，是局部地下水流系统。这些局部水流系统多分布在沿河流和农灌区附近，地下水流以垂向运动为主，受蒸发影响明显，水化学以矿化度偏大、硝酸盐和重碳酸盐含量较高为主要特征，循环深度小于60m。

3. 承压水流动模式

承压含水层中不含氚的年老地下水受现代影响较小，其^{14}C年龄的分布特征反映了区域地下水的径流方向。由于工作区内主要开采承压水，受到长期地下水开采的影响，承压地下水已形成了局部地下水流系统。因此，研究区内承压水中同时存在区域水流系统和局部水流系统（图5.42）。

区域水流存在于深部，$\delta^{18}O$值低，年龄老，为远距离补给，自单一含水层结构区向平原中部以侧向径流为主，通过排泄区向上越流补给浅层水及人工开采而消耗。承压地下水的δD和$\delta^{18}O$的平面分布特征以及^{14}C年龄分布表明区域水流系统主要表现为从北部和东南

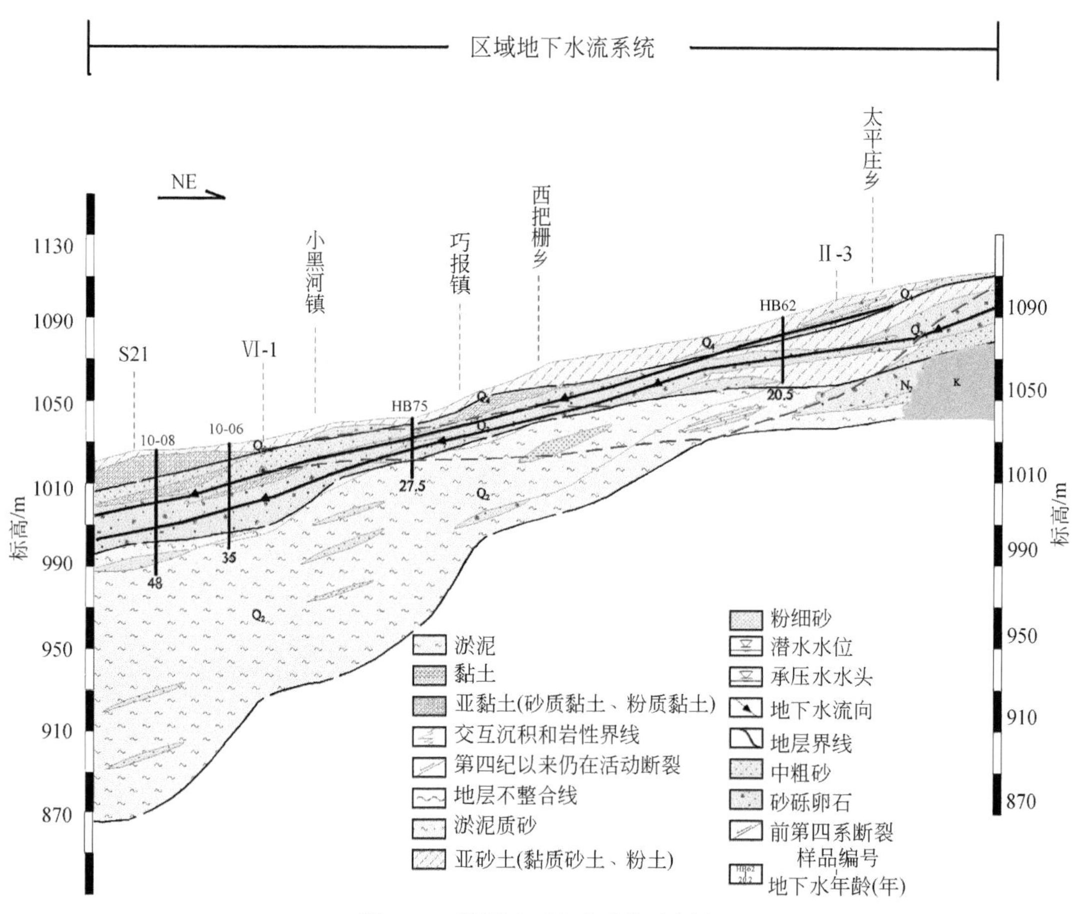

图 5.41　浅层地下水流系统示意图

部丘陵台地区向中部和西南部地区流动。在西南部地区 δD 和δ^{18}O较低，^{14}C 年龄也较老，都大于 10ka，表明西南部地区为排泄区。

局部地下水流系统主要出现在地下水开采漏斗区，从承压地下水的 δD 和δ^{18}O的平面分布特征及年龄分布来看，局部地下水流系统主要分布在呼和浩特市城区西南部的地下水漏斗区，其中地下水年龄较年轻的样品点（其^{14}C 年龄指示为现代）多分布在漏斗区的外围。

五、黄河南岸地下水系统补给与流动特征

黄河南岸地下水系统的地下水样品大致以包头隆起为界分为三个部分，即包头隆起东侧地下水样品、包头隆起西侧地下水样品以及呼包平原西部断块区的地下水样品。其中包头隆起东侧的地下水样品的 δD 和δ^{18}O值接近当地大气降水平均值，介于南部台地地下水和当地大气降水的平均值之间（图 5.43），说明包头隆起东侧的地下水样品的补给来源应为南部台地地下水和当地大气降水；呼包平原西部断块区的地下水样品的 δD 和δ^{18}O值分布

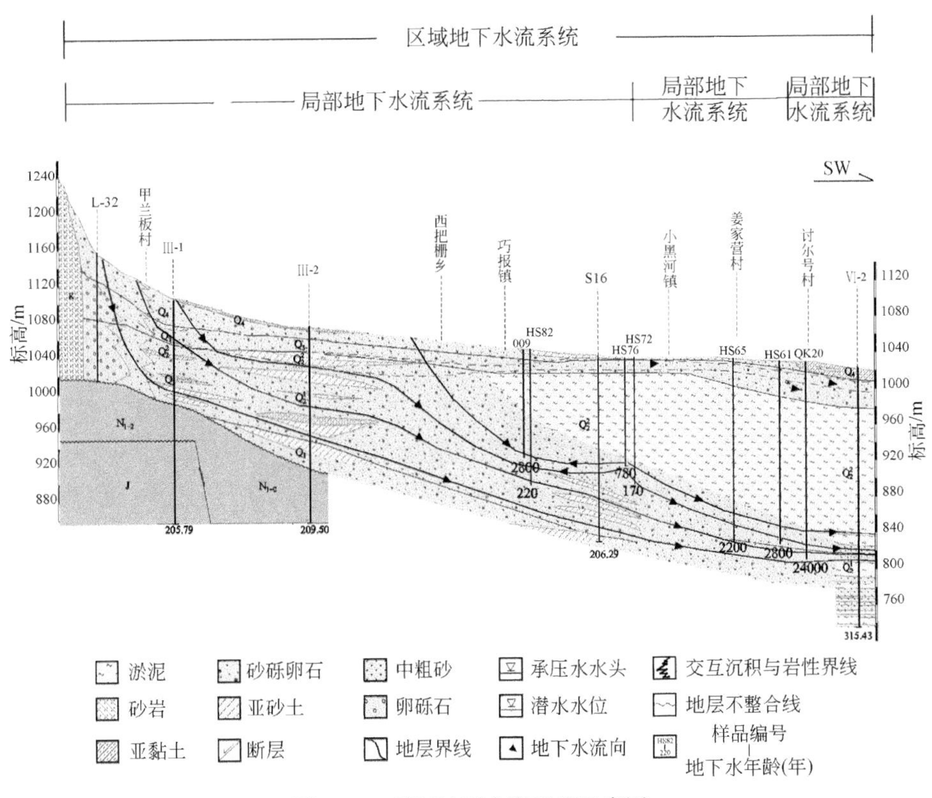

图 5.42　承压地下水流系统示意图

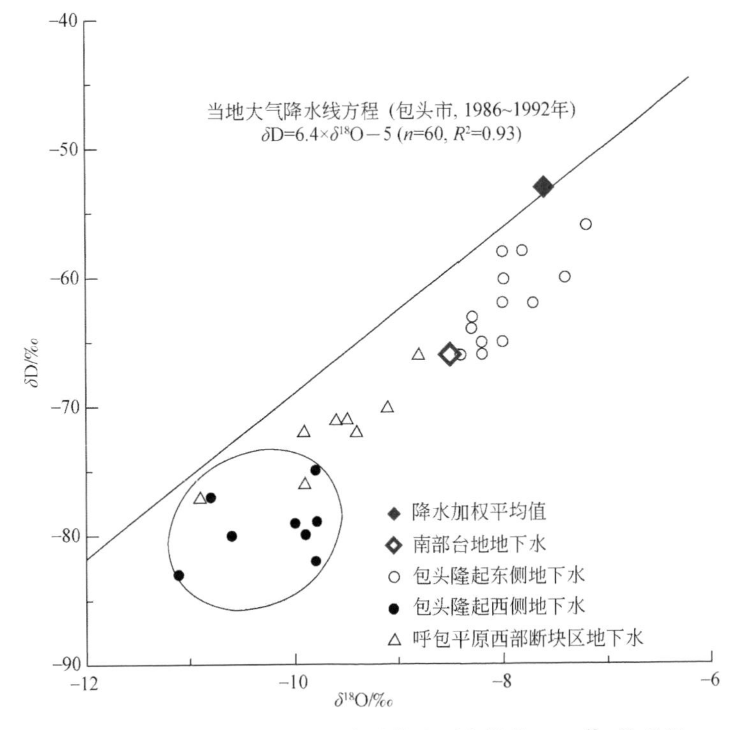

图 5.43　黄河南岸平原地下水系统地下水样品 δD-$\delta^{18}O$ 关系图

在当地大气降水线的中下部位置，其 δD 和$\delta^{18}O$值分布在南部台地地下水样品和包头隆起地下水样品的 δD 和$\delta^{18}O$值之间，说明该区的地下水的补给来源应为南部台地地下水和包头隆起西侧地下水；包头隆起西侧地下水位于当地大气降水线的左下方，其 δD 和$\delta^{18}O$值较低，说明该区地下水的补给来源来自年龄较老的地下水或是高海拔地区亦或是较冷的气候条件补给。

第五节　含水层系统的更新性评估

含水系统的更新能力与水循环的交替程度有关，它既取决于补给水源水量的大小，又取决于含水系统接受补给的条件和循环周期，更新性是含水层系统补给、径流、排泄条件的一个综合指标，它反映了地下水资源可再生能力，更新性的强弱可以通过分析地下水的年龄和滞留时间来反映。一般认为，更新时间为几十年的地下水是可再生的，更新时间为上百年的地下水具有一定的再生性，更新时间为上千年的地下水再生性较差，更新时间为上万年的水认为是不可再生的。

以呼包平原地下水系统的呼和浩特平原为例，从氚分布深度来看，在北部、东部山前单一含水层结构区，地下水的^3H 含量分布深度较大，可达 100 ~ 200m；在双层含水层结构区，浅层地下水^3H 含量分布深度在 60m 范围内，该深度以下除个别地点外，基本不含氚，说明现代水循环深度在山前单一含结构水层和冲湖积平原双层结构含水层分别为 160m 和 60m。该深度以上更新性强，该深度以下更新性较差，表明山前单一结构含水层的更新性比双层结构区含水层的好。在平面上，东南部台地区的潜水的年龄最年轻，小于 15 年，而北部山前的潜水年龄相对要老一些，一般小于 30 年，该区为积极补给带，更新性较好；西南部地区的桃花乡—白庙子镇一线以东，盛乐镇以西地区，潜水地下水的年龄大于 60 年，循环交替较慢，为排泄带，更新性较差。由^{14}C 测年结果可见，呼和浩特城区承压水的^{14}C 校正年龄为 24. 0ka，该区现代水居多。呼和浩特城区向西南部白庙子镇一带，地下水的^{14}C 年龄从 0. 2ka 逐渐增加到 24. 0ka，地下水的年龄逐渐变老，地下水的可恢复性逐渐减弱，其中最老的样品分布于白庙子镇大图利村附近，说明该区的可恢复性相对其他地区而言最弱。

如前所述，后套平原潜水的年龄为 10 ~ 60 年，其中 20 世纪 70 年代以来补给的水占主要部分，更新性强，特别是后套平原西南部磴口县一带、后套平原南部沿黄河一带、北部山前平原一带，以及黄河南岸平原南部地下水的年龄均小于 40 年，地下水是可再生的。后套平原承压水点很少，仅在磴口和总排干以南有部分井揭穿承压含水层，其^{14}C 年龄从 1. 5ka 逐渐增加到 37ka，其中最老的样品分布在沙金套海苏木以北的太阳庙农场治沙站附近，更新性较差。

总之，河套平原潜水的更新性较好，特别是山前平原和沿黄河一带，后套平原由于灌区局部水流发育，可再生能力强。承压水的更新性较差、再生能力较弱。

第六章　地下水资源开发利用

第一节　地下水资源开发利用状况

一、地下水资源开发利用历史

长期以来，地下水一直在河套平原工农业生产和居民生活用水保障中发挥着重要作用。近20～30年来，随着社会经济的发展，地下水开发利用规模不断增大，地下水开采程度逐渐提高。总体上来看，河套平原地下水开发利用程度东部和西部差别明显。西部的后套平原、三湖河平原有完善的引黄灌溉体系，农业生产以利用黄河水为主，地下水主要用于城镇供水和农村居民生活用水（郭素珍和李美艳，2005）。东部的呼包平原历史上一直以开发利用地下水为主，工业生产、城市供水和农业灌溉主要依赖地下水。呼和浩特市对地下水依赖最大，在2004年之前地下水是呼和浩特市工业和城乡居民用水的唯一水源（邢世禄等，2003）。

呼和浩特市、包头市、巴彦淖尔市的城区是地下水开发利用程度最高的区域。鄂尔多斯市管辖的黄河南岸平原分布面积较小，地下水开发利用程度不高。

呼和浩特市地下水资源大规模开发起于20世纪60年代。60年代以前，呼和浩特市生产力水平低下，社会经济十分落后。地下水开采以浅层地下水为主，开采量较小，地下水系统基本处于天然状态。

20世纪60年代至70年代末，呼和浩特市正处于工业化发展过程中，工业用水量开始有大幅度的上升，工业自备井的数量明显增加，但农业生产用水还是占主导地位。

20世纪70年代末至90年代初，呼和浩特市处于改革开放经济快速发展阶段，地下水开采量不断增加。根据市区200km^{2}范围内地下水开采量统计情况（表6.1），1979～1989年地下水开采量以平均每年4.92%的速率增长。地下水开采总量中，浅层地下水开采量所占比例略有下降，承压水开采量持续增加，所占比例由1979年的67.7%，上升到1989年的80.37%。1989年在市区200km^{2}范围内，共有开采井814眼，其中浅层地下水井528眼、承压水井158眼、混采井128眼。

表6.1　呼和浩特市城区200km^{2}范围内地下水开采量历年变化（单位：万m^3）

年份	浅层地下水			承压水				合计
	自备井	农业用水	小计	自备井	农业用水	集中供水	小计	
1979			2396.10	1424.60	360.74	3234.04	5019.38	7415.48
1980	1173.39	1853.75	3027.14	1190.45	783.93	3806.84	5781.22	8808.36

续表

年份	浅层地下水			承压水				合计
	自备井	农业用水	小计	自备井	农业用水	集中供水	小计	
1981	905. 92	1643. 11	2549. 03	1361. 13	628. 01	4042. 06	6031. 20	8580. 23
1982	853. 29	1267. 19	2120. 48	1218. 93	602. 07	4574. 80	6395. 80	8516. 28
1983	689. 24	1168. 32	1857. 56	1318. 81	594. 50	5220. 90	7134. 21	8991. 77
1984	698. 38	1308. 95	2007. 33	1602. 08	257. 04	5987. 12	7846. 24	9853. 57
1985	671. 80	1612. 94	2284. 74	1433. 17	349. 70	6390. 06	8172. 93	10457. 67
1986	873. 57	2620. 04	3493. 61	1653. 06	499. 00	6579. 23	8731. 29	12224. 90
1987	808. 98	1981. 12	2790. 10	1724. 96	352. 63	6350. 23	8427. 82	11217. 92
1988	587. 58	1427. 72	2015. 30	1460. 15	283. 88	7083. 79	8827. 82	10843. 12
1989	571. 47	1780. 95	2351. 52	1628. 80	286. 87	7714. 74	9630. 41	11981. 93

资料来源：内蒙古地质环境监测总站“呼和浩特市地下水资源保护程度论证报告”。

在20世纪90年代，农业生产快速发展，地下水开采量持续增加，浅层地下水开采量增加较大，承压水开采量变化不大。截至1998年，地下水开采井2356眼，开采量达到2.09亿m^3/a。其中浅层地下水井1735眼，开采量为1.04亿m^3/a；承压水井325眼，开采量为0.93亿m^3/a；混采井296眼，开采量为0.12亿m^3/a。

20世纪末至21世纪初期（1999～2005年），呼和浩特市处于市场经济建设过程中的经济转型期，GDP年均增长17.8%。地下水开采量继续增加，截至2005年，地下水开采总量为2.24亿m^3/a，其中承压水开采量为1.15亿m^3/a；浅层地下水开采量为1.09亿m^3/a。2004年引黄入呼工程开始供水，地下水仍是城市供水主要水源。

2005年以来，呼和浩特市城镇化建设加速，城市人口快速增长。GDP年均增速达到22.7%，最高年份达30.9%，水资源需求量也快速增长。由于引黄入呼供水工程供水量逐渐增加，达到10万～15万m^3/d，因此地下水开采量并没有显著增加。截至2010年，地下水开采总量为3.63亿m^3/a，其中承压水开采量为1.96亿m^3/a，浅层地下水开采量为1.16亿m^3/a，山前单一潜水开采量为0.51亿m^3/a。

包头市规模性的开采地下水始于20世纪60年代，1958年市区地下水开采量仅为531万m^3，到1993年，全市地下水开采量达3.35亿m^3，此后多年保持在2.91亿～3.52亿m^3（表6.2）。大规模的地下水开采，导致地下水超采问题突出。1993年潜水开采量为补给量的133.8%，承压水的开采量为补给量的114.6%；2000年，地下水实际开采13837.12万m^3，开采程度达到135%。根据包头市水资源公报，2011年包头市总供水量为108768万m^3，其中地下水源井供水38698万m^3。

巴彦淖尔市地下水开发利用程度较低。地下水主要用于城镇和农村居民生活供水，农业灌溉用水主要依靠黄河水。河套灌区为全国引黄灌溉三大灌区之一，建有配套完善的引黄灌溉系统。20世纪70年代，为了解决灌区排水问题，开始研究井沟的排水效果，在后套平原建成了三道桥、长胜、胜丰、水联、水兰灌域等井排试验点，各旗县也开展了建井工作，实建井数达 1600 多眼；80 年代末，在前旗北部兴建了样板区，建井总数达 1000 余眼。

表 6.2　包头市地下水开采量历年变化表

项目	2004 年	2005 年	2006 年	2007 年	2008 年
地下水资源量/亿 m^3	6.88	6.91	6.57	5.28	6.98
地下水资源开采量/亿 m^3	2.91	3.06	3.33	3.31	3.52
开采利用率/%	42.30	44.30	50.69	62.70	50.47
占总供水量/%	33.10	30.80	33.00	32.50	35.20

资料来源："包头市地下水资源可持续利用及水环境保护研究"，段文阁，包头市水务局。

21 世纪以来，巴彦淖尔市由农业主导型经济向工业主导型经济转变，全市工业和城镇用水快速增加，用水结构发生了较大的改变，地下水开发利用程度有了较大提高。为缓解夏灌期黄河严重缺水带来的旱情，2003 年河套灌区新打机电井 4073 眼，组合井 15099 眼，轻型井 1683 眼，新增井灌区面积为 141.64 万亩。近年来，为解决山前地区农田灌溉问题，建井 190 余眼，控制灌溉面积为 2 万余亩。总体上，巴彦淖尔市年地下水开采量基本维持在 6 亿～7 亿 m^3（图 6.1），2010 年全市行政分区水资源总利用量为 48.604 亿 m^3，其中引黄用水量为 41.809 亿 m^3，其他地表水用水量为 0.129 亿 m^3，地下水用水量为 6.666 亿 m^3。

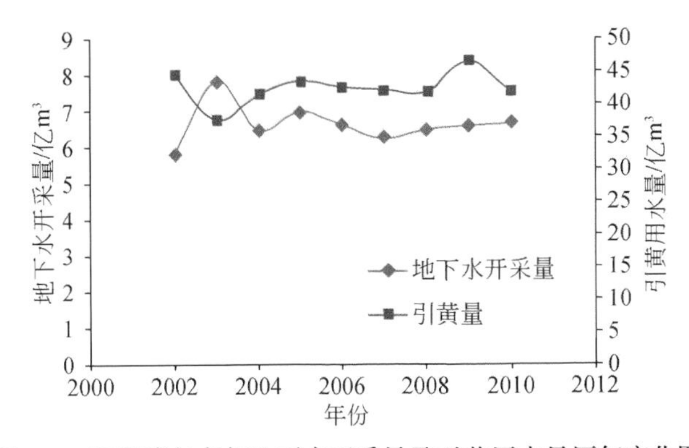

图 6.1　巴彦淖尔市年地下水开采量及引黄用水量历年变化图

二、地下水开采量调查方法

采用区域普查和重点区详查相结合的方法对河套平原地下水开采量进行了调查。调查基准期为 2010 年 8 月。调查内容包括城镇集中供水水源地，企事业自备井，农业灌溉、绿化及生态用水井，以及黄河引水量等。按照地下水类型将地下水分为浅层地下水和承压水分别调查。其中浅层地下水包括山前单一结构含水层潜水。另外，依据前述含水层结构划分，承压水开采量特指中更新统下段承压水的开采量。对于部分地区存在的浅层地下水和承压水混合开采机民井，将其开采量归为浅层地下水开采量。

（一）区域普查

以河套平原涉及的呼和浩特、包头、巴彦淖尔、乌兰察布、鄂尔多斯等五个市的23个旗县（区）为单元开展系统的地下水开采量调查。调查方法以资料收集为主，在资料分析的基础上针对典型用水户进行实地核查。具体调查方法分为如下三个方面。

1. 供水基础设施调查

收集河套平原内各旗县行政区历年地表水源、地下水源和其他水源等三类供水工程的数量、规模和现状供水能力等指标。地表水源工程按照蓄水工程、引水工程、提水工程和调水工程进行分类统计；地下水源工程按浅层地下水和承压水分别统计。

2. 典型用水户调查

按照不同行业，选择典型用水户，统计各典型企业产品、生产规模、年工业产值、取水量、重复用水量、水重复利用率、水源地类型及其规模。

3. 数据整理分析

地表水、地下水和其他水（包括污水处理回用、雨水利用）等多种水源2006～2010年供水量；地下水源供水量按浅层地下水、承压水两个方面进行统计。

按照农业、工业、城镇供水水源三类对2006～2010年历年的供水量和用水量进行数据整理统计。农业用水包括农田灌溉和林牧渔业用水，工业用水按火（核）电工业和一般工业进行用水量统计。城镇集中供水水源包括城镇集中供水水源和农村生活用水。农村生活用水除居民生活用水外，还包括牲畜用水。

（二）重点区详查

选择地下水开采强度最大的呼和浩特市作为重点工作区，详细调查2010年地下水开采量，同时收集2006～2009年地下水开采量资料。

城区地下水开采量调查采用逐井调查方法。在掌握城区水源井分布状况的基础上，对水源地井、企事业自备井、城中村自备井、绿化及生态用水井进行逐井调查，主要调查井位、井深、开采层位、泵的功率、井管尺寸、用电量、开采用途等。建筑基坑降水的开采量以收集资料为主。

农业地区开采量调查采用典型村实际开采量与校正灌溉定额相结合的方法。以乡（镇）为单元调查开采井的类型和数量，在每个乡（镇）选择三个典型村，详细调查典型村开采井类型及数量，以及土地利用类型、种植结构、灌溉面积和时间、农用井耗电量等。根据典型村确定的单井地下水开采量和灌溉定额等数据，综合计算确定乡（镇）地下水开采量。

三、地下水开采现状

2010年，河套平原地下水总开采量达185089.78万m^3。其中浅层地下水开采量为

135818.53 万 m^3，占总开采量的 73.4%，承压水开采量为 49271.25 万 m^3，占总开采量的 26.7%。

(一) 地下水开采量分布

从行政区来看，地下水总开采量呼和浩特市为 49883.47 万 m^3，包头市为 32907.47 万 m^3，巴彦淖尔市为 62210.65 万 m^3，鄂尔多斯市为 39681.22 万 m^3（表 6.3）。

表 6.3　现状年地下水开采量和开采模数表（2010 年）

市	县（区、旗）	面积/km^2	开采量/万 m^3			开采模数/[万 m^3/(km^2·a)]	
			浅层地下水	承压水	合计	浅层地下水	承压水
呼和浩特市	市区	1073.17	11603.89	21694.53	33298.42	10.81	20.22
	土默特左旗	2043.81	6311.34	2864.95	9176.29	3.09	1.40
	托克托县	1353.49	1959.91	437.35	2397.26	1.45	0.32
	和林格尔县	490.4	3008.75	2002.75	5011.5	6.14	4.08
	小计	4960.87	22883.89	26999.58	49883.47		
乌兰察布市	凉城县蛮汉镇	51.98	407.30	0	407.30	7.84	0
包头市	市区	1220.8	9932.17	8841.96	18774.13	8.14	7.24
	土默特右旗	1686.11	9692.11	4440.9	14133.01	5.75	2.63
	小计	2906.91	19624.28	13282.86	32907.14		
鄂尔多斯市	达拉特旗	2321.31	26676.96	7230.51	33907.47	11.49	3.11
	杭锦旗	2558.88	14.57	1758.3	1772.87	0.01	0.69
	准格尔旗	282.49	4000.88	0	4000.88	14.16	0
	小计	5162.68	30692.41	8988.81	39681.22		
巴彦淖尔市	磴口县	2713.87	3840.00	0	3840	1.41	0
	杭锦后旗	1870.2	5660.00	0	5660	3.03	0
	五原县	2474.74	2320.00	0	2320	0.94	0
	乌拉特前旗	4337.43	17042.00	0	17042	3.93	0
	乌拉特中旗	1244.59	17310.00	0	17310	13.91	0
	乌拉特后旗	269.95	4010.00	0	4010	14.85	0
	临河区	2383.32	12028.65	0	12028.65	5.05	0
	小计	15294.09	62210.65	0	62210.65		
合计		28376.53	135818.53	49271.25	185089.78		

根据浅层地下水和承压水开采模数（图 6.2、图 6.3），富水性好的山前冲洪积平原，如大青山山前冲洪积平原、昆都仑冲洪积扇以及狼山–色尔腾山山前冲洪积平原区，地下水开采强度较大，后套平原的乌拉特中旗和乌拉特后旗潜水开采模数最高，分别为 13.91 万 m^3/(km^2·a) 及 14.85 万 m^3/(km^2·a)。承压水开采模数最高的区域为呼和浩特市区和包头市区，开采模数分别为 20.22 万 m^3/(km^2·a) 及 7.24 万 m^3/(km^2·a)。黄河南岸

平原的达拉特旗和准格尔旗浅层地下水的开采强度较大，浅层地下水开采模数达到 11.49 万 m^3/(km^2 · a) 和 14.16 万 m^3/(km^2 · a)。

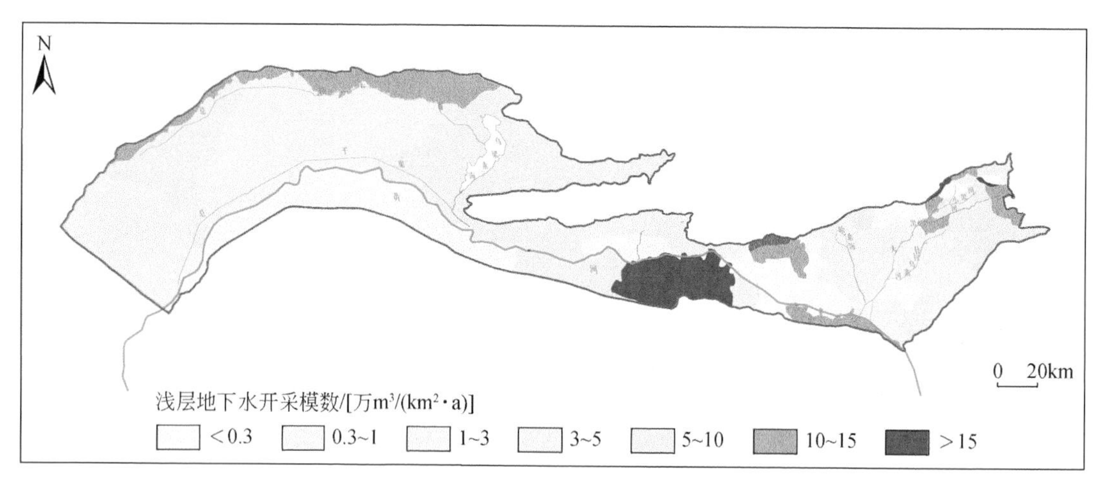

图 6.2　浅层地下水开采模数分布

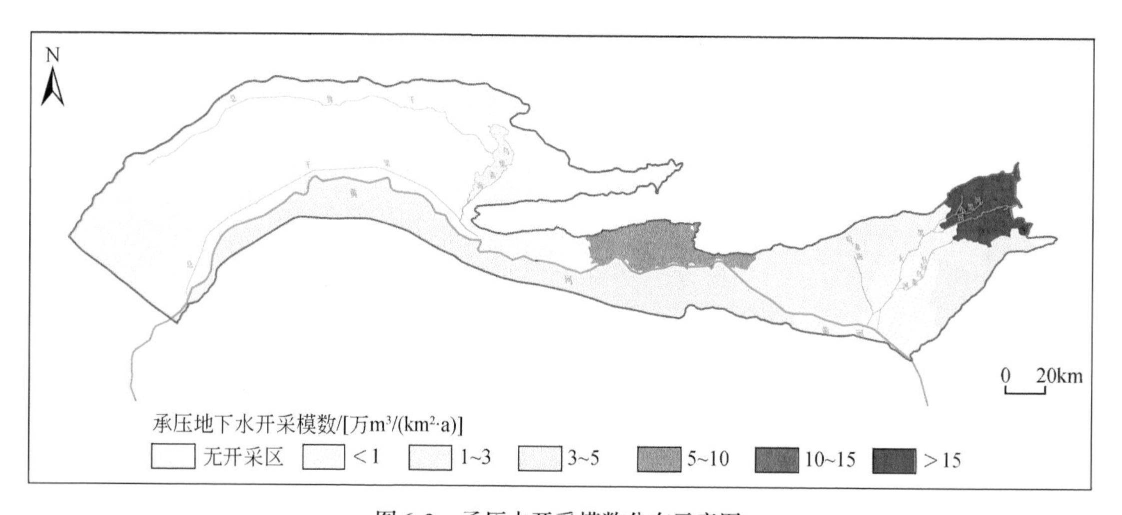

图 6.3　承压水开采模数分布示意图

（二）地下水供水量

1. 城镇集中供水量

2010 年，河套平原主要城镇集中供水水源地地下水总开采量为 24335.86 万 m^3（表 6.4），其中浅层地下水开采量为 8322.04 万 m^3，占总开采量的 34.2%，承压水开采量为 16013.82 万 m^3，占总开采量的 65.8%。

表 6.4　现状年城镇集中供水水源地地下水开采量统计表（2010 年）

（单位：万 m^3）

市	县（区、旗）	浅层地下水	承压水	合计
呼和浩特市	市区	779.45	10771.53	11550.98
	土默特左旗	214.55	766.12	980.67
	托克托县	0	325.06	325.06
	和林格尔县	0	271.11	271.11
	小计	994	12133.82	13127.82
乌兰察布市	凉城县蛮汉镇	0	0	0
包头市	市区	336	2557	2893
	土默特右旗	2004.07	1230.2	3234.27
	小计	2340.07	3787.2	6127.27
鄂尔多斯市	达拉特旗	588.4	65.69	654.09
	杭锦旗	14.57	27.11	41.68
	准格尔旗	0	0	0
	小计	602.97	92.8	695.77
巴彦淖尔市	磴口县	680	0	680
	杭锦后旗	445	0	445
	五原县	700	0	700
	乌拉特前旗	1330	0	1330
	乌拉特中旗	90	0	90
	乌拉特后旗	600	0	600
	临河区	540	0	540
	小计	4385	0	4385
合计		8322.04	16013.82	24335.86

呼和浩特市区供水水源地、包头市区供水水源地，以及乌拉特中旗和乌拉特后旗供水水源地等都处于大青山、狼山–色尔腾山山前冲洪积平原，这些区域成为地下水开采强度较大的地区。呼和浩特市供水水源地地下水总开采量最大，达 13127.82 万 m^3，其中市区供水水源地地下水开采量为 11550.98 万 m^3，主要开采大青山山前平原的承压水和潜水。包头市供水水源地地下水总开采量为 6127.27 万 m^3，其中市区供水水源地地下水开采量为 2893 万 m^3，土默特右旗供水水源地地下水开采量为 3234.27 万 m^3，主要开采市域内大青山山前的承压水和潜水。巴彦淖尔市供水水源地地下水开采量为 4385 万 m^3，其中乌拉特中旗、乌拉特后旗主要开采狼山–色尔腾山山前冲洪积平原潜水，临河区等其他城镇主要以傍河取水形式开采黄河冲积平原浅层水。鄂尔多斯市三个旗供水水源地地下水总开采量较小，为 695.77 万 m^3，主要开采黄河南岸平原浅层地下水。

2. 企事业自备井地下水开采

随着城镇集中供水能力的不断提高和水资源管理的加强，企事业单位自备井正逐步关停或转为应急供水水源井。2010 年，河套平原企事业自备井地下水总开采量为 25723.79 万 m^3（表 6.5），其中浅层地下水总开采量为 20253.33 万 m^3，占总开采量的 78.6%，承压水开采量为 5470.46 万 m^3，占总开采量的 21.4%。呼和浩特市区和包头市区范围是企事业自备井分布最为集中的区域，主要开采承压地下水，其他地区自备井分布较为分散，主要以开采浅层地下水为主。企事业自备井地下水开采总量最大的地区为巴彦淖尔市，开采量为 12195.4 万 m^3，包头市为 7878.15 万 m^3，呼和浩特市为 5625.56 万 m^3。鄂尔多斯市三个旗企事业开采总量最小，为 24.68 万 m^3。

表 6.5　现状年企事业自备井地下水开采量统计表（2010 年）（单位：万 m^3）

市	县（区、旗）	浅层地下水	承压水	合计
呼和浩特市	市区	472.13	4077.39	4549.52
	土默特左旗	0	1076.04	1076.04
	托克托县	0	0	0
	和林格尔县	0	0	0
	小计	472.13	5153.43	5625.56
乌兰察布市	凉城县蛮汉镇	0	0	0
包头市	市区	3000	233.34	3233.34
	土默特右旗	4585.8	59.01	4644.81
	小计	7585.8	292.35	7878.15
鄂尔多斯市	达拉特旗	0	0	0
	杭锦旗	0	24.68	24.68
	准格尔旗	0	0	0
	小计	0	24.68	24.68
巴彦淖尔市	磴口县	1120	0	1120
	杭锦后旗	1260	0	1260
	五原县	940	0	940
	乌拉特前旗	2950	0	2950
	乌拉特中旗	480	0	480
	乌拉特后旗	1060	0	1060
	临河区	4385.4	0	4385.4
	小计	12195.4	0	12195.4
合计		20253.33	5470.46	25723.79

3. 农业地下水开采

2010 年，河套平原农业地下水总开采量达 130918.19 万 m^3，占到河套平原地下水总开采量的 70.72%。农业地下水开采量中浅层地下水开采量为 101131.20 万 m^3，占 77.24%；承压地下水开采量为 28428.52 万 m^3，占 22.76%（表 6.6）。

表 6.6 农业地下水开采量统计表（2010 年）

市	县（区、旗）	面积/km^2	开采量/万 m^3			开采模数/[万 m^3/(km^2·a)]	
			浅层地下水	承压水	合计	浅层地下水	承压水
呼和浩特市	市区	1073.17	6913.72	6845.62	13759.34	6.44	6.38
	土默特左旗	2043.81	5524.37	1022.79	6547.16	2.70	0.50
	托克托县	1353.49	1959.91	112.29	2072.2	1.45	0.08
	和林格尔县	490.4	3008.75	1731.64	4740.39	6.14	3.53
	小计	4960.87	17406.75	9712.34	27119.09		
乌兰察布市	凉城县蛮汉镇	51.98	407.3	0	407.3	7.84	
包头市	市区	1220.8	4596.17	8051.62	12647.79	3.76	6.60
	土默特右旗	1686.11	3102.24	3151.7	6253.94	1.84	1.87
	小计	2958.89	8105.71	11203.32	19309.03		3.79
鄂尔多斯市	达拉特旗	2321.31	26088.56	7164.83	33253.39	11.24	3.09
	杭锦旗	2558.88	0	1706.5	1706.5	0.00	0.67
	准格尔旗	282.49	4000.88	0	4000.88	14.16	
	小计	5162.68	30089.44	8871.33	38960.77		
巴彦淖尔市	磴口县	2713.87	2720	0	2720	1.00	
	杭锦后旗	1870.2	4400	0	4400	2.35	
	五原县	2474.74	1380	0	1380	0.56	
	乌拉特前旗	4337.43	14092	0	14092	3.25	
	乌拉特中旗	1244.59	16830	0	16830	13.52	
	乌拉特后旗	269.95	2950	0	2950	10.93	
	临河区	2383.32	2750	0	2750	1.15	
	小计	15294.1	45122	0	45122		
	合计	28428.52	101131.2	29786.99	130918.19		

从行政区来看，农业地下水开采量巴彦淖尔市最大，为 45122 万 m^3，其次鄂尔多斯市为 38960.77 万 m^3，呼和浩特市为 27119.09 万 m^3；包头市农业地下水开采量最小，为 19309.03 万 m^3。

从农业地下水开采模数来看，后套平原农业地下水开采模数总体上最小，除乌拉特中旗和乌拉特后旗因为处于引黄灌区之外，主要为井灌区，农业地下水开采模数较大，其他地区农业用水主要为黄河水，地下水开采模数较小，为 0.56 万 ~ 3.25 万 $m^3/(km^2 \cdot a)$。呼和浩特市区及包头市区主要处于山前冲洪积平原，农业灌溉主要为井灌区，地下水开采模数较大，特别是承压水开采量较大；其他旗、县农业灌溉以黄河水为主，地下水开采较小。黄河南岸平原鄂尔多斯市的达拉特旗和准格尔旗经济结构以农业为主，农业灌溉主要开采浅层地下水，开采模数可达 11.24 万 ~ 14.16 万 $m^3/(km^2 \cdot a)$。

（三）重点城市地下水开采量

呼和浩特市是河套平原中对地下水依赖程度最高的城市。地下水是呼和浩特市的主要供水水源，在 2006 年“引黄入呼工程”供水之前是呼和浩特市唯一的供水水源。地下水在国民生产建设和居民生活中具有举足轻重的地位。本次工作将呼和浩特市作为重点区，对地下水开采量进行了详细调查。

现状 2010 年地下水开采量为 27775 万 m^3（表 6.7），占总用水量的 87.1%。根据地下水开采用途，将地下水开采量分为地下水水源地集中开采、企事业自备井开采、城中村自备井开采、农村居民生活用水开采、农业灌溉用水开采、城市生态用水开采和城市建设基坑疏干排水。

表 6.7　2010 年地下水开采现状统计表　（单位：万 m^3）

项目	地下水水源地	企事业自备井	城中村自备井	农村居民生活用水	农业灌溉用水	城市生态用水	建筑基坑疏干排水	合计	占开采总量/%
潜水	0	500.4	103.3	622	2416.4	0	0	3642.1	13
浅层地下水	0	0	300.7	0	3847.4	0	4011	8159.1	29
承压水	7526.2	2172.8	1524	578.8	3639.5	532.5	0	15973.8	58
合计	7526.2	2673.2	1928	1200.8	9903.3	532.5	4011	27775	100
占开采总量/%	27.1	9.7	6.9	4.3	35.6	1.9	14.5	100	

1. 地下水水源地集中开采

呼和浩特市区建有地下水水源地 1 个，设有 10 个水厂进行地下水集中开采（表 6.8）。10 个水厂共 129 眼水源井。根据 2010 年开采量逐井调查数据，城区地下水水源地集中开采量为 7526.2 万 m^3，日平均开采量 20.6 万 m^3，全部开采承压水。

表 6.8　现状年呼和浩特城区地下水水源井开采量统计表（2010 年）

水厂	井数	设计供水能力/(万 m^3/d)	开采量/万 m^3
一水厂（西郊水厂）	15	2.90	2.05
二水厂（东郊水厂）	21	5.30	5.12
三水厂（南水厂）	15	4.20	2.74
四水厂（北水厂）	18	5.00	3.14

续表

水厂	井数	设计供水能力/(万 m^3/d)	开采量/万 m^3
五水厂（西水厂）	16	3.10	2.42
六水厂（东门外水厂）	10	2.70	2.36
七水厂（金川水厂）	11	2.40	1.62
八水厂（如意水厂）	10	2.50	0.96
九水厂（白塔水厂）	4	1.50	0.14
呼钢水厂（后备水源）	9	2.40	0.07
合计	129	32.00	20.62

地下水开采主要用于城区和城镇的居民生活用水、工业用水和第三产业用水量。根据《2010年呼和浩特市统计年鉴》分析，其中居民生活用水量为4575.9万 m^3，工业生产用水量为2310.5万 m^3，其他用水量为639.8万 m^3。

2. 企事业自备井开采

企事业自备井主要指城区范围内的高校、机关单位、企业公司、工业园区的自备水源井。根据2010年逐井开采量调查数据，企事业自备井共有505眼，其中工业园区水源井30眼，总开采量为2673.2万 m^3，日平均开采量为7.32万 m^3。主要开采承压水和山前单一结构含水层潜水，其中潜水开采量为500.4万 m^3，承压水开采量为2172.8万 m^3。

按地下水开采用途划分，工业生产开采井150眼，开采量为1441.45万 m^3；居民生活用水开采井107眼，开采量为404.5万 m^3；城市生态绿化用水开采井31眼，开采量为189.0万 m^3；第三产业用水开采井217眼，开采量为638.3万 m^3。

3. 城中村自备井开采

城中村自备井是指城区范围内未改造完成的城中村自备饮用水水源井。城中村自备井主要分布在城区二环路附近，共有51眼。根据2010年逐井开采量调查数据，其开采量为1928.0万 m^3，其中潜水开采量为103.3万 m^3，承压水开采量为1524.0万 m^3，浅层地下水开采量为300.7万 m^3。

4. 农村居民生活用水开采

农村居民生活用水包括农业区内15个乡镇的居民生活及牲畜饮用水。根据2010年“典型村典型井”调查数据，开采量为1200.8万 m^3，其中潜水开采量为622万 m^3，承压水开采量为578.8万 m^3，主要用于农村居民生活及牲畜饮用水。

5. 农业灌溉用水

农业灌溉开采量是呼和浩特市地下水开采量的主要部分，据多年平均开采量统计数据，占到地下水开采量的55.4%。对工作区内有农业生产的15个乡镇，按“典型村典型井”的方法进行调查，2010年开采量为9903.3万m^3，其中山前单一潜水开采量为2416.4万m^3，承压地下水开采量为3639.5万m^3，浅层地下水开采量为3847.4万m^3。

6. 城市生态用水开采

城市生态用水主要包括城市绿化、道路冲洗及城市景观河道用水。2010年城市生态用水开采量为532.5万m^3，其中城区绿化、道路冲洗等用水量为350万m^3，景观河道用水为182.5万m^3。

7. 城市建筑基坑疏干排水开采

随着城市建设的快速发展，建筑基坑疏干排水也是浅层地下水不可忽略的开采量。经水资源管理部门统计，2010年城区建筑基坑排水量为4011.0万m^3（表6.7）。

第二节　地下水资源开发利用经济效益分析

一、地下水资源经济效益评价方法

地下水资源支撑度是指在经济社会发展过程中，地下水对居民生活、工业、农业、环境等经济社会各方面的综合支撑程度。地下水资源支撑度越高，地下水在经济社会中所起的作用就越大，因地下水开发利用所带来的社会效益、经济效益和环境效益就越高；反之，地下水资源支撑度越低，地下水在经济社会中所起的作用就越小，因地下水开发利用所带来的社会效益、经济效益和环境效益就越不明显。杨建锋等（2007）提出采用地下水资源支撑度评价地下水资源经济效益。本次评价采用该方法对河套平原地下水资源的支撑度进行评价。

地下水资源支撑度包括地下水资源依存度和地下水资源可持续度，具体评价指标详见图6.4。

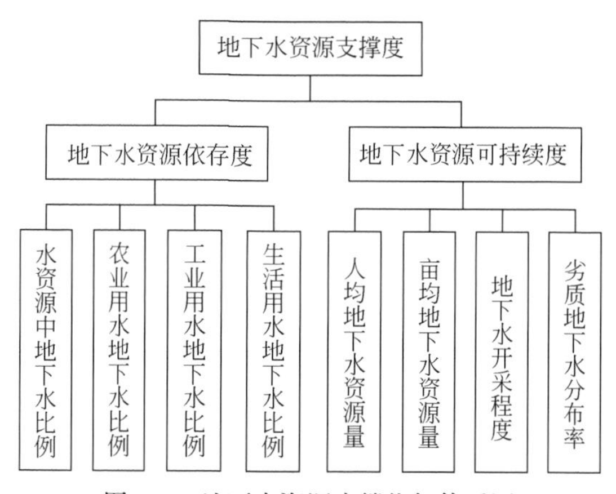

图6.4　地下水资源支撑指标体系图

地下水资源支撑度按下式计算：

$$G_k = \sum_{i=1}^{n} w_i \sum_{j=1}^{m} w_j x_{jk} \tag{6.1}$$

式中，G_k为 k 地区地下水资源支撑度，其数值越大，地下水对经济社会发展的支撑度就越高；w_i为主体评价指标的权重；w_j为群体指标的权重；x_{jk}为各群体的指标标准值；n 为主体评价指标的个数；m 为群体评价指标的个数。

群体的指标标准值根据指标实际值计算得到。对于越大越优型指标（如人均地下水资源量），计算公式如下：

$$x_{jk} = \frac{X_{jk} - X_{j\min}}{X_{j\max} - X_{j\min}} \tag{6.2}$$

对于越小越优型指标（如地下水开采程度），计算公式为

$$x_{jk} = \frac{X_{j\max} - X_{jk}}{X_{j\max} - X_{j\min}} \tag{6.3}$$

式中，X_{jk}、$X_{j\max}$和 $X_{j\min}$分别为 k 地区 j 指标实际值、所有地区中 j 指标最大值和最小值。

权重 w_j的确定方法：通过指标间的两两对比来描述因素之间的相对重要程度，即每次比较两个因素，而衡量相对重要的差别采用 1 ~ 5 比率标度法，从而形成一个判断矩阵；然后求解判断矩阵的特征向量，即可获得各指标的权重。权重 W_i的确定采用专家经验确定。

二、地下水资源支撑度

河套平原水资源中地下水所占比例为 26.39%，农业用水中地下水所占比例为 21.87%，工业用水中地下水比例为 50.69%，生活用水中地下水比例为 92.97%，人均地下水资源量为 308.37 万 m^3，亩均地下水资源量为 82.09m^3，地下水开采程度为 75%，劣质地下水分布率为 18.4%。据此计算出河套平原地下水依存度为 0.53，依存度较高；地下水资源可持续度为 0.56，可持续度为中等；地下水资源支撑度为 0.54，说明地下水对河套平原支撑度较高。

三、重点城市地下水对经济发展贡献率

地下水是呼和浩特市最重要的供水水源，选择呼和浩特市为典型城市进行地下水对经济发展贡献率评价。

1. 地下水对不同行业用水的贡献率

地下水在呼和浩特市用水的比例特大，其中，农业用水地下水所占比例为 62%，工业用水地下水所占比例为 80.21%，生活用水地下水所占比例为 71.3%，地下水对不同行业用水的贡献非常大。

2. 地下水对区域经济发展支撑作用

为定量反映地下水对区域经济发展的作用，根据地下水对不同行业供水的贡献率和当年不同行业产值对 GDP 的贡献，计算出地下水对区域 GDP 的综合贡献率，本次计算过程中，主要按三次产业划分来计算。算式如下：

$$R_{\mathrm{GW-GDP}} = \sum_{i=1}^{3} R_{\mathrm{IND-GDP}(i)} * R_{\mathrm{GW-IND}(i)}$$

式中，$R_{\mathrm{GW-GDP}}$为地下水对区域 GDP 的综合贡献率,%；$R_{\mathrm{IND-GDP}(i)}$为不同产业对 GDP 贡献率,%；$R_{\mathrm{GW-IND}(i)}$为地下水对不同行业供水贡献率,%。

按三次产业划分标准（国统字〔2003〕14 号），第一产业包括：农、林、牧、渔业，基本相当于农业用水统计范围；第二产业包括：采矿业、制造业、电力、燃气及水的生产和供应业、建筑业，并进一步划分为工业和建筑业，基本与工业用水统计范围相当；第三产业包括：交通运输、仓储和邮政业、信息传输、计算机服务、软件业、批发和零售业、住宿和餐饮业、金融业、房地产业、租赁和商务服务业、科学研究、技术服务和地质勘查业、水利、环境和公共设施管理业、居民服务和其他服务业、教育、卫生、社会保障和社会福利业、文化、体育和娱乐业、公共管理和社会组织等，均包含在生活用水统计范围内。因此，地下水对不同产业的贡献率分别以农业用水与第一产业对应、工业用水与第二产业对应、生活用水与第三产业对应，基本可以反映地下水对经济发展的贡献。

根据《2011 年呼和浩特市统计年鉴》获取了 2010 年第一产业、第二产业、第三产业的地区生产总值，通过上式的计算得到地下水对呼和浩特市 GDP 的综合贡献率为 85.8%。可见，地下水在呼和浩特市的社会经济发展中发挥了重要的支撑作用。

根据《2011 年呼和浩特市统计年鉴》，呼和浩特市的 GDP 年增长速率为 13%，乘以地下水对 GDP 的综合贡献率后，得出地下水支撑的 GDP 增长速率为 11.2%。因此，呼和浩特市区域社会经济的可持续发展，必须重视地下水资源的合理开发利用。

第三节　地下水资源开发利用问题

一、开采井布局上过于集中，地下水超采严重

工作区内呼和浩特市、包头、临河等主要城市集中供水水源井过于集中。例如，呼和浩特市集中供水水源井 129 眼、企事业单位自备井 532 眼、城中村自备井 51 眼呈东西条带状分布于城区北部，相对集中于 200～300km² 范围内。长期集中过量开采地下水，导致区域地下水位持续下降，城区内形成区域地下水降落漏斗。

二、缺乏水资源开发利用统筹规划，平原区地下水补给大量减少

河套平原周边山区是平原区地下水补给的主要来源。大量的山区水库、截伏流等水利

工程致使平原区的地下水侧向补给量大量减少。以呼和浩特市为例，几十年来在北部山区除了建有五一水库、乌素图水库、哈拉沁水库处，还修建有大量的沟截伏流工程。据统计，截至2010年呼和浩特市北部大青山及东部蛮汉山共有截伏流工程35处，年开采量达1700万m^3。

三、城镇化建设导致地下水入渗补给减少

随着城区范围的扩大，地面硬化范围增大，造成降水入渗补给量大量减少。据统计，呼和浩特市城区面积由中华人民共和国成立初期的9km^2变为1984年的54km^2，至2005年为135km^2，2010年城区范围已经扩大至154km^2，根据呼和浩特市“十二五”规划，城区范围在2015年将达到260km^2，2020年达到299km^2。随着城市化发展，城区及周边城镇内道路硬化和建筑覆盖面积随之增大。地面硬化阻碍了雨水下渗，同时加大了降水径流速度。据调查，自然地表的降雨平均径流系数一般小于0.3。而硬化地表的降雨径流系数一般大于0.7。地面硬化后的径流系数比原地面增加0.4以上，大气降水多由下水道排入市政管网。按呼和浩特市多年平均降水量409mm计，地表硬化后每年要平均流失雨水163.6mm，按全市硬化面积100km^2计算，每年全市要有1636万m^3的雨水流失。

四、地下水资源利用不合理

总体上来说，河套平原水资源优化配置和统筹利用不够，地下水优质优用原则体现不足，地下水过量开采问题突出。一是地下水水源地集中供水中仍有相当部分用于工业生产；二是部分城市的工业园区用水、景观河道用水、生态绿化用水仍在开采地下水；三是农业生产大量开采地下水，是造成区域地下水水位下降的重要因素；四是建筑基坑排水问题突出，地下水资源浪费严重。因此，统筹规划水资源利用，将地下水资源主要用于生活用水，黄河水主要用于工业生产，再生水主要用于景观河道用水、生态绿化用水，实现分质供水，是迫切需要解决的问题。

五、浅层地下水污染严重

河套平原浅层地下水污染程度高、污染物种类多、污染范围广。较重污染、严重污染和极重污染区域所占比例高达53.2%。与浅层地下水相比，承压水污染程度较轻，但检出的污染物种类也较多，局部出现严重污染现象，且检出多种有机污染物。主要检出指标为硝酸盐、亚硝酸盐、溶解性总固体、总硬度。其主要成因为大量的农药、化肥的施用、工业废水与生活污水未经处理任意排放，通过渠道、河流以及污灌进入地下水，造成了地下水污染。

第七章　地下水系统演化及其环境效应

在气候变化和人类活动影响下，河套平原地下水系统自然演化过程发生了明显的变异。特别是人类活动，已经成为地下水系统演化的主要驱动因素。呼包平原是人类活动强度最大的区域，地下水系统的演变最为明显和剧烈，本章重点讨论呼包平原地下水系统演变及环境效应。

第一节　地下水补给、径流、排泄条件的变化

一、补给条件变化

（一）降水入渗补给变化

降水入渗补给变化主要表现为降水量的变化和降水入渗条件的变化。

1. 降水量变化

20 世纪 50 年代至 2010 年，河套平原呼和浩特市、包头市和巴彦淖尔市三个重点城市的降水量年际变化较大，呈明显的周期性变化，年降水量总体上呈减少趋势（图 7.1）。呼和浩特市和包头市 50 年代年平均降水量最高，分别达到了 447.71mm 和 335.03mm，至 60 ~ 80 年代年平均降水量逐渐减少。此后达到相对稳定状态，90 年代略增加，至 21 世纪

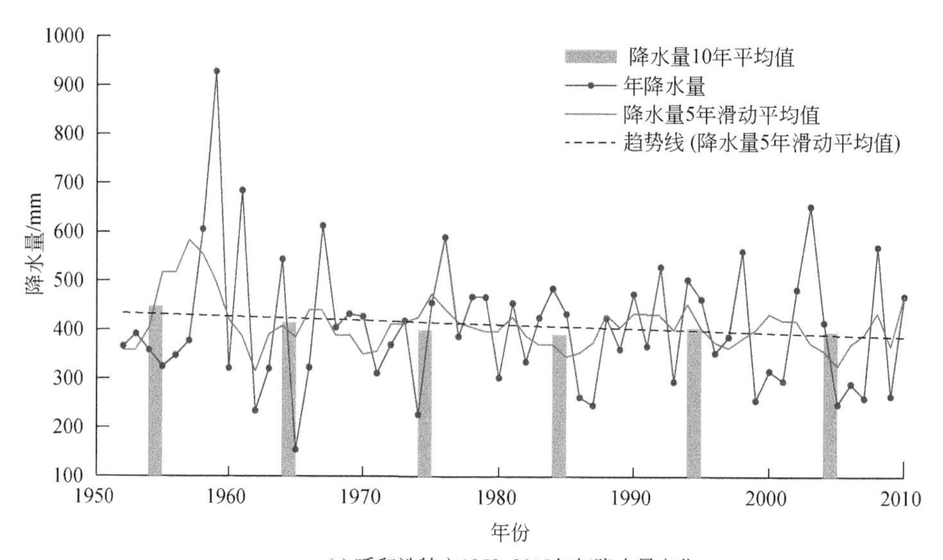

(a) 呼和浩特市1952~2010年年降水量变化

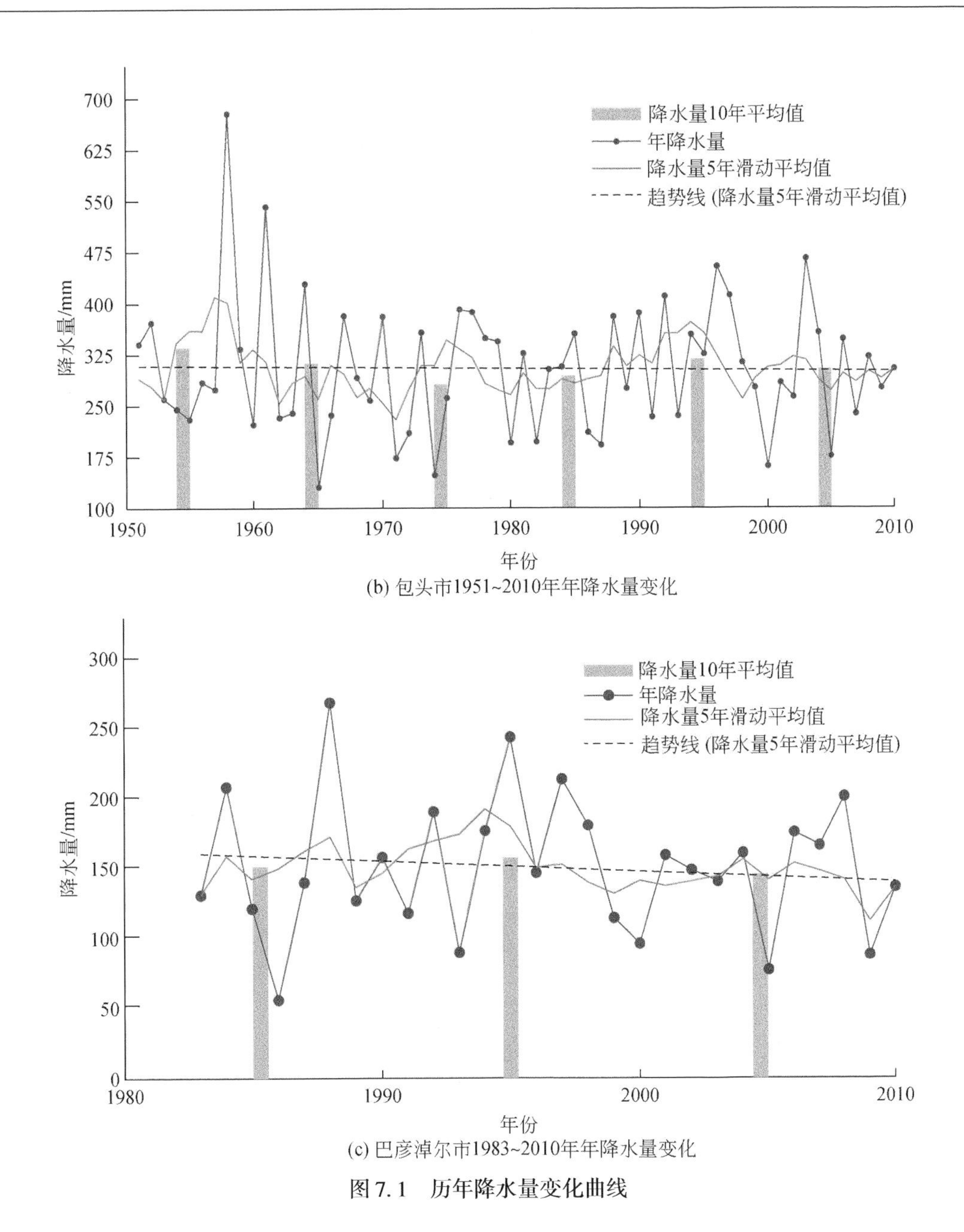

(b) 包头市1951~2010年年降水量变化

(c) 巴彦淖尔市1983~2010年年降水量变化

图 7.1　历年降水量变化曲线

前 10 年平均降水量有所减少，分别为 395. 49mm 和 303. 05mm，略高于 20 世纪 80 年代。巴彦淖尔市降水量整体较低，1983 ~2010 年均仅为 150. 96mm。该地区 80 ~90 年代年平均降水量超过了 150. 00mm，至 21 世纪前 10 年年平均降水量降至了 145. 15mm。

2. 降水入渗条件变化

降水入渗量的大小受地形、地貌、包气带岩性及厚度、降雨强度、植被和路面硬化等多方面因素的共同影响。近些年来，河套平原浅层地下水水位的区域性下降、包气带厚度的增大，以及城市化范围的扩大都会造成降水入渗补给量的变化。

包气带厚度是影响降水入渗补给的一个重要因素。在呼和浩特地区，除了北部山前冲洪积平原水位埋藏较大外，受地下水超采的影响，大黑河冲洪积平原东部浅层水的水位埋深越来越大，包气带厚度大多超过了5m。根据杭锦后旗均衡试验场取得的数据，地表岩性为粉砂时，包气带厚度在5～7m时的降水入渗系数为0.266，而厚度在1～2m时入渗系数为0.474，可见包气带厚度的增加使降水入渗补给地下水的能力明显下降。

此外，随着城镇化建设发展，城市地面硬化区域也随之增大。地面硬化一方面阻碍了降水下渗，另一方面增加了地表产流量。据调查，自然地表的降雨平均径流系数一般小于0.3，而硬化地表的降雨径流系数一般大于0.7，地面硬化后的径流系数比自然地表增加了1倍以上。而根据本次遥感影像解译的成果，呼和浩特市区1976年城镇面积为176.99km²，仅占总面积的0.62%，2007年城镇面积达到497.55km²，占总面积的1.73%，比1976年增长了近2倍，城镇化范围的扩张将显著降低市区降雨入渗补给地下水量。

（二）地表水入渗补给变化

1. 河渠渗漏变化

河渠渗漏量包括引水渠系渗漏量和河道渗漏量。呼包平原河道渗漏补给量的减少体现在两方面：一是河流上游径流量减少；二是城市景观河河道衬砌。下面以大黑河为例进行说明。

大黑河是呼和浩特市最大的河流，其河道渗漏补给量是地下水的主要补给来源之一。根据美岱水文监测站资料显示：大黑河地表径流量逐年下降，2005年以前大黑河的多年平均径流量为5613万m³，2005年至今，多年平均径流量骤减至467万m³，仅为2005年以前历史平均年径流量的8.3%（图7.2）。河流径流量的减少使得河流在向平原区径流过程中河道渗漏补给地下水的数量也随之减小。

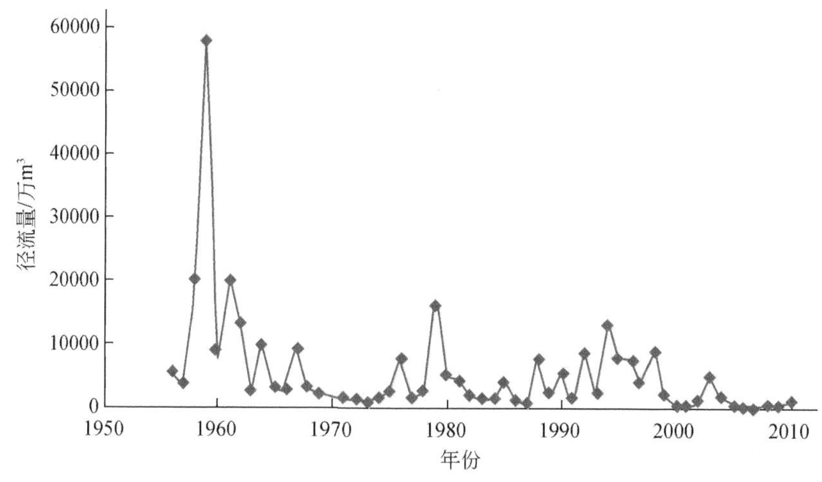

图7.2　大黑河美岱水文监测站年径流量变化曲线

近年来，呼和浩特市对流经市区的季节性河流河道进行了城市景观河改造，将河道进行了衬砌，使得小黑河、扎达盖河（西河）、哈拉沁沟（东河）等季节性河流河道渗漏量全部消失。

河套灌区从1998年开始施行节水改造工程，共衬砌永刚分干渠、杨家河干渠、永济干渠、义和干渠等支渠以上骨干渠道83km。以灌区衬砌工程实施最早的杨家河干渠为例，衬砌后渠道水利用系数由原来的0.74提高到0.94，渠系的渗漏补给量也相应减少（王喜民和步丰湖，2004）。

2. 灌溉水量变化

从2001年河套灌区节水改造工程实施以来，灌区灌溉引水量有了明显减少，见图7.3。1980~2000年年均引水量为50.49亿m^3，2001~2004年年均引水量减少至45.44亿m^3，2005~2010年年均引水量增加到47.10亿m^3。灌区引水量的增加会相应增大灌渠的渗漏补给量和灌溉入渗补给量。

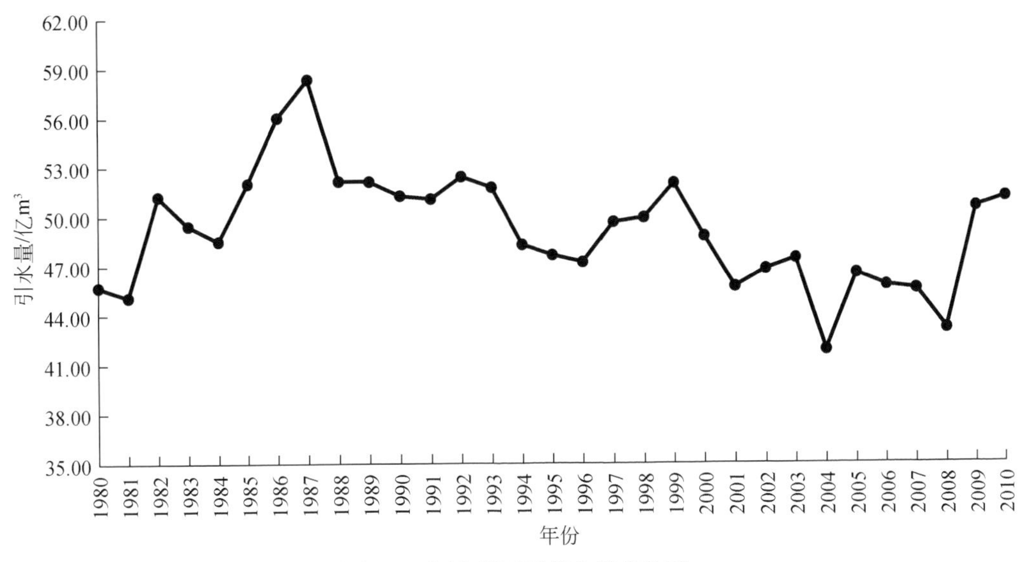

图7.3　河套灌区引黄水量变化图

（三）山区侧向补给变化

山区侧向径流补给减少的原因除大气降水减小等自然因素外，水库和截伏流等水利工程的修建是最主要的影响因素。

1. 水库影响

从20世纪50年代至今，在北部大青山山区内修建的主要水库有呼和浩特地区的五一水库、乌素图水库、哈拉沁水库以及包头地区的昆都仑水库。除乌素图水库没有蓄水外，其他水库均已蓄水。水库的修建几乎全部截断了山区河谷地下水潜流对平原区地下水的补给，也减少了洪水对山前倾斜平原地下水的渗漏补给量。

以昆都仑水库为例，昆都仑水库位于昆都仑河下游，河流出山口上游5km处。它于1959年11月建成落闸蓄水，控制流域面积为2627km^2，设计库容为6700万m^3（张建军，2009）。水库的修建大量减少了昆都仑河对地下水的径流补给量，同时，由于失去了上游来水水源，出山口处河道已经全部干涸，城区内的河道也已被衬砌，改造成景观河。

2. 截伏流工程影响

山区河谷潜流地下水是平原区地下水的主要补给来源，山区截伏流工程减少了平原区地下水的补给来源。呼和浩特市周边山区内就有大小截伏流工程35处，年开采量约1794.98万m^3（表7.1）。

表7.1　呼和浩特市周边截伏流工程基本情况表

乡镇	截伏流名称	经度	纬度	位置	年开采量/万m^3
黄合少镇	美岱截伏流	1120002.2	404712.9	美岱村	57.60
	朝阳截伏流	1120419.7	404442.9	东五十家村	144.48
榆林镇	什俱窑截伏流	1120706.2	405441.2	什俱窑村	80.00
	三应窑截伏流	1120103.9	405432.4	三应窑村	0.72
	古力板截伏流	1120706.2	405441.2	古力板村	10.08
金河镇	后三富截伏流	1115227.2	404656.7	后三富村	144.00
攸攸板镇	段家窑截伏流	1113520.66	40543.78	段家窑村	2.88
	乌素图截伏流	1113311.34	405019.21	乌素图村	108.00
	坝口子截伏流	1113541.29	495241.33	坝口子村	2.88
毫沁营镇	红山口截伏流	1113809.44	405402.63	红山口村	1.98
	哈拉沁截伏流	1114230.7	405508.94	哈拉沁村	17.28
	哈拉更截伏流	1114502.53	405640.25	哈拉更村	103.68
	讨思浩截伏流	1114732.74	405553.37	讨思浩村	34.56
保合少镇	面铺窑截伏流	1115836.81	405856.66	面铺窑村	69.12
	水泉截伏流	1120012.14	405544.66	水泉村	25.92
	奎素截伏流	1115323.98	40559.78	奎素村	207.36
	古路板截伏流	1114918.7	405601.36	古路板村	23.40
蛮汉镇	东沟门截伏流	1120758.5	403523.1	东沟门村	138.24
	菜园子截伏流	1121216.6	403632.2	菜园子村	69.12
	高家窑截伏流	1131441.9	403751.8	高家窑村	103.68
其余15个截伏流		分布于大青山一些小的支沟里			450.00
总计					1794.98

二、地下水径流条件变化

1. 地下水径流强度变化

多期地下水等水位线对比发现，呼包平原东部浅层地下水径流区同一高程的等水位线在向平原周边扩展，如平原区1060m等水位线2010年比1985年向外围扩展了2～6.5km，1000m等水位线向东北方向外扩展了1～4km，表明了区域浅层地下水水位持续降低。浅层地下水水位的下降导致地下水从山前向哈素海排泄的水力坡度降低，使地下水径流减弱。在山前倾斜平原潜水区，潜水水位降低使得潜水向冲湖积平原浅层地下水的侧向径流强度减弱。在山前倾斜平原潜水水位下降至浅层含水层底板以下的区域，山前单一结构含水层潜水向冲湖积平原浅层地下水的侧向径流消失。

2. 地下水流场变化

从20世纪80年代中期开始，在呼和浩特市和包头市都形成了较大规模的地下水降落漏斗。地下水降落漏斗的形成与发展，改变了局部地下水流场流向和流速，形成了以降落漏斗为中心的局部地下水流系统。

3. 含水层系统水力联系变化

在天然状态下呼包平原承压水水头高于浅层地下水水位。大规模开采承压水，导致其水位下降幅度大于浅层地下水位下降幅度，目前，承压水水头远小于浅层地下水水位，从而改变了浅层含水层和承压含水层之间的越流补排关系。原来，承压水水位高于浅层地下水水位，淤泥质黏土层厚度薄的地区，承压水越流补给浅层地下水，而现在承压水开采目的层成为浅层地下水向下越流补给的对象。

三、排泄条件变化

1. 地下水排泄方式变化

天然条件下，地下水排泄主要是径流、蒸发与向河流排泄。目前，在地下水主要开发利用区，地下水排泄已由以径流排泄占绝对优势转为以人工开采为主，这是排泄条件发生的最大变化。以包头市为例，从20世纪60年代至今，地下水开采量不断增加。1958年，市区开采地下水量为531万m^3，到1993年全市地下水开采量增加到3.35亿m^3，到2008年地下水开采量增加到3.52亿m^3。人工开采已成为地下水的主要排泄方式。

2. 泉和地下水溢出带变化

20世纪80年代以前，在呼和浩特大青山山前倾斜平原向大黑河冲洪积平原的交错区，有许多泉出露。根据现状调查的结果，目前大青山山前出露的泉水绝大部分已消亡。

3. 地下水蒸发量变化

浅层地下水蒸发是工作区冲湖积平原浅层地下水的主要排泄方式之一。浅层地下水通过包气带土层的毛细作用和植物蒸腾作用向大气蒸散发，其蒸发量与包气带岩性、水位埋深、空气饱和度和水面蒸发量等因素密切相关。一般浅层地下水自然蒸发量随水位埋深增大而减小，超过蒸发临界深度则停止蒸发。据包头市地下水均衡试验场资料，当浅层地下水水位埋深大于5m时，蒸发几乎停止。

由于地下水过量开采，呼包平原东部出现了区域性地下水水位下降。大黑河冲湖积平原浅层水水位埋深小于5m的范围在逐渐减小。1985年浅层地下水水位埋深小于5m的区域为2915km^2，到2010年水位埋深小于5m的区域面积已减小至1855km^2，如图7.4所示，面积减小了1/3，浅层地下水水位的降低使浅层地下水的蒸散发量减小。

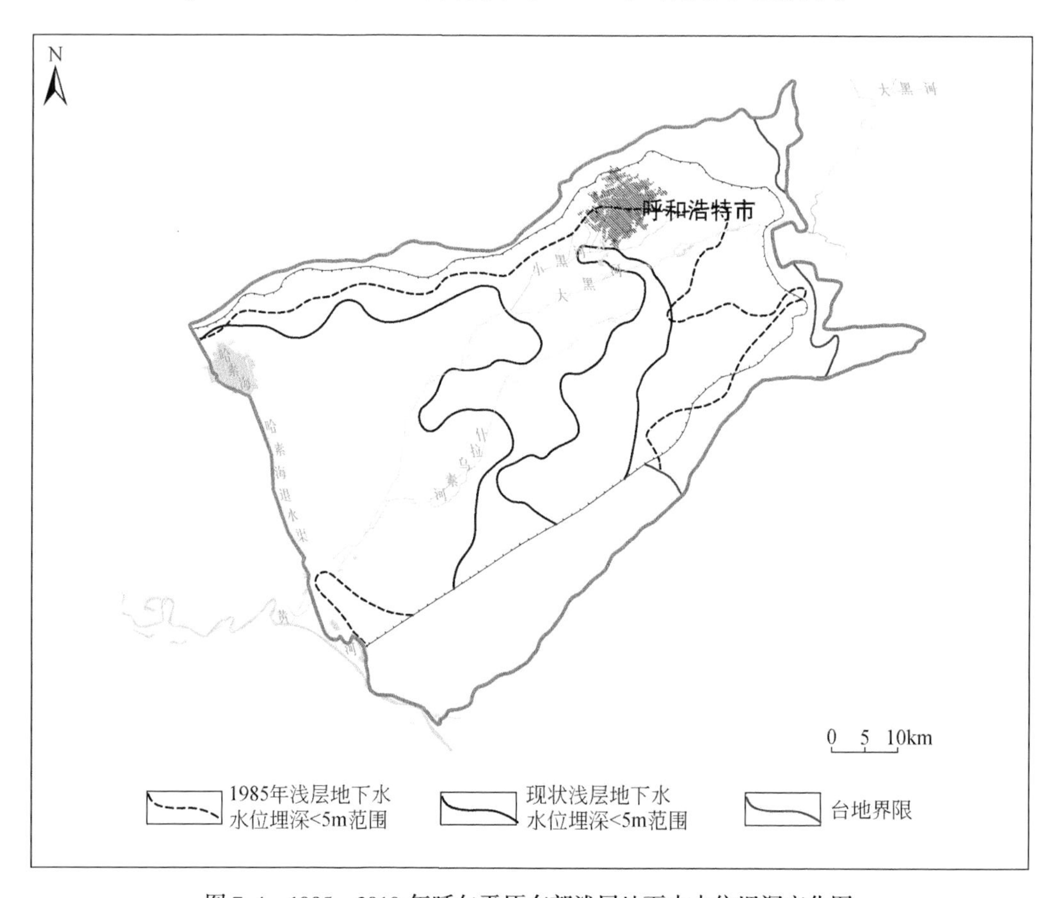

图7.4 1985～2010年呼包平原东部浅层地下水水位埋深变化图

第二节 地下水流场演变

近50年来，人类活动对地下水系统的影响日益增加。作为对人类活动作用的响应，区域地下水流场发生了明显的变化，主要表现为区域地下水水位持续下降，浅层地下水出现了疏干区，承压水出现了区域降落漏斗和无压区，浅层地下水和承压水间越流的改变等。区域地下水流场的演化特征表现出了与人类活动强度在时间和空间上变化的一致性，如区域地下水下降速率与人类活动在时间上的强弱变化相一致；而在空间上城区是地下水流场变化最大的区域，地下水降落漏斗、疏干区、无压区均出现在城区及周边地区。

一、区域地下水水位下降

（一）浅层地下水

从2006～2010年工作区浅层地下水水位年均下降速率（图7.5）来看，浅层地下水水位下降的区域主要分布在呼包平原的呼和浩特市、土默特左旗、土默特右旗北部山前一带，三湖河平原的包头市西部，黄河南岸的达拉特旗中部，后套平原的乌拉特后旗和乌拉特中期德岭山一带以及佘太盆地西南部的额尔登布拉格苏木一带。各地下水系统浅层地下水水位年均下降速率见表7.2。

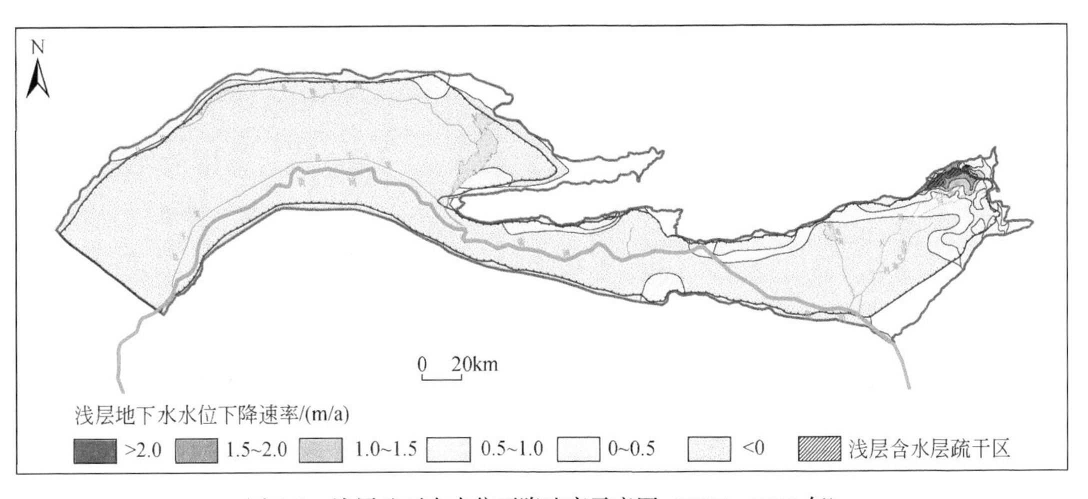

图7.5　浅层地下水水位下降速率示意图（2006～2010年）

浅层地下水水位下降速率最快的地区是呼包平原东部的呼和浩特市区，年平均下降速率大于1.5m/a的区域面积达171.15km²，疏干区面积达64.56km²。呼和浩特市区浅层地下水水位的快速下降和含水层疏干，主要原因是大青山山前单一结构含水层区潜水水位持续下降。由于潜水水位持续下降并降至淤泥质黏土层顶板以下，潜水向浅层含水层的侧向径流补给逐渐减小直至消失，浅层含水层由于失去了主要补给而逐渐疏干。同时，浅层地下水水位高于承压水水头，浅层地下水向下越流补给承压水进一步加剧疏干区发生和发展。此外，呼和浩特市东南部的金河镇、和林格尔县盛乐镇由于农业灌溉强烈开采浅层地下水，水位也在持续下降，大部分地区下降速率在0.5～1.0m/a。

后套平原浅层地下水水位下降区主要分布在总排干沟北部的冲洪积平原。这一带地势较高，处于引黄灌区之外，农业灌溉大量开采浅层地下水造成地下水水位持续下降，下降速率一般小于0.5m/a。德岭山西南部是乌拉特中旗主要农业区，分布有德岭山井灌区和石兰计井灌区，该区域为近年来地下水水位下降速度最快的区域。

表7.2 浅层地下水水位年均下降速率表

名称	面积/km^2	区域地下水水位下降速率/(m/a)									
		0~0.5		0.5~1.0		1.0~1.5		1.5~2.0		>2.0	
		面积/km^2	比例/%	面积/km^2	比例/%	面积/km^2	比例/%	面积/km^2	比例/%	面积/km^2	比例/%
后套平原	12438.58	816.2	6.56								
佘太盆地	1054.75	194.91	18.48								
三湖河平原	1574.68	271.68	17.25	86.63	5.50	17.8	1.13				
呼包平原西部	2361.24	330.57	14.00	286.75	12.14						
呼包平原东部	3954.4	954.18	24.13	685.33	17.33	127.85	3.23	107.41	2.72	63.74	1.61
黄河南岸平原	5157.12	277.16	5.37								

佘太盆地浅层地下水水位下降区主要分布在盆地西南额尔登布拉格苏木（原阿拉奔）地区的山前冲洪积倾斜平原上。乌拉山镇居民生活用水和乌拉山电厂水源地对浅层地下水开采量较大，造成水位持续下降，年均下降速率小于0.5m/a。

三湖河平原浅层地下水水位下降区主要分布于山前冲洪积平原的包头市哈业脑包村一带。潜水水位的下降与该区大量开采承压水灌溉有关。承压水水位大幅下降，年均下降速率达到3.93m/a，使得与它具有紧密水力联系的潜水水位下降。

呼包平原西部浅层地下水水位下降区主要分布于山前倾斜平原的土默特右旗萨拉齐镇、沟门镇和苏波盖乡一带。浅层地下水水位的下降是由于城镇水源地和农业生产大量开采利用浅层地下水，水位年均下降速率在0.2~1.0m/a。

黄河南岸平原浅层地下水水位下降区主要分布在达拉特旗展旦召苏木和树林召镇，水位下降主要原因是农业开采利用地下水和达拉特旗电厂用水，年均下降速率不超过0.5m/a。

（二）承压水

承压水流场变化主要表现为区域承压水水头持续快速下降、承压地下水自流区范围减小、承压含水层无压区的出现以及区域承压水降落漏斗的形成。后套平原和佘太盆地对承压地下水没有开采，黄河南岸地区仅达拉特旗西部有少量开采承压水，呼包平原上呼和浩特市和包头市对承压水的开采量最大，承压水流场受到人类活动的影响也是最大的，其他地区不开采或少量开采承压水。因此，重点阐述呼和浩特市和包头市承压水流场的演变特征。

1. 呼和浩特市承压水

呼和浩特市承压水水头2006~2010年均下降速率大于2.0m/a的区域面积为38.83km^2，主要分布在土默特左旗台阁牧镇，主要由于金山经济开发区和农业灌溉开采承压水所造成；下降速率在 1.0 ~ 2.0m/a 的区域面积为 562.22km²，分布在呼和浩特市中心城区、西把栅社区、巧报镇、小黑河镇和金河镇北部，以及土默特左旗的毕克齐镇、察素齐镇、北什轴乡和白庙子镇。呼和浩特市中心城区主要受集中供水水源地开采的影响，其他地区主要受工业园区开采和农业灌溉开采的影响；下降速率小于 1.0m/a 的区域面积为 1964.22km²，分布于呼和浩特市南部和土默特左旗西部。

由于承压水水头持续下降，低于上覆隔水层的底板，承压水转变为无压地下水。根据承压水等水位线与淤泥质黏土层底板标高等值线图，利用 ArcGIS 空间分析功能，计算出 2011 年承压水的无压区分布面积 52.33km²，主要分布于呼和浩特市区集中供水水源地开采区（图 7.6）。

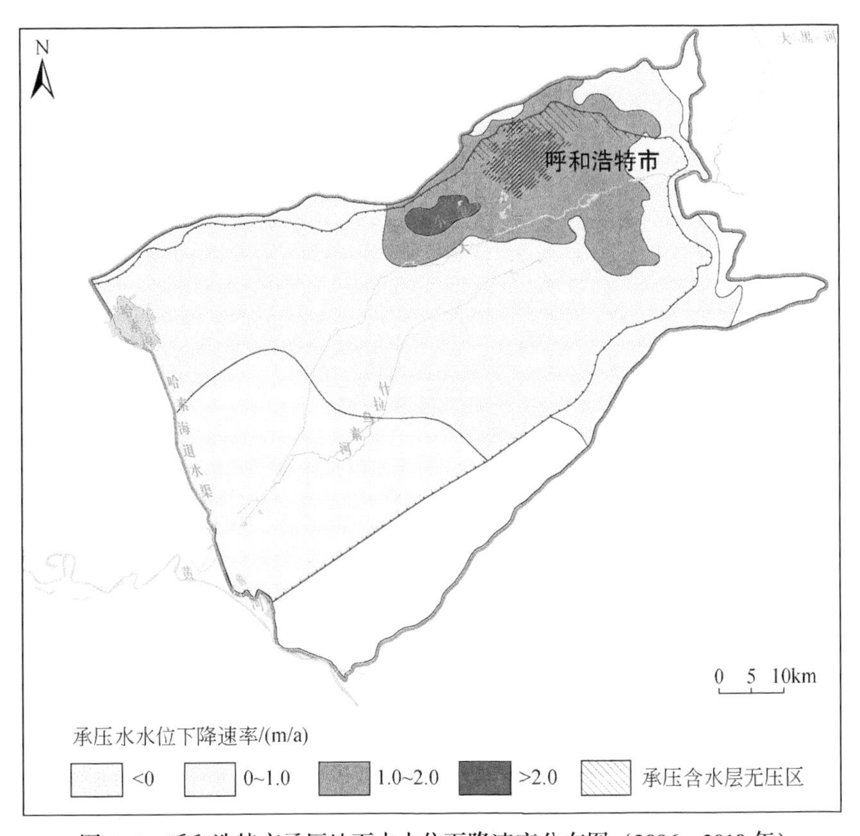

图 7.6　呼和浩特市承压地下水水位下降速率分布图（2006 ~ 2010 年）

承压水水头持续下降的另一个表现是承压自流区范围不断缩小。根据以往资料，1970 年前呼和浩特市地区承压水自流区的北界限位于攸攸板镇北，京包铁路以北1.5 ~ 2.0km；1977 年，承压水自流区的北界向南退至京包铁路附近，东部边界位于西把栅社区附近；1985 年，自流区北界向南退至呼和浩特市区南部小黑河镇附近，20 年间自流区范围向南迁移了 8.5km；2005 年，自流区范围仅为台阁牧镇南以及白庙子镇，面积仅为 36.9km²，自流区北界线由东北向西南移动了 22km；至 2011 年，呼和浩特市区内自流区完全消失（图 7.7）。

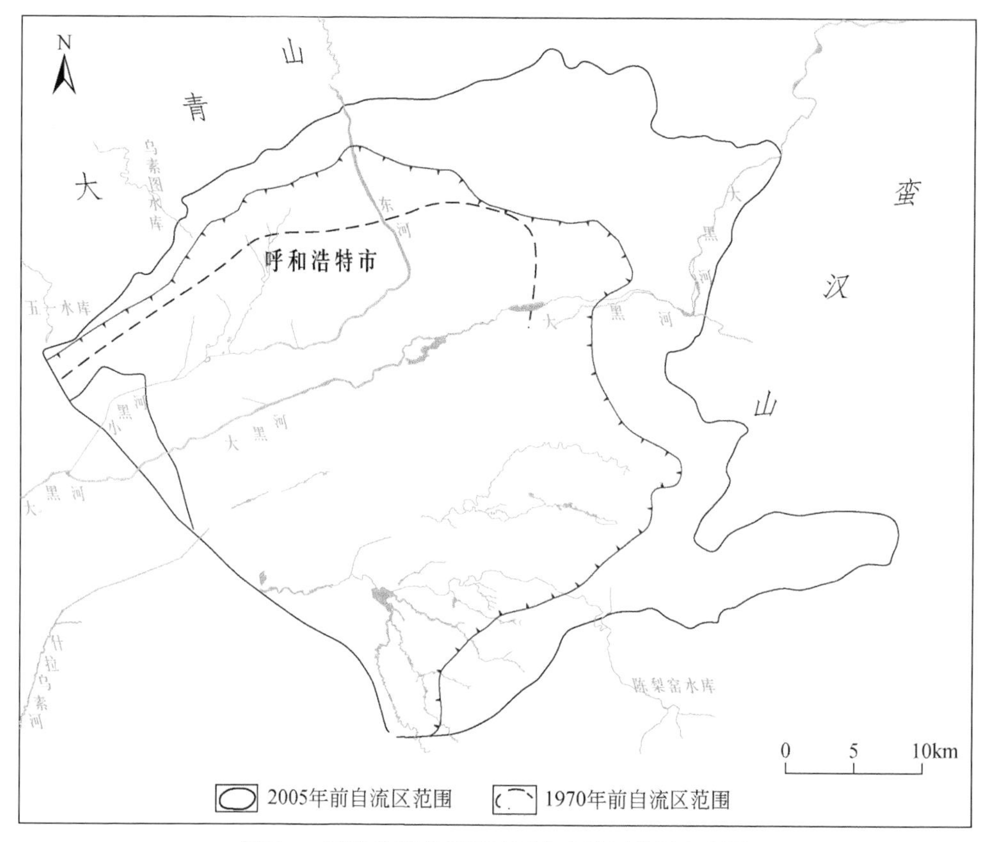

图 7.7　呼和浩特市承压地下水自流区范围变化图

2. 包头市承压水

根据包头市 2006 ~ 2010 年承压水水位下降速率分布图（图 7.8），年均下降速率大于 2.0m/a 的区域达到 333.7km²，主要分布于哈业脑包村—包钢尾矿坝—哈业色气村一线以西、全巴图村东部地区以及昆都仑区局部地区，地下水开采主要用于九原新型工业园区供水和农业灌溉用水；年均下降速率在 1.0 ~ 2.0m/a 的区域有 309.7km²，主要分布于青山区、昆都仑区和哈林格尔镇等区域；年均下降速率在 0 ~ 1.0m/a 的区域有 101.83km²，主要分布于大兴胜窑村—麻池镇一线以西地区。

地下水的长期过量开采致使承压水水位整体呈持续下降趋势，从 1956 ~ 2005 年大部分地区承压水水头下降 35 ~ 50m，最大下降达 47m。根据 1992 年 9 月地下水水位统测和长期观测井的水位数据（图 7.9），计算得到 1992 年 9 月承压水无压区的范围约 161.52 km²，主要分布于哈业脑包村—高油房村—麻池镇—四道沙河村一线以北、东地区。2012 年 9 月承压水无压区的范围已达到 214.22km²，分布于阿嘎如泰苏木—哈林格尔镇—麻池镇—兴胜镇一线以北地区，这一带主要是包头市地下水水源地供水水源井的集中分布区。

据 1992 年“内蒙古自治区包头地区 15 万城市区域地质调查”资料，包头市区西南部全巴图村一带承压水自流，自流面积为 53.6km²。随着对承压水的大量开采，自流区的面积不断减小。根据 2012 年水位统测的结果，目前包头市内自流区已经完全消失。

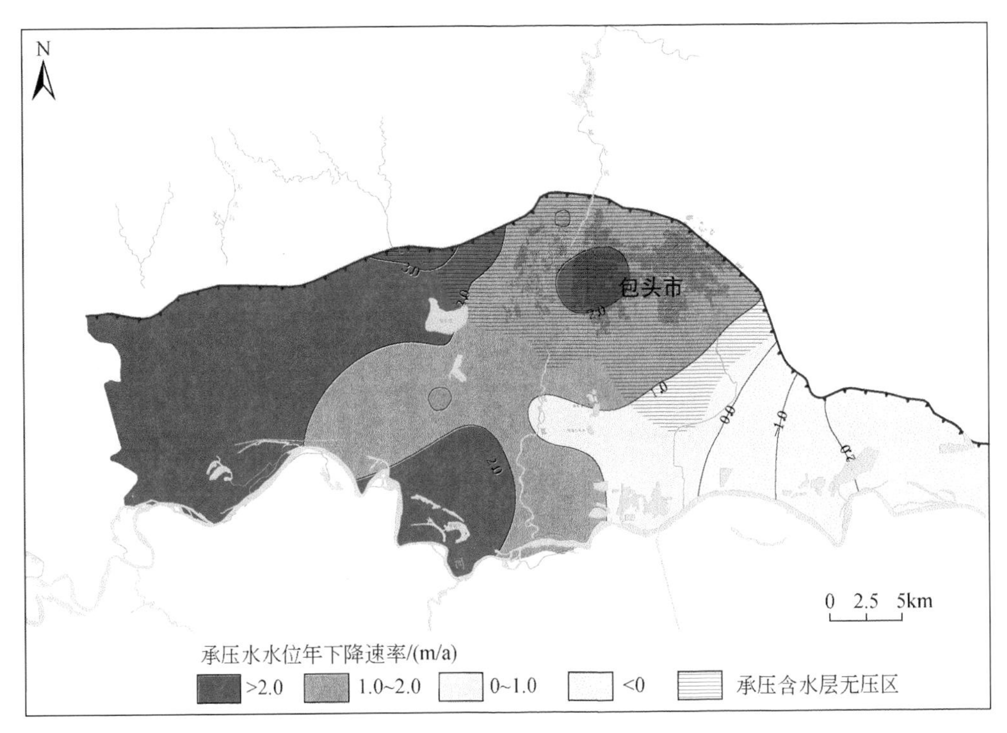

图 7.8　包头市承压地下水水位下降速率分布图（2006～2010 年）

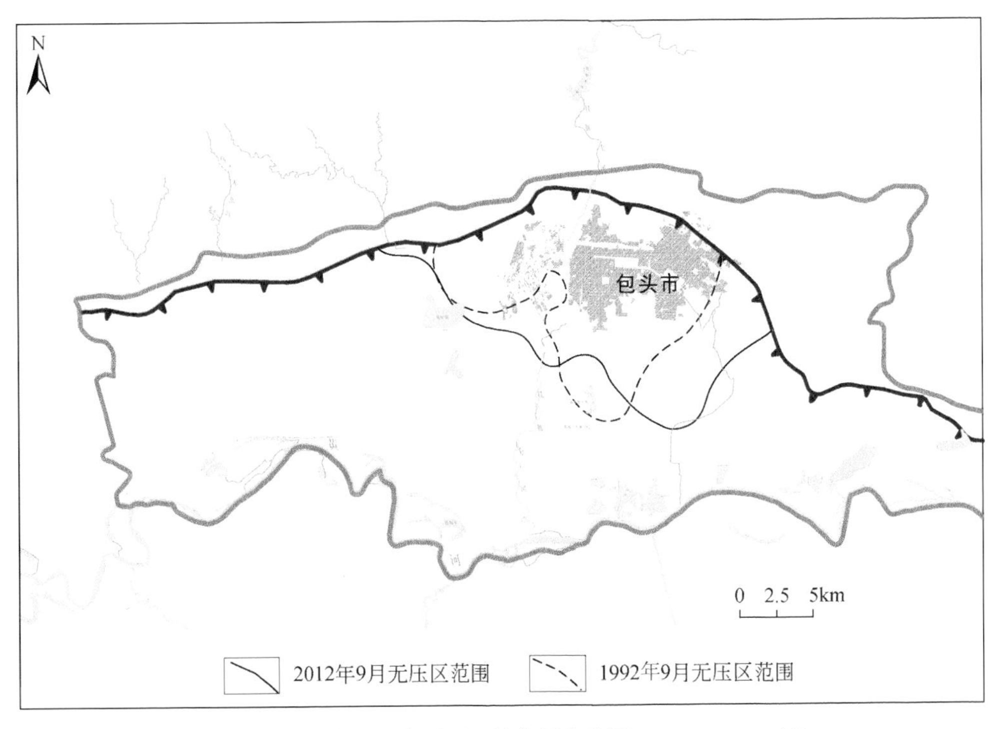

图 7.9　包头市承压水无压区的范围变化图（1992～2012 年）

二、地下水降落漏斗变化

（一）浅层地下水

浅层地下水降落漏斗主要有达拉特旗树林召降落漏斗、包头市毛其来降落漏斗以及乌拉特中旗德岭山降落漏斗。各个漏斗的发展变化情况见表7.3～表7.5。

1. 达拉特旗树林召降落漏斗

在地下水集中开采区形成了以原树林召乡（2005年并入树林召镇）、原大树湾乡（1997年撤乡设镇，2005年并入树林召镇）、原解放滩乡（1997年撤乡设镇，2005年并入展旦召苏木）部分地区为中心的降落漏斗，漏斗中心在杨通顺圪旦-南伙房村一带，漏斗面积逐年扩大，漏斗中心水位逐年下降。到2009年9月，漏斗面积最大为235.56km²，2010年9月，漏斗中心水位埋深最大为10.63m。

表7.3　达拉特旗树林召镇降落漏斗概况表

年份	月份	漏斗位置	漏斗要素			
			面积/km²	中心水位埋深/m	与上年同期比较	
					面积变化/km²	中心水位升降/m
1991	7	树林召乡杨通顺圪旦	191.6	6.33	87.3	0.43
	12	树林召乡、大树湾乡、解放滩乡部分地区	159.1	6.05	105.6	-0.18
1992	7	树林召乡杨通顺圪旦	136.1	6.89	-55.5	-0.56
	12	树林召乡、大树湾乡、解放滩乡部分地区	161.6	6.49	2.5	-0.44
1995	7	树林召乡杨通顺圪旦	221.24	6.67	49.95	0.48
	12	树林召乡、大树湾乡、解放滩乡部分地区	125.3	5.38	31.62	0.07
1996	7	树林召乡杨通顺圪旦	191.76	6.13	-29.48	0.54
	12	树林召乡、大树湾乡、解放滩乡部分地区	125.58	5.22	0.28	0.16
1997	7	树林召乡杨通顺圪旦	135.34	6.58	-56.42	-0.45
	12	树林召乡、大树湾乡、解放滩乡部分地区	103.92	5.34	-21.66	-0.12
1998	7	树林召乡杨通顺圪旦	142.93	5.9	7.59	0.68
	12	树林召乡、大树湾乡、解放滩乡部分地区	121.19	5.52	17.27	-0.18

续表

年份	月份	漏斗位置	漏斗要素			
			面积/km^2	中心水位埋深/m	与上年同期比较	
					面积变化/km^2	中心水位升降/m
1999	7	树林召乡杨通顺圪旦	141.7	6.85	-1.23	-0.95
	12	树林召乡、大树湾乡、解放滩乡部分地区	141	6.12	19.8	-0.60
2000	7	树林召乡杨通顺圪旦	175.7	6.64	34.0	0.21
	12	树林召乡、大树湾乡、解放滩乡部分地区	170.9	6.38	29.9	-0.26
2001	7	树林召乡杨通顺圪旦	155.6	7.24	-20.1	-0.60
	12	树林召乡、大树湾乡、解放滩乡部分地区	137.2	6.53	-33.7	-0.15
2009	6	树林召镇南伙房村	167.99（以997m线圈定）	9.87		
	9	树林召镇、展旦召苏木部分地区	235.56（以997m线圈定）	8.71		
2010	4	树林召镇南伙房村	170.83（以997m线圈定）	8.00	2.84	1.87
	9	树林召镇、展旦召苏木部分地区	147.48（以996m线圈定） —(997m线不闭合)	10.63	3.4	-1.92

注：1991 ~ 2001 年数据引自张荣旺等，2002。

2. 包头市毛其来降落漏斗

包头市毛其来降落漏斗形成于20世纪60年代，位于上古城湾村以东一带，漏斗中心位于毛其来村，形成原因主要为包头铝业集团大强度集中开采地下水。在包头市引黄供水工程通水后，浅层地下水开采量逐渐减小，浅层地下水水位逐渐回升，漏斗面积逐渐减小。如表7.4所示，近年来，漏斗中心水位逐渐上升，漏斗面积略有减小，基本保持稳定。2012年年均漏斗面积为31.30km^2，漏斗中心水位埋深为10.71m，与2000年相比，漏斗面积缩小6.30km^2，漏斗中心水位埋深减小2.80m。

3. 乌拉特中旗德岭山降落漏斗

该降落漏斗位于乌拉特中旗德岭台地西南部，形成原因是德岭山一带属于井灌区，农业灌溉过量开采浅层地下水，漏斗变化情况见表7.5。目前，漏斗范围呈缓慢增大的趋势，漏斗中心水位埋深近三年来持续增加。

表 7.4　包头市毛其来降落漏斗概况表

年份	月份	漏斗名称及位置	漏斗要素			
			面积/km²	中心水位埋深/m	与上年同期比较	
					面积变化/km²	中心水位升降/m
2000		毛其来地区	37.60	13.51		
2005		毛其来地区	34.30	14.20	-3.30	-0.69
2007	4（高水位期）	毛其来地区	28.00	12.58		
2007	9（低水位期）	毛其来地区	55.20	14.24		
2008	4（高水位期）	毛其来地区	28.80	12.51	0.80	0.07
2008	9（低水位期）	毛其来地区	30.50	13.53	-24.70	0.71
2009	4（高水位期）	毛其来地区	29.10	12.69	0.30	-0.18
2009	9（低水位期）	毛其来地区	32.50	13.51	2.00	0.02
2010	4（高水位期）	毛其来地区	37.70	12.79	8.60	-0.10
2010	9（低水位期）	毛其来地区	35.30	13.54	2.80	-0.03
2011	4（高水位期）	毛其来地区	30.90	11.77	-6.80	1.02
2011	9（低水位期）	毛其来地区	34.50	11.10	-0.80	2.44
2012	6	毛其来地区	33.30	10.53	2.40	1.24
2012	9	毛其来地区	29.30	10.89	-5.20	0.21

注：2007～2011 年数据引自《包头市水资源公报》；2000 年、2005 年数据引自“内蒙古自治区主要城市地下水环境监测综合报告（2001～2005 年）”。

表 7.5　乌拉特中旗德岭山降落漏斗概况表

年份	漏斗名称及位置	漏斗要素			
		面积/km²	中心水位埋深/m	与上年同期比较	
				面积变化/km²	中心水位升降/m
2004	德岭山	153.6	17.8		
2005	德岭山	296.0	19.4	142.4	-1.6
2006	德岭山	78.4	17.9	-217.6	1.5
2007	德岭山	78.4	17.39	0	0.51
2008	德岭山	79.6	17.83	1.2	-0.44
2009	德岭山	83.2	18.75	3.6	-0.92
2010	德岭山	89.6	19.53	6.4	-0.78

注：数据引自《巴彦淖尔市水资源公报》。

（二）承压水

呼和浩特市区和包头市区城镇居民生活用水和农业区用水大量开采是承压水降落漏斗形成的主要原因。

1. 呼和浩特市区承压水降落漏斗

自20世纪80年代开始，承压水区域降落漏斗开始逐渐形成，经历了从小型漏斗群向区域性漏斗转变的演化阶段。1985年区域承压水水位埋深最大的地区为城区西北部的孔家营一带，至1995年形成了回民区孔家营、呼和浩特市北工人西村、呼和浩特市东原劳动技校及玉泉区警备区四个降落漏斗中心，到2010年形成了现在以孔家营为中心的区域降落漏斗（图7.10）。

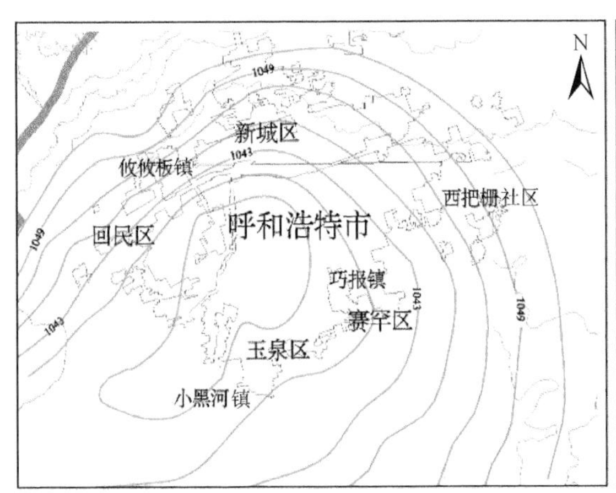

(a) 1985年4月枯水期承压水等水位线图

(b) 1995年4月枯水期承压水等水位线图

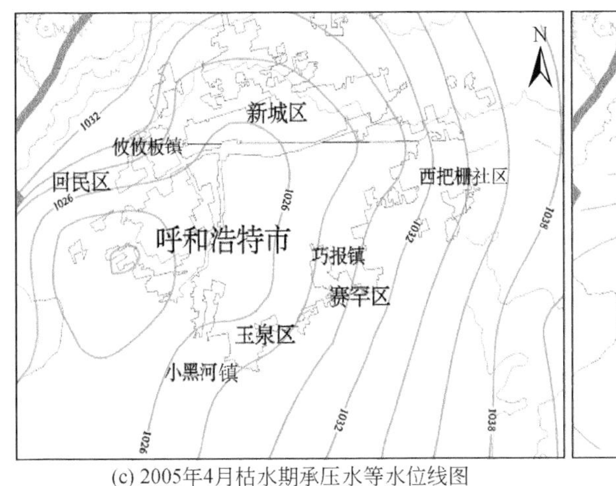

(c) 2005年4月枯水期承压水等水位线图

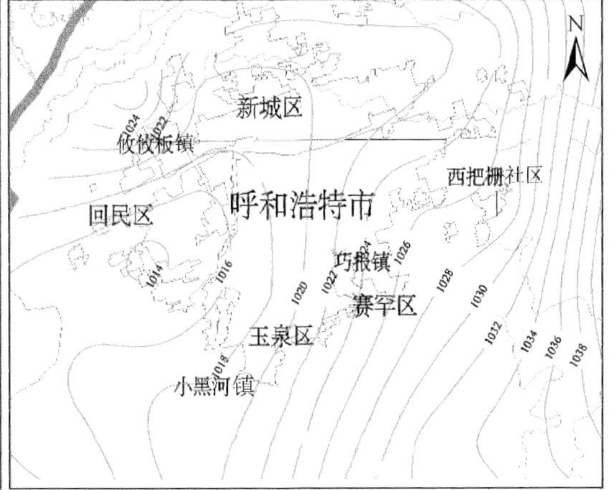

(d) 2010年10月枯水期承压水等水位线图

图7.10　呼和浩特市区承压水降落漏斗演化过程示意图

2005年以前，漏斗中心下降速率为1.4m/a，远大于漏斗边缘的降速。2005～2010年，漏斗周边水位下降速率逐渐增大，已经超越漏斗中心水位降速，达到1.8m/a，显示出承压水降落漏斗由垂向发展为主转变为向外扩展为主的模式。

2. 包头市区承压水降落漏斗

包头市区承压水降落漏斗分布在召背后一带，形成于20世纪70年代初。随着开采量的增加，漏斗面积不断扩大，漏斗的变化情况见表 7.6。漏斗面积由 2000 年 9 月的 421.80km²扩大为 2005 年的 440.7km²，共扩大 18.90km²，漏斗中心水位埋深由 2000 年的 32.44m 增加至 2005 年的 35.26m。2011 年 4 月，漏斗面积为 554.4km²，与 2010 年同期相比，面积扩大了 32.4 km²，漏斗中心水位埋深 88.33m，比 2010 年同期下降了 0.34m。

表 7.6　包头市区承压水降落漏斗变化表

年份	月份	漏斗名称及位置	漏斗要素			
			面积/km²	中心水位埋深/m	与上年同期比较	
					面积变化/km²	中心水位升降/m
1999	4	火车站、召背后一带	335.1			
	9	火车站、召背后一带	389.36			
2000	4	火车站、召背后一带	379.5		44.4	-1.96
	9	火车站、召背后一带	421.8	32.44	24.4	-5.70
2005	—	火车站、召背后一带	440.7	35.26	18.90	-2.82
2007	4	麻池镇西万兴公地区	432.5	34.81		
	9	麻池镇西万兴公地区	453.4	35.34		
2008	4	麻池镇西万兴公地区	449.8	36.49	17.3	-1.68
	9	麻池镇西万兴公地区	454.7	39.84	1.3	-4.50
2009	4	包钢厂区带	435	73.61	-14.8	-37.12
	9	黄河乳牛场西南地区	521.2	40.5	66.5	-0.66
2010	4	包钢厂区带	522	88.67	-32.7	-15.06
	9	黄河乳牛场西南地区	535.7	39.31	14.5	1.19
2011	4	包钢厂区带	554.4	88.33	32.4	-0.34
	9	黄河乳牛场西南地区	541	39.04	5.3	0.27

三、地下水流动系统变化

（一）局部水流系统变化

在人类大量开采地下水的驱动下，天然地下水流系统受到干扰，区域地下水流系统被改变，形成了以降落漏斗为中心的多个局部水流系统，地下水的流向和补给、径流、排泄关系也发生了改变。呼和浩特市区和包头市区承压水降落漏斗的形成使得区域地下水水流系统改变，在漏斗区形成了局部流动系统，见图 7.11。

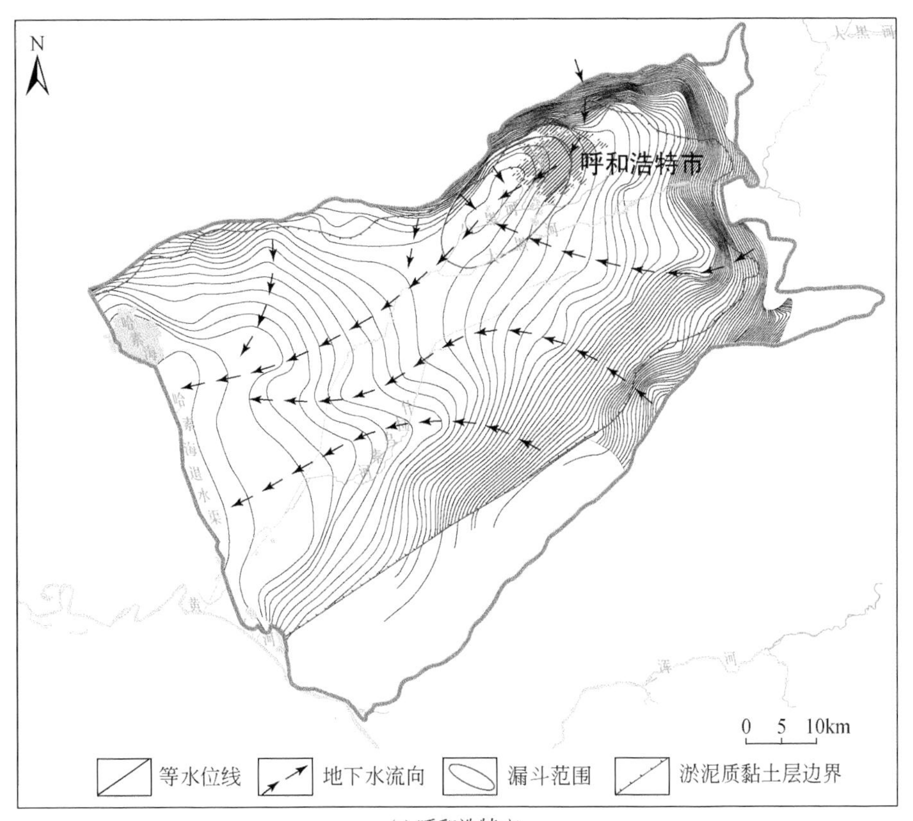

(a) 呼和浩特市

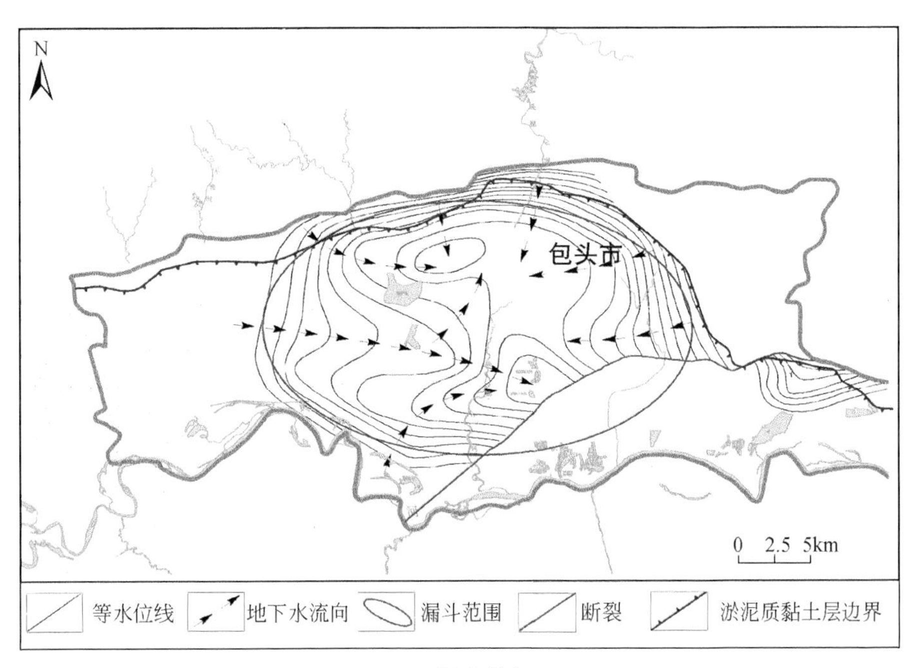

(b) 包头市

图 7.11　承压地下水局部流动系统示意图

天然状态下山前冲洪积倾斜平原存在有局部水流系统，主要以冲洪积扇前缘出露的溢流泉为特征。浅层地下水水位的下降，使该局部水流系统消失，如图 7.12 所示。

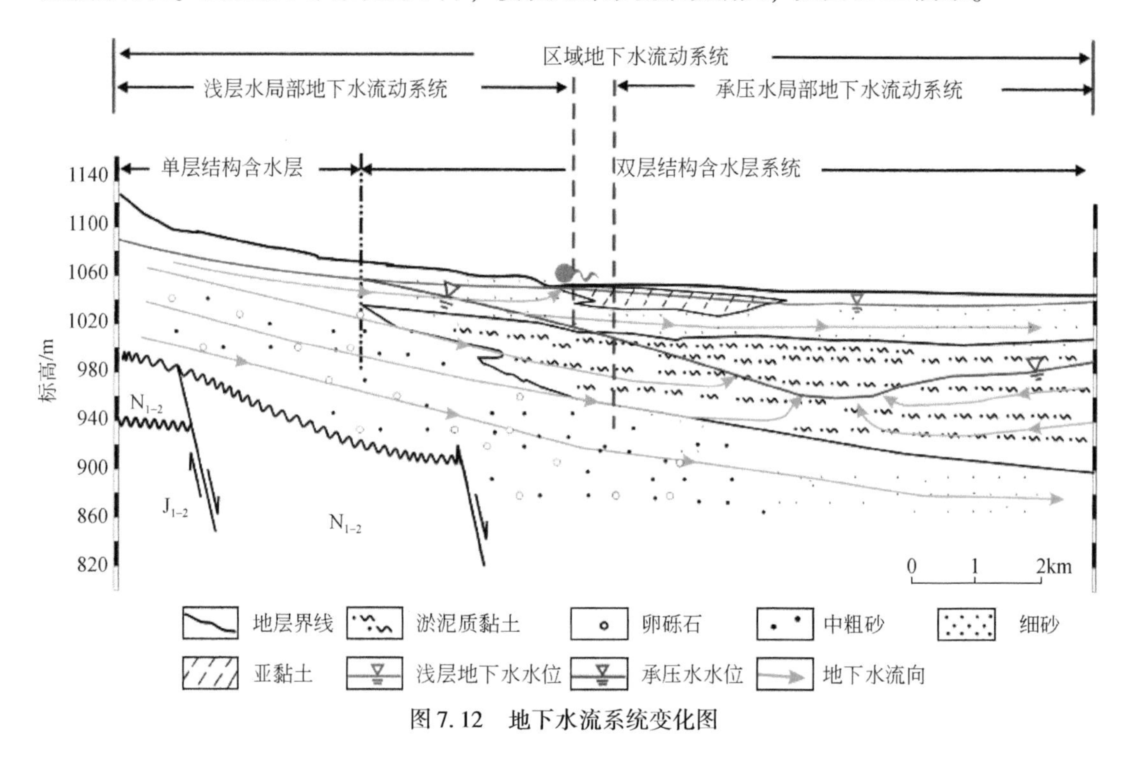

图 7.12　地下水流系统变化图

（二）越流方向变化

根据呼和浩特 1959 ~ 2011 年地下水监测数据，自 20 世纪 70 年代以前，双层结构含水层系统中承压水水头普遍高于浅层地下水水位。从承压水自流区分布范围来看，承压水水头高于浅层地下水水位的范围很大。在有利地段承压水能够通过弱透水层（淤泥质黏土层）对浅层地下水进行顶托越流补给。

20 世纪 70 年以后，地下水开采量不断增大，特别是承压水开采量增加显著，承压地下水水位持续下降，致使承压水水头低于浅层地下水水位。从 2010 年地下水流场统测结果来看，除西北部 8.99km 的区域外，承压水水头在全区大部地区低于浅层地下水水位。浅层地下水水透过弱透水层对承压水产生越流补给。

第三节　地下水开发利用引起的环境问题

地下水的过量开采导致区域地下水水位持续下降，甚至在局部地区形成区域地下水降落漏斗。区域地下水水位的下降将产生一系列的环境变化。这些环境变化有些对人类生产活动是有益的，称为正效应，如浅层地下水水位下降所导致的土壤盐渍化减少；另外一些环境变化将对人类社会生产、生活产生不良影响，称为负效应或环境问题。河套平原地下水开发利用引起的主要环境问题包括浅层地下水疏干、湿地退化，主要分布于地下水超采严重的呼包平原东部。

1. 浅层地下水疏干

浅层地下水疏干区主要分布于呼和浩特市区北部，处于山前单一结构含水层和平原区双层结构含水层交界部位。疏干的原因一方面是由于浅层地下水超采，另外一个重要原因是山前单一结构含水层水位下降，地下水水位低于隔水层顶板，浅层含水层失去了侧向径流补给。根据本次调查结果，呼和浩特市浅层地下水疏干区面积为63.4km^2。

2. 湿地退化

八拜湿地和南湖湿地位于大黑河冲湖积平原下游，其生态环境与地下水关系密切。近年来，由于区域地下水水位持续下降，导致湿地面积严重萎缩。八拜湿地面积约9.94km^2，目前有近48%的湿地面积干涸（丁晨旸和胡远东，2010）。南湖湿地已建成湿地公园，近年来持续开采地下水来维持公园内的水体稳定。

第八章　地下水资源数量评价

地下水资源采用均衡法和数值法两种方法进行评价。首先，采用均衡法对河套平原地下水资源进行评价；然后，在均衡法评价的基础上，采用 MODFLOW 软件建立地下水流数值模拟模型进行数值法评价。

第一节　评价原则与方法

一、评价原则

（一）充分考虑水文地质条件变化

近 50 年来，在气候变化和人类活动影响下地下水补给、径流、排泄条件发生了明显变化。在评价过程中充分考虑水文地质条件变化及其对地下水资源量的影响。

（二）以地下水系统为单元评价，按行政区分配资源量

以地下水系统为单元评价地下水天然补给量、浅层地下水可开采量和承压水可利用量。为便于行政部门使用，将评价的地下水资源量分配到县（区、旗）级行政单元中。资源量原则上以最小计算块段分配，若一个计算块段跨越两个或两个以上的行政单元，则按计算块段中的资源模数并结合水文地质条件进行分配。

（三）评价不同 TDS 的地下水资源

根据地下水 TDS，将地下水资源分为四个等级，具体分级如下。

（1）淡水：TDS<1g/L；

（2）微咸水：1g/L≤TDS <3g/L；

（3）半咸水：3g/L≤TDS≤5g/L；

（4）咸水：TDS >5g/L。

考虑到河套平原中 TDS<2g/L 的地下水分布范围大，并且当地都在开采和利用，将 TDS<2g/L 的水划为淡水。同时将 2g/L≤TDS<3g/L 的水作为微咸水可扩大开采量进行评价。

（四）以深度 300m 以内的第四系孔隙水为评价对象

河套平原地下水勘探深度在 300m 以内，主要揭露的是第四系松散岩类孔隙水，含水层类型以上更新统—全新统含水层为主，按照本次含水层划分原则属浅层含水层。中更新

统下段承压含水层只在呼包平原的呼和浩特市和包头市部分地区揭露，并且开发利用程度较高。因此，本次只评价呼和浩特和包头地区的承压水资源量。

（五）充分利用最新勘探成果

充分收集利用了河套平原已有各类地质和水文地质调查、勘察及评价成果。同时本次工作系统获取了含水层结构和水文地质参数以及水资源开发利用状况，如河套平原引黄量、排干退水量、渠系有效利用系数等最新数据，以保证评价结果的客观真实。

二、评价方法

（一）均衡区划定

浅层地下水资源评价以地下水系统作为均衡区，其中六个一级均衡区与一级地下水系统完全对应，12 个二级均衡区与和二级地下水系统完全对应，三级地下水均衡区与三级地下水系统基本对应，在未划分三级地下水系统的部分地区根据水文地质条件增加了三级均衡区。

（二）均衡期确定

浅层地下水资源计算的均衡期为五年，从 2005 年 12 月至 2010 年 12 月。每年 12 月至次年 11 月为一个均衡期。根据灌溉方式和灌溉用水量的差别将均衡期细分为灌期和非灌期，后套平原每年 5～11 月为引黄灌溉期，地下水处于高水位；12 月至次年 4 月为非灌期，地下水水位处于低水位期。佘太盆地、三湖河平原、呼包平原西部、呼包平原东部和黄河南岸地下水系统灌溉仅在 6～9 月进行集中灌溉，灌溉时间较短，灌溉水量较小，灌溉方式为井灌或井灌与引黄灌溉结合，浅层地下水从外界获得补给的强度较后套平原小，不再区分灌期、非灌期。

（三）技术要求

（1）地下水天然补给资源采用补给量总和法评价，同时计算排泄量，用水均衡方法进行校核。

（2）浅层地下水可开采量以地下水水位埋深为约束条件，采用补给资源减去不可夺取的消耗量作为开采量。后套地区不可袭夺的蒸发量以土壤不发生盐渍化的合理地下水水位埋深为约束条件；其他地区以土壤不发生沙漠化的地下水水位埋深为约束条件。

（3）承压水可利用量充分考虑地下水开发利用程度。在承压水开采程度较高的区域及发生承压水降落漏斗等环境问题的区域，以承压水水头不再下降为约束条件，不计算承压含水层的弹性释水量，以侧向补给量、越流的补排量作为其可利用量；在承压水开采程度较低的地区，以不诱发承压水环境地质问题为约束条件，适度计算压含水层的弹性释水量。

（4）单一结构含水层地下水和双层结构含水层地下水分别进行评价。

（5）山前单一结构含水层地下水为浅层地下水和承压水共同侧向补给源。侧向补给按照浅层含水层和承压含水层的渗透系数、水力坡度、含水层厚度进行分配；在资料不翔实的区域，依据浅层含水层的厚度与承压含水层厚度的比值，结合浅层地下水开采量与承压地下水开采量按比例分配。

第二节　浅层地下水均衡计算

一、浅层地下水补给量

1. 降水入渗补给量

降水入渗补给量主要受降水、地表岩性等地质条件、城市区地面建筑和地面硬化的影响，一般采用年降水入渗补给计算法计算。呼和浩特市、包头市、巴彦淖尔市临河区以及其他旗县城区由于地面硬化，降水不能补给地下水，未计算降水入渗补给。狼山山前冲洪积平原、乌拉山山前冲洪积平原、大青山山前冲洪积平原等地下水水位埋深大于50m区域，大气降水很难补给地下水，也未计入大气降水补给量。

降水入渗补给计算公式：

$$Q_{降水}=\alpha\times P\times F\times 10^{-5} \tag{8.1}$$

式中，$Q_{降水}$为降水入渗补给量，亿m^3/a；α为降水入渗系数；P为年降水量，mm；F为计算区面积，km^2。

降水入渗补给量见表8.1。

表8.1　降水入渗补给量　（单位：亿m^3）

均衡期		后套平原		佘太盆地	三湖河平原	呼包平原西部	呼包平原东部		黄河南岸平原	合计
		分期	小计				单一结构区	双层结构区		
2005.12—2006.11	非灌期	0.22	4.29	0.27	0.77	1.16	0.18	1.75	3.69	12.11
	灌期	4.07								
2006.12—2007.11	非灌期	0.7	5.38	0.37	0.64	0.99	0.17	1.68	3.87	13.10
	灌期	4.68								
2007.12—2008.11	非灌期	0.32	6.96	0.37	0.79	1.46	0.30	2.31	4.28	16.47
	灌期	6.64								
2008.12—2009.11	非灌期	0.19	3.95	0.17	0.52	1.03	0.16	1.50	2.55	9.88
	灌期	3.76								
2009.12—2010.11	非灌期	0.14	4.35	0.29	0.64	1.14	0.26	2.20	2.53	11.41
	灌期	4.21								
五年平均			4.99	0.29	0.67	1.16	0.21	1.89	3.38	12.59

2. 山区侧向补给量

山区侧向补给量包括山区沟谷潜流侧向补给和基岩裂隙水侧向补给。在河套平原周边的狼山、色尔腾山、乌拉山、狼山、蛮汉山和鄂尔多斯台地前缘，山区汇水通过沟谷潜流或透水的基岩裂隙水补给山前冲洪积平原。

山前侧向补给的计算公式为

$$Q_{山区侧向}=K\times M\times I\times L\times T\times 10^{-8} \tag{8.2}$$

式中，$Q_{山区侧向}$为山区侧向补给量，亿 m^3；K 为计算断面的加权平均渗透系数，m/d；M 为计算断面的平均含水层厚度，m；I 为计算断面的平均水力坡度，‰；L 为计算断面宽度，m；T 为均衡期时间，d。

河套平原浅层地下水山区侧向补给量计算结果见表 8.2。

表 8.2　山区侧向补给量　（单位：亿 m^3）

均衡期		后套平原		佘太盆地	三湖河平原	呼包平原西部	呼包平原东部		黄河南岸平原	合计
		分期	合计				单一结构区	双层结构区		
五年平均	非灌期	0.27	1.01	0.16	0.37	0.37	1.97	0	0.18	4.06
	灌期	0.74								

3. 沟谷洪流入渗补给量

河套平原周边的山区和鄂尔多斯台地中发育的昆都仑河、大黑河等一系列沟谷河流，在雨季形成地表洪流，洪流进行入平原区后有一部分渗入补给地下水。

本次采用地表径流模数计算沟谷洪流量，按入渗系数计算沟谷洪流入渗量。其中，地表水径流模数均参考当地的水文站数据与之前的报告综合考虑给出。包括后套平原和佘太盆地①、乌拉山山前沟谷②、大青山前沟谷与黄河南岸的沟谷③等。

沟谷入渗补给量计算公式为

$$Q_{沟渗}=M_{地表}\times F\times a \tag{8.3}$$

式中，$Q_{沟渗}$为沟谷洪流入渗补给量，亿 m^3/a；$M_{地表}$为地表径流模数，亿 $m^3/(km^2\cdot a)$；F 为山区汇水面积，km^2；a 为入渗系数，参考已有的报告④取经验值为 0.2。

河套平原沟谷洪流入渗补给量计算结果见表 8.3。

---

① 参考“巴彦淖尔市黄河流域狼山山前倾斜平原区人饮水资源综合评价”。
② 参考“乌拉特前旗电厂及化肥厂第二水源地水文地质勘察报告”。
③ 参考“河套平原地下水资源评价”。
④ 参考“呼和浩特市城市供水开采阶段水文地质勘察报告”。

表 8.3　沟谷洪流入渗补给量　　（单位：亿 m^3）

均衡期		后套平原		佘太盆地	三湖河平原	呼包平原西部	呼包平原东部		黄河南岸平原	合计
		分期	合计				单一结构区	双层结构区		
五年平均	非灌期	0	0.03	0.01	0.03	0.14	0.25	0	0.16	0.62
	灌期	0.03								

4. 引黄渠系入渗补给量

引黄渠系入渗补给量是指引黄灌溉的渠系渗漏对地下水的补给量。引黄渠系入渗补给量=渠系损失水量-渠系蒸发水量-渗途蒸发量。渠系损失水量为黄河净引水量扣除进入田间的黄河水量。渠系蒸发水量是指渠系水面在引黄时间段内的蒸发量，渗途蒸发量是在渠道侧渗影响范围内的蒸发量，引水干渠、分干渠、支渠的影响范围为400m①，影响带范围内水位埋深1.0m，依据包气带岩性和水位埋深，确定蒸发系数，计算渗途蒸发量：

$$Q_{引黄渠渗}=Q_{渠系损失}-Q_{渠系蒸发}-Q_{渗途蒸发} \tag{8.4}$$

式中，$Q_{引黄渠渗}$ 为引黄渠系入渗补给量，亿 m^3/a；$Q_{渠系损失}$ 为渠系损失水量，亿 m^3/a；$Q_{渠系蒸发}$ 为渠系蒸发水量，亿 m^3/a；$Q_{渗途蒸发}$ 为渗途蒸发量，亿 m^3/a。

$$Q_{渠系损失}=Q_{净引水量}\times(1-\eta_{渠系}) \tag{8.5}$$

式中，$Q_{渠系损失}$ 为渠系损失水量，亿 m^3/a；$Q_{净引水量}$ 为灌区引水总量减去总干渠退水量，亿 m^3/a，后套平原引黄量见表 8.4；$\eta_{渠系}$ 为渠系有效利用系数，见表 8.5。

引黄渠系入渗补给量计算结果见表 8.6。

表 8.4　后套平原引黄量　　（单位：亿 m^3/a）

均衡期	2005.12—2006.11	2006.12—2007.11	2007.12—2008.11	2008.12—2009.11	2009.12—2010.11
引黄量	45.76	45.56	43.53	50.53	51.11

表 8.5　渠系有效利用系数

灌域	乌兰布和灌域	解放闸灌域	永济灌域	义长灌域	前旗灌域	狼山山前引黄灌溉	其他引黄灌溉
渠系有效利用系数	0.44	0.53	0.48	0.46	0.45	0.47	0.75

① 渠系引水影响带的范围参考“内蒙古巴盟河套平原盐渍土改良及农田供水水文地质勘察报告”。

表 8.6　引黄渠系入渗补给量　(单位：亿 m^3/a)

均衡期		后套平原		佘太盆地	三湖河平原	呼包平原西部	呼包平原东部		黄河南岸平原	合计
		分期	小计				单一结构区	双层结构区		
2005.12—2006.11	非灌期	1.03	16.39	0	0.14	0.13	0	0	0.23	16.89
	灌期	15.36								
2006.12—2007.11	非灌期	0.96	16.00	0	0.13	0.13	0	0	0.23	16.49
	灌期	15.04								
2007.12—2008.11	非灌期	0.78	15.30	0	0.12	0.13	0	0	0.23	15.78
	灌期	14.52								
2008.12—2009.11	非灌期	1.25	18.75	0	0.14	0.13	0	0	0.23	19.25
	灌期	17.50								
2009.12—2010.11	非灌期	0.94	19.10	0	0.14	0.13	0	0	0.23	19.60
	灌期	18.16								
五年平均			17.11	0	0.13	0.13	0	0	0.23	17.60

5. 引黄灌溉入渗补给量

引黄灌溉入渗补给量是指引黄河水灌溉田间入渗补给量，计算公式为

$$Q_{入渗}=Q_{引黄}\times\eta_{渠系}\times\beta \tag{8.6}$$

式中，$Q_{入渗}$为田间入渗补给量，亿 m^3/a；$Q_{引黄}$为农业引黄灌溉量，亿 m^3/a；$\eta_{渠系}$为田间有效利用系数，后套各灌域利用临河渠道管理局的实验数据，三湖河平原、呼包平原西部、黄河南岸地下水系统参考报告中的渠系利用系数①；β为灌溉入渗系数，由灌溉方式、包气带岩性、水位埋深综合考虑后确定，取值见表 3.7。

引黄灌溉入渗补给量计算结果见表 8.7。

表 8.7　引黄灌溉入渗补给量　(单位：亿 m^3)

均衡期		后套平原		佘太盆地	三湖河平原	呼包平原西部	呼包平原东部		黄河南岸平原	合计
		分期	小计				单一结构区	双层结构区		
2005.12—2006.11	非灌期	0.31	6.44	0	0.41	0.40	0	0	0.70	7.95
	灌期	6.13								
2006.12—2007.11	非灌期	0.28	6.45	0	0.40	0.40	0	0	0.70	7.95
	灌期	6.17								
2007.12—2008.11	非灌期	0.24	6.18	0	0.35	0.40	0	0	0.70	7.63
	灌期	5.94								

① 参考“呼郊平原区农田供水水文地质勘察报告”。

续表

均衡期		后套平原		余太盆地	三湖河平原	呼包平原西部	呼包平原东部		黄河南岸平原	合计
		分期	小计				单一结构区	双层结构区		
2008.12—2009.11	非灌期	0.37	7.22	0	0.41	0.40	0	0	0.70	8.73
	灌期	6.85								
2009.12—2010.11	非灌期	0.28	7.20	0	0.42	0.40	0	0	0.70	8.72
	灌期	6.92								
五年平均			6.70	0	0.40	0.40	0	0	0.70	8.20

6. 井灌渠系入渗补给量

井灌渠系入渗补给量是使用井抽取地下水灌溉的地区，渠系渗漏对地下水的补给量为

$$Q_{井灌渠渗}=Q_{渠系损失}-Q_{渠系蒸发} \tag{8.7}$$

$$Q_{渠系损失}=Q_{井灌开采量}\times(1-\eta_{渠系}) \tag{8.8}$$

式中，$Q_{井灌渠渗}$为井灌水渠道渗入补给量，亿 m^3/a；$Q_{渠系损失}$为渠系损失水量，亿 m^3/a；$Q_{渠系蒸发}$为渠系行水期间水面蒸发量，亿 m^3/a；$Q_{井灌开采量}$为井灌开采量，亿 m^3/a；$\eta_{渠系}$为渠系有效利用系数。

河套平原井灌渠系入渗补给量计算结果见表 8.8。

表 8.8　井灌渠系入渗补给量　　（单位：亿 m^3）

均衡期		后套平原		余太盆地	三湖河平原	呼包平原西部	呼包平原东部		黄河南岸平原	合计
		分期	小计				单一结构区	双层结构区		
2005.12—2006.11	非灌期	0.04	0.66	0.02	0.07	0.04	0.01	0.12	0.24	1.16
	灌期	0.62								
2006.12—2007.11	非灌期	0.04	0.66	0.03	0.09	0.03	0.01	0.12	0.30	1.24
	灌期	0.62								
2007.12—2008.11	非灌期	0.03	0.68	0.03	0.08	0.03	0.01	0.09	0.25	1.17
	灌期	0.65								
2008.12—2009.11	非灌期	0.04	0.71	0.03	0.11	0.04	0.01	0.13	0.25	1.28
	灌期	0.67								
2009.12—2010.11	非灌期	0.03	0.70	0.03	0.09	0.04	0.01	0.09	0.32	1.28
	灌期	0.67								
五年平均			0.68	0.03	0.09	0.04	0.01	0.11	0.27	1.23

7. 井灌回归入渗补给量

井灌回归补给量指抽取地下水进行灌溉的田间回渗量，计算公式为

$$Q_{回渗}=Q_{井灌}\times\eta_{渠系}\times\beta \tag{8.9}$$

式中，$Q_{回渗}$为井灌田间入渗补给量，亿 m³/a；$Q_{井灌}$为农业井灌溉量，亿 m³/a；$\eta_{渠系}$为田间有效利用系数，渠系有效利用系数见表 8.5；β 为灌溉入渗系数。

河套平原井灌回归入渗补给量计算结果见表 8.9。

表 8.9　井灌回归入渗补给量　（单位：亿 m³）

均衡期		后套平原		佘太盆地	三湖河平原	呼包平原西部	呼包平原东部		黄河南岸平原	合计
		分期	小计				单一结构区	双层结构区		
2005.12—2006.11	非灌期	0.02	0.29	0.30	0.20	0.11	0.04	0.37	0.71	2.02
	灌期	0.27								
2006.12—2007.11	非灌期	0.02	0.28	0.50	0.26	0.10	0.04	0.35	0.89	2.42
	灌期	0.26								
2007.12—2008.11	非灌期	0.01	0.29	0.50	0.24	0.09	0.03	0.27	0.76	2.18
	灌期	0.28								
2008.12—2009.11	非灌期	0.02	0.31	0.53	0.32	0.11	0.04	0.38	0.74	2.43
	灌期	0.29								
2009.12—2010.11	非灌期	0.01	0.30	0.75	0.26	0.12	0.03	0.27	0.95	2.68
	灌期	0.29								
五年平均			0.29	0.52	0.26	0.11	0.04	0.33	0.81	2.35

8. 地表水灌溉入渗补给量

地表水灌溉入渗补给量指引用山前水库、截伏流等水利工程进行灌溉补给地下水的量，计算公式为

$$Q_{入渗}=Q_{地表水}\times\beta \tag{8.10}$$

式中，$Q_{入渗}$为地表水灌溉入渗补给量，亿 m³/a；$Q_{地表水}$为农业引用地表水灌溉量，亿 m³/a；β 为灌溉入渗系数。

地表水灌溉入渗补给量计算结果见表 8.10。

表 8.10　地表水灌溉入渗补给量　（单位：亿 m³）

均衡期		后套平原		佘太盆地	三湖河平原	呼包平原西部	呼包平原东部		黄河南岸平原	合计
		分期	小计				单一结构区	双层结构区		
2005.12—2006.11	非灌期	0.004	0.070	0.03	0	0	0	0	0	0.10
	灌期	0.066								
2006.12—2007.11	非灌期	0.005	0.069	0.03	0	0	0	0	0	0.10
	灌期	0.064								
2007.12—2008.11	非灌期	0.003	0.064	0.03	0	0	0	0	0	0.09
	灌期	0.061								

续表

均衡期		后套平原		佘太盆地	三湖河平原	呼包平原西部	呼包平原东部		黄河南岸平原	合计
		分期	小计				单一结构区	双层结构区		
2008. 12—2009. 11	非灌期	0. 005	0. 063	0. 03	0	0	0	0	0	0. 09
	灌期	0. 058								
2009. 12—2010. 11	非灌期	0. 001	0. 022	0. 01	0	0	0	0	0	0. 03
	灌期	0. 021								
五年平均			0. 058	0. 03	0	0	0	0	0	0. 08

9. 黄河侧渗补给量

黄河水与地下水的补排关系为：从黄河北岸巴彦高勒水文站到临河区马场地村，黄河水补给地下水；从临河区马场地村到头道拐水文站，地下水补给黄河。黄河南岸从巴彦高勒水文站到临河区马场地村，为地下水补给黄河；从临河区马场地村到三湖河口水文站，为黄河补给地下水；从三湖河口水文站到头道拐水文站，为地下水补给黄河。

通过上述确定的黄河与地下水补排关系，确定黄河侧渗对地下水的补给量。计算公式为

$$Q_{黄河侧渗}=K\times I\times M\times L\times T\times 10^{-8} \tag{8.11}$$

式中，$Q_{黄河侧渗}$为黄河对地下水的补给量，亿 m^3/a；K 为断面的渗透系数，m/d；I 为断面的水力坡度，‰；M 为断面的含水层厚度，m；L 为断面宽度，m；T 为计算时段，d。

河套平原黄河侧渗补给量计算结果见表 8. 11。

表 8. 11　黄河侧渗补给量　（单位：亿 m^3）

均衡期		后套平原		佘太盆地	三湖河平原	呼包平原西部	呼包平原东部		黄河南岸平原	合计
		分期	小计				单一结构区	双层结构区		
2005. 12—2006. 11	非灌期	0. 008	0. 021	0	0	0	0	0	0. 15	0. 17
	灌期	0. 013								
2006. 12—2007. 11	非灌期	0. 008	0. 021	0	0	0	0	0	0. 15	0. 17
	灌期	0. 013								
2007. 12—2008. 11	非灌期	0. 008	0. 021	0	0	0	0	0	0. 15	0. 17
	灌期	0. 013								
2008. 12—2009. 11	非灌期	0. 006	0. 019	0	0	0	0	0	0. 14	0. 16
	灌期	0. 013								
2009. 12—2010. 11	非灌期	0. 008	0. 021	0	0	0	0	0	0. 15	0. 17
	灌期	0. 013								
五年平均			0. 021	0	0	0	0	0	0. 15	0. 17

10. 潜水向浅层地下水侧向补给量

在山前单一结构含水层潜水和双层结构含水层浅层地下水的均衡区之间断面上，存在水量交换。呼包平原东部地下水系统中山前单一结构含水层潜水存在向浅层地下水的侧向补给。

其计算公式为

$$Q_{补}=K\times I\times M\times L\times T\times 10^{-8} \tag{8.12}$$

式中，$Q_{补}$为均衡区之间的补给量，亿 m^3/a；K 为断面的加权平均渗透系数，m/d；I 为断面的水力坡度，‰；M 为断面的含水层厚度，m；L 为断面宽度，m；T 为计算时段，d。

呼包平原东部双层结构潜水向浅层地下水侧向补给量计算结果见表 8.12。

表 8.12　潜水向浅层地下水侧向补给量　（单位：亿 m^3）

侧向补给	呼包平原东部潜水向浅层地下水侧向补给量
五年平均	0.41

11. 越流补给量

越流的发生除了受地层岩性控制外，含水层间的水位差也是重要条件。根据前面含水层系统和承压水隔水顶板（淤泥质黏土层）岩性结构特征分析，承压水顶板厚度小于 70m 的区域是越流发生的有利地段。在承压水顶板厚度小于 70m 区域内，对比浅层地下水水位与承压水水头表明呼包平原东部和包头市区一带浅层地下水水位与承压水水头差值较大，为发生越流的主要区域（图 8.1）。其中大部分地区浅层地下水水位和承压水水头相差较小，不具备发生越流的条件。

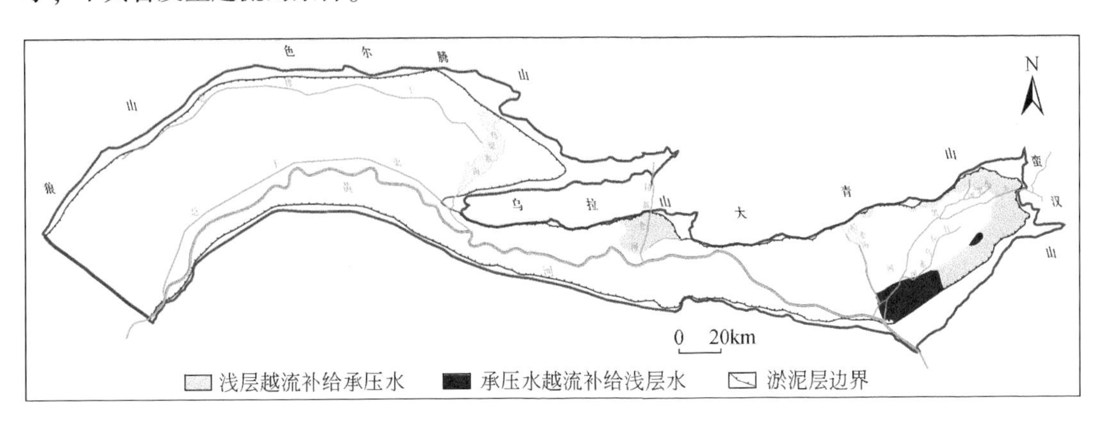

图 8.1　越流分布范围示意图

计算公式：

$$Q_{越流补给}=K\times F\times H/M\times T\times 10^{-2} \tag{8.13}$$

式中，$Q_{越流补给}$为浅层含水层获得越流补给量，亿 m^3/a；K 为弱透水层垂向渗透系数，m/d①，淤泥质黏土 0～30m 区域内取值 0.001，淤泥质黏土 30～50m 的区域内取值 0.0008，淤泥质黏土 50～70m 的区域内取值 0.0005；F 为越流面积，km^2；H 为浅层地下水与承压水的水头差，m；M 为弱透水层厚度，m；T 为计算时段，d。

河套平原浅层地下水获得越流补给量结果见表 8.13。

表 8.13　浅层地下水获得越流补给量　（单位：亿 m^3）

越流补给	呼包平原东部双层结构浅层含水层
五年平均	0.17

12. 浅层地下水总补给量

河套平原浅层地下水的总补给量为以上各项补给量之和。

浅层地下水总补给量计算结果见表 8.14。

表 8.14　浅层地下水总补给量　（单位：亿 m^3）

均衡期	后套平原	佘太盆地	三湖河平原	呼包平原西部	呼包平原东部		黄河南岸平原	合计
					单一结构区	双层结构区		
2005.12—2006.11	29.20	0.79	1.99	2.35	2.45	2.82	6.06	45.66
2006.12—2007.11	29.90	1.10	1.92	2.16	2.44	2.73	6.48	46.73
2007.12—2008.11	30.54	1.10	1.98	2.62	2.56	3.25	6.71	48.75
2008.12—2009.11	32.06	0.93	1.90	2.22	2.43	2.59	4.95	47.08
2009.12—2010.11	32.73	1.25	1.95	2.34	2.52	3.14	5.22	49.15
五年平均	30.89	1.03	1.95	2.34	2.48	2.91	5.88	47.47

二、浅层地下水排泄量

1. 蒸发排泄量

河套平原浅层地下水蒸发量按下式进行计算：

$$Q_{蒸发}=C\times F\times\varepsilon_0\times10^{-5} \tag{8.14}$$

式中，$Q_{蒸发}$为浅层地下水蒸发量，亿 m^3/a；C 为潜水蒸发系数；F 为计算区面积，km^2；ε_0为水面实际蒸发强度，mm/a，采用 E_{601} 型蒸发皿水面蒸发值，由气象站水面蒸发观测数据乘以折算系数而来，折算系数取 0.62②。

① 取值参考 1985 年“内蒙古自治区呼和浩特市城市供水开采阶段水文地质勘察报告”。

② 参考“内蒙古自治区水资源利用调查评价”。

河套平原浅层地下水蒸发排泄量计算结果见表8.15。

表8.15　浅层地下水蒸发排泄量　（单位：亿 m^3）

均衡期		后套平原		佘太盆地	三湖河平原	呼包平原西部	呼包平原东部		黄河南岸平原	合计
		分期	小计				单一结构区	双层结构区		
2005.12—2006.11	非灌期	4.16	17.26	0.01	0.27	0.92	0	0.35	3.10	21.91
	灌期	13.1								
2006.12—2007.11	非灌期	4.4	17.70	0.01	0.24	0.86	0	0.32	2.89	22.02
	灌期	13.3								
2007.12—2008.11	非灌期	3.86	16.52	0.01	0.25	0.87	0	0.32	2.95	20.92
	灌期	12.66								
2008.12—2009.11	非灌期	4.07	17.25	0.01	0.25	0.89	0	0.33	2.98	21.71
	灌期	13.18								
2009.12—2010.11	非灌期	4.41	17.86	0.01	0.25	0.89	0	0.33	2.94	22.28
	灌期	13.45								
五年平均			17.32	0.01	0.25	0.89	0	0.33	2.97	21.77

2. 潜水侧向排入承压含水层排泄量

在山前单一结构含水层和双层结构含水层边界，潜水一部分向上部浅层含水层径流，另一部分向下部承压含水层径流。呼包平原东部地下水系统和包头市地下水系统，依据达西定律求取侧向排入承压含水层排泄量；在其他地区依据300m以内浅层含水层厚度和承压含水层厚度比，结合浅层地下水与承压水开采量，综合给出。潜水侧向排入承压含水层排泄量计算结果见表8.16。

表8.16　潜水侧向排入承压含水层排泄量　（单位：亿 m^3）

均衡区	后套平原	佘太盆地	三湖河平原	呼包平原西部	呼包平原东部		黄河南岸平原	合计
					单一结构区	双层结构区		
五年平均	0	0.04	0.29	0.3	1.9	0	0.06	2.59

3. 地表水体蒸发量

地表水体蒸发是指河套平原内地下水直接出露于地表而形成的小湖泊或海子（不包括乌梁素海、哈素海）的蒸发，其蒸发的实质是地下水的排泄。

地表水体蒸发量按下式进行计算：

$$Q_{蒸发} = F \times \varepsilon_0 \times 10^{-5} \tag{8.15}$$

式中，$Q_{蒸发}$为地表水体蒸发量，亿 m^3；F 为计算区面积，km^2；ε_0为水面实际蒸发强度，mm/a，采用 E_{601}型蒸发皿水面蒸发值，由气象站水面蒸发观测数据乘以折算系数 0.62 计算得到。

地表水体蒸发量计算结果见表 8.17。

表 8.17　地表水体蒸发量　　（单位：亿 m^3）

均衡期		后套平原		余太盆地	三湖河平原	呼包平原西部	呼包平原东部		黄河南岸平原	合计
		分期	小计				单一结构区	双层结构区		
2005.12—2006.11	非灌期	0.43	1.51	0	0.14	0	0	0	0.28	1.93
	灌期	1.08								
2006.12—2007.11	非灌期	0.43	1.49	0	0.13	0	0	0	0.26	1.88
	灌期	1.06								
2007.12—2008.11	非灌期	0.4	1.43	0	0.13	0	0	0	0.27	1.83
	灌期	1.03								
2008.12—2009.11	非灌期	0.42	1.49	0	0.13	0	0	0	0.27	1.89
	灌期	1.07								
2009.12—2010.11	非灌期	0.44	1.51	0	0.13	0	0	0	0.26	1.90
	灌期	1.07								
五年平均			1.49	0	0.13	0	0	0	0.27	1.89

4. 黄河侧向排泄量

通过巴彦高勒、三湖河口、头道拐三个黄河水文站资料，结合水位统测点地下水水位标高、等水位线、地面等高线、渠系分布等因素确定了黄河水与地下水的补给、排泄关系，黄河侧向排泄断面的确定见黄河侧向补给量计算中的分析。

通过确定黄河与地下水补给、排泄关系，确定黄河侧向排泄量。计算公式为

$$Q_{黄河侧渗} = K \times I \times M \times L \times T \times 10^{-8} \tag{8.16}$$

式中，$Q_{黄河侧渗}$为黄河侧向排泄量，亿 m^3；K 为黄河断面的加权平均渗透系数，m/d；I 为黄河断面的水力坡度，‰；M 为黄河断面的含水层厚度，m；L 为黄河断面长度，m；T 为计算时段，d。

黄河侧向排泄量计算结果见表 8.18。

表 8.18　黄河侧向排泄量　　（单位：亿 m^3）

均衡期		后套平原		余太盆地	三湖河平原	呼包平原西部	呼包平原东部		黄河南岸平原	合计
		分期	小计				单一结构区	双层结构区		
2005.12—2006.11	非灌期	0.008	0.02	0	0	0	0	0	0.15	0.17
	灌期	0.013								

续表

均衡期		后套平原		佘太盆地	三湖河平原	呼包平原西部	呼包平原东部		黄河南岸平原	合计
		分期	小计				单一结构区	双层结构区		
2006.12—2007.11	非灌期	0.008	0.02	0	0	0	0	0	0.15	0.17
	灌期	0.013								
2007.12—2008.11	非灌期	0.008	0.02	0	0	0	0	0	0.15	0.17
	灌期	0.013								
2008.12—2009.11	非灌期	0.006	0.02	0	0	0	0	0	0.14	0.16
	灌期	0.013								
2009.12—2010.11	非灌期	0.008	0.02	0	0	0	0	0	0.15	0.17
	灌期	0.013								
五年平均			0.02	0	0	0	0	0	0.15	0.17

5. 浅层地下水开采量

浅层地下水开采量包括农业灌溉开采量、工业用水开采量、城镇水源地开采量等。将行政区内开采量的调查结果分配到各个均衡区，如果一个行政区跨越不同均衡区，则其开采量参考不同地下水系统所占面积、城镇工业与水源地分布位置、农业井分布等因素综合考虑后划分。

浅层地下水开采量计算结果见表8.19。

表8.19　浅层地下水开采量　　(单位：亿 m^3)

均衡期		后套平原		佘太盆地	三湖河平原	呼包平原西部	呼包平原东部		黄河南岸平原	合计
		分期	小计				单一结构区	双层结构区		
2005.12—2006.11	非灌期	0.25	4.87	0.29	0.63	1.35	0.57	2.12	2.85	12.68
	灌期	4.62								
2006.12—2007.11	非灌期	0.23	4.58	0.41	0.67	1.27	0.56	2.05	3.2	12.74
	灌期	4.35								
2007.12—2008.11	非灌期	0.19	4.78	0.41	0.64	1.27	0.45	1.66	2.9	12.11
	灌期	4.59								
2008.12—2009.11	非灌期	0.29	4.85	0.43	0.69	1.32	0.45	2.2	3.58	13.52
	灌期	4.56								
2009.12—2010.11	非灌期	0.21	5.27	0.43	0.41	1.37	0.44	1.65	3.07	12.64
	灌期	5.06								
五年平均			4.87	0.394	0.608	1.316	0.494	1.936	3.12	12.74

6. 潜水向浅层地下水侧向排泄量

在山前单一结构含水层潜水和双层结构含水层浅层地下水的均衡区之间断面上，存在

水量交换。呼包平原东部地下水系统中山前单一结构含水层潜水存在向浅层地下水的侧向排泄。其计算公式为

$$Q_{补}=K\times I\times M\times L\times T\times 10^{-8} \tag{8.17}$$

式中，$Q_{补}$为均衡区之间的排泄量，亿 m^3；K 为断面的加权平均渗透系数，m/d；I 为断面的水力坡度，‰；M 为断面的含水层厚度，m；L 为断面宽度，m；T 为均衡期时间，d。

呼包平原东部单一结构潜水向浅层地下水排泄量计算结果见表 8.20。

表 8.20　潜水向浅层地下水排泄量　（单位：亿 m^3）

均衡区	后套平原	余太盆地	三湖河平原	呼包平原西部	呼包平原东部		黄河南岸平原
					单一结构区	双层结构区	
五年平均	0	0	0	0	0.41	0	0

7. 排水干渠排泄量

为保持合理的地下水水位，防止土壤盐渍化，后套平原引黄灌区修建了多级排水干渠。各级排水干渠泄水到总排干，然后排入乌梁素海。排水干渠排泄量来自河套黄河灌域管理总局的统计结果。排水干渠排泄量计算结果见表 8.21。

表 8.21　后套平原排水干渠排泄量　（单位：亿 m^3）

均衡期	2005.12—2006.11	2006.12—2007.11	2007.12—2008.11	2008.12—2009.11	2009.12—2010.11	五年平均
排泄量	4.61	6.55	8.55	6.93	5.71	6.47

8. 排水干渠蒸发量

排水干渠蒸发量是指灌期各级排水干渠在排泄地下水过程中的水面蒸发量。

后套平原排水干渠蒸发量按下式进行计算：

$$Q_{蒸发}= F\times \varepsilon_0\times 10^{-5} \tag{8.18}$$

式中，$Q_{蒸发}$为潜水蒸发量，亿 m^3；F 为计算区面积，km^2；ε_0为水面实际蒸发强度，mm/a，气象站水面蒸发观测数据乘以折算系数 0.62。均衡期灌溉时间依据临河管理局提供数据确定。

后套平原排水干渠蒸发量统计结果见表 8.22。

表 8.22　后套平原排水干渠蒸发量　（单位：亿 m^3）

均衡期	2005.12—2006.11	2006.12—2007.11	2007.12—2008.11	2008.12—2009.11	2009.12—2010.11	五年平均
蒸发量	0.21	0.19	0.20	0.20	0.20	0.20

9. 总排干侧向排泄量

从后套平原地下水等水位线和渠系分布可以看出在地下水排泄带存在地下水向总排干渠的侧向排泄，其排泄量的计算公式：

$$Q_{补}=K\times I\times M\times L\times T\times 10^{-8} \tag{8.19}$$

式中，$Q_{补}$为总排干侧向排泄量，亿 m^3；K 为断面的渗透系数，m/d；I 为断面的水力坡度,‰；M 为断面的含水层厚度，m；L 为断面长度，m；T 为计算时段，d。

总排干侧向排泄量计算结果见表 8.23。

表 8.23　后套平原总排干侧向排泄量　（单位：亿 m^3）

均衡期		2005.12—2006.11	2006.12—2007.11	2007.12—2008.11	2008.12—2009.11	2009.12—2010.11	五年平均
后套平原	非灌期	0.24	0.24	0.24	0.23	0.24	0.24
	灌期	0.32	0.32	0.32	0.33	0.32	0.32
合计		0.56	0.56	0.56	0.56	0.56	0.56

10. 乌梁素海及其退水渠侧向排泄量

乌梁素海及其退水渠地势低洼，对周边区域地下水进行排泄。其排泄量的计算公式：

$$Q_{排}=K\times I\times M\times L\times T\times 10^{-8} \tag{8.20}$$

式中，$Q_{排}$为乌梁素海及其退水渠侧向排泄量，亿 m^3；K 为断面的渗透系数，m/d；I 为断面的水力坡度,‰；M 为断面的含水层厚度，m；L 为断面长度，m；T 为计算时段，d。

乌梁素海及其退水渠侧向排泄量计算结果见表 8.24。

表 8.24　乌梁素海及其退水渠侧向排泄量　（单位：亿 m^3）

均衡区		后套平原		佘太盆地	三湖河平原
		分期	小计		
五年平均	非灌期	0.03	0.07	0.13	0.04
	灌期	0.04			

11. 哈素海退水渠侧向排泄量

哈素海退水渠地形较两翼低洼，形成呼包平原东部与呼包平原西部的一个局部排泄带，对两侧地下水进行排泄。其排泄量的计算公式：

$$Q_{排}=K\times I\times M\times L\times T\times 10^{-8} \tag{8.21}$$

式中，$Q_{排}$为哈素海退水渠侧向排泄量，亿 m^3；K 为断面的渗透系数，m/d；I 为断面的水力坡度,‰；M 为断面的含水层厚度，m；L 为断面长度，m；T 为计算时段，d。

哈素海退水渠侧向排泄量计算结果见表 8.25。

表 8.25　哈素海退水渠侧向排泄量　（单位：亿 m^3）

均衡区	后套平原	佘太盆地	三湖河平原	呼包平原西部	呼包平原东部		黄河南岸平原
					单一结构区	双层结构区	
五年平均	0	0	0	0.02	0	0.02	0

12. 越流排泄量

越流范围及越流排泄方式在浅层地下水越流补给量中已进行了分析。计算公式为

$$Q_{越流补给}=K\times F\times H/M\times T\times 10^{-2} \quad (8.22)$$

式中，$Q_{越流补给}$为计算时段均衡区越流排泄量，亿 m^3；K 为弱透水层垂向渗透系数，m/d，同式（8.13）中弱透水层垂向渗透系数的取值；F 为越流面积，km^2；H 为浅层地下水与承压水的水头差，m；M 为弱透水层厚度，m；T 为计算时段，d。

越流发生区域见图 8.1，越流排泄量计算结果见表 8.26。

表 8.26　越流排泄量　（单位：亿 m^3）

均衡区	后套平原	佘太盆地	三湖河平原	呼包平原西部	呼包平原东部		黄河南岸平原
					单一结构区	双层结构区	
五年平均	0	0	0.55	0	0	0.02	0

13. 浅层地下水总排泄量

河套平原浅层地下水总排泄量为以上各排泄项之和。

河套平原浅层地下水总排泄量统计结果见表 8.27。

表 8.27　浅层地下水总排泄量　（单位：亿 m^3）

均衡期	后套平原	佘太盆地	三湖河平原	呼包平原西部	呼包平原东部		黄河南岸平原	合计
					单一结构区	双层结构区		
2005.12—2006.11	29.11	0.47	1.92	2.57	2.88	3.39	6.44	46.78
2006.12—2007.11	31.16	0.59	1.92	2.43	2.87	3.29	6.56	48.82
2007.12—2008.11	32.13	0.59	1.90	2.44	2.76	2.90	6.33	49.05
2008.12—2009.11	31.37	0.61	1.95	2.51	2.76	3.45	7.03	49.68
2009.12—2010.11	31.20	0.61	1.67	2.56	2.75	2.90	6.48	48.17
五年平均	31.00	0.58	1.87	2.50	2.80	3.19	6.57	48.50

三、地下水储存变化量

利用区内浅层地下水 2005 年 12 月—2010 年 11 月的动态长观资料，统计出每个时段、每个计算区地下水水位变化，根据不同计算单元给水度计算出地下水储存变化量。计算公式为

$$\Delta Q=\mu\times\Delta H\times F\times 10^{-2} \quad (8.23)$$

式中，ΔQ 为均衡区内地下水储存变化量，亿 m^3；μ 为浅层地下水给水度；ΔH 为计算区内地下水水位变幅，m；F 为计算区控制面积，km^2。

浅层地下水储存变化量计算结果见表8.28。

表8.28　浅层地下水储存变化量　（单位：亿 m^3）

均衡期		后套平原		佘太盆地	三湖河平原	呼包平原西部	呼包平原东部		黄河南岸平原	合计
		分期	小计				单一结构区	双层结构区		
2005.12—2006.11	非灌期	-3.24	-0.20	0.44	0.16	-0.28	-0.39	-0.99	-0.37	-1.63
	灌期	3.04								
2006.12—2007.11	非灌期	-3.07	-1.47	0.54	-0.18	-0.30	-0.35	-1.01	0.17	-2.60
	灌期	1.60								
2007.12—2008.11	非灌期	-3.04	-1.14	0.55	0.10	0.19	-0.22	-0.23	0.65	-0.10
	灌期	1.90								
2008.12—2009.11	非灌期	-2.95	0.71	-0.17	-0.28	-0.42	-0.33	-1.36	-1.78	-3.63
	灌期	3.66								
2009.12—2010.11	非灌期	-3.65	1.47	-0.54	0.24	-0.31	0.30	0.07	-1.33	-0.10
	灌期	5.12								

四、地下水均衡

根据水均衡原理，地下水均衡公式为

$$\sum Q_{补} - \sum Q_{排} = \sum Q_{蓄} \tag{8.24}$$

式中，$\sum Q_{补}$ 为地下水总的补给量；$\sum Q_{排}$ 为地下水总的排泄量；$\sum Q_{蓄}$ 为地下水总的蓄变量。

从浅层地下水均衡计算结果（表8.29）来看，河套平原总体上五个均衡期中2005年12月至2009年11月的四个均衡期为负均衡，2009年12月—2010年11月为正均衡。出现正均衡的主要原因是后套平原的引黄灌溉量增加，以及呼包平原东部地下水开采量减少。从地下水系统来看，佘太盆地和三湖河平原基本上处于补给、排泄（补排）平衡状态；呼包平原西部和呼包平原东部以负均衡状态为主，影响地下水均衡的主要因素是地下水开采；后套平原地下水均衡状态主要受大气降水和引黄灌溉量的影响。

表8.29　浅层地下水均衡计算结果　（单位：亿 m^3/a）

均衡期	均衡量	后套平原	佘太盆地	三湖河平原	呼包平原西部	呼包平原东部		黄河南岸平原	合计
						单一结构区	双层结构区		
2005.12—2006.11	补给量	29.20	0.79	1.99	2.35	2.45	2.82	6.06	45.66
	排泄量	29.11	0.47	1.92	2.57	2.88	3.39	6.44	46.78
	补排差	0.09	0.32	0.07	-0.22	-0.43	-0.57	-0.38	-1.12
	储变量	-0.20	0.44	0.16	-0.28	-0.39	-0.99	-0.37	-1.63

续表

均衡期	均衡量	后套平原	佘太盆地	三湖河平原	呼包平原西部	呼包平原东部		黄河南岸平原	合计
						单一结构区	双层结构区		
2006.12—2007.11	补给量	29.90	1.10	1.92	2.16	2.44	2.73	6.48	46.73
	排泄量	31.16	0.59	1.92	2.43	2.87	3.29	6.56	48.82
	补排差	-1.26	0.51	0	-0.27	-0.43	-0.56	-0.08	-2.10
	储变量	-1.47	0.54	-0.18	-0.30	-0.35	-1.01	0.17	-2.60
2007.12—2008.11	补给量	30.54	1.10	1.98	2.62	2.56	3.25	6.71	48.75
	排泄量	32.13	0.59	1.90	2.44	2.76	2.90	6.33	49.05
	补排差	-1.60	0.51	0.08	0.18	-0.20	0.35	0.38	-0.30
	储变量	-1.14	0.55	0.10	0.19	-0.22	-0.23	0.65	-0.10
2008.12—2009.11	补给量	32.06	0.93	1.90	2.22	2.43	2.59	4.95	47.08
	排泄量	31.37	0.61	1.95	2.51	2.76	3.45	7.03	49.68
	补排差	0.69	0.32	-0.05	-0.29	-0.33	-0.86	-2.08	-2.60
	储变量	0.71	-0.17	-0.28	-0.42	-0.33	-1.36	-1.78	-3.63
2009.12—2010.11	补给量	32.73	1.25	1.95	2.34	2.52	3.14	5.22	49.15
	排泄量	31.20	0.61	1.67	2.56	2.75	2.90	6.48	48.17
	补排差	1.53	0.64	0.28	-0.22	-0.23	0.24	-1.26	0.98
	储变量	1.47	-0.54	0.24	-0.31	0.30	0.07	-1.33	-0.10

第三节　承压水均衡计算

根据河套平原承压水赋存条件和开发利用状况，只对呼包平原东部地下水系统和呼包平原西部地下水系统中的包头市进行均衡计算。共划分两个均衡区，一个是完整的呼包平原东部地下水系统，另一个为包头市，均衡区范围北部和东部为承压含水层分布边界，南部以兰阿断裂和黄河为界，西部为包头市行政边界。

承压水水均衡方程为

$$\text{地下水补给量：}\sum Q_{补} = Q_{侧补} + Q_{越流补给}$$

$$\text{地下水排泄量：}\sum Q_{排} = Q_{开采} + Q_{越流排泄} + Q_{侧向排泄}$$

$$\text{地下水蓄变量：}\sum Q_{蓄} = Q_{弹性释水}$$

式中，$\sum Q_{补}$ 为承压水补给量；$\sum Q_{排}$ 为承压水排泄量；$\sum Q_{蓄}$ 为均衡时段内承压水蓄变量；$Q_{侧补}$ 为山前侧向补给量；$Q_{越流补给}$ 为越流对承压含水层补给量；$Q_{越流排泄}$ 为承压含水层越流排泄量；$Q_{开采}$ 为承压水开采量；$Q_{侧向排泄}$ 为边界侧向排泄量；$Q_{弹性释水}$ 为承压含水层弹性释水量。

一、承压水补给量

1. 承压水侧向补给量

山前单一结构含水层潜水作为浅层地下水和承压水的共同侧向补给源，一部分进入双层区浅层含水层，另一部分进入承压地下水。

承压水侧向补给量的计算公式为

$$Q_{侧补}=K\times I\times M\times L\times T\times 10^{-8} \tag{8.25}$$

式中，$Q_{侧补}$为山前侧向补给量，亿 m^3；K 为断面的渗透系数，m/d；I 为断面的水力坡度，‰；M 为断面的含水层厚度，m；L 为断面长度，m；T 为计算时段，d。

承压水侧向补给量计算结果见表8.30。

表8.30　承压水侧向补给量　（单位：亿 m^3）

均衡区	呼包平原东部	包头市
五年平均	1.90	0.29

2. 承压水越流补给量

越流范围及越流方式在浅层地下水越流补给中已经论述（图8.1），在此不再赘述。

越流量计算公式为

$$Q_{越流补给}=K\times F\times H/M\times T\times 10^{-2} \tag{8.26}$$

式中，$Q_{越流补给}$为计算时段均衡区越流补给量，亿 m^3；K 为弱透水层垂向渗透系数，m/d，同式（8.13）中取值；F 为越流面积，km^2；H 为浅层地下水与承压水的水头差，m；M 为弱透水层厚度，m；T 为计算时段，d。

承压水越流补给量计算结果见表8.31。

表8.31　承压水越流补给量　（单位：亿 m^3）

均衡区	呼包平原东部	包头市
五年平均	0.92	0.55

3. 承压水总补给量

承压水的总补给量包括承压水侧向补给、越流补给、弹性释水，见表8.32。

表8.32　承压水总补给量　（单位：亿 m^3/a）

均衡期	呼包平原东部	包头市
2005.12—2006.11	2.82	0.84
2006.12—2007.11	2.82	0.84

续表

均衡期	呼包平原东部	包头市
2007. 12—2008. 11	2. 82	0. 84
2008. 12—2009. 11	2. 82	0. 84
2009. 12—2010. 11	2. 82	0. 84

二、承压水排泄量

1. 承压水开采量

人工开采为本区承压水的主要排泄项。将行政区内开采量的调查结果分配到各个均衡区，如果一个行政区跨越不同均衡区，则其开采量参考不同地下水系统所占面积、城镇工业与水源地分布位置、农业井分布等因素综合考虑后划分。承压水开采量统计结果见表 8. 33。

表 8. 33　承压水开采量　（单位：亿 m^3）

均衡期	呼包平原东部	包头市
2005. 12—2006. 11	2. 73	0. 88
2006. 12—2007. 11	2. 67	0. 85
2007. 12—2008. 11	2. 52	0. 88
2008. 12—2009. 11	2. 76	0. 85
2009. 12—2010. 11	2. 55	0. 88

2. 越流排泄量

越流排泄量计算公式为

$$Q_{越流排泄}=K\times F\times H/M\times T\times 10^{-2} \tag{8.27}$$

式中，$Q_{越流排泄}$为计算时段均衡区越流排泄量，亿 m^3；K 为弱透水层垂向渗透系数，m/d，同式（8. 13）中取值；F 为越流面积，km^2；H 为浅层地下水与承压水的水头差，m；M 为弱透水层厚度，m；T 为计算时段，d。

越流发生区域见图 8. 1，承压水越流排泄量计算结果见表 8. 34。

表 8. 34　承压水越流排泄量　（单位：亿 m^3/a）

均衡区	呼包平原东部	包头市
五年平均	0. 17	0

3. 边界侧向排泄量

呼包平原东部地下水系统侧向排泄量为哈素海退水渠一线的侧向排泄量。包头市区降落漏斗面积较大，边界侧向排泄量较小，不再考虑侧向排泄量。

边界侧向排泄量的计算公式为

$$Q_{侧排}=K\times I\times M\times L\times T\times 10^{-8} \tag{8.28}$$

式中，$Q_{侧排}$为边界侧向排泄量，亿 m^3；K 为断面的渗透系数，m/d；I 为断面的水力坡度,‰；M 为断面的含水层厚度，m；L 为断面长度，m；T 为计算时段，d。

承压水边界侧向排泄量计算结果见表 8.35。

表 8.35　承压水边界侧向排泄量　（单位：亿 m^3）

均衡区	呼包平原东部	包头市
五年平均	0.02	0.00

4. 承压水总排泄量

承压水总排泄量包括开采量、越流排泄量、边界侧向排泄量。承压水总排泄量计算结果见表 8.36。

表 8.36　承压水总排泄量　（单位：亿 m^3）

均衡区	呼包平原东部	包头市
2005.12—2006.11	2.92	0.88
2006.12—2007.11	2.86	0.85
2007.12—2008.11	2.71	0.88
2008.12—2009.11	2.95	0.85
2009.12—2010.11	2.74	0.88

三、承压水蓄变量

承压水水位下降发生承压含水层弹性释水和黏土层压密释水，由于研究区域没有地面沉降监测数据，也没有发生明显地面沉降，故本次计算只考虑承压含水层弹性释水。

计算公式：

$$Q_{弹}=F\times \Delta h\times S\times 10^{-2} \tag{8.29}$$

式中，$Q_{弹}$为承压水弹性释水量，亿 m^3；F 为面积，km^2；Δh 为水位变差，m；S 为弹性释水系数。

弹性释水量计算结果见表 8.37。

表 8.37　弹性释水量　（单位：亿 m^3）

均衡区	呼包平原东部	包头市
2005.12—2006.11	0.14	0.008
2006.12—2007.11	0.13	0.009

续表

均衡区	呼包平原东部	包头市
2007.12—2008.11	0.01	0.008
2008.12—2009.11	0.03	0.010
2009.12—2010.11	0.01	0.007

四、承压水均衡

根据承压水均衡计算结果（表8.38），呼包平原地下水系统和包头市承压水基本上都处于负均衡状态。这主要是由于承压水是呼和浩特市和包头市的主要供水水源，承压水大量开采所造成的。从整个承压水均衡区来看，承压水补排差较小，反映了地下水超采程度较低，但实际上承压水主要在城区内以集中供水水源地方式开采，城区承压水超采严重，形成了区域性降落漏斗。

表8.38　承压水均衡计算结果表　（单位：亿 m^3/a）

均衡量	均衡量	呼包平原西东部	包头市	合计
2005.12—2006.11	补给量	2.82	0.84	3.66
	排泄量	2.92	0.88	3.80
	补排差	-0.10	-0.04	-0.14
	储变量	0.14	0.008	0.148
2006.12—2007.11	补给量	2.82	0.84	3.66
	排泄量	2.86	0.85	3.71
	补排差	-0.04	-0.01	-0.05
	储变量	0.13	0.009	0.139
2007.12—2008.11	补给量	2.82	0.84	3.66
	排泄量	2.71	0.88	3.59
	补排差	0.11	-0.04	0.07
	储变量	0.01	0.008	0.018
2008.12—2009.11	补给量	2.82	0.84	3.66
	排泄量	2.95	0.85	3.80
	补排差	-0.13	-0.01	-0.14
	储变量	0.03	0.01	0.04
2009.12—2010.11	补给量	2.82	0.84	3.66
	排泄量	2.74	0.88	3.62
	补排差	0.08	-0.04	0.04
	储变量	0.01	0.007	0.017

第四节　地下水资源评价

一、地下水天然补给量

地下水天然补给量是指地下水系统中参与现代水循环和交替，可以恢复更新的重力地下水。本次评价以总补给量减去井灌回归入渗补给量作为天然补给量。天然补给量主要包括大气降水入渗补给量、山前潜流侧向补给量、山前沟谷洪流入渗等补给量、黄河侧渗补给量、引黄灌溉入渗补给量、引黄渠系入渗补给量、地表水灌溉补给量。河套平原地下水天然资源量及组成见表 8.39。

河套平原地下水天然补给量为 43.32 亿 m^3，天然补给模数为 16.33 万 $m^3/(km^2 \cdot a)$，天然补给模数分布见图 8.2。从地下水系统来看（表 8.40），后套平原天然补给量最大，为 29.91 亿 m^3/a，其次为黄河南岸平原和呼包平原东部，分别为 4.80 亿 m^3/a 和 4.32 亿 m^3/a，佘太盆地天然补给量最小，为 0.49 亿 m^3/a。天然补给模数最大的是后套平原，为 24.05 万 $m^3/(km^2 \cdot a)$，其次为呼包平原东部和三湖河平原，分别为 10.93 万 $m^3/(km^2 \cdot a)$ 和 10.19 万 $m^3/(km^2 \cdot a)$，佘太盆地最小，为 4.63 万 $m^3/(km^2 \cdot a)$。

表 8.39　河套平原地下水天然补给量及组成

补给项	数量/亿 m^3	占比/%
降水入渗	12.59	29.07
山区侧向	4.06	9.37
洪流入渗	0.62	1.43
引黄渠系入渗	17.60	40.63
引黄灌溉入渗	8.20	18.92
地表水灌溉入渗	0.08	0.19
黄河侧渗	0.17	0.39
合计	43.32	100.00

表 8.40　地下水系统天然补给量及天然补给模数

地下水系统	面积 /km^2	天然补给量/(亿 m^3/a)					天然补给模数 /[万 $m^3/(km^2 \cdot a)$]
		<1g/L	1~3g/L	3~5g/L	>5g/L	小计	
后套平原	12435.4	2.86	19.83	6.23	0.99	29.91	24.05
佘太盆地	1054.07	0.40	0.07	0.01	0.01	0.49	4.63
三湖河平原	1574.68	0.50	1.09	0	0.01	1.60	10.19
呼包平原西部	2361.24	0.24	1.42	0.49	0.05	2.20	9.30
呼包平原东部	3954.4	3.43	0.76	0.13	0	4.32	10.93
黄河南岸平原	5157.12	1.90	2.58	0.25	0.07	4.80	9.31
合计	26536.9	9.34	25.75	7.11	1.12	43.32	16.33

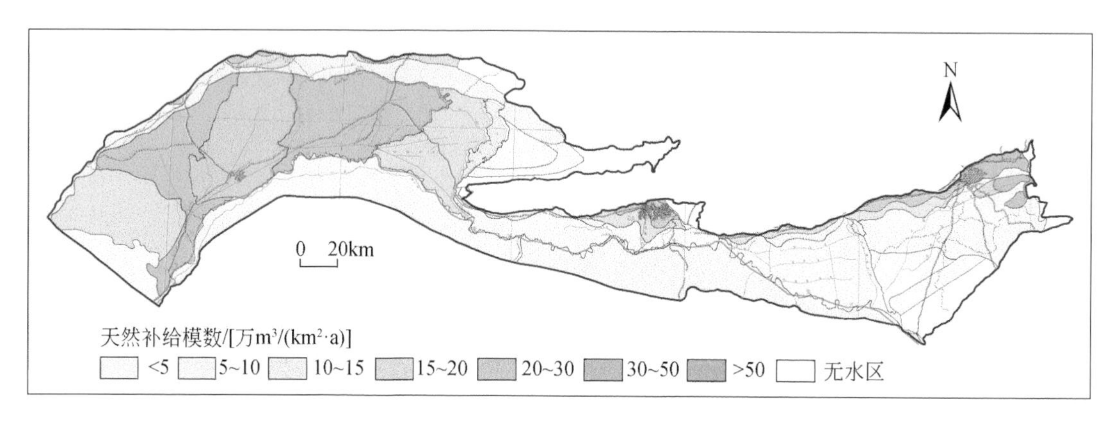

图 8.2　地下水天然补给模数分布示意图

二、浅层地下水可开采量

采用多年平均降水条件下的地下水总补给量减去不可袭夺的排泄量作为地下水可采量。

浅层地下水不可袭夺的排泄量主要包括进入承压水侧向排泄量、黄河侧向排泄量、总排干排泄量、乌梁素海及其退水渠排泄量、哈素海退水渠排泄量、排干泄水量、各级排干蒸发量、湖泊蒸发排泄量、越流排泄量。不可袭夺的蒸发量，在后套平原以不发生土壤盐渍化为约束条件，后套平原地下水控制水位分别为亚砂土地下水埋深为 2.4m，亚黏土为 2.0m，粉细砂为 2.3m。其余区域以不发生土地荒漠化为约束条件，土壤荒漠化地下水埋深阈值为 6.0m，埋深阈值超过极限埋深 6.0m，即认为地下水蒸发可以完全袭夺。

按上述原则评价后，河套平原浅层地下水可开采量为 31.16 亿 m^3，可开采模数为 11.74 万 $m^3/(km^2 \cdot a)$。各地下水系统浅层地下水可开采量及可开采模数见表 8.41，各行政区浅层地下水可开采量及可开采模数见表 8.42，浅层地下水可开采模数分布见图 8.3。

表 8.41　各地下水系统浅层地下水可开采量及可开采模数表

地下水系统	面积/km²	可开采量/(亿 m³/a)					可开采模数 / [万 m³/(km² · a)]
		<1g/L	1 ~ 3g/L	3 ~ 5g/L	>5g/L	小计	
后套平原	12435.39	2.05	12.72	3.64	0.43	18.85	15.16
佘太盆地	1054.07	0.32	0.08	0.01	0.004	0.41	3.92
三湖河平原	1574.68	0.38	0.83	0.01	0.01	1.23	7.80
呼包平原西部	2361.24	0.17	1.33	0.52	0.05	2.07	8.78
呼包平原东部	3954.40	1.73	0.72	0.24		2.69	6.81
黄河南岸平原	5157.12	2.31	3.21	0.31	0.08	5.91	11.46
合计	26536.90	6.96	18.90	4.73	0.58	31.16	11.74

表8.42 各行政区浅层地下水可开采量及可开采模数表

县（区、旗）	面积/km^2	可开采量/(亿 m^3/a)					可开采模数/[万 m^3/(km^2·a)]
		<1g/L	1~3g/L	3~5g/L	>5g/L	小计	
磴口县	2712.89	0.26	2.32	0.20		2.78	10.24
杭锦后旗	1871.76	0.08	2.80	1.78		4.66	24.90
临河区	2383.31	1.01	2.04	0.14		3.19	13.38
五原县	2474.69	0.12	3.79	1.10		5.02	20.28
乌拉特前旗	3521.16	0.41	1.43	0.31	0.45	2.59	7.37
乌拉特中旗	1091.61	0.59	0.78	0.01		1.39	12.70
乌拉特后旗	285.45	0.36	0.04			0.41	14.21
包头昆都仑区	143.33	0.06	0.03			0.09	6.22
包头市九原区	598.91	0.14	0.19			0.32	5.37
包头市青山区	121.44	0.08	0.001			0.08	6.97
包头市东河区	229.41	0.03	0.19			0.22	9.64
土默特右旗	1686.16	0.14	0.89	0.63	0.05	1.71	10.15
土默特左旗	1758.79	0.68	0.24			0.92	5.23
呼和浩特市玉泉区	190.40	0.12	0.007			0.13	6.86
呼和浩特市赛罕区	558.85	0.51				0.51	9.13
呼和浩特市回民区	112.50	0.04				0.04	3.44
呼和浩特市新城区	145.39	0.33				0.33	22.81
托克托县	1006.60		0.50	0.24		0.73	7.30
和林格尔	490.31	0.11	0.03			0.13	2.68
达拉特旗	2313.39	1.20	1.82	0.22	0.03	3.27	14.13
杭锦旗	2559.08	1.28	0.79	0.13	0.01	2.21	8.65
准格尔旗	281.47	0.22	0.20			0.42	15.09
河套平原	26536.90	7.80	18.07	4.76	0.54	31.16	11.74

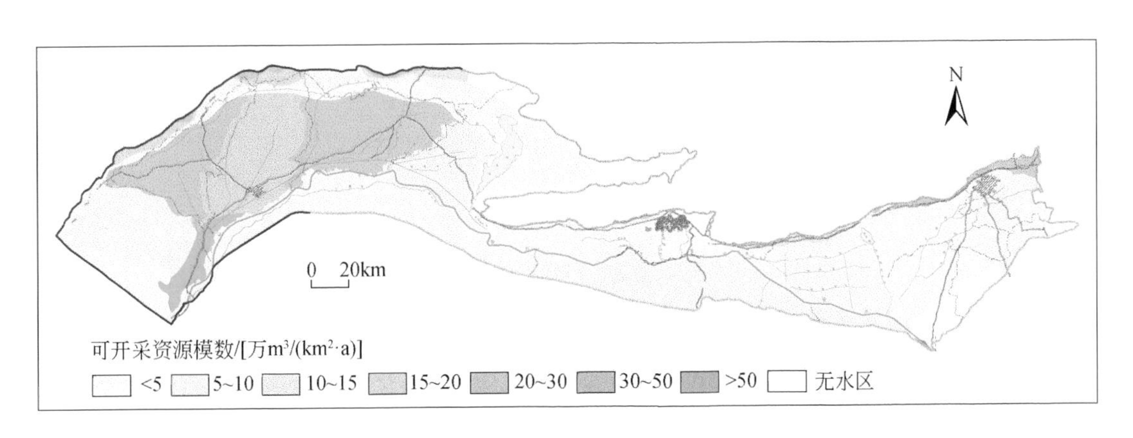

图8.3 浅层地下水可开采模数分布示意图

从地下水系统看，后套平原可开采量最大，为 18.85 亿 m^3/a，其次为黄河南岸平原，可开采量为 5.91 亿 m^3/a，佘太盆地可开采量最小，为 0.41 亿 m^3/a。可开采模数最大的为后套平原，为 15.16 万 $m^3/(km^2 \cdot a)$，其次为黄河南岸和呼包平原西部，分别为 11.46 万 $m^3/(km^2 \cdot a)$ 和 8.78 万 $m^3/(km^2 \cdot a)$，佘太盆地最小，为 3.92 万 $m^3/(km^2 \cdot a)$。

从行政区来看，河套平原可开采量最大的是五原县，为 5.02 亿 m^3/a，其次是杭锦后旗和达拉特旗，分别为 4.66 亿 m^3/a 和 3.27 亿 m^3/a，呼和浩特市回民区可开采量最小，仅为 0.04 亿 m^3/a。可开采模数最大的分别是杭锦后旗、呼和浩特市新城区和五原县，分别为 24.90 万 $m^3/(km^2 \cdot a)$、22.81 万 $m^3/(km^2 \cdot a)$ 和 20.28 万 $m^3/(km^2 \cdot a)$，可开采模数最小的是和林格尔县，可开采模数仅为 2.68 万 $m^3/(km^2 \cdot a)$。

三、承压水可利用量

承压水可利用量的评价以环境地质问题为约束条件。在出现区域降落漏斗等地质环境问题的区域，以承压水头不继续下降为约束，不再动用承压含水层弹性释水量，承压水可利用量为承压水侧向补给量与承压水的越流补给量之和；在承压水开发利用程度较低，尚未出现环境地质问题的区域，以承压水头下降速率为约束条件，允许动用部分弹性释水作为可利用量。

包头市承压水严重超采，地下水动力场变化导致承压地下水南部边界由原来的排泄边界改变为补给边界。为了不使降落漏斗持续扩展，承压水可利用量应扣除天然补给状态下的侧向排泄量，包头市的承压水可利用量为承压水侧向补给量与越流补给量之和，再减去天然补给条件下边界侧向的排泄量。

根据上述评价原则，河套平原承压水可利用量及可利用模数评价结果见表 8.43 ~ 表 8.45；呼包平原东部和包头市承压水可利用模数分布见图 8.4 和图 8.5。

从地下水系统看，呼包平原东部承压水可利用量为 2.43 亿 m^3，包头市承压水可利用量为 0.78 亿 m^3；呼包平原东部承压地下水可利用模数为 6.92 万 $m^3/(km^2 \cdot a)$，包头市承压地下水可利用模数为 11.74 万 $m^3/(km^2 \cdot a)$。

表 8.43 河套平原承压水可利用量及可利用模数表

地下水系统	面积/km^2	可利用量/(亿 m^3/a)				可利用模数 /[万 $m^3/(km^2 \cdot a)$]
		<1g/L	1 ~ 3g/L	3 ~ 5g/L	小计	
呼包平原东部	3511.87	2.37	0.05	0.02	2.43	6.92
包头市	662.34	0.76	0.02		0.78	11.74

表 8.44 呼包平原东部承压水可利用量及可利用模数表（按行政区）

县（区、旗）	面积/km^2	可利用量/(亿 m^3/a)				可利用模数 /[万 $m^3/(km^2 \cdot a)$]
		<1g/L	1 ~ 3g/L	3 ~ 5g/L	小计	
土默特左旗	1454.56	0.96	0.01	0.003	0.97	6.74
呼和浩特市玉泉区	190.40	0.06	0.003		0.06	3.25

续表

县（区、旗）	面积/km²	可利用量/(亿 m³/a)				可利用模数 /[万 m³/(km²·a)]
		<1g/L	1~3g/L	3~5g/L	小计	
呼和浩特市赛罕区	462.25	0.88			0.88	19.14
呼和浩特市回民区	90.35	0.26			0.26	28.80
呼和浩特市新城区	36.91	0.09			0.09	23.86
托克托县	938.95	0.002	0.03	0.01	0.042	0.47
和林格尔	338.45	0.11	0.003		0.11	3.30
合计	3511.87	2.37	0.05	0.02	2.43	6.92

表 8.45　包头市承压水可利用量及可利用模数表

地下水系统	面积/km²	可利用量/(亿 m³/a)			可利用模数 /[万 m³/(km²·a)]
		<1g/L	1~3g/L	小计	
包头市昆都仑区	121.91	0.22		0.22	17.97
包头市九原区	432.64	0.23	0.02	0.25	5.78
包头市青山区	107.79	0.31		0.31	28.62
合计	662.34	0.76	0.02	0.78	11.74

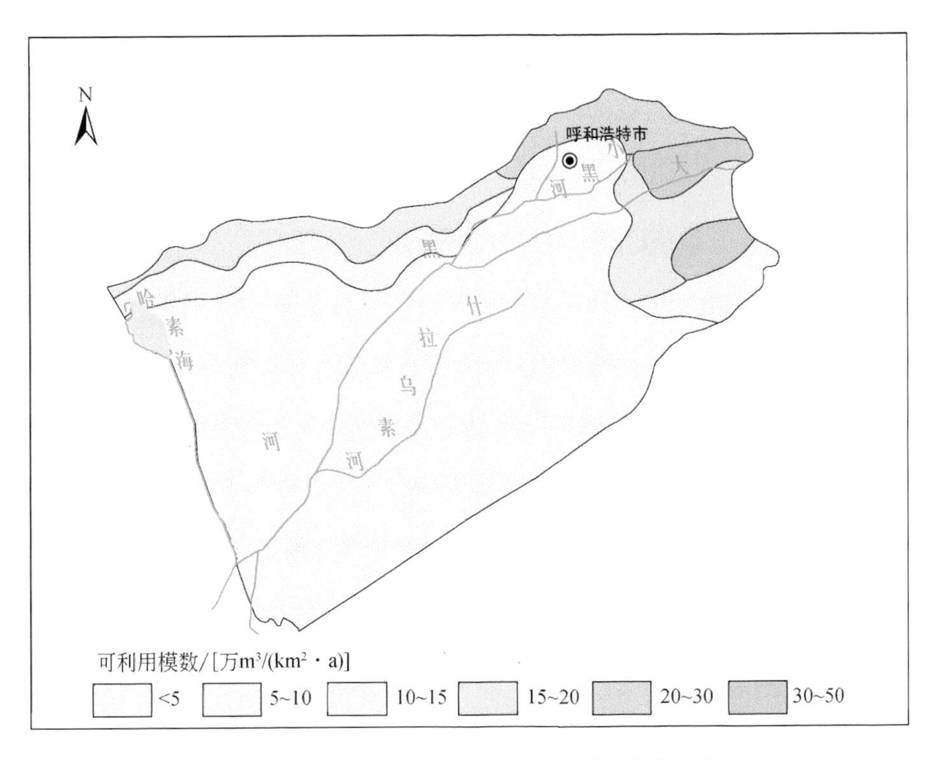

图 8.4　呼包平原东部承压水可利用模数分布图

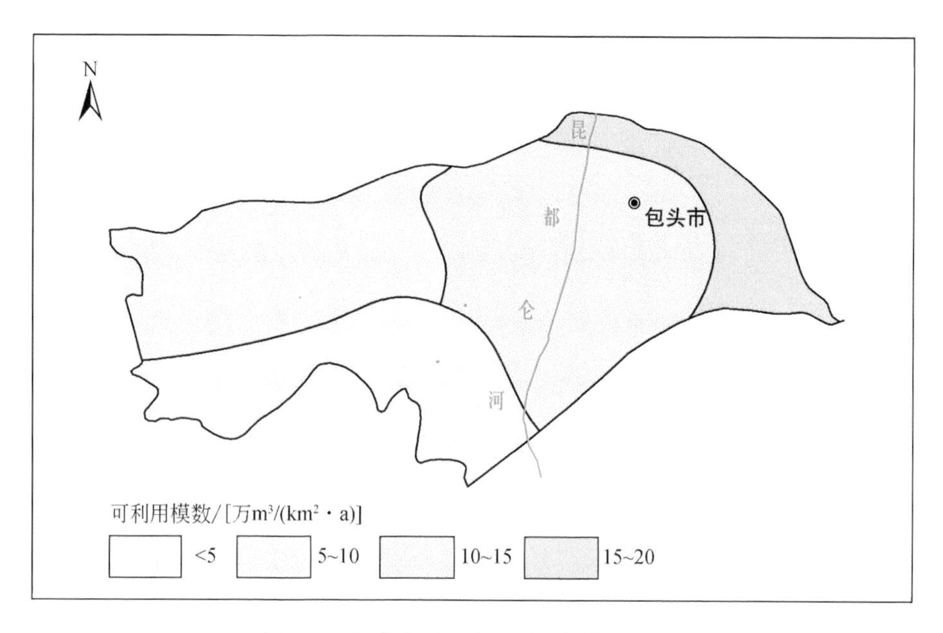

图 8.5　包头市承压水可利用模数分布图

从行政区看，承压水可利用量最大的两个旗县分别为土默特左旗和呼和浩特市赛罕区，可利用量分别为 0.97 亿 m^3 和 0.88 亿 m^3，可利用量最小的为托克托县，仅为 0.042 亿 m^3；承压水可利用模数较大的旗县分别为呼和浩特市回民区、包头市青山区和呼和浩特市新城区，分别为 28.80 万 $m^3/(km^2 \cdot a)$、28.62 万 $m^3/(km^2 \cdot a)$、23.86 万 $m^3/(km^2 \cdot a)$，可利用模数最小的旗县为托克托县，仅为 0.47 万 $m^3/(km^2 \cdot a)$。

四、临界水位条件下的预测可开采量

针对后套平原引黄灌溉产生次生盐渍化问题，以不产生土壤次生盐渍化的临界水位为约束条件，依据 2020 年灌区水利规划和灌排工程设计、黄河规划引水量，预测后套平原不发生土壤次生盐渍化条件下的浅层地下水可开采量。

灌区地下水水位临界深度在亚砂土区地下水埋深超过 2.4m，亚黏土区超过 2.0m，粉细砂区超过 2.3m 时，土壤不会发生盐渍化问题。

灌区水利规划和灌排工程设计、黄河规划引黄量采用巴彦淖尔市水务局的水资源综合规划成果。该报告对灌区水利规划和灌排工程设计提出三种方案：方案一，对灌区内所有干渠、分干渠进行衬砌，其他渠道均不衬砌；方案二，对灌区内所有干渠、分干渠、支渠进行衬砌，其他渠道均不衬砌；方案三，对灌区内所有干渠、分干渠、支渠进行衬砌，对矿化度大于 3g/L 的区域的斗农渠全部衬砌，三个方案均 2030 年全部完工，到 2020 年完成工程的 6/7。

本书采用方案二，2020 年后套平原灌溉渠系有效利用系数见表 8.46。

表 8.46　后套平原 2020 年灌溉渠系有效利用系数表

年份	全灌区	乌兰布和灌域	解放闸灌域	永济灌域	义长灌域	乌拉特前旗灌域	井灌利用系数
2020	0.491	0.548	0.519	0.500	0.476	0.421	0.9

首先，确定现状地下水水位降到调控的合理水位后所要的地下水开采量。经计算，后套平原地下水水位下降到合理调控水位需要的开采量为 8.35 亿 m^3。

根据地下水临界埋深和包气带岩性，确定降水入渗系数和蒸发系数，求取地下水水位临界埋深条件下的大气降水入渗补给量和蒸发量。

引黄灌溉入渗、渠系入渗、地下水灌溉回渗量按照规划 2020 年灌溉渠系有效利用系数和规划黄河引黄量计算。总排干退水量综合考虑现状条件下退水量与引黄灌溉入渗、渠系入渗量确定。

其余源汇项与地下水水位埋深变化没有直接关系，与现状条件下保持一致。

经计算，2020 年临界水位条件下，后套平原地下水可开采量为 13.38 亿 m^3，可开采模数为 10.76 万 $m^3/(km^2 \cdot a)$，后套平原排灌平衡可开采量及可开采模数结果见表 8.47。

表 8.47　后套平原预测可开采量及可开采模数表

旗县	面积/km^2	可开采量/(亿 m^3/a)					可开采模数 /[万 $m^3/(km^2 \cdot a)$]
		<1g/L	1~3g/L	3~5g/L	>5g/L	小计	
磴口县	2712.89	0.05	0.41	0.04		0.49	1.80
杭锦后旗	1871.76	0.06	2.08	1.32		3.46	18.48
临河区	2383.31	0.66	1.34	0.09		2.09	8.78
五原县	2474.69	0.09	2.88	0.84		3.81	15.38
乌拉特前旗	1615.68	0.37	1.31	0.28	0.41	2.38	14.71
乌拉特中旗	1091.61	0.40	0.53	0.007		0.94	8.65
乌拉特后旗	285.45	0.19	0.02			0.21	7.42
合计	12435.39	1.83	8.57	2.57	0.41	13.38	10.76

第五节　重点城市地下水资源

在河套平原水资源评价的基础上，对工作区内重点城市呼和浩特市、包头市和巴彦淖尔市临河区三个重点城市地下水资源进行了评价。

一、呼和浩特市

呼和浩特市位于河套平原东北部，现辖四市区（新城区、赛罕区、玉泉区、回民区）和三个开发区（金桥开发区、如意开发区、金川开发区）。根据《呼和浩特市总体规划(2010~2020 年)》，呼和浩特市中心城区范围北部以大青山自然保护区南边界为界，东部和南部以绕城高速为界，西部以土默特左旗行政边界为界，总面积为 166.20km^2。经评价，中心城区地下水天然补给量为0.43亿m^3/a，浅层地下水与承压地下水TDS均小于1g/L。浅层地下水可开采量为0.15亿m^3/a；承压地下水可利用量为0.27亿m^3/a。

在呼和浩特四市区（行政区平原区部分，面积1007.14km^2）范围内，地下水天然补给量为2.20亿m^3/a，其中TDS<1g/L的地下水天然补给量为2.19亿m^3/a，1g/L<TDS<2g/L的地下水天然补给量为0.01亿m^3/a。浅层地下水可开采量为1.01亿m^3/a，其中TDS<1g/L为1.00亿m^3/a，1g/L<TDS<2g/L为0.007亿m^3/a。承压水可利用量为1.29亿m^3/a，其中TDS<1g/L为1.29亿m^3/a，1g/L<TDS<2g/L为0.003亿m^3/a。

二、包头市

包头市下辖青山区、昆都仑区、九原区、东河区四个区。中心城区面积为74.51 km^2，在此范围内地下水天然补给量为0.15亿m^3/a。浅层地下水与承压地下水TDS均小于1g/L，浅层地下水可开采量为0.014亿m^3/a，承压水可利用量为0.11亿m^3/a。

在包头四市区（行政区平原区部分，面积为1093.09km^2）范围内，地下水天然补给量为1.33亿m^3/a，其中TDS<1g/L的天然补给量为0.71亿m^3/a，1g/L<TDS<2g/L的天然补给量为0.62亿m^3/a。浅层地下水可开采量为0.71亿m^3/a，其中TDS<1g/L为0.31亿m^3/a，1g/L<TDS<2g/L为0.40亿m^3/a。承压水可利用量为0.78亿m^3/a，其中TDS<1g/L为0.76亿m^3/a，1g/L<TDS<2g/L为0.02亿m^3/a。

三、巴彦淖尔市临河区

巴彦淖尔市临河区城区面积为26.62km^2。经计算，临河区地下水天然补给量为0.06亿m^3/a，其中TDS<1g/L和1g/L<TDS<2g/L的天然补给量分别为0.02亿m^3/a和0.04亿m^3/a。浅层地下水可开采量为0.04亿m^3/a，其中TDS<1g/L和1g/L<TDS<2g/L分别为0.01亿m^3/a和0.03亿m^3/a。

第六节　地下水资源量变化及原因分析

20世纪80年代以前，河套平原地下水开发利用程度一直处于较低水平，地下水流场接近天然状态。80年代以后随着社会经济的发展，工业生产用水、城镇生活用水和农业灌溉用水量迅速增加，地下水开采量不断增加，同时修建了大量的引黄供水工程、水库、截伏流等水利工程。这些人类工程活动强烈地改变了河套平原水文地质条件，并可能导致地下水资源数量和分布的较大变化。本次选用1978～1980年①和1983～1984年②开展的地下水资源评价工作与本次评价进行对比，分析河套平原地下水资源量变化及其原因。

① “内蒙古巴盟河套平原盐渍土改良及农田供水水文地质勘察报告”。

② “呼包平原水文地质工程地质环境地质勘察报告”。

一、后套平原地下水资源量变化

将本次后套平原地下水资源评价区域扣除乌兰布和沙漠区以后，与内蒙古巴盟河套平原盐渍土改良及农田供水水文地质勘察报告评价范围大致相当。但两者的地下水可开采量评价结果差别较大，20 世纪 80 年代地下水可开采量评价结果为 8. 14 亿 m^3/a，本次评价地下水可开采量为 18. 72 亿 m^3/a（表 8. 48）。

表 8. 48　后套平原地下水可开采量变化表

后套平原	面积/km^2	可开采量/(亿 m^3/a)	可开采模数/［万 $m^3/(km^2\cdot a)$］
20 世纪 80 年代	13000	8. 14	6. 26
2010 年	11766	18. 72	15. 91

两次地下水资源评价的补给量对比表明（表 8. 49），地下水主要补给项山前侧向补给、灌溉入渗补给和黄河侧渗补给量发生了明显变化。

表 8. 49　后套平原地下水补给量变化　　（单位：亿 m^3/a）

补给项	山前侧向	降水入渗补给	灌溉入渗补给			黄河侧渗
			田间入渗	灌区入渗	合计	
20 世纪 80 年代	5. 79	4. 54			17. 04	0. 11
2010 年	1. 00	4. 78	6. 69	17. 1	23. 79	0. 02

山前侧向补给量大幅减少。20 世纪 80 年代后套平原狼山山前年均侧向补给量 5. 00 亿 m^3，乌拉山山前年均侧向补给量 0. 79 亿 m^3。80 年代以后，狼山山前修建了德格纽河狼山水库、罕乌拉河罕乌拉水库、大佘太水库等水利工程，水库的修建截留了山区沟谷大量潜流补给，造成狼山山前侧向补给大幅度下降。本次评价的山前侧向补给量下降到 1. 00 亿 m^3/a。

黄河水灌溉入渗补给量增加。20 世纪 80 年代，引黄灌溉水量保持在 32 亿～40 亿 m^3/a，本次评价，引黄量增加到 43 亿～51 亿 m^3/a，引黄灌溉入渗总量由 17. 04 亿 m^3/a 增加到 23. 79 亿 m^3/a。

黄河侧渗补给量的减小主要是对黄河与地下水补排关系的调查精度提高，以及黄河向地下水侧渗补给断面长度减少所致。

总体上来说，后套平原地下水可开采量增加的主要原因是引黄灌溉量增加和灌溉入渗补给增加。

二、呼包平原地下水资源量变化

本次工作将呼包平原划分为两个地下水系统。呼包平原西部地下水系统包括了西部断块区，呼包平原东部地下水系统包括了托克托湖积台地前缘区。去掉西部断块区和托克托湖积台地前缘两个区域后，本次工作的呼包平原范围与呼包平原水文地质、工程地质、环境地质勘察评价报告中的呼包平原范围大致相当。

20 世纪 80 年代呼包平原浅层地下水评价面积为 5530.00km²，可开采量为 3.66 亿 m³/a，可开采模数为 6.62 万 m³/(km²·a)，承压地下水评价面积为 3179.80km²，可利用量为 0.91 亿 m³/a，可利用模数为 2.86 万 m³/(km²·a)，可开采总量为 4.57 亿 m³/a；本次评价浅层地下水面积为 5671.50km²，可开采量为 4.45 亿 m³/a，可开采模数为 7.85 万 m³/(km²·a)，承压地下水评价面积为 3511.87km²，可利用量为 2.43 亿 m³/a，可利用模数为 6.92 万 m³/(km²·a)，可开采总量为 6.88 亿 m³/a（表 8.50）。

经过对比，本次评价的浅层地下水可开采量较 20 世纪 80 年代增加了 21.58%，可开采模数增加了 18.58%；承压水可利用量增加了 167.03%，可利用模数增加了 158.21%。

表 8.50　呼包平原地下水资源量变化表

项目	浅层地下水			承压地下水			可开采总量/(亿 m³/a)
	面积/km²	可开采量/(亿 m³/a)	可开采模数/[万 m³/(km²·a)]	面积/km²	可利用量/(亿 m³/a)	可利用模数/[万 m³/(km²·a)]	
20 世纪 80 年代	5530.00	3.66	6.62	3179.80	0.91	2.86	4.57
2010 年	5671.50	4.45	7.85	3511.87	2.43	6.92	6.88

通过对两次地下水资源评价补给量计算结果的对比分析，主要在山前侧向补给量、降水入渗补给量、灌溉入渗补给量和越流量等方面都存在明显的变化（表 8.51）。补给量变化的原因除了因含水层划分不同导致评价方法有所差异外，主要是地下水补给、径流、排泄条件发生了明显的变化。

表 8.51　呼包平原地下水补给量变化表　　（单位：亿 m³/a）

20 世纪 80 年代补给项				2010 年补给项					
山前侧向		降水入渗补给	灌溉入渗补给	山前侧向		降水入渗补给	灌溉入渗补给	越流	
浅层侧向	承压侧向			浅层侧向	承压侧向			浅层越流补给	承压越流补给
2.92	0.91	5.5	0.56	0.53	1.90	3.36	1.15	0.17	0.92

山区向平原区侧向补给量减少。20 世纪 80 年代，大青山前仅水涧沟、水磨沟、白石头沟、乌素图沟、什拉乌素河修建了小型水库，到 2010 年又修建了万家沟水库、缸房地水库、哈拉沁水库，以及沟谷截伏流工程，截留了山前的大量山前潜流。大青山山区侧向补给量由 20 世纪 80 年代的 4.55 亿 m³/a 减少到 2010 年的 2.73 亿 m³/a。

在山区侧向补给量减少及地下水开采量增大的情况下，山前单一结构含水层潜水水位下降导致向浅层含水层侧向补给减少或消失，补给量由 20 世纪 80 年代的 2.92 亿 m³/a 减少到 2010 年的 0.53 亿 m³/a。

降水入渗补给量减小。随着地下水开采规模的扩大，呼和浩特市等城区周边区域、大青山山前水位大幅度下降，包气带厚度增加。此外，伴随呼和浩特等城市规模扩大，城区硬化范围增加，使得降水入渗条件减弱，减少了大气降水的补给量。这些因素使呼包平原的降水入渗补给量由20世纪80年代的5.50亿m^3/a减少到2010年的3.36亿m^3/a。

越流补给量变化。20世纪80年代，呼包平原承压水水头高于浅层地下水水位，存在大范围的承压水自流区。80年代之后呼和浩特市周边地区承压水大量开采，山前下降速率超过2m/a，承压水水头的大幅度下降，使承压水水头低于浅层地下水水位。

“呼包平原水文地质工程地质环境地质勘察报告”中没有计算越流。本次评价确定了地下水越流补给范围和方式，并计算了越流量。浅层地下水越流补给承压地下水0.92亿m^3/a，承压地下水顶托越流补给浅层地下水0.17亿m^3/a。

第九章　地下水流数值模拟

本次地下水流数值模拟工作分别建立河套平原以及重点城市呼和浩特市和包头市的三个地下水模拟模型，进行地下水2006～2010年均衡分析，开展地下水资源评价工作；预测地下水演化趋势及可能产生的环境问题，为河套平原和重点城市地下水的开发利用与保护提供科学依据。

本次工作采用美国Brigham Young大学环境模拟研究实验室（Environmental Modeling Research-Laboratory）开发的GMS（groundwater modeling system）软件作为建立地下水流模拟模型的软件。

第一节　河套平原地下水流模拟

一、水文地质概念模型

（一）模型区和边界条件

1. 模型范围的确定

本次河套平原模型区范围包括了后套平原地下水系统、三湖河地下水系统、呼包平原西部地下水系统、呼包平原东部地下水系统、黄河南岸地下水系统等五个一级地下水系统。佘太盆地地下水系统作为相对独立盆地，其西边界为流向乌梁素海的侧向排泄边界，与后套平原水力联系不大，未包括在模型区范围内。由此确定的地下水数值模型范围见图9.1，面积约为2.52万km^2。

含水层分为浅层含水层和承压含水层分别进行地下水流数值模拟。

2. 边界条件

1）侧向边界

模型区的侧向边界依据水文地质条件确定为不同性质的流量边界，模型区具体边界类型详见图9.1、图9.2。

浅层含水层侧向边界：北部边界为阴山与平原区边界，均为断裂接触关系。根据接触带岩性特征将其分为侧向补给边界和隔水边界。西部边界为河套平原与乌兰布和沙漠的分界，水力联系微弱，可视为隔水边界；南部边界为鄂尔多斯台地与平原区边界，以鄂尔多斯前缘断裂为界。达拉特旗以西地段表层为第四系风积砂，并延续到黄河南岸平原，浅层风成砂层地下水的侧向径流补给黄河南岸地下水，为侧向补给边界；达拉特旗以东，接触

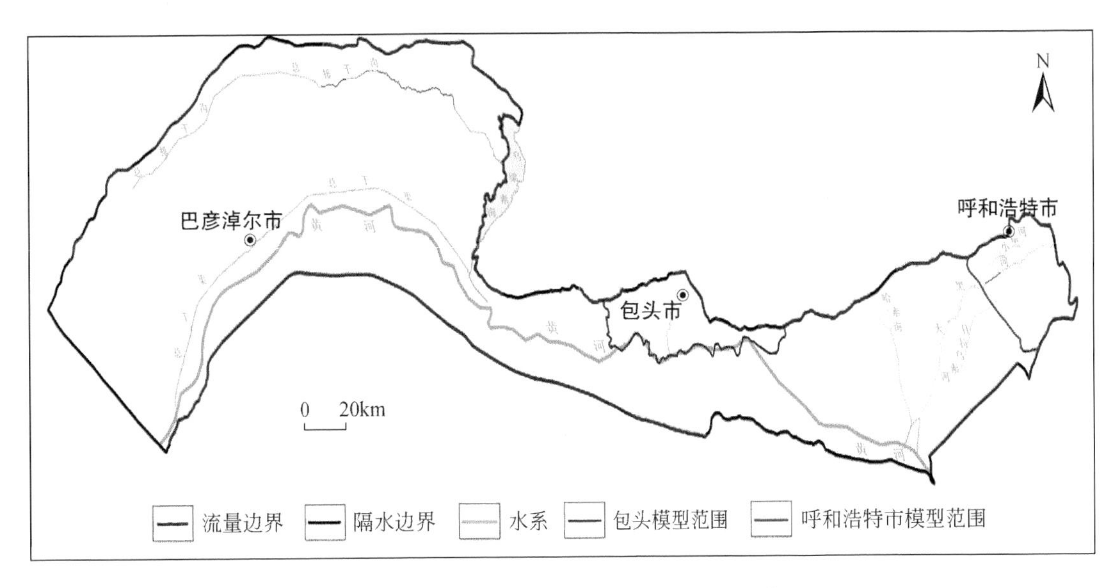

图 9.1　浅层含水层模型范围及边界条件示意图

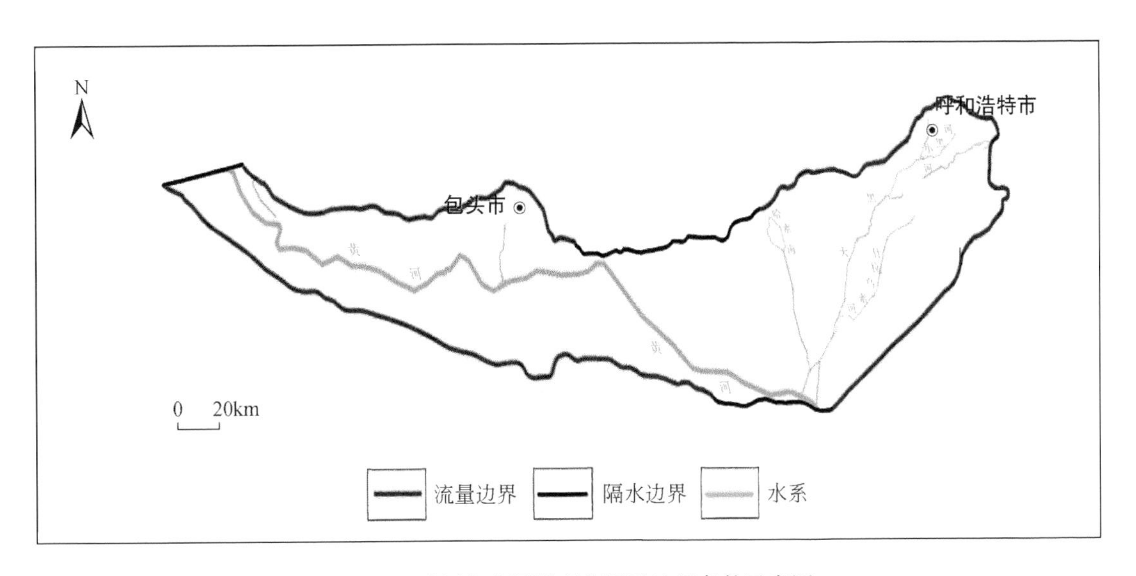

图 9.2　承压含水层模型范围及边界条件示意图

带地层为侏罗系，富水性很差，构成隔水边界；东南边界为和林格尔丘陵，通过断裂与平原区接触，地层岩性为泥岩，为隔水边界。东边界为蛮汉山与河套平原界线，为断裂接触，山区岩性为泥岩，为隔水边界。此外，在河套平原周边山区分布有一系列河流和沟谷，这些河流或沟谷中的第四系孔隙水以潜流形式补给平原区地下水，河谷断面为流量边界。

乌梁素海为后套平原地下水排泄中心，其边界为排泄流量边界。

承压含水层侧向边界：由于后套平原承压含水层埋深大、勘探资料少、开发利用程度低，模型范围不包括后套平原承压含水层。承压含水层模型范围西边界以乌拉山的隐伏断裂为界，概化为隔水边界，其他边界概化为第二类边界（图 9.2）。山前单一结构含水层潜水以侧向流入的形式补给承压含水层。承压含水层的模型区面积为 1.01 万 km^2。

2）垂向边界

浅层含水层和承压含水层通过越流进行水量交换，其越流量由浅层、承压含水层的水位差、弱透水层在垂向上的渗透系数和厚度决定。根据河套平原水文地质勘探程度，确定本次模型的底部边界为地表以下 300m，底部边界概化为隔水边界。浅层含水层自由水面为系统的上边界，浅层地下水与系统外界发生垂向水量交换，如接受大气降水入渗补给、灌溉入渗补给、蒸发排泄等。

此外，黄河自西向东横贯整个河套平原，与地下水具有密切的水力联系，是重要的河流边界。

（二）含水层结构模型

第四系含水岩组在垂向上概化为二层。浅层含水层及弱透水层概化为模型第一含水层（在后套平原第一层仅包含浅层含水层），底界埋深为 30 ~ 220m，为浅层含水层；承压含水层概化为模型第二含水层，底界埋深为 300m。在概化基础上，根据地表高程数据和含水层厚度等值线图、隔水层厚度等值线，采用插值方法绘制了地面标高及各含水层层底板标高等值线（图 9.3、图 9.4），建立了含水层结构模型。

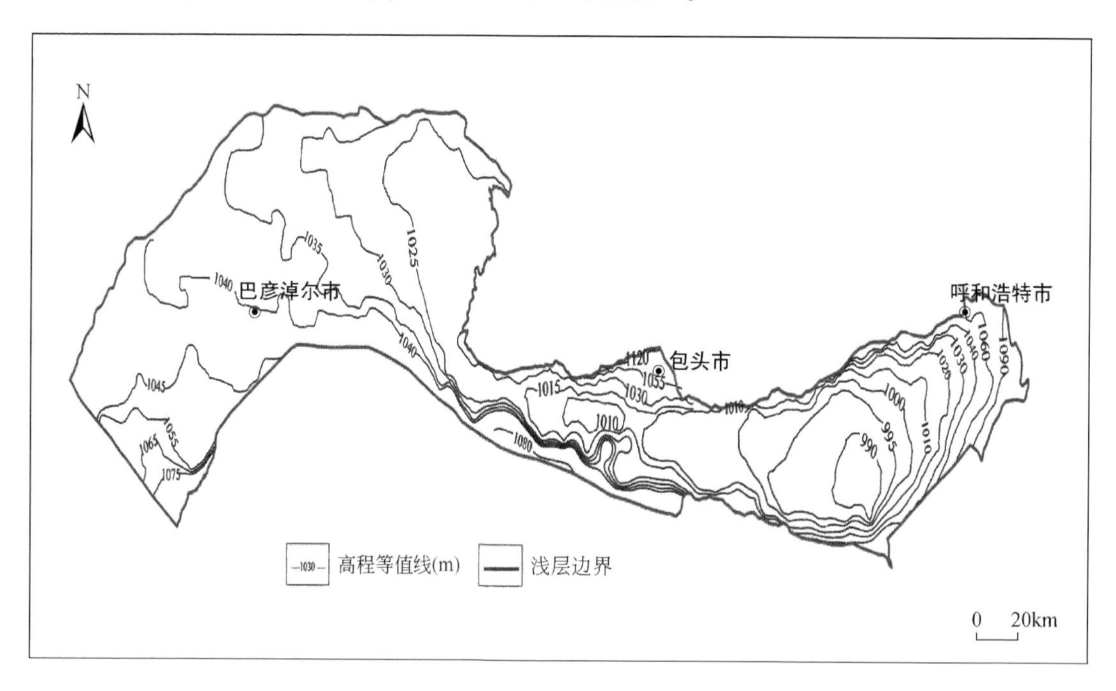

图 9.3 含水层结构模型地面标高等值线示意图

（三）地下水流场及流动特征

以 2005 年 11 月浅层地下水水位等值线作为初始流场（图 9.5）。浅层地下水流总体由

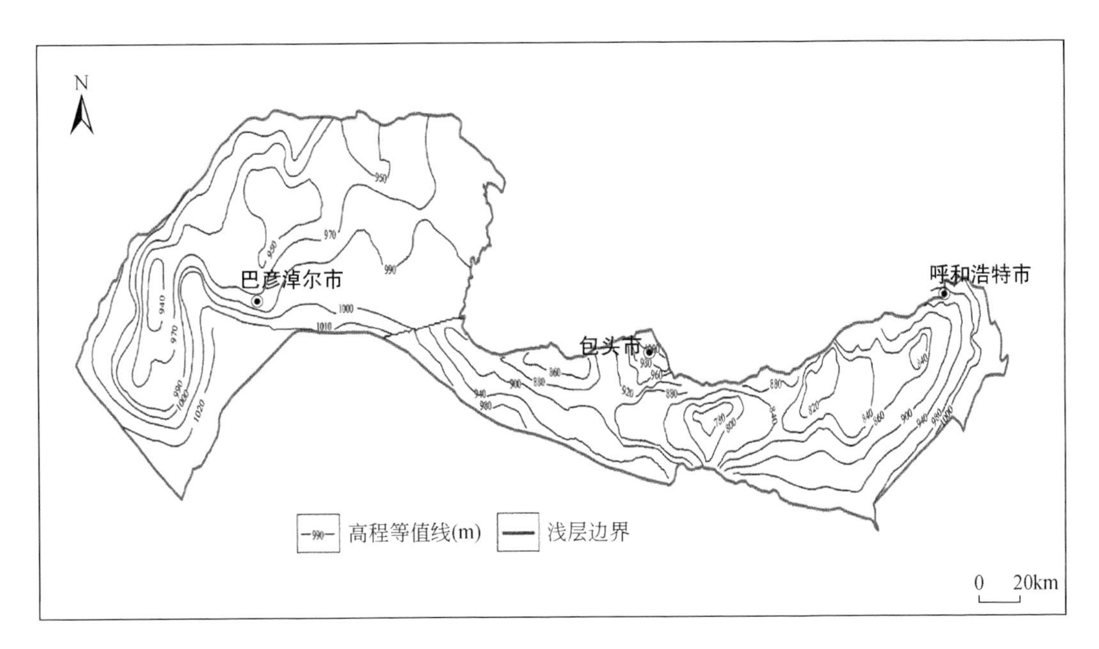

图9.4　含水层结构模型第一层底板标高等值线示意图

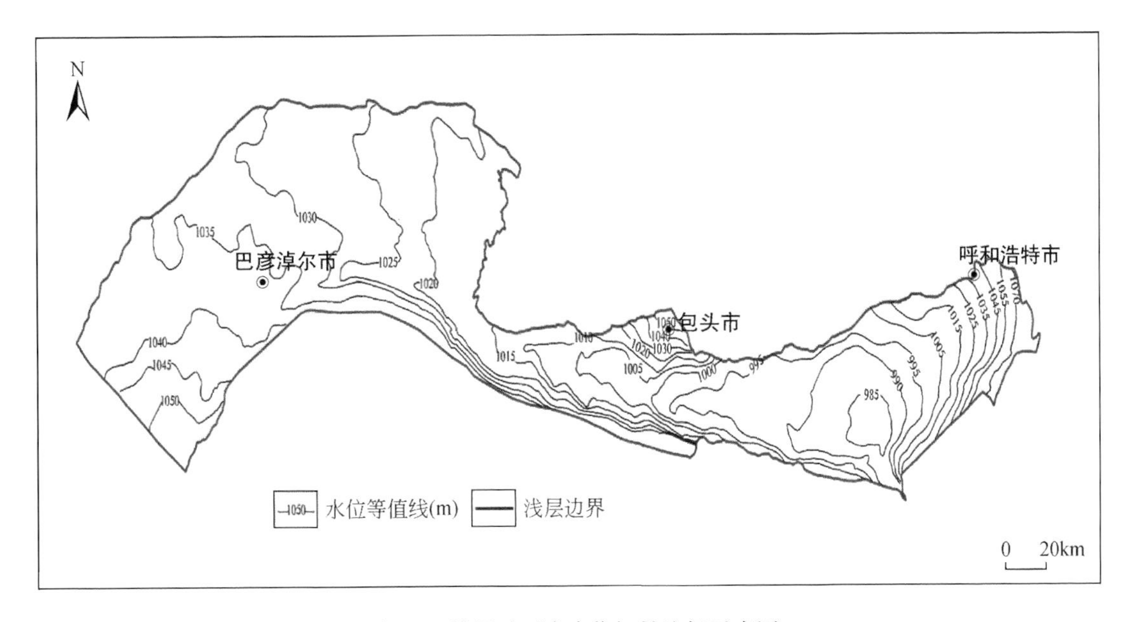

图9.5　浅层地下水水位初始流场示意图

北、南和东向黄河、乌梁素海、哈素海等流动。在开采强度大的地区，形成地下水水位降落漏斗，地下水流向漏斗中心。地下水在第四系松散多孔介质中的流动符合质量守恒定律和达西定律，考虑到由层间水头差异引起含水层之间的垂向水量交换，故地下水运动为三维流。地下水的补排项以及水位是随时间变化的，故为非稳定流。由于介质的非均匀性造成水文地质参数随空间变化，体现了系统的非均质性；由于含水介质的成层性，造成垂向水文地质参数的差异，因而可概化为水平各向同性、垂向各向异性介质。

（四）地下水源汇项及处理

1. 模型源汇项

浅层含水层主要接受降雨入渗、引黄灌溉入渗、渠系渗漏、井灌回归入渗、黄河侧渗和侧向径流等补给，以潜水蒸发、越流、排水渠排水和人工开采等方式排泄。承压含水层在开采状况下主要是接受侧向流入补给和越流补给，人工开采是主要的消耗方式。

1）大气降水入渗补给量

降水入渗补给量是模型区最主要的补给来源。2006 年 11 月—2010 年 11 月，五年平均降水入渗补给量为 11.85 亿 m^3/a，具体见表 9.1。

表 9.1　降水入渗补给量　（单位：亿 m^3）

行政区	2006 年	2007 年	2008 年	2009 年	2010 年	五年平均
巴彦淖尔市	4.29	5.25	6.30	3.87	4.38	4.82
包头市	0.65	0.44	0.60	0.42	0.56	0.54
土默特右旗	1.03	0.87	1.34	0.98	1.08	1.06
土默特左旗	0.99	1.23	1.65	0.99	1.39	1.25
呼和浩特市	0.29	0.26	0.59	0.29	0.40	0.37
和林格尔县	0.24	0.17	0.24	0.18	0.25	0.22
托克托县	0.49	0.44	0.58	0.38	0.47	0.47
杭锦旗	1.26	1.54	1.84	1.17	1.32	1.43
达拉特旗	1.98	1.58	1.81	1.40	1.69	1.69
合计	11.22	11.78	14.95	9.68	11.54	11.85

2）地下水侧向补给量

模型区边界的侧向径流补给量按给定流量边界来计算。模型中把侧向径流量以线性源汇项的形式，通过程序写入“.wel”程序包，隔水边界侧向量为 0 处理。

此外，河套平原周边的狼山、色尔腾山、乌拉山、蛮汉山和鄂尔多斯台地前缘沟谷中发育昆都仑河、大黑河一系列季节性河流，山区河谷地下水以潜流形式侧向补给平原区，同时雨季形成的地表洪流在山前渗入补给平原区地下水。经计算五年平均沟谷洪流入渗补给量为 0.62 亿 m^3/a，将计算的沟谷洪流入渗补给量给到对应的沟谷。根据模型验证，河套平原五年平均山前侧向补给量为 4.72 亿 m^3/a（表 9.2）。

表 9.2　侧向径流补给量　（单位：亿 m^3）

行政区	浅层	承压	小计	行政区	浅层	承压	小计
巴彦淖尔市	0.95	0.13	1.08	和林格尔县	0.05	0.22	0.27
包头市	0.36	0.31	0.67	托克托县	0	0.01	0.01

续表

行政区	浅层	承压	小计	行政区	浅层	承压	小计
土默特右旗	0.06	0	0.06	杭锦旗	0.06	0.04	0.1
土默特左旗	0.23	0.16	0.39	达拉特旗	0.06	0.38	0.44
呼和浩特市	0.32	1.38	1.7	合计	2.09	2.63	4.72

3）农业灌溉入渗量

农业灌溉入渗量主要包括渠系渗漏量、渠灌入渗量及井灌回归量。年平均农业灌溉入渗补给量为29.15亿m^3/a，其中，引黄渠系入渗补给量及引黄灌溉入渗量为25.63亿m^3/a，井灌回归补给量为3.52亿m^3/a（少量地表水灌溉入渗量计算并入井灌回归补给量中，为0.06亿m^3/a），计算结果见表9.3。

表9.3　农业灌溉入渗量　（单位：亿m^3）

行政区	渠系及灌溉入渗量	井灌回归量	小计	行政区	渠系及灌溉入渗量	井灌回归量	小计
巴彦淖尔市	24.04	1.23	25.28	和林格尔县	0	0.08	0.08
包头市	0.1	0.38	0.48	托克托县	0	0.04	0.04
土默特右旗	0.71	0.12	0.82	杭锦旗	0.54	0.05	0.58
土默特左旗	0	0.17	0.17	达拉特旗	0.24	1.13	1.38
呼和浩特市	0	0.32	0.32	合计	25.63	3.52	29.15

4）黄河补排量

黄河在模拟区内是极其重要的线状补给或排泄源，与地下水具有密切的水力联系。根据巴彦高勒、三湖河、头道拐三个站点的黄河水位资料，以及2005～2010年的河床底板高程值，利用GMS中的River程序包计算黄河补排量。计算公式如下：

$$Q_R=\frac{K_s \times L \times W}{M}(h_r-h)=C_R(h_r-h) \tag{9.1}$$

式中，Q_R为河流侧渗量，m^3/d；h_r为河流水位，m；h为地下水水位，m；W为河流宽度，m；M为河床底积层厚度，m；K_s为河床底积层渗透系数，m/d；L为河流长度，m；C_R为水力传导系数，m^2/d。

5）地下水蒸发量

浅层水天然状态下的蒸发量与包气带岩性、地下水水位埋深及空气饱和度、水面蒸发量等有密切关系。一般认为该区的蒸发极限埋深为5m。通过岩性及潜水位埋深，结合对不同岩性、不同埋深条件下的潜水蒸发折算系数研究成果，确定出潜水蒸发折算系数为0.625，利用阿维扬诺夫公式计算地下水蒸发量：

$$E_g=\begin{cases}0 & d>d_0\\ E_0\left(1-\dfrac{d}{d_0}\right)^n & 0\leqslant d\leqslant d_0\end{cases} \tag{9.2}$$

式中，E_g为地下水蒸发强度，mm；E_0为水面蒸发强度，mm；d_0为地下水蒸发极限埋深，

m，它与包气带的岩性有关，在本模型中，极限埋深为5m；d 为地下水水位埋深，m；n 为经验系数，在模型中 $n=1$。模型计算中，采用 MODFLOW 程序中的蒸发子程序包通过地表高程、水位埋深及蒸发极限埋深来调整蒸发量。

6）地下水开采量

模拟区内地下水开采量统计到各个乡镇。地下水开采量包括农业开采量、城镇水源地开采量、工业开采量。经统计及分析，2005 年 12 月—2010 年 11 月河套平原地下水年平均开采量为17.38 亿 m^3/a。其中，浅层地下水年平均开采量为12.02 亿 m^3/a，承压水年平均开采量为5.36 亿 m^3/a。

7）排水渠地下水排泄量

后套平原灌溉排水系统对地下水的排泄量包括两部分：一部分是在为了保持合理的地下水水位，防止土壤盐渍化，保持盐量平衡，通过各级排水渠系泄水到总排干，进入乌梁素海的排泄量；另一部分是在地下水排泄带的总排干的排泄量。第一部分排水渠系的排泄量直接利用黄河灌域管理总局的统计成果，在模型中以面状开采井的形式分配到一级地下水系统分区；第二部分总排干排泄量，在模型中采用排水沟 drain 程序包处理，即由模型应用达西公式自动计算。两部分共同构成本次模拟的排水渠排泄地下水量。

2. 源汇项的处理

模型源汇项分为线、面、点三种要素。基础源汇数据多通过 GIS 和 Excel 相结合的方式提供。线状要素包括山区对平原区的侧向补给和侧向排泄；面状要素由降雨入渗、农业灌溉入渗的补给项和工农业、生活等的开采项构成，对于重要水源地则按点井形式给出，内部边界黄河渗流量、排水沟的排水量则分别选取对应的 river、drain 进行线性处理。

由于模型数据量较大，本次研究利用 GIS 软件的空间分析功能，统一采用数据库管理模式存储随时间变化的大量数据，最后利用程序写入相对应的 MODFLOW 格式文件中。

由于模型中开采量及降水入渗量分区较多，采用了改进的 MODFLOW 程序，将面状源汇项数据通过读取分区编号写入 MODFOW 中。其中降雨入渗采用 Recharge 模块，对应数据存入＊. rch 文件中；开采量及农业灌溉入渗量，采用新开发的 raw 模块，对应数据存入＊. raw（开采量及井灌回归入渗量）和＊. raw1（渠系渗漏及渠灌入渗量）文件中；线状补给源采用 MODFLOW 的 Well 模块，对应数据存入＊. wel 文件；蒸发采用 Evapotranspiration 模块，对应数据存入＊. evt 文件；黄河补排量采用 river 模块，对应数据存入＊riv 文件；此外，排水渠排泄量中，通过各级排水渠泄入总排干的泄水量采用面状开采井处理，对应数据写入＊raw2 文件中，另一部分地下水排泄带的总排干排泄量采用 drain 模块处理，对应数据存入＊drn 文件中。除以上源汇项数据外，还有部分数据在模型内部直接输入。

（五）水文地质参数获取和分区

水文地质参数作为计算评价地下水的重要数据，是影响评价结果的主要因素。用于地下水流模型的水文地质参数主要分为两类：①用于计算地下水的源汇项参数和经验系数，如大气降水入渗系数、灌溉入渗系数、蒸发系数；②含水层的水文地质参数，这一类主要包括浅层含水层的渗透系数（k）、给水度（μ），承压含水层的渗透系数（k）及储水率

(S_s) 等，具体参数和分区详见第三章第三节。

在建模时按参数分区给定参数初值，通过水位拟合进行参数识别，最后确定各参数分区值。

二、时空离散

(一) 空间离散

根据模型区的含水层结构、边界条件和地下水流场特征，将模拟区剖分为295行、1015列规则网格，各层均采用500m×500m的剖分格式。其中第一层有效单元（活动网格）100818个（图9.6），下部第二层有效单元40398个（图9.7）。

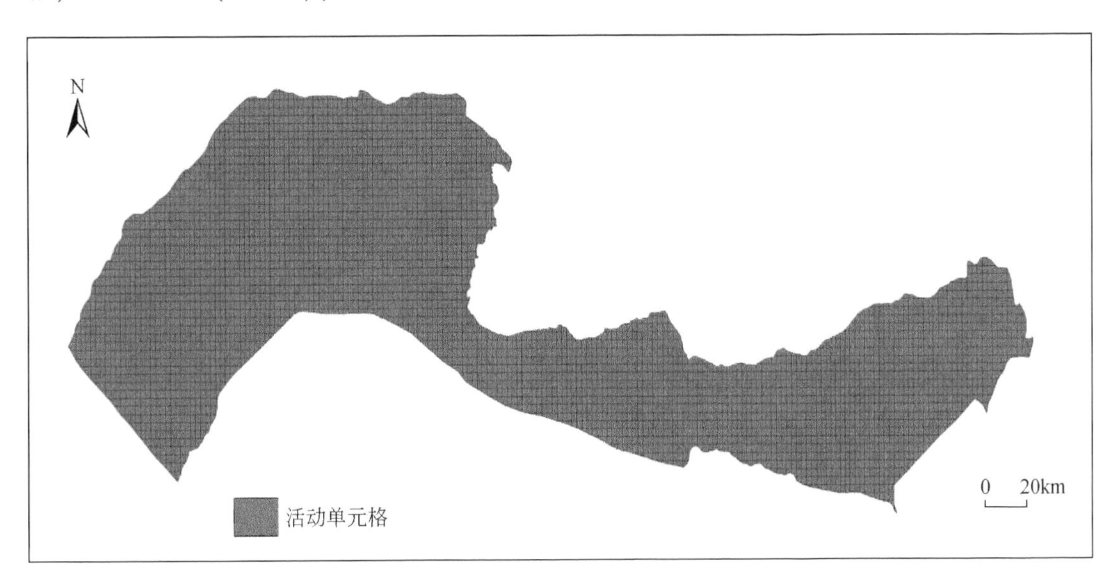

图9.6　浅水含水层网格剖分图

(二) 模拟期确定

本次数值模拟模型的模拟期为2005年12月至2010年11月，将整个模拟期划分为60个应力期，每个应力期为一个相应的自然月，计算的时间步长为一天。在每个应力期中，所有外部源汇项的强度保持不变。

三、定解条件的处理

初始条件：由于2005年12月观测点数据较少，不足以控制全区地下水流场形态，为此，以2005年地下水长观孔观测水位资料为主，结合2009年6月、2009年9月、2010年4月、2010年9月浅层地下水水位等值线图，采用内插法和外推法获得浅层地下水初始水位。承压水长观孔较少，参考2012年4月、9月包头市承压水等水头线图，以及2012年6

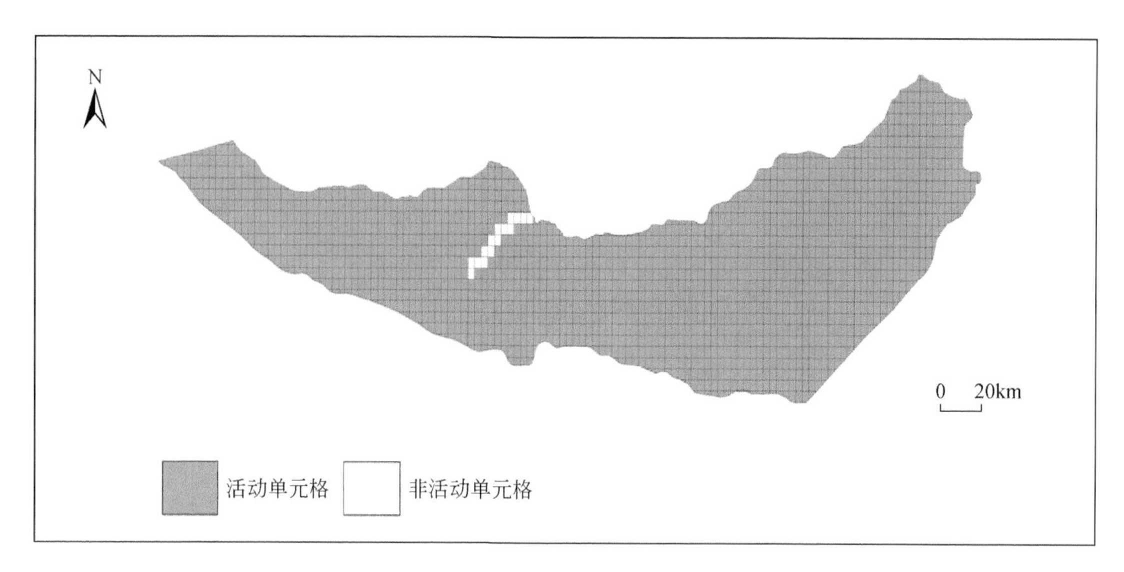

图 9. 7　承压含水层网格剖分图

月、9 月哈素海以东部分承压水等水头线图粗略绘制出承压水初始流场，然后通过水文地质条件识别并对初始地下水流场进行适当修正。

边界条件：将所计算出来的各边界流入、流出量输入模型之中，通过边界附近流场的拟合，适当调整边界流入、流出量。

四、模型的识别验证

本次采用的方法为试估-校正法。

（一）流场拟合分析

2010 年 9 月浅层地下水实测与模拟流场如图 9. 8 所示。承压地下水的第 60 个应力期末模拟流场如图 9. 9 所示，其中因缺乏黄河南岸承压水水头资料，黄河南岸的流场仅在模型计算中体现。

从浅层地下水流场的拟合情况来看，计算流场基本上反映了地下水流动的趋势和规律。呼和浩特市流场趋势拟合较好，地下水流从山前向西南流动方向流动趋势明显；包头市地下水流自山前向西南方向流动，九原区拟合较好；后套平原地下水流从西南向东北方向流动，拟合基本反映了地下水流动的整体趋势及规律。此外，承压水计算流场也基本反映了地下水流动的趋势和规律。

（二）过程曲线分析

根据现有资料，通过长观孔的拟合进行识别验证。长观孔的拟合可以归纳为两种：一种是拟合情况较好，计算水位和实际观测水位相差较小，能够较好地反映出该点水位动态趋势；另一种是计算水位值与实测水位值始终有一定的差距，但变化趋势始终一致。

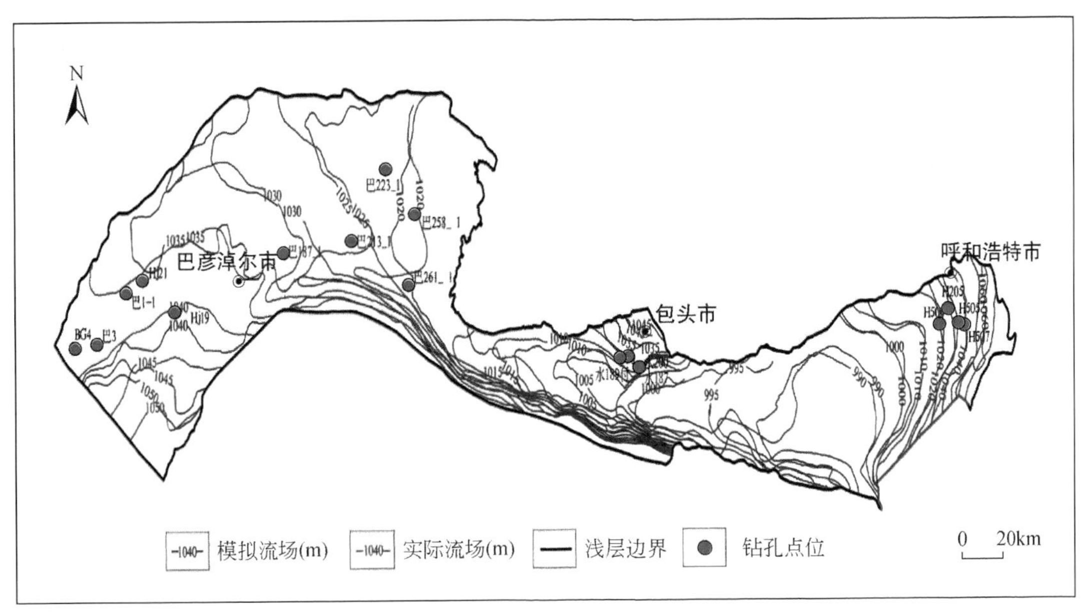

图9.8　浅层地下水实测与模拟流场示意图（2010年9月）

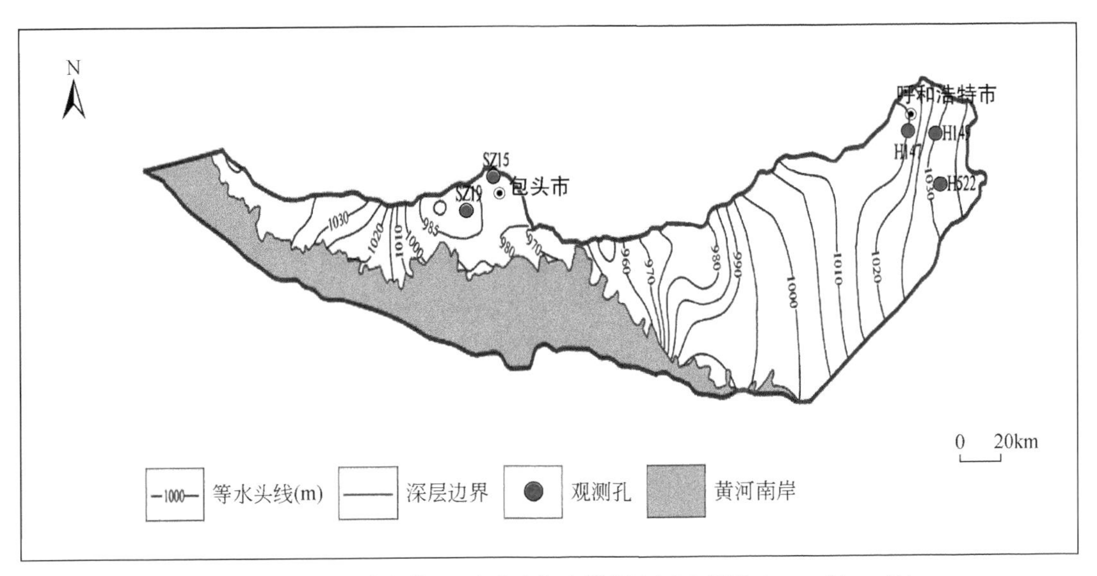

图9.9　承压地下水的第60个应力期末模拟流场示意图（2010年11月）

误差的主要来源一方面是源汇项的统计误差、地质资料的精度；另一方面是模拟范围大、源汇项多、条件概化等都不可避免导致一定的误差。本次模型概化将渠灌入渗量及渠系渗漏量均采用面状注水井的形式处理；各级排水沟汇入主排干的排泄量采用面状抽水井的形式处理，另一部分主排干泄水量采用drain模块处理，不能准确反映排水渠具体位置上的流场形态，对后套平原地下水流场有一定的影响。此外，模型网格面积较大，由网格中心水位来表征整个区域上水位变化情况，可以较好地刻画出地下水运动规律和趋势，满足计算精度要求，但不可否认，当进行单点动态曲线拟合时，仍会有较大的误差。

根据模型区内水位观测点的分布情况，选择 15 个浅层地下水长观孔，五个承压地下水长观孔计算各拟合点的计算水位与观测水位的平均残差和误差，并对其进行综合分析。典型浅层地下水和承压地下水观测孔水位拟合过程线分别见图 9.10 和图 9.11。

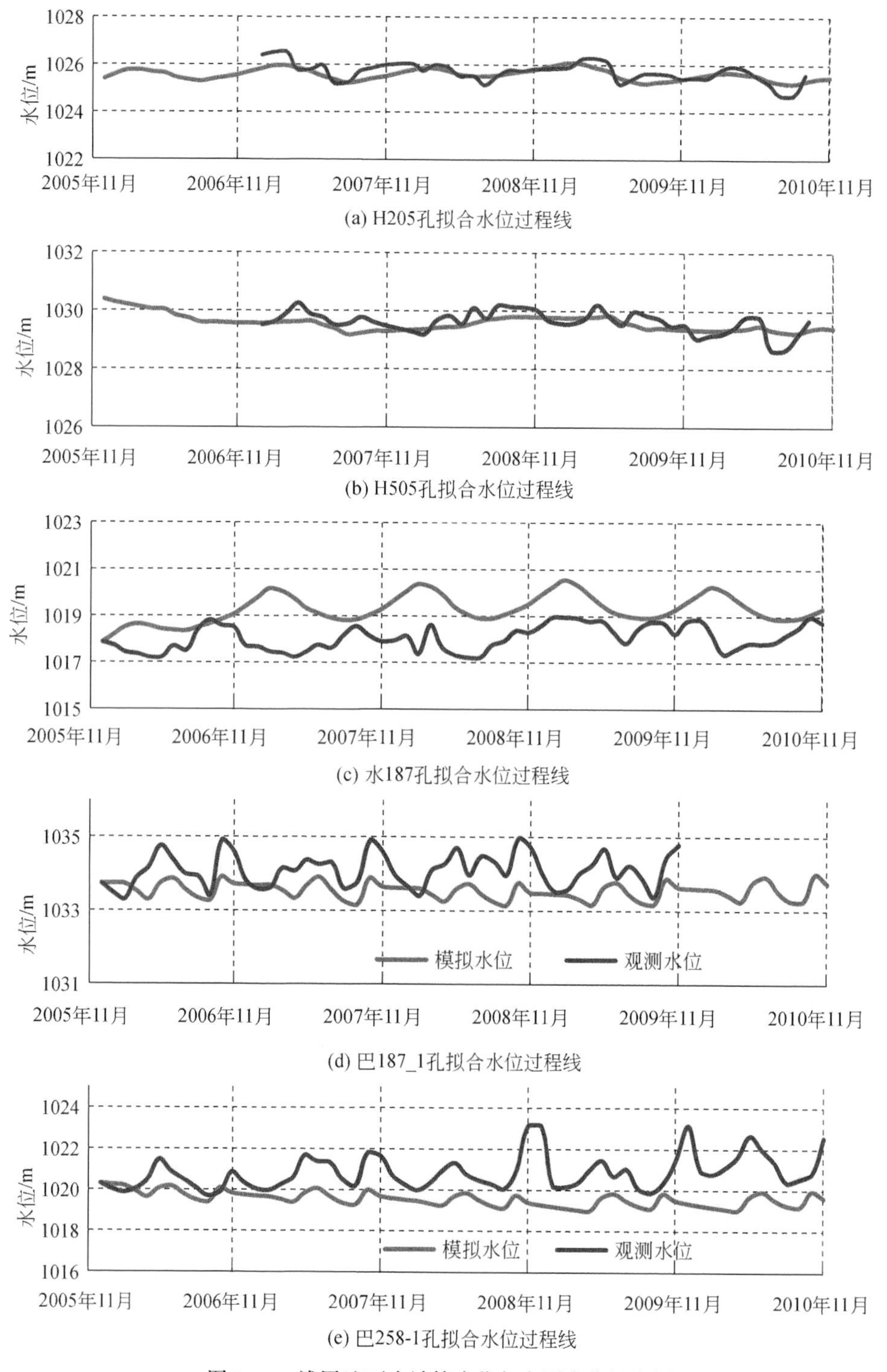

图 9.10　浅层地下水计算水位与实测水位拟合图

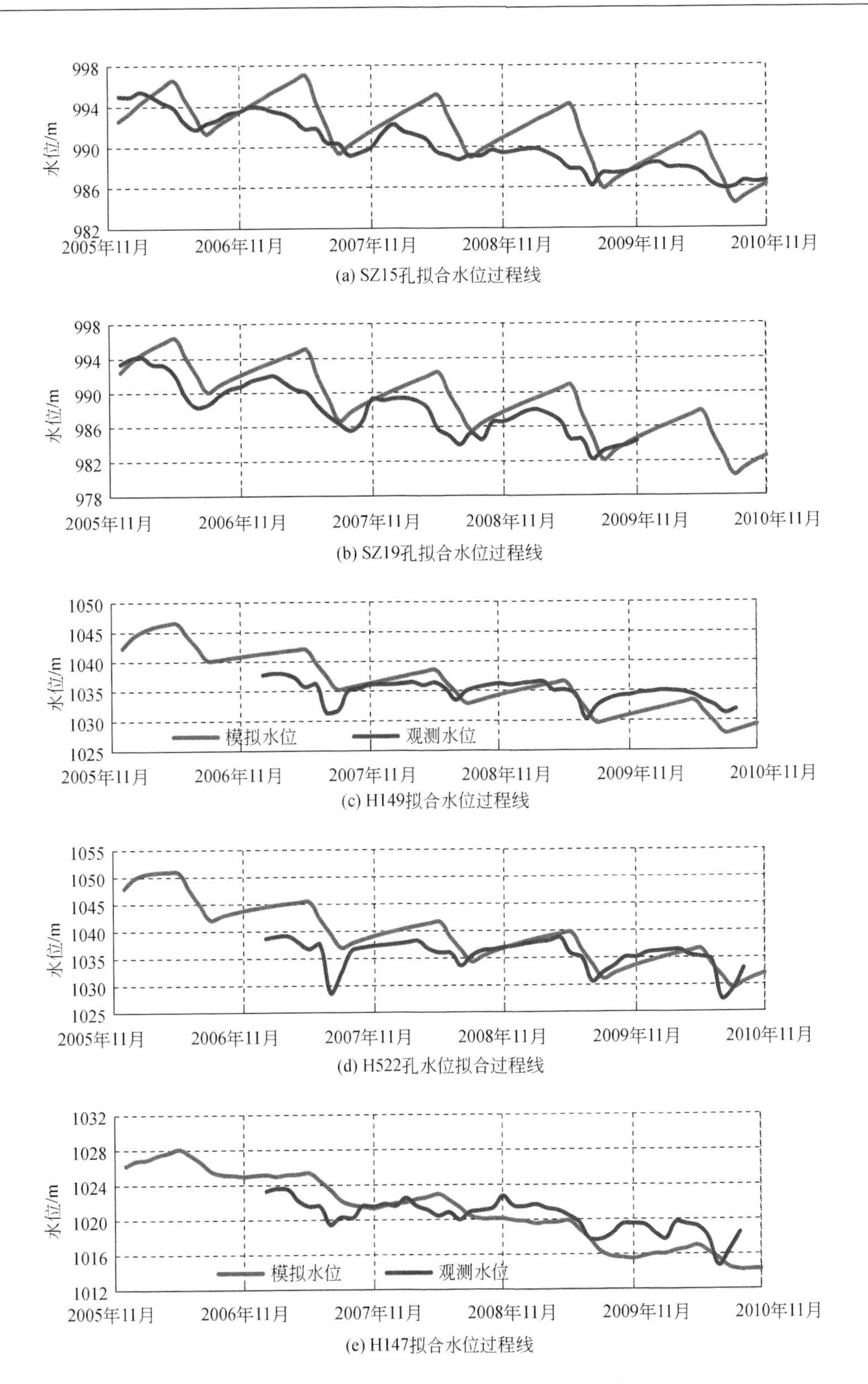

图 9.11　承压地下水计算水位与实测水位拟合图

在此引入计算误差允许值：

$$\delta = \frac{\sqrt{\sum_{k=1}^{n} (h_{rk} - h_{sk})^2}}{n\Delta h} 100\% \tag{9.3}$$

式中，n 为总应力期数；h_{rk}为应力期 k 的观测水头；h_{sk}为应力期 k 的模拟水头；Δh 为最大观测水头变幅。

从浅层地下水观测孔拟合误差（表 9.4）及承压水观测孔拟合误差（表 9.5）可以看出，呼包平原浅层地下水观测孔拟合效果优于后套平原，其中位于呼和浩特市的浅层地下水长观孔 H205 拟合效果最好，误差为 2.45%。承压水长观孔 SZ15 及 H147 拟合较好，误差分别为 3.46%、3.59%。

表 9.4　浅层地下水观测孔拟合误差表

观测孔编号	位置	平均残差	误差/%	观测孔编号	位置	平均残差	误差/%
H205	呼和浩特市	-0.1	2.45	巴 3	巴彦淖尔市	-0.1	5.97
H505	呼和浩特市	-0.13	2.97	巴 223_1	巴彦淖尔市	-0.23	7.19
H500	呼和浩特市	1.91	2.62	巴 213_1	巴彦淖尔市	-0.67	6.83
H507	呼和浩特市	-0.27	4.8	巴 187_1	巴彦淖尔市	-0.55	6.03
水 200	包头市	0.38	5.58	HJ21	巴彦淖尔市	-0.68	7.04
水 189 付	包头市	-0.41	3.86	HJ19	巴彦淖尔市	-0.84	6.76
水 187	包头市	1.22	10.4	巴 258_1	巴彦淖尔市	-1.27	5.82
巴 1-1	巴彦淖尔市	-0.04	6.76				

表 9.5　承压水观测孔拟合误差表

观测孔编号	位置	平均残差	误差/%
SZ15	包头市	1.47	3.46
SZ19	包头市	2.23	3.77
H149	呼和浩特市	-0.04	5.35
H522	呼和浩特市	1.87	4.51
H147	呼和浩特市	-0.47	3.59

从地下水资源均衡数据、观测孔水位过程线、流场拟合情况以及长观孔的拟合误差分析来看，所建立的河套平原地下水流模型基本达到了精度要求，符合模拟区实际的水文地质条件，也基本上能较好地反映地下水系统的动态特征。因此，此模型可以用于地下水资源评价和地下水流场演化的趋势性预测。

（三）水文地质参数分析

模型识别和检验后的浅层含水层渗透系数变化范围为 0.05～150m/d（图 9.12），给水度的变化范围为 0.02～0.26（图 9.13）。后套平原浅层含水层的渗透系数和给水度具有由山前地带向平原内部由小变大的总体趋势，呼包平原浅层含水层的渗透系数则具有由北

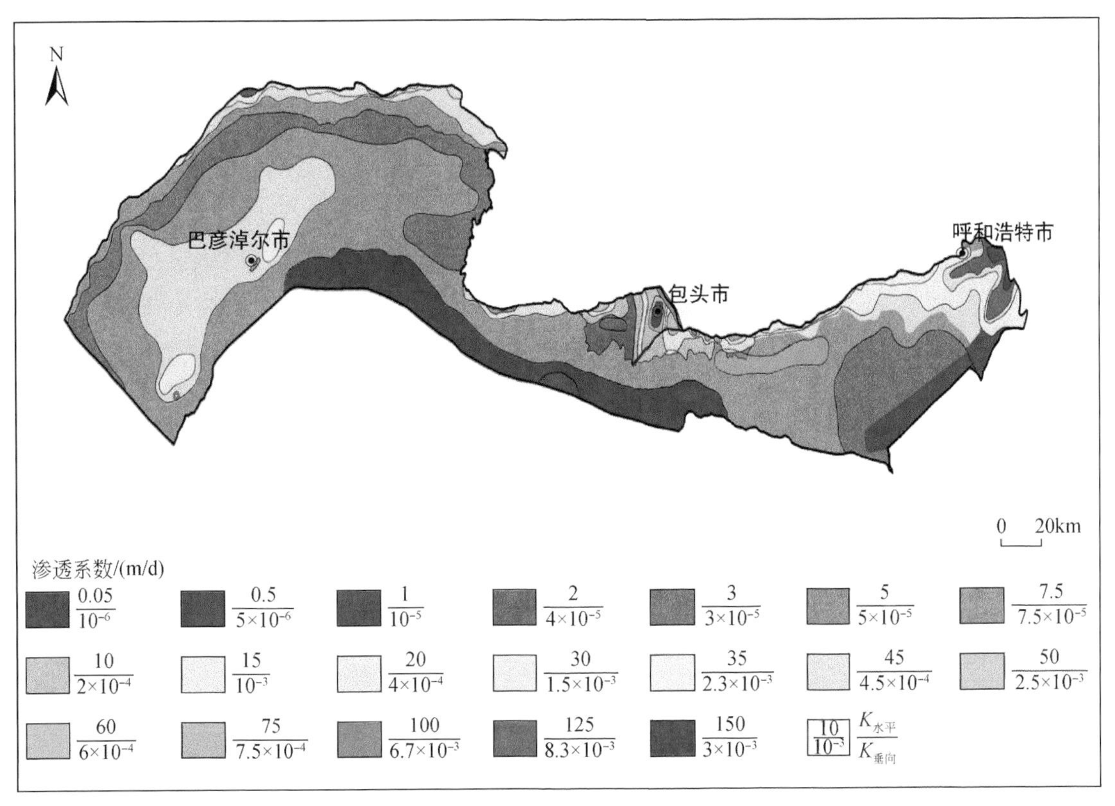

图9.12　模型识别的浅层含水层渗透系数分区示意图

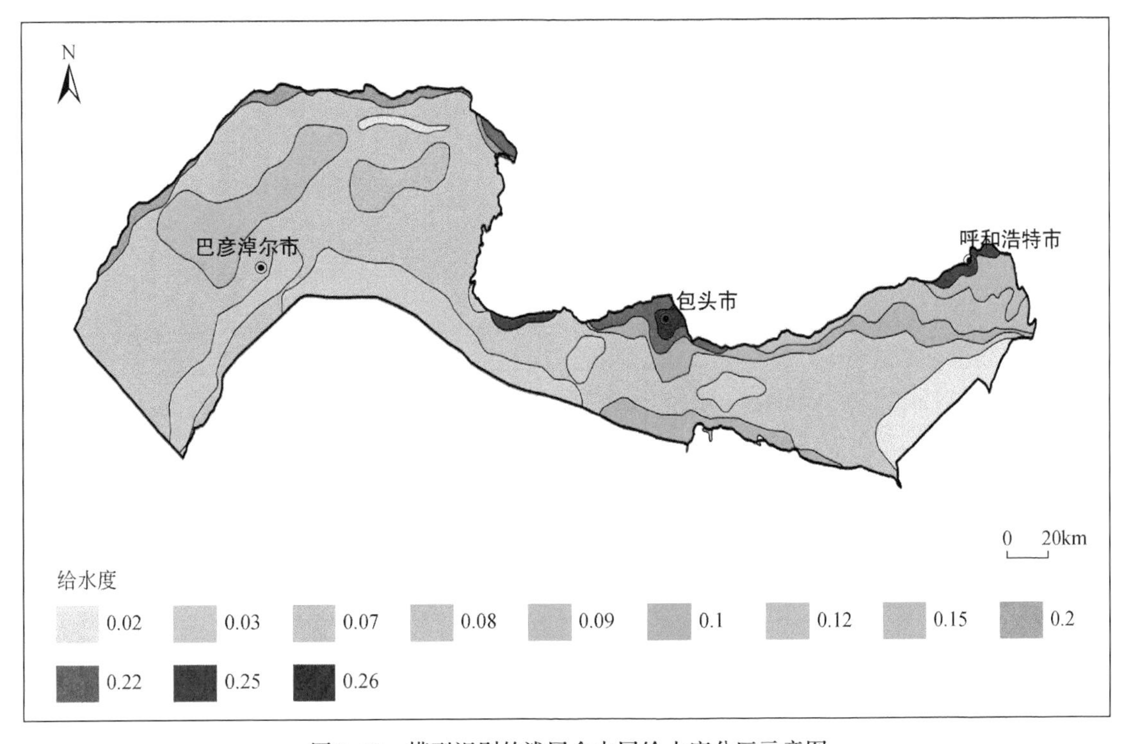

图9.13　模型识别的浅层含水层给水度分区示意图

部山前向南部逐渐减少的趋势。承压水含水层渗透系数的分布范围为 2 ~ 100m/d（图 9.14）。储水率在 10^{-5}数量级左右，其中黄河南岸地下水系统为 $1.5\times10^{-5}m^{-1}$，黄河冲湖积地下水系统为 $7.5\times10^{-5}m^{-1}$，大青山前冲洪积平原地下水系统、呼包平原断块区与三湖河平原地下水系统，以及呼包平原东部地下水系统为 $5\times10^{-5}m^{-1}$。

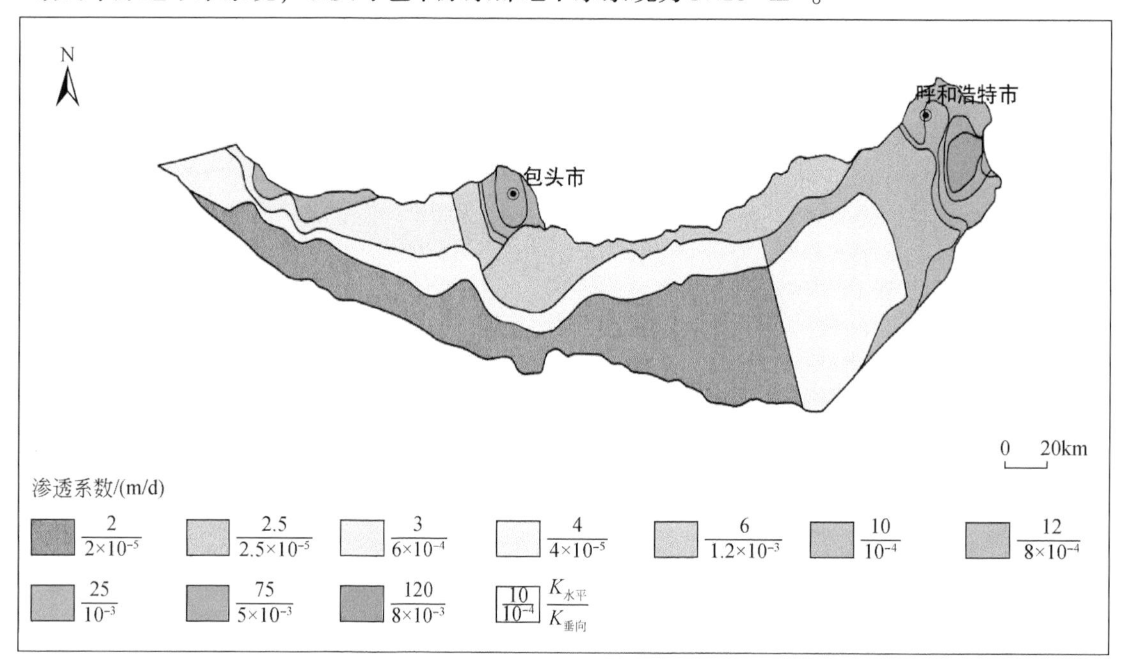

图 9.14　模型识别的承压含水层渗透系数分区示意图

五、区域地下水均衡分析

根据河套平原地下水数值模型求得河套平原均衡期平均地下水总补给量为 45.94 亿 m^3（不包括层间越流量，下同），总排泄量为 47.99 亿 m^3，补排差为 -2.05 亿 m^3，河套平原总体处于负均衡状态（表 9.6）。

表 9.6　河套平原地下水均衡

源汇项		浅层地下水		承压水		合计	
		数量/亿 m^3	比例/%	数量/亿 m^3	比例/%	数量/亿 m^3	比例/%
补给量	降水入渗量	11.84	27.34			11.84	25.77
	灌溉及渠系入渗量	25.63	59.18			25.63	55.79
	井灌回归量	3.52	8.13			3.52	7.66
	侧向流入量	2.09	4.83	2.63	82.78	4.72	10.27
	黄河渗漏补给量	0.23	0.53			0.23	0.50
	越流流入量			0.55	17.22		
	小计	43.31	100	3.18	100	45.94	100

续表

源汇项		浅层地下水		承压水		合计	
		数量/亿 m³	比例/%	数量/亿 m³	比例/%	数量/亿 m³	比例/%
排泄量	开采量	12.02	27.83	5.36	100	17.38	36.22
	排水沟排水量	6.88	15.94			6.88	14.34
	黄河排泄量	0.12	0.28			0.12	0.25
	侧向流出量	0.03	0.08			0.03	0.06
	蒸发量	23.58	54.6			23.58	49.14
	越流流出量	0.55	1.27				
	小计	43.18	100	5.36	100	47.99	100
补排差		0.13		-2.18		-2.05	

在浅层地下水补给项中，地表水的入渗补给（地表水入渗、渠系渠灌入渗补给量）、降水入渗补给为模拟区地下水的主要补给来源。在浅层地下水排泄项中，潜水蒸发是地下水最主要的支出，占浅层地下水排泄总量的54.60%，其次是地下水开采，占27.83%。五年年均补排差为0.13亿m^3，表现为正均衡。

对于承压含水层，主要来自浅层含水层的越流补给和侧向流入量的补给，为3.18亿m^3。其中侧向流入量占总补给量的82.78%，越流补给量为0.55亿m^3。人工开采是其主要的排泄方式。五年年均补排差为-2.18亿m^3，表现为负均衡。

六、地下水资源评价

利用河套平原地下水流数值模型进行浅层地下水和承压水资源评价。鉴于数据资料的详细程度，利用数值模型只对地下水补给资源量进行评价。

评价的各种数据和资料包括：①水文气象资料，采用1961～2010年各行政区月降水量平均数据；②限于资料的掌握程度，其他补排项数据则取模拟期（2000～2010年）五年平均数据；③初始水位采用2010年12月的实测水位；④水文地质参数采用模型调试后的参数系列；⑤为了消除模型的随机误差，提高评价精度，将模型运行20年，各源汇项数据按模型要求进行整理，蒸发量由模型自行计算。

模型运行20年整理后得出了模拟区内各行政区地下水均衡表（表9.7）。

表9.7　模拟区内各行政区地下水均衡表　（单位：亿m^3）

源汇项		巴彦淖尔市	包头市	土默特右旗	土默特左旗	呼和浩特市	和林格尔县	托克托县	杭锦旗	达拉特旗	合计
补给量	降水入渗	4.46	0.57	1.11	1.37	0.41	0.24	0.45	1.29	1.62	11.52
	引黄灌溉入渗	24.04	0.10	0.71	0	0	0	0	0.54	0.24	25.63
	井灌回归	1.23	0.38	0.12	0.17	0.30	0.08	0.04	0.05	1.13	3.50
	山前侧向径流	1.08	0.67	0.06	0.39	1.70	0.27	0.01	0.10	0.44	4.72

续表

源汇项		巴彦淖尔市	包头市	土默特右旗	土默特左旗	呼和浩特市	和林格尔县	托克托县	杭锦旗	达拉特旗	合计
补给量	黄河侧渗补给	0.06	0.04	0.05	0	0	0	0.01	0.04	0.13	0.33
	小计	30.87	1.76	2.05	1.93	2.41	0.59	0.51	2.02	3.56	45.70
排泄量	开采量	5.42	1.84	1.34	1.01	3.15	0.48	0.14	0.13	3.82	17.33
	侧向流出量	0.03	0	0	0	0	0	0	0	0	0.03
	潜水蒸发量	18.53	0.44	1.20	1.27	0	0.07	0.37	1.79	0.53	24.20
	黄河排泄量	0.06	0	0	0	0	0	0	0.06	0.01	0.13
	排水渠排水量	6.87	0	0	0	0	0	0	0	0	6.87
	小计	30.91	2.28	2.54	2.28	3.15	0.55	0.51	1.98	4.36	48.56
补排差		-0.04	-0.52	-0.49	-0.35	-0.74	0.04	0	0.04	-0.80	-2.86
储变量		-0.15	-0.36	-0.54	-0.21	-0.76	-0.20	-0.07	0.02	-0.60	-2.87

由表9.7可以看出，河套平原地下水补给主要来源于引黄灌溉入渗、降水入渗、井灌回归、山前侧向径流和黄河侧渗补给。地下水补给项中去除井灌回归补给即为补给资源量。河套平原地下水补给资源评价结果见表9.8。

表9.8　河套平原地下水补给资源量

补给项	浅层地下水		承压水		合计	
	数量/亿 m^3	比例/%	数量/亿 m^3	比例/%	数量/亿 m^3	比例/%
降水入渗	11.52	29.11			11.52	27.30
引黄灌溉	25.63	64.75			25.63	60.73
黄河侧渗	0.34	0.86			0.34	0.81
山前侧向径流	2.09	5.28	2.63	68.13	4.71	11.16
越流补给			1.23	31.87		
小计	39.58	100	3.86	100	42.2	100

河套平原浅层地下水补给资源量为39.58亿 m^3，其中引黄灌溉补给量为25.63亿 m^3，占补给资源量的64.75%；其次，降水入渗补给量为11.52亿 m^3，占补给量的29.11%；山前侧向径流补给量为2.09亿 m^3，占总补给资源量的5.28%。

河套平原承压水补给资源量为3.86亿 m^3，其中山前侧向径流和越流补给量分别为2.63亿 m^3 和1.23亿 m^3，各占承压水补给量的68.13%和31.87%。

根据河套平原浅层地下水资源的TDS分布状况，河套平原淡水补给资源量为9.54亿 m^3，占总补给资源的24.10%；TDS为1~3g/L的微咸水的补给资源量为24.72亿 m^3，占总补给资源量的62.46%；TDS大于3g/L的咸水补给资源量为5.32亿 m^3，占总补给资源量的13.43%（表9.9）。

表9.9　河套平原不同TDS浅层地下水补给资源量

行政区	浅层地下水补给资源/亿 m^3			
	<1g/L	1～3g/L	>3g/L	小计
巴彦淖尔市	5.07	20.18	4.27	29.52
包头市	0.61	0.44	0.02	1.07
土默特右旗	0.17	1.24	0.51	1.92
土默特左旗	1.11	0.34	0.15	1.60
呼和浩特市	0.71	0.02		0.73
和林格尔县	0.16	0.12		0.28
托克托县	0.04	0.34	0.09	0.47
杭锦旗	0.91	0.88	0.14	1.93
达拉特旗	0.76	1.16	0.14	2.06
合计	9.54	24.72	5.32	39.58
比例/%	24.10	62.46	13.43	100

从行政区来看，巴彦淖尔市浅层地下水主要以微咸水和咸水为主，占其浅层地下水补给资源量的82.8%，淡水补给资源量为5.07亿 m^3，仅占17.2%；包头市浅层地下水淡水补给资源量为0.61亿 m^3，占其浅层地下水补给资源量的57%；土默特右旗浅层地下水以微咸水和咸水为主，淡水补给资源量仅占其浅层地下水补给资源量的8.9%；土默特左旗浅层地下水淡水补给资源量为1.11亿 m^3，占其浅层地下水补给资源量的69.4%；达拉特旗浅层地下水淡水补给资源量为0.76亿 m^3，占其浅层地下水补给资源量的36.9%；托克托县浅层地下水以微咸水和咸水为主，淡水补给资源量仅占其浅层地下水补给资源量的8.5%；呼和浩特市浅层地下水淡水补给资源量为0.71亿 m^3，占其浅层地下水补给资源量的97.3%；和林格尔县浅层地下水淡水补给资源量为0.16亿 m^3，占其浅层地下水补给资源量的57.1%。

从水文地质单元来看，山前冲洪积扇平原主要赋存矿化度小于1g/L地下水资源，也是居民饮用水水源地的分布区，例如呼和浩特市和包头市，其淡水补给资源量所占各区比例均在55%以上；冲湖积平原多为矿化度1～3g/L的地下水，如巴彦淖尔市、土默特左旗等地区；而大于3g/L的地下水资源主要分布在冲湖积平原中的地下水排泄区。

第二节　呼和浩特市地下水流模拟

一、水文地质概念模型

（一）模型范围和边界条件

1. 模型范围

从水文地质单元角度考虑，北部、东部、南部以山区与平原区边界为界，西部边界为流出边界，模型区总面积为 1673km^2。

2. 边界条件

侧向边界：根据工作区内流场特征和含水层结构，侧向边界类型确定为混合边界，工作区的北部、东部、东南部山区与平原区自然分界线为流入边界，模型的第一、二层地下水经过此边界接受山区侧向补给；西部及西南部边界为流出边界，模型的第一、二层地下水由此边界流出区外。

垂向边界：浅层含水层自由水面为系统的上边界，通过该边界，浅层地下水和系统外发生垂向水量交换，如降雨入渗补给、灌溉入渗补给、蒸发排泄等；浅层含水层和承压含水层之间通过越流进行水量交换，其越流量由上、下层的水位差和越流系数决定。

模型的底边界根据当前的开采层位（-300m）及单一结构含水层区基岩底板来确定，因第四系中更新统下段含水层在本区较厚，钻孔基本未揭穿，根据当前的开采层位，基本埋深在 300m 以下。结合单一结构区基岩底板，确定了承压含水层底板，处理为隔水边界。

（二）水文地质结构模型

区内第四纪松散岩类孔隙水主要分布于中、西、南部平原区，地下水赋存于以河湖相为主的砂砾沉积物孔隙中。由于区域性分布的淤泥质黏土层的存在，形成了浅层地下水和承压水。

北部大青山前和东部蛮汉山山前冲洪积扇，为单一结构含水层，受山前断裂、各扇体大小、岩性颗粒等因素影响，各沟口的冲洪积扇含水层厚度、地下水水位埋深、富水性等各不同。

考虑单一结构含水层与浅层地下水和承压水均有水力联系，为浅层地下水和承压水提供补给来源，按照浅层和承压的导水系数比例，将单一结构含水层人为分为上下两层，其中上层与浅层地下水合为浅层含水层，下部与承压水合并为承压含水层。

模型结构分为两层：上部浅层含水层和下部承压含水层。

浅层含水层的底板根据淤泥质黏土层底板等值线确定，底板高程为 800 ~ 1500m。结合单一结构区基岩底板，确定了承压含水层底板，底板高程为 700 ~ 1100m。

（三）地下水源汇项及处理

地下水的补给来源主要有降水入渗、侧向流入、灌溉入渗等，主要排泄项有人工开采、蒸发、侧向流出。各补排项的时空分布统计后，以 shape 格式形成图形文件。

1. 降水入渗补给量

降水入渗补给量计算结果见表 9.10。

表 9.10　降水入渗补给量

时段	2005. 9—2006. 8	2006. 9—2007. 8	2007. 9—2008. 8	2008. 9—2009. 8	2009. 8—2010. 8
降水量/mm	272. 1	232. 3	571. 4	296. 4	332. 4
降水入渗补给/10^8m^3	0. 484	0. 402	0. 989	0. 513	0. 575

2. 灌溉入渗量

工作区的灌溉入渗量包括两部分：一是通过山区截伏流工程引水灌溉产生入渗补给；二是通过开采地下水灌溉产生入渗补给。

五年地下水灌溉平均入渗补给量为0.496亿m^3，截伏流灌溉入渗补给量为0.012亿m^3（表9.11）。

表9.11　灌溉入渗补给量　（单位：亿m^3）

时段	2005.9—2006.8	2006.9—2007.8	2007.9—2008.8	2008.9—2009.8	2009.8—2010.8
地下水灌溉入渗	0.574	0.580	0.400	0.592	0.332
截伏流灌溉入渗	0.012	0.012	0.012	0.012	0.012

3. 侧向流入流出量

侧向流入主要由沟谷潜流和季节性洪流产生，通过与水均衡法计算结果进行对比和校正，估算模拟期内侧向流入流出量。在模型中通过边界处流场和水位观测孔的拟合，对边界流入流出量进行调整。

4. 蒸发量

潜水蒸发量采用第八章地下水资源评价中的公式计算。水面蒸发强度采用土默特左旗气象站水面蒸发观测数据乘以折算系数0.62计算获得（表9.12）。

表9.12　潜水蒸发量

时段	2005.9—2006.8	2006.9—2007.8	2007.9—2008.8	2008.9—2009.8	2009.8—2010.8
年蒸发量/mm	19836	18791	19810	20000	19575
蒸发量/亿m^3	0.025	0.023	0.025	0.025	0.024

5. 越流量

浅层含水层和承压含水层通过越流发生水量交换。采用达西公式计算越流补给量：

$$Q_{越}=K'A\frac{\Delta H}{M'} \tag{9.4}$$

式中，$Q_{越}$为越流量，m^3/d；K'为弱透水层的垂向渗透系数，m/d；M'为弱透水层的厚度，m；$\frac{K'}{M'}$为弱透水层的水力传导率，1/d，又称越流系数（V_c）；A为过水断面面积，m^2；ΔH为浅层含水层与承压含水层的水头差，m。

6. 地下水开采量

开采项包括农业灌溉用水、农村生活用水、水源地开采、城中村自备井开采、企事业自备开采、城市建设基坑降水、城区生态用水开采等。模型中处理成点井，平均分布到开采分区上。

（四）水文地质参数及分区

模型中的水文地质参数均采用前面章节中建立的水文地质参数序列中的相应数值。越流系数（V_c）参考以往报告和经验值，给出 $1\times10^{-4}\sim1\times10^{-6}$（1/d）的范围值，然后在模型中通过上下含水层的均衡和水位拟合进行调整。

（五）地下水初始流场

以 2011 年 9 月水位统测数据绘制的等水位线图为基础，根据 2005～2011 年地下水长观孔水位动态变化特征，恢复了 2005 年 9 月浅层地下水流场和承压地下水流场作为模型的初始流场。

二、时空离散

（一）空间离散

采用 GMS 地下水模型软件中的 BCF（block-centered flow）模块建立地下水流模型，求解地下水流方程组。BCF 模块中含水层的厚度仅用来计算与厚度有关的水文地质参数，如导水系数、储水系数和垂向水力传导率，不需要输入含水层的厚度资料。

模型区剖分为 128 行、100 列的规则矩形网格，各层均采用 500m×500m 的剖分格式。其中活动单元格 6687 个（图 9.15）。

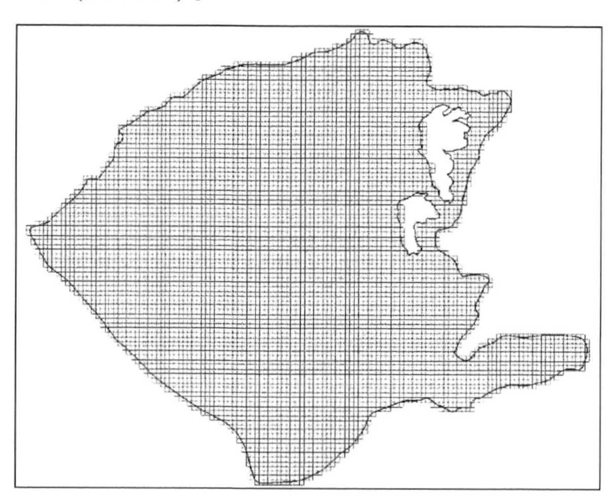

图 9.15　浅层含水层和承压含水层网格剖分图

（二）应力期确定

模拟期为 2005 年 9 月到 2010 年 8 月，共五年。将整个模拟期划分为 60 个应力期，每个应力期为一个相应的自然月，计算的时间步长为一天。在每个应力期中，所有外部源汇项的强度保持不变。

三、模型的识别验证

（一）流场拟合

从浅层含水层的流场拟合情况来看，模拟流场基本上反映了地下水流动的趋势和规律。总体流向为由北东、东南向西南流动，在西南方向流出边界。城区分布范围内，模拟水位低于实际水位，分析原因，与调查的基坑降水开采量有较大关系。总体上来看，模拟浅层含水层流场与实际流场总体方向相同，拟合较好。

从承压含水层的流场拟合情况来看，地下水降落漏斗位于城区范围内，模拟的降落漏斗范围与实际基本吻合。西部、北部单一结构含水层接受山前侧向补给，水力坡度较大，等水位线密集。在北部和东南部，水位控制点相对较少，拟合相对差些。总之，模拟工作区承压含水层流场与实际流场总体流动方向相同，拟合较好。

（二）水位过程线拟合

地下水水位过程拟合情况大致可以分为两类：一类是拟合情况较好，计算水位和实际观测水位相差较小，能够较好地反映出该点水位动态趋势；另一类是计算水位值与实测水位值有一定的差距，但变化趋势始终一致。经分析，产生误差的主要原因与各源汇项统计误差、地层资料的精度以及控制点分布不均等因素有关。此外，模拟范围大、地下水源汇项多、条件概化等也是产生误差的重要因素。

1. 浅层地下水水位拟合

浅层地下水动态观测孔主要集中分布在市区，选取部分观测孔进行水位动态过程曲线拟合（图9.16）。

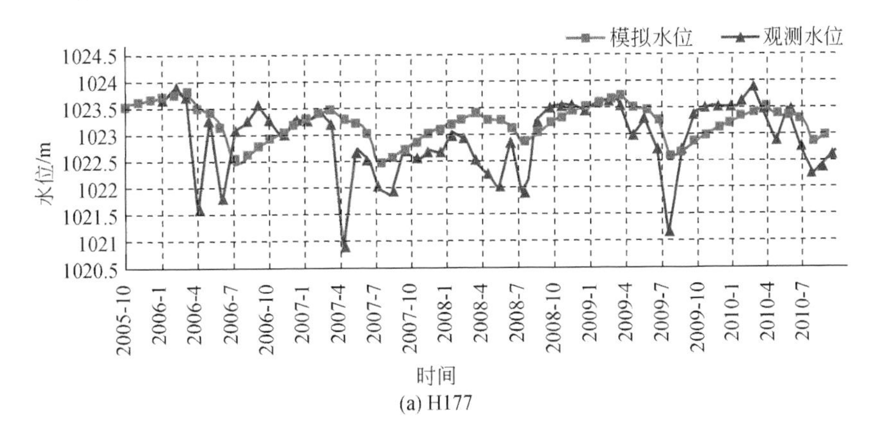

(a) H177

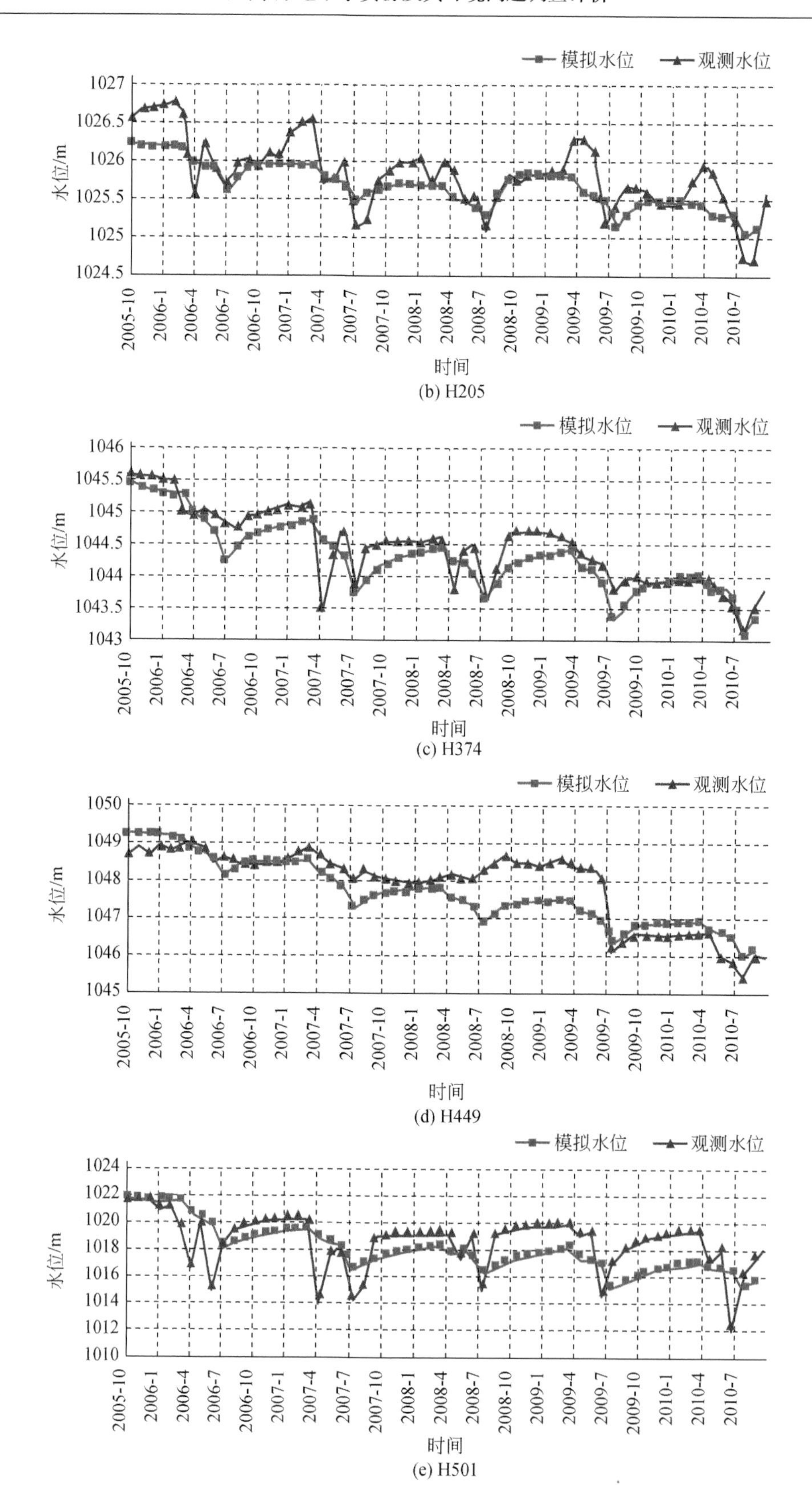

(b) H205

(c) H374

(d) H449

(e) H501

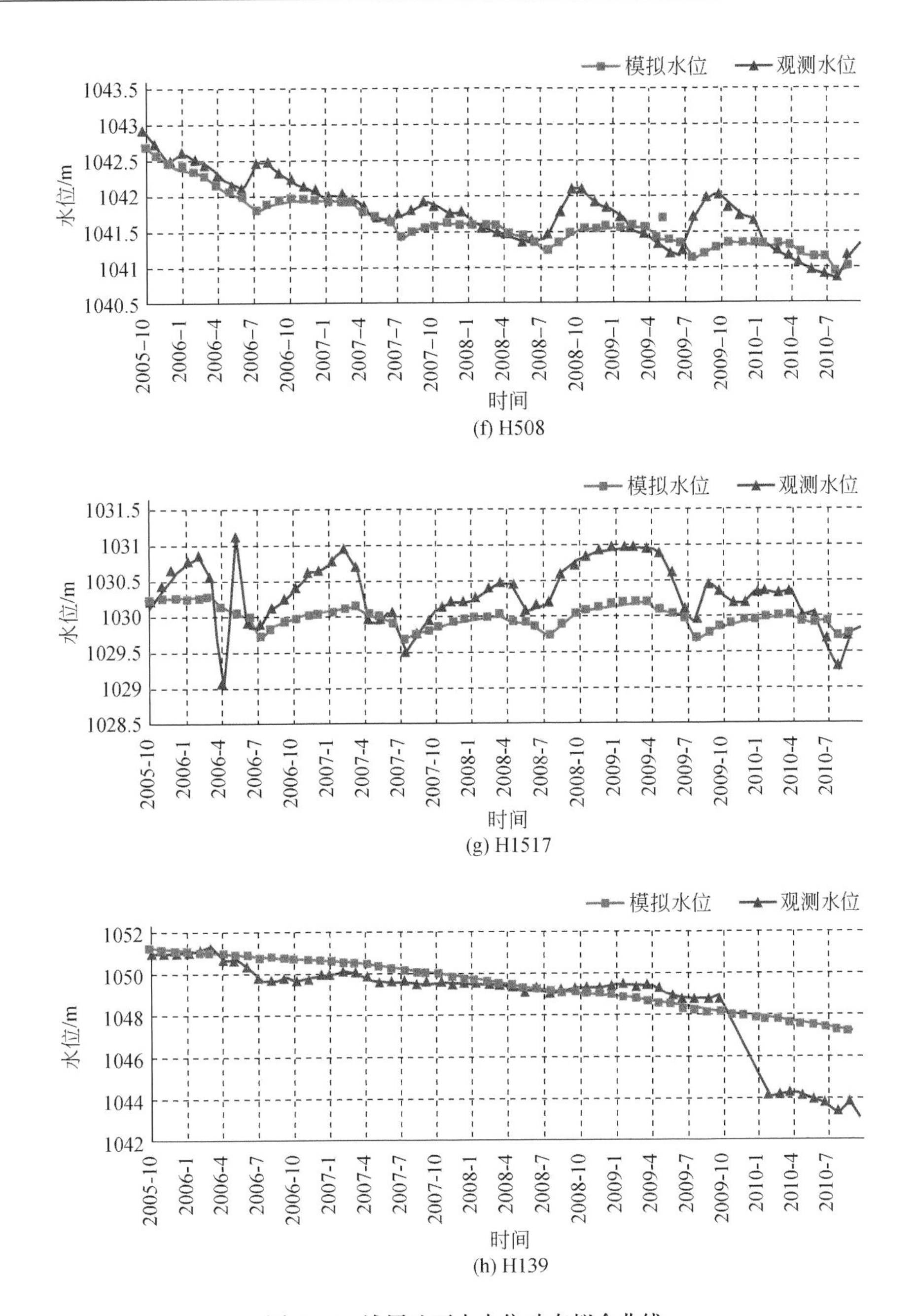

(f) H508

(g) H1517

(h) H139

图9.16　浅层地下水水位动态拟合曲线

2. 承压水水位拟合

承压水水位动态观测点都分布在城区及城区周边，北部和东部没有承压水水头观测点，承压水水位动态过程拟合曲线情况见图9.17。

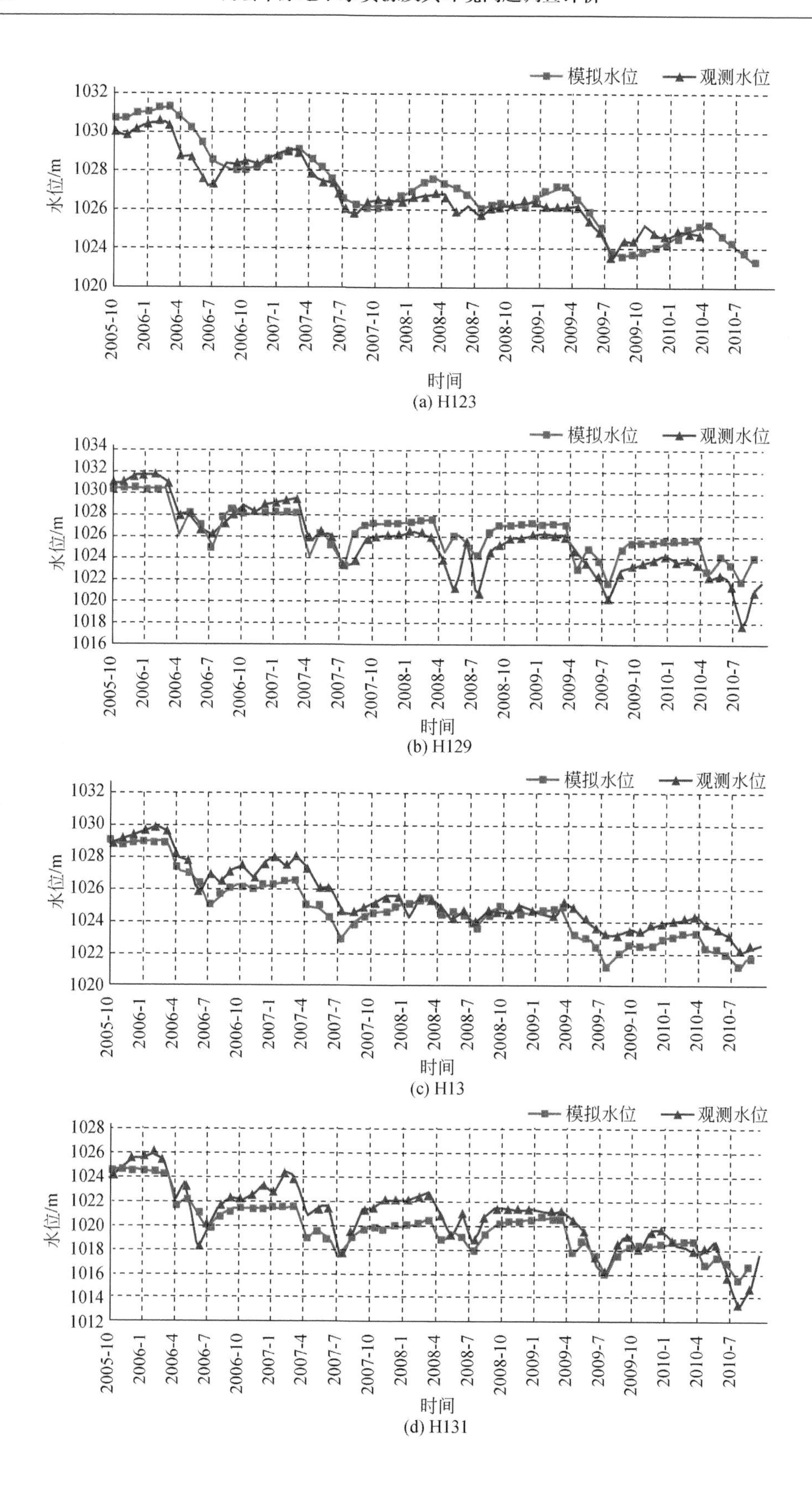

(a) H123

(b) H129

(c) H13

(d) H131

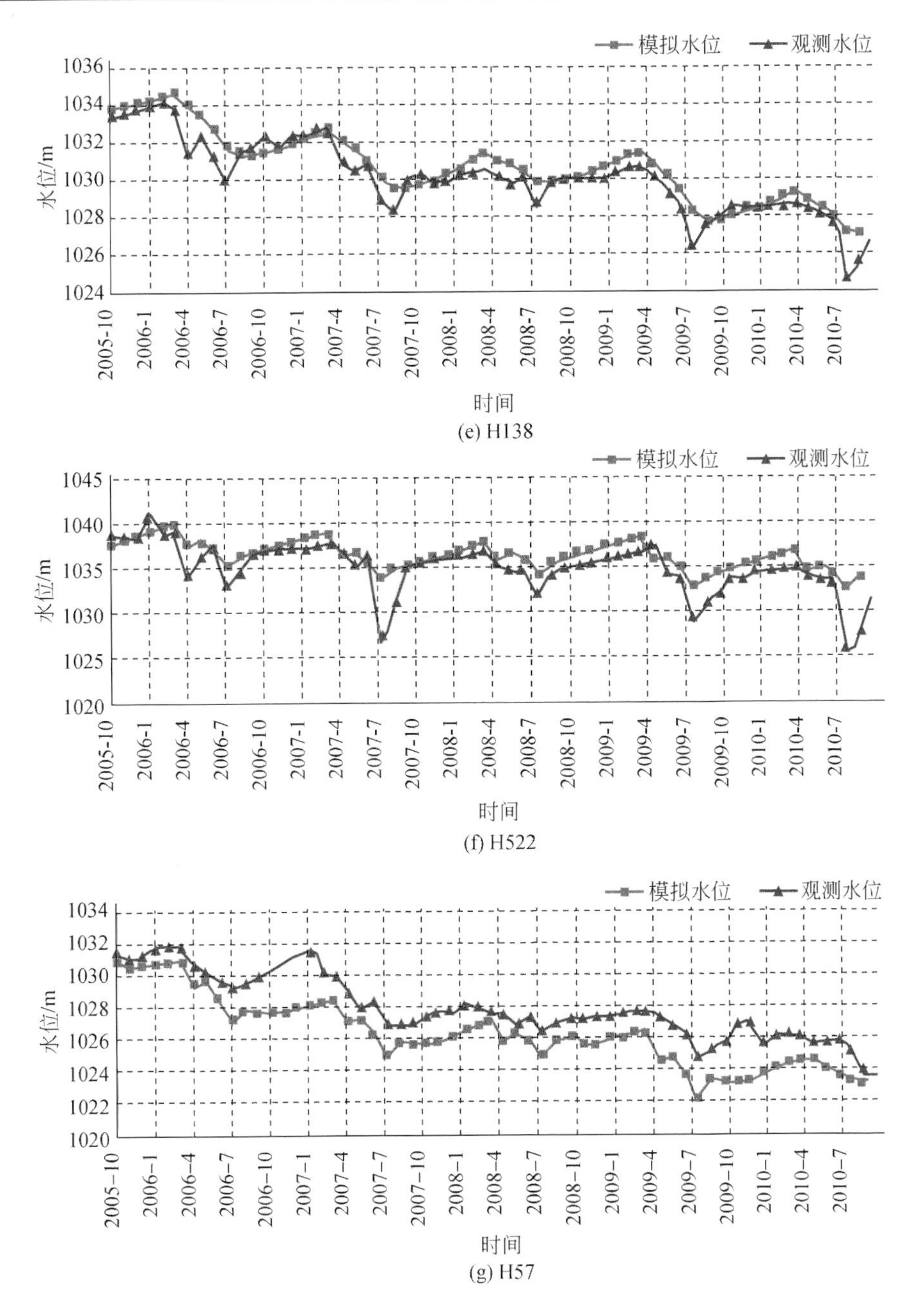

(e) H138

(f) H522

(g) H57

图9.17　承压水水位动态拟合曲线

(三) 参数识别

通过模型的识别验证，确定了浅层含水层的给水度和渗透系数（图9.18、图9.19）、承压含水层的弹性释水系数、导水系数（图9.20、图9.21），以及浅层含水层和承压含水层之间的垂向水力传导率（图9.22）。

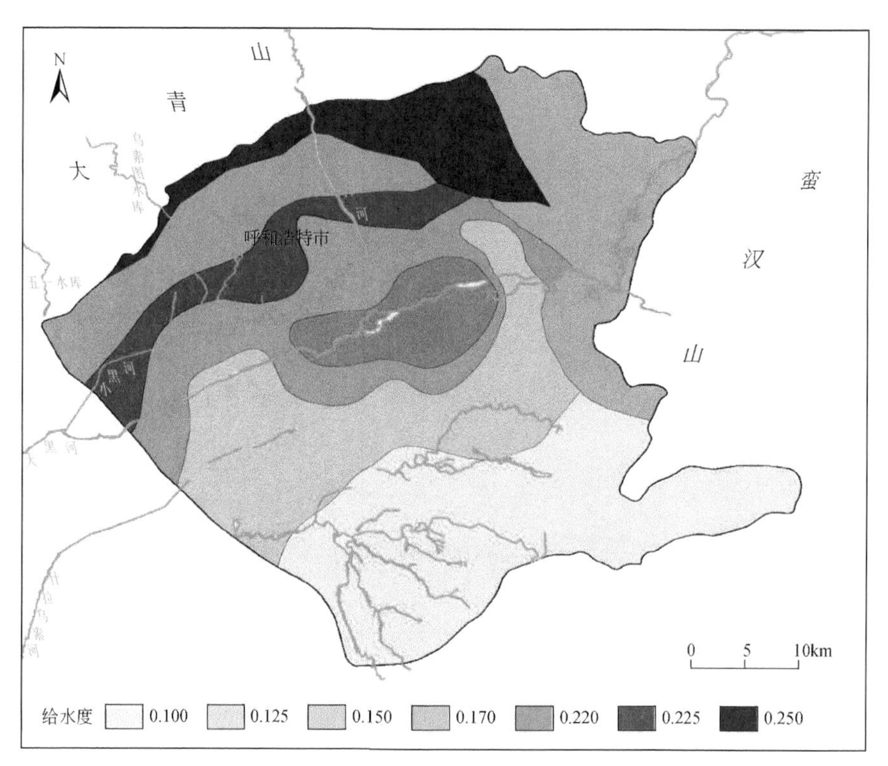

图 9.18　模型识别的浅层含水层给水度分区图

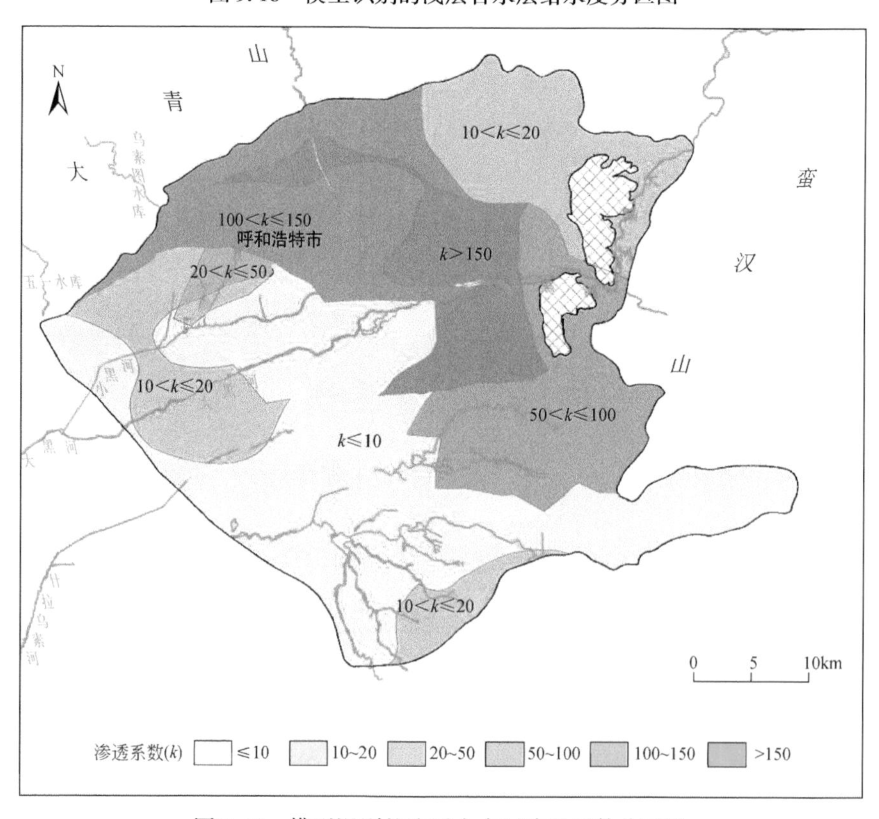

图 9.19　模型识别的浅层含水层渗透系数分区图

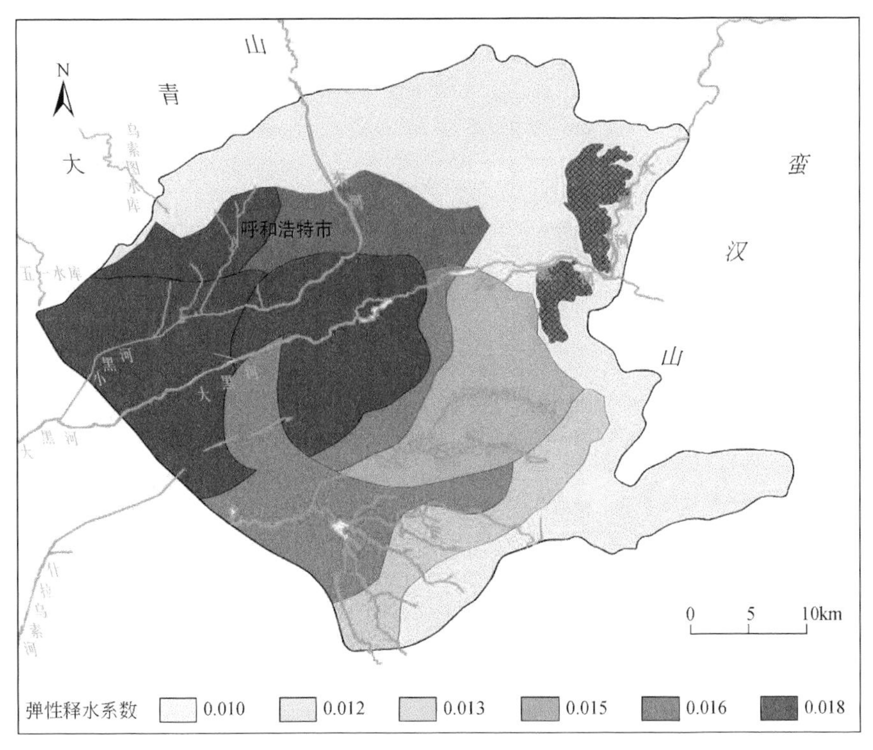

图 9.20　模型识别的承压含水层弹性释水系数分区图

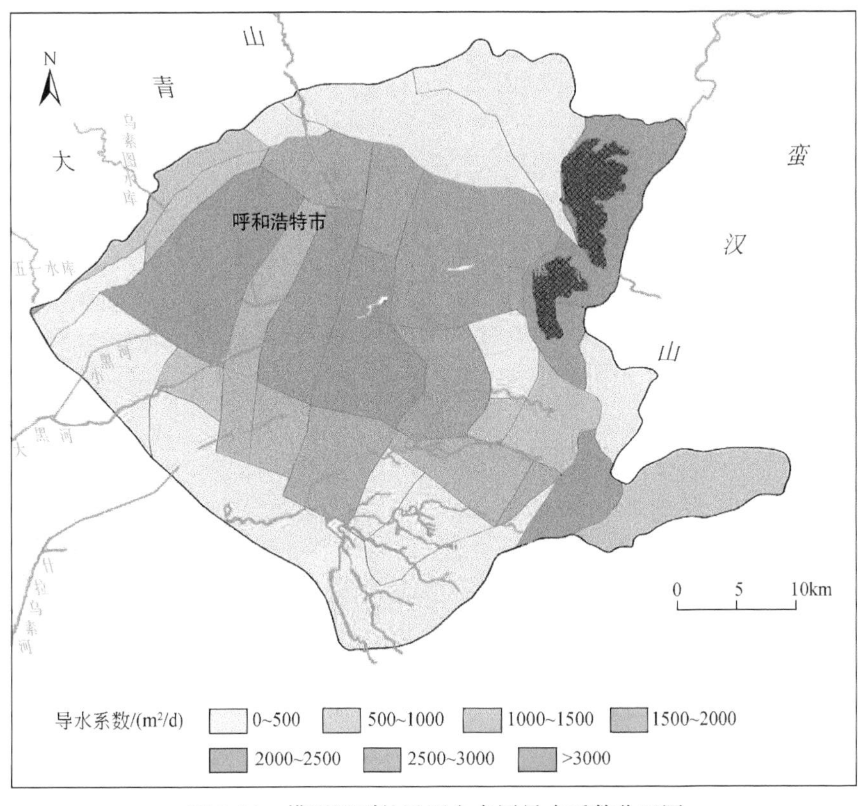

图 9.21　模型识别的承压含水层导水系数分区图

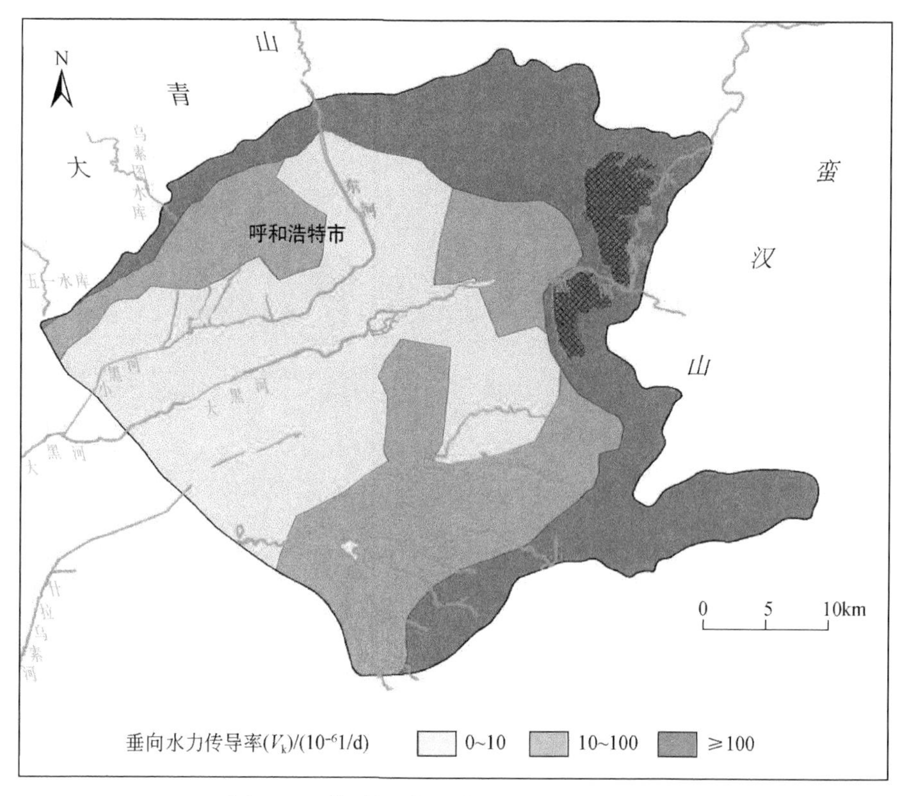

图 9.22　模型识别的垂向水力传导率分区图

四、区域地下水均衡分析

根据呼和浩特地下水流模型的水均衡计算结果，2005～2010 年年平均补给量为 4.890 亿 m^3，年平均排泄量为 6.915 亿 m^3，均衡差 -2.025 亿 m^3，总体处于负均衡状态（表 9.13）。在补给项中，侧向补给是主要的补给来源，占总补给量的 61.64%；其次是越流补给，占总补给量的 15.75%；降雨入渗补给，占总补给量的 12.17%；地下水灌溉入渗补给占 10.20%，截伏流灌溉入渗补给占 0.25%。在排泄项中，地下水开采是主要的排泄项，占 62.96%，其次是侧向排泄，占总排泄量的 25.55%，地下水蒸发量只占 0.35%。

表 9.13　区域地下水均衡　　（单位：亿 m^3）

源汇项		潜水	浅层地下水	承压水	总计	比例/%
补给项	降雨入渗补给	0.081	0.514		0.595	12.17
	地下水灌溉入渗补给	0.070	0.429		0.499	10.20
	侧向补给	1.496	0.292	1.226	3.014	61.64
	截伏流灌溉入渗补给	0.011	0.001		0.012	0.25
	越流补给			0.770	0.770	15.75
	小计	1.658	1.236	1.996	4.890	100

续表

源汇项		潜水	浅层地下水	承压水	总计	比例/%
排泄项	侧向排泄	1.518	0.157	0.092	1.767	25.55
	地下水开采	0.507	1.763	2.084	4.354	62.96
	地下水蒸发量		0.024		0.024	0.35
	越流排泄		0.77		0.77	11.14
	小计	2.025	2.714	2.176	6.915	100
补排差		-0.367	-1.478	-0.180	-2.025	

潜水均衡期内年平均总补给量为1.658亿m^3，年均总排泄量为2.025亿m^3，均衡差为-0.367亿m^3，总体处于负均衡状态。其主要补给源是侧向补给，占总补给量的90.23%；其次是降雨入渗补给，占4.89%，灌溉入渗占4.89%。主要排泄项为侧向排泄，占总排泄量的74.96%，其次是地下水开采，占总排泄量的25.04%。

浅层含水层均衡期内年均总补给量为1.236亿m^3，年均总排泄量为2.714亿m^3，均衡差-1.478亿m^3，总体处于负均衡状态。其主要补给来源是降雨入渗补给，占总补给量的41.59%；其次是灌溉入渗（包括地下水灌溉入渗补给和截伏流灌溉入渗），占总补给量的34.79%；来自浅水的侧向补给占总补给量的23.62%。主要排泄项为地下水开采，占64.96%；其次是越流排泄（排向承压水），占总排泄量的28.37%；流出工作区外的侧向排泄占5.78%；蒸发量比较小，只占总排泄量的0.89%。

承压地下水五年平均总补给量为1.996亿m^3，总排泄量为2.176亿m^3，均衡差-0.180亿m^3，总体处于负均衡状态。在补给项中，来自单一结构潜水的侧向补给是主要的补给来源，占总补给量的61.42%；其次是来自浅层地下水的越流补给，占总补给量的38.58%。在排泄项中，地下水开采是主要的排泄项，占95.78%；其次是侧向排泄，占总排泄量的4.20%。

第三节　包头市地下水流模拟

一、水文地质概念模型

（一）模拟区域和边界条件

1. 模拟范围

地下水模拟区为包头市青山区、昆都仑区、东河区及九原区。北部边界为山前断裂，南以黄河为界，东到土默特右旗，西至乌拉特前旗，总面积约为1094.29km^2。其中，包头市区东北部的潜水疏干区不在模拟范围内。

2. 边界条件

1）侧向边界

浅层含水层北部以山前断裂为边界，山区的梅力更沟、哈德门沟、昆都仑河、东达本坝沟、阿善沟、武当沟等沟谷第四系孔隙水通过潜流补和地表洪流补给平原区地下水，其他断面为隔水边界。南部以黄河为界，由于黄河冲积平原浅层含水层与黄河水有较好的水力联系，因此将黄河作为定水头边界，黄河水位作为水位边界值。东部和西部边界等水位线基本与边界垂直或水力坡度很小，概化为隔水边界。浅层含水层模拟区范围及边界条件见图 9. 23。

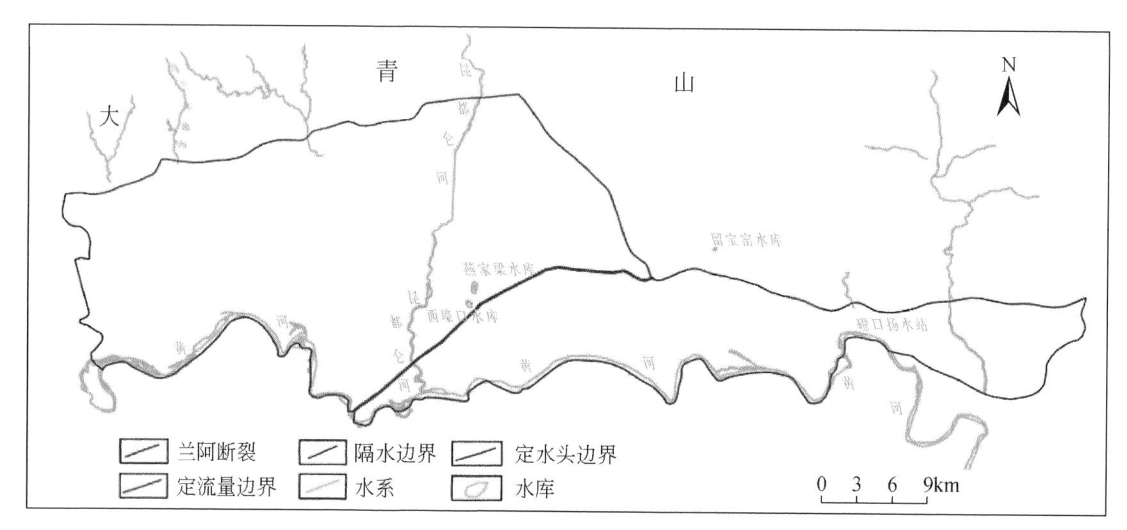

图 9. 23　浅层含水层模拟区范围及边界条件示意图

承压含水层北部边界由于有潜水的补给，确定为定流量边界。南部以黄河为界，因承压含水层与黄河并无水力联系，将其概化为隔水边界。西部边界根据承压水流场特征概化为隔水边界。东部以兰阿断裂为界，兰阿断裂两侧的地面高程、地下水水位等有较大差异，水力联系较弱，将其定为隔水边界。承压含水层范围及边界条件见图 9. 24。

2）垂向边界

浅层含水层自由水面为系统的上边界，通过该边界，浅层地下水与系统外界发生垂向水量交换，如接受大气降水入渗补给、灌溉入渗补给、蒸发排泄等。浅层含水层和承压含水层通过中间的弱透水层进行水量交换。模型底部边界为地面以下 300m，处理为隔水边界。

（二）水文地质结构模型

浅层含水层主要由上更新统至全新统（Q_{3+4}）冲洪积相砂砾石夹黏性土层及黄河平原冲积相粉细砂与黏性土层组成，在冲洪积扇上部主要由砂砾卵石组成，厚度一般为 40 ~ 50m。至中部砂砾卵石变薄，黏性土增厚；至扇的边缘黏性土增厚，中细砂及粉细砂增多，厚度一般为 10 ~ 20m。

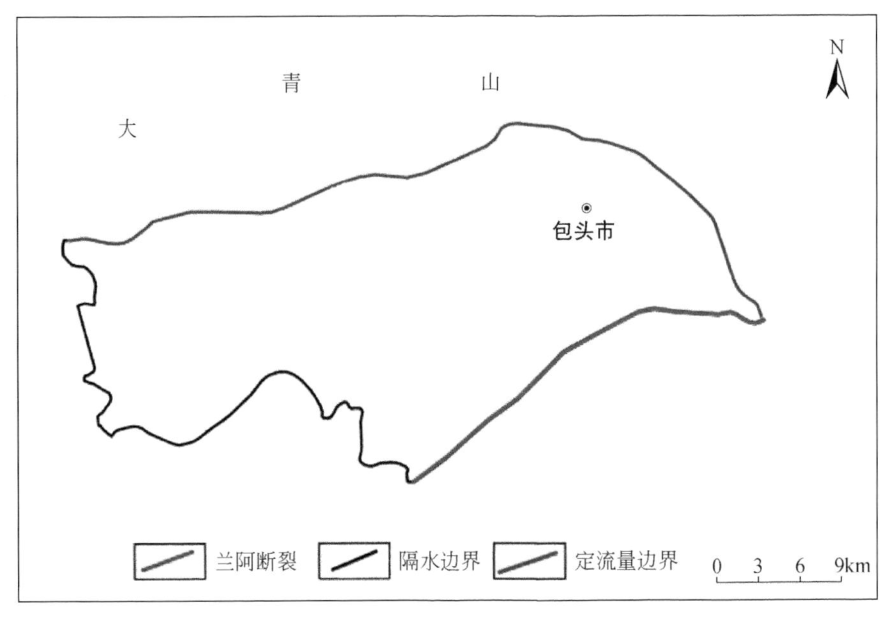

图 9.24　承压含水层模拟范围及边界条件示意图

弱透水层主要由中更新统上段（Q_2^2）灰绿、灰黑色淤泥质黏性土组成，为浅层地下水和承压水之间的隔水层。受兰阿断裂的影响，其厚度有由东向西、由南向北增厚。厚度为 10～135m。

承压含水层主要由中更新统下段（Q_2^1）山麓以冲洪积相为主，向西及西南渐变为湖沼相为主的地层组成。厚度为 200～315m。

将含水层概化为三层：浅层含水层概化为模型第一层，底界埋深为 20～150m；浅层含水层和承压含水层之间的淤泥质黏性土层概化为弱透水层，其厚度变化较大，山前部分较薄，为 10～30m，往南至黄河冲积平原厚度增大到 100m 以上；弱透水层底板以下至模型底部边界概化为模型第三层。利用钻孔资料，采用插值方法确定了各模型层的顶底板标高及厚度（图 9.25～图 9.27）。

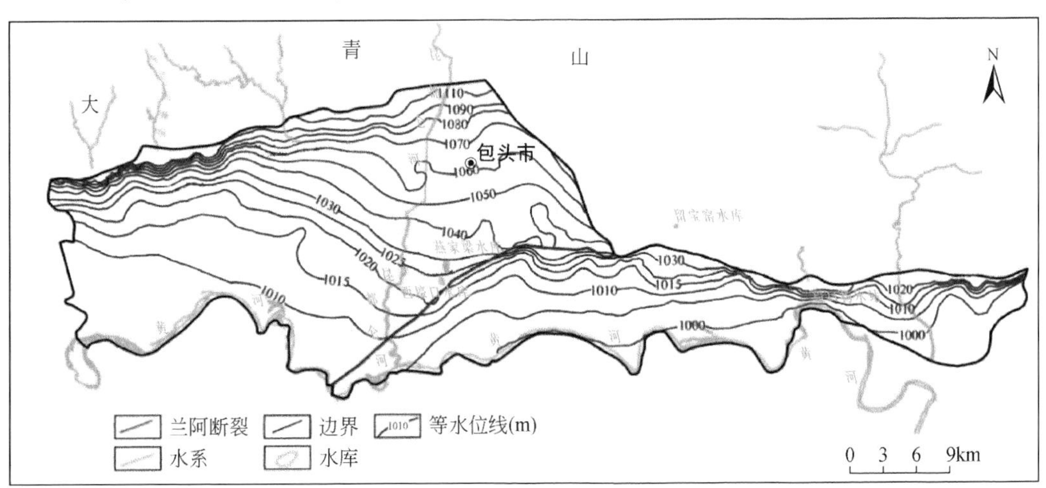

图 9.25　地表高程等值线示意图

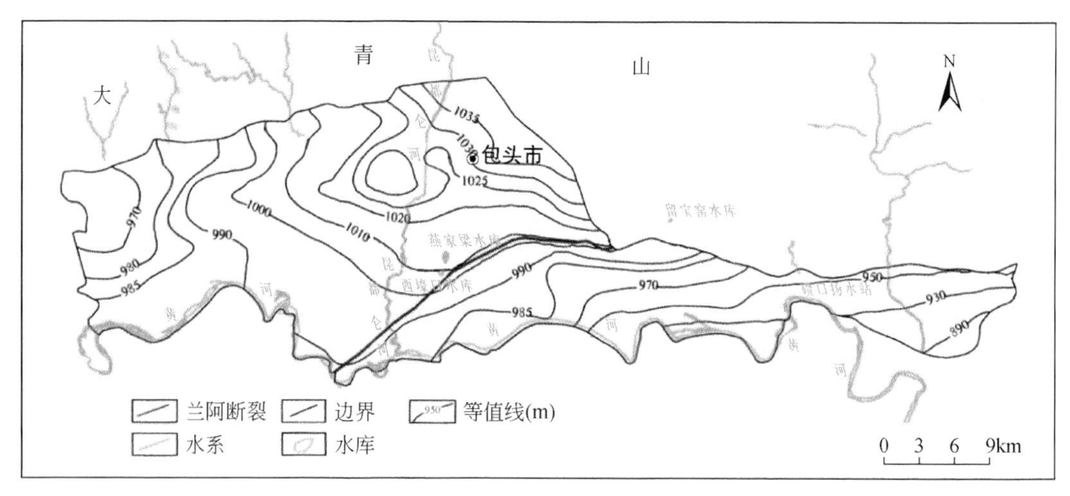

图 9.26　浅层含水层底板高程等值线示意图

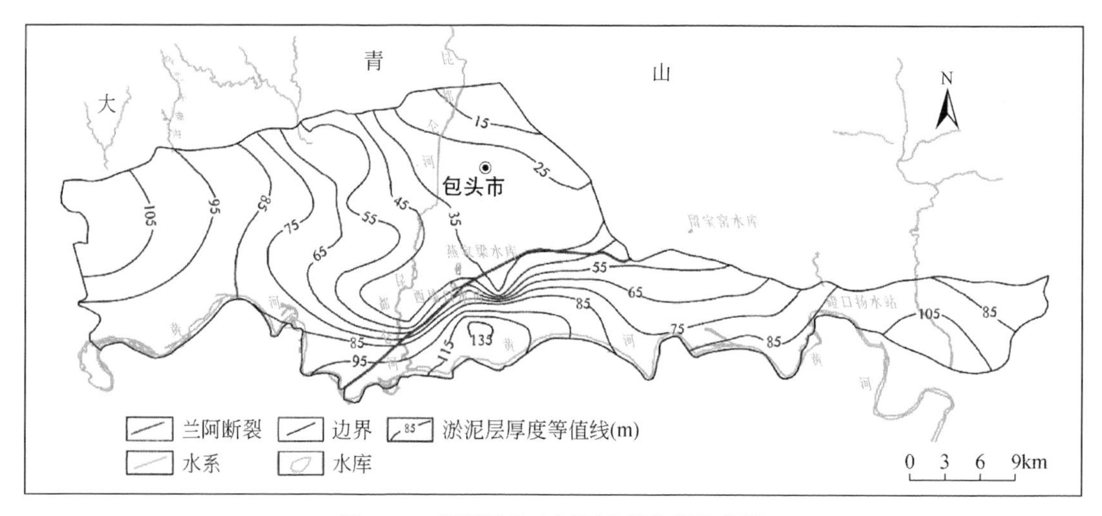

图 9.27　淤泥质黏土层厚度等值线示意图

（三）地下水源汇项及处理

地下水的主要补给项有降水入渗、灌溉入渗、侧向补给等，主要排泄项为人工开采、蒸发及向黄河的排泄等。

1. 降水入渗补给量

降水入渗量是最主要的补给来源。降水入渗量主要受降水量、地表岩性、水位埋深、城市地面建筑和地面硬化的影响。

经计算，模拟期 5 年平均大气降水入渗补给量为 0.532 亿 m^3（表 9.14）。该补给项由 MODFLOW 中改进后的降水补给子程序包（RCH）实现。

表 9.14　包头市降水入渗补给量　（单位：亿 m^3）

年份	2006 年	2007 年	2008 年	2009 年	2010 年	平均
降水入渗量	0.65	0.44	0.60	0.41	0.56	0.532

2. 灌溉入渗量

农业灌溉主要集中在 6～8 月。本次计算的农业灌溉入渗量包括引黄灌溉入渗量和井灌入渗量两部分，其中引黄灌溉主要集中在九原区。包头市 2006～2010 年年平均农业灌溉入渗量为 0.366 亿 m^3（表 9.15），其中引黄入渗补给量占 27.32%，井灌入渗量占 72.68%。该补给项由 MODFLOW 中新开发的 RAW 子程序包来实现，以面状补给的形式代入模型中。

表 9.15　包头市灌溉入渗量　（单位：亿 m^3）

年份	2006 年	2007 年	2008 年	2009 年	2010 年	平均
引黄灌溉入渗量	0.10	0.10	0.10	0.10	0.10	0.1
井灌入渗量	0.22	0.29	0.24	0.31	0.27	0.266
合计	0.32	0.39	0.34	0.41	0.37	0.366

3. 侧向补给量

山前侧向补给量包括山区沟谷地下水的潜流补给和雨季地表洪流在山前平原区的入渗补给。经计算，包头市年均山前侧向补给量为 0.65 亿 m^3，其中浅层含水层侧向流入量 0.35 亿 m^3，承压含水层侧向流入量 0.30 亿 m^3（表 9.16）。

表 9.16　包头市侧向补给量　（单位：亿 m^3）

年份	2006 年	2007 年	2008 年	2009 年	2010 年	平均
浅层水侧向补给	0.37	0.33	0.37	0.34	0.35	0.35
承压水侧向补给	0.30	0.30	0.30	0.30	0.30	0.30
合计	0.67	0.63	0.67	0.64	0.65	0.65

山前侧向径流补给量按各断面分配至对应的单元格上，以点的形式写入井文件并代入 MODFLOW 模型中进行运算。

4. 浅层地下水蒸发量

浅层地下水蒸发量计算参数和方法与本章第一节相同。采用 MODFLOW 中改进后的蒸发子程序包（EVT）处理，蒸发强度按照不同的分区以面状的形式输入模型，在模型中计算出模拟期的蒸发量。

5. 地下水开采量

经统计和计算，地下水五年平均开采量为 1.434 亿 m^3，其中浅层地下水开采量为

0.579 亿 m^3，承压水开采量为 0.856 亿 m^3。此次所收集的开采量资料除水源地外均为每个县（区、旗）的总量，因此模型中的开采量数据是通过新开发的 RAW 子程序包实现的，均以面状的形式输入模型中。

6. 黄河侧渗量

黄河与浅层含水层有着密切的水力联系，本次模拟将黄河处理为定水头边界。收集了三个黄河水文站（巴彦高勒、三湖河、头道拐）的水位资料，通过线性插值得到黄河各处的水头值。给定水头之后，模型根据黄河水位与地下水水位的关系，按照式（9.5）计算黄河对地下水的补排量。

$$Q_{bi,j,k}=C_{bi,j,k}(h_{bi,j,k}-h_{i,j,k}) \tag{9.5}$$

式中，$Q_{bi,j,k}$为从外部水源进入计算单元（i，j，k）的流量；$C_{bi,j,k}$为外部水源与计算单元（i，j，k）间的水力传导系数；$h_{bi,j,k}$为外部水源的水头；$h_{i,j,k}$为计算单元（i，j，k）的水头。

（四）水文地质参数和分区

根据钻孔抽水试验资料，结合含水层沉积环境、富水性和水动力场综合给出了包头市水文地质参数初值。山前冲洪积扇的渗透系数较大，一般可达 100m/d 或更大，而在冲洪积扇前缘及黄河冲积平原区细颗粒带，渗透系数较小，一般为 10～20m/d 或更小。给水度整体变化规律为由北向南逐渐减小，包头市区附近的给水度较大，最大可达 0.2，南部黄河冲积平原为 0.06～0.08。模拟区内储水系数变幅较大，大部分为（0.1～1）$\times10^{-3}$。

（五）地下水初始流场

依据 2009 年 6 月、10 月和 2010 年 9 月浅层地下水水位等值线图，结合地下水长期观测孔水位观测数据，初步确定了浅层地下水初始流场（图 9.28）。

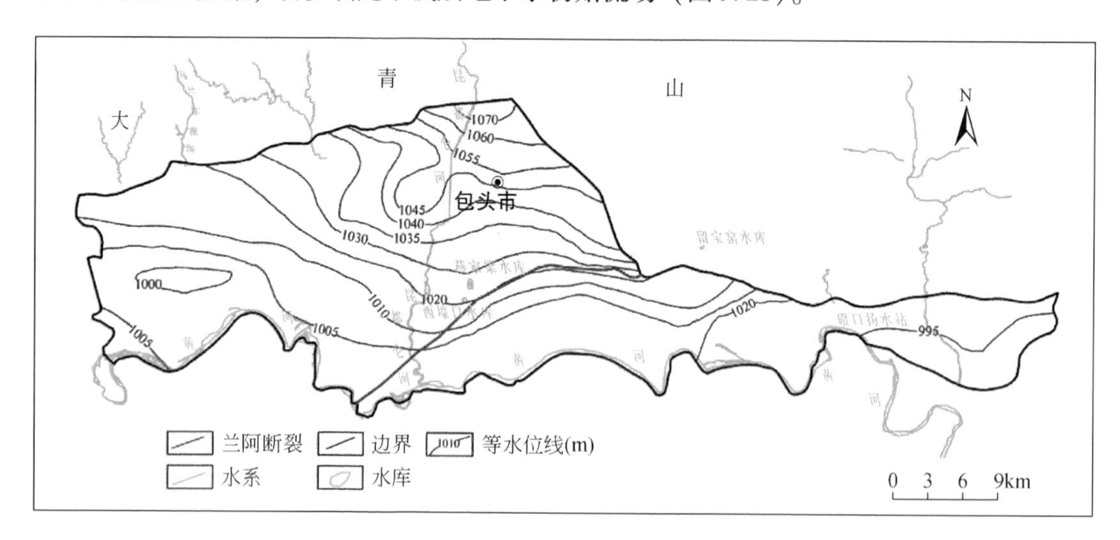

图 9.28　浅层地下水初始流场示意图

二、时空离散

（一）网格剖分

将模拟区剖分为 280 行、915 列规则网格，各层均采用 100m×100m 的剖分格式。其中，第一层浅层含水层和第二层弱透水层活动单元格均为 109431 个（图 9.29），第三层承压含水层的活动单元格数目为 66243 个（图 9.30）。

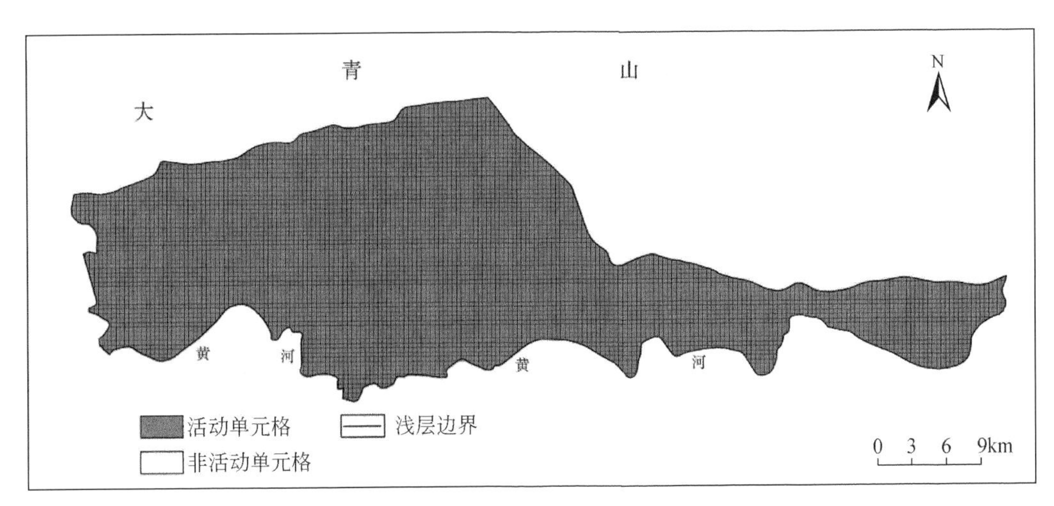

图 9.29　浅层含水层和弱透水层网格剖分图

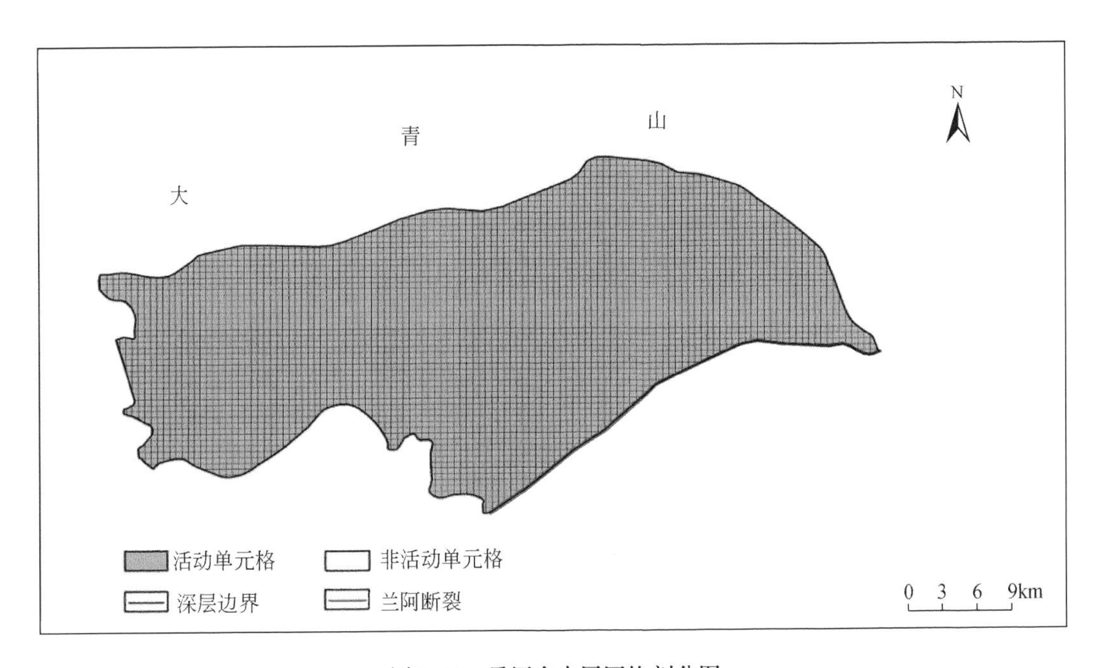

图 9.30　承压含水层网格剖分图

（二）模拟期的确定

模拟期为2005年12月—2010年11月，将整个模拟期划分为60个应力期，每个应力期为一个相应的自然月。在每个应力期中，所有外部源汇项的强度保持不变。

三、模型的识别验证

（一）流场拟合分析

从浅层地下水流场的拟合情况来看（图9.31），计算流场基本上反映了地下水流动的趋势和规律，地下水自北部山前地带向黄河冲积平原流动。山前地带接受山前侧向补给，水位高，水力坡度较大。往南部进入黄河冲积平原，水力坡度变小，地下水流动缓慢。在兰阿断裂处部分地下水经过断裂带流入断裂以南。总体上，模拟的浅层地下水流场与实际地下水流场总体流动方向相同，拟合较好。

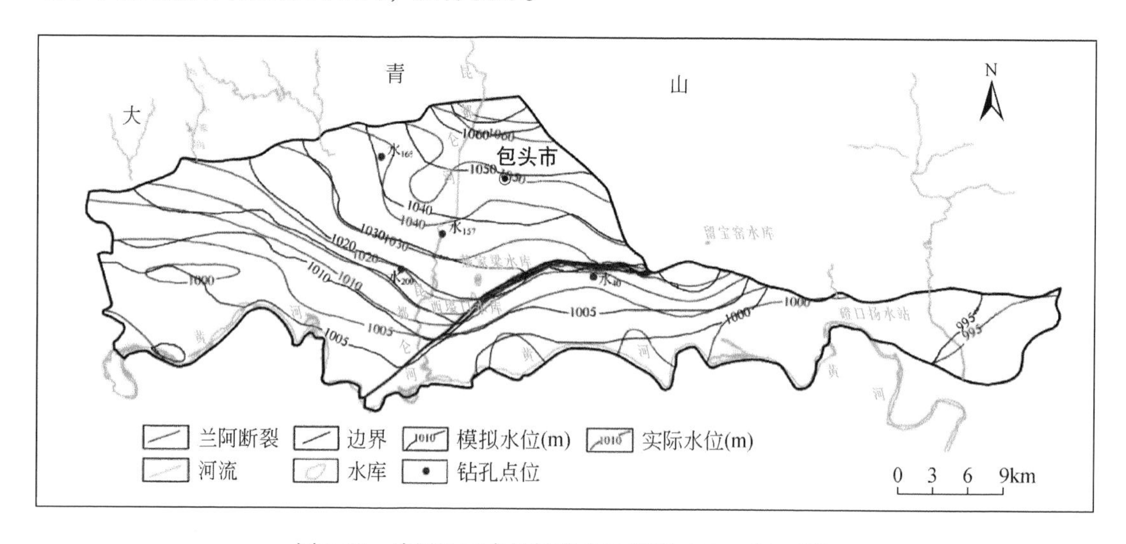

图9.31 浅层地下水流场拟合示意图（2010年9月）

承压含水层缺少流场实测资料，本次数值模拟未对承压含水层流场进行拟合。

（二）过程曲线分析

根据模型区内地下水水位监测点的分布，选择四个浅层地下水和四个承压水监测点进行地下水水位动态变化拟合（图9.32），并计算各拟合点的计算水位与实测水位的绝对误差和相对误差。八个监测点的拟合平均绝对误差为3.25%（表9.17），其中监测孔水200拟合相对较差，其他监测孔拟合较好，误差在2%~4%，能够较好地反映出该点水位动态趋势。

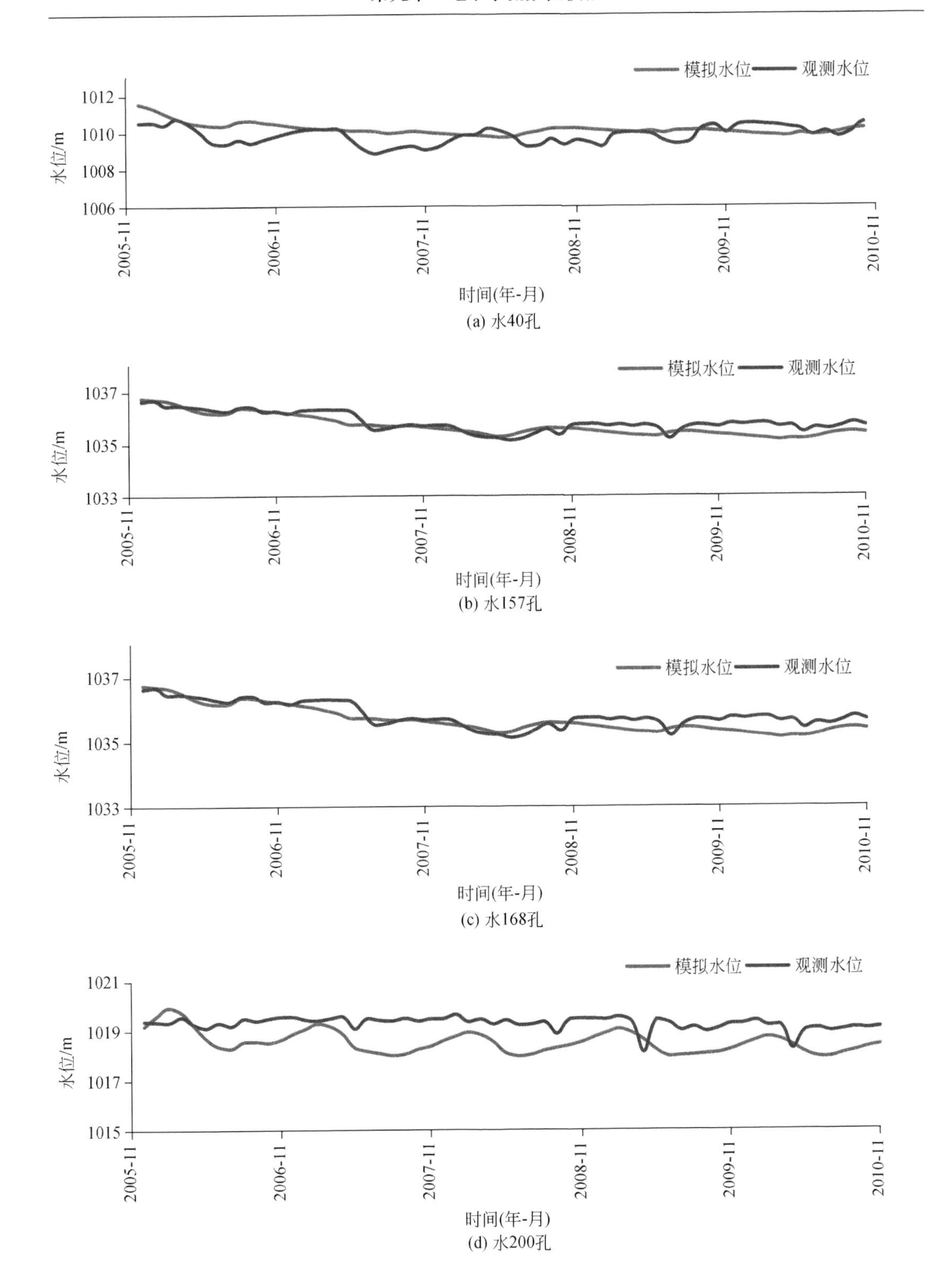

(a) 水40孔

(b) 水157孔

(c) 水168孔

(d) 水200孔

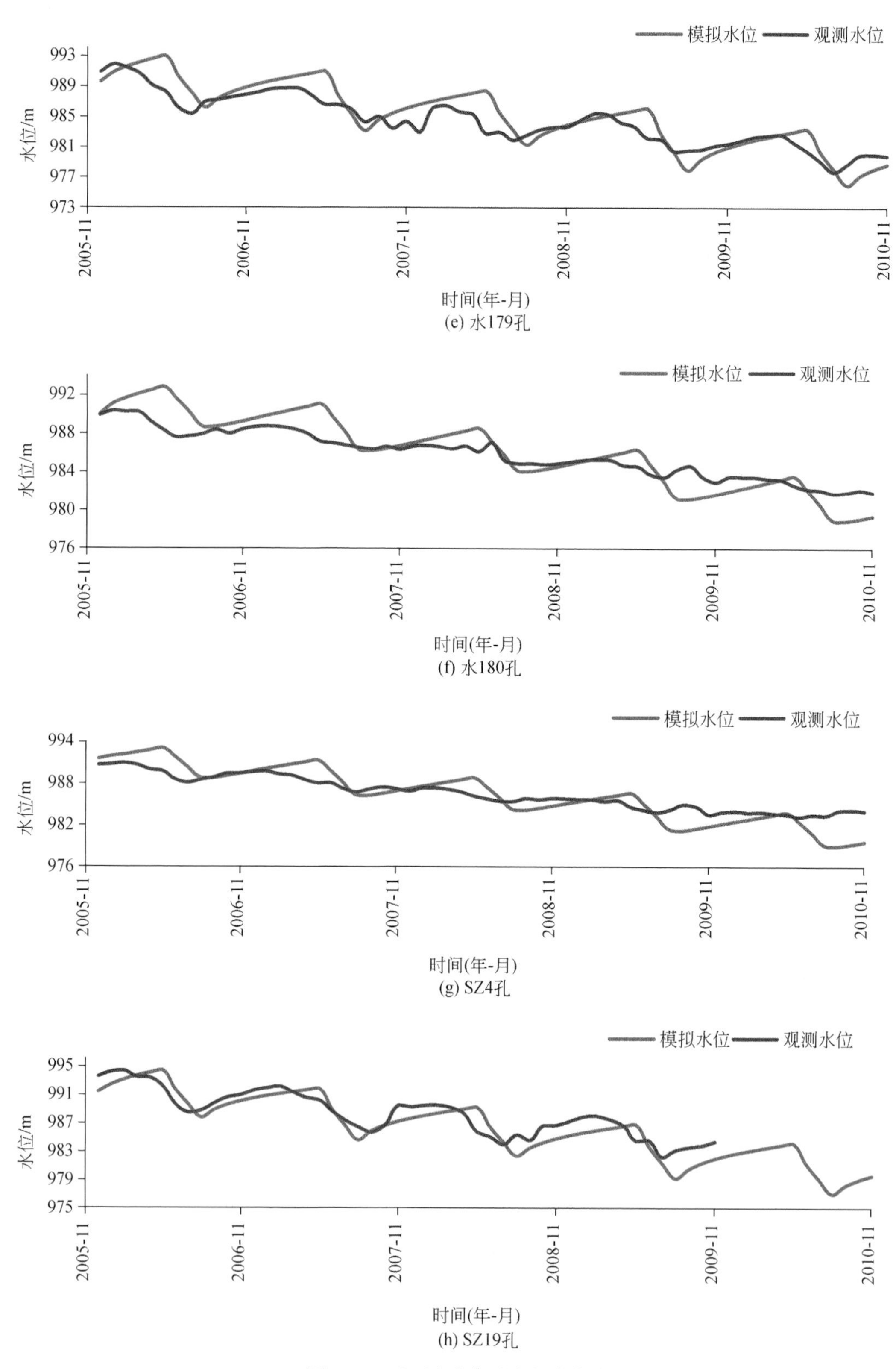

图 9.32　地下水水位动态拟合曲线

表 9.17　观测孔拟合误差列表

监测孔编号	平均残差	误差/%
水 168	0.19	3.02
水 157	-0.15	2.19
水 200	-0.75	7.42
水 40	0.32	4.12
水 179	0.8	1.89
水 180	0.36	2.81
SZ19	-0.66	2.07
SZ4	0.38	2.49

（三）水文地质参数识别

基于层状结构模型进行模型识别和检验后的水文地质参数见图 9.33 ~ 图 9.36。识别后的水文地质参数与水文地质条件基本相吻合，山前倾斜平原岩性组成为砾砂、砾石、卵砾石等，该区域渗透系数较大，一般为 50 ~ 150m/d。往南部黄河冲积平原岩性逐渐过渡为粗砂、中砂、中细沙、粉砂，渗透系数也逐渐减小为 10 ~ 50m/d，部分区域小于 10m/d。模型识别后的给水度与水文地质条件基本一致，山前倾斜平原给水度较大，昆都仑河冲洪积扇一带的给水度最大，为 0.2。向南部黄河冲积逐渐减小到 0.08。

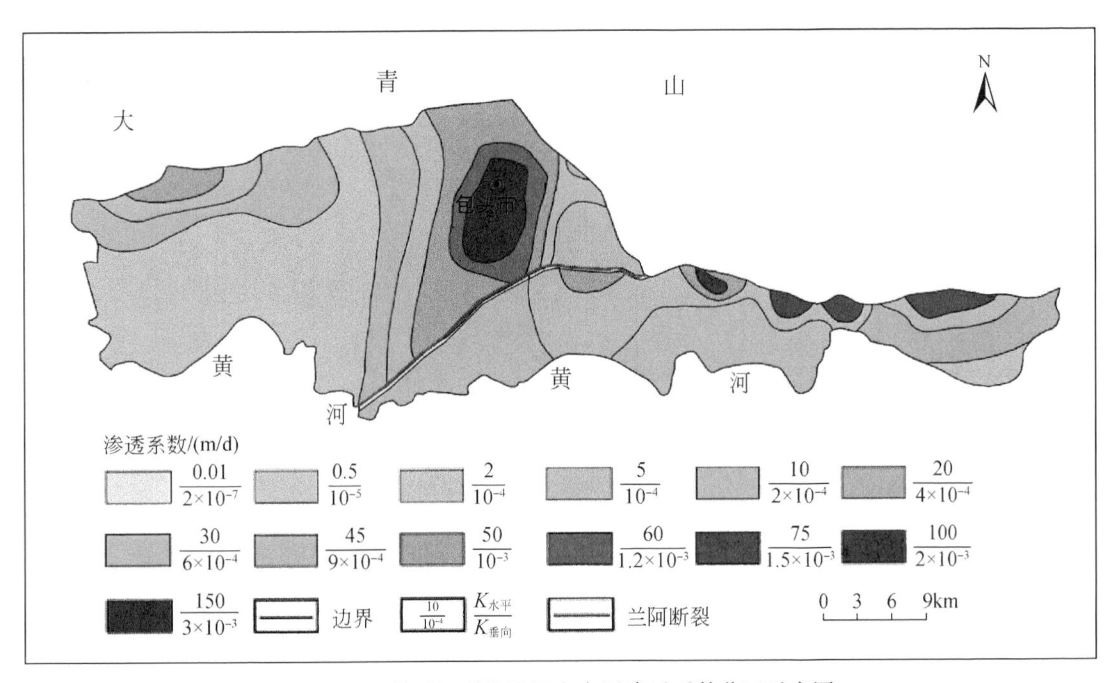

图 9.33　模型识别的浅层含水层渗透系数分区示意图

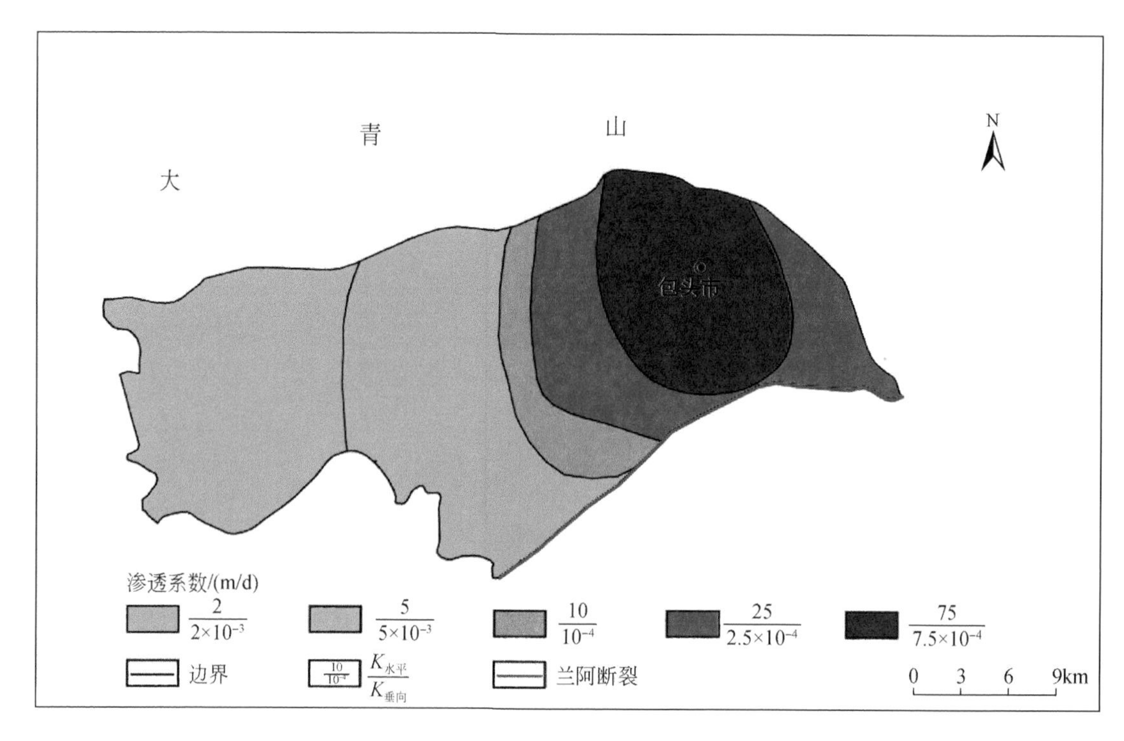

图 9.34　模型识别的承压含水层渗透系数分区示意图

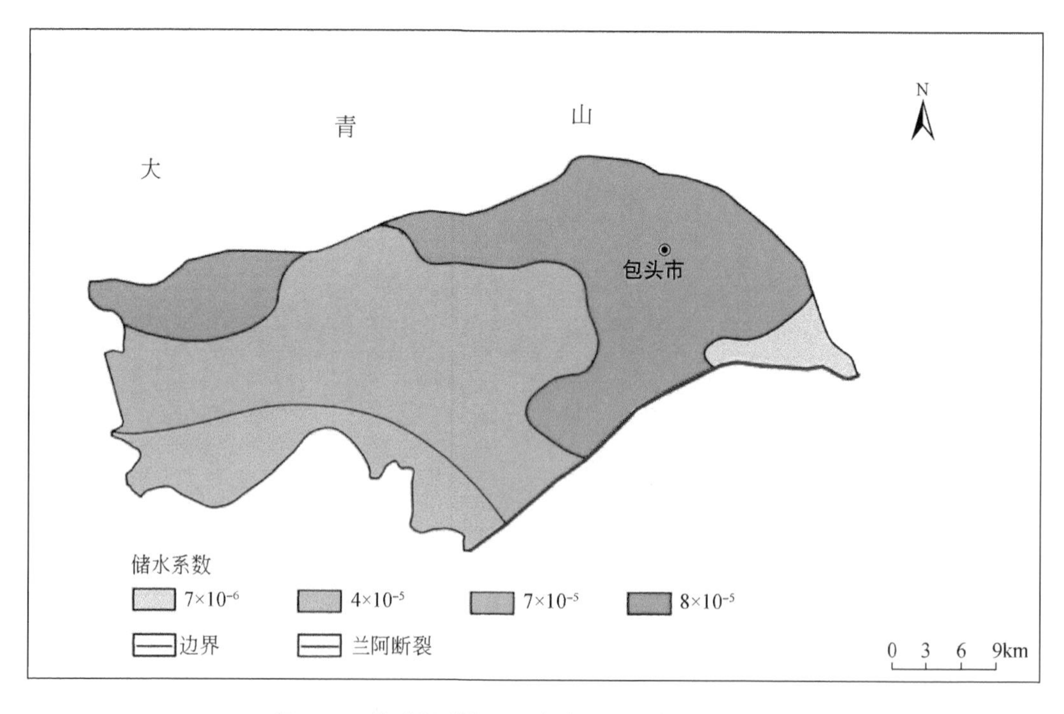

图 9.35　模型识别的承压含水层储水率分区示意图

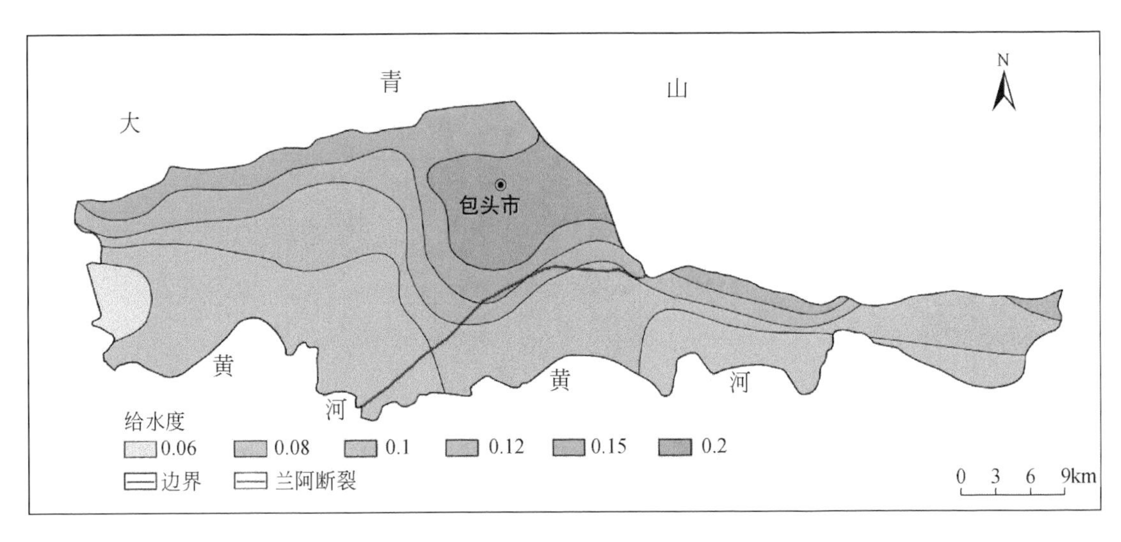

图 9.36　模型识别的浅层含水层给水度分区示意图

四、区域地下水均衡分析

地下水模型水均衡计算结果表明，包头市地下水年均补给量为 1.67 亿 m^3（不包括层间越流量，下同），总排泄量为 1.96 亿 m^3，补排差为-0.29 亿 m^3，地下水总体处于超采状态（表 9.18）。模拟区地下水主要的补给项为山前侧向和降水入渗，补给量分别为 0.65 亿 m^3 和 0.53 亿 m^3，占总补给量的 38.98%和 31.69%。地下水主要排泄项为人工开采开采量为 1.43 亿 m^3，占总排泄量的 73.02%；地下水蒸发量为 0.49 亿 m^3，占总排泄量的 24.70%。

表 9.18　模拟期内地下水均衡表

均衡项		浅层含水层		弱透水层		承压含水层		小计（不计越流）	
		数量/亿 m^3	比例/%	数量/亿 m^3	比例/%	数量/亿 m^3	比例/%	数量/亿 m^3	比例/%
补给	降雨入渗	0.53	38.62					0.53	31.69
	引黄灌溉	0.10	7.23					0.10	5.93
	井灌入渗	0.27	19.46					0.27	15.97
	山前侧向	0.35	25.62			0.30	57.31	0.65	38.98
	黄河侧渗	0.12	9.06					0.12	7.44
	越流量			0.25	100	0.22	42.70		
	小计	1.37	100	0.25	100	0.52	100	1.67	100
排泄	地下水开采	0.58	43.43			0.86	100	1.43	73.02
	黄河侧渗	0.04	3.36					0.04	2.28
	侧向流出								

续表

均衡项		浅层含水层		弱透水层		承压含水层		小计（不计越流）	
		数量/亿 m^3	比例/%	数量/亿 m^3	比例/%	数量/亿 m^3	比例/%	数量/亿 m^3	比例/%
排泄	地下水蒸发量	0.49	36.42					0.49	24.70
	越流量	0.22	16.79	0.25	100				
	小计	1.33	100.00	0.25	100	0.86	100	1.96	100
补排差		0.04				-0.33		-0.29	
储变量		0.04				-0.33		-0.29	

浅层含水层补给量为1.37亿 m^3。降水入渗补给和山前侧补给向为主要补给来源，其中降水入渗量为0.53亿 m^3，占浅层含水层补给量的38.62%；山前侧向补给量为0.35亿 m^3，占浅层含水层补给量的25.62%。浅层含水层排泄量为1.33亿 m^3。其中人工开采是地下水最主要的排泄方式，年开采量为0.58亿 m^3，占浅层地下水排泄量的43.43%；地下水蒸发量为0.49亿 m^3，占浅层地下水排泄量的36.42%；向承压水的越流量为0.22亿 m^3，占浅层地下水排泄量的16.79%。

承压含水层补给量为0.52亿 m^3。补给主要来自侧向流入及上部浅层含水层的越流，其中越流补给量为0.22亿 m^3，占补给量的42.70%，山前侧向流入量为0.30亿 m^3，占总补给量的57.31%。地下水开采排泄量主要为人工开采，开采量为0.86亿 m^3。承压水补排差为-0.33亿 m^3，处于严重超采状态。

五、地下水资源评价

（一）地下水补给资源评价

包头市地下水补给项主要包括大气降水入渗补给、井灌回归、引黄灌溉入渗补给、山前侧向径流补给等。天然补给资源量为总补给量减去井灌回归入渗补给量。

本次模拟采用的水文气象资料为1961～2010年大气降水资料，多年平均降水量为304.72mm。将源汇项数据带入地下水水流模型中，计算得出了包头市地下水补给资源量(表9.19)。

表9.19　包头市地下水补给资源量

补给项	降水入渗	引黄灌溉入渗	山前侧向	黄河侧渗	合计
补给资源量/亿 m^3	0.53	0.10	0.65	0.12	1.40
比例/%	37.71	7.06	46.38	8.85	100

包头市地下水补给资源量为1.40亿 m^3。其中山前侧向多年平均补给量为0.65亿 m^3，占补给资源量的46.38%；降水入渗补给和引黄灌溉入渗量，分别为0.53亿 m^3 和0.10亿 m^3，占总补给量的37.71%和7.06%；其余为黄河侧渗流入量。

（二）地下水可开采资源量评价

将现状地下水开采量与含水层储存量的亏损量之差作为地下水可开采资源量。根据地下水水流模型运行五年的平均数据，现状地下水开采总量为1.43亿m^3，含水层储存量的亏损量为0.29亿m^3，由此确定本区地下水可开采资源量为1.14亿m^3（表9.20）。

表9.20　地下水可开采资源量

项目	面积/km^2	补给量/亿m^3	现状开采量/亿m^3	储变量/亿m^3	可开采量/亿m^3
浅层地下水	1094.29	1.10	0.58	0.04	0.62
承压水	662.38	0.52	0.86	−0.33	0.52
合计		1.63	1.43	−0.29	1.14

从含水层均衡结果来看，包头市浅层含水层总体处于正均衡，补给量略大于排泄量，含水层储变量为0.04亿m^3，浅层地下水现状开采量为0.58亿m^3，因此浅层地下水可开采资源量为0.62亿m^3。承压水现状开采量为0.86亿m^3，含水层储存量的亏损量为0.33亿m^3，因此包头承压水可开采资源量为0.52亿m^3。

第十章　地下水质量与污染评价

第一节　地下水质量评价

一、评价原则与方法

（一）评价原则

（1）以本次工作取得的地下水化学检测实验数据为主要依据，并充分利用以往地下水环境质量调查和长期监测资料。

（2）以后套平原（A）、佘太盆地（B）、三湖河平原（C）、呼包平原西部（D）、呼包平原东部（E）、黄河南岸平原（F）六个一级地下水系统为单元开展评价。

（3）加强与地下水资源数量评价相互配合，确保评价对象及结论意见的一致性。

（4）重视分析人类活动对地下水质量的影响。

（5）以区域浅层地下水为主要评价对象，以无机污染评价为重点。针对主要城市开展承压水质量评价，并对地下水集中供水水源进行有机污染评价。

（二）评价方法

1）评价标准

以《地下水质量标准》（GB/T 14848—2017）为评价标准。

2）评价指标

经分析、筛选，最终确定评价指标54项，其中无机指标27项、有机指标27项，根据各污染物的毒性大小、自然降解的可能性、人为修复和去除性，以及在水体中出现的概率大小等因素，将评价指标分为一般化学指标、无机毒理指标、毒性重金属指标、微量有机指标四类（表10.1）。

表10.1　地下水质量评价指标

评价对象	指标类别	指标名称
浅层地下水	一般化学指标（13项）	pH、铁、锰、铜、锌、铝、氯化物、硫酸盐、总硬度、溶解性总固体（TDS）、耗氧量、氨氮、钠
	无机毒理指标（9项）	碘化物、氟化物、硝酸盐、亚硝酸盐、硒、钡、钼、镍、氰化物
	毒性重金属指标（5项）	砷、镉、六价铬、铅、汞

续表

评价对象	指标类别		指标名称
地下水集中供水水源	微量有机指标	挥发性（22项）	挥发性酚、三氯甲烷、四氯化碳、1,1,1-三氯乙烷、三氯乙烯、四氯乙烯、二氯甲烷、1,2-二氯乙烷、1,1,2-三氯乙烷、1,2-二氯丙烷、三溴甲烷、氯乙烯、1,1-二氯乙烯、1,2-二氯乙烯、氯苯、邻二氯苯、对二氯苯、苯、甲苯、乙苯、二甲苯、苯乙烯
		半挥发性（5项）	总六六六、γ-BHC（林丹）、总滴滴涕、六氯苯、苯并（a）芘

（三）地下水质量分类

按《地下水质量标准》(GB/T 14848—2017）将地下水质量划分为五类。

Ⅰ类：主要反映地下水化学组分的天然低背景含量，适用于各种用途。

Ⅱ类：主要反映地下水化学组分的天然背景含量，适用于各种用途。

Ⅲ类：以人体健康基准值（生活饮用水标准）为依据，主要适用于集中式生活饮用水水源及工、农业用水。

Ⅳ类：以农业和工业用水要求为依据，除适用于农业和部分工业用水外，适当处理后可作生活饮用水。

Ⅴ类：不宜饮用，其他用水可根据使用目的选用。

（四）评价方法

地下水质量评价方法分为单因子评价和综合评价两种。

1）单因子评价

水质分类：按《地下水质量标准》所列水质分类指标，划分为五类，不同类别标准值相同时，从优不从劣。例如，锰Ⅰ、Ⅱ类标准值均为≤0.05mg/L，若水质分析结果为0.05mg/L时，应定为Ⅰ类，不定为Ⅱ类。有机指标质量亦按此原则分类。

水质单因子评价指数法：

$$P_i = C_i / C_{oi} \tag{10.1}$$

式中，P_i 为单因子水质指数；C_i 为地下水中 i 指标实测浓度；C_{oi} 为 i 指标的水质标准限值。

2）综合评价

以单因子评价结果为基础，采用从劣不从优的原则来确定样品的分类指标的质量分级，即以各样品的分类指标中质量最差、分级最低的指标分级作为该样品的所属类指标的质量分级。例如，某个样品无机常规指标，单因子评价结果中Mn质量级别为Ⅴ类，其他指标质量级别分别为Ⅰ类、Ⅱ类、Ⅲ类、Ⅳ类不等，则该样品无机常规指标质量评价结果即为Ⅴ类。以此方法对一般化学指标、无机毒理指标、毒性重金属指标、微量无机指标分别做评价，然后再将四类指标评价结果采用从劣不从优的原则进行叠加，最终确定该样品的综合质量级别。该方法不足之处是评价结果代表的是地下水质量的最差状况。其优点是可以查明哪些是影响地下水质量的主要指标。

二、浅层地下水质量评价

（一）单因子评价

以一般化学指标、无机毒理指标和毒性重金属指标及挥发性酚为因子进行了单因子评价。

从一般化学指标评价结果来看，超标率由大到小依次为 Fe、Mn、Na^+、溶解性总固体（TDS）、总硬度、SO_4^{2-}、Cl^-、耗氧量、pH、NH_4^+、Zn、Cu、Al。其中 Fe、Mn、Na^+、TDS 超标率大于50%（表10.2）。

表 10.2　一般化学指标单因子评价结果表

因子	地下水系统	样品数	Ⅰ类		Ⅱ类		Ⅲ类		Ⅳ类		Ⅴ类	
			样品数/个	比例/%	样品数/个	比例/%	样品数/个	比例/%	样品数/个	比例/%	样品数/个	比例/%
pH	A	458	421	91.9	0	0	0	0	30	6.6	7	1.5
	B	42	30	71.4	0	0	0	0	12	28.6	0	0
	C	82	76	92.7	0	0	0	0	5	6.1	1	1.2
	D	107	101	94.4	0	0	0	0	5	4.7	1	0.9
	E	199	176	88.4	0	0	0	0	21	10.6	2	1
	F	243	226	93	0	0	0	0	15	6.2	2	0.8
	全区	1131	1030	91.1	0	0	0	0	88	7.8	13	1.1
总硬度	A	458	11	2.4	62	13.5	100	21.8	151	33	134	29.3
	B	42	1	2.4	28	66.7	7	16.7	5	11.9	1	2.4
	C	82	6	7.3	29	35.4	13	15.9	16	19.5	18	22
	D	107	2	1.9	12	11.2	23	21.5	25	23.4	45	42.1
	E	199	18	9	97	48.7	37	18.6	22	11.1	25	12.6
	F	243	48	19.8	53	21.8	67	27.6	38	15.6	37	15.2
	全区	1131	86	7.6	281	24.8	247	21.8	257	22.7	260	23
TDS	A	458	0	0	13	2.8	138	30.1	189	41.3	118	25.8
	B	42	0	0	20	47.6	16	38.1	4	9.5	2	4.8
	C	82	5	6.1	17	20.7	24	29.3	22	26.8	14	17.1
	D	107	1	0.9	1	0.9	18	16.8	36	33.6	51	47.7
	E	199	13	6.5	72	36.2	58	29.1	25	12.6	31	15.6
	F	243	30	12.3	22	9.1	96	39.5	56	23	39	16
	全区	1131	49	4.3	145	12.8	350	30.9	332	29.4	255	22.5

续表

因子	地下水系统	样品数	Ⅰ类		Ⅱ类		Ⅲ类		Ⅳ类		Ⅴ类	
			样品数/个	比例/%	样品数/个	比例/%	样品数/个	比例/%	样品数/个	比例/%	样品数/个	比例/%
耗氧量	A	458	22	4.8	224	48.9	115	25.1	81	17.7	16	3.5
	B	42	6	14.3	14	33.3	3	7.1	12	28.6	7	16.7
	C	82	14	17.1	25	30.5	17	20.7	21	25.6	5	6.1
	D	107	2	1.9	16	15	31	29	48	44.9	10	9.3
	E	199	25	12.6	39	19.6	29	14.6	79	39.7	27	13.6
	F	243	8	3.3	73	30	74	30.5	82	33.7	6	2.5
	全区	1131	77	6.8	391	34.6	269	23.8	323	28.6	71	6.3
Na^+	A	458	42	9.2	62	13.5	57	12.5	138	30.1	159	34.7
	B	42	27	64.3	6	14.3	1	2.4	5	11.9	3	7.1
	C	82	29	35.4	11	13.4	6	7.3	22	26.8	14	17.1
	D	107	9	8.4	7	6.5	9	8.4	28	26.2	54	50.5
	E	199	99	49.7	23	11.6	12	6.0	25	12.6	40	20.1
	F	243	68	28.0	36	14.8	29	11.9	57	23.5	53	21.8
	全区	1131	274	24.2	145	12.8	114	10.1	275	24.3	323	28.6
NH_4^+	A	458	325	70.9	77	16.8	36	7.9	10	2.2	10	2.2
	B	42	39	92.9	3	7.1	0	0	0	0	0	0
	C	82	43	52.5	12	14.6	17	20.7	4	4.9	6	7.3
	D	107	74	69.2	23	21.5	7	6.5	1	0.9	2	1.9
	E	199	112	56.3	40	20.1	14	7.0	12	6.0	21	10.6
	F	243	168	69.1	41	16.9	21	8.6	4	1.6	9	3.7
	全区	1131	761	67.3	196	17.3	95	8.4	31	2.7	48	4.3
Cl^-	A	458	14	3.1	106	23.1	86	18.8	63	13.8	189	41.3
	B	42	22	52.4	12	28.6	4	9.5	2	4.8	2	4.8
	C	82	21	25.6	19	23.2	11	13.4	11	13.4	20	24.4
	D	107	12	11.2	20	18.7	14	13.1	14	13.1	47	43.9
	E	199	99	49.7	44	22.1	11	5.5	11	5.5	34	17.1
	F	243	76	31.3	70	28.8	35	14.4	20	8.2	42	17.3
	全区	1131	259	22.9	264	23.3	159	14.1	121	10.7	328	29
SO_4^{2-}	A	458	30	6.6	71	15.5	108	23.6	85	18.6	164	35.8
	B	42	0	0	29	69	6	14.3	3	7.1	4	9.5
	C	82	16	19.5	26	31.7	17	20.7	9	11	14	17.1
	D	107	1	0.9	8	7.5	14	13.1	14	13.1	70	65.4
	E	199	88	44.2	64	32.2	10	5	11	5.5	26	13.1

续表

因子	地下水系统	样品数	Ⅰ类		Ⅱ类		Ⅲ类		Ⅳ类		Ⅴ类	
			样品数/个	比例/%	样品数/个	比例/%	样品数/个	比例/%	样品数/个	比例/%	样品数/个	比例/%
SO_4^{2-}	F	243	57	23.5	55	22.6	38	15.6	27	11.1	66	27.2
	全区	1131	192	17	253	22.4	193	17.1	149	13.2	344	30.4
Fe	A	482	82	17	42	8.7	15	3.1	184	38.2	159	33
	B	42	26	61.9	2	4.8	3	7.1	8	19	3	7.1
	C	82	31	37.8	8	9.8	3	3.7	18	22	22	26.8
	D	107	16	15	11	10.3	4	3.7	35	32.7	41	38.3
	E	188	79	42	27	14.4	14	7.4	54	28.7	14	7.4
	F	195	43	22.1	27	13.8	13	6.7	74	37.9	38	19.5
	全区	1096	277	25.3	117	10.7	52	4.7	373	34	277	25.3
Mn	A	431	60	13	0	0	50	10.8	302	68.8	21	7.4
	B	41	32	78	0	0	2	4.9	7	17.1	0	0
	C	82	38	46.3	0	0	12	14.6	31	37.8	1	1.2
	D	107	21	19.6	0	0	11	10.3	72	67.3	3	2.8
	E	198	119	60.1	0	0	17	8.6	62	31.3	0	0
	F	184	85	46.2	0	0	26	14.1	70	38	3	1.6
	全区	1074	355	33.1	0	0	118	11	560	52.1	41	3.8
Cu	A	462	442	95.7	16	3.5	3	0.6	1	0.2	0	0
	B	41	40	97.6	1	2.4	0	0	0	0	0	0
	C	82	81	98.8	1	1.2	0	0	0	0	0	0
	D	107	105	98.1	2	1.9	0	0	0	0	0	0
	E	198	194	98	4	2	0	0	0	0	0	0
	F	184	181	98.4	2	1.1	1	0.5	0	0	0	0
	全区	1074	1037	96.6	32	3	4	0.4	1	0.1	0	0
Zn	A	462	429	92.9	26	5.6	5	1.1	2	0.4	0	0
	B	41	40	97.6	1	2.4	0	0	0	0	0	0
	C	82	80	97.6	2	2.4	0	0	0	0	0	0
	D	107	87	81.3	20	18.7	0	0	0	0	0	0
	E	198	160	80.8	36	18.2	1	0.5	1	0.5	0	0
	F	184	179	97.3	5	2.7	0	0	0	0	0	0
	全区	1074	975	90.8	90	8.4	6	0.6	3	0.3	0	0
Al	A	458	455	99.3	1	0.2	1	0.2	0	0	1	0.2
	B	42	42	100	0	0	0	0	0	0	0	0
	C	82	82	100	0	0	0	0	0	0	0	0

续表

因子	地下水系统	样品数	Ⅰ类		Ⅱ类		Ⅲ类		Ⅳ类		Ⅴ类	
			样品数/个	比例/%	样品数/个	比例/%	样品数/个	比例/%	样品数/个	比例/%	样品数/个	比例/%
Al	D	107	107	100	0	0	0	0	0	0	0	0
	E	199	197	99	2	1	0	0	0	0	0	0
	F	243	243	100	0	0	0	0	0	0	0	0
	全区	1131	1126	99.6	3	0.3	1	0.1	0	0	1	0.1

Fe：超标水点在各地下水系统分区分布广泛。在1096个样品中超Ⅲ类样品占59.3%，Ⅳ、Ⅴ类样品所占比例分别为34.0%和25.3%。除佘太盆地、呼包平原东部区域外，近一半以上的地下水Fe含量超标，尤其是后套平原和呼包平原西部地区，超标率高达70%以上。

Mn：在1074个地下水样品中超Ⅲ类样品点占55.9%，Ⅳ、Ⅴ类水点所占比例分别为52.1%和3.8%，除佘太盆地外，各地下水系统中超标样品点分布广泛。后套平原和呼包平原西部地下水系统锰超标率大于70%。三湖河平原、黄河南岸平原、呼包平原东部地下水系统超Ⅲ类水样品数所占比例也偏高，分别为39%、39.6%和31.3%。

Na^+：在1131个地下水样品中，超Ⅲ类样品点占52.9%，Ⅳ、Ⅴ类水点所占比例分别为24.3%和28.6%。超标样品点主要分布于后套平原全区，呼包平原和三湖河平原的冲湖积平原，以及黄河南岸平原。在呼包平原西部的黄河冲湖积平原地区超Ⅲ类水样品比例最高，检测的107组水样中76.6%的水点为超标点。

TDS：地下水样品数为1131个，其中超Ⅲ类样品点占51.9%，Ⅳ、Ⅴ类水点所占比例分别为29.4%和22.5%。后套平原、呼包平原西部、三湖河平原的冲湖积平原地区超Ⅲ类水样品占地下水样品数的比例在61%~91%。

总硬度：地下水样品数为1131个，其中超Ⅲ类样品点占45.7%，Ⅳ、Ⅴ类水点所占比例分别为22.7%和23.0%，超标样品点主要分布于后套平原和呼包平原西部地区，以及三湖河平原的冲湖积平原地区，超标率均大于50%。

从无机毒理指标的评价结果来看，超标率由大到小依次为碘化物（I）、氟化物（F）、硝酸盐（NO_3^-）、亚硝酸盐（NO_2^-）、钡（Ba）、镍（Ni）、钼（Mo）、硒（Se）、氰化物（CN）。其中，I和F超标率大于20%，NO_3^-和NO_2^-超Ⅲ类样品，所占比例也较高，超标率分别为6.7%和4.4%（表10.3）。

表10.3　无机毒理指标单因子评价结果表

因子	地下水系统	样品数	Ⅰ类		Ⅱ类		Ⅲ类		Ⅳ类		Ⅴ类	
			样品数/个	比例/%	样品数/个	比例/%	样品数/个	比例/%	样品数/个	比例/%	样品数/个	比例/%
F	A	458	389	84.9	0	0	0	0	50	10.9	19	4.1
	B	42	26	61.9	0	0	0	0	15	35.7	1	2.4
	C	82	68	82.9	0	0	0	0	10	12.2	4	4.9

续表

因子	地下水系统	样品数	Ⅰ类		Ⅱ类		Ⅲ类		Ⅳ类		Ⅴ类	
			样品数/个	比例/%	样品数/个	比例/%	样品数/个	比例/%	样品数/个	比例/%	样品数/个	比例/%
F	D	107	87	81.3	0	0	0	0	13	12.1	7	6.5
	E	199	134	67.3	0	0	0	0	28	14.1	37	18.6
	F	243	154	63.4	0	0	0	0	62	25.5	27	11.1
	全区	1131	858	75.9	0	0	0	0	178	15.7	95	8.4
I	A	458	242	52.8	0	0	30	6.6	154	33.6	32	7.0
	B	42	36	85.7	0	0	3	7.1	3	7.1	0	0
	C	82	46	56.1	0	0	3	3.7	30	36.6	3	3.7
	D	107	53	49.5	0	0	11	10.3	37	34.6	6	5.6
	E	199	132	66.3	0	0	11	5.5	52	26.1	4	2.0
	F	243	150	61.7	0	0	22	9.1	66	27.1	5	2.1
	全区	1131	659	58.3	0	0	80	7.1	342	30.2	50	4.4
NO_3^-	A	458	334	72.9	65	14.2	55	12	2	0.4	2	0.4
	B	42	6	14.3	8	19	22	52.4	2	4.8	4	9.5
	C	82	50	61	11	13.4	11	13.4	6	7.3	4	4.9
	D	107	56	52.3	16	15	16	15	5	4.7	14	13.1
	E	199	110	55.3	27	13.6	39	19.6	3	1.5	20	10.1
	F	243	159	65.4	38	15.6	32	13.2	3	1.2	11	4.5
	全区	1131	715	63.2	165	14.6	175	15.5	21	1.9	55	4.9
NO_2^-	A	458	368	80.3	42	9.2	36	7.9	11	2.4	1	0.2
	B	42	37	88.1	5	11.9	0	0	0	0	0	0
	C	82	42	51.2	15	18.3	15	18.3	9	11.0	1	1.2
	D	107	84	78.5	8	7.5	10	9.4	4	3.7	1	0.9
	E	199	137	68.8	23	11.6	22	11.1	8	4	9	4.5
	F	243	208	85.6	17	7.0	12	4.9	5	2.1	1	0.4
	全区	1131	876	77.5	110	9.7	95	8.4	37	3.3	13	1.1
Se	A	487	487	100	0	0	0	0	0	0	0	0
	B	42	42	100	0	0	0	0	0	0	0	0
	C	99	99	100	0	0	0	0	0	0	0	0
	D	90	90	100	0	0	0	0	0	0	0	0
	E	199	198	99.5	0	0	0	0	1	0.5	0	0
	F	196	196	100	0	0	0	0	0	0	0	0
	全区	1113	1112	99.9	0	0	0	0	1	0.1	0	0

续表

因子	地下水系统	样品数	Ⅰ类		Ⅱ类		Ⅲ类		Ⅳ类		Ⅴ类	
			样品数/个	比例/%	样品数/个	比例/%	样品数/个	比例/%	样品数/个	比例/%	样品数/个	比例/%
Ba	A	462	14	3	290	62.8	141	30.5	15	3.2	2	0.4
	B	41	0	0	31	75.6	10	24.4	0	0	0	0
	C	82	3	3.7	31	37.8	47	57.3	1	1.2	0	0
	D	107	2	1.9	54	50.5	47	43.9	4	3.7	0	0
	E	198	0	0	78	39.4	120	60.6	0	0	0	0
	F	184	0	0	107	58.2	77	41.8	0	0	0	0
	全区	1074	19	1.8	591	55	442	41.2	20	1.9	2	0.2
Mo	A	462	371	80.3	49	10.6	42	9.1	0	0	0	0
	B	41	18	43.9	14	34.1	9	22	0	0	0	0
	C	82	60	73.2	14	17.1	8	9.8	0	0	0	0
	D	107	93	86.9	7	6.5	7	6.5	0	0	0	0
	E	198	158	79.8	11	5.6	28	14.1	1	0.5	0	0
	F	184	142	77.2	18	9.8	23	12.5	1	0.5	0	0
	全区	1074	842	78.4	113	10.5	117	10.9	2	0.2	0	0
Ni	A	462	459	99.4	0	0	0	0	2	0.4	1	0.2
	B	41	41	100	0	0	0	0	0	0	0	0
	C	82	82	100	0	0	0	0	0	0	0	0
	D	107	107	100	0	0	0	0	0	0	0	0
	E	198	197	99.5	0	0	0	0	1	0.5	0	0
	F	184	184	100	0	0	0	0	0	0	0	0
	全区	1074	1070	99.6	0	0	0	0	3	0.3	1	0.1
CN	A	426	424	99.5	2	0.5	0	0	0	0	0	0
	B	41	40	97.6	1	2.4	0	0	0	0	0	0
	C	76	72	94.7	3	3.9	0	0	1	1.3	0	0
	D	103	98	95.1	5	4.9	0	0	0	0	0	0
	E	190	142	74.7	46	24.2	2	1.1	0	0	0	0
	F	184	177	96.2	7	3.8	0	0	0	0	0	0
	全区	1020	953	93.4	64	6.3	2	0.2	1	0.1	0	0

F：在1131个地下水样品中，超Ⅲ类样品点占24.1%，Ⅳ、Ⅴ类水点所占比例分别为15.7%和8.4%。超标样品点最多的区域是呼包平原东部的托克托–和林格尔台地前冲湖积平原区，超标率为65.7%，地下水氟含量最大值20.0mg/L的样品点（HT007）位于该区，超标19倍。后套平原的山前冲洪积平原、黄河南岸平原、佘太盆地、呼包平原东部的大黑河冲湖积平原地区超标率也偏高，在30%～38%。

NO_2^-：地下水样品数为1131个，其中超Ⅲ类样品占4.4%，Ⅳ、Ⅴ类水点所占比例分别为3.3%和1.1%。超标样品点最多的区域是三湖河平原的黄河冲湖积平原，超标率为20.2%，其次是托克托-和林格尔台地前冲湖积平原，超标率为12.5%。后套平原的乌兰布和灌域和解放闸灌域、呼包平原西部的山前倾斜平原和黄河冲湖积平原、呼包平原东部的大青山山前冲洪积平原和大黑河冲湖积平原超Ⅲ类样品所占比例较低。超标率在5%~10%。托克托县新营子镇（TT018）和双河镇（TT009）地下水NO_2^-含量高达232mg/L和150mg/L，分别超标69.3倍和44.3倍。

I：地下水样品数为1131个，其中超Ⅲ类样品点占34.6%，Ⅳ、Ⅴ类水点所占比例分别为30.2%和44%。超Ⅲ类水样品点主要分布于呼包平原西部冲湖积平原，三湖河平原黄河冲湖积平原、后套平原的解放闸灌城和义长灌域等地区，超标率均大于50%，地下水碘含量最高水点（WY2）位于后套平原五原县隆兴昌镇，含量为7.5mg/L。后套平原山前冲洪积平原、呼包平原东部的大黑河冲湖积平原和西部断块区超标率也较高，在30%~40%。

NO_3^-：地下水样品数为1131个，其中超Ⅲ类样品点占6.8%，Ⅳ、Ⅴ类水点所占比例分别为1.9%和4.9%。呼包平原西部、呼包平原东部、三湖河平原超Ⅲ类样品所占比例偏高，超标率分别为35.3%、25.7%和24.3%，主要分布于北部大青山山前冲洪积平原和东南部丘陵台地前冲洪积平原。包头市萨拉齐镇的B3点含量最高，地下水NO_3^-含量为1540mg/L，超标16.4倍。

Ba：地下水样品1074个，其中超Ⅲ类样品点占2.1%，Ⅳ、Ⅴ类水点所占比例分别为1.9%和0.2%。超Ⅲ类样品点22个，其中后套平原17个，主要分布于黄河冲湖积平原区，呼包平原西部有2个，三湖河平原冲湖积平原有1个。杭锦后旗红星乡ZK2点含量最高，为17.9mg/L，超标24.6倍。

Ni：在1074个地下水样品中有超Ⅲ类样品4个。其中3个Ⅳ类水点，分别位于后套平原五原县银定图镇（114810844）、杭锦后旗陕坝镇（48-107-151）和呼包平原东部十二连城乡（ZT047）。Ⅴ类水点1个，位于杭锦后旗陕坝镇（LH067），含量为0.226mg/L，超Ⅲ类水标准限值10.3倍。

Mo：地下水样品数为1074个，其中2个样品为超Ⅲ类水，均为Ⅳ类水，分别位于呼包平原东部的托克托县伍什家镇（TT042），黄河南岸达拉特旗王爱召镇（DT024）。

Se：地下水样品数1113个，仅1个样品为Ⅳ类水，位于呼包平原东部的托克托县伍什家镇（TT042），含量为0.015mg/L。

CN：地下水样品数为1020个，其中有检出的样品数为76个，检出率7.5%。检出的样品中有43个位于呼包平原东部。仅1个样品为超Ⅲ类水，位于三湖河平原的包头市昆都仑区宋家壕村（BW076-2），地下水氰化物含量为0.055mg/L，为Ⅳ类水。

从毒性重金属指标单因子评价结果来看（表10.4），超标率由大到小依次为砷（As）、铅（Pb）、镉（Cd）、六价铬（Cr^{6+}）、汞（Hg），其中As超标率为42.6%，Cd、Cr^{6+}、Pb超Ⅲ类样品较少，所占比例均小于1%，Hg无超Ⅲ类样品点。

表 10.4　毒性重金属指标单因子评价结果表

因子	地下水系统	样品数	Ⅰ类		Ⅱ类		Ⅲ类		Ⅳ类		Ⅴ类	
			样品数/个	比例/%	样品数/个	比例/%	样品数/个	比例/%	样品数/个	比例/%	样品数/个	比例/%
As	A	450	66	14.6	144	32	0	0	106	23.6	134	29.8
	B	42	7	16.7	29	69.1	0	0	3	7.1	3	7.1
	C	80	32	40	18	22.5	0	0	17	21.2	13	16.3
	D	104	35	33.7	11	10.6	0	0	31	29.8	27	26
	E	186	67	36.0	69	37.1	0	0	20	10.8	30	16.1
	F	242	60	24.8	96	39.6	0	0	58	24	28	11.6
	全区	1104	267	24.2	367	33.2	0	0	235	21.3	235	21.3
Cd	A	427	386	90.4	0	0	37	8.7	3	0.7	1	0.2
	B	31	29	93.5	0	0	2	6.5	0	0	0	0
	C	82	82	100	0	0	0	0	0	0	0	0
	D	107	100	93.5	0	0	7	6.5	0	0	0	0
	E	198	181	91.4	0	0	14	7.1	3	1.5	0	0
	F	184	181	98.4	0	0	3	1.6	0	0	0	0
	全区	1029	959	93.2	0	0	63	6.1	6	0.6	1	0.1
Cr^{6+}	A	458	456	99.6	1	0.2	1	0.2	0	0	0	0
	B	42	25	59.5	6	14.3	10	23.8	1	2.4	0	0
	C	82	78	95.1	2	2.4	2	2.4	0	0	0	0
	D	107	105	98.1	1	0.9	1	0.9	0	0	0	0
	E	199	193	97	5	2.5	1	0.5	0	0	0	0
	F	243	219	90.1	12	4.9	11	4.5	1	0.4	0	0
	全区	1131	1076	95.1	27	2.4	26	2.3	2	0.2	0	0
Pb	A	462	455	98.5	0	0	2	0.4	4	0.9	1	0.2
	B	41	39	95.1	0	0	1	2.4	1	2.4	0	0
	C	82	82	100	0	0	0	0	0	0	0	0
	D	107	105	98.1	0	0	2	1.9	0	0	0	0
	E	198	193	97.5	0	0	4	2	1	0.5	0	0
	F	184	183	99.5	0	0	0	0	1	0.5	0	0
	全区	1074	1057	98.4	0	0	9	0.8	7	0.7	1	0.1
Hg	A	431	404	93.7	0	0	27	6.3	0	0	0	0
	B	41	41	100	0	0	0	0	0	0	0	0
	C	82	79	96.3	0	0	3	3.7	0	0	0	0
	D	107	106	99.1	0	0	1	0.9	0	0	0	0
	E	198	197	99.5	0	0	1	0.5	0	0	0	0
	F	184	183	99.5	0	0	1	0.5	0	0	0	0
	全区	1043	1010	96.8	0	0	33	3.2	0	0	0	0

As：地下水样品数为1104个，其中超Ⅲ类样品占42.6%，Ⅳ、Ⅴ类水点所占比例均为21.3%。在后套平原、三湖河平原和呼包平原西部三个地下水系统中的黄河冲湖积平原中，超Ⅲ类水点分布广泛，超标率在50%以上。后套平原五原县美林乡样品（11499735）砷含量高达0.917mg/L，超标90.7倍。呼包平原东部大黑河冲湖积平原、黄河南岸平原地下水砷超标比例也较高，超标率分别为36.2%和35.5%。

Cd：1029个地下水样品中有7个超Ⅲ类样品，其中6个为Ⅳ类水，1个为Ⅴ类水。Ⅳ类水点分别位于后套平原解放闸灌域白脑包镇、义长灌域隆兴昌镇、呼包平原东部白庙子镇、北什轴乡和古城镇。Ⅴ类水点位于后套平原解放闸灌域三道桥镇（11499728），地下水镉含量为0.016mg/L，超标2.2倍。

Cr^{6+}：在1131个地下水样品中有1个样品为超Ⅲ类水，为Ⅳ类水，分布于鄂尔多斯市杭锦旗独贵塔拉镇（HT71），含量为0.09mg/L，超标0.8倍。

Pb：地下水样品数1074个。在8个超Ⅲ类样品中7个为Ⅳ类水、1个为Ⅴ类水。Ⅳ类水点分布于后套平原（4个）、佘太盆地（1个）、黄河南平原（1个）、呼包平原东部（1个）。Ⅴ类水点分布于后套平原五原县胜丰乡（49-109-132），地下水铅含量为0.108mg/L，超标9.1倍。

挥发性酚：天然水中一般极少含有酚。地下水中酚类化合的主要来自焦化、煤气制造、石油精炼、木材防腐及石油化工等工厂排放的废水。鉴于酚类化合物的危害，以及工作区以往研究成果中有多次挥发性酚检出的报告，本次评价工作增加了挥发性酚指标。地下水样品数1020个，检出样品数48个，其中超Ⅲ类样品19个，包括18个Ⅳ类水和1个Ⅴ类水，超标率为4.7%。超Ⅲ类样品点分布于后套平原黄河冲湖积平原（5个）、三湖河平原（4个）、呼包平原西部（2个）、呼包平原东部（1个）、黄河南岸平原（6个）。地下水挥发性酚含量最高的样品分布于三湖河平原的包头市昆都仑区宋家壕村（BW076-2），含量为0.04mg/L，为Ⅴ类水，超标19倍。

（二）综合评价

在所有的地下水样品中选择可以代表周边一定区域地下水质量状况，并且其测试项目与评价指标要求相匹配的样品点进行区域地下水质量综合评价。本次工作共采集地下水样品1158个，经过筛选确定参与综合评价样品点为1009个。

河套平原浅层地下水质量综合评价结果表明浅层地下水质量普遍差（表10.5）。河套平原浅层地下水无达到Ⅰ类水标准的水样点；达到Ⅱ类水标准的仅有7个水点；达到Ⅲ类水标准的有55个水点，仅占地下水样品总数的5.5%；超Ⅲ类水在全区范围广泛分布，占比达到93.8%，其中Ⅳ类、Ⅴ类水点所占比例分别为29.6%和64.2%。

表10.5　浅层地下水质量综合评价结果表

地下水系统		地貌类型	样品数	Ⅱ类		Ⅲ类		Ⅳ类		Ⅴ类	
一级	二、三级			样品数/个	比例/%	样品数/个	比例/%	样品数/个	比例/%	样品数/个	比例/%
A	A01	冲洪积平原	69	0	0	1	1.5	21	30.4	47	68.1
	A02-1	冲湖积平原	3	0	0	0	0	1	33.3	2	66.7

续表

地下水系统		地貌类型	样品数	Ⅱ类		Ⅲ类		Ⅳ类		Ⅴ类	
一级	二、三级			样品数/个	比例/%	样品数/个	比例/%	样品数/个	比例/%	样品数/个	比例/%
A	A02-2	冲湖积平原	60	0	0	3	5.0	20	33.3	37	61.7
	A02-3	冲湖积平原	69	0	0	0	0	14	20.3	55	79.7
	A02-4	冲湖积平原	87	0	0	0	0	39	44.8	48	55.2
	A02-5	冲湖积平原	98	0	0	0	0	16	16.3	82	83.7
	A02-6	冲湖积平原	46	0	0	0	0	5	10.9	41	89.1
	小计		432	0	0	4	0.9	116	26.9	312	72.2
B	B01	冲湖积平原	14	0	0	1	7.1	6	42.9	7	50
	B02	冲洪积平原	21	0	0	3	14.3	13	61.9	5	23.8
	小计		35	0	0	4	11.4	19	54.3	12	34.3
C	C01	冲洪积平原	36	0	0	10	27.8	15	41.7	11	30.5
	C02	冲湖积平原	43	0	0	2	4.7	10	23.3	31	72.1
	小计		79	0	0	12	15.2	25	31.6	42	53.2
D	D01	冲洪积平原	17	0	0	0	0	7	41.2	10	58.8
	D02	冲湖积平原	71	0	0	0	0	5	7.0	66	93.0
	D03	冲洪积平原	17	0	0	0	0	6	35.3	11	64.7
	小计		105	0	0	0	0	18	17.1	87	82.9
E	E01	冲洪积平原	24	2	8.3	3	12.5	16	66.7	3	12.5
	E02	冲湖积平原	132	1	0.8	21	15.9	37	28.0	73	55.3
	E03	台地前缘	16	0	0	0	0	4	25.0	12	75.0
	小计		172	3	1.7	24	14.0	57	33.1	88	51.2
F	小计	冲洪积平原	186	4	2.2	11	5.9	64	34.4	107	57.5
全区			1009	7	0.7	55	5.5	299	29.6	648	64.2

浅层地下水质量分布总体上受水文地质条件控制，冲洪积平原区地下水质量要比冲湖积平原地下水质量好。浅层地下水质量在不同的地下水系统表现出明显的差异。

后套平原地下水系统（A）：浅层地下水质量总体较差。在432个地下水样品中，无达到Ⅰ类和Ⅱ类水标准的地下水分布，达到Ⅲ类水标准的样品仅有0.9%。本区浅层地下水质量绝大多数为超Ⅲ类水，占地下水样品总数的99.1%。

佘太盆地地下水系统（B）：无Ⅰ类和Ⅱ类地下水分布，Ⅲ类地下水占样品总数的11.4%，超Ⅲ类地下水占样品总数的88.6%，其中Ⅳ类、Ⅴ类水点所占比例分别为54.3%和34.3%。

三湖河平原地下水系统（C）：无Ⅰ类和Ⅱ类地下水分布，Ⅲ类地下水占样品总数的15.2%，超Ⅲ类地下水占样品总数的84.8%，其中Ⅳ类、Ⅴ类水点所占比例分别为31.6%和53.2%。

呼包平原西部地下水系统（D）：浅层地下水总体质量较差，特别是在山前冲洪积平原上的地下水补给区，地下水质量综合评价仍较差。整个区域无Ⅰ～Ⅲ类地下水分布。超Ⅲ类地下水比例达100%，其中Ⅴ类地下水占比达82.9%。

呼包平原东部地下水系统（E）：浅层地下水质量相对较好，无Ⅰ类地下水分布，Ⅱ类地下水占比1.7%，Ⅲ类地下水占比14.0%。超Ⅲ类地下水占比84.3%，其中Ⅴ类地下水占比51.2%。

黄河南岸地下水系统（F）：无Ⅰ类地下水分布，Ⅱ类地下水占比2.2%，Ⅲ类地下水占比5.9%。超Ⅲ类地下水占比91.9%，其中Ⅴ类地下水占比57.5%。

从各地下水系统超Ⅲ类样品比例来看，浅层地下水综合质量由差到好依次为：D区（100%）、A区（99.1%）、F区（91.9%）、B区（88.6%）、C区（84.8%）、E区（84.3%）。

（三）影响因子分析

按照一般化学指标、无机毒理指标、毒性重金属指标和微量有机指标对影响地下水质量的因子进行分析。

1. 主要因子

从超标率来看，一般化学指标中Fe、Mn、Na^+、TDS、总硬度、SO_4^{2-}、Cl^-的超标率大于40%，无机毒理指标中F、I超标率大于10%，毒性重金属指标As超标率为42.6%。上述因子成为影响浅层地下水质量的主要因子。从劣质浅层地下水分布范围来看，对劣质水形成所起的作用一般化学指标>无机毒理指标>毒性重金属指标。

2. 影响程度

采用影响程度分析各因子对浅层地下水超Ⅲ类水质量（Ⅳ类水、Ⅴ类水）的作用大小，计算公式如下：

$$\text{影响程度}=\text{指标}(i)\text{Ⅳ(Ⅴ)类样本点数}/\text{Ⅳ(Ⅴ)类样本点总数}\times 100\% \qquad (10.2)$$

根据计算的影响程度（表10.6），浅层地下水Ⅳ类水质量影响因子按影响程度由高至低依次为Mn、Fe、As、总硬度、Na、F、SO_4^{2-}、耗氧量、TDS、I、pH、Cl^-、NH_4^+、NO_3^-、挥发性酚、NO_2^-、Ba、Cd、Zn、Cr^{6+}、氰化物（图10.1）。Ⅴ类水质量因子按影响程度由高至低依次为SO_4^{2-}、Cl^-、Na、总硬度、Fe、TDS、As、F、耗氧量、NO_3^-、I、NH_4^+、Mn、pH、NO_2^-、Ba、Ni、Al、Cd、Pb和挥发性酚（图10.2）。

表10.6　浅层地下水质量因子影响程度表

指标类别	影响因子	Ⅳ类		Ⅴ类	
		因子数	影响程度/%	因子数	影响程度/%
一般化学指标	TDS	53	17.7	236	36.4
	总硬度	71	23.7	240	37.0
	耗氧量	55	18.4	63	9.7
	pH	33	11.0	12	1.9

续表

指标类别	影响因子	Ⅳ类		Ⅴ类	
		因子数	影响程度/%	因子数	影响程度/%
一般化学指标	Cl^-	22	7.4	314	48.5
	SO_4^{2-}	55	18.4	319	49.2
	Na^+	67	22.4	302	46.6
	NH_4^+	8	2.7	44	6.8
	Fe	131	43.8	239	36.9
	Mn	151	50.5	28	4.3
	Al	0	0	1	0.2
	Zn	1	0.3	0	0
无机毒理指标	F	62	20.7	83	12.8
	I	49	16.4	46	7.1
	NO_2^-	3	1.0	8	1.2
	NO_3^-	7	2.3	48	7.4
	Ba	2	0.7	2	0.3
	Ni	0	0	1	0.2
	CN	1	0.3	0	0
毒性重金属指标	As	99	33.1	225	34.7
	Cd	2	0.7	1	0.2
	Cr^{6+}	1	0.3	0	0
	Pb	0	0	1	0.2
微量有机指标	挥发性酚	6	2.0	1	0.2

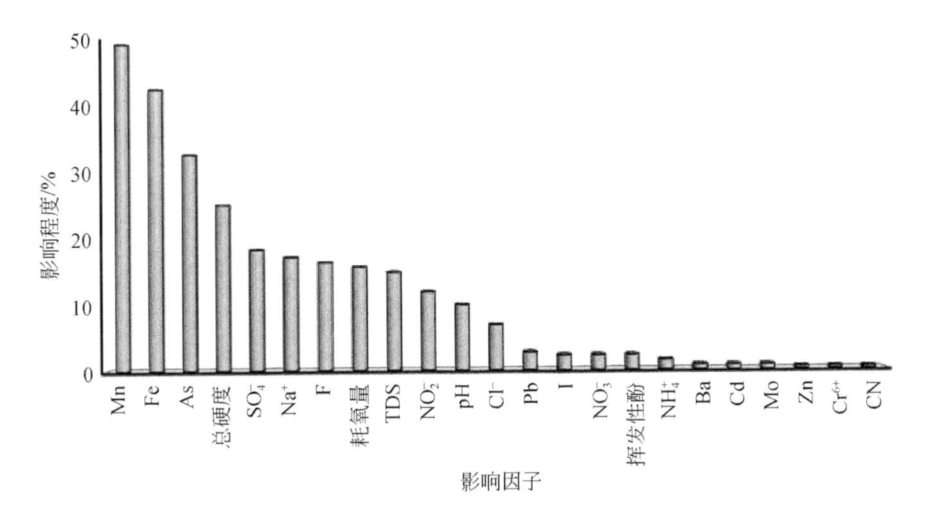

图 10.1 浅层地下水Ⅳ类水影响因子及其影响程度图

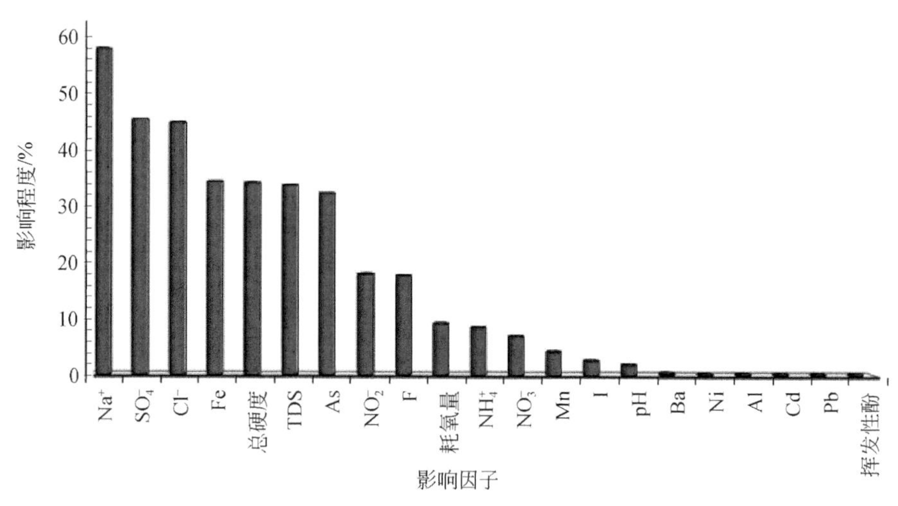

图 10.2　浅层地下水Ⅴ类水影响因子及其影响程度图

一般化学指标中的 Fe、总硬度、Na^+、SO_4^{2-}、TDS，无机毒理指标中的 F 和毒性重金属指标中的 As 对Ⅳ类水、Ⅴ类水的影响程度均大于10%。其次，一般化学指标 Cl^-对Ⅴ类水的影响程度为48.5%，对Ⅳ类水影响程度相对较低，为7.4%；而 Mn 对Ⅳ类水的影响程度高，对Ⅴ类水影响程度较低，影响程度分别为50.5%、4.3%。另外，NH_4^+ 和 NO_3^- 对地下水质量的影响也偏高，对超Ⅲ类劣质水的影响程度分别为5.5%和5.8%。Ba、Al、Ni、Cd、Pb、Zn、Mo、挥发性酚、氰化物和 Cr^{6+}对地下水的影响较弱。

综合各指标的超标率和影响程度分析表明：As、Fe、Na^+、SO_4^{2-}、Cl^-、总硬度、TDS、F、Mn、NO_3^-、NH_4^+ 是影响地下水质量的主要因子。

3. 影响因子区域变化对比

以一级地下水系统为单元，分析和识别各地下水系统中影响浅层地下水质量的主要因子和影响程度（表 10.7）。

表 10.7　各地下水系统区的主要影响因子一览表

地下水系统	Ⅳ类水影响因子		Ⅴ类水影响指标		主要影响因子
	数量/个	影响程度≥20%	数量/个	影响程度≥20%	
A 区	16	Mn、Fe、总硬度、As、SO_4^{2-}、TDS、Na^+	20	Na^+、Cl^-、SO_4^{2-}、As、Fe、总硬度、TDS	Na^+、Fe、总硬度、Mn、SO_4^{2-}、As、Cl^-、TDS
B 区	12	耗氧量、pH、F、Fe	10	耗氧量、Na^+、SO_4^{2-}、NO_3^-、Fe、As	耗氧量、Fe、Na^+、F、As、SO_4^{2-}、pH、NO_3^-
C 区	15	Fe、Mn、As	16	Na、Fe、Cl^-、总硬度、SO_4^{2-}、TDS、As	Fe、Na^+、总硬度、Cl^-、As、SO_4^{2-}、TDS、Mn
D 区	13	Mn、耗氧量、总硬度、Fe、As、TDS、Na^+、SO_4^{2-}	15	SO_4^{2-}、Na^+、TDS、Cl^-、总硬度、Fe、As	SO_4^{2-}、Na^+、Fe、TDS、总硬度、Mn、As、耗氧量、Cl^-

续表

地下水系统	Ⅳ类水影响因子		Ⅴ类水影响指标		主要影响因子
	数量/个	影响程度≥20%	数量/个	影响程度≥20%	
E区	15	Mn、Fe、耗氧量、As	15	Na^+、F、Cl^-、As、TDS、SO_4^{2-}、耗氧量、NH_4^+、总硬度	Fe、As、Na^+、耗氧量、F、Mn、Cl^-、总硬度、TDS、SO_4^{2-}、NH_4^+
F区	16	As、Fe、F、Mn、耗氧量	15	Na^+、SO_4^{2-}、Cl^-、F、Fe、TDS、总硬度、As	Na^+、SO_4^{2-}、F、Cl^-、Fe、TDS、总硬度、As

从指标类别来看，对所有地下水系统的浅层地下水质量影响最大的是一般化学指标。后套平原地下水系统（A区）和呼包平原西部地下水系统（D区）浅层地下水质量受毒性重金属指标影响相对较大，其他地下水系统浅层地下水质量受无机毒理指标的影响相对较大。

从主要影响因子来看，所有地下水系统中 Na^+、Fe、SO_4^{2-}、As、TDS 五项指标对浅层地下水质量影响范围和程度最大，五项指标的超Ⅲ类样本点遍布全区；其次影响范围和程度较大的是总硬度和 Cl^-，影响了除余太盆地（B区）外的所有地下水系统的浅层地下水质量。

总体上来看，对浅层地下水质量影响大的指标是一般化学指标 Na^+、Fe、SO_4^{2-}、TDS、总硬度、Cl^-、Mn，无机毒理指标 F，毒性重金属指标 As。

三、承压水质量评价

针对呼和浩特市和包头市承压水开发程度较高的重点地区进行承压水质量评价。由于承压水样品数量较少，承压水质量评价除利用本次采集测试的样品数据外，还利用了内蒙古地质环境监测院地下水监测井水质监测数据。

（一）呼和浩特市承压水质量评价

1. 单因子评价

承压水质量单因子评价结果表明承压水质量普遍较好（图10.3）。

一般化学指标 pH、TDS、总硬度、耗氧量、SO_4^{2-}、Fe、Mn 有超Ⅲ类水点，除 Fe 超标率为8.7%，其余指标超标率均小于4%。未超Ⅲ类水的指标有 Cl^-、NH_4^+、Na、Zn、Al 和 Cu，其中 Al 和 Cu 未检出，Zn 有检出，Zn 含量均低于Ⅱ类水限值。

无机毒理指标 I、F、NO_3^-、NO_2^-、Se 中，Se 未检出，I、F、NO_3^- 无超标水点。NO_2^- 超Ⅲ类水点4个，Ⅳ类水点4个，超标率3.9%，最大含量为11.2mg/L，超标2.4倍。

毒性重金属指标 As、Cd、Cr^{6+}、Pb 和 Hg 均有检出，其中 As、Pb 和 Cd 有超Ⅲ类水点，均为Ⅳ类水，超标率分别为2.9%、1.2%和1.2%，最大含量分别为0.015mg/L、0.039mg/L 和0.008mg/L，分别超标0.5倍、2.9倍和0.6倍。

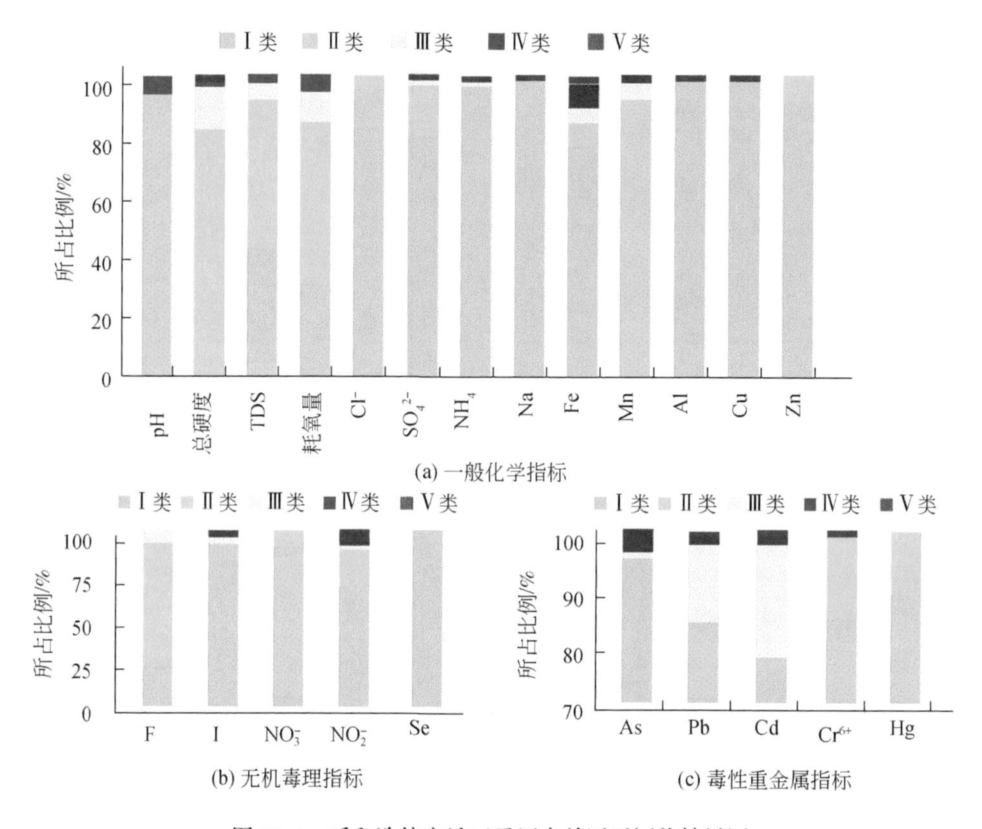

图 10.3　呼和浩特市城区承压水单因子评价结果图

2. 综合评价

承压水质量综合评价结果表明承压水质量优良（图 10.4）。无Ⅰ类水分布，Ⅱ类、Ⅲ类水分布广泛，分布面积分别为 67km²、387km²，占总面积的 97.5%。Ⅳ类、Ⅴ类水仅在局部区域有零星分布。

超Ⅲ类水分布面积约 26km²，占总面积的 2.5%。超标水点呈零星分布，主要超标点为 H172 点，NO_2^- 含量 11.21mg/L，超标 170 倍，为全区地下水 NO_2^- 含量最大值；HTT013 点，总硬度、TDS、耗氧量、SO_4^{2-} 和 NO_2^- 超标，NO_2^-、SO_4^{2-} 含量分别为 5.6mg/L 和 812.3mg/L，超标 0.7 倍和 2.2 倍；城区东北部多个水点超标，Fe、NO_2^- 是主要超标因子，NO_2^- 含量最大为 8.1mg/L，超标 1.5 倍。HS46 点 Pb 和 Cd 含量 0.039mg/L 和 0.008mg/L，超Ⅲ类水限值 2.9 倍和 0.6 倍。西南部超标指标主要是 As、Fe、总硬度，HB34 和 HB60 超标点 As 超标 0.5 倍。

（二）包头市城区承压水质量评价

1. 单因子评价

按照一般化学指标、无机毒理指标、毒性重金属指标对包头市承压水质量开展单因子

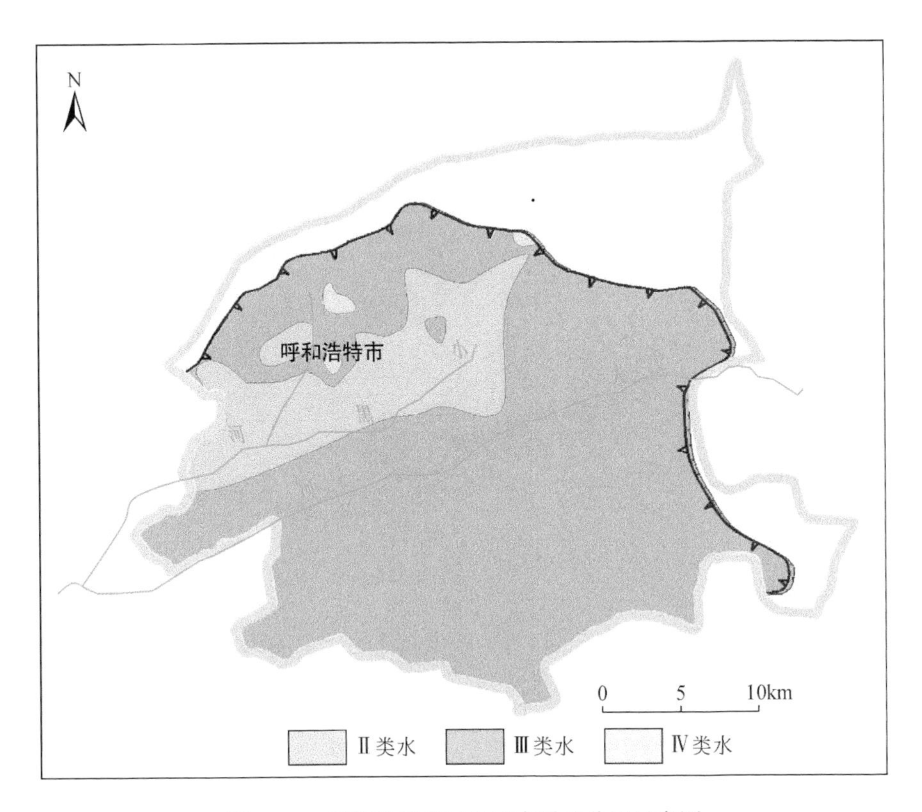

图 10.4　呼和浩特市区承压水质量分区示意图

评价。评价结果如下：

一般化学指标总硬度、耗氧量、Na^+、NH_4^+、Cl^-、TDS、SO_4^{2-} 有超Ⅲ类水点检出，超标率均小于10%。pH、Fe、Mn、Zn 四项指标测试结果均低于Ⅲ类水限值，且绝大部分属Ⅰ类水。Al 和 Cu 因无数据未参与评价。

无机毒理指标 F、NO_3^-、NO_2^- 有超Ⅲ类水点检出，其中 NO_2^- 超标点 2 个，超标率 6.27%，最大含量为 6.65mg/L，超标 0.84 倍；F 超标点 1 个，含量为 1.17mg/L，超标 0.17 倍；NO_3^- 超标水点 2 个，含量分别为 111.2mg/L 和 174.11mg/L，超标 0.2 倍和 0.9 倍。

毒性重金属指标 As、Cr^{6+} 和 Hg 在承压水中均有检出，含量均低于Ⅲ类水限值，无超标现象。

2. 综合评价

综合评价表明，包头市区承压水质量较好，Ⅰ、Ⅱ、Ⅲ类水分布较广，占参评样本的比例分别为8.6%、2.9%和60%，超Ⅲ类水占比28.6%，其中Ⅳ类水点3个，Ⅴ类水点7个（图 10.5、图 10.6）。

Ⅳ类水点分别为：R3 位于九原区哈林格尔镇马贵硅铁厂，影响指标为 NO_2^-，含量为 6.65mg/L；R69 点位于九原区哈林格尔镇张三圪堵村，主要影响因子较多，包括 Cl^-、

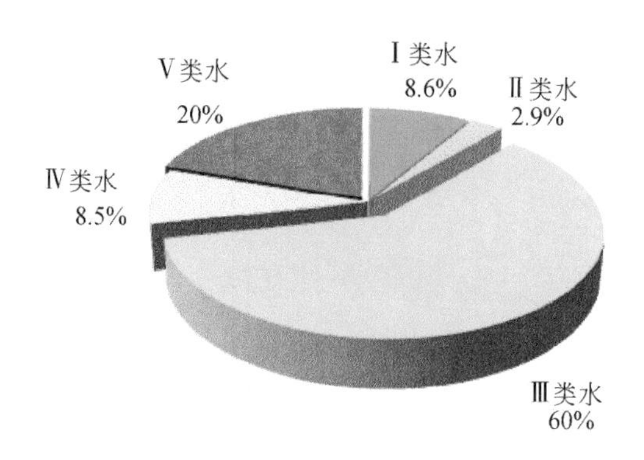

图 10.5　包头市区承压水质量综合评价

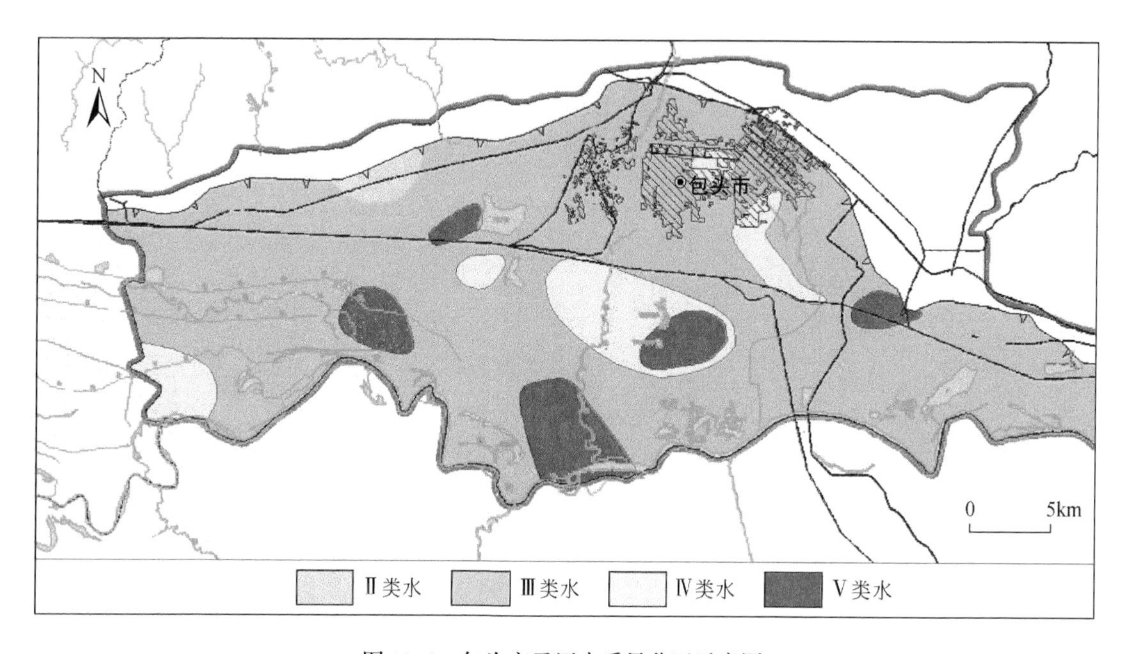

图 10.6　包头市承压水质量分区示意图

SO_4^{2-}、总硬度、TDS 和 Na^+；R12 水点位于东河区包头第二橡胶厂，影响因子是 Na^+。

Ⅴ类水点分别为：K17 点位于昆区包钢稀土一厂、K4 点位于包头市第一热电厂，这 3 个样品的影响因子是 NH_4^+；D29 深水点位于九原区共青农场，影响因子是 NO_3^-；R60 点位于九原区麻池镇武家圪堵，影响因子为 Cl^-。

总体上来看，承压水质量的主要影响因子是“三氮”（NO_3^-、NO_2^- 和 NH_4^+）。NO_3^- 含量最大值是 D29 水点的 174. 11mg/L，超标 0. 9 倍；NO_2^- 含量最大值是 R3 水点的 6. 65mg/L，超标 1. 0 倍；NH_4^+ 含量最大值是 K17 水点的 2. 34mg/L，超标 2. 7 倍。

第二节　水源地地下水饮用适宜性评价

地下水是呼和浩特市主要城市饮用水源，且是 2007 年以前呼和浩特市唯一的供水水源。因此，开展呼和浩特市区地下水供水水源地地下水饮用适宜性评价工作。

呼和浩特市区地下水水源地东起赛罕区白塔南北一线，西至土默特左旗台阁牧，北依大青山，南傍什拉乌素后河，涉及呼和浩特市市区大部和土默特左旗台阁牧镇一部分，水源地面积约600km^2。现有公共服务业用水水源厂10个，共有水源井129眼；企事业单位自备地下水源厂6个，共有供水井70眼；另外还有城中村分散自备水源井51眼，总计250眼，其中有9眼作为备用工业用水水源，24眼已经停采，目前实际饮用水供水水源开采井217眼。截至2011年底，辖区范围内需供水人口数已达127.24×10^{4}人，总需水量为5621×10^{4}m^3/a。

本次工作采集水源井样品20组，其中城中村分散自备地下水源井样品9组、企事业单位自备地下水源井样品4组、公共服务业用水地下水源样品6组。与区域地下水样品相比，测试指标增加了26项微量有机指标。

集中供水水源地地下水饮用适宜性评价标准见表10.8。

表10.8 集中供水水源地地下水饮用适宜性分级评价标准

适宜性分级		分级标准	说明
Ⅰ	适宜饮用	各指标均满足Ⅲ类标准	适宜饮用
Ⅱ	基本适宜饮用	总溶解性固体、总硬度、Cl^-、SO_4^{2-}、Na^+、Fe、Mn、pH等一般化学指标满足Ⅳ类水标准；毒理指标满足地下水质量Ⅲ类水标准	基本适宜饮用
Ⅲ	一般不宜饮用	总溶解性固体、总硬度、Cl^-、SO_4^{2-}、Fe、Mn等一般化学指标达到五类水标准，但在Ⅲ类水标准值3倍以下；毒理指标满足地下水质量Ⅲ类水标准	一般不宜饮用，如饮用须经相应处理
Ⅳ	不宜饮用	总溶解性固体、总硬度、Cl^-、SO_4^{2-}、Fe、Mn等一般化学指标为Ⅲ类水标准值3倍以上，或有一项毒理指标超过地下水质量Ⅲ类水标准	不宜饮用，如饮用必须经过严格处理，毒理指标超标时要进行水质的监测控制

注：《地下水质量标准》中的Ⅲ类与生活饮用水标准相一致。

适宜性评价结果显示，在采集的20个生活饮用供水水源井样品中适宜饮用的18个，基本适宜的1个（表10.9）。基本适宜的水点采自巴彦镇黑土凹村自备井（HS32），影响指标为Fe，其含量为0.48/L，超标0.6倍，适当处理后即可饮用。

表10.9 集中供水水源饮用适宜性评价结果表

供水井类型	样品编号	位置	饮用适宜性	影响指标	含量/(mg/L)	超标倍数
公共服务业用水水源	HS27	一水厂	适宜饮用			
	HS24	三水厂	适宜饮用			
	HS26	四水厂	适宜饮用			
	HS22	六水厂	适宜饮用			
	HS25	金川水厂	适宜饮用			
	HS21	如意白塔水厂	适宜饮用			

续表

供水井类型	样品编号	位置	饮用适宜性	影响指标	含量/(mg/L)	超标倍数
公共服务业用水水源	HS07	哈拉沁村水泥厂	适宜饮用			
	HS08	国家粮食储备库	适宜饮用			
	HS40	内蒙古大学	适宜饮用			
	HS41	内蒙古工业大学	适宜饮用			
城中村分散自备水源井	HS02	攸攸板镇刀刀板村	适宜饮用			2
	HS03	攸攸板镇刀刀板村养殖区	适宜饮用			
	HS04	西菜园街道当浪土牧村	适宜饮用			
	HS32	巴彦镇黑土凹村	基本适宜饮用	Fe	0.48	0.6
	HS33	西巴栅乡后不塔气村	适宜饮用			
	HS34	后前营乡南店村	适宜饮用			
	HS35	巧报镇大台什村	适宜饮用			
	HS36	西喇嘛营村委会东200m	适宜饮用			
	HS39	西巴栅乡小厂库伦村	适宜饮用			

第三节　地下水污染评价

地下水污染主要指人类活动引起地下水化学成分、物理性质和生物学特性发生改变而使质量朝着恶化方向发展的现象。

一、地下水污染评价方法

（一）评价指标

评价指标选择在工作区检出率较高，对人类健康危害大，具代表性的人类释放的环境物质，如挥发性酚、氰化物、镉、铅、铬、三氮（NO_3^-、NO_2^-、NH_4^+），以及地下水中浓度变化与人类活动影响有明显相关关系的一般化学指标，如 SO_4^{2-}、溶解性总固体、总硬度、Cl^-。最终确定地下水污染评价指标12项（表10.10）。

表10.10　地下水污染评价指标体系一览表

类别	名称
一般化学指标（5项）	SO_4^{2-}、溶解性总固体、总硬度、Cl^-、NH_4^+
无机毒理指标（3项）	CN、NO_3^-、NO_2^-
毒性重金属（3项）	Pb、Cr^{6+}、Cd
有机指标（1项）	挥发性酚

（二）评价方法

本次评价采用单指标污染指数法，以环境背景值和《地下水质量标准》中Ⅲ类水的水质标准为参考对照，计算各参评指标污染指数（张兆吉，2012），计算公式如下：

$$P_{ki}=\frac{C_{ki}-C_0}{C_{Ⅲ}} \tag{10.3}$$

式中，P_{ki}为k水样第i个指标的污染指数；C_{ki}为k水样第i个指标的测试结果；C_0为无机组分，代表k水样所在区域指标i的背景值；有机组分，取0值；$C_{Ⅲ}$为《地下水质量标准》中指标i的Ⅲ类指标限值。

计算出各水样点单指标污染指数结果P_{ki}，再与表10.11中污染分级标准对照划分污染等级，得出每一个单指标污染等级划分结果，对每一参评指标的污染状况及分布进行评估。

对每个样品参评的指标的评价结果，采用从劣不从优的原则来确定该样品的污染指数，同时依据表10.11中污染分级标准划分污染等级，得出每一个样本的污染等级划分结果，对每一参评样本的污染状况进行评估，最终获得区域地下水污染分布现状及污染程度。

表10.11　单指标污染指数分级标准一览表

污染类别	未污染	轻污染	中污染	较重污染	严重污染	极重污染
污染分级	Ⅰ	Ⅱ	Ⅲ	Ⅳ	Ⅴ	Ⅵ
指数范围	$P\leqslant 0$	$0<P\leqslant 0.2$	$0.2<P\leqslant 0.6$	$0.6<P\leqslant 1.0$	$1.0<P\leqslant 1.5$	$P>1.5$

二、地下水环境背景值的确定

地下水环境背景值又称地下水环境本底值，是指地下水中各个化学组分在未受污染情况下的各物理、化学要素的自然含量。背景值具有区域差异性的特点，它随着地质、水文地质条件而改变。因此，本次评价在确定背景值时，针对不同环境水文地质分区分别确定背景值。

在没有可利用的环境背景值数据时，通常使用对照值作为评价标准。对照值可以是历史水质数据，或者是区内无明显污染源的水质数据，或邻区水文地质条件相似的水质数据。确定地下水环境背景值（对照值）的常用方法主要有：类比法、历时曲线法、数理统计法、趋势分析法、剖面图法和变差曲线法（邱汉学和黄巧珍，1994）。数理统计法是目前应用最多的方法。通常按以下五个步骤进行：①划分水文地质单元→②地下水化学数据整理→③数据检验→④统计处理→⑤确定背景值。本次确定背景值采用了数理统计法。

（一）地下水环境水文地质分区的划分

在河套平原地下水系统划分的基础上，将地下水环境划分为六个区：后套平原地下水环境区、佘太盆地地下水环境区、三湖河平原地下水环境区、呼包平原山前冲洪积平原地下水环境区、呼包平原冲湖积平原地下水环境区、黄河南岸平原地下水环境区。

（二）地下水环境背景值计算

地下水环境背景值的确定主要收集利用了工作区已往研究成果中的水化学数据，即尽可能地利用各分区早期的、地质环境要素在未受污染或少受污染的天然环境条件下水化学数据。

1. 计算方法

本次研究区范围较大，可利用的样本数据相对较少。同时地下水环境复杂，水文地球化学作用影响因素较多，尤其是后套平原渠系纵横交错，多微地貌分布，水力联系差，致使地下水化学组分在空间上的分布不均匀，变异性较强。因此，环境背景值的确定过程遵循以数据组众数为计算依据的原则，具体计算方法如下：

（1）首先计算各指标的检出率，并针对不同检出率范围数据做相应的处理；

（2）检出率<20%，以该指标检出限作为背景值，即背景值范围为小于检出限；

（3）20%≤检出率<80%，计算该指标样本组数列的四分位数，以下四分位数与上四分位数区间作为背景值范围；

（4）检出率≥80%，未检出样本取检出限的0.7倍参加数理统计，计算算术平均值和标准偏差，剔除 $Y<\overline{X}-2S$ 或 $Y>\overline{X}+2S$ 的离群数据（对异常数据的剔除需慎重，应充分考虑实际的区域地下水环境条件，以少剔除为原则），然后按照公式 $Y=\overline{X}\pm 2S$ 计算背景值范围，式中 Y 为背景值（对照值）；$\overline{X}$ 为算术平均值；S 为标准偏差。

2. 计算结果

1）后套平原地下水环境区

利用内蒙古自治区地质局水文地质队1970年在后套平原施工钻孔的水化学数据46组，计算后套平原地下水环境区背景值。46组数据基本覆盖了后套平原的大部分地区，具有一定的代表性。经计算，本区地下水环境背景值如表10.12所示。

表10.12　后套平原地下水环境背景值

指标	背景值/(mg/L)	指标	背景值/(mg/L)	指标	背景值/(mg/L)
总硬度（$CaCO_3$ 计）	20.0~173.8	NH_4^+	<0.02~0.3	Cd	<0.0002
TDS	4.0~2600.7	NO_3^-	<0.2~2.4	Pb	<0.002
SO_4^{2-}	0.2~1037.9	NO_2^-	<0.004~0.24	Cr^{6+}	<0.004
Cl^-	2.0~1319.2	氰化物	<0.002	挥发性酚	<0.002

2）佘太盆地地下水环境区

利用内蒙古自治区地质局水文地质工程地质大队1971年完成的“内蒙古自治区乌拉

特前旗西山咀工业供水水文地质勘察报告”中23组钻孔水化学数据，计算出佘太盆地地下水环境背景值（表10.13）。

表10.13　佘太盆地地下水环境背景值

指标	背景值/(mg/L)	指标	背景值/(mg/L)	指标	背景值/(mg/L)
总硬度（$CaCO_3$计）	20.0～45.8	NH_4^+	<0.02	Cd	<0.0002
TDS	234.1～478.8	NO_3^-	<0.2～23.6	Pb	<0.002
SO_4^{2-}	11.7～72.8	NO_2^-	<0.004～0.2	Cr^{6+}	<0.004
Cl^-	6.8～44.8	氰化物	<0.002	挥发性酚	<0.002

3）三湖河平原地下水环境区

利用“包头市城市供水水文地质勘测初步设计阶段报告”中6组水化学数据计算三湖河平原地下水系统分区的环境背景值。6组数据是地质部水文地质工程地质局九二一队于1956年在包头市城市供水水源地——昆独仑河冲积扇上CKB1、CKB2、CKB9、CKB41、包46和包50钻孔中采集样品的全分析数据。经计算，该区的地下水环境背景值如表10.14所示。

表10.14　三湖河平原地下水环境背景值

指标	背景值/(mg/L)	指标	背景值/(mg/L)	指标	背景值/(mg/L)
总硬度（$CaCO_3$计）	28.9～51.1	NH_4^+	<0.02	Cd	<0.0002
TDS	246.5～553.8	NO_3^-	<0.2～7.5	Pb	<0.002
SO_4^{2-}	3.8～94.6	NO_2^-	<0.004	Cr^{6+}	<0.004
Cl^-	8.2～53.0	氰化物	<0.002	挥发性酚	<0.002

4）呼包平原冲洪积平原地下水环境区

“内蒙古自治区呼和浩特市地下水环境质量评价研究报告（1984年）”中研究认为1964年前的区域地下水动态保持着天然状态下的动态特征，山前倾斜平原上部地段的环境地质要素至1984年仍然能反映天然环境特征。因此，本次地下水环境背景值依据该报告中计算的背景值和1959年呼和浩特市供水水文地质勘测报告中钻孔水质全分析数据、1980年承压水监测数据的平均值予以确定。本区地下水环境背景值如表10.15所示。

表10.15　呼包平原冲洪积平原地下水环境背景值

指标	背景值/(mg/L)	指标	背景值/(mg/L)	指标	背景值/(mg/L)
总硬度（$CaCO_3$计）	299.9	NH_4^+	<0.02	Cd	<0.0002
TDS	330	NO_3^-	5.84	Pb	<0.002
SO_4^{2-}	45.04	NO_2^-	0.0048	Cr^{6+}	0.007
Cl^-	21.7	氰化物	<0.002	挥发性酚	<0.002

5）呼包平原冲湖积平原地下水环境区

利用内蒙古自治区地质局水文地质工程地质大队1966年完成的“内蒙古土默川南部农田供水水文地质勘察报告”中29组钻孔水化学数据计算本区的环境背景值。经计算，本区地下水环境背景值如表10.16所示。

表10.16　呼包平原冲湖积平原地下水环境背景值

指标	背景值/(mg/L)	指标	背景值/(mg/L)	指标	背景值/(mg/L)
总硬度（$CaCO_3$计）	4.2～84.3	NH_4^+	<0.02～2.5	Cd	<0.0002
TDS	36.1～1877.7	NO_3^-	<0.2～20.0	Pb	<0.002
SO_4^{2-}	2.0～433.0	NO_2^-	<0.004～0.02	Cr^{6+}	<0.004
Cl^-	2.0～512.8	氰化物	<0.002	挥发性酚	<0.002

6）黄河南岸地下水环境分区

利用内蒙古自治区地质局一〇四水文地质工程地质队1987年完成的达拉特旗王爱召镇、树林召镇、中和西镇、乌兰镇、准格尔旗、杭锦旗的“地下水勘察与开采利用条件报告”中44组钻孔水化学数据计算本区环境背景值。经计算，本区地下水环境背景值如表10.17所示。

表10.17　黄河南岸地下水环境背景值

指标	背景值/(mg/L)	指标	背景值/(mg/L)	指标	背景值/(mg/L)
总硬度（$CaCO_3$计）	20.0～120.6	NH_4^+	<0.02～0.9	Cd	<0.0002
TDS	4.0～2177.5	NO_3^-	<0.2～12.0	Pb	<0.002
SO_4^{2-}	2.0～678.3	NO_2^-	<0.004～0.3	Cr^{6+}	<0.004
Cl^-	2.0～868.7	氰化物	<0.002	挥发性酚	<0.002

三、地下水污染评价

（一）单因子污染评价

选择明显受到人类活动影响的八项指标进行单因子污染评价，评价结果见表10.18。从重污染和极重污染样品所占比例来看，在全区的污染程度由大到小的因子为$NH_4^+ > NO_3^- > NO_2^- >$挥发性酚$> Cd > Pb > Cr^{6+} > CN$。

表10.18　浅层地下水单指标污染评价结果

因子	环境分区	样品数	未污染		轻污染		中等污染		较重污染		重污染		极重污染	
			样品数/个	比例/%	样品数/个	比例/%	样品数/个	比例/%	样品数/个	比例/%	样品数/个	比例/%	样品数/个	比例/%
NH_4^+	Ⅰ	431	393	91.2	10	2.3	8	1.9	2	0.5	4	0.9	14	3.2
	Ⅱ	35	34	97.1	1	2.9	0	0	0	0	0	0	0	0

续表

因子	环境分区	样品数	未污染		轻污染		中等污染		较重污染		重污染		极重污染	
			样品数/个	比例/%	样品数/个	比例/%	样品数/个	比例/%	样品数/个	比例/%	样品数/个	比例/%	样品数/个	比例/%
NH_4^+	Ⅲ	79	42	53.2	12	15.2	11	13.9	5	6.3	1	1.3	8	10.1
	Ⅳ	61	44	72.1	12	19.7	1	1.6	2	3.3	1	1.6	1	1.6
	Ⅴ	226	208	92	1	0.4	0	0	0	0	0	0	17	7.5
	Ⅵ	186	173	93	0	0	2	1.1	0	0	2	1.1	9	4.8
	全区	1018	894	87.8	36	3.5	22	2.2	9	0.9	8	0.8	49	4.8
NO_3^-	Ⅰ	431	156	36.2	220	51	43	10	8	1.9	2	0.5	2	0.5
	Ⅱ	35	14	40	12	34.3	3	8.6	2	5.7	0	0	0	0
	Ⅲ	79	47	59.5	11	13.9	6	7.6	6	7.6	5	6.3	4	5.1
	Ⅳ	61	14	23	15	24.6	16	26.2	8	13.1	4	6.6	4	6.6
	Ⅴ	226	165	73	15	6.6	13	5.8	8	3.5	4	1.8	21	9.3
	Ⅵ	186	125	67.2	33	17.7	14	7.5	6	3.2	2	1.1	6	3.2
	全区	1018	521	51.2	306	30.1	95	9.3	38	3.7	17	1.7	37	3.6
NO_2^-	Ⅰ	431	382	88.6	17	3.9	14	3.2	8	1.9	2	0.5	8	1.9
	Ⅱ	35	35	100	0	0	0	0	0	0	0	0	0	0
	Ⅲ	79	32	40.5	26	32.9	4	5.1	8	10.1	4	5.1	5	6.3
	Ⅳ	61	27	44.3	22	36.1	4	6.5	3	4.9	0	0	5	8.2
	Ⅴ	226	171	75.6	32	14.2	10	4.4	2	0.9	6	2.7	5	2.2
	Ⅵ	186	170	91.4	6	3.2	5	2.7	2	1.1	0	0	3	1.6
	全区	1018	817	80.3	103	10.1	37	3.6	23	2.3	12	1.2	26	2.5
CN	Ⅰ	425	423	99.5	2	0.5	0	0	0	0	0	0	0	0
	Ⅱ	34	34	100	0	0	0	0	0	0	0	0	0	0
	Ⅲ	76	72	94.7	3	3.9	0	0	0	0	1	1.3	0	0
	Ⅳ	50	28	56	22	44	0	0	0	0	0	0	0	0
	Ⅴ	217	191	88	24	11.1	2	0.9	0	0	0	0	0	0
	Ⅵ	184	176	95.7	8	4.3	0	0	0	0	0	0	0	0
	全区	986	924	93.7	59	6	2	0.2	0	0	1	0.1	0	0
Cd	Ⅰ	431	390	90.5	0	0	27	6.3	10	2.3	2	0.5	2	0.5
	Ⅱ	35	33	94.3	0	0	2	5.7	0	0	0	0	0	0
	Ⅲ	79	79	100	0	0	0	0	0	0	0	0	0	0
	Ⅳ	61	60	98.4	0	0	1	1.6	0	0	0	0	0	0
	Ⅴ	226	203	89.8	0	0	14	6.2	6	2.7	2	0.9	1	0.4
	Ⅵ	186	183	98.4	0	0	1	0.5	2	1.1	0	0	0	0
	全区	1018	948	93.1	0	0	45	4.4	18	1.8	4	0.4	3	0.3

续表

因子	环境分区	样品数	未污染		轻污染		中等污染		较重污染		重污染		极重污染	
			样品数/个	比例/%	样品数/个	比例/%	样品数/个	比例/%	样品数/个	比例/%	样品数/个	比例/%	样品数/个	比例/%
Cr^{6+}	Ⅰ	431	430	99.8	0	0	1	0.2	0	0	0	0	0	0
	Ⅱ	35	14	40	10	28.6	5	14.3	0	0	1	2.9	0	0
	Ⅲ	79	74	93.7	4	5.1	1	1.3	0	0	0	0	0	0
	Ⅳ	61	59	96.7	1	1.6	1	1.6	0	0	0	0	0	0
	Ⅴ	226	219	96.9	6	2.7	0	0	1	0.4	0	0	0	0
	Ⅵ	186	166	89.2	11	5.9	8	4.3	0	0	0	0	1	0.5
	全区	1018	962	94.5	32	3.1	16	1.6	1	0.1	1	0.1	1	0.1
Pb	Ⅰ	431	379	87.9	43	9.9	5	1.2	2	0.5	0	0	2	0.5
	Ⅱ	35	18	51.4	8	22.9	8	22.9	1	2.9	0	0	0	0
	Ⅲ	79	75	94.9	2	2.5	2	2.5	0	0	0	0	0	0
	Ⅳ	61	53	86.9	1	1.6	7	11.5	0	0	0	0	0	0
	Ⅴ	226	194	85.8	6	2.7	20	8.8	5	2.2	1	0.4	0	0
	Ⅵ	186	182	97.8	1	0.5	2	1.1	0	0	0	0	1	0.5
	全区	1018	901	88.5	48	4.7	57	5.6	8	0.8	1	0.1	3	0.3
挥发性酚	Ⅰ	425	410	96.5	0	0	0	0	10	2.4	2	0.5	3	0.7
	Ⅱ	34	33	97.1	0	0	0	0	1	2.9	0	0	0	0
	Ⅲ	76	68	89.5	0	0	0	0	3	3.9	0	0	5	6.6
	Ⅳ	50	47	94	0	0	0	0	3	6	0	0	0	0
	Ⅴ	217	210	96.8	0	0	0	0	4	1.8	2	0.9	1	0.5
	Ⅵ	184	170	92.4	0	0	0	0	8	4.3	2	1.1	4	2.2
	全区	986	938	95.1	0	0	0	0	29	2.9	6	0.6	13	1.3

三氮（NO_3^-、NO_2^-、NH_4^+）：就全区而言，“三氮”污染中 NO_3^- 污染范围最广，全区48.8%的样品受到硝酸盐氮的污染，尤其是后套平原、佘太盆地和呼包平原冲洪积平原地区，硝酸盐的污染更为普遍，均有50%以上的样品受到不同程度的污染。而 NO_2^- 污染范围较 NO_3^- 要小，污染样品占样品总数的19.7%。三湖河平原和呼包平原冲洪积平原地下水 NO_2^- 污染范围较广，重污染分布相对较多，分别有11.4%和8.2%的样品污染程度达到重度。黄河南岸平原、后套平原和呼包平原冲湖积平原地下水受 NO_2^- 污染相对较少，污染程度较低，未污染样品所占比例分别为80.3%、88.6%和75.6%。佘太盆地未检测到受 NO_2^- 污染样品。从污染程度来看，NO_2^- 污染程度比 NO_3^- 要低，全区 NO_2^- 和 NO_3^- 极重污染样品所占比例分别为2.5%和3.6%。与 NO_2^- 和 NO_3 相比，NH_4^+ 的污染范围相对小，未污染样本占87.8%，但受到污染的样品达重污染程度的样品仅占5.6%。

重金属（Cd、Pb、Cr^{6+}）：重金属Cd、Pb、Cr^{6+}在全区的污染分布较少，受污染的样品在10%左右，且多属于轻污染和中等污染。污染程度在重污染以上的样品所占比例均小于1%。相对而言，呼包平原冲湖积平原区和后套平原重金属污染较多，两区均有多个Cd、Pb重污染和中等污染点分布。

氰化物（CN）：样品数量986个，其中未污染样品点为93.7%。污染样品点在除佘太盆地以外区域均有分布，污染程度多数属轻度污染，仅在呼包平原冲湖积平原有2个样品为中等污染，在三湖河平原有1个样品为重污染。

挥发性酚：样品数量为986个，未污染样品占95.1%。各个地下水环境区均有挥发性酚污染样品分布，并且重污染或极重污染在后套平原、三湖河平原、呼包平原冲湖积平原和黄河南岸平原均有分布。

（二）综合污染评价

以地下水污染评价指标体系中的12项指标为因子，采用综合评价方法对浅层地下水污染状况进行评价。综合评价结果表明：河套平原浅层地下水普遍受到不同程度的污染（表10.19）。其中未污染地下水占1.7%，轻度污染地下水占7.3%，中等污染地下水占25.5%，较重污染地下水占20.7%，重污染地下水占11.3%，极重污染地下水占33.5%。浅层地下水污染点分布情况详见图10.7。

表10.19　浅层地下水污染综合评价结果表

污染程度	环境分区	样品数/个	比例/%	指标
轻度污染	Ⅰ	33	7.7	总硬度⁻、NO_3^-、NO_2^-、Pb
	Ⅱ	1	2.9	总硬度
	Ⅲ	1	1.3	总硬度、SO_4^{2-}、Cl^-、NH_4^+
	Ⅳ	11	18.0	TDS、NO_3^-、CN、SO_4^{2-}、Cl^-、NH_4^+、Pb、NO_2^-、Cr^{6+}
	Ⅴ	8	3.5	总硬度、Pb
	Ⅵ	29	15.6	总硬度、Cr^{6+}、NO_3^-、TDS、CN、NO_2^-、Pb
	全区	83	8.2	总硬度、NO_3^-、NO_2^-、Cr^{6+}、TDS、CN、SO_4^{2-}、NH_4^+、Cl^-
中等污染	Ⅰ	106	24.6	总硬度、NO_3^-、Cd、Pb、TDS、NH_4^+、Cr^{6+}、NO_2^-
	Ⅱ	21	60	总硬度、Cr^{6+}、Pb、SO_4^{2-}、NO_3^-
	Ⅲ	21	26.6	总硬度、NH_4^+、NO_3^-、SO_4^{2-}、Cl^-、TDS
	Ⅳ	10	16.4	NO_3^-、Pb、SO_4^{2-}、NO_2^-、总硬度、TDS、Cd、Cl^-
	Ⅴ	72	31.9	总硬度、Cd、Pb、CN、NO_3^-、SO_4^{2-}、TDS、NO_2、Cr^{6+}
	Ⅵ	53	28.5	总硬度、NO_3^-、Cr^{6+}、SO_4^{2-}、NH_4^+、TDS、Cd、NO_2^-、Cl^-
	全区	283	21.8	总硬度、NO_3^-、Pb、Cr^{6+}、Cd、SO_4^{2-}、NO_2^-、NH_4^+、TDS、Cl^-、CN
较重污染	Ⅰ	184	42.1	总硬度、Cd、挥发性酚、NO_3^-、NH_4^+、Pb、NO_2^-
	Ⅱ	6	17.1	总硬度、SO_4^{2-}、NO_3^-、Pb
	Ⅲ	18	22.8	总硬度、NO_3^-、Cl^-、NO_2^-、SO_4^{2-}、NH_4^+、TDS
	Ⅳ	12	19.6	NO_3^-、SO_4^{2-}、Cl^-、NO_2^-、NH_4^+、挥发性酚、TDS

续表

污染程度	环境分区	样品数/个	比例/%	指标
较重污染	Ⅴ	36	15.9	总硬度、Cd、SO_4^{2-}、TDS、Pb、NO_3^-、NO_2^-
	Ⅵ	41	22.0	总硬度、挥发性酚、NO_3^-、TDS、NO_2^-
	全区	297	29.2	总硬度、NO_3^-、挥发性酚、Cd、SO_4^{2-}、NH_4^+、Cl^-、Pb、NO_2^-、TDS
重度污染	Ⅰ	5	1.2	TDS、NO_2、NO_3^-、Cd、挥发性酚
	Ⅱ	2	5.7	总硬度、NO_3^-、SO_4^{2-}
	Ⅲ	9	11.4	总硬度、NO_2^-、NO_3^-、NH_4^+、TDS、Cl^-、SD_4^{2-}
	Ⅳ	4	6.6	NO_3^-、NO_2^-、NH_4^+、TDS
	Ⅴ	30	13.3	总硬度、SO_4^{2-}、TDS、NO_2^-、Cl^-、Cd、挥发性酚、NO_3^-
	Ⅵ	16	8.6	总硬度、NO_3^-、挥发性酚、TDS
	全区	66	6.5	总硬度、SO_4^{2-}、NO_3^-、NO_2^-、TDS、NH_4^+、Cd、挥发性酚、Cl^-
极重污染	Ⅰ	100	23.2	总硬度、NO_2^-、TDS、Cl^-、NH_4^+、SO_4^{2-}、挥发性酚、Cd、NO_3^-、Pb
	Ⅱ	5	14.3	SO_4^{2-}、NO_3^-、TDS、Cl^-、总硬度
	Ⅲ	30	38.0	NO_2^-、总硬度、Cl^-、TDS、SO_4^{2-}、NH_4^+、挥发性酚、NO_3^-
	Ⅳ	24	39.3	NO_2^-、SO_4^{2-}、NO_3^-、TDS、NH_4^+、Cl^-、总硬度
	Ⅴ	78	34.5	总硬度、NO_2^-、TDS、SO_4^{2-}、Cl^-、NO_3^-、NH_4^+、挥发性酚、Cd
	Ⅵ	35	18.8	总硬度、NO_2^-、Cl^-、TDS、NH_4^+、SO_4^{2-}、NO_3^-、挥发性酚、Pb、Cr^{6+}
	全区	272	26.7	总硬度、NO_2^-、TDS、Cl^-、SO_4^{2-}、NH_4^+、NO_3^-、挥发性酚、Cd、Pb、Cr^{6+}

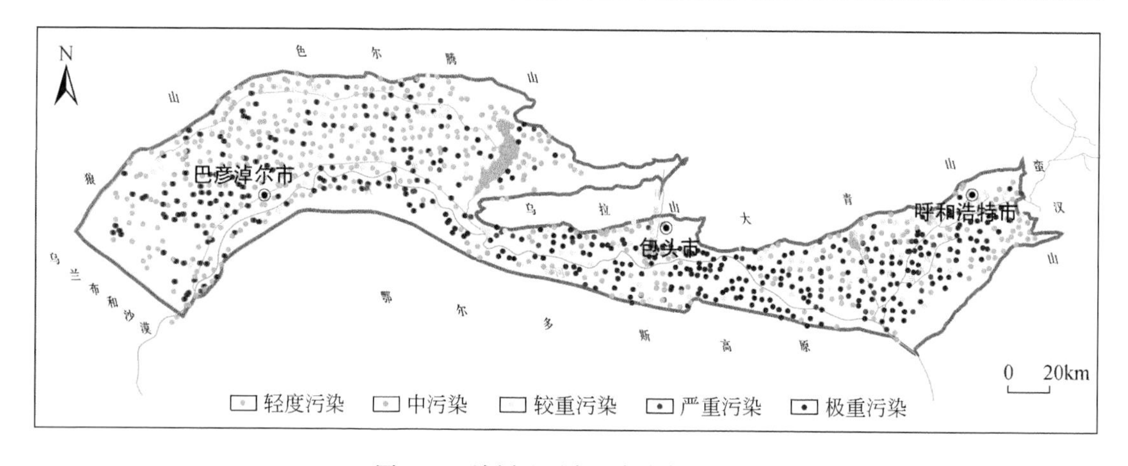

图 10.7　浅层地下水污染分布示意图

未污染样品仅有 17 个，主要分布于后套平原磴口县和黄河南岸平原准格尔旗等地。

轻度污染样品 83 个，零星分布于后套平原沙海镇、乌梁素太乡，呼包平原东部山前冲洪积平原及黄河南岸达拉特旗、杭锦旗等地。主要污染因子九项，包括总硬度、NO_3^-、NO_2^-、Cr^{6+}、TDS、CN、SO_4^{2-}、NH_4^+、Cl^-。

中等–较重污染水样点580个，占全区样品的57%。在后套平原永济灌域、义长灌域等区域，污染因子包括总硬度、NO_3^-、Cd、Pb、TDS、NH_4^+及挥发性酚。佘太盆地中等–较重污染最为普遍，占该区样品总数的77.1%，污染因子为总硬度、SO_4^{2-}、NO_3^-、Pb和Cr^{6+}。三湖河平原中等–较重污染水主要分布于山前冲洪积平原，中等污染的因子为总硬度、NH_4^+、NO_3^-、SO_4^{2-}、Cl^-、TDS；较重污染因子为总硬度、NO_3^-、Cl^-、NO_2^-、SO_4^{2-}、TDS和NH_4^+。呼包平原冲湖积平原中等–较重污染主要分布在白庙子镇以东和塔布赛乡以北，污染因子为总硬度、Cd、Pb、CN、SO_4^{2-}、NO_3^-、TDS、NO_2^-、Cr^{6+}。在黄河南岸平原中等–较重污染点集中分布于准格尔旗和杭锦旗东部黄河沿岸，主要污染因子为总硬度、挥发性酚、NO_3^-、Cr^{6+}。

重度污染和极重污染样品点在全区广泛分布。在后套平原有两条东西向条带状分布带，一条位于后套平原北部，沿总排干渠两侧分由；另一条沿黄河两岸分布，其主要污染因子为总硬度、NO_2^-、TDS、Cl^-、NH_4^+、SO_4^{2-}、挥发性酚、Cd、NO_3^-、Pb。在三湖河平原主要分布于冲湖积平原，主要污染因子包括NO_2^-、总硬度、Cl^-、TDS、SO_4^{2-}、NH_4^+、挥发性酚和NO_3^-。在呼包平原主要分布于白庙子镇—沙尔营乡—巧尔什营乡一线以西的冲湖积平原，主要污染因子包括总硬度、NO_2^-、TDS、SO_4^{2-}、Cl^-、NO_3^-、NH_4^+、挥发性酚、Cd。在黄河南岸平原主要分布于黄河冲湖积平原区的杭锦旗和达拉特旗一带，污染因子包括总硬度、NO_2^-、Cl^-、TDS、NH_4^+、SO_4^{2-}、NO_3^-、挥发性酚、Pb、Cr^{6+}。

四、地下水污染成因

（一）“三氮”（NO_3^--N、NO_2^--N、NH_4^+-N）污染

地下水中氮主要以NO_3^--N、NO_2^--N、NH_4^+-N、溶于水的气态氮（如N_2、N_2O）和有机氮的形态存在。各种形态的氮在一定条件下可相互转化。有机氮矿化过程产生NH_4^+-N，NH_4^+-N通过自养型微生物氧化为NO_3^--N，NO_3^--N通过微生物还原为气态氮（N_2、N_2O），还原过程中有一系列的中间产物，如NO_2^-、NO、N_2O和N_2等（沈照理等，1993）。地下水的氮污染主要以NO_3^--N的污染最为普遍，硝酸盐污染是世界上污染面积最大的地下水污染。工作区NO_3^--N含量变化很大，从0到342mg/L，48.8%的样品受到不同程度的污染。

人类活动是地下水中氮的主要来源，如施用化肥、农家肥和污水灌溉是农业地区地下水氮污染的重要来源，城市化的结果导致了城镇周边地下水氮污染。

1. 化肥和农家肥施用

呼和浩特市东北部山前冲洪积平原区、包头东河区沙尔沁镇高硝酸盐含量地下水呈面状分布于农业区，大量的农药、化肥及农家肥的施用为地下水提供了丰富的氮源。同时，这些区域位于山前冲洪积平原区，含水层岩性以砂砾、粗砂为主，含溶解氧高，导水性极强，具备了富含硝酸盐的环境条件。

2. 城镇化

随着城镇化的快速发展，城镇人口的增加，生活垃圾和生活污水产生量不断上升，以呼和浩特市为例，2007 年、2008 年、2009 年排放生活污水量分别为 8439.6 万 t、8985 万 t 和 10080 万 t，排放生活垃圾量分别为 39.9 万 t、40.9 万 t 和 53.1 万 t。“三废”排放量的增加为城镇周边地下水提供了丰富的氮源，在呼和浩特市城区西南部、大黑河南岸金河镇、托克托镇、包头市区南部、土默特右旗等人口密集区周边出现高氮地下水。

3. 地质因素

河套平原长期以湖相为主的古地理环境和封闭的构造条件，使得地下水以还原环境为主，为反硝化作用及同化性硝酸盐还原作用提供了有利的环境条件。后套平原黄河冲湖积平原的北部和呼包东部大黑河冲湖积平原的中部是“三氮”污染较为严重的地区，这两个区域是各自地下水系统的中心排泄带，地下水流动缓慢，且处于较强的还原环境中，相对于径流条件较好的地区，地下水中含有较多的 NO_2^- 和 NH_4^+。

（二）微量元素污染（Cd、Cr、Pb、CN、挥发性酚）

地下水中 Cd、Cr、Pb 等重金属污染的成因主要由于采矿、化石燃料燃烧、废气排放、农药化肥的施用和污水灌溉等人为因素所致（任加国和武倩倩，2010）。氰化物来自于工厂的废水、废气排放。挥发性酚主要来自炼焦、炼油、制取煤气、制造酚及其化合物和用酚作原料的工业排放的含酚废水和废气等，不经处理的含酚废水如通过明渠进行灌溉，酚便会挥发进入大气或渗入地下，污染大气、地下水和农作物。

1. 工业“三废”的排放

工业生产及化石燃料燃烧产生的废水、废气和废弃固体中含有大量的有毒有害物质，其中就包括 Cd、Cr、Pb 等重金属，以及氰化物和挥发性酚。废水、废气的随意排放和废弃固体的随意堆放会导致这些污染物进入环境中。化石燃料燃烧时会产生大量的 Pb，随着废气进入大气后又由于降雨等因素的影响进入土壤、水体中。区内氰化物及挥发性酚污染较重的点多分布在呼和浩特市、巴彦淖尔市、土默特左旗等城镇的周边，这些地区也是重金属污染较为严重的区域。

2. 化肥、农药的施用

后套平原黄河冲湖积平原 Pb 和 Cd 的超标点较多，这与农业施用含有铅、汞、镉、砷等的农药和化肥有关。一般磷肥和氮肥中含有较多的重金属铅、砷、镉。农用塑料薄膜生产应用的热稳定剂中也含有镉、铅，在大量使用塑料大棚和地膜过程中都会造成土壤重金属的污染。

3. 污水灌溉

污水灌溉也是区内重金属污染的主要原因之一。据统计，仅呼和浩特市托克托县和土默特左旗的15个乡90个村便分布有总面积约660km^{2}的污灌区。污水来自呼和浩特市区产生的工业、生活废水，许多地区大量未经处理的工业污水直接通过排污渠排入水体中，其中含有的许多重金属离子随着污水灌溉而进入土壤。

第十一章　生态环境地质评价

第一节　土地利用现状及变化因素分析

本次河套平原区域生态环境地质调查以盐碱质荒漠化土地和砂砾质荒漠化土地，即土地沙漠化和盐渍化为对象，利用遥感解译和野外调查的方法，确定土壤盐渍化、土地沙漠化分布现状及历史演变，分析气候、地下水、包气带岩性，以及人类活动等与土壤盐渍化、土地沙漠化等环境地质问题之间的关系，研究土壤盐渍化、土地沙漠化环境地质问题产生的原因。

一、土地利用分类及研究方法

河套平原砂砾质荒漠化土地类型包括沙漠、砂砾石裸地和不同程度的沙漠化，盐碱质荒漠化土地主要为次生盐渍化，不存在盐漠的类型，只有不同程度的盐渍化。研究区内的荒漠化类别见图 11. 1。

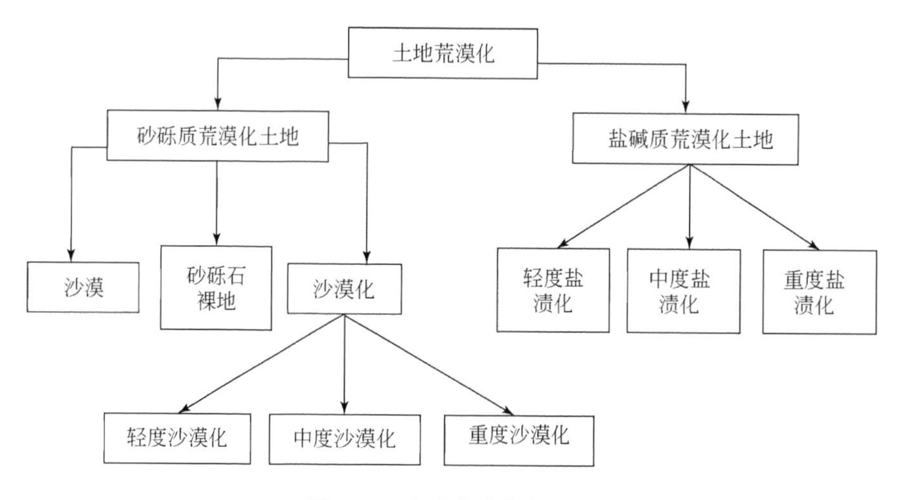

图 11. 1　土地荒漠化类型图

（一）土地荒漠化分级标准

在划分盐碱质荒漠化程度的级别时，参照了《联合国关于在发生严重干旱和荒漠化的国家特别是在非洲防治荒漠化的公约（CCD）》中土地盐渍化类型的划分方案。结合应用遥感技术对盐渍化监测的可行性，按盐渍化土地占该地面积百分比，并参考表层土壤含盐量及其地貌景观特征，将盐渍化程度划分为轻度、中度、重度盐渍化土地三个级别（表 11. 1）。

表 11.1　土地盐渍化分级地表特征表

类别	地表特征
轻度盐渍化	地表有一定面积的植被生长，有的地段可生长较大面积的乔灌木林、耕地和草地中可见小块盐斑裸地
中度盐渍化	地表有少量植被生长，草地已被耐盐植物代替
重度盐渍化	地表无植被或局部有少量红柳、碱葱等分布

利用遥感影像划分砂砾质荒漠化土地时，沙漠的分级标准是土质较细、沙丘分布频繁、沙丘高大、植被稀少且面积巨大，与主体沙漠相连。砂砾石裸地则是山前的较粗颗粒的沙化土地，植被稀少（何绍芬，1997）。在沙漠化程度分级时，参照了《区域环境地质总则》（DD 2004—02）和《联合国关于发生严重干旱和荒漠化的国家特别是在非洲防治荒漠化的公约（CCD）》对沙漠化类型的划分方案。结合应用遥感技术对沙漠化监测的可行性，将沙漠化程度按风积、风蚀地表形态占该地面积百分比、植被覆盖度及其综合地貌景观特征划分为轻度、中度、重度三个级别（表 11.2）。

表 11.2　土地沙漠化分级地表特征表

类别	地表特征
轻度沙漠化	风沙活动较明显，原生地表已开始被破坏，出现片状、点状沙地，主要为固定的灌丛沙堆；原生植被有所退化，与沙生植被混杂分布，农田适耕地下降
中度沙漠化	风沙活动频繁，原生地表破坏较大，半固定沙丘与滩地相间分布，丘间和滩地一般较开阔，多为灌草；耕地中有明显的风蚀洼地、残丘，地表植被稀少
重度沙漠化	风沙活动强烈，密集的流动沙丘和风蚀地表，沙生植被稀少或基本没有植被生长

（二）数据来源

1. 遥感数据

国内外大量的航天遥感数据应用成果表明，陆地卫星 MSS 数据和 ETM 数据在土地荒漠化的调查方面具有良好的实用性（Rao et al.，1991；王文生等，1994；关元秀和刘高焕，2001；刘沙滨等，2001；Samet，2005）。本书采用了五期 Landsat MSS、Landsat TM 与 Landsat ETM 数据为主要信息源。最近一期为 2009 年春季图像，1976 年、1990 年、2000 年及 2007 年四期图像为夏季图像。具体遥感数据使用情况见表 11.3。

2. 辅助数据

盐渍化和沙漠化的遥感监测研究是一项涉及自然环境科学、生态学、地学和测绘学等多学科领域知识的复杂工作（张恒云和尚淑招，1992；庞治国等，2000；刘志丽等，2003；邢永建，2007），为成功地对河套平原研究区盐渍化和荒漠化演变规律及成因进行细致的分析，本书还采用了多种基础数据，主要有行政区划图、地下水水位埋深等值线图、地下水矿化度等值线图、包气带岩性结构图、等高线图，野外调查成果，气象、水文监测站生态监测数据等。这些数据将用于随后的信息提取和动态变化研究。

表 11.3　遥感数据使用情况一览表

时间	数据类型	分辨率/m	景号	成像时间
现代（2009 年春季）	Landsat TM	30	126/32	2009-04-04
			127/31	2009-04-27
			128/31	2009-03-17
			129/31	2009-03-24
近期（2005～2007 年夏季）	Landsat TM	30	126/32	2007-06-15
			127/32	2007-09-10
			128/32	2007-09-20
			129/32	2005-09-21
			129/31	2005-09-21
中期 1（1999～2001 年夏季）	Landsat ETM	15	126/32	2002-07-14
			127/32	2000-06-13
			128/32	2000-09-08
			129/31	2000-07-13
			129/32	2000-06-11
中期 2（1987～1991 年夏季）	Landsat TM	30	126/32	1987-9-15
			127/32	1990-8-13
			128/31	1991-8-7
			128/32	1991-8-7
			129/31	1989-8-24
			129/32	1989-8-24
早期（1975～1979 年夏季）	Landsat MSS	80	136/32	1976-6-26
			137/31	1975-9-13
			137/32	1979-9-1
			138/31	1973-12-14
			138/32	1977-8-16
			139/31	1979-10-9
			139/32	1977-9-22

（三）遥感数据预处理

数据处理软件有遥感软件 ERDAS IMAGINE 9.1，以及 GIS 制图、分析软件 MapGIS 6.7、ArcGIS 9.2。

数据处理即解译前对研究区所有的地形图、卫片进行的一系列基础工作，包括扫描地形图、校正地形图、卫片的校正等。通过这些基础工作，能将所有的地图及影像投影到统一的坐标系统下，为后期影像解译及分析奠定基础。

ERDAS 软件用于卫星影像几何纠正、融合、裁切、图像增强等，最终生成研究区影像用于人机交互解译土地利用类型；MapGIS 软件用于土地利用类型解译工作，完成人机交互解译；应用 ArcGIS 软件将矢量的土地利用类型进行合并，河套平原土地利用类型最后合并为基岩、中小型城镇、水体、沼泽、沙漠、砂砾石裸地、轻度沙化、中度沙化、重度沙化、轻度盐渍化、中度盐渍化和重度盐渍化及其他等 13 种类别，并转换为栅格数据。

（四）遥感信息提取

考虑到土地荒漠化与多种因素相关（霍东民等，2001；姜放和张国勇，2002；吕子君，2005），如水体与沼泽的变迁及人口的增长。因此，除对土地荒漠化各级因子进行遥感解译外，还对更多的土地利用类别因子，包括水体、沼泽、居民用地、林草地等进行了解译。

1. 土地利用类型遥感解译标志

建立遥感解译野外标志时，分别区分春季与夏季的影像解译标志（骆玉霞和陈焕伟，2002；刘纪远张增洋，2005）。其中夏季主要利用2007年的Landsat TM 741波段组合，同时利用了432波段组合。由于河套平原东西跨度较大，而且影像的成像时间并不完全一致，如2007年影像临河区的成像时间为9月，而呼和浩特幅影像成像时间则为6月，因此，同样的地类在影像上的表现并不完全相同。春季影像的解译标志采用的是2009年春季Landsat TM图像，波段组合以741为主。根据春夏两次野外调查，对于已发生土壤盐渍化的区域，大部分地表都会呈现出白色或者浅灰色，地表湿度较大时呈现蓝紫色，有较多的耐盐植被时呈现出暗红色。沙漠化则是影像上纹理细腻而且色彩偏浅黄或者偏粉。通过2009年8月和2010年4月两次野外环境地质调查，建立的野外解译标志如图11.2、图11.3所示。

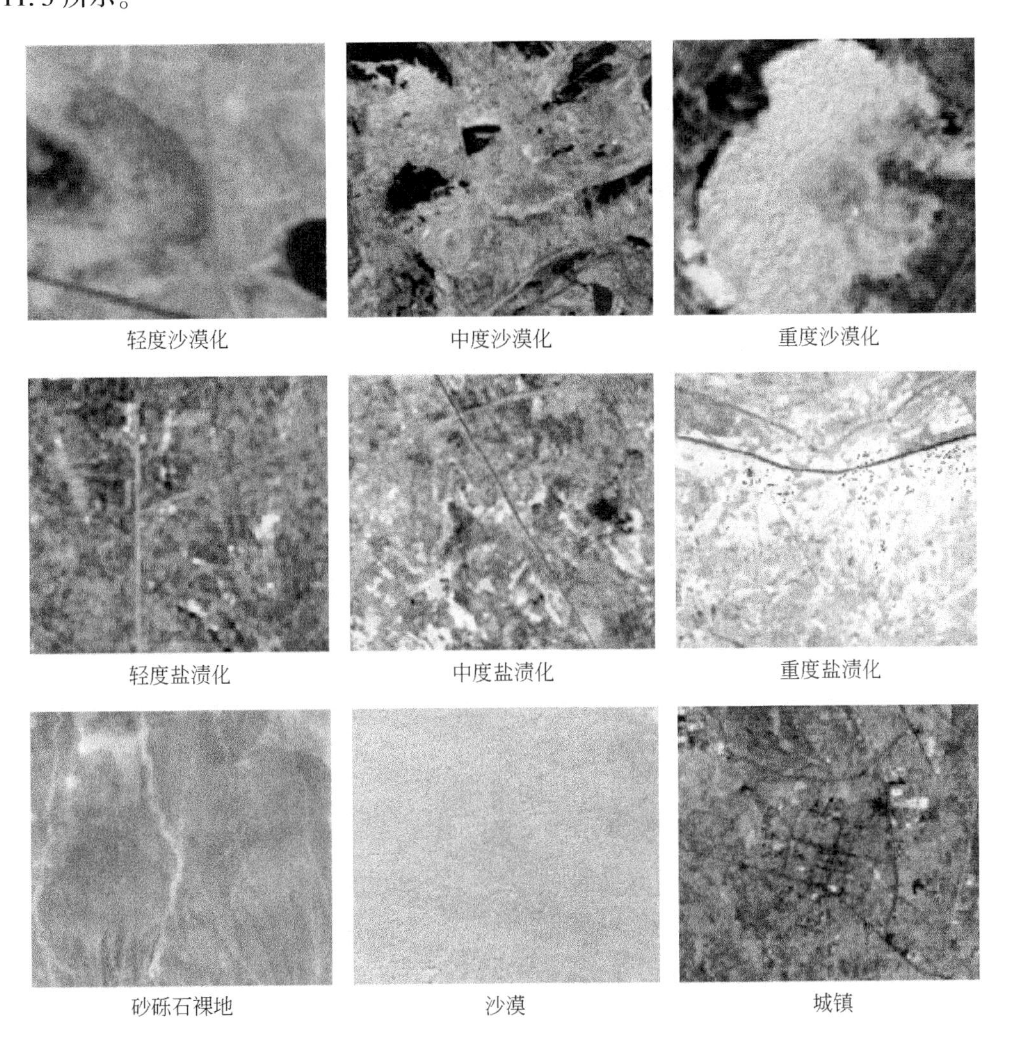

图11.2　春季图像地类解译标志

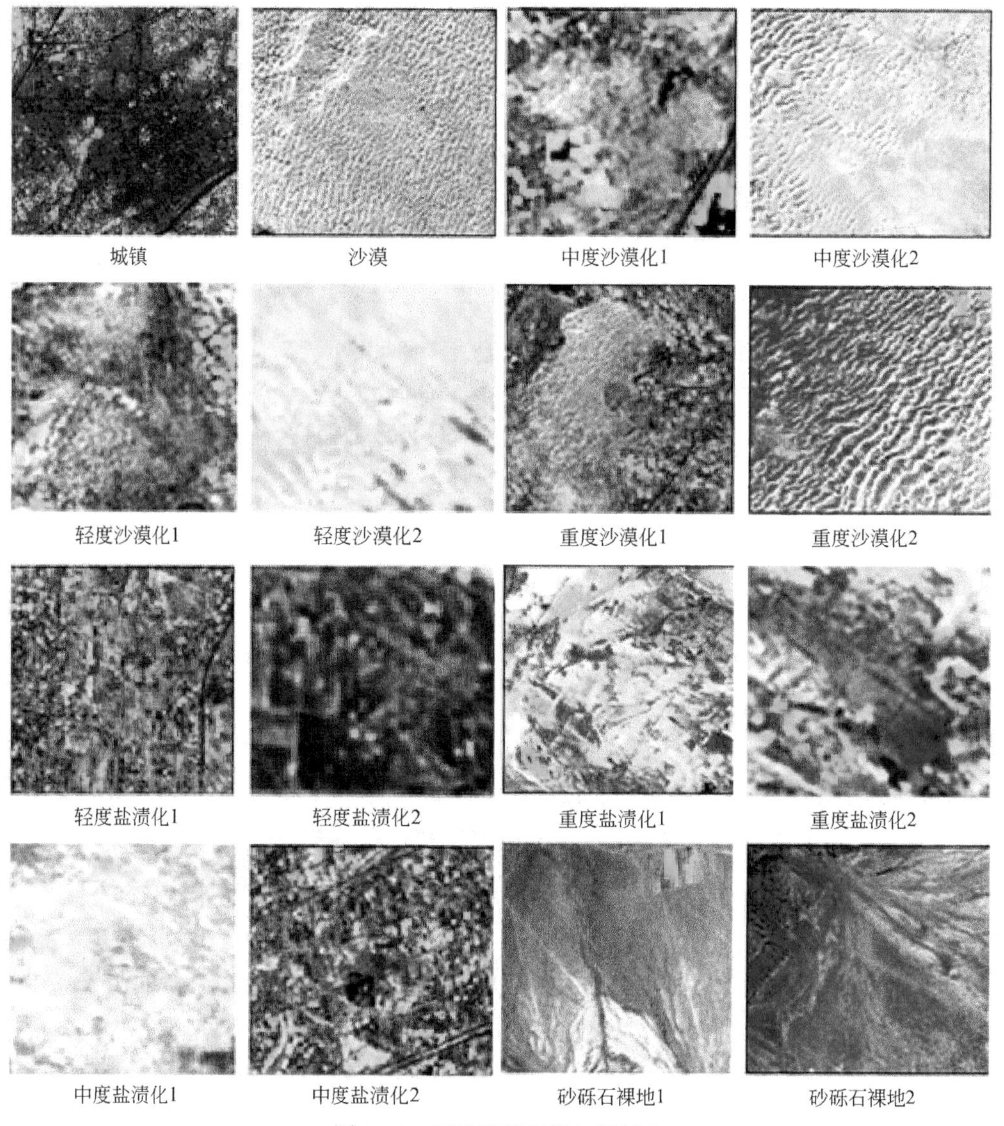

图 11.3　夏季图像地类解译标志

2. 土地利用类型遥感解译结果

根据以上建立的土地利用类型解译标志，首先运用 ERDAS IMAGINE 软件对卫星影像进行几何纠正，之后进行融合、裁切、图像增强等，最后通过图像转换导入 MapGIS 软件完成图斑的提取工作。Landsat TM 影像解译时以 741 波段组合为主，以 432 波段组合为辅，Landsat MSS 影像解译时以 432 波段组合为主，321 波段组合为辅，并对过小的图斑进行适当的取舍。最后在 ArcGIS 软件中，将矢量的土地利用类型进行合并，最终将河套平原合并为基岩、居民用地、水体、沼泽、其他（耕草地村落等）、沙漠、砂砾石裸地、轻度沙化、中度沙化、重度沙化、轻度盐渍化、中度盐渍化和重度盐渍化 13 种土地类型。1976 年、1990 年、2000 年和 2007 年土地利用类型解译结果如图 11.4～图 11.7 所示。

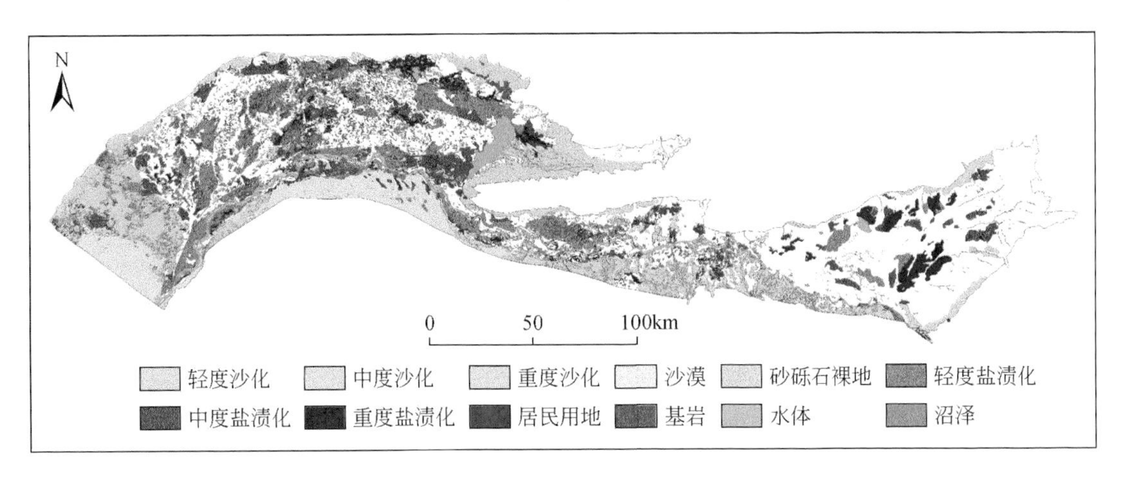

图 11.4　土地利用类型遥感解译图（1976 年）

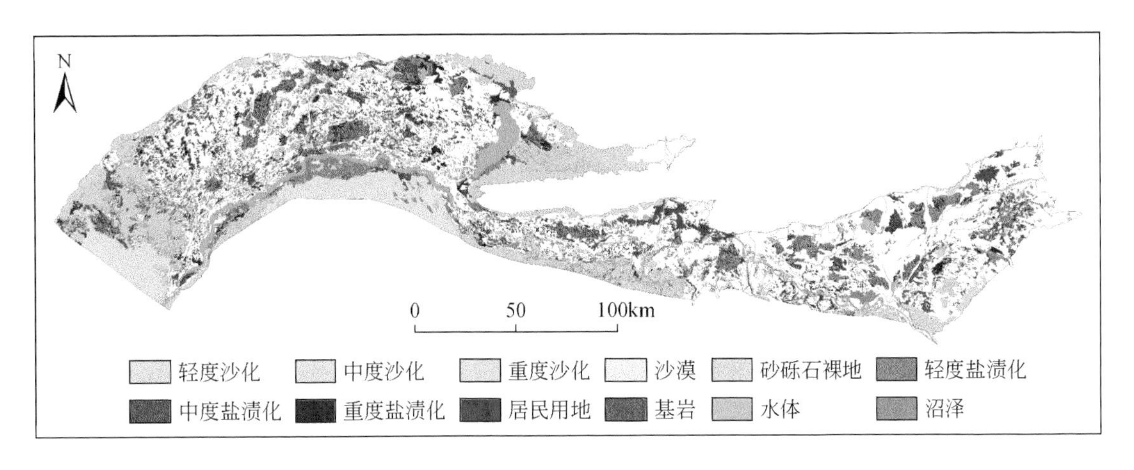

图 11.5　土地利用类型遥感解译图（1990 年）

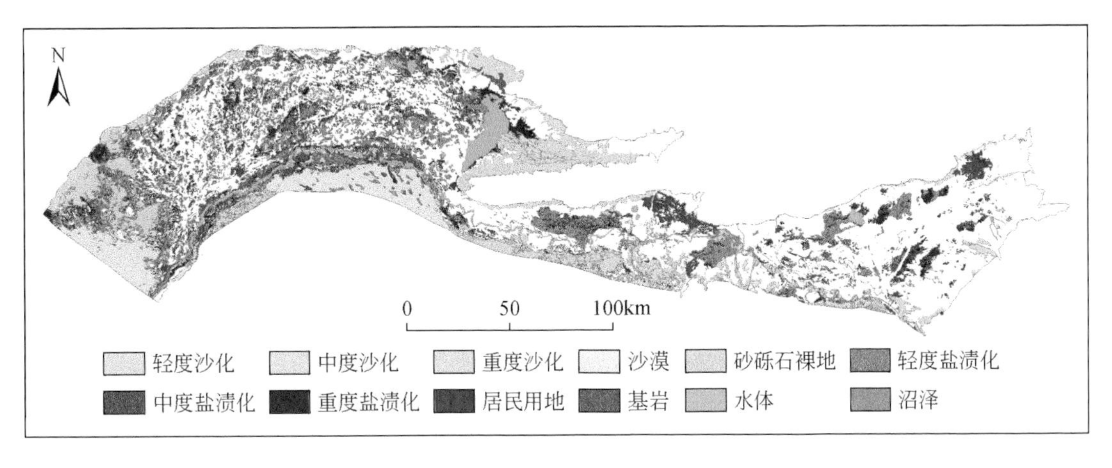

图 11.6　土地利用类型遥感解译图（2000 年）

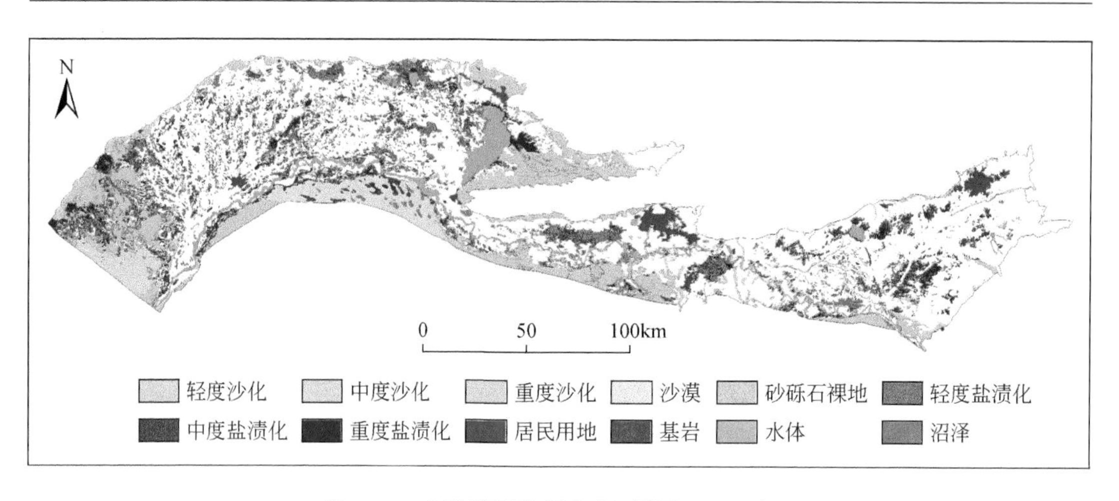

图 11.7　土地利用类型遥感解译图（2007 年）

二、土地利用现状分析

根据 1976 年、1990 年、2000 年和 2007 年四个年份的土地利用类型解译图及属性数据，获得了河套平原不同年份的沙漠化和盐渍化土地的分布变化状况（表 11.4）。

表 11.4　土地利用类型面积统计表

土地类型	1976 年		1990 年		2000 年		2007 年	
	面积/km^2	占总面积比例/%	面积/km^2	占总面积比例/%	面积/km^2	占总面积比例/%	面积/km^2	占总面积比例/%
居民用地	176.99	0.62	371.41	1.29	472.00	1.64	497.55	1.73
水体	1481.13	5.16	1445.95	5.03	1191.67	4.15	1292.14	4.50
沼泽	117.39	0.41	99.99	0.35	117.22	0.41	166.05	0.58
其他	12388.66	43.12	14062.91	48.95	14331.74	49.95	16715.82	58.18
砂砾石裸地	1881.65	6.55	1602.14	5.58	1422.62	4.96	1435.70	5.00
沙漠	1924.49	6.70	1728.52	6.02	1603.18	5.59	1404.19	4.89
轻度沙化	1210.17	4.21	1257.12	4.38	1425.83	4.97	1350.21	4.70
中度沙化	1106.20	3.85	1086.50	3.78	916.17	3.19	827.24	2.88
重度沙化	1811.45	6.31	1355.74	4.72	1395.62	4.86	979.93	3.41
轻度盐渍化	2821.28	9.82	2830.26	9.85	2937.79	10.24	1928.24	6.71
中度盐渍化	2321.30	8.08	1443.47	5.02	1345.43	4.69	619.15	2.16
重度盐渍化	1419.77	4.94	1393.25	4.85	1478.16	5.15	1456.45	5.07

（一）1976 年土地沙漠化和盐渍化状况

1976 年，河套平原荒漠化土地面积为 14496.32km^2，占总土地面积的 50.46%。其中，砂砾质土地荒漠化面积为 7933.96km^2，占总土地面积的 27.62%；盐碱质土地荒漠化面积为 6562.35km^2，占总面积的 22.84%。总的来看，轻度盐渍化土地面积最大，面积为 2821.28km^2，占总土地面积的 9.82%；其次是中度盐渍化土地，面积为 2321.30km^2，占总土地面积的 8.08%；再次是沙漠和砂砾石裸地，面积分别为 1924.49km^2 和 1811.65km^2，分别占总土地面积的 6.70% 和 6.55%；面积最少的是中度沙化土地，面积是 1106.20km^2，占总土地面积的 3.85%。

（二）1990 年土地沙漠化和盐渍化状况

1990 年，河套平原荒漠化土地面积为 12697.00km^2，占总土地面积的 44.20%。其中，砂砾质土地荒漠化面积为 7030.03km^2，占总土地面积的 24.47%；盐碱质土地荒漠化面积为 5666.98km^2，占总面积的 19.73%。总的来看，轻度盐渍化土地面积最大，面积为 2830.26km^2，占总土地面积的 9.85%；其次是沙漠，面积为 1728.52km^2，占总土地面积的 6.02%；再次是砂砾石裸地和中度盐渍化土地，面积分别为 1602.14km^2 和 1443.47km^2，分别占总土地面积的 5.58% 和 5.02%；面积最少的是中度沙化土地，面积是 1086.50km^2，占总土地面积的 3.78%。

（三）2000 年土地沙漠化和盐渍化状况

2000 年，河套平原荒漠化土地总面积是 12524.81km^2，占总土地面积的 43.65%；其中，砂砾质土地荒漠化面积为 6763.42km^2，占总土地面积的 23.57%；盐碱质土地荒漠化面积为 5761.39km^2，占总面积的 20.08%。总的来看，轻度盐渍化土地面积最大，为 2937.79km^2，占总土地面积的 10.24%；其次是沙漠，面积为 1603.18km^2，占总土地面积的 5.59%；再次是重度盐渍化，面积是 1478.16km^2，占总土地面积的 5.15%；其余的，轻度沙化、砂砾石裸地、重度沙化、中度盐渍化和中度沙化土地面积依次减小，分别占总土地面积的 4.97%、4.96%、4.86%、4.69% 和 3.19%。

（四）2007 年土地沙漠化和盐渍化状况

据河套平原 2007 年荒漠化土地遥感监测的结果显示，河套平原 2007 年荒漠化土地总面积为 10001.12km^2，占总土地面积的 34.81%；其中，砂砾质土地荒漠化面积为 5997.28km^2，占总土地面积的 20.87%；盐碱质土地荒漠化面积为 4003.85km^2，占总面积的 13.94%。总的来说，轻度盐渍化土地面积最大，为 1928.24km^2，占总土地面积的 6.71%；其次是重度盐渍化土地，面积为 1456.45km^2，占总土地面积的 5.07%；再次是砂砾石裸地，面积是 1435.70km^2，占总土地面积的 5.00%；其余的，沙漠、轻度沙化、重度沙化、中度沙化和中度盐渍化土地面积依次减小，分别占总土地面积的 4.89%、4.70%、3.41%、2.88% 和 2.16%。

第二节　土地盐渍化现状及发展趋势评价

一、盐渍化土地现状分析

根据河套平原盐渍化土地的面积统计数据（表 11.5），1976 年，河套平原盐碱质土地荒漠化面积为 6562.35km²，占总面积的 22.84%。其中，轻度盐渍化土地面积最大，面积为 2821.28km²，占总土地面积的 9.82%；其次是中度盐渍化土地，面积为 2321.30km²，占总土地面积的 8.08%；再次是重度盐渍化土地，面积分别为 1419.77km²，占总土地面积的 4.94%。

表 11.5　盐渍化土地面积统计表

土地类型	1976 年		1990 年		2000 年		2007 年	
	面积/km²	占总面积比例/%	面积/km²	占总面积比例/%	面积/km²	占总面积比例/%	面积/km²	占总面积比例/%
轻度盐渍化	2821.28	9.82	2830.26	9.85	2937.79	10.24	1928.24	6.71
中度盐渍化	2321.30	8.08	1443.47	5.02	1345.43	4.69	619.15	2.16
重度盐渍化	1419.77	4.94	1393.25	4.85	1478.16	5.15	1456.45	5.07

1990 年，河套平原盐碱质土地荒漠化面积为 5666.98km²，占总面积的 19.72%。其中，轻度盐渍化土地面积最大，面积为 2830.26km²，占总土地面积的 9.85%；中度盐渍化和重度盐渍化土地面积分别为 1443.47km² 和 1393.25km²，分别占总土地面积的 5.02% 和 4.85%。

2000 年，河套平原盐碱质土地荒漠化面积为 5761.38km²，占总面积的 20.08%。轻度盐渍化、中度盐渍化和重度盐渍化土地面积分别为 2937.79km²、1345.43km² 和 1478.16km²，分别占总土地面积的 10.24%、4.69% 和 5.15%。

2007 年，河套平原盐碱质土地荒漠化面积为 4003.84km²，占总面积的 13.94%。轻度盐渍化、中度盐渍化和重度盐渍化土地面积分别为 1928.24km²、619.15km² 和 1456.45km²，分别占总土地面积的 6.71%、2.16% 和 5.07%。

二、盐渍化土地变化分析

（一）盐渍化土地的发展速率

土地盐渍化发展速率为研究阶段末期盐渍化土地面积减去始期盐渍化土地面积，然后除以初始面积（郭振华，2006）。表 11.6 为计算所得的不同时期土地荒漠化发展速率，正值表示盐渍化土地面积在增加，负值表示盐渍化土地面积在减少。

在研究期30年间，重度盐渍化土地面积的年发展速率为正，面积是增加的，轻度盐渍化和中度盐渍化土地面积的年发展速率为负，面积是减少的，但不同程度盐渍化土地在不同研究时段发展速率有所不同。轻度盐渍化土地面积变化是先增加后减少，前24年发展趋势是增加的，后7年发展趋势是减少的，2000～2007年的发展速率是-5.73%，面积减少速度较快；中度盐渍化土地面积一直处于减少状态，特别是在2000～2007年，面积减少较快，发展速率为-9.00%；重度盐渍化土地面积仅在1990～2000年有所增加，1976～1990年和2000～2007年面积减少，1990～2000年的发展速率是0.61%，1976～1990年和2000～2007年的发展速率分别是-0.13%和-0.24%。

表11.6　不同时期土地荒漠化发展速率（%）一览表

时期	轻度盐渍化	中度盐渍化	重度盐渍化	盐碱质荒漠化土地合计
1976～1990年	0.02	-2.70	-0.13	-0.97
1990～2000年	0.38	-0.68	0.61	0.17
2000～2007年	-5.73	-9.00	-0.24	-5.08
1976～2007年	-1.06	-2.44	0.09	-1.30

（二）变化趋势分析

根据上述的各阶段盐渍化现状分析，总体上河套平原的土地盐渍化条件得到了改善。盐渍化土地面积明显减少，减少的总面积达2558.5km²，年平均降低率为1.33%。其占有的总土地面积比例由22.84%降低到13.71%。尽管重度盐渍化土地面积变化不明显，但中度盐渍化土地面积减少1765.05km²，轻度盐渍化土地面积减少863.47km²（图11.8），如塔尔湖镇北侧的总排干两侧（图11.9），1978～1990年的盐渍化非常严重，20世纪90年代早期及中期实施了盐碱地改良措施，包括使用机井排水，就近取沙与含盐土地混合等方法，取得了较好的效果，2007年图像显示，盐渍化面积大大减小，或者程度减弱。包头南部的盐渍化状况好转，一方面是由于包头市城区的发展，另一方面是采取了利用地下水、降低地下水水位的措施，使包头市区南部成为大型蔬菜产业区（图11.10）。

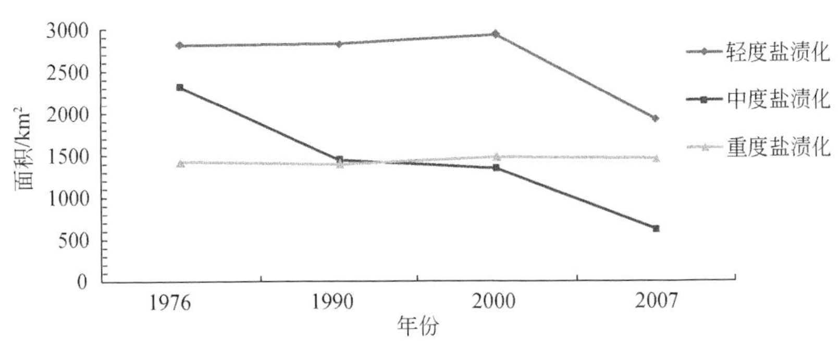

图11.8　盐渍化土地演变趋势图

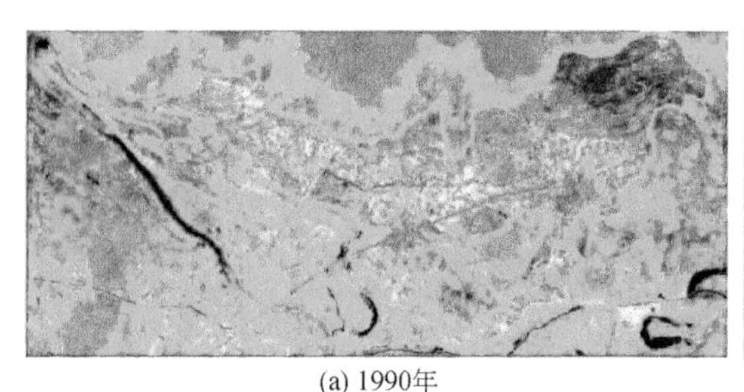
(a) 1990年

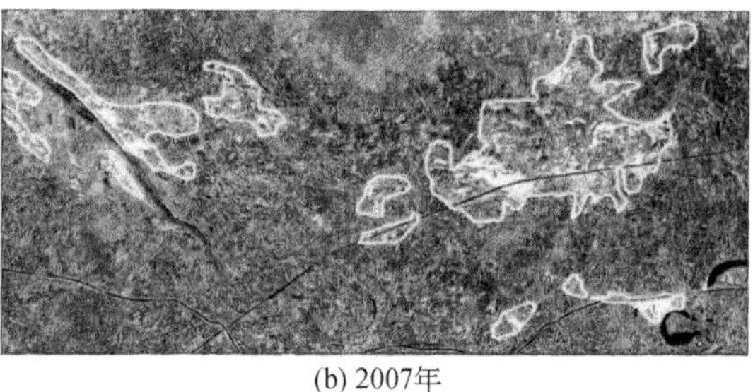
(b) 2007年

图 11.9　塔尔湖北侧地区盐渍土分布图

(a) 1978年

(b) 2007年

图 11.10　包头南部盐渍土分布变化图

三、盐渍化土地转移

利用空间叠加法将 1976 ~ 1990 年、1990 ~ 2000 年、2000 ~ 2007 年土地类型栅格图叠加，获得三期的盐渍化土地相互转换的具体动态数据，用转移矩阵表示，转移矩阵能够较清楚地表示河套平原在各研究时段内各类型盐渍化土地的空间变化过程、变化强度和变化方向等（佟喜梅，2008）。

（一）盐渍化土地转移矩阵分析

建立四个年份三个时段不同程度盐渍化土地的转移矩阵。矩阵元素表示某一种盐渍化土地转移成另一种盐渍化土地的面积比例，矩阵对角线数值代表各研究时段不同类型不同程度盐渍化土地的继承面积比例。

表 11.7 是 1976 ~ 1990 年的盐碱质荒漠化土地类型转移矩阵，其中沼泽的转移率最大，因为气候干旱化等原因使沼泽面积减少，同时其他（耕草地村落等）和盐碱质荒漠化土地面积扩大，其中以其他和中度盐渍化为主，转移率分别是 41.98% 和 14.65%；其次是中度盐渍化的转移，主要转移到其他（耕草地村落等）土地，转移率为 50.95%，转移到轻度盐渍化的为 19.85%，重度盐渍化的为 10.35%。轻度盐渍化土地主要转移到了其他（耕草地村落等）土地，转移率为 61.09%，其次转移到了重度盐渍化和中度盐渍化土

地，转移率分别为7.17%和6.65%。重度盐渍化土地转移到其他（耕草地村落等）土地的为27.41%，轻度盐渍化和中度盐渍化土地的为22.25%和18.49%，少量转移到砂砾质荒漠化土地和水体。水体因为气候干旱化等原因导致面积减少，同时形成草地、砂砾质荒漠化土地和盐碱质荒漠化土地，其中，转移到其他（耕草地村落等）土地的转移率最大，为29.83%，转移到轻度盐渍化、中度盐渍化和重度盐渍化土地的分别为6.58%、3.83%和3.66%。其他（耕草地村落等）土地主要转移为荒漠化土地，其中轻度盐渍化、中度盐渍化和重度盐渍化土地的转移率分别是9.27%、3.87%和3.42%。1976～1990年，盐渍化土地总体变化特点是水体和沼泽有一部分变为其他（耕草地村落等）土地和盐渍化土地，盐渍化土地也以逆转为主，其他（耕草地村落等）土地变为盐渍化土地的比例较大。

表11.7　1976～1990年盐碱质荒漠化土地类型转移矩阵　（%）

		1990年					
		水体	沼泽	其他	轻度盐渍化	中度盐渍化	重度盐渍化
1976年	水体	46.09	0.34	29.83	6.58	3.83	3.66
	沼泽	5.69	3.03	41.98	10.06	14.65	4.53
	其他	2.55	0.55	73.49	9.27	3.87	3.42
	轻度盐渍化	4.13	0.43	61.09	18.49	6.65	7.17
	中度盐渍化	3.07	0.07	50.95	19.85	10.92	10.35
	重度盐渍化	2.91	0.09	27.41	22.25	18.49	22.42

表11.8是河套平原1990～2000年盐碱质荒漠化土地类型转移矩阵，其中沼泽的转移率最大，因为气候干旱化等原因造成沼泽面积减少，同时其他（耕草地村落等）和盐碱质荒漠化土地面积扩大，其中以其他（耕草地村落等）、轻度盐渍化和中度盐渍化为主，转移率分别是66.41%、11.33%和7.58%。其次是中度盐渍化的转移，主要转移到其他（耕草地村落等）土地，转移率为33.62%，转移到重度盐渍化的为19.55%，轻度盐渍化的为18.07%，有少量转移为沙化土地。轻度盐渍化土地主要转移到了其他（耕草地村落等）土地，转移率为50.80%，其次转移到了重度盐渍化和中度盐渍化，转移率分别为9.98%和8.45%。重度盐渍化土地转移到其他（耕草地村落等）土地的为30.73%，轻度盐渍化和中度盐渍化土地的为18.14%和11.64%。水体因为气候干旱化等原因导致面积减少，同时形成草地、砂砾质荒漠化土地和盐碱质荒漠化土地，其中，转移到其他（耕草地村落等）土地的转移率最大，为16.55%，转移到中度盐渍化、轻度盐渍化和重度盐渍化土地的分别为7.87%、4.78%和4.10%。其他（耕草地村落等）土地主要转移为盐碱质荒漠化土地和砂砾质荒漠化土地，其中轻度盐渍化土地的转移率最大，为11.17%。1990～2000年盐渍化土地总体变化特点是水体面积有一定减少，变为其他（耕草地村落等）土地、盐渍化土地和沙化土地，重度盐渍化土地面积稍有增加，且局部呈恶化趋势，其他（耕草地村落等）土地变为盐渍化土地和荒漠化土地也有一定的比例。

表 11.8　1990 ~ 2000 年盐碱质荒漠化土地类型转移矩阵　（%）

		2000 年					
		水体	沼泽	其他	轻度盐渍化	中度盐渍化	重度盐渍化
1990 年	水体	52.71	1.50	16.55	4.78	7.87	4.10
	沼泽	4.04	2.73	66.41	11.33	7.58	1.68
	其他	1.58	0.26	76.46	11.17	3.69	2.47
	轻度盐渍化	2.15	0.69	50.80	21.27	8.45	9.98
	中度盐渍化	2.15	0.51	33.62	18.07	14.66	19.55
	重度盐渍化	1.29	0.41	30.73	18.14	11.64	28.95

表 11.9 是河套平原 2000 ~ 2007 年盐碱质荒漠化土地类型转移矩阵，其中沼泽的转移率最大，因为气候干旱化等原因使沼泽面积减少，同时其他（耕草地村落等）和盐碱质荒漠化土地面积扩大，其中以其他、重度盐渍化和轻度盐渍化为主，转移率分别是 40.79%、18.14% 和 9.93%；其次是中度盐渍化的转移，主要转移到其他（耕草地村落等）土地，转移率为 45.57%，转移到轻度盐渍化的为 22.79%，重度盐渍化的为 14.20%。轻度盐渍化土地主要转移到了其他（耕草地村落等）土地，转移率为 59.12%，其次转移到了重度盐渍化和中度盐渍化，转移率分别为 5.99% 和 4.53%。重度盐渍化土地转移到其他（耕草地村落等）土地的为 19.14%，轻度盐渍化和中度盐渍化土地的为 14.62% 和 8.68%，少量转移到水体和砂砾质荒漠化土地。水体因为气候干旱化等原因导致面积减少，同时形成草地、砂砾质荒漠化土地和盐碱质荒漠化土地，其中，转移到其他（耕草地村落等）土地的转移率最大，为 19.68%，转移到重度盐渍化、轻度盐渍化和中度盐渍化土地的分别为 2.62%、2.00% 和 1.18%。2000 ~ 2007 年盐渍化土地总体变化特点是水体和沼泽有一部分变为其他（耕草地村落等）土地、盐渍化土地，盐渍化土地以逆转为主，局部有些恶化，其他（耕草地村落等）土地变为盐渍化土地的比例不大。

表 11.9　2000 ~ 2007 年盐碱质荒漠化土地类型转移矩阵　（%）

		2007 年					
		水体	沼泽	其他	轻度盐渍化	中度盐渍化	重度盐渍化
2000 年	水体	70.44	0.63	19.68	2.00	1.18	2.62
	沼泽	8.71	8.52	40.79	9.93	5.08	18.14
	其他	1.27	0.58	90.17	3.74	0.77	0.98
	轻度盐渍化	1.85	0.85	59.12	25.28	4.53	5.99
	中度盐渍化	3.69	0.69	45.57	22.79	11.13	14.20
	重度盐渍化	3.11	0.79	19.14	14.62	8.68	51.35

（二）盐渍化土地的逆转与发展变化

为了便于比较研究时段盐渍化土地在盐渍化程度的变化，将两期盐渍化程度相同的称为程度稳定型，后期比前期程度变轻的称为逆转型，后期比前期程度加重的称为发展型。

近年来国家和地方为了改善河套平原的生态环境状况，开展了大规模的退耕还林还草、围封禁牧休牧等恢复植被覆盖为主的生态环境建设工作，局部地区盐渍化土地的逆转较为显著（表11.10）。河套平原30年间，各种程度盐渍化土地逆转面积大于发展面积，净逆转面积大于零，轻度盐渍化、中度盐渍化和重度盐渍化土地净逆转面积分别为3677.95km²、2595.84km²和2437.77km²。综上所述，研究区30年间盐渍化土地的变化，净逆转为正数，逆转面积大于发展面积，表明30年间河套平原地区生态环境有所好转，盐渍化的发展得到了一定的控制或局部地区开始逆转，盐渍化土地的发展得到有效控制。

表11.10　荒漠化土地逆转发展情况表

土地类型	转化模式	面积变化量/km²							
		1976~1990年	1990~2000年	2000~2007年	净逆转	1976~1990年	1990~2000年	2000~2007年	合计
其他	稳定	9104.68	10752.42	12922.75	发展	2720.6	2889.2	1025.29	6635.09
	发展	2720.6	2889.2	1025.29					
轻度盐渍化	逆转	1723.54	1437.69	1736.86	净逆转	1333.7	916.22	1428.03	3677.95
	稳定	521.7	601.92	742.77					
	发展	389.84	521.47	308.83					
中度盐渍化	逆转	1643.58	746.11	919.79	净逆转	1403.21	463.92	728.71	2595.84
	稳定	253.41	211.56	149.7					
	发展	240.37	282.19	191.08					
重度盐渍化	逆转	967.62	842.92	627.23	净逆转	967.62	842.92	627.23	2437.77
	稳定	318.29	403.2	759.06					

四、春季与夏季盐渍化土地对比

根据《联合国关于发生严重干旱和荒漠化的国家特别是在非洲防治荒漠化的公约（CCD）》的规定，利用遥感影像划分沙漠化与盐渍化分布范围及程度时，植被类型及覆盖率是重要的参考条件之一。因此前人进行荒漠化区域调查时多采用了夏季植被覆盖条件较好的影像。本书认为利用夏季影像进行解译具有很强的优势，但也具有一些弊端，如对于整个华北来说，春季都是多风沙的季节，而夏季的风沙则少得多，如果只利用夏季影像划分沙漠化，则势必减少了产生风沙的源头的分布范围。春季由于气候干燥，降雨稀少，也是大范围土壤泛盐的季节。野外调查时发现春季的很多耕地表层泛盐严重，如果从多波段影像上看，这些耕地可划归重度盐渍化范围。因此，河套平原春季与夏季土壤的含盐量差别及在影像上的差别，以及春季与夏季的荒漠化分布差别等都是值得探讨的问题。

（一）土壤含盐量对比

本次工作分别于2009年8月和2010年4月进行野外调查及土壤含盐量测试样品采集，

分别代表夏季样品与春季样品，共采集夏季土壤样品 40 个，采集春季土壤 86 个。样品采集时，夏季样品都是在未受人类活动影响的荒地之中采集，春季样品除了部分样品特意在耕地中采集外，其余大部分也都是在荒地之中采集，所有样品都进行了易溶盐测试。

以往研究结果表明河套平原的盐渍土类型为硫酸盐-氯化物型，或者氯化物-硫酸盐型，并建议了盐渍化程度划分标准（表 11.11）。本次盐渍化土壤含盐量划分标准采用此标准。

表 11.11　盐渍化土壤含盐量划分标准表　（单位：g/kg）

非盐渍土	轻度盐渍化	中度盐渍化	重度盐渍化	盐碱地
<3	≥3 & <7	≥7 & <10	≥10 & <15	≥15

1. 春季与夏季盐渍化程度对比

将春季、夏季两次采集的样品按照上述盐渍土标准划分得到各级盐渍化程度发生概率。

对比春夏两季的表层盐渍化发生概率可以发现（表 11.12，图 11.11），并非所有的荒地都是由于盐渍化产生的，很多荒地都属于非盐渍土。相较于夏季，春季时表层土地发生盐渍化的概率非常高，而且各种程度的盐渍化程度都向更高一级别发展。

表 11.12　春夏季表层盐渍化发生概率表　（%）

项目	春季	夏季	项目	春季	夏季
非盐渍化	8.14	32.50	重度盐渍化	5.81	10
轻度盐渍化	6.98	17.50	盐碱地	76.74	35
中度盐渍化	2.33	5			

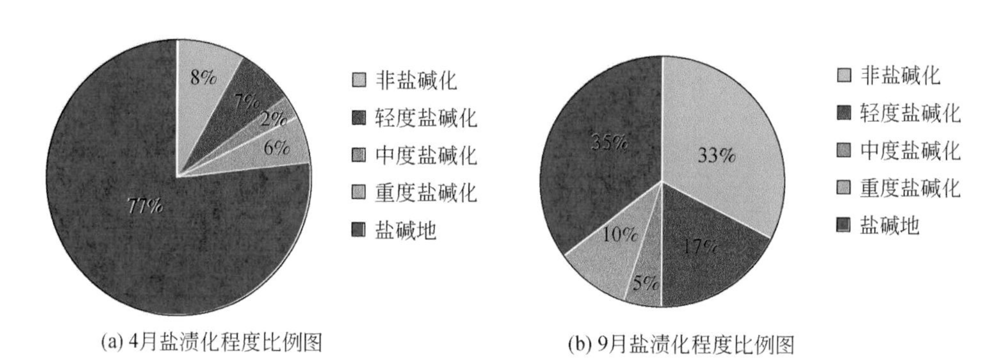

(a) 4月盐渍化程度比例图　　(b) 9月盐渍化程度比例图

图 11.11　春夏季表层各盐渍化程度样品概率对比图

不但表层土壤在春季时的盐渍化发生概率比夏季大得多，至 25cm 和 50cm 深时，春季的土壤盐渍化发生概率高，而且程度相对更严重，如在 50cm 深度时，春季只有 35.4% 的样品为非盐渍土，而夏季则有 65% 的样品为非盐渍土（表 11.13，图 11.12）。

表 11.13　春夏季深度 25cm 及 50cm 处盐渍化概率统计表　（%）

项目	25cm 深		50cm 深	
	春季	夏季	春季	夏季
非盐渍化	31.8	52.5	35.4	65
轻度盐渍化	40	25	44.3	22.5
中度盐渍化	11.8	10	5.15	7.5
重度盐渍化	1.2	2.5	6.3	5
盐碱地	15.3	10	8.9	0

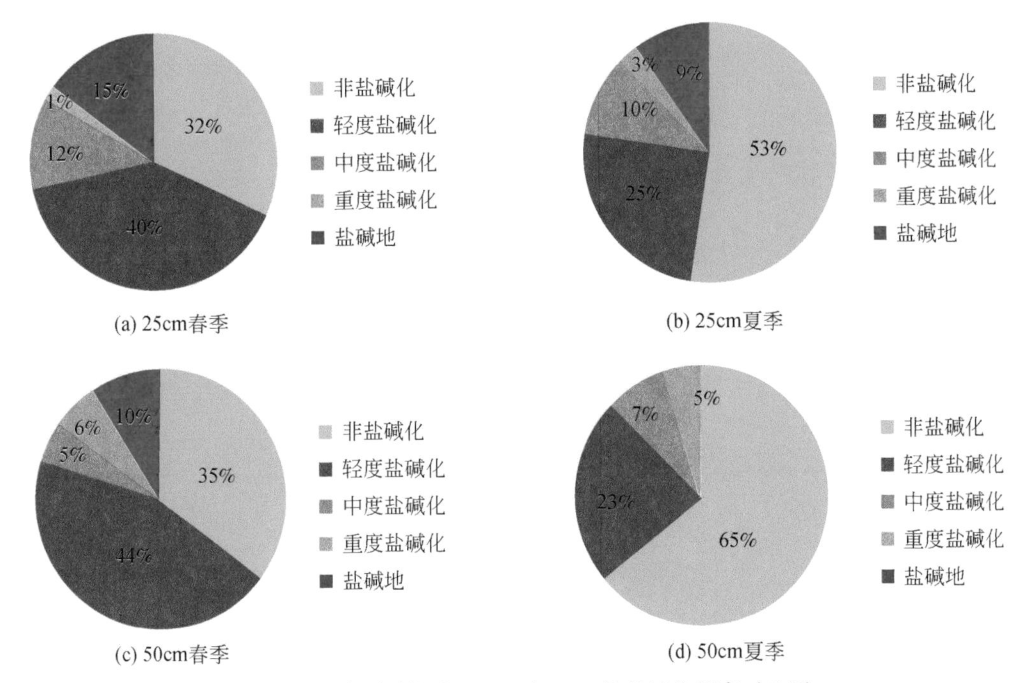

图 11.12　春夏季深度 25cm 及 50cm 处盐渍化概率对比图

河套平原近五年来平均气象数据显示（中国气象科学数据共享服务网——内蒙古自治区共享服务数据），河套平原夏季降雨量为春季的 16 倍多，而蒸发量却比春季小，这可能是河套平原春季盐渍化程度显著高于夏季的主要原因。

2. 土壤含盐特征区域对比

影像解译标志野外调查发现呼包平原与后套平原的盐渍化分布有较大差别，呼包平原发生盐渍化的荒地分布较为集中，但单块荒地面积大，后套平原的盐荒地分布较为零散和均匀。利用样品土壤含盐量数据对比分析呼包平原与后套平原土壤盐渍化的概率情况。

对比分析发现呼包平原表层盐荒地的土壤盐渍化发生概率明显高于后套平原，而 50cm 深度处发生盐渍化的概率却比后套小得多（表 11.14），因此可认为后套平原地区盐渍化程度明显高于呼包平原地区。根据气象资料对比，呼包平原降雨量为后套平原的 2.54 倍，蒸发量只有后套平原的88%，湿润系数是后套平原的6.1倍，而且呼包平原日照时数和辐射总量都较后套平原要小得多。因此，气候差异可能是导致两个地区盐荒地发展差异的重要原因之一。

表 11.14　呼包平原与后套平原盐渍化概率对比表　　(%)

项目	呼包平原			后套平原		
	表层	25cm	50cm	表层	25cm	50cm
非盐渍化	28.07	49.12	56.14	5.80	29.41	35.48
轻度盐渍化	17.54	33.33	28.07	4.35	36.76	45.16
中度盐渍化	3.51	7.02	8.77	2.90	14.71	1.61
重度盐渍化	8.77	1.75	1.75	5.80	1.47	9.68
盐碱地	42.11	8.77	5.26	81.16	17.65	8.06

3. 耕地与非耕地盐渍化对比

河套平原大致在10～11月开展耕地“冬灌保墒”措施，大量的地表水漫灌，使地下水水位升高，因此春季绝大部分耕地表面都有盐霜。为了解春季盐渍化对耕地的影响，2010年春季采集了九个表层已出现盐渍化现象的耕地样品，另外任意挑选10个非耕地土壤剖面与耕地样品对比其含盐量（图11.13）。

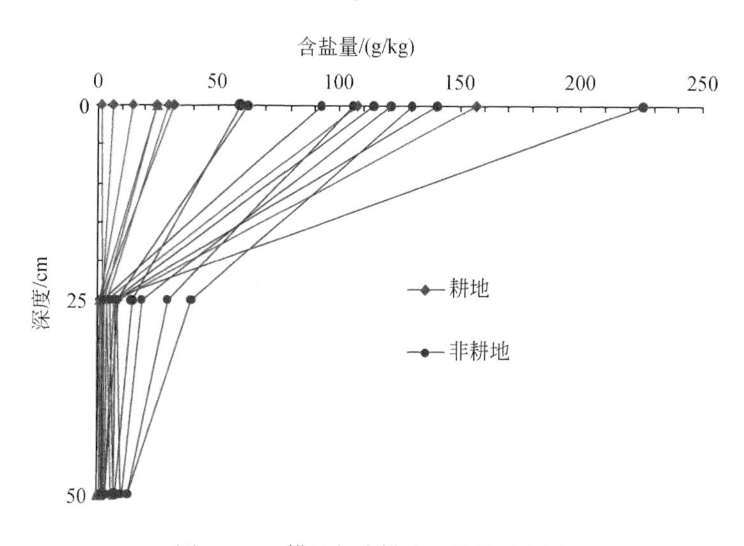

图 11.13　耕地与非耕地含盐量对比图

由图11.13可以看出春季表层的耕地盐渍化程度比较严重，可达到盐碱地标准，但是到25cm深度处，耕地的含盐量急剧减小，基本达到土壤含盐量本底值，而且都比非耕地样品含盐量低。因此，耕地表层的泛盐不影响作物的种植，随着夏季雨水的增多，盐分会下移，表层含盐量减少。

（二）影像对比

为了对比采用不同时期的影像对影像解译结果的影响，分别在后套平原与呼包平原选取了四个面积相等的典型区域（图 11.14），对比采用春季影像与夏季影像对荒漠化土地解译的影响。每个区域的面积为 $526km^2$，四个典型区面积共 $2104km^2$。

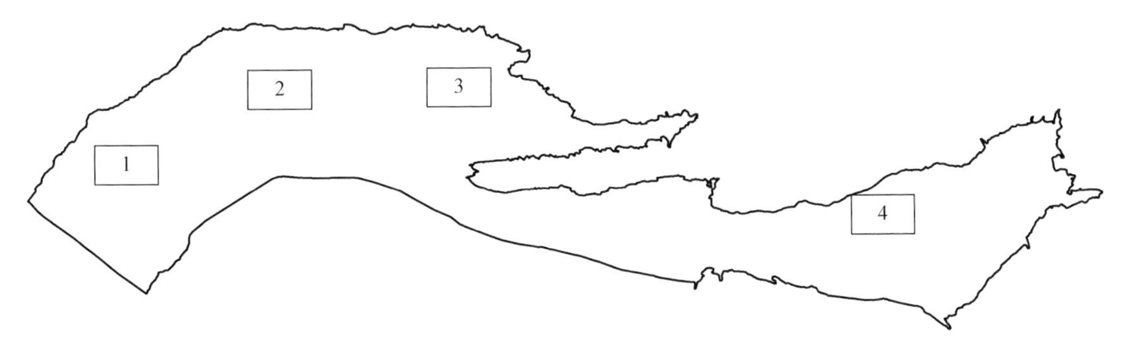

图 11.14　典型区域分布示意图

按照两次野外调查形成的春季和夏季影像解译标志，分别对 2009 年影像和 2007 年影像的典型区域进行了解译及对比（图 11.15）。单从解译图即可看出，相对于夏季，除水体面积变化不大外，各种荒漠化土地类型都在春季大面积增大，大部分耕地都不同程度地泛盐，而且由于缺乏植被保护，沙化程度与面积也有增大。

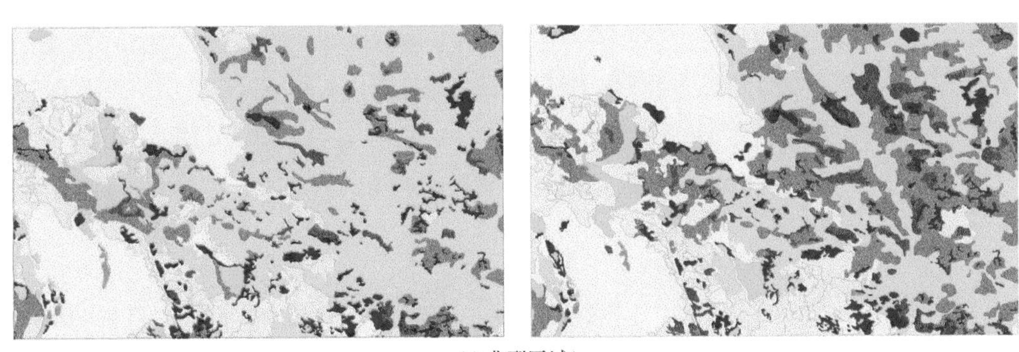

(a) 典型区域1

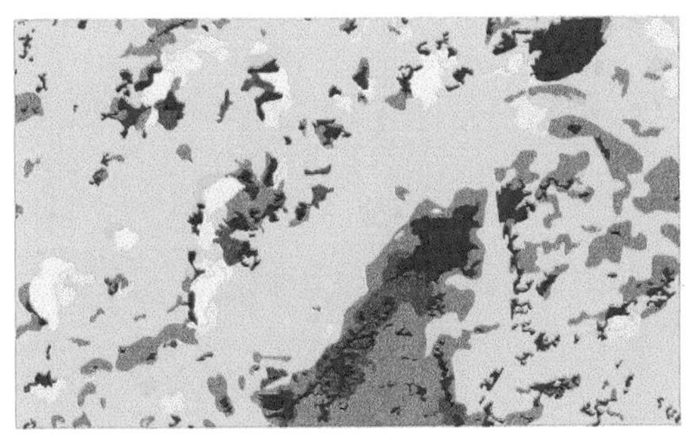

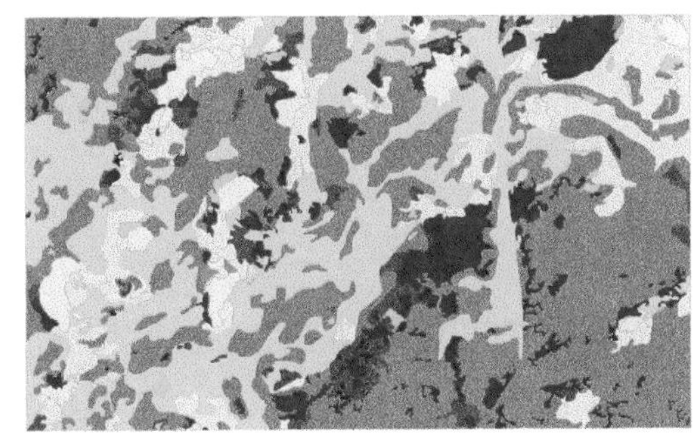

(b) 典型区域2

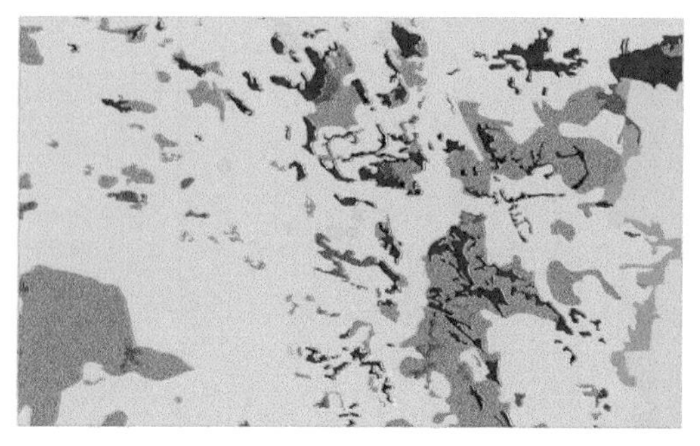
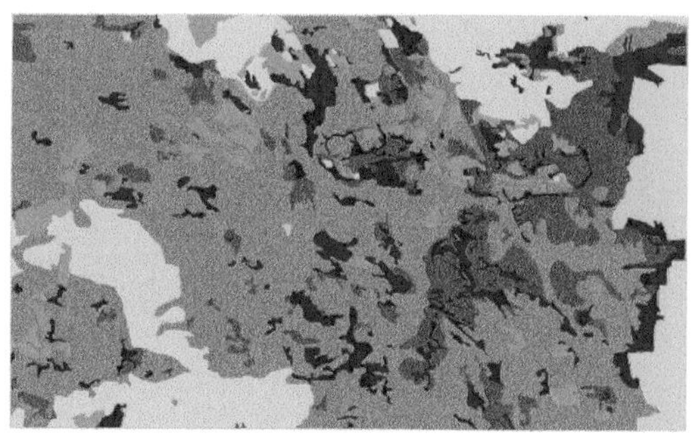

(c) 典型区域3

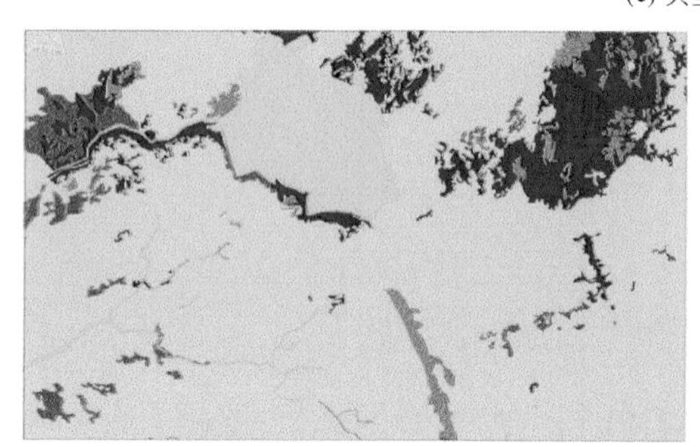
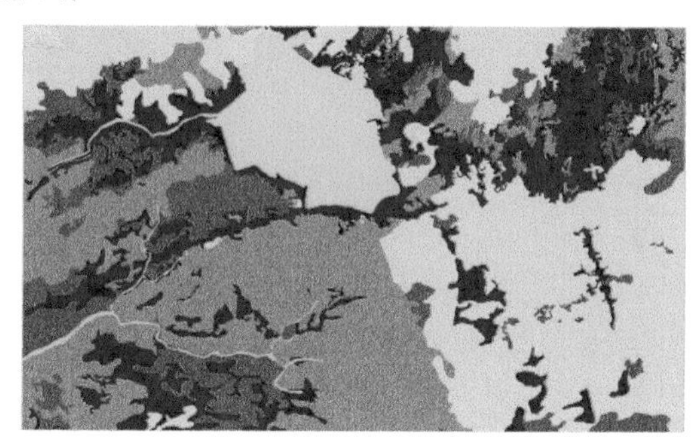

(d) 典型区域4

图 11.15　典型区域春季与夏季荒漠化影像解译对比图

左图为2007年夏季；右图为2009年春季（图斑代表的荒漠化类型与其余图件一致）

四个典型区域均布于整个河套平原，基本包含了不同的荒地类型区，这四个典型区内春夏的变化特征基本能反映整个河套平原春夏地表的盐渍化差别。四个典型区域春夏季影像荒漠化解译结果对比如表 11.15 所示。

表 11.15　典型区春季与夏季影像荒漠化解译结果对比　　（单位：km^2）

土地类型	春季	夏季	差值	变率=春季/夏季
其他	505.76	1324.17	−818.41	38.2
轻度沙化	71.13	70.58	0.56	100.8
轻度盐渍化	734.05	234.82	499.23	312.6
水体	93.72	92.10	1.62	101.8
沼泽及浅水洼地	31.68	10.88	20.79	291.0
中度沙化	74.98	20.82	54.16	360.1
中度盐渍化	182.70	53.13	129.57	343.9
重度沙化	143.53	129.39	14.14	110.9
重度盐渍化	264.63	166.29	98.34	159.1

由表 11.15 可知，采用夏季影像与春季影像进行区域荒漠化遥感解译，其结果相差会相当大，如春季发生轻度盐渍化、中度沙化与中度盐渍化的土地面积能达到夏季的 3 倍以上，春季表层呈重度盐渍化的面积也达到夏季的 1.5 倍以上。而春季的轻度沙化与重度沙

化相较于夏季有增加，但是面积增长不大。而河套平原内，春季与夏季的水体与沼泽总面积差别不大。在春季绝大部分盐渍化与沙漠化的程度都是加重的。从影像图也可以看出来，在夏季的浅水洼地区到春季则成为重度盐渍化区，而夏季的沙化土地在春季时也有可能是盐渍化土地。

根据前面春夏季土壤含盐量的分析，春季虽然很多土地表层都泛盐霜，但由于其25cm与50cm深度处的含盐量依然低，因此这种盐渍化属于暂时性盐渍化，不属于永久型盐渍化。所以，进行区域性一个较长时段内盐渍化演化分析时，应采用夏季的图像比较合适，而在进行砂砾质荒漠化分析时，建议采用春季的影像，实际结论会更为合理。

第三节　土地沙漠化现状及变化趋势评价

一、沙漠化土地现状分析

根据遥感解译数据，统计分析了河套平原1976年、1990年、2000年和2007年砂砾质土地荒漠化面积分布状况（表11.16）。

表11.16　砂砾质土地荒漠化面积分布统计表

土地类型	1976年		1990年		2000年		2007年	
	面积/km^2	占总面积比例/%	面积/km^2	占总面积比例/%	面积/km^2	占总面积比例/%	面积/km^2	占总面积比例/%
砂砾石裸地	1881.65	6.55	1602.14	5.58	1422.62	4.96	1435.70	5.00
沙漠	1924.49	6.70	1728.52	6.02	1603.18	5.59	1404.19	4.89
轻度沙化	1210.17	4.21	1257.12	4.38	1425.83	4.97	1350.21	4.70
中度沙化	1106.20	3.85	1086.50	3.78	916.17	3.19	827.24	2.88
重度沙化	1811.45	6.31	1355.74	4.72	1395.62	4.86	979.93	3.41

1976年，河套平原砂砾质土地荒漠化面积为7933.96km^2，占总土地面积的27.62%。其中，沙漠土地面积最大，面积为1924.49km^2，占总土地面积的6.70%；其次是砂砾石裸地，面积为1881.65km^2，占总土地面积的6.55%；再次是重度沙化土地，面积为1811.45km^2，占总土地面积的6.31%；轻度沙化和中度沙化土地面积分别为1210.17km^2和1106.20km^2。

1990年，河套平原砂砾质土地荒漠化面积为7030.02km^2，占总土地面积的24.48%。其中，沙漠土地面积最大，面积为1728.52km^2，占总土地面积的6.02%；砂砾石裸地、重度沙化、轻度沙化和中度沙化土地面积分别为1602.14km^2、1355.74km^2、1257.12km^2和1086.50km^2，分别占总土地面积的5.58%、4.72%、4.38%和3.78%。

2000年，河套平原砂砾质土地荒漠化面积为6763.42km^2，占总土地面积的23.57%。沙漠、砂砾石裸地、轻度沙化、中度沙化和重度沙化土地面积分别为1603.18km^2、1422.62km^2、1425.83km^2、916.17km^2和1395.62km^2，分别占总土地面积的5.59%、4.96%、4.97%、3.19%和4.86%。

2007 年，河套平原砂砾质土地荒漠化面积为 5997.27km²，占总土地面积的 20.88%。沙漠、砂砾石裸地、轻度沙化、中度沙化和重度沙化土地面积分别为 1404.19km²、1435.70km²、1350.21km²、827.24km² 和 979.93km²，分别占总土地面积的 4.89%、5.00%、4.70%、2.88%和3.41%。

二、沙漠化土地变化分析

（一）沙漠化土地的发展速率

依据河套平原土地沙漠化发展速率（表 11.17），从 1976～2007 年的 30 年间，轻度沙化土地面积的年发展速率为正值，其面积是增加的，而砂砾石裸地、沙漠、中度沙化和重度沙化土地面积的年发展速率为负值，其面积是减少的，但在不同时段各等级沙漠化土地发展速率并不相同。砂砾石裸地面积在 1976～1990 年、1990～2000 年的发展速率分别是 -1.06%和-1.12%，其面积是减少的，在 2000～2007 年其发展速率为正值，面积又有所增加；沙漠土地面积一直在减少，1976～1990 年、1990～2000 年和 2000～2007 年的发展速率分别是-0.73%、-0.73%和-2.07%；轻度沙化土地面积只在 2000～2007 年是减少的，在 1976～1990 年和 1990～2000 年的发展速率分别是 0.28%和 1.34%，面积有所增加；中度沙化土地在 1976～2007 年面积一直在减少；重度沙化土地在 1990～2000 年发展速率为 0.29%，面积有所增加，在 1976～1990 年、2000～2007 年和 1976～2007 年面积呈减少状态。

表 11.17　不同时期土地沙漠化发展速率表　（%）

时期	砂砾石裸地	沙漠	轻度沙化	中度沙化	重度沙化	砂砾质荒漠化土地合计
1976～1990 年	-1.06	-0.73	0.28	-0.13	-1.80	-0.81
1990～2000 年	-1.12	-0.73	1.34	-1.57	0.29	-0.38
2000～2007 年	0.15	-2.07	-0.88	-1.62	-4.96	-1.89
1976～2007 年	-0.79	-0.90	0.39	-0.84	-1.53	-0.81

（二）变化趋势分析

总体来说，河套平原的砂砾质荒漠化问题明显改善。其中沙漠面积由 1924.49km² 减少到 1404.19km²，年缩减率为 17.2km²/a。其中，砂砾石裸地、中度沙化和重度沙化土地面积分别减少 445.95km²、278.96km² 和 831.52km²，而轻度沙化土地面积增加 140.04km²（图 11.16）。

乌兰布和沙漠及沙化土地前缘后退非常明显。30 年内，磴口县西侧和西北侧的乌兰布和沙漠最大后退了 9.15km，最小也后退了 1.15km，前缘平均后退 5km 左右。根据量算，区内的乌兰布和沙漠在 1976 年时的面积为 2655km²，在 2007 年沙漠总面积减为 1983km²。库布齐沙漠前缘的后退也比较明显，尤其是达拉特旗至乌拉特前旗中部，生态环境改善非常明显，1978 年为严重沙漠化的部分地段，2007 年已基本看不到裸露的地表。

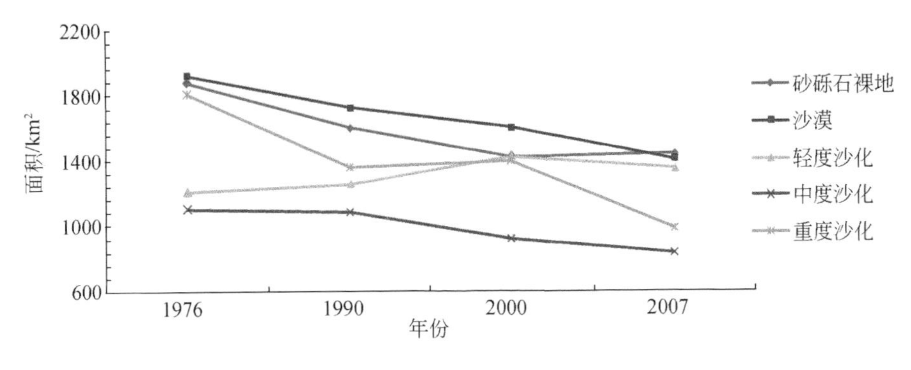

图 11.16　沙漠化土地演变趋势图

虽然平原内生态环境的总体趋势是向着逐步改善的方向发展，但在局部地段生态环境仍在进一步地恶化，如达拉特旗西部由于大规模种植土豆，在土豆种植以前及收获以后，大面积松散沙地裸露，加重了沙化程度。

三、沙漠化土地转移

（一）沙漠化土地转移矩阵分析

从 1976～1990 年的沙漠化土地类型转移矩阵来看（表 11.18），沼泽的转移率最大，转到重度沙化的转移率为 11.84%。中度沙化土地主要移转到其他（耕草地村落等）和轻度沙化土地，转移率分别为 24.43% 和 14.64%，转移到水体的为 14.7%，还有 6.72% 的变为重度沙化土地。轻度沙化土地的 33.69% 转移到其他（耕草地村落等）土地，15.35% 的土地转移到中度沙化土地，8.19% 的土地转移为重度沙化土地。水体因为气候干旱化等原因导致面积减少，同时形成草地、砂砾质荒漠化土地和盐碱质荒漠化土地，其中，转移到轻度沙化、中度沙化和重度沙化土地的分别为 2.25%、3.99% 和 1.74%。重度沙化土地主要转移到中度沙化土地，转移率为 17.57%，其次为轻度沙化土地，为 10.93%，还有部分转移到其他（耕草地村落等）和盐碱质荒漠化土地。砂砾石裸地主要是转移到其他（耕草地村落等）土地，转移率为 13.39%，其次是沙化土地和盐渍化土地，转移率分别为 13.12% 和 1.51%。其他（耕草地村落等）土地主要转移为荒漠化土地，其中砂砾质荒漠化土地的转移率总共是 3.69%。沙漠的转移主要是重度沙化土地，转移率为 7.96%，转移到轻度沙化土地和中度沙化土地的分别为 2.47% 和 1.48%，还有少量的转移成盐碱质荒漠化土地。1976～1990 年沙漠化土地总体变化特点是沙漠和砂砾石裸地的面积缩小，变为沙化土地和其他（耕草地村落等）土地，水体和沼泽有一部分变为其他（耕草地村落等）土地、盐渍化土地和沙化土地，沙化土地以逆转为主，局部有恶化。

表 11.18　1976～1990 年沙漠化土地类型转移矩阵　(%)

		1990 年							
		水体	沼泽	其他	砂砾石裸地	沙漠	轻度沙化	中度沙化	重度沙化
1976 年	水体	46.09	0.34	29.83	0.27	0.51	2.25	3.99	1.74
	沼泽	5.69	3.03	41.98	0.22	2.11	2.45	2.77	11.84
	其他	2.55	0.55	73.49	1.63	0.07	2.23	1.23	0.23
	砂砾石裸地	0.15	0	13.39	71.36	0	6.94	3.17	3.01
	沙漠	0.11	0.11	1.24	0.00	84.62	2.47	1.48	7.96
	轻度沙化	1.57	0	33.69	1.75	0.71	24.62	15.35	8.19
	中度沙化	14.70	0.50	24.43	1.18	1.54	14.64	18.84	6.72
	重度沙化	1.32	0.02	10.53	0.50	1.43	10.93	17.57	47.20

从 1990～2000 年沙漠化土地类型转移矩阵来看（表 11.19），中度沙化土地主要转移到轻度沙化和重度沙化土地，转移率分别为 28.53% 和 17.24%，转移到其他（耕草地村落等）土地的为 16.87%。轻度沙化土地的 28.35% 转移到其他（耕草地村落等）土地，12.33% 和 7.54% 的土地分别转移到中度沙化和重度沙化土地。水体因为气候干旱化等原因导致面积减少，同时形成草地、砂砾质荒漠化土地和盐碱质荒漠化土地，其中转移到中度沙化、轻度沙化和重度沙化土地的分别为 7.42%、3.11% 和 1.34%。重度沙化土地主要转移到中度沙化和轻度沙化土地，转移率分别为 10.74% 和 7.43%，其次为盐碱质荒漠化土地，总共为 5.11%。其他（耕草地村落等）土地主要转移为盐碱质荒漠化土地和砂砾质荒漠化土地，其中砂砾质荒漠化土地的转移率总共为 2.86%。砂砾石裸地主要转移为其他（耕草地村落等）土地，转移率为 15.74%，极少转移到别的土地类型。沙漠主要转移为重度沙化土地，转移率为 4.05%，转移到轻度沙化土地和中度沙化土地的分别为 1.79% 和 1.20%。1990～2000 年沙漠化土地总体变化特点是沙漠面积缩小，变为沙化土地，水体面积也有一定减少，变为其他（耕草地村落等）土地、盐渍化土地和沙化土地，重度沙化土地面积稍有增加，且局部呈恶化趋势，其他（耕草地村落等）土地有部分变为沙漠化土地。

表 11.19　1990～2000 年沙漠化土地类型转移矩阵　(%)

		2000 年							
		水体	沼泽	其他	砂砾石裸地	沙漠	轻度沙化	中度沙化	重度沙化
1990 年	水体	52.71	1.50	16.55	0.30	0.01	3.11	7.42	1.34
	沼泽	4.04	2.73	66.41	0	4.44	0.53	0.68	0.37
	其他	1.58	0.26	76.46	0.34	0.02	2.06	0.65	0.15
	砂砾石裸地	0.01	0	15.74	82.15	0.00	0.65	0.16	0.95
	沙漠	0.55	0.39	0.34	0	87.30	1.79	1.20	4.05
	轻度沙化	1.88	0.34	28.35	2.82	1.62	34.10	12.33	7.54
	中度沙化	2.84	0.69	16.87	0.34	0.97	28.53	24.31	17.24
	重度沙化	2.04	0.43	4.05	0.18	3.68	7.43	10.74	66.35

表11.20为河套平原2000～2007年沙漠化土地类型转移矩阵。沼泽地转变为砂砾质荒漠化土地比例很小。中度沙化土地主要转移为轻度沙化土地，转移率为30.28%，转移为其他（耕草地村落等）土地和水体的转移率分别为21.89%和7.53%，变为重度沙化土地的转移率为5.78%，少量的转移为重度盐渍化、中度盐渍化和轻度盐渍化土地。轻度沙化土地的30.32%转移到其他（耕草地村落等）土地，14.18%转移到中度沙化土地，还有少部分转移到了轻度盐渍化、重度盐渍化、重度沙化和中度盐渍化土地。重度沙化土地主要转移到中度沙化土地，转移率为21.64%，其次转移到轻度沙化土地，转移率为13.02%。水体因为气候干旱化等原因导致面积减少，同时形成草地、砂砾质荒漠化土地和盐碱质荒漠化土地，其中，转移到轻度沙化、重度沙化和中度沙化土地的转移率分别为1.46%、0.91%和0.63%。沙漠主要转移为重度沙化土地，转移率为6.78%，转移到中度沙化土地和轻度沙化土地的分别为2.30%和1.59%。砂砾石裸地主要转移到其他（耕草地村落等）土地，转移率为4.44%。2000～2007年沙漠化土地总体变化特点是沙漠面积缩小，转变为沙化土地和其他（耕草地村落等）土地，砂砾质裸地的面积稍有增加，但变化比例不大，沙化土地以逆转为主，局部有些恶化。

表11.20　2000～2007年沙漠化土地类型转移矩阵　（%）

		2007年							
		水体	沼泽	其他	砂砾石裸地	沙漠	轻度沙化	中度沙化	重度沙化
2000年	水体	70.44	0.63	19.68	0.01	0.13	1.46	0.63	0.91
	沼泽	8.71	8.52	40.79	0	0.82	1.22	3.07	3.72
	其他	1.27	0.58	90.17	0.52	0.01	0.96	0.16	0.02
	砂砾石裸地	0.01	0	4.44	94.86	0	0.03	0	0.03
	沙漠	0.04	0.61	0.48	0.03	85.85	1.59	2.30	6.78
	轻度沙化	2.08	0.21	30.32	0.09	0.48	43.61	14.18	1.93
	中度沙化	7.53	0.26	21.89	0.16	0.31	30.28	24.75	5.78
	重度沙化	0.60	0.26	3.43	0.45	0.06	13.02	21.64	54.81

（二）沙漠化土地的逆转变化

河套平原从1976～2007年的30年间，沙漠化土地发生逆转的面积大于发展面积，净逆转面积大于零，砂砾石裸地、沙漠、轻度沙化、中度沙化和重度沙化土地净逆转面积分别为872.47km^2、711.35km^2、182.97km^2、847.87km^{2}和1255.95km^2（表11.21），这表明了30年间河套平原地区沙化土地的发展得到了有效控制。

表 11.21　1976～2007 年荒漠化土地逆转情况表

土地类型	状态	面积/km^2			
		1976～1990 年	1990～2000 年	2000～2007 年	合计
其他	逆转	0	0	0	
	稳定	9104.68	10752.42	12922.75	
	发展	2720.6	2889.2	1025.29	
	净逆转	-2720.6	-2889.2	-1025.29	-6635.09
砂砾石裸地	逆转	527.11	281.33	64.03	
	稳定	1342.84	1315.88	1349.56	
	发展	0	0	0	
	净逆转	527.11	281.33	64.03	872.47
沙漠	逆转	291.73	203.24	216.38	
	稳定	1628.6	1508.95	1376.32	
	发展	0	0	0	
	净逆转	291.73	203.24	216.38	711.35
轻度沙化	逆转	407.74	347.81	433.32	
	稳定	297.96	418.42	621.75	
	发展	469.67	298.33	237.9	
	净逆转	-61.93	49.48	195.42	182.97
中度沙化	逆转	432.2	492.55	477.97	
	稳定	208.46	263.74	226.78	
	发展	296.45	201.24	57.16	
	净逆转	135.75	291.31	420.81	847.87
重度沙化	逆转	707.01	301.22	531.63	
	稳定	854.92	899.53	764.93	
	发展	224.41	52.37	7.13	
	净逆转	482.6	248.85	524.5	1255.95

第四节　生态环境地质综合评价及趋势预测

一、土壤盐渍化动态演变成因分析

盐渍化是多种自然环境条件和人类活动共同作用下的一种土地退化形式，其发生发展的过程和机理比较复杂（鲁春霞等，2001；李金霞等，2007）。在地质时期，盐渍化是自然因素作用的结果；在人类历史时期，随着人口的增加和人类改造自然能力的增强，人类活动在盐渍化发生、发展过程中的作用越来越明显。本书将从定性和定量的角度阐述河套平原盐渍化过程中各种影响因素及其作用。

（一）土壤盐渍化遥感信息模型建立

目前盐渍化成因研究多是定性的，涉及的影响因子不够全面。定性的经验模型对过程或现象缺乏机理的认识，模型建立仅依据有限范围内的实验和过程数据，放大和外延使用有一定的风险。次生盐渍化的诱发因素很多，彼此之间具有不同的量纲，建立基于物理理论基础的遥感信息模型是解决这个问题的有效途径（陈立文等，1995；孙涛等，2009）。

根据通用遥感信息模型理论，土壤盐渍化遥感信息模型的建立分为 3 个步骤。首先分析致盐渍化因素，选择独立变量后进行量纲分析，得到相应的相似准则，在此基础上得到盐渍化遥感信息模型经验公式，计算参数并运行模型。

研究表明土壤盐渍化受气候因素、地质、地貌、水文地质因素及植被、土壤因素的影响，且这些因素之间相互依存，影响因子多而复杂。气候因素包括降水强度 P、蒸发量 E；地质因素表现为包气带中黏性土顶板埋深 C_d；地貌因素表现为盐渍土地形变化，可量化为坡度 S_a 和坡角 S_d；水文地质因素包括地下水埋深 G_d 和地下水矿化度 G_m；植被和土壤质地对盐渍土的综合影响机理尚不清楚，植被覆盖在一定程度上反映了土壤盐渍化情况，土壤质地对土壤盐渍化的影响也会通过植被覆盖体现（卜秋霞，2000；李麒麟等，2004；孙涛等，2004），为此，集中概化为归一化植被指数 α_{NDVI} 描述植被和土壤质地对土壤盐渍化的影响。

考虑河套平原实际情况和现有资料情况，本次研究不考虑坡度 S_a、坡角 S_d 和归一化植被指数 α_{NDVI} 等三个因子，只考虑降水强度 P、蒸发量 E、包气带中黏性土顶板埋深 C_d、地下水埋深 G_d 和地下水矿化度 G_m 这五个变量。以 S_s 表示土壤含盐量，则各影响因子之间的函数关系可表示为

$$S_s = f(P, E, G_d, G_m, C_d) \tag{11.1}$$

遥感信息模型建立的首要任务是根据量纲关系将土壤盐渍化因素有机地组织起来，选取国际上通用的力学单位制 MKS，对量纲引进麦克斯韦符号 α，各量的量纲见表 11.22。

表 11.22　遥感信息模型中各变量的单位及其量纲的麦克斯韦表示

P/(mm/a)	E/(mm/a)	G_d/m	G_m/(g/L)	S_s/(kg/m^3)	C_d/m
L^1	L^1	L^1	L^{-3}	L^{-3}	L^1
M^0	M^0	M^0	M^1	M^1	M^0
T^{-1}	T^{-1}	T^0	T^0	T^0	T^0

表 11.22 中共有六个独立变量，包括三个不同的物理量纲，即长度 L、质量 M、时间 T，选取降水强度 P、地下水埋深 G_d 和地下水矿化度 G_m 为基本变量。

根据白金汉定理，共可以找到三组相似准则，即

$$f(\pi_1, \pi_2, \pi_3) = 0 \tag{11.2}$$

其中三个 π 数为 $\pi_1 = P^{\alpha_1} G_d^{\beta_1} G_m^{\gamma_1} S_s$，$\pi_2 = P^{\alpha_2} G_d^{\beta_2} G_m^{\gamma_2} E$，$\pi_3 = P^{\alpha_3} G_d^{\beta_3} G_m^{\gamma_3} C_d$。根据Π定理得出

量纲指数：

$$\begin{bmatrix} \alpha_1 & \alpha_2 & \alpha_3 \\ \beta_1 & \beta_2 & \beta_3 \\ \gamma_1 & \gamma_2 & \gamma_3 \end{bmatrix} = \begin{bmatrix} 0 & -1 & 0 \\ 0 & 0 & -1 \\ -1 & 0 & 0 \end{bmatrix} \tag{11.3}$$

根据式（11.2）、式（11.3）找到的相似准则，可得到土壤盐渍化遥感信息模型的一般式为

$$S_s = a_0 \left[\frac{E}{P}\right]^{a_1} \left[\frac{C_d}{G_d}\right]^{a_2} G_m \tag{11.4}$$

由土壤盐渍化遥感信息模型式（11.4）可知，影响土壤盐渍化的因素主要包括，区域蒸降比、地下水埋深、地下水矿化度和包气带中黏性土顶板埋深。由于包气带中黏性土顶板埋深数据在一定时期内不会发生变化，因此，影响土壤盐渍化动态演变的原因主要是区域蒸降比、地下水埋深和地下水矿化度。土壤含盐量随着蒸降比和地下水矿化度的增大而增加，随着地下水埋深的加深而降低，反之亦然。

（二）影响土壤盐渍化的气候因素

影响土壤盐渍化变化的气候因素包括降雨量和蒸发量（刘强等，2005）。本书利用河套平原区内临河区站、五原县站、磴口县站、乌拉特前旗站、杭锦后旗站、呼和浩特站、土默特左旗站、托克托县站、土默特右旗站、包头站和达拉特旗站 1951～2008 年的降雨及蒸发资料，分析这些要素的变化趋势，并探讨土壤盐渍化动态对气候变化的响应。

从河套平原各站点 1951～2008 年蒸降比变化图上可以看出（图 11.17），呼和浩特市区、乌拉特前旗和五原县区域蒸发量相对降水量有一定的增加，平均每年约分别增长 0.0103、0.0037 和 0.0009，其余各站点（包头站、临河区站、达拉特旗站、磴口县站、杭锦后旗站、土默特右旗站、土默特左旗站和托克托县站）区域蒸发量相对降水量有一定的减少，平均每年约分别减少 0.03、0.0782、0.0348、0.0525、0.1088、0.0232、0.0027 和 0.0198。根据土壤盐渍化遥感信息模型式（11.4），研究区整体上的蒸降比降低对盐渍化程度减弱或逆转起到一定的作用。

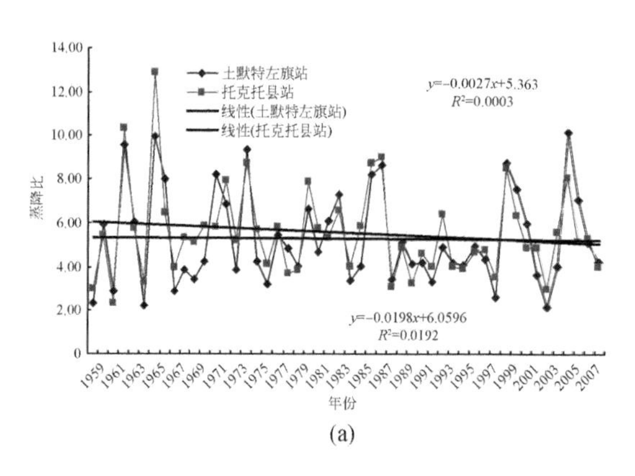

(a)

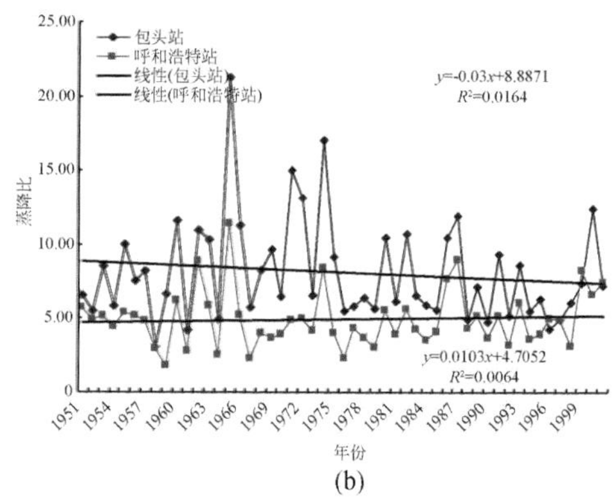

(b)

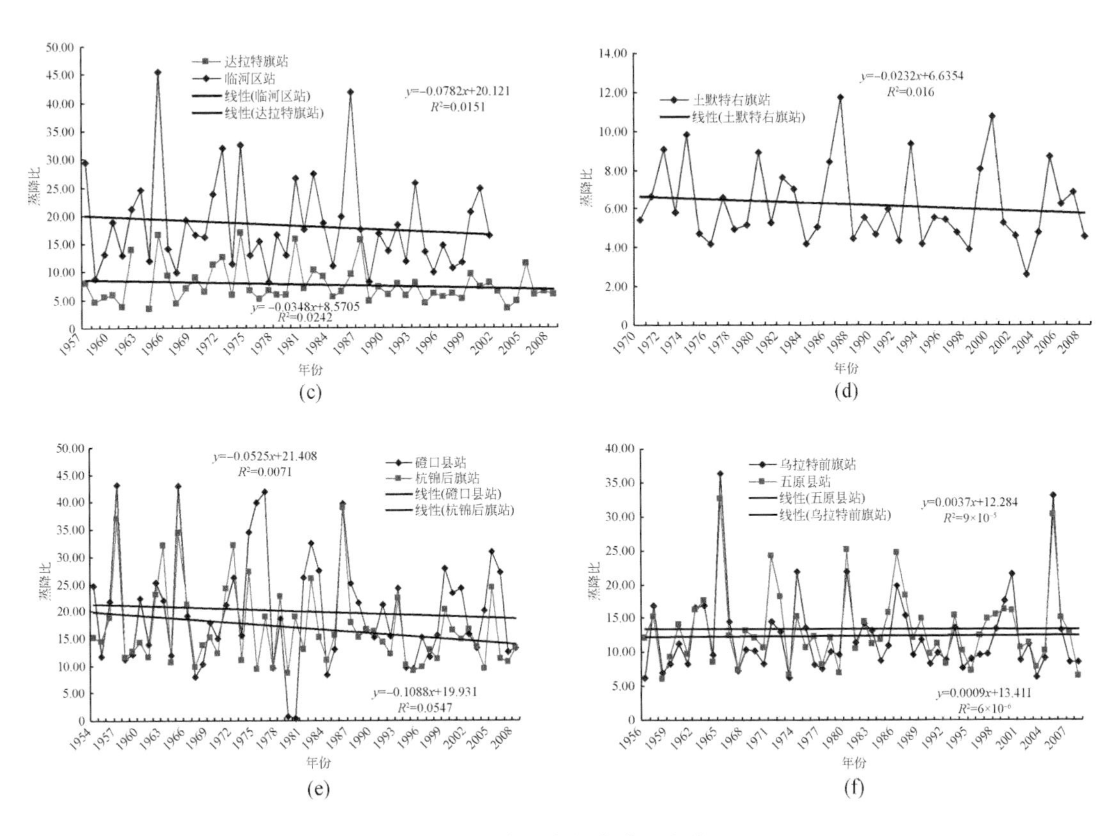

(c)　(d)　(e)　(f)

图 11.17　各站点年蒸降比变化图

(三) 影响土壤盐渍化的水文地质因素

1. 地下水矿化度

利用河套平原浅层地下水矿化度分区图，按照小于 1g/L、1～3g/L、3～5g/L、5～10g/L、10～50g/L 和大于 50g/L 六个级别对地下水矿化度进行分类。再将河套平原 2007 年土地利用遥感解译图层与地下水矿化度分类图层作叠置分析，求得研究区 2007 年各级地下水矿化度的土壤盐渍化面积（表 11.23）。

表 11.23　2007 年各级地下水矿化度的土壤盐渍化面积表

地下水矿化度	土壤盐渍化面积/km²			地下水矿化度	土壤盐渍化面积/km²		
	轻度盐渍化	中度盐渍化	重度盐渍化		轻度盐渍化	中度盐渍化	重度盐渍化
小于 1g/L	271.20	134.80	300.36	5～10g/L	79.24	12.45	38.23
1～3g/L	1290.18	390.51	905.66	10～50g/L	27.41	4.89	8.41
3～5g/L	257.77	75.48	203.79	大于 50g/L	2.45	1.03	—

土壤盐渍化主要发生在地下水矿化度小于 5g/L 的区域，其中最容易发生盐渍化的区

域，其地下水矿化度为 1 ~ 3g/L，其次为地下水矿化度≤1g/L 的区域，再次为 3 ~ 5g/L 的区域。由此可见，土壤盐渍化程度与地下水矿化度没有明显的相关关系。

2. 地下水埋深

将地下水埋深按照 1 ~ 2m、2 ~ 3m、3 ~ 5m、5 ~ 7m、7 ~ 10m、10 ~ 20m、20 ~ 30m、30 ~ 50m 和大于 50m 九个级别进行分类，再将河套平原 2007 年土地利用遥感解译图层与地下水埋深图层作叠置分析，求得研究区 2007 年各级地下水埋深发生的土壤盐渍化面积（表 11.24）。

表 11.24　2007 年各级地下水埋深的土壤盐渍化面积表

地下水埋深	土壤盐渍化面积/km^2			地下水埋深	土壤盐渍化面积/km^2		
	轻度盐渍化	中度盐渍化	重度盐渍化		轻度盐渍化	中度盐渍化	重度盐渍化
1 ~ 2m	261.16	129.35	183.47	10 ~ 20m	21.29	10.04	30.83
2 ~ 3m	1053.17	319.17	740.63	20 ~ 30m	8.88	—	11.11
3 ~ 5m	378.84	108.69	326.39	30 ~ 50m	0.27	1.38	6.49
5 ~ 7m	105.54	31.67	93.57	>50m	—	—	0.04
7 ~ 10m	99.00	18.85	63.43				

土壤盐渍化主要发生在地下水埋深小于 5m 的区域，发生轻度盐渍化、中度盐渍化和重度盐渍化分别占其总面积的 87.81%、89.99% 和 85.89%，其中地下水埋深 2 ~ 3m 的区域发生盐渍化的面积最大，地下水埋深大于 20m 的区域则基本上不发生土壤盐渍化。总的来看，地下水埋深越浅，发生土壤盐渍化的可能性越大，而当地下水埋深超过一定的深度，则不会发生土壤盐渍化。

（四）影响土壤盐渍化的地质因素

将河套平原 2007 年土地利用遥感解译图层与包气带岩性图层作叠置分析，求得研究区 2007 年不同岩性土地上的土壤盐渍化面积（表 11.25）。

表 11.25　2007 年不同岩性土地上的土壤盐渍化面积表

包气带岩性	土壤盐渍化面积/km^2			包气带岩性	土壤盐渍化面积/km^2		
	轻度盐渍化	中度盐渍化	重度盐渍化		轻度盐渍化	中度盐渍化	重度盐渍化
亚黏土	498.25	98.58	272.86	中粗砂	67.59	29.66	93.65
砂卵砾石	15.89	3.74	28.77	中细砂	145.42	124.95	171.60
粉细砂	239.34	72.25	289.03	粉砂	25.09	26.80	42.61
亚砂土	545.17	155.41	338.55	细粉砂	2.54	0.67	9.09
黏土	388.85	107.10	209.80				

从表 11.25 可看出，轻度盐渍化发生在亚砂土上的面积最大，为 28.27%，其次为亚

黏土，为25.84%，黏土和粉细砂分别为20.17%和12.41%；中度盐渍化发生在亚砂土上的面积最大，为25.10%，其次为中细砂，为20.18%，黏土和亚黏土分别为17.30%和15.92%；重度盐渍化发生在亚砂土上的面积最大，为23.25%，其次为粉细砂，为19.85%，亚黏土和黏土分别为18.74%和14.41%。总的来看，包气带岩性为亚砂土、亚黏土、黏土、粉细砂和中细砂的土壤更容易发生盐渍化。

二、土地沙漠化成因分析

（一）沙漠化的影响因素

1. 影响土地沙漠化的气候原因

影响沙漠化变化的气候因素包括降雨量、蒸发量、风速及气温的变化等（董光荣等，1990；徐海量等，2003；常学礼等，2005；李森等，2005）。应用河套平原11个站点1961～2008年的降水量、气温及风速等气象资料，分析这些要素的变化趋势，并探讨沙漠化动态对气候变化的响应。

1）气温的变化

20世纪60年代以来的气象数据的统计分析表明，河套平原地区从20世纪60年代开始，气温在逐渐上升，到2008年，所有地区的上升幅度在1℃以上，气候变暖趋势明显。同时还可以发现，80年代以后，气温上升的速率进一步提高，90年代是气温上升速率最高的，气候变暖似乎在加速发展（表11.26）。气温的升高，使蒸发量增大，干旱危害加剧，这必然导致沙漠化的易发和其进程的加速。

表11.26　多年平均气温的变化表　（单位：℃）

代表站	1961～1970年	1971～1980年	1981～1990年	1991～2000年	2001～2008年
磴口县	7.48	7.83	8.23	8.82	9.29
杭锦后旗	6.78	7.10	7.38	8.06	8.34
临河区	6.51	7.32	8.01	8.93	9.27
五原县	5.78	6.38	6.91	7.82	8.30
包头	6.41	6.65	7.06	7.88	8.31
达拉特旗	5.95	6.35	6.53	7.33	7.94
呼和浩特	5.69	6.15	6.65	7.37	8.02
土默特右旗		7.07	7.30	8.05	8.37
土默特左旗	5.86	6.71	7.01	7.74	7.84
乌拉特前旗	6.78	7.17	7.65	8.41	9.11
托克托县	6.41	6.81	7.14	7.99	8.30

2）降水的变化

降水时空分布不均匀性的增强，降水的高度集中，可以造成地表径流量的增大和降水有效性的下降，并容易造成洪涝灾害的发生。同时，使得阶段性的干旱，尤其是非生长季和生长季前期的干旱更为严重。另外，强劲的降水增强了对地表岩石的破碎作用，另外还可以搬运大量的泥沙、破坏地表植被和沙丘相对稳定的表层（乌云娜等，2002）。上述种种情况都会加剧风沙流的活动，最终导致沙漠化的发生与发展。

从表 11.27 可以看出，从 20 世纪 60 ~ 80 年代河套平原绝大部分地区降水明显减少，而进入 90 年代后，降水总量有所增加。这在一定程度上减弱了沙漠化发展的可能性。

表 11.27　多年平均降水量变化表　（单位：mm）

代表站	1961 ~ 1970 年	1971 ~ 1980 年	1981 ~ 1990 年	1991 ~ 2000 年	2001 ~ 2008 年
磴口县	155.56	137.44	130.54	154.85	148.93
杭锦后旗	132.55	139.11	118.72	149.31	152.10
临河区	138.07	135.39	144.67	156.79	153.43
五原县	166.08	181.90	154.39	170.57	196.84
包头	312.30	281.67	293.54	317.64	306.39
达拉特旗	320.85	286.30	281.93	324.28	345.05
呼和浩特	414.67	399.96	390.30	403.53	402.55
土默特右旗		346.04	340.46	351.39	384.95
土默特左旗	413.39	374.01	372.59	391.13	395.79
乌拉特前旗	215.21	205.92	209.47	215.55	233.66
托克托县	367.27	351.49	334.08	350.05	378.04

3）风速的变化

风是沙漠化形成的最主要动力因素之一，地表沙化、土壤风蚀、营养成分损失、风沙灾害的动力均源于风，风在沙漠化过程中起到推波助澜的作用。在风的营力作用下搬运沙物质，不仅能促使沙漠化面积增加，而且可使地表蒸发更强烈，干旱程度加剧（乌云娜等，2002）。

分析表 11.28 可知，河套平原风速有下降的趋势，尤其是进入 20 世纪 80 年代以后，风速下降的更为明显，与沙漠化土地的变化趋势大体上一致。

表 11.28　多年平均风速变化表　（单位：m/s）

代表站	1961 ~ 1970 年	1971 ~ 1980 年	1981 ~ 1990 年	1991 ~ 2000 年	2001 ~ 2008 年
杭锦后旗	2.51	2.60	2.49		2.03
临河区	3.06	2.47	2.17	1.72	1.70
包头	3.42	3.44	2.40	2.06	1.45
呼和浩特	1.56	1.83	1.90	1.77	1.66

2. 影响土地沙漠化的人为因素

根据荒漠化的定义，导致荒漠化的驱动因素不外乎气候变化和人类活动两个方面（苏志珠等，2006）。人类活动被认为是中国北方当代（近几十年）荒漠化的主要驱动力，而在地质历史时期的荒漠化中人类活动则仅起到次要的作用。随着社会科学技术的发展，人类进行生产开发的手段不断改进，规模不断扩大，人与自然的矛盾日益加剧。人们掠夺式的开发利用自然资源，导致了生态环境的恶化，表现为砍伐森林、过度放牧、开垦土地，导致了土地荒漠化、水土流失、盐碱加剧等严重后果。

气候未发生变化的条件下，当下垫面受到人类干扰，表层稳定性发生变化时，如植被的退化、草地的开垦、沙丘的移动，都会诱发沙漠化或加剧其进程。人类活动打破了下垫面表层原有结构，沙漠化破口的形成，使外营力的介入成为可能，或者说人类活动协助风力打破了土壤表层较脆弱的稳定，加速了沙漠化发生过程。

社会生产力的发展和科学技术的发展的一样，对人类社会的可持续发展都具有利弊二重性。社会生产力的发展可以丰富人们的物质需求，同时，如果不合理的运用它，则会对人类的生存环境造成更为严重的破坏，影响社会、经济的可持续发展。

（二）气候与人为因素影响力定量分析

河套平原沙漠化土地受多种因素的影响，采用一般的单因素分析很难对其动态变化进行全面系统的分析。本书采用多变量分析方法，使用主成分回归分析法进行拟合。

1. 主成分回归分析法的原理

主成分分析是所有近代排序方法中应用最广泛的，其突出优点是可以在关系错综复杂的多变量中找出影响它们的共同因素和特殊因素，从而用若干个数目较少的独立新变量来表达所观测、记录的原始数据，取得良好的降维效果，同时用较少的变量指标分析土地沙漠化，简化了分析因素，但又能反映尽量多的信息（张登山，2000）。

主成分分析法是把原来多个指标，运用统计分析原理与方法提取少数几个彼此不相关的综合性指标而保持其原指标所提供的大量信息的一种统计方法（王学仁和王松桂，1990）。其基本原理是：设有 N 个相关变量 $X_i(i=1, 2, \cdots, N)$，由其现行组合成 N 个独立变量 $P_j(i=1, 2\cdots N)$，使得独立变量 P_i 的方差之和等于原来 N 个相关变量 X_i 的方差之和，并按方差大小由小到大排列。这样就可把 P 个相关变量的作用看作主要由为首的几个独立变量 $P_j(i=1, 2, \cdots, M)$（$M<N$）所决定，于是 N 个相关变量就缩减成 M 个独立变量 P_i，$P_j(i=1, 2, \cdots, M)$ 就是通常所说的主成分。

主成分分析法是对高维变量进行最佳综合与简化，同时也客观地确定各个指标的权重，避免了人为打分而带来的主观随意性。

2. 分析因子与样本的选取

影响土地沙漠化的自然因素主要是气候、土壤和植被三大要素，其中气候是最活跃、最积极、最直接的因素（李森等，2005），而在影响沙漠化过程的气候条件中，年平均气温和年降水量与沙漠化的关系最为密切（董光荣等，1990；徐海量等，2003；常学礼等，2005）。另外，风速状况也是影响沙漠化的一个极其重要的因素。人口、土地承载力与沙漠化的关系是沙漠化发生、发展研究的一个主要内容（刘新民等，1992；崔旺诚，2003）。其中人口增长过快、过度放牧、过度樵采等活动是导致沙漠化加速发展的主要促进因素（慈龙骏和刘玉平，2000；赵哈林等，2002）。基于上述原因，本书选取年平均气温、年平均风速、年降水量、日照时数、人口数量和牲畜量（折合为羊单位）来分析自然和人为因素对沙漠化的影响。

由于资料的限制，自然因素选用达拉特旗的年均气候资料，人为因素选取达拉特旗所属各乡镇的平均值，其中牲畜数量缺少2000年的资料，本书采用一次插值法计算出这一年的牲畜数量。对于分析样本，力求长序列和大样本，结合变量的选取，确定了达拉特旗1987～2003年数据为分析样本（表11.29）。

表11.29 达拉特旗自然及人为因素统计数据表

年份	牲畜量/头	人口数量/人	平均气温/℃	平均风速/(m/s)	年均降水量/mm	日照时数/h
1987	58016.4	19740	7.4	2.9	151.2	3175.4
1988	64961.1	19685	6.2	2.6	404.6	3057.6
1989	63478.6	19704	7.2	2.3	284.5	3053.5
1990	63389.1	19921	7.3	2.3	347.0	2984.2
1991	60398.4	19833	7.1	2.4	269.3	3217.8
1992	58801.4	19854	6.9	2.4	345.9	3004.9
1993	56281.2	19941	6.4	2.4	265.1	3150.3
1994	58756.1	19667	7.4	2.3	436.0	2956.8
1995	40786.0	41290	6.8	2.4	332.3	3147.3
1996	42778.5	44035	6.6	2.4	338.4	2996.6
1997	42445.6	44825	7.7	2.3	345.2	3093.4
1998	42061.9	40053	8.6	2.3	383.7	2969.7
1999	38392.7	33427	8.5	2.2	239.4	3215.7
2000	45937.4	37532	7.3	2.1	287.5	3135.4
2001	99230.9	26564	8.2	2.2	285.6	3104.1
2002	157754.8	26471	8.1	2.0	316.9	3142
2003	211917.5	26530	7.0	2.0	506.4	3102.2
设置变量	X_1	X_2	X_3	X_4	X_5	X_6

3. 影响沙漠化过程的多因素分析

将表11.29中原始数据作标准化处理，进行相关分析，得到各指标的相关系数矩阵（表11.30）。各指标间存在较高的相关性，尤其是年均风速、年均降水量和日照时数之间的相关系数都很高，这也从侧面说明他们之间存在多重共线性。

表 11.30　各指标的相关系数矩阵

项目	X_1	X_2	X_3	X_4	X_5	X_6
X_1	1.000	−0.248	0.047	−0.519	0.439	0.101
X_2	−0.248	1.000	0.269	−0.252	0.088	−0.010
X_3	0.047	0.269	1.000	−0.383	−0.178	0.077
X_4	−0.519	−0.252	−0.383	1.000	−0.433	0.022
X_5	0.439	0.088	−0.178	−0.433	1.000	−0.591
X_6	0.101	−0.010	0.077	0.022	−0.591	1.000

主成分分析表明（表 11.31），由牲畜量、人口数量、年均气温、年均风速、年降水量和日照时数等影响沙漠化程度的六个因素主要综合成六个主成分，其中第一主成分（PC1）对沙漠化影响的贡献率为 34.1%，第二主成分（PC2）对沙漠化影响的贡献率为 25.7%，第三主成分（PC3）的贡献率为 21.5%，第四主成分（PC4）的贡献率为 11.7%，第五与第六主成分的贡献率均较小。

表 11.31　1987～2003 年研究区因子分析的特征值及主成分贡献率表

项目	第一主成分（PC1）	第二主成分（PC2）	第三主成分（PC3）	第四主成分（PC4）	第五主成分（PC5）	第六主成分（PC6）
特征值	2.043	1.540	1.289	0.705	0.283	0.141
贡献率/%	34.052	25.667	21.479	11.743	4.713	2.346
累计贡献率/%	34.052	59.719	81.199	92.942	97.654	100

鉴于因子变量未经旋转的载荷矩阵中在许多变量上都有较高的载荷而含义会比较模糊，所以通过方差极大法对因子载荷矩阵旋转，用旋转后的结果提取累加方差贡献率大于85%的主成分因子，即提取原始指标的大部分信息。从六个主成分的分析中可以看出，第一、二、三、四主成分的累计贡献率达到了 93%，因此只讨论影响沙漠化的各因素在此四个主成分中的载荷量。在第一主成分中，不同影响要素的载荷量按绝对值大小依次为年降水量、年均风速、牲畜量、日照时数、年均气温和人口数量。年均气温和人口数量的载荷量较低，仅分别为 0.194 和 0.156，除此之外，其他因素载荷量的绝对值均较大，在 0.412～0.835 变化；在第二主成分中，不同要素的载荷量按绝对值大小依次为年均气温、日照时数、人口数量、年均风速、年降水量和牲畜量。除牲畜量的载荷量较低外，其余要素的载荷量绝对值变化在 0.426～0.780；在第三主成分中，不同影响要素的载荷量按绝对值大小依次为人口数量、牲畜量、日照时数、年降水量、年均气温和年均风速。除人口数量、牲畜量和日照时数的载荷量绝对值较高外，其他因素载荷量的绝对值均较小，其中年均风速的载荷量绝对值最小，仅为 0.094；在第四主成分中，不同要素的载荷量按绝对值大小依次为年均气温、人口数量、日照时数、年降水量、年均风速和牲畜量。年均风速和牲畜量的载荷量绝对值最小，分别为 0.066 和 0.057。四个主成分方程表示如下：

$$Z_1=0.684x_1+0.156x_2+0.194x_3-0.804x_4+0.835x_5-0.412x_6$$
$$Z_2=0.008x_1+0.507x_2+0.780x_3-0.433x_4-0.426x_5+0.553x_6$$
$$Z_3=0.655x_1-0.678x_2-0.131x_3-0.094x_4-0.182x_5+0.583x_6$$
$$Z_4=0.057x_1+0.473x_2-0.555x_3-0.066x_4+0.121x_5+0.388x_6$$

从主成分载荷量的表示来看（表11.32），构成 Z_1 当中年降水量和年均风速的系数最大，对 Z_1 的变化起主导作用，可将第一主成分解释为降水和风速因子；构成 Z_2 当中年均气温和日照时数的系数最大，对 Z_2 的变化起主导作用，可将第二主成分解释为气温因子；构成 Z_3 当中人口数量、牲畜量的系数最大，对 Z_3 的变化起主导作用，因此，可将第三主成分 Z_3 解释为人为因子；构成 Z_4 年均气温的系数最大，对 Z_4 的变化起主导作用，将第四主成分 Z_4 解释为气温因子。这样，新构造的降水因子、气温因子和人为因子彼此之间相互独立，不存在共线性，而且代表了原指标绝大部分的信息，可进行进一步的多元线性回归分析。根据多元线性回归基本原理，以降水和风速因子 Z_1、气温因子 Z_2 和人为因子 Z_3 为自变量，以沙漠化面积 y 为因变量，进行多元线性回归，利用最小二乘法估算参数，得到回归方程为

$$y=0.132Z_1+0.476Z_2-0.387Z_3-5.628\times10^{-9}$$

经计算其相关系数 R 为0.868，决定系数 R^2 为0.754，F 检验值为10.21，显著性概率 $P=0.002<0.05$，说明回归效果较好，回归方程有显著意义。从各因子对研究区沙漠化面积变化的相对影响力百分比来看，年均气温和日照时数对沙漠化的影响最大，气温因子将占总影响力的47.84%，人为因子占总影响力的-38.89%，降水和风速因子占总影响力的13.27%。正、负号表示对沙漠化面积的正、负作用。

由此可见，河套平原土地沙漠化是众多因子综合作用下生态与经济不相协调的产物，近年来，自然因素在沙漠化动态变化过程中起主导作用，而人为因子的影响也不容忽视，在总影响力中也占有相当一部分的比例。

表11.32　1987～2003年研究区因子分析的主成分载荷量

变量	第一主成分（PC1）	第二主成分（PC2）	第三主成分（PC3）	第四主成分（PC4）
牲畜量	0.684	0.008	0.655	0.057
人口数量	0.156	0.507	-0.678	0.473
年均气温	0.194	0.780	-0.131	-0.555
年均风速	-0.804	-0.433	-0.094	-0.066
年降水量	0.835	-0.426	-0.182	0.121
日照时数	-0.412	0.553	0.583	0.388

三、荒漠化土地发展趋势的预测研究

马尔可夫矩阵模型对分析不同程度和不同类型荒漠化土地的动态变化具有重要的作用。不仅能说明不同程度荒漠化土地之间的相互转化情况，而且也可以预测荒漠化土地的

未来变化趋势。

本书以遥感影像资料为基础，通过遥感提取技术，分析四个时期不同程度荒漠化土地的转化情况，确定相应的不同程度荒漠化土地之间的初始转移矩阵，然后利用马尔可夫过程预测研究区未来的变化趋势，这对于探讨河套平原荒漠化土地的动态变化原因及防治该地区土地荒漠化的对策研究具有重要意义。

（一）马尔可夫模型预测土地荒漠化发展趋势

1. 马尔可夫过程简介

马尔可夫模型是应用广泛的一种随机模型。它通过对系统不同状态的初始概率，以及状态之间的转移概率的研究来确定系统各状态变化趋势，从而达到对未来趋势预测的目的（宁龙梅等，2004；彭月等，2006）。马尔可夫过程是无后效性的一种特殊的随机运动过程，其状态转移仅受前一状态影响，即无后效性。马尔可夫链是时间和状态都是离散的马尔可夫过程，在马尔可夫链中，系统状态的转移可用概率矩阵 $\boldsymbol{P}$ 表示：

$$\boldsymbol{P}=\begin{bmatrix} P_{11} & P_{12} & \cdots & P_{1n} \\ P_{21} & P_{22} & \cdots & P_{2n} \\ \cdots & \cdots & & \cdots \\ P_{n1} & P_{n2} & \cdots & P_{nn} \end{bmatrix} \tag{11.5}$$

式中，P_{ij}为沙漠化程度土地 i 转变为沙漠化程度土地 j 的转移概率，即为系统从 t 到 $t+1$ 时刻，状态 E_i 转移为 E_j 的频数 n_{ij}与 E_i 状态频数 n_i 之比。转移概率矩阵每一个元素有以下特点：① $0\leqslant P_{ij}\leqslant 1$；②每行元素之和为 1。计算公式如下：

$$P_{ij}=n_{ij}/\sum_{i=1}^{m} n_{ij} \tag{11.6}$$

2. 转移概率的确定

马氏过程是一种特殊的随机运动过程。一个运动系统在 $t+1$ 时刻的状态和 t 时刻的状态有关，而与以前的运动状态无关（程水英，2004）。这一点用于荒漠化动态变化的预测是合适的。成功的应用马尔可夫模型的关键在于转移概率的确定，利用河套平原两个时间段的遥感影像，再以年为单位，把荒漠化的动态变化分成一系列离散的演化状态，计算从一个状态到另一个状态的转化速率，也就是转移概率可以通过各时间段内某种程度的荒漠化土地的年平均转化率获得，如 2000 年的荒漠化类型，轻度荒漠化土地到 2007 年时部分转化为未荒漠化、中度荒漠化、重度荒漠化土地等，后者占轻度荒漠化土地面积的百分比即为转移概率。把未荒漠化土地转化为其他等级荒漠化土地的转移概率作为第 1 行，把轻度荒漠化土地转化为其他等级的转移概率作为第 2 行，以此类推，根据式（11.6），利用两个不同时期土地利用类型面积的转移情况求出两个不同时期各荒漠化程度类型土地初始转移概率矩阵。

（二）动态模拟与预测

1. 马尔可夫预测模型

已知一个马尔可夫链的初始转移矩阵，根据柯尔莫哥洛夫-开普曼定理，可以求出它的任意有限步转移概率。柯尔莫哥洛夫-开普曼定理的数学表达式可简写为 $\boldsymbol{p}(n+m)=\boldsymbol{p}(n)\boldsymbol{p}(m)$，式中 $\boldsymbol{p}(n)$ 为初始状态转移概率矩阵，$\boldsymbol{p}(m)$ 为第 m 步转移概率矩阵。然后，再根据全概率公式：$P_{ij}=n_{ij}/\sum_{i=1}^{m}n_{ij}$，可求出 K 次转移后的转移概率矩阵，若经过 K 次转移后处在状态 i 的概率为 S_i^k，且有 $\sum_{i=1}^{n}S_i^k=1$，其中，n 为系统互不相容状态数，则预测模型为 $S_i^{k+1}=\sum_{i=1}^{n}S_i^k\cdot p_{ij}$（$k=0$，1，2，…），用向量表示，即 $S^{k+1}=S^k\cdot p$，得递推关系式：$S^1=S^0\cdot p$，$S^2=S^1\cdot p=S^0\cdot p^2$，…，$S^{k+1}=S^0\cdot p^{k+1}$

写成矩阵形式，即

$$\boldsymbol{S}^{k+1}=\boldsymbol{S}^0\cdot\begin{bmatrix}P_{11} & P_{12} & \cdots & P_{1n}\\ P_{21} & P_{22} & \cdots & P_{2n}\\ \cdots & \cdots & & \cdots\\ P_{n1} & P_{n2} & \cdots & P_{nn}\end{bmatrix}^{k+1} \tag{11.7}$$

上述式子即为马尔可夫预测模型，可以根据初始时刻各种状态的概率，通过状态转移概率矩阵，预测之后任何一时刻的概率，即各种荒漠化程度土地类型所占比例的变化情况，进而清楚地反映了荒漠化土地转移状况及时空上的变化。

2. 马尔可夫动态模拟

根据马尔可夫随机过程理论，可以利用初始状态概率矩阵模拟出某一初始年后若干年的荒漠化土地类型所占的面积比例。马尔可夫第 n 期的转移概率计算公式为

$$P_{ij}^{n}=\sum_{k=0}^{m-1}P_{ik}^{n-1}P_{kj}^{n-1} \tag{11.8}$$

式中，m 为转移概率矩阵的行列数，而任意第 n 分期的转移概率矩阵等于第 1 分期的转移概率矩阵的 n 次方，从而计算得到第 2 分期、第 3 分期、…、第 n 分期的转移概率矩阵 $\boldsymbol{P}(1)$、$\boldsymbol{P}(2)$、$\boldsymbol{P}(3)$、…、$\boldsymbol{P}(n)$。根据初始面积百分比矩阵 $\boldsymbol{A}(0)$ 和第 1 分期的转移概率 $\boldsymbol{P}(1)$ 可计算出第 1 分期末的面积百分比矩阵 $\boldsymbol{A}(1)$，即 $\boldsymbol{A}(1)=\boldsymbol{A}(0)*\boldsymbol{P}(1)$

同理，第 n 分期末的面积百分比矩阵公式为

$$\boldsymbol{A}(n)=\boldsymbol{A}(n-1)*\boldsymbol{P}^1=\boldsymbol{A}(0)*\boldsymbol{P}^n \tag{11.9}$$

初始状态矩阵 $\boldsymbol{A}(t=0)$ 以 2000 年荒漠化类型所占的面积百分比表示：

$$A(0)=\begin{bmatrix}0.20\\1.64\\4.15\\0.41\\49.95\\4.96\\5.59\\4.97\\3.19\\4.86\\10.24\\4.69\\5.15\end{bmatrix}=\begin{bmatrix}\text{基岩}\\\text{城镇}\\\text{水体}\\\text{沼泽}\\\text{其他}\\\text{砂砾石裸地}\\\text{沙漠}\\\text{轻度沙化}\\\text{中度沙化}\\\text{重度沙化}\\\text{轻度盐渍化}\\\text{中度盐渍化}\\\text{重度盐渍化}\end{bmatrix}$$

经过叠加2000～2007年各种程度荒漠化土地面积的转移情况，求出各程度荒漠化土地的年平均转移情况（km^2/a），再由年平均转移情况求出各种程度荒漠化土地的转移概率矩阵（步长为一年），对角线上的值为用1减去其他类型的概率和，该矩阵即为初始状态的转移矩阵表（表11.33）。

3. 对马氏模拟荒漠化变化的检验

根据初始面积百分比矩阵 $\boldsymbol{A}(0)$ 和初始状态下各种程度荒漠化土地转移矩阵 $\boldsymbol{p}$ 的情况，利用式（11.9），可计算出第 n 分期末的面积百分比矩阵 $\boldsymbol{A}(n)$，$\boldsymbol{P}(n)$ 的得到是在MATLAB软件下完成的。本书以2000年各程度荒漠化土地所占面积作为初始状态量，乘以各预测年份的转移概率矩阵，分别计算出到2007年、2010年、2020年、2030年和2040年的百分比矩阵。

马氏过程模拟的是2007年的数据与影像解译中提取的数据计算值的比较（表11.34），采用 x^2 检验：$x^2=\sum(y-y')^2/\overline{y'}=3.6171/7.6931=0.4702$，查表得 $x^2_{0.05}(13)=22.36$。因为 $0.4702<22.36$，结果表明，模拟结果与实测情况差异不显著，两者吻合情况很好。这说明采用不同程度荒漠化土地之间的面积转移矩阵所确定的转移概率，通过马尔可夫过程来预测荒漠化的变化是可行的。不同程度的荒漠化土地预测的效果不同，其中对基岩、城镇、水体、沼泽、砂砾石裸地、沙漠、轻度沙化、中度沙化、重度沙化、轻度盐渍化、中度盐渍化及重度盐渍化的预测效果较好，差值小，但对其他（耕草地村落等）的预测的差值较大。

表 11.33 初始状态下各种程度荒漠化土地转移矩阵（$n=0$）

		$t=1$												
		基岩	城镇	水体	沼泽	其他	砂砾石裸地	沙漠	轻度沙化	中度沙化	重度沙化	轻度盐渍化	中度盐渍化	重度盐渍化
$t=0$	基岩	0.9994	0	0	0	0	0	0	0.0005	0	0	0	0	0
	城镇	0	0.9629	0.0007	0	0.0360	0.0001	0	0	0	0	0.0001	0.0001	0.0001
	水体	0	0.0005	0.9507	0.0011	0.0328	0	0.0002	0.0024	0.0010	0.0015	0.0033	0.0020	0.0044
	沼泽	0	0	0.0145	0.8475	0.0680	0	0.0014	0.0020	0.0051	0.0062	0.0166	0.0085	0.0302
	其他	0	0.0014	0.0021	0.0010	0.9836	0.0009	0	0.0016	0.0003	0	0.0062	0.0013	0.0016
	砂砾石裸地	0	0.0008	0	0	0.0074	0.9914	0	0.0001	0	0	0.0002	0.0001	0
	沙漠	0	0	0.0001	0.0010	0.0008	0	0.9764	0.0026	0.0038	0.0113	0.0006	0.0022	0.0011
	轻度沙化	0.0001	0.0002	0.0035	0.0003	0.0505	0.0001	0.0008	0.9060	0.0236	0.0032	0.0052	0.0030	0.0033
	中度沙化	0	0	0.0125	0.0004	0.0365	0.0003	0.0005	0.0505	0.8746	0.0096	0.0040	0.0043	0.0068
	重度沙化	0	0	0.0010	0.0004	0.0057	0.0008	0.0001	0.0217	0.0361	0.9247	0.0015	0.0008	0.0072
	轻度盐渍化	0	0.0001	0.0031	0.0014	0.0985	0	0.0006	0.0026	0.0006	0.0001	0.8755	0.0075	0.0100
	中度盐渍化	0	0	0.0061	0.0012	0.0760	0.0001	0.0002	0.0021	0.0006	0.0002	0.0380	0.8519	0.0237
	重度盐渍化	0	0	0.0052	0.0013	0.0319	0.0001	0.0001	0.0022	0.0012	0.0003	0.0244	0.0145	0.9189

表 11.34　2007 年荒漠化土地面积百分比的马氏过程模拟误差表

荒漠化类型	模拟值（y）	实测值（y'）	差值（$y-y'$）	差值平方（$y-y'$）^{2}
基岩	0.20	0.20	0	0
城镇	1.76	1.73	0.03	0.0009
水体	4.43	4.50	−0.07	0.0049
沼泽	0.53	0.58	−0.05	0.0025
其他	56.67	58.18	−1.51	2.2801
砂砾石裸地	5.02	5.00	0.02	0.0004
沙漠	4.92	4.89	0.03	0.0009
轻度沙化	4.64	4.70	−0.06	0.0036
中度沙化	2.85	2.88	−0.03	0.0009
重度沙化	3.62	3.41	0.21	0.0441
轻度盐渍化	7.55	6.71	0.84	0.7056
中度盐渍化	2.90	2.16	0.74	0.5476
重度盐渍化	4.91	5.07	−0.16	0.0256

（三）预测结果分析

从马氏过程预测各年代不同程度河套平原的荒漠化土地变化的结果看（表 11.35），河套平原各种程度荒漠化土地所占比例正处在一种变化状态，基岩的面积基本上未发生改变，中小型城镇和其他（耕草地村落等）的面积逐渐增加，水体和沼泽地的面积也有些增加，但变化不明显，到 2020 年时，面积趋于稳定，砂砾石裸地面积稍有增加，沙漠、轻度沙化、中度沙化、重度沙化、轻度盐渍化、中度盐渍化和重度盐渍化土地面积逐渐减少。其中，变化较明显的是轻度盐渍化土地，2000 年时，面积占 10.24%，2040 年时减少到 5.00%，重度沙化土地 2000 年时面积占 4.86%，2040 年时变为 1.18%，而其他（耕草地村落等）土地在 40 年间增加了 18.64%。预测结果表明，随着社会经济的发展，人口的增多，中小型城镇面积有所扩张，而不同程度荒漠化土地的面积逐渐减少，河套平原的环境问题逐渐向良好势头发展。

表 11.35　各年代不同程度荒漠化土地预测值的比例　（%）

荒漠化类型	2000 年	2010 年	2020 年	2030 年	2040 年
基岩	0.20	0.20	0.21	0.21	0.21
城镇	1.64	1.85	2.07	2.27	2.43
水体	4.15	4.54	4.67	4.68	4.66
沼泽	0.41	0.56	0.59	0.60	0.60
其他	49.95	59.67	64.38	67.00	68.59
砂砾石裸地	4.96	5.08	5.23	5.40	5.57

续表

荒漠化类型	2000 年	2010 年	2020 年	2030 年	2040 年
沙漠	5. 59	4. 52	3. 66	2. 97	2. 42
轻度沙化	4. 97	4. 39	3. 79	3. 31	2. 96
中度沙化	3. 19	2. 60	2. 07	1. 68	1. 42
重度沙化	4. 86	3. 03	2. 06	1. 51	1. 18
轻度盐渍化	10. 24	6. 57	5. 45	5. 11	5. 00
中度盐渍化	4. 69	2. 33	1. 74	1. 55	1. 47
重度盐渍化	5. 15	4. 65	4. 07	3. 67	3. 46

四、荒漠化的防治对策

河套平原荒漠化的发生发展制约了当地经济的持续、稳定、快速发展和农牧民生活水平的提高，同时对周边地区人民的生产、生活和生态环境造成了严重的危害，影响区域社会经济的可持续发展。因此，加强荒漠化防治具有重要现实意义。

（一）贯彻“围封转移”政策，开展舍饲饲养

土地荒漠化是人类不合理利用及恶劣的自然条件共同影响的结果（苏志珠等，2006；许端阳等，2009），因此必须在充分了解自然条件的基础上，采取防治措施，恢复植被覆盖，改善生态环境。严格执行“围封转移”政策，对破坏程度不同的退化土地采取不同的保护措施。严重退化的土地，最主要的保护措施是禁牧封育，减少破坏。其余退化发展程度的土地，根据破坏程度，采取休牧、轮牧，以及在此基础上实行以草定畜、草畜平衡，放养和圈养相结合的措施。

禁牧，就是对生态极度恶化、植被再生能力极其脆弱的地区，根据其植被恢复所需时间，实行彻底禁牧封育，给草场以休生养的机会，采取自然恢复植被和人工恢复植被相结合。休牧，就是在每年春季牧草发芽生长时期，实行舍饲圈养 40 ~ 60 天，避免啃噬返青的牧草嫩芽，通过休牧保护和保障现有草场春季的牧草的顺利发芽生长，避免牲畜践踏，为夏秋牧草的生长提供良好的保障，从而提高产草能力。轮牧，也叫划区轮牧，就是在生态条件和植被条件较好的地区，实行休牧的基础上，适应一定时段内牧草生长和合理采食需要，根据水源条件将草场划分若干小区，轮流放牧，保持草场良性循环，实现持续利用的目的。

（二）改变经营方式，减少对土地的压力

土地荒漠化是落后的生产方式和经营模式的直接后果，所以，必须改变生产方式，调整产业结构，改变单纯以农业或牧业经济为主体的经济结构，结合生态环境建设，以生态企业为龙头带动生态产业的发展，形成多元社会经济体系，促进生态环境的可持续发展。同时，要从政策上制定科学合理的区域土地利用规划，以水资源合理利用为核心，优化土

地利用结构，发挥土地资源的整体潜力，做到人口、资源、环境和经济的相互适宜和协调发展（赵婧和程伍群，2011）。

河套平原农牧民一家一户分散经营，使大量农畜产品失去了市场竞争力，经济收入减少，如果改变经营方式、建立合作经营、扩大规模，既能合理利用草场，又能解决剩余劳动力的就业、减轻土地压力。

农牧民通过合作把分散经营的农牧户组织起来扩大生产规模，增强抗灾能力（自然灾害如干旱和白灾）和抵御市场冲击能力，根据市场需求来调整产业结构，购销有组织，减少中间商贩购销的环节，获得完整、准确、及时的市场信息。饲养规模大，容易进行科技创新、人员技能培训，提高产品的科技含量，迎合市场竞争。养殖合作如统配良种、给牲畜打育苗防疾病、优化营养结构，合理安排、加工饲草料。牧区合作可以有效利用土地资源、合理规划、分配和保护草场，减少无节制的过度利用。

目前，研究区牧民的畜牧业经营方式以传统方式为主，落后、粗放，经济效益低，环境压力也大，所以可以通过改变经营方式，最终达到减轻土地压力、保护草场、防治荒漠化的目标，并且实现农牧民的收入提高，改善生产生活条件。

（三）建立健全相关法规和政策，依法保护草地，健全草地监测系统

加强草场管理制度体系包括多方面的内容。完善和严格执行防治草场退化和荒漠化的法律法规，宣传普及《环境保护法》《森林法》《防沙治沙法》《草原法》《水土保持法》等。长期以来，人类对草场的过度利用是造成荒漠化迅速扩展的主要原因，人们虽然意识到了这点，但目前这种现象仍然比较严重，形成了局部治理、整体恶化、边治理边破坏的被动局面。要解决这些问题，必须依法管理，加强执法力度，真正做到有法可依、有法必依、执法必严、违法必究。加强荒漠化治理工作的单位、领导的协调与监督，避免因不同工作部门间管理工作的脱节而给荒漠化防治带来不便。

（四）控制人口，提高人口素质，减轻人口压力

土地荒漠化的主要原因是在脆弱的生态环境基础上，人类不合理利用及过度的开发土地而造成的（王黎波和刘群，2011）。研究区巨大的人口压力与当地土地资源承载力不相适应，必然会造成土地退化。人口多，为生存必然增加牲畜头数而引起过度开垦土地、滥牧及踩踏使道路和居民点周围的土地荒漠化越来越严重。要控制土地荒漠化的继续发展，必须控制人口数量，加强提高人口素质，增加向外输出人口，减少人口对土地资源的压力。

（五）加强3S技术在荒漠化监测中的应用

遥感技术具有信息量大、观测范围广、精度高和更新速度快等优点，所以其适时性和动态性是传统资源环境监测无法比拟的。特别是把遥感和GPS、GIS等技术相结合进行荒漠化动态监测，是一项比较新的技术应用领域。

信息技术和计算机技术的日新月异，带动了地理信息系统的快速发展，从而为更好地管理和使用地理时空信息提供了有效的工具与手段。遥感技术为研究土地利用、土地覆盖

及荒漠化的时空演变提供了数据源，而 GIS 技术为大量的数据存储、管理、分析、查询、输出提供了技术支持。在 3S 技术中，RS 为荒漠化监测提供大量多时相、多分辨率反映监测区荒漠化的适时多光谱数据资料，并实现这些资料的计算机增强、校正与分辨 GIS 提供多时相空间数据的管理、空间分析和决策建模功能，形成荒漠化信息的动态管理系统；GPS 支持荒漠化区定位数据和西部特征的获取。三者的集成应用，能使我们掌握不同尺度条件下荒漠化发展的程度、空间分布特征和发展速度，分析荒漠化发生发展的驱动因素，为政府防治荒漠化决策提供依据。

近几十年，在我国北方荒漠化的形成机制、发展过程、分布规律和演变趋势等研究中，遥感技术已被广泛应用（何祺胜等，2007；李金霞等，2007；陈凤臻等，2008）。及时准确地获取遥感影像，做出土地荒漠化变化的早期预报及灾情监测评估，进而为各级决策部门的荒漠化综合治理、环境规划、管理决策及动态研究等提供科学依据。

（六）工程措施和生物措施相结合的综合治理

生物措施是采取各种方法、方式（人工种植灌木、乔木、飞播草地等）增加地表植被的覆盖度、减轻风力、水力的侵蚀，减少土地的退化，从而达到防治荒漠化的目的。工程措施是采取工程技术手段防治荒漠化，对荒漠化的治理单一方法难以取得理想效果，因为单个生物措施或工程措施都有各自的局限性，所以大力增加植被覆盖的同时，又要配合适当的工程措施才能达到防治荒漠化的目的。一方面在研究区沙质荒漠化严重扩展的地区，在实施围封禁牧、休牧的基础上，加强人工种草，种灌木，增加植被覆盖；另一方面也要采取机械沙障固沙，即采用树枝、草、卵石等材料，在沙面上设置各种障碍物，以此减少风速、控制风沙流动的方向、结构、速度，达到防风、阻沙、固沙、达到改变风的作用力及地貌状况等的目的。

针对河套平原土地盐渍化的现状，目前在河套灌区地下水水位比较高的情况下，植树造林是盐碱地最佳利用途径（吴宏宇等，2010），而且盐碱地造林应根据盐碱地类型选择树种；依据该地区的自然条件，掺沙、增施有机肥、种植绿肥植物和平整土地等是行之有效的改良措施，对于面积较大的盐碱地，必须采取生物与工程措施并举的方式进行改良，主要包括：①水利措施，浇水洗盐、引灌淤地和排水；②农艺措施，铲除盐斑、刮去盐结皮、换土或铺沙，深翻深松、平整土地，增施有机肥，耙青勤锄，选用耐盐作物种类和品种，腹膜种植，合理灌溉；③生物措施，种植绿肥牧草、植树造林；④化学措施，施用石膏、磷石膏、黑矾、腐殖酸类肥料、钙质化肥和生理酸性肥料、抗盐碱土壤调节剂等。对于春季表层反盐现象比较重的盐碱地，采用表层排土法可以达到较高的除盐效果；对于质地坚硬而透水性差的盐碱地，可以采用打砂桩法，通过灌溉淋洗土壤中的盐分能达到最佳除盐效果；石膏混合法可使土壤透水性增加、除盐总量增大、淋盐效果增加。

第十二章　地下水可持续利用评价

第一节　地下水潜力评价

一、评价方法

1. 地下水开采程度

地下水开采程度一般用地下水开采系数反映，表达式为

$$P=Q_{开采}/Q_{开资}$$

式中，P 为地下水开采系数,%；$Q_{开采}$为开采层的可开采量，亿 m^3/a；$Q_{开资}$为开采层的可开采资源量，亿 m^3/a。

2. 地下水开采潜力系数

$$\alpha=(Q_{开资}+Q_{可扩大开})/Q_{开采}$$

式中，α 为地下水潜力系数；$Q_{开资}$为可开采资源量，亿 m^3/a，采用 TDS<2g/L 的可开采资源量；$Q_{可扩大开}$为可扩大的开采资源量，亿 m^3/a，将 2g/L≤TDS<3g/L 的可开采资源量作为微咸水可扩大开采量；$Q_{开采}$为开采层的开采量，亿 m^3/a。

地下水潜力分区：$\alpha<1$ 为地下水无潜力区；$1\leq\alpha<1.2$ 为地下水潜力一般区；$1.2\leq\alpha<1.4$ 为地下水潜力较大区；$\alpha\geq1.4$ 为地下水潜力大区。

二、浅层地下水潜力

以 2010 年实际开采量为基准，按照县（区、旗）行政区进行地下水潜力力评价。2010 年河套平原大部分旗县是平水年（呼和浩特市、和林格尔县、托克托县是丰水年），平水年的开采量是可代表多年平均降水状态下的开采量的。

（一）浅层地下水开采程度

总体上来说，呼包平原东部地下水系统的地下水开采程度相对较高，其中呼和浩特市区范围内地下水开采程度最高，赛罕区、玉泉区、回民区的地下水开采程度分别可达 125%、253.85% 和 200%。后套平原地下水系统的地下水开采程度相对较低，五原县、磴口县、杭锦后旗等地的地下水开采程度分别仅为 8.88%、16.17%、25.22%，但是北部山前冲洪积平原地下水开采程度较高，乌拉特后旗、乌拉特中旗和乌拉特前旗的地下水开采

程度在98%～144%。呼包平原西部地下水系统的地下水开采程度中等，包头市的青山区、昆都仑区、东河区、九原区地下水开采程度基本处于80%～100%，土默特右旗的地下水开采程度可达164%（表12.1）。

表12.1　浅层地下水开采程度一览表

行政区	可开采资源/(亿 m^3/a)	地下水开采量/(亿 m^3/a)	开采程度/%
磴口县	2.35	0.38	16.17
杭锦后旗	2.26	0.57	25.22
巴彦淖尔市临河区	2.58	1.2	46.51
五原县	2.59	0.23	8.88
乌拉特前旗	1.41	1.7	120.57
乌拉特中旗	1.2	1.73	144.17
乌拉特后旗	0.41	0.4	97.56
包头市昆都仑区	0.09	0.08	88.89
包头市九原区	0.3	0.22	73.33
包头市青山区	0.08	0.07	87.50
包头市东河区	0.22	0.2	90.91
土默特右旗	0.53	0.87	164.15
土默特左旗	0.86	0.63	73.26
呼和浩特市玉泉区	0.13	0.33	253.85
呼和浩特市赛罕区	0.48	0.6	125.00
呼和浩特市回民区	0.05	0.1	200.00
呼和浩特市新城区	0.35	0.13	37.14
托克托县	0.3	0.09	30.00
和林格尔县	0.12	0.27	225.00
达拉特旗	2.93	2.67	91.13
杭锦旗	1.83	0.001	0.05
准格尔旗	0.42	0.4	95.24

（二）浅层地下水开采潜力系数

根据浅层地下水开采潜力系数计算结果（表12.2），地下水无潜力区域主要分布于呼包平原东部地下水系统，行政区域上主要为呼和浩特市区的玉泉区、赛罕区、回民区，这些区域地下水超采严重，地下水开采潜力很小。地下水开采潜力较大的地区主要为后套平原地下水系统区，该区域浅层地下水资源较丰富，水资源利用以黄河水为主，地下水开采程度较低，磴口县、杭锦后旗、临河区、五原县等地下水开采潜力系数2.54～17.04，地下水开采潜力较大，但是乌拉特前旗、乌拉特中旗、乌拉特后旗浅层地下水开采程度较高，地下水开采潜力为一般和无潜力。呼包平原西部地下水系统和三湖河平原地下水系统浅层地下水开采潜力系数为1.08～1.45，属于地下水开采潜力一般区。

表12.2　浅层地下水开采潜力系数

行政区	可开采量/(亿 m^3/a)	实际开采量/(亿 m^3/a)	可扩大开采量/(亿 m^3/a)	潜力系数	分区
磴口县	2.35	0.38	0.23	6.79	潜力大
杭锦后旗	2.26	0.57	0.62	5.05	潜力大
巴彦淖尔市临河区	2.58	1.20	0.47	2.54	潜力大
五原县	2.59	0.23	1.33	17.04	潜力大
乌拉特前旗	1.41	1.70	0.43	1.08	潜力一般
乌拉特中旗	1.20	1.73	0.17	0.79	无潜力
乌拉特后旗	0.41	0.40		1.03	潜力一般
包头市昆都仑区	0.09	0.08		1.13	潜力一般
包头市九原区	0.30	0.22	0.02	1.45	潜力大
包头市青山区	0.08	0.07		1.14	潜力一般
包头市东河区	0.22	0.20		1.10	潜力一般
土默特右旗	0.53	0.87	0.51	1.19	潜力一般
土默特左旗	0.86	0.63	0.06	1.46	潜力大
呼和浩特市玉泉区	0.13	0.33		0.39	无潜力
呼和浩特市赛罕区	0.48	0.60		0.80	无潜力
呼和浩特市回民区	0.05	0.10		0.50	无潜力
呼和浩特市新城区	0.35	0.13		2.69	潜力大
托克托县	0.30	0.09	0.20	5.56	潜力大
和林格尔县	0.12	0.27	0.007	0.47	无潜力
达拉特旗	2.93	2.67	0.09	1.13	潜力一般
杭锦旗	1.83	0.001	0.24	–	潜力大
准格尔旗	0.42	0.40		1.05	潜力一般

另外，需要说明的是，地下水开采潜力评价方法具有一定的局限性，在地下水贫水区，因地下水难以开采，评价结果通常表现为潜力较大，如本次评价的托克托县、杭锦旗等区域均为地下水贫水区。

三、承压水潜力

（一）承压水开采程度

河套平原承压水的开采程度总体较高（表12.3），大多数县（区、旗）开采程度均高于100%，其中呼和浩特市玉泉区、回民区、新城区开采程度高于200%。

表 12.3 承压水开采程度

行政区	可利用量/(亿 m^3/a)	实际开采量/(亿 m^3/a)	开采程度/%
包头市昆都仑区	0.22	0.25	113.64
包头市九原区	0.23	0.26	113.04
包头市青山区	0.31	0.37	119.35
呼和浩特市玉泉区	0.06	0.38	633.33
呼和浩特市赛罕区	0.88	0.94	106.82
呼和浩特市回民区	0.26	0.62	238.46
呼和浩特市新城区	0.09	0.23	255.56
和林格尔县	0.11	0.19	172.73

（二）承压水开采潜力系数

承压水开采潜力系数评价表明（表 12.4），各行政区承压水开采潜力系数均小于 1，属无潜力区。

表 12.4 承压水开采潜力系数

行政区	可开采量/(亿 m^3/a)	实际开采量/(亿 m^3/a)	可扩大开采量/(亿 m^3/a)	潜力系数	评价结果
包头市昆都仑区	0.22	0.25		0.89	无潜力
包头市九原区	0.23	0.26	0.02	0.96	无潜力
包头市青山区	0.31	0.37		0.83	无潜力
呼和浩特市玉泉区	0.06	0.38		0.16	无潜力
呼和浩特市赛罕区	0.88	0.94		0.94	无潜力
呼和浩特市回民区	0.26	0.62		0.42	无潜力
呼和浩特市新城区	0.09	0.23		0.39	无潜力
托克托县	0.02	0.04	0.01	0.79	无潜力
和林格尔县	0.11	0.19	0.0007	0.59	无潜力

第二节 地下水超采区评价

一、评价方法

地下水超采区评价主要以水利部颁布的《地下水超采区评价导则》（SL 286—2003）（以下简称《超采导则》）为依据，同时参考了 2012 年 7 月发布的《全国地下水超采区评价技术大纲》的相关技术要求。

（一）超采区类型

本区地下水超采区类型属孔隙水超采区，又可分为浅层地下水超采区和承压水超采区。超采区的分级方法见表 12.5。

（二）超采区范围

超采区范围采用“地下水水位持续下降区域的外包线”或“因开发利用地下水引发的环境地质灾害或生态环境恶化现象地域的外包线”圈定。

表 12.5　地下水超采区分级表

<table>
<tr><td rowspan="4">按超采区面积/km^2</td><td colspan="2">特大</td><td>≥5000</td></tr>
<tr><td colspan="2">大型</td><td>≥1000 且<5000</td></tr>
<tr><td colspan="2">中型</td><td>≥100 且<1000</td></tr>
<tr><td colspan="2">小型</td><td><100</td></tr>
<tr><td rowspan="4">按超采程度</td><td rowspan="2">严重超采区</td><td>浅层地下水</td><td>①孔隙水年均水位下降速率大于 1.0m；裂隙水或岩溶水大于 1.5m；
②超采系数大于 0.3；
③名泉流量年衰减率大于 0.1；
④发生了地面塌陷，且 100km^2 面积上年均地面塌陷点多于 2 个，或坍塌岩土体积大于 2m^3 的地面塌陷点年均多于 1 个；
⑤发生了地裂缝，且 100km^2 面积上年均地裂缝多于 2 条，或同时达到长度大于 10m、地表撕裂宽度大于 5cm、深度大于 0.5m 的地裂缝年均多于 1 条；
⑥土地发生了沙化现象</td></tr>
<tr><td>承压水</td><td>①年均水位下降大于 2.0m；
②年均地面沉降速率大于 10mm；
③发生了地下水水质污染，且污染后的地下水水质劣于污染前 1 个类级以上，或已不能满足生活饮用水水质要求</td></tr>
<tr><td colspan="2">一般超采区</td><td>未能达到严重超采的超采区</td></tr>
<tr><td colspan="2">禁采区</td><td>①浅层地下水水位低于相应地下水开发利用目标含水层组厚度的 4/5；
②名泉流量累计衰减率大于 0.6；
③100km^2 面积上年均地面沉陷点多于 10 个，或坍塌岩土体积大于 2m^3 的地面塌陷点年均多于 5 个；
④100km^2 面积上年均地裂缝多于 10 条，或同时达到长度大于 10m、地表撕裂宽度大于 5cm、深度大于 0.5m 的地裂缝年均多于 5 条；
⑤污染后的地下水水质已达Ⅴ类水；
⑥最大累计地面沉降量大于 2000mm</td></tr>
</table>

（三）超采程度

地下水超采程度等级可以采用水位下降速率、超采系数或与地下水超采相关的环境地质灾害或生态环境问题等方法确定。

河套平原存在的主要生态环境问题为土地沙漠化和土地盐渍化，近年来发生程度整体上趋于好转，并且这两种生态环境问题与地下水超采无关。因此，在确定地下水超采程度等级时不考虑土地沙漠化和盐渍化的问题，主要采用水位下降速率和超采系数方法。

1. 地下水水位持续下降速率

计算公式为

$$V=(H_1-H_2)/T$$

式中，V 为年均地下水水位持续下降速率，m/a；H_1 为初始水平年地下水水位，m；H_2 为现状水平年地下水水位，m；T 为时间段，a。

2. 地下水超采系数

计算公式为

$$k=(Q_{开}-Q_{可开})/Q_{可开}$$

式中，k 为年均地下水超采系数；$Q_{开}$ 为评价期内年均地下水实际开采量，万 m^3；$Q_{可开}$ 为多年平均地下水可开采资源量，万 m^3。

地下水超采区评价的初始水平年为 2006 年，现状水平年为 2010 年。首先绘制 2006 ~ 2010 年的地下水水位年均下降速率图，将水位持续下降区初步圈定为地下水的超采区，并根据下降速率的分级初步划分出不同类型地下水超采区边界；其次利用地下水资源评价的成果，计算每个行政单元的地下水超采系数，初步圈划出不同类型地下水超采区；将水位下降速率和超采系数两种方法划定的地下水超采区进行空间叠加，圈出相同类型区的外包线；最后综合考虑地下水开发利用状况、水文地质条件对地下水超采区的分布范围进行修正。

需要说明的是，地下水超采系数计算以行政区计算单元。这样做的优点在于便于地下水行政主管部门对不同地区的地下水资源进行统一管理和调配；缺点在于忽略了地下水的水力联系，造成了地下水超采系数分区和水位下降速率分区的不一致，使得依靠超采系数法进行地下水超采区的评价具有一定的不确定性。因此，在地下水超采区评价时，将地下水超采系数作为定性的参考指标，以地下水水位下降速率作为主要的评价依据。

二、地下水超采区评价

河套平原地下水超采区评价的对象为上更新统至全新统（Q_{3-4}）浅层含水层，以及呼和浩特市和包头市的中更新统下段（Q_2^1）承压含水层。

（一）浅层地下水超采区

从浅层地下水水位下降速率来看（图 7.5），地下水水位下降的区域主要分布在后套平原山前冲洪积平原的乌拉特后旗和乌拉特中旗一带，三湖河平原山前冲洪积平原的包头市哈业脑包村一带，呼包平原西部山山前冲洪积平原的萨拉齐镇、沟门乡和苏波盖乡一带，呼包平原东部山前冲洪积平原的土默特左旗和呼和浩特市区北部一带，以及黄河南岸平原达拉特旗的树林召镇和展旦召苏木。初步将这些地下水水位下降区域圈定为地下水超采区。

浅层地下水水位年均下降速率大于1.0m/a的区域主要分布在呼和浩特市城区和包头市的哈业脑包村，将这两个区域初步划分为地下水严重超采区，其他水位年均下降速率小于1.0m/a的区域划分为一般超采区。

根据浅层地下水超采系数计算结果（表12.6），超采系数大于0的区域为和林格尔县、呼和浩特市的回民区、玉泉区和赛罕区。其中，超采系数大于0.3的区域为和林格尔县、呼和浩特市的回民区和玉泉区，超采系数分别为1.02、1.68和1.53，超采量分别为1341.09万m^3、648.64万m^3和1995.59万m^3。

表12.6　浅层地下水超采系数

行政分区	2010年实际开采量/万m^3	可开采量/万m^3	超采系数	超采量/万m^3
包头市东河区	2024.00	2211.16	-0.08	-187.16
包头市九原区	2177.00	3216.96	-0.32	-1039.96
包头市昆都仑区	753.07	892.09	-0.16	-139.02
包头市青山区	740.42	846.02	-0.12	-105.60
达拉特旗	26676.92	32693.46	-0.18	-6016.54
磴口县	3840.00	27788.86	-0.86	-23948.86
杭锦后旗	5660.00	46599.78	-0.88	-40939.78
杭锦旗	14.57	22141.86	-1.00	-22127.29
和林格尔县	2656.72	1315.63	1.02	1341.09
呼和浩特市回民区	1035.57	386.93	1.68	648.64
呼和浩特市赛罕区	5973.93	5102.50	0.17	871.43
呼和浩特市新城区	1292.13	3315.94	-0.61	-2023.81
呼和浩特市玉泉区	3301.55	1305.96	1.53	1995.59
巴彦淖尔市临河区	12028.00	31884.24	-0.62	-19856.24
土默特右旗	8707.99	17110.34	-0.49	-8402.35
土默特左旗	6311.32	9200.04	-0.31	-2888.72
托克托县	912.56	7345.11	-0.88	-6432.55
乌拉特后旗	4010.00	4057.36	-0.01	-47.36
乌拉特前旗	17042.00	21429.02	-0.20	-4387.02
乌拉特中旗	17310.00	18366.86	-0.06	-1056.86
五原县	2320.00	50175.98	-0.95	-47855.98
准格尔旗	4000.88	4247.21	-0.06	-246.33

依据浅层地下水超采系数计算结果将和林格尔县、呼和浩特市回民区和玉泉区划分为严重超采区，将呼和浩特市赛罕区划分为一般超采区。

将地下水水位下降速率分布图和超采系数计算的结果相叠加，结合实际情况修正后，浅层地下水超采区评价结果见图 12.1。

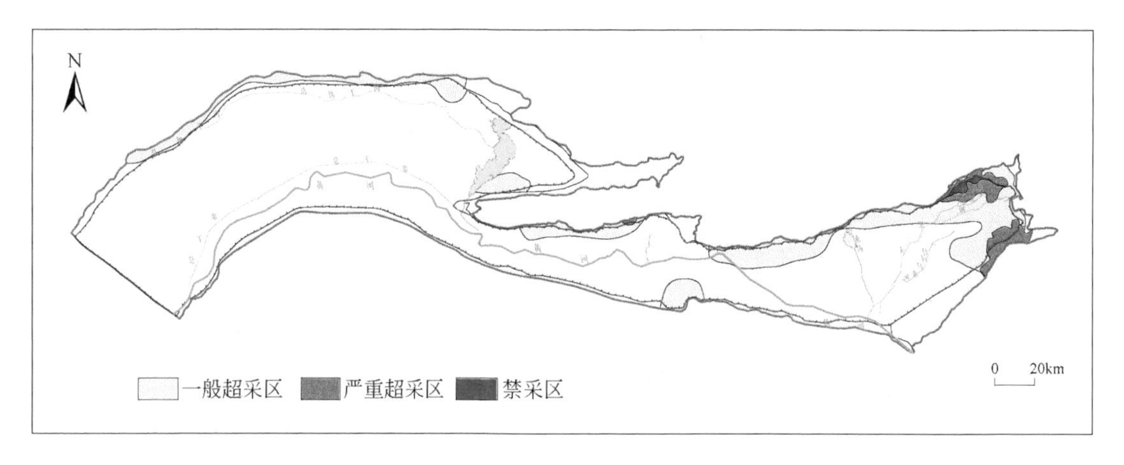

图 12.1　浅层地下水超采区评价图

浅层地下水超采区面积为 4220.38km²。其中，一般超采区面积为 3642.45km²，主要分布于河套平原北部狼山、色尔腾山、乌拉山、大青山山前冲洪积平原，以及黄河南岸平原的达拉特旗一带；严重超采区面积为 514.57km²，主要分布在包头市哈业脑包村、和林格尔县盛乐镇以及呼和浩特市的回民区、新城区毫沁营镇、西把栅乡和巴彦镇；禁采区面积为 63.36km²，主要分布在呼和浩特市的回民区、新城区毫沁营镇和巴彦镇，为浅层含水层的疏干区。

（二）承压水超采区

从承压水水位下降速率分布情况来看（图 7.6），呼和浩特市的承压水水位在大部分区域处于持续下降中，水位年均下降速率大于 2.0m/a 的区域主要分布在土默特左旗台阁牧乡一带，面积为 38.83km²，将这个区域划分为严重超采区。承压水水位年均下降速率在 0～2.0m/a 区域划分为一般超采区，面积为 2526.44km²。

包头市承压水水位下降速率分布图（图 7.8）表明，包头市大兴胜窑村—麻池乡一线以西地区承压水水位在持续下降。年均下降速率大于 2.0m/a 的区域主要分布于哈业脑包村—包钢尾矿坝—哈业色气村一线以西、全巴图村东部地区，以及昆独仑区局部地区，将其划分为严重超采区，面积为 333.7km²。其他承压水水位下降的区域划分为一般超采区，面积为 411.53km²。

承压水超采区评价结果详见图 12.2。

呼和浩特市承压水超采区总面积为 2565.27km²。其中，一般超采区面积为 2526.44km²，主要分布在呼和浩特市城区和土默特左旗的大部分地区；严重超采区面积为 38.83km²，主要分布在土默特左旗台阁牧镇一带。

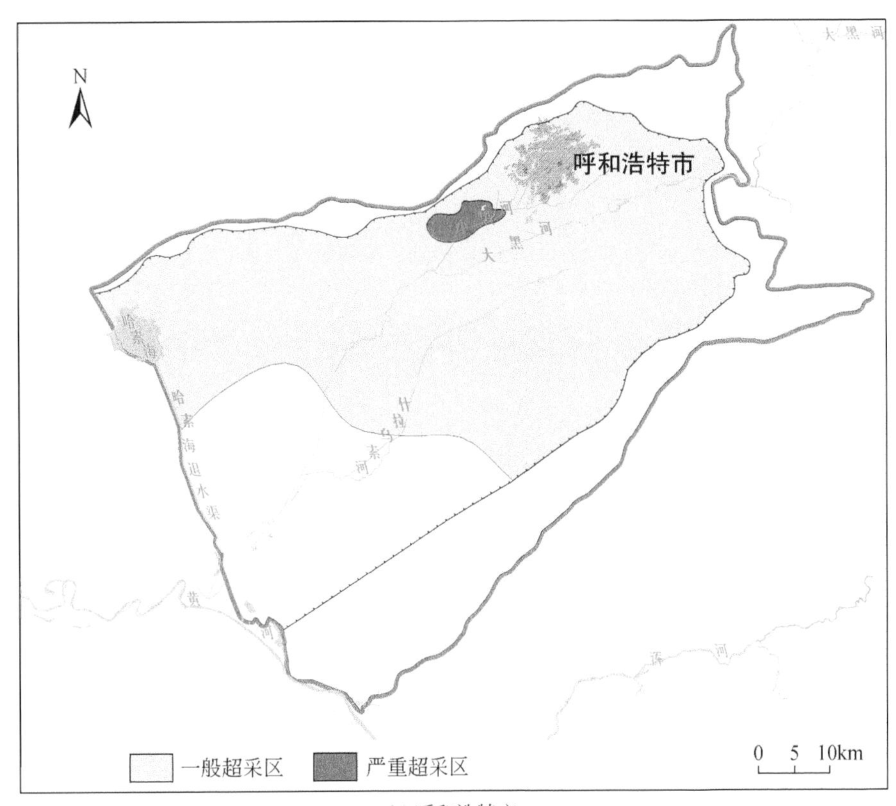

(a) 呼和浩特市

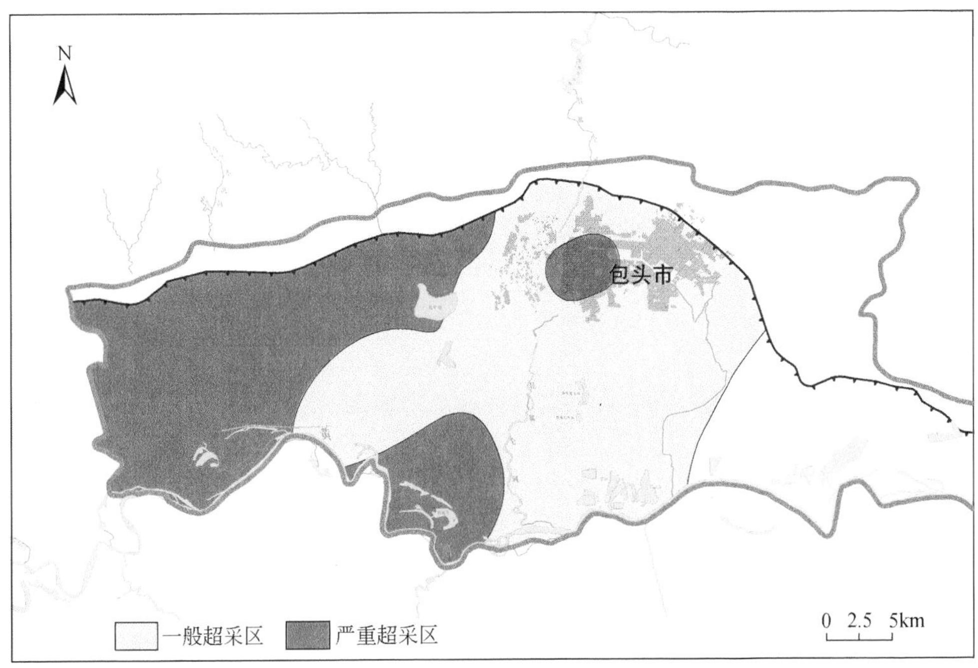

(b) 包头市

图 12.2　承压水超采区评价示意图

包头市承压水超采区总面积为745.23km²。其中，一般超采区面积为411.53km²，主要分布在青山区、麻池乡、哈林格尔镇西北部地区；严重超采区面积为333.70km²，主要分布在哈业脑包村—包钢尾矿坝—哈业色气村一线以西地区、哈林格尔镇东部地区以及昆都仑区局部地区。

第三节　地下水功能区划

随着地下水资源的大规模开发利用，许多地区长期超采地下水引发了一系列生态和地质环境问题，人们逐渐认识到地下水不仅具有资源功能，而且对生态环境和地质环境具有不可替代的维持功能，片面强调地下水的资源功能，往往会导致其他功能的退化甚至丧失(冯尚友，2000；钱正英和张光斗，2001；陈梦熊和马凤山，2002；张宗祜和李烈荣，2004)。因此，正确评价和利用地下水的不同功能是事关区域可持续发展的重要问题。

一、地下水功能区划原则

地下水功能区划分的基本思路是以浅层地下水系统为对象，在掌握工作区水循环规律、水文地质条件、地下水资源条件、地下水开发利用现状及地下水开发利用引起的生态、地质环境问题的基础上，详细分析不同水文地质单元的地下水功能组合关系，明确主导功能，进行地下水功能区划分；结合地下水开发利用现状、存在的环境问题、未来规划与需求，以地下水可持续利用和环境保护为最终目标，提出分区开发利用与保护目标(图12.3)。具体划分原则如下：

(1) 人水和谐、可持续利用。地下水功能区划分要统筹协调经济社会发展和生态与环境保护的关系，科学制定地下水合理开发利用和保护目标，促进地下水资源的可持续利用。

(2) 保护优先、合理开发。应充分考虑地下水系统对外界扰动的影响具有滞后性以及遭到破坏后治理修复难度大的特点，坚持水量水质保护优先。要特别注重对地下水水质的保护；地表植被对地下水水位变化敏感的地区，应控制合理水位，保障良好的生态与环境(杨志峰等，2003)，在不引起生态与环境恶化的前提下开发利用地下水。

(3) 统筹协调、全面兼顾。统筹协调生活、生产、生态用水之间、需求与供给之间、开发利用与保护之间、不同区域之间的关系；统筹考虑地下水补径排的特征以及与地表水的转换关系(张光辉等，2005)；统筹协调地下水不同功能之间的关系。地下水功能区划分要考虑地下水的开发利用现状、存在问题和规划期水资源配置对地下水开发利用保护的要求。

(4) 以人为本、优质优用。充分发挥地下水水量较为稳定、水质好的特性，以生态与环境保护为约束，优先划分地下水资源功能区。

(5) 因地制宜、突出重点。不同区域地下水的补径排条件、开发利用现状及存在的问题和资料条件差异较大，应根据各地的实际情况，将人类比较集中的区域作为地下水功能区划分工作的重点。

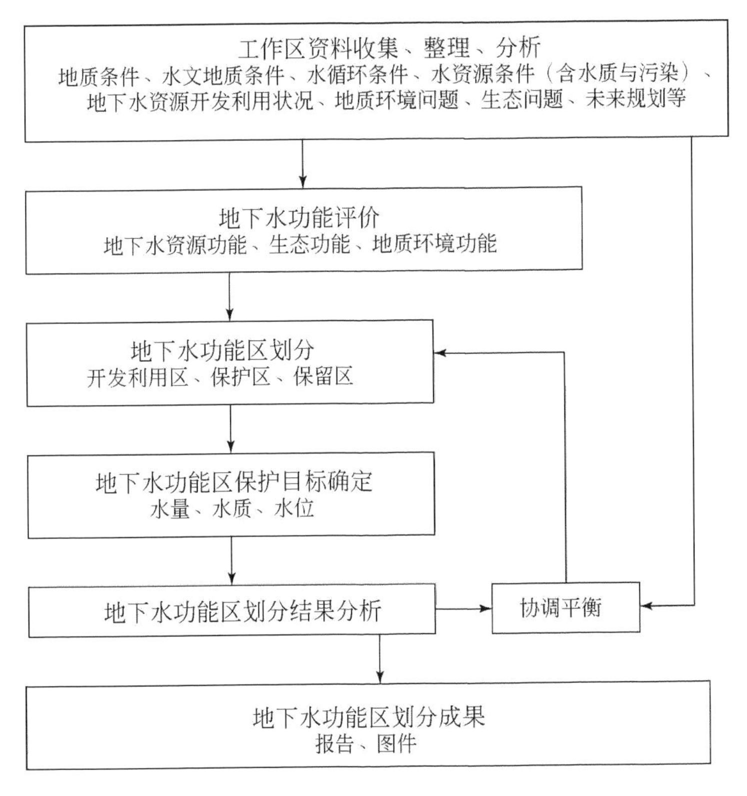

图 12.3　地下水功能区划分总体思路示意图

(6) 注重实用、服务管理。地下水功能区划分是地下水管理和保护的基础，地下水功能区边界除考虑区域水文地质特点外，还应结合水资源分区和行政区划界线。各功能区的地下水开发利用和保护治理目标要具体、明确，既易于操作，又方便管理（吴吉春，2002）。

(7) 水量、水位和水质并重。划分地下水功能区和确定地下水功能区开发利用与保护目标，要全面考虑对各功能区水量、水质和生态水位的控制要求。

二、地下水功能评价指标

（一）评价指标选择

依据《内蒙古自治区水资源综合规划地下水开发利用与保护规划地下水功能区划分技术大纲》（以下简称《技术大纲》），结合工作区实际条件，选取确定地下水功能评价指标体系。选取的评价指标主要反映地下水系统在水循环过程中形成的固有功能特征。

地下水功能主要体现为资源功能、生态功能和地质环境功能。影响地下水资源功能的主要因素包括其数量和质量。地下水数量主要考虑含水层富水性和地下水可开采资源量两个指标。地下水质量主要考虑矿化度和地下水质量等级两个指标。

在系统疏理生态保护区基本情况（表12.7）基础上，充分考虑这些生态保护区和保护对象与地下水关系，将地下水生态功能评价指标分为河道生态、湿地生态和自然保护区三个指标。

表12.7　生态保护区基本情况表

序号	生态功能区	坐标范围	保护区面积/km^2	所在行政区
1	大、小黑河生态廊道	111°04′~111°48′E，40°17′~40°47′N	261	呼和浩特市
2	八拜湿地	111°45′~111°48′E，40°44′~40°45′N	6	
3	南湖湿地	111°37′~111°38′E，40°43′~40°45′N	7	
4	哈素海自然保护区	110°92′~110°99′E，40°33′~40°38′N	37	
5	黄河沿岸水土保持区			
6	南海子湿地公园	110°04′~110°06′E，40°33′~40°33′N	3	包头市
7	南海湿地	110°00′~110°02′E，40°32′~40°33′N	4	
8	黄河小白河湿地保护区	109°48′~109°52′E，40°31′~40°31′N	6	
9	黄河沿岸湿地生态区			
10	乌梁素海湿地水禽自然保护区	108°41′~108°57′E，40°45′~41°07′N	300	巴彦淖尔市
11	镜湖湿地及生态区	107°24′~107°25′E，40°51′~40°51′N	2	
12	牧羊海子湿地	108°20′~108°28′E，41°11′~41°16′N	74	
13	陈普海子湿地	106°48′~106°49′E，40°38′~40°39′N	2	
14	敖勒斯海湿地	106°38′~106°40′E，40°31′~40°33′N	4	
15	纳林湖国家湿地公园	106°39′~106°42′E，40°29′~40°30′N	16	
16	巴美湖国家湿地公园	107°48′~107°54′E，41°06′~41°07′N	7	
17	哈腾套海国家级自然保护区	106°09′~106°50′E，40°30′~40°57′N	3	
18	乌兰布和沙漠保护区	106°23′~107°05′E，40°12′~40°54′N	2161	
19	沿黄湿地生态区			
20	罕台川生态廊道	109°51′~109°58′E，40°16′~40°29′N	34	
21	白音恩格尔荒漠自然保护区	107°02′~107°14′E，40°09′~40°23′N	117	
22	杭锦淖尔自然保护区	107°18′~109°04′E，40°28′~40°52′N	659	鄂尔多斯市
23	库布齐沙漠柠条锦鸡儿自然保护区	107°19′~107°34′E，40°23′~40°33′N	129	
24	库布齐沙漠自然保护区	107°13′~108°39′E，40°27′~40°49′	1387	
25	黄河沿岸湿地生态保护区			

地下水地质环境功能指标的确定，主要考虑了地下水开采引起咸水入侵和土地荒漠化问题。咸水入侵问题以矿化度为指标，主要考虑矿化度大于5g/L的咸水。土地荒漠化问题以地下水水位埋深为指标。

地下水功能评价指标体系的具体构成见图12.4。

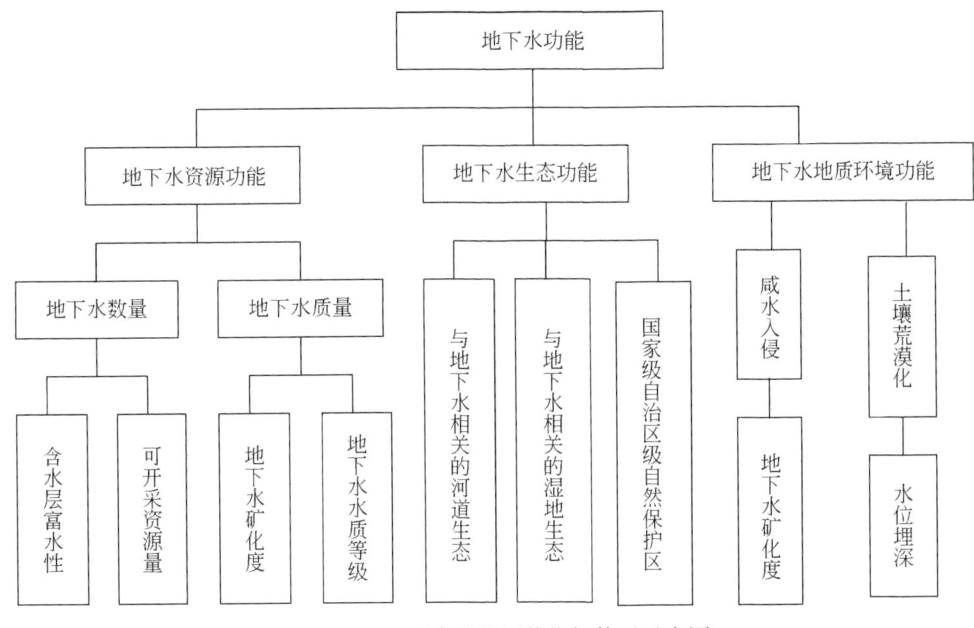

图 12.4　地下水功能评价指标体系示意图

（二）指标的涵义与等级划分

1. 含水层富水性

含水层富水性是以一定降深、一定口径下的单井出水量来表征的含水层富水程度，主要反映含水层的出水能力。含水层富水性等级划分见表 12.8。

表 12.8　含水层富水性等级划分表

等级	Ⅰ	Ⅱ	Ⅲ
单井出水量/(m^3/d)	>1000	100～1000	<100
开发利用意义	可集中开发利用	可分散开发利用	不宜开发利用

2. 地下水可开采资源量

地下水可开采资源量是指在一定经济技术条件下，在不至于引起严重环境地质问题的前提下，单位时间内可以从含水层中取出的地下水水量，用于表征区域性的地下水可采资源。常用可开采资源模数表示，等级划分见表 12.9。

表 12.9　地下水可开采资源量等级划分表

等级	Ⅰ	Ⅱ	Ⅲ
可采模数/[万 m^3/(km^2·a)]	>10	2～10	<2
开发利用意义	可集中开发利用	可分散开发利用	不宜开发利用

3. 地下水矿化度

地下水矿化度是指地下水中所含离子、分子、化合物的总量，等级划分见表12.10。地下水矿化度大于5g/L的区域中开采地下水易引起咸水入侵的地质环境问题，将其作为地下水不宜开发利用区。

表12.10　地下水矿化度等级划分表

等级	Ⅰ	Ⅱ	Ⅲ
矿化度/(g/L)	<1	1～5	>5
开发利用意义	可集中开发利用	可分散开发利用	不宜开发利用

4. 地下水质量等级

地下水质量等级划分按《地下水质量标准》（GB/T 14848—2017）进行（表12.11）。

表12.11　地下水质量等级划分

地下水质量等级	Ⅰ	Ⅱ	Ⅲ	Ⅳ	Ⅴ
开发利用意义	适用于各种用途	适用于各种用途	集中式饮用水水源及工农业用水	农业或部分工业用水，适当处理后可饮用	不宜饮用

5. 与地下水相关的河道生态和湿地生态

与地下水相关的生态保护区（含河道生态、湿地生态和自然保护区）定为Ⅲ级区，作为地下水不宜开发利用区。

6. 地下水水位埋深

采用地下水水位埋深指标表征土壤荒漠化问题。以地下水水位埋深6m为控制值，分为两级：在地下水水位埋深大于6m区域，地下水开采将导致土壤荒漠化，定为Ⅲ级区，为地下水不宜开发利用区；将其他地区定为Ⅰ级区，为地下水可开发利用区。

三、地下水功能评价

本次地下水功能区划采用“分层赋特征值，等权重叠加，自下而上逐层识别”的评价方法，具体评价过程如下。

（一）地下水资源功能评价

1. 地下水数量指标

首先将地下水富水性、地下水可开采资源量两个指标按照等级分别赋特征值，Ⅰ、

Ⅱ、Ⅲ级分别赋值为1、0.5、-0.5，分别对应可集中开发利用、可分散开发利用和不宜开发利用；然后对地下水富水性和地下水可采资源量的特征值进行等权重叠加，获得地下水数量指标的识别值分别为2、1.5、1.0、0.5、0、-1；最后，按识别值划分等级，若识别值等于2划分为Ⅰ级，识别值等于1.5和1.0划分为Ⅱ级，其余划分为Ⅲ级，分别对应可集中开发利用、可分散开发利用和不宜开发利用（表12.12）。

表12.12　地下水数量指标评价赋值、识别值和等级划分表

等级	Ⅰ	Ⅱ	Ⅲ
单井出水量/(m^3/d)	>1000	100～1000	<100
地下水可采模数/[万 m^3/(km^2·a)]	>10	2～10	<2
特征值	1	0.5	-0.5
等权重叠加后识别值	2	1.5、1	0.5、0、-1
开发利用意义	可集中开发利用	可分散开发利用	不宜开发利用

从地下水数量指标评价结果（图12.5）来看，可集中开发利用区主要分布于北部山前洪积平原中上部、后套平原黄河冲湖积平原中部、大黑河中上游河谷地带等区域，地下水单井出水量大于1000m^3/d，地下水可开采模数大于10万m^3/(km^2·a)；不宜开发利用区主要在呼和浩特市主城区、包头市主城区及托克托县以北地区，地下水单井出水量小于100m^3/d，或地下水可开采模数小于2万m^3/(km^2·a)。河套平原中部大部分地区为可分散开发利用区，主要为大黑河冲洪积平原和黄河冲湖积平原上，地下水单井出水量为100～1000m^3/h，地下水可开采模数为2万～10万m^3/(km^2·a)。

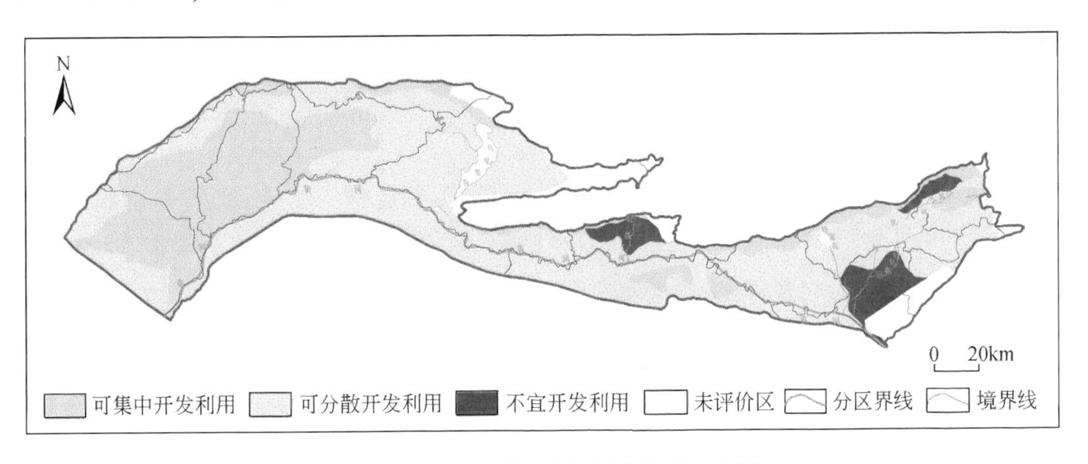

图12.5　地下水数量指标评价结果示意图

2. 地下水质量指标

首先将地下水矿化度和地下水水质等级两个指标分别赋特征值，然后对这两个指标进行等权重叠加，获得地下水质量的识别值；最后根据识别值划分为三个等级（Ⅰ、Ⅱ、Ⅲ级），分别对应可直接利用、适当处理后利用和不宜开发利用（表12.13）。

表 12.13　地下水质量指标评价赋值、识别值和等级划分表

等级	Ⅰ	Ⅱ	Ⅲ
地下水矿化度/(g/L)	<1	1～3	>3
地下水水质等级	Ⅰ、Ⅱ、Ⅲ	Ⅳ	Ⅴ
特征值	1	0.5	-0.5
等权重叠加后识别值	2	1.5、1	0.5、0、-1
开发利用意义	可直接利用	适当处理后利用	不宜开发利用

从地下水质量指标评价来看（图 12.6），区内多数区域的地下水质量较差，为不宜利用区。可直接利用区分布范围较小，集中分布于呼和浩特市东北部，以及河套平原北部大青山、乌拉山、狼山山前冲洪积平原一带。

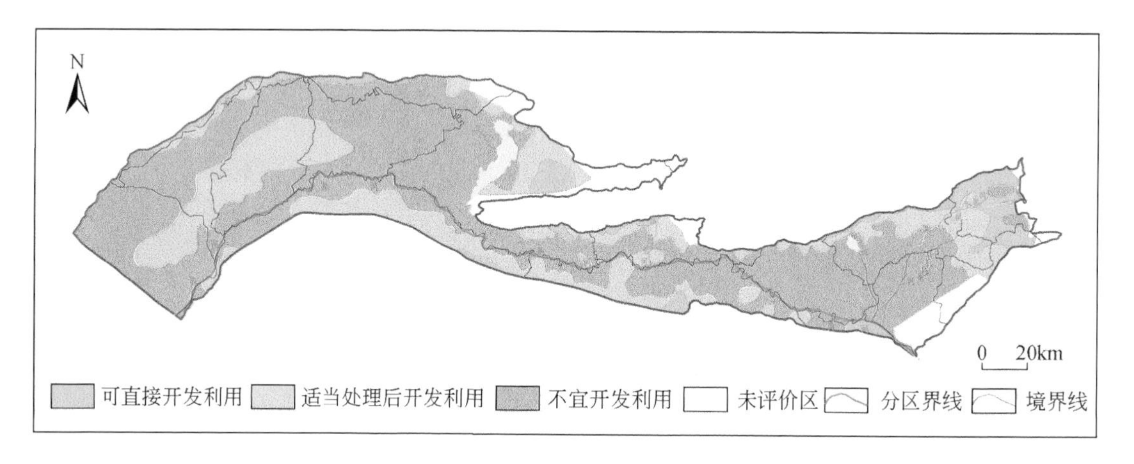

图 12.6　地下水质量指标评价结果示意图

3. 地下水资源功能评价

根据地下水数量和地下水质量两个指标评价等级赋特征值，然后进行等权重叠加获得地下水资源功能识别值，最终按照识别值进行地下水资源功能等级划分（表 12.14）。

表 12.14　地下水资源功能评价赋值和等级划分表

等级	Ⅰ	Ⅱ	Ⅲ
地下水数量特征值	1	0.5	-0.5
地下水质量特征值	1	0.5	-0.5
等权重叠加后识别值	2	1.5、1	0.5、0、-1
开发利用意义	可集中开发利用	可分散开发利用	不宜开发利用

地下水资源功能评价结果表明（图 12.7），河套平原浅层地下水可集中开发利用区分布范围较小，主要集中分布于呼和浩特市东北部山前冲洪积平原和大黑河河谷中上游地带，此外在大青山山前的土默特左旗一带，乌拉山山前、狼山山前一带有零星分布。可分散开发利用区也主要是分布于平原周边的山前冲洪积平原区域，以及呈条带状分布于后套

平原的磴口县东北一带，乌梁素海以东区域，大黑洒冲湖积平原、黄河南岸山前一带。除上述区域外，均为不宜开发利用区，分布范围广泛，面积较大。

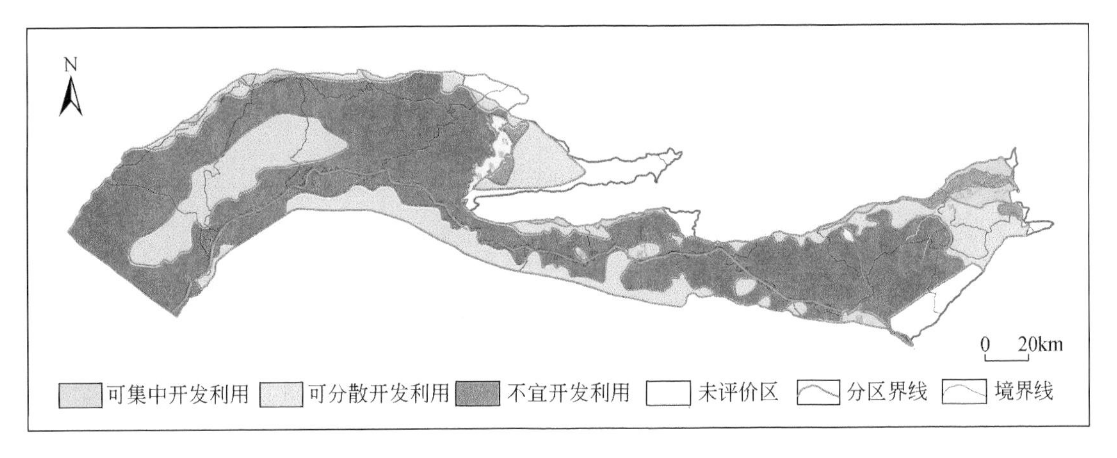

图 12.7　地下水资源功能评价示意图

(二) 地下水生态功能评价

将现状地下水水位埋深小于 10m 的河道作为河道生态保护区，将现状湿地范围外扩 300～500m 作为湿地生态保护区，将黄河两岸岸线外扩 1000m 作为黄河沿岸水土保持区，以划定的自然保护区范围作为自然保护区生态保护区，其余地区均作为无生态问题区。地下水生态功能评价结果见图 12.8。

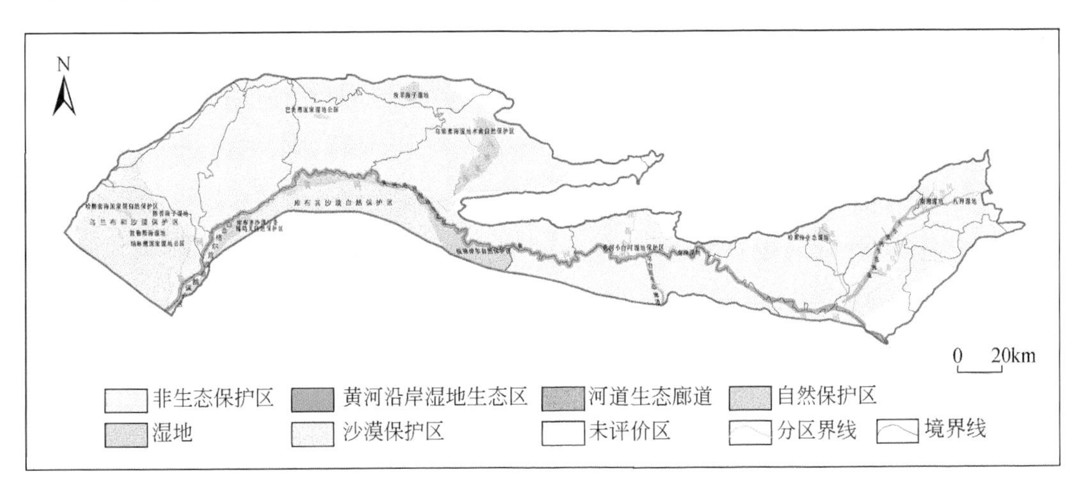

图 12.8　地下水生态功能评价示意图

(三) 地下水地质环境功能评价

将浅层地下水矿化度大于 5g/L 的区域作为地下水不宜开采区。以地下水水位埋深 6m 为土壤荒漠化控制值，将地下水水位埋深大于 6m 的区域作为地下水不宜开采区，其余地区为地下水可开采区。地下水地质环境功能评价结果见图 12. 9。

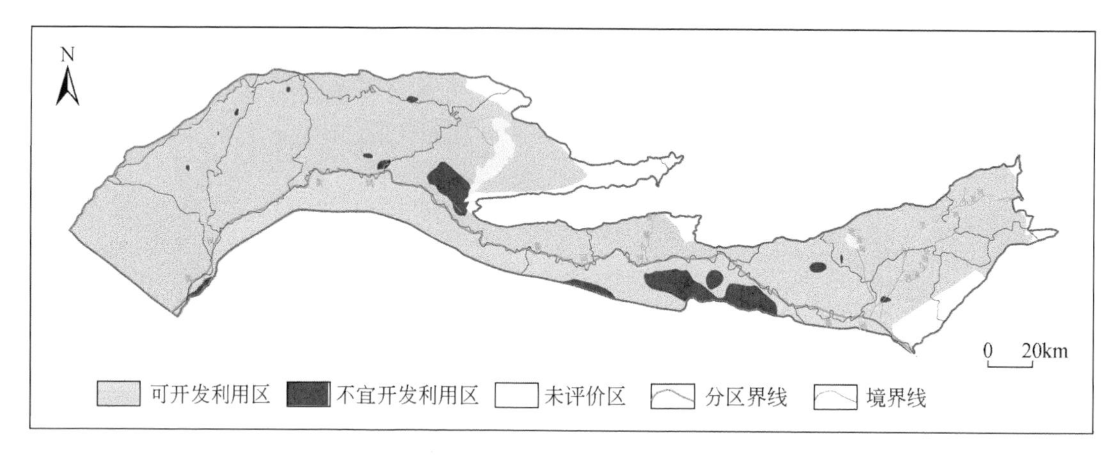

图 12. 9　地下水地质环境功能评价示意图

(四) 地下水主导功能评价

依据地下水资源功能、生态功能和地质环境功能评价结果进行特征值赋值（表 12. 15）。其中，地下水资源功能等级（Ⅰ、Ⅱ、Ⅲ级）分别赋特征值 1、0. 5、-0. 5；地下水生态功能中，生态保护区赋特征值-1，非生态保护区特征值为 1；地下水地质环境功能中，地质环境保护区赋特征值-1，非地质环境保护区赋特征值 1。

表 12. 15　地下水主导功能评价特征值赋值表

资源功能			
评价等级	Ⅰ	Ⅱ	Ⅲ
资源功能特征	可集中开发利用	可分散式开发利用	不宜开发利用
特征值	1	0. 5	-0. 5
生态功能			
生态功能特征	生态保护区	非生态保护区	
特征值	-1	1	
地质环境功能			
地质环境功能特征	地质环境保护区	非地质环境保护区	
特征值	-1	1	

对资源功能、生态功能和地质环境功能特征值进行等权重叠加，获得地下水主导功能识别值（表 12. 16）。其中：识别值等于 3 为可集中开发利用区；识别值等于 2. 5 为可分散利用区；识别值为 1. 5 为不宜开发利用区；特征值等于-2. 5、-1、5、-1、-0. 5、1 的为保护区。

表 12.16　地下水主导功能识别表

主导功能	可集中开发利用区	可分散开发利用区	不宜开发利用区	保护区
识别值	3	2.5	1.5	-2.5、-1、5、-1、-0.5、1

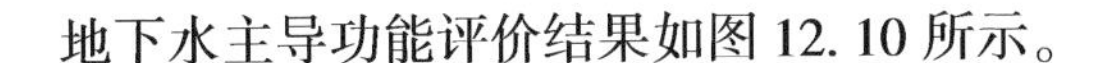
地下水主导功能评价结果如图 12.10 所示。

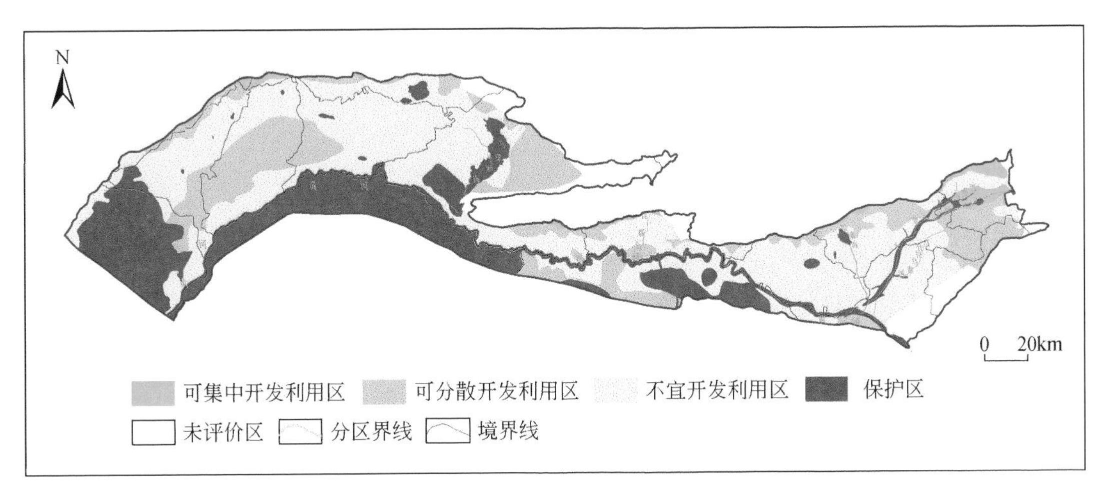

图 12.10　地下水主导功能评价示意图

可集中开发利用区：主要分布于后套平原狼山山前、乌拉山山前及呼和浩特市大青山山前冲洪积平原及东部大黑河冲洪积平原，地下水单井出水量大于 $1000m^3/h$，地下水可开采模数大于 10 万 $m^3/(km^2 \cdot a)$，地下水矿化度小于 1g/L，地下水质量等级优于Ⅲ类，没有生态保护问题。

可分散开发利用区：在后套平原、佘太盆地，呼包平原、黄河南岸平原均有分布，多呈局部条带状分布。地下水单井出水量大于 $10m^3/h$，地下水可开采模数大于 2 万 $m^3/(km^2 \cdot a)$，地下水矿化度小于 2g/L，地下水质量等级优于Ⅳ类。

保护区：位于大小黑河现代河道及罕台川两侧地下水水位埋深小于 10m 的地带，黄河现代河道两侧 1000m 范围以内，以及哈素海、乌梁素海、牧羊海子、陈普海子及敖勒斯海子等湿地分布区，还有哈腾套海、白音恩格贝、杭锦淖尔、库布齐沙漠、乌兰布和沙漠等自然保护区。

不宜开发利用区：除上述区域之外的，均为不宜开发利用区。地下水单井出水量小于 $10m^3/h$ 或地下水可开采模数小于 2 万 $m^3/(km^2 \cdot a)$，或地下水质量等级为Ⅴ类，或者矿化度大于 5g/L 地区及地下水水位埋深大于 6m 的区域。

四、地下水功能区划

根据地下水主导功能评价成果，结合工作区地下水开发利用现状和地下水循环条件，首先划分为呼和浩特市、包头市、巴彦淖尔市和鄂尔多斯市 4 个行政区单元，然后每个行政区单元划分为3个地下水功能一级区，分别是开发区、保护区和保留区。在此基础上，结合地下水补给、含水层富水性及开采条件、地下水水质状况、生态环境系统及其保护目标、地下水开发利用现状等划分地下水功能二级区及小区。

根据上述原则，呼和浩特市划分为3个地下水功能一级区、6个二级区、28个小区；包头市划分为3个地下水功能一级区、6个二级区、18个小区；巴彦淖尔市划分为3个地下水功能一级区、7个二级区、52个小区；鄂尔多斯市划分为3个地下水功能一级区、4个二级区、16个小区，并按《技术大纲》的编码规则和命名规则进行了编码和命名（表12.17，图12.10、图12.11）。

五、地下水功能区保护目标

地下水功能区保护目标是指各功能区在规划期内能够正常发挥其各项供水和生态与环境功能时应该达到的目标要求。在地下水功能区划分的基础上，根据其主导功能，兼顾其他功能用水的目标要求，结合区域生态与环境特点，确定地下水功能区的保护目标。

（一）保护目标确定的原则

地下水功能区的保护指标包括地下水水质、地下水开采量和地下水水位三类。地下水水质根据主导功能的水质要求，严格控制，避免地下水水质恶化；地下水开采量以可开采量和开采区地下水补给条件来合理确定，实现区域地下水的采补平衡；地下水水位要根据地下水功能区生态与环境保护目标的要求，合理确定。

在制定分区目标时要特别强调对地下水的保护，从严制定控制目标，保障地下水的各项功能的正常使用。对于目前实际情况好于其功能标准要求的，分区地下水保护的目标标准不应低于现状；对于目前已经处于临界边缘的，要加大保护力度，防止出现影响其功能发挥的情形；对于地下水功能不能正常发挥的地区，要提出科学明确的修复治理目标和措施。

（二）功能区保护目标

根据地下水功能区的功能属性、区域水文地质特征、规划期水资源配置等要求，结合工作区水文地质条件及地下水开发利用和保护中存在的问题等，确定地下水功能区具体保护目标（表12.18）。

1. 集中式供水水源区

水质标准：具有生活供水功能的集中式供水水源区，水质标准不低于国家《地下水质量标准》（GB/T 14848—2017）的Ⅲ类水的标准值，现状水质优于Ⅲ类水时，以现状水质作为控制目标；工业供水功能的集中式供水水源区，以现状水质为控制目标。

水量标准：年均开采量不大于可开采量。

水位标准：开采地下水期间，不造成地下水水位持续下降。

表 12.17　河套平原地下水功能区划表

水资源二级区		地级行政区		地貌类型	地下水一级功能区		地下水二级功能区		地下水功能小区								
名称	代码	名称	代码		名称	代码	名称	代码	名称	编码	地下水类型	面积/km^2	矿化度/(g/L)	水质类别	补给模数/[万 m^3/(km^2·a)]	可开采模数/[万 m^3/(km^2·a)]	实际开采模数/[万 m^3/(km^2·a)]
黄河兰州-河口镇段	D03	呼和浩特市	1501		开发区	1	分散式开发利用区	Q	土左旗北部山前开发利用区	D0315011Q01	孔隙水	417	≤1	Ⅲ~Ⅳ	17.92	6.34	2.49
									大、小黑河河间带开发利用区	D0315011Q02	孔隙水	37	≤1	Ⅲ	5.92	5.02	9.43
									赛罕区大、小黑河河道带开发利用区	D0315011Q03	孔隙水	130	≤1	Ⅲ	26.12	10.21	6.52
									赛罕区大黑河古河道带开发利用区	D0315011Q04	孔隙水	56	≤1	Ⅲ	26.71	4.77	9.67
									玉泉区桃花乡开发利用区	D0315011Q05	孔隙水	86	≤1	Ⅳ	7.01	5.51	7.86
									土左旗沙尔沁乡开发利用区	D0315011Q06	孔隙水	274	≤1	Ⅲ	7.04	5.25	4.24
									和林县公喇嘛乡开发利用区	D0315011Q07	孔隙水	206	≤1	Ⅲ~Ⅳ	6.36	6.52	4.64
					保护区	2	生态脆弱区	R	大、小黑河现代河道带生态脆弱区	D0315012R01	孔隙水	264	北部≤1 中部 1~2 南部≥2	Ⅲ	7.38	6.36	4.56
									南湖湿地生态脆弱区	D0315012R02	孔隙水	7	≤1	Ⅳ	9.45	7.14	8.12

续表

水资源二级区		地级行政区		地貌类型	地下水一级功能区		地下水二级功能区		地下水功能小区									
名称	代码	名称	代码		名称	代码	名称	代码	名称	编码	地下水类型	面积/km²	矿化度/(g/L)	水质类别	补给模数/[万m³/(km²·a)]	可开采模数/[万m³/(km²·a)]	实际开采模数/[万m³/(km²·a)]
黄河兰州-河口镇段	D03	呼和浩特市	1501		保护区	2	生态脆弱区	R	八拜湿地生态脆弱区	D0315012R03	孔隙水	6	≤1	Ⅲ	21.55	10.16	0
									哈素海湿地生态脆弱区	D0315012R04	孔隙水	37	≥2	Ⅴ	3.11	1.58	0.38
									呼鄂黄河沿岸生态脆弱区	D0315012R05	孔隙水	81	≤1	Ⅲ	8.92	10.59	9.19
							环境地质问题易发区	S	哈素海西南环境地质问题易发区	D0315012S01	孔隙水	4	≥2	Ⅴ	8.37	8.52	2.51
							水源涵养区	T	呼市北部山前地下水水源涵养区	D0315012T01	孔隙水	118	≤1	Ⅱ~Ⅲ	25.59	19.53	10.74
									土左旗北部山前地下水水源涵养区	D0315012T02	孔隙水	100	≤1	Ⅲ	21.92	15.04	4.23
					保留区	3	不宜开采区	U	呼市主城区不宜开采区	D0315013U01	孔隙水	132	≤1	Ⅱ~Ⅲ	22.95	2.91	1.61
									赛罕区东北部不宜开采区	D0315013U02	孔隙水	173	≤1	Ⅲ	17.55	8.97	8.71

续表

水资源二级区 名称	水资源二级区 代码	地级行政区 名称	地级行政区 代码	地貌类型	地下水一级功能区 名称	地下水一级功能区 代码	地下水二级功能区 名称	地下水二级功能区 代码	地下水功能小区 名称	编码	地下水类型	面积/km^2	矿化度/(g/L)	水质类别	补给模数/[万 m^3/(km^2·a)]	可开采模数/[万 m^3/(km^2·a)]	实际开采模数/[万 m^3/(km^2·a)]
黄河兰州-河口镇段	D03	呼和浩特市	1501		保留区	3	不宜开采区	U	赛罕区黄合少镇西部不宜开采区	D0315013U03	孔隙水	73	≤1	Ⅲ	31.46	14.29	9.04
									东部古近系、新近系隆起带不宜开采区	D0315013U04	孔隙水	62	≤1	V	8.73	2.6	11.55
									凉城县蛮汗镇不宜开采区	D0315013U05	孔隙水	49	≤1	Ⅲ	0.01	0.03	7.8
									和林县西沟门乡不宜开采区	D0315013U06	孔隙水	104	≤1	Ⅲ	3.03	2.42	2.55
									土左旗大黑河西部冲洪积平原不宜开采区	D0315013U07	孔隙水	685	≥2	V	9.88	6.32	2.78
									土左旗大黑河东部冲洪积平原不宜开采区	D0315013U08	孔隙水	178	1~2	V	7.12	5.02	3.42
									托县大黑河西北部不宜开采区	D0315013U09	孔隙水	186	1~2	V	4.73	6.84	1.03
									托县大黑河东南部不宜开采区	D0315013U10	孔隙水	429	北部 1~2 南部≥2	V	5.55	6.62	0.9
									和林县巧什营乡西南部不适宜开采区	D0315013U11	孔隙水	60	东部 1~2 西部 1~2	V	7.14	5.02	2.11
									东南部和林台地前缘不适宜开采区	D0315013U12	孔隙水	982	≥2	V	1.23	1.81	4.17

续表

水资源二级区		地级行政区		地貌类型	地下水一级功能区		地下水二级功能区		地下水功能小区								
名称	代码	名称	代码		名称	代码	名称	代码	名称	编码	地下水类型	面积/km²	矿化度/(g/L)	水质类别	补给模数/[万 m³/(km²·a)]	可开采模数/[万 m³/(km²·a)]	实际开采模数/[万 m³/(km²·a)]
黄河兰州-河口镇段	D03	呼和浩特市	1501		保留区	3	储备区	V	金河镇西部-小黑河镇东部储备区	D0315013V01	孔隙水	127	≤1	Ⅲ~Ⅳ	13.3	7.43	6.9
		包头市	1502		开发区	1	分散式开发利用区	Q	土右旗美岱召镇开发利用区	D0315021Q01	孔隙水	30	≤1	Ⅳ	14.62	12.64	3.28
									九原区开发利用区	D0315021Q02	孔隙水	60	≤1	Ⅲ	10.75	2.87	0.29
									哈业胡同乡南部开发利用区	D0315021Q03	孔隙水	43	≤1	Ⅲ~Ⅳ	11.85	13.38	0.28
					保护区	2	生态脆弱区	R	南海湿地生态脆弱区	D0315022R01	孔隙水	5	1~2	Ⅴ	4.05	5.39	0.3
									黄河小白河湿地生态脆弱区	D0315022R02	孔隙水	6	≤1	Ⅳ~Ⅴ	4.05	5.39	0
									包鄂黄河沿岸生态脆弱区	D0315022R03	孔隙水	222	1~2	Ⅳ~Ⅴ	8.07	9.59	6.84
									土右-鄂尔多斯黄河沿岸生态脆弱区	D0315022R04	孔隙水	223	≤1	Ⅲ	8.92	10.59	9.19
							环境地质问题易发区	S	土右旗三间房乡东地质灾害易发区	D0315022S01	孔隙水	34	≥2	Ⅴ	8.37	8.52	5.45

续表

水资源二级区		地级行政区		地貌类型	地下水一级功能区		地下水二级功能区		地下水功能小区								
名称	代码	名称	代码		名称	代码	名称	代码	名称	编码	地下水类型	面积/km²	矿化度/(g/L)	水质类别	补给模数/[万 m³/(km²·a)]	可开采模数/[万 m³/(km²·a)]	实际开采模数/[万 m³/(km²·a)]
黄河兰州－河口镇段	D03	包头市	1502		保护区	2	水源涵养区	T	土右旗北部山前地下水水源涵养区	D0315022T01	孔隙水	78	≤1	Ⅳ	21.78	15.51	17.68
									包头市北部山前地下水水源涵养区	D0315022T02	孔隙水	253	≤1	Ⅲ～Ⅳ	9.67	5.78	0.3
					保留区	3	不宜开采区	U	土右旗北部山前地下水不宜开采区	D0315023U01	孔隙水	130	1～2	Ⅴ	16.7	11.6	22.21
									东河区东园乡南部地下水不宜开采区	D0315023U02	孔隙水	62	1～2	Ⅴ	13.23	8.7	0.3
									土右旗黄河冲湖积平原地下水不宜开采区	D0315023U03	孔隙水	1305	≥2	Ⅴ	8.19	8.53	6.26
									东河区南部地下水不宜开采区	D0315023U04	孔隙水	78	1～2	Ⅴ	4.3	5.39	0.27
									包头市主城区地下水不宜开采区	D0315023U05	孔隙水	118	≤1	Ⅲ	19.68	4.62	0.3
									尾矿坝西北部地下水不宜开采区	D0315023U06	孔隙水	141	北部≤1 南部 1～2	Ⅲ～Ⅳ	16.2	4.38	0.27
									南部黄河冲湖积平原地下水不宜开采区	D0315023U07	孔隙水	260	东西部 1～2 中部≥2	Ⅴ	10.17	5.06	0.06
							储备区	V	包头市麻池乡西南部地下水储备区	D0315023V01	孔隙水	84	1～2	Ⅲ～Ⅳ	8.67	5.27	0

续表

水资源二级区		地级行政区		地貌类型	地下水一级功能区		地下水二级功能区		地下水功能小区								
名称	代码	名称	代码		名称	代码	名称	代码	名称	编码	地下水类型	面积/km²	矿化度/(g/L)	水质类别	补给模数/[万 m³/(km²·a)]	可开采模数/[万 m³/(km²·a)]	实际开采模数/[万 m³/(km²·a)]
黄河兰州 - 河口镇段	D03	巴彦淖尔市	1508	内陆盆地平原区	开发区	1	集中式供水水源区	P	临河二水厂集中式供水水源区	D0315081P01	孔隙水	17	≤1	Ⅳ	21.59	13.06	5.05
									临河一水厂集中式供水水源区	D0315081P02	孔隙水	31	1~2	Ⅴ	20.25	13.06	5.05
									临河供电车间段集中式供水水源区	D0315081P03	孔隙水	2	≤1	Ⅳ	20.79	13.06	5.05
									乌拉山电厂水源地集中式供水水源区	D0315081P04	孔隙水	102	≤1	Ⅲ	1.76	1.56	2.54
							分散式开发利用区	Q	狼山镇—乌兰图克乡一带开发利用区	D0315081Q01	孔隙水	594	1~2	Ⅳ	23.01	13.06	5.05
									五原县丰裕乡开发利用区	D0315081Q02	孔隙水	341	东部 1~2 西部≥2	Ⅳ	31.42	20.45	0.94
									临河乌兰淖尔乡开发利用区	D0315081Q03	孔隙水	200	1~2	Ⅳ~Ⅴ	23.59	13.13	5.03
									杭锦后旗南小召乡–头道桥乡开发利用区	D0315081Q04	孔隙水	292	南部≤1 北部 1~2	Ⅳ	43.41	33.2	3.1
									磴口县协成乡开发利用区	D0315081Q05	孔隙水	119	1~2	Ⅳ	31.23	11.31	1.41

续表

水资源二级区		地级行政区		地貌类型	地下水一级功能区		地下水二级功能区		地下水功能小区								
名称	代码	名称	代码		名称	代码	名称	代码	名称	编码	地下水类型	面积/km^2	矿化度/(g/L)	水质类别	补给模数/[万 m^3/(km^2·a)]	可开采模数/[万 m^3/(km^2·a)]	实际开采模数/[万 m^3/(km^2·a)]
黄河兰州－河口镇段	D03	巴彦淖尔市	1508	内陆盆地平原区	开发区	1	分散式开发利用区	Q	乌前旗大佘太镇开发利用区	D0315081Q06	孔隙水	737	≤1	Ⅱ～Ⅲ	5	3.91	2.54
									巴彦花镇北部山前开发利用区	D0315081Q07	孔隙水	130	≤1	Ⅲ～Ⅳ	8.6	9.2	4.81
									包鄂巴三市交界处开发利用区	D0315081Q08	孔隙水	26	1～2	Ⅳ	7.21	7.35	4.81
					保护区	2	生态脆弱区	R	牧羊海子湿地生态脆弱区	D0315082R01	孔隙水	74	南部≥2 北部1～2	Ⅴ	12.41	4	13.91
									巴美湖国家湿地公园生态脆弱区	D0315082R02	孔隙水	15	1～2	Ⅴ	35.04	20.45	0.94
									乌梁素海湿地生态脆弱区	D0315082R03	孔隙水	321	≥2	Ⅴ	1.49	0.9	0.49
									临河镜湖湿地生态脆弱区	D0315082R04	孔隙水	2	≤1	Ⅳ	21.71	13.06	5.04
									临河青春湖湿地生态脆弱区	D0315082R05	孔隙水	0	≤1	Ⅳ	20.79	13.06	5.05
									陈普海子湿地生态脆弱区	D0315082R06	孔隙水	2	1～2	Ⅳ	19.14	12.09	1.41
									敖勒斯海湿地生态脆弱区	D0315082R07	孔隙水	4	1～2	Ⅴ	19.14	12.09	1.41

续表

水资源二级区		地级行政区		地貌类型	地下水一级功能区		地下水二级功能区		地下水功能小区								
名称	代码	名称	代码		名称	代码	名称	代码	名称	编码	地下水类型	面积/km²	矿化度/(g/L)	水质类别	补给模数/[万 m³/(km²·a)]	可开采模数/[万 m³/(km²·a)]	实际开采模数/[万 m³/(km²·a)]
黄河兰州-河口镇段	D03	巴彦淖尔市	1508	内陆盆地平原区	保护区	2	生态脆弱区	R	纳林湖国家湿地生态脆弱区	D0315082R08	孔隙水	4	1~2	V	19.2	12.09	1.41
									哈腾套海国家级自然保护区生态脆弱区	D0315082R09	孔隙水	39	≥2	V	19.14	12.09	1.41
									巴鄂黄河沿岸生态脆弱区	D0315082R10	孔隙水	732	1~2	Ⅲ	17.11	12.76	2.41
									乌兰布和沙漠保护区生态脆弱区	D0315082R11	孔隙水	2124	1~2	Ⅲ~V	25.15	9.4	1.55
							环境地质问题易发区	S	乌中旗梁素太乡环境地质问题易发区	D0315082S01	孔隙水	15	≥2	V	19.07	5.71	11.7
									临河区份子地乡北部环境地质问题易发区	D0315082S02	孔隙水	4	≥2	V	14.55	13.05	5.05
									杭锦后旗联合乡东南部环境地质问题易发区	D0315082S03	孔隙水	5	≥2	V	34.77	22.62	3.03
									杭锦后旗红旗乡北部环境地质问题易发区	D0315082S04	孔隙水	1	≥2	Ⅳ	34.77	22.62	3.03
									杭锦后旗三道桥东南部环境地质问题易发区	D0315082S05	孔隙水	4	≥2	V	34.05	21.62	3.03
									五原县巴彦套海镇北部环境地质问题易发区	D0315082S06	孔隙水	9	≥2	V	35.8	20.45	0.94

续表

水资源二级区		地级行政区		地貌类型	地下水一级功能区		地下水二级功能区		地下水功能小区								
名称	代码	名称	代码		名称	代码	名称	代码	名称	编码	地下水类型	面积/km²	矿化度/(g/L)	水质类别	补给模数/[万 m³/(km²·a)]	可开采模数/[万 m³/(km²·a)]	实际开采模数/[万 m³/(km²·a)]
黄河兰州－河口镇段	D03	巴彦淖尔市	1508	内陆盆地平原区	保护区	2	环境地质问题易发区	S	五原县巴彦套海镇东南环境地质问题易发区	D0315082S07	孔隙水	24	≥2	V	30.13	15.31	2.04
									乌前期新安镇环境地质问题易发区	D0315082S08	孔隙水	270	≥2	V	19.18	9.38	4.29
									乌前期主城区环境地质问题易发区	D0315082S09	孔隙水	26	≥2	V	11.09	8.14	4.56
							水源涵养区	T	乌中旗北部山前地下水水源涵养区	D0315082T01	孔隙水	551	≤1	Ⅲ	14.06	12.79	13.85
									乌后旗西北部山前地下水水源涵养区	D0315082T02	孔隙水	340	≤1	Ⅳ	17.81	14.64	9.03
									乌梁素海北部山前地下水水源涵养区	D0315082T03	孔隙水	260	≤1	Ⅲ	5.01	4.22	4.07
									佘太盆地山前地下水水源涵养区	D0315082T04	孔隙水	567	≤1	Ⅱ~Ⅲ	0.02	0.01	2.54
									三湖河平原乌拉山前地下水水源涵养区	D0315082T05	孔隙水	133	≤1	Ⅲ~Ⅳ	10.03	11.81	4.81
					保留区	3	不宜开采区	U	乌中旗北部山前德岭山乡地下水不宜开采区	D0315083U01	孔隙水	170	≥2	V	13.4	8.43	13.91
									乌中旗北部山前乌加河镇地下水不宜开采区	D0315083U02	孔隙水	399	1~2	V	26.04	9.94	13.91

续表

水资源二级区		地级行政区		地貌类型	地下水一级功能区		地下水二级功能区		地下水功能小区								
名称	代码	名称	代码		名称	代码	名称	代码	名称	编码	地下水类型	面积/km^2	矿化度/(g/L)	水质类别	补给模数/[万 m^3/(km^2·a)]	可开采模数/[万 m^3/(km^2·a)]	实际开采模数/[万 m^3/(km^2·a)]
黄河兰州-河口镇段	D03	巴彦淖尔市	1508	内陆盆地平原区	保留区	3	不宜开采区	U	五原县黄河冲湖积平原地下水不宜开采区	D0315083U03	孔隙水	2001	南部≥2 北部1～2	Ⅴ～Ⅳ	52.52	19.22	0.94
									乌前旗黄河冲湖积平原地下水不宜开采区	D0315083U04	孔隙水	1117	≥2	Ⅳ～Ⅴ	28.92	9.09	4.29
									乌梁素海东部地下水不宜开采区	D0315083U05	孔隙水	258	≥2	Ⅴ	3.96	3.32	2.54
									乌后期石兰计乡地下水不宜开采区	D0315083U06	孔隙水	26	1～2	Ⅴ	20.38	18.94	13.91
									临河区北部份子地乡地下水不宜开采区	D0315083U07	孔隙水	590	≥2	Ⅴ	20.57	13.12	5.11
									临河区黄河北岸沿线地下水不宜开采区	D0315083U08	孔隙水	548	≤1	Ⅴ	16.29	25.64	4.8
									杭锦后旗地下水不宜开采区	D0315083U09	孔隙水	1219	≥2	Ⅴ	56.86	21.63	3.04
									乌后旗西北部地下水不宜开采区	D0315083U10	孔隙水	81	≤1	Ⅴ	15.51	13.33	14.85
									磴口县乌兰布和沙漠西北地下水不宜开采区	D0315083U11	孔隙水	223	≤1	Ⅴ	17.21	10.75	1.67

续表

水资源二级区		地级行政区		地貌类型	地下水一级功能区		地下水二级功能区		地下水功能小区								
名称	代码	名称	代码		名称	代码	名称	代码	名称	编码	地下水类型	面积/km^2	矿化度/(g/L)	水质类别	补给模数/[万 m^3/(km^2·a)]	可开采模数/[万 m^3/(km^2·a)]	实际开采模数/[万 m^3/(km^2·a)]
黄河兰州－河口镇段	D03	巴彦淖尔市	1508	内陆盆地平原区	保留区	3	不宜开采区	U	磴口县黄河沿岸地下水不宜开采区	D0315083U12	孔隙水	293	1～2	Ⅲ～Ⅴ	35.21	14.03	1.42
									三湖河平原地下水不宜开采区	D0315083U13	孔隙水	467	东西部 1～2 中部≥2	Ⅴ	15.06	6.86	4.81
									临河城区北干召庙镇地下水储备区	D0315083V01	孔隙水	397	≤1	Ⅳ	22.02	13.06	5.05
							储备区	V	达旗中和西镇开发利用区	D0315061Q01	孔隙水	173	≤1	Ⅳ	9.89	11.79	5.09
		鄂尔多斯市	1506		开发区	1	分散式开发利用区	Q	达旗黑赖沟西柳沟间地带开发利用区	D0315061Q02	孔隙水	166	≤1	Ⅳ	8.05	10.44	7.49
									达旗展旦召苏木南部山前开发利用区	D0315061Q03	孔隙水	187	≤1	Ⅲ	10.3	13.35	15
									达旗吉格斯太乡分开发利用区	D0315061Q04	孔隙水	69	≤1	Ⅳ～Ⅴ	10.8	14	0.31
									准格尔旗南部山前开发利用区	D0315061Q05	孔隙水	189	≤1	Ⅲ	10.78	13.95	14.11
					保护区	2	生态脆弱区	R	罕台川生态廊道生态脆弱区	D0315062R01	孔隙水	39	南部≤1 北部 1～2	Ⅲ～Ⅳ	11.41	14.78	17.12
									白音恩格尔荒漠自然保护区生态脆弱区	D0315062R02	孔隙水	117	1～2	Ⅲ～Ⅴ	19.51	8.83	0.05

续表

水资源二级区		地级行政区		地貌类型	地下水一级功能区		地下水二级功能区		地下水功能小区								
名称	代码	名称	代码		名称	代码	名称	代码	名称	编码	地下水类型	面积/km^2	矿化度/(g/L)	水质类别	补给模数/[万 m^3/(km^2·a)]	可开采模数/[万 m^3/(km^2·a)]	实际开采模数/[万 m^3/(km^2·a)]
黄河兰州-河口镇段	D03	鄂尔多斯市	1506	内陆盆地平原区	保护区	2	生态脆弱区	R	杭锦淖尔自然保护区生态脆弱区	D0315062R03	孔隙水	679	≤1	Ⅱ~Ⅳ	19.57	9.06	0.04
									库布齐沙漠柠条锦鸡儿自然保护区生态脆弱区	D0315062R04	孔隙水	129	1~2	Ⅲ~Ⅳ	8.97	9.72	0.04
									库布其沙漠自然保护区生态脆弱区	D0315062R05	孔隙水	1386	≤1	Ⅲ~Ⅳ	9.13	9.9	0
							环境地质问题易发区	S	乌兰乡南部山前环境地质问题易发区	D0315062S01	孔隙水	80	东部≤1 西部 1~2	Ⅳ	10.69	13.84	5.86
									罕台川西部环境地质问题易发区	D0315062S02	孔隙水	110	1~2	Ⅲ	10.07	13.05	16.49
									树林召等乡镇南部环境地质问题易发区	D0315062S03	孔隙水	475	1~2	Ⅲ~Ⅳ	10.98	14.22	12.33
									王爱召乡东坝村环境地质问题易发区	D0315062S04	孔隙水	59	≥2	Ⅴ	10.8	14	17.68
					保留区	3	不宜开采区	U	达旗乌兰乡黄河冲湖积平原不宜开采区	D0315063U01	孔隙水	207	1~2	Ⅴ	23.04	11.59	5.74
									达旗解放滩乡黄河冲湖积平原不宜开采区	D0315063U02	孔隙水	193	1~2	Ⅴ	10.1	13.09	15.34
									达旗城区东北部黄河冲湖积平原不宜开采区	D0315063U03	孔隙水	318	≥2	Ⅳ~Ⅴ	24.78	12.61	16.75

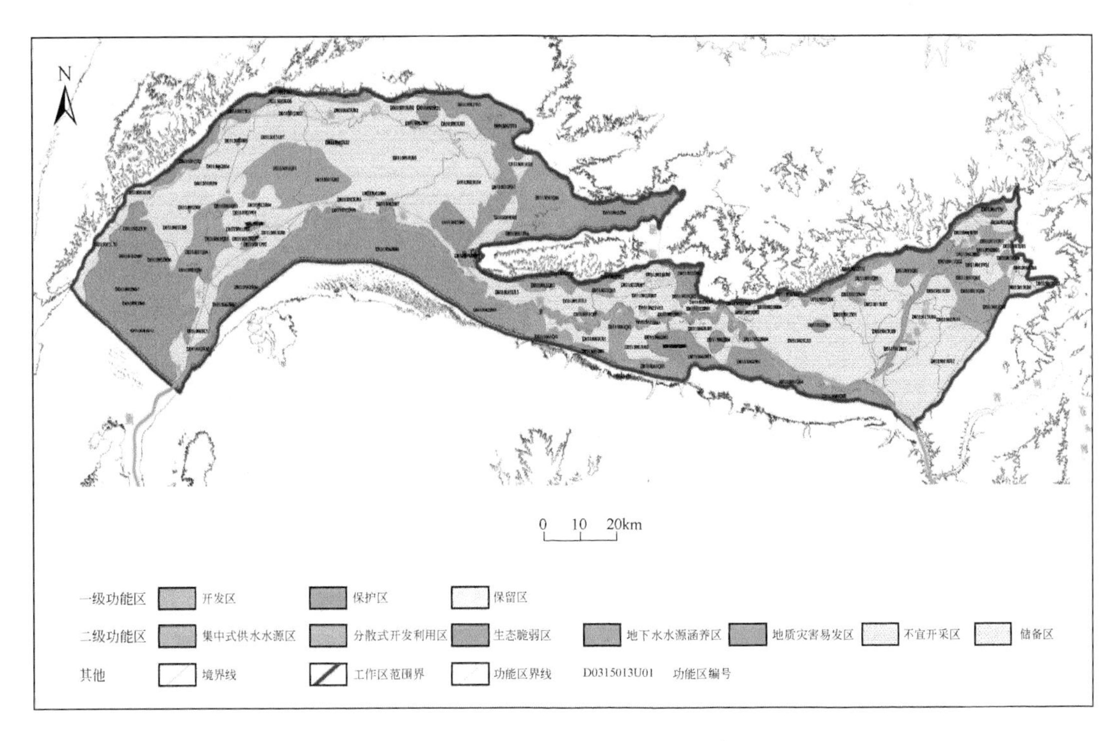

图 12.11　浅层地下水功能区划示意图

2. 分散式开发利用区

水质标准：有生活供水功能的区域，水质标准不低于国家标准《地下水质量标准》（GB/T 14848—2017）的Ⅲ类水的标准值，现状水质优于Ⅲ类水时，以现状水质作为保护目标。工业供水功能的区域，水质标准不低于国家标准《地下水质量标准》（GB/T 14848—2017）的Ⅳ类水的标准值，现状水质优于Ⅳ类水时，以现状水质作为保护目标。地下水仅作为农田灌溉的区域，现状水质或经治理后的水质要符合农田灌溉有关水质标准，现状水质优于Ⅴ类水时，以现状水质作为保护目标。

水量标准：年均开采量不大于可开采量。

水位标准：开采地下水期间，不会造成地下水水位持续下降，不引起地下水系统和地面生态系统退化，不诱发环境地质问题。

3. 生态脆弱区

水质标准：水质良好的地区，维持现有水质状况。

水量标准：原则上禁止开采，以保持地下水水位，避免引发湿地退化。

水位标准：维持合理生态水位，不引发湿地退化。

4. 环境地质问题易发区

水质标准：水质良好的地区，维持现有水质状况。

表 12.18　地下水功能区具体保护目标

功能区				保护目标		
编码	名称	面积/km^2	主导功能	水质	年均最大开采量/万 m^3	水位
D0315011Q01	土左旗北部山前分散式开发利用区	417	地下水资源供给，分散开采	不低于Ⅲ类水标准	2643	不造成水位持续下降；控制最高水位，水位埋深>4m
D0315011Q02	大、小黑河河间带分散式开发利用区	37	地下水资源供给，分散开采	Ⅲ不低于Ⅳ类水标准	186	维持现状水位（水位埋深<10m），不造成地下水位持续下降
D0315011Q03	赛罕区大、小黑河影响带分散式开发利用区	130	地下水资源供给，分散开采	不低于Ⅲ类水标准	1327	维持现状水位（水位埋深<10m），不造成地下水位持续下降
D0315011Q04	赛罕区大黑河古河道带分散式开发利用区	56	地下水资源供给，分散开采	不低于Ⅳ类水标准	269	维持现状水位（水位埋深<10m），不造成地下水位持续下降
D0315011Q05	玉泉区桃花乡分散式开发利用区	86	地下水资源供给，分散开采	不低于Ⅳ类水标准	471	维持现状水位（水位埋深<10m），不造成地下水位持续下降；控制最高水位，水位埋深>4m，防止土壤次生盐渍化
D0315011Q06	土左旗沙尔沁乡分散式开发利用区	274	地下水资源供给，分散开采；兼顾水源涵养	控制水质恶化趋势	1438	水位埋深4～10m，保证一定的侧向径流量，防止含水层疏干
D0315011Q07	和林公喇嘛乡分散式开发利用区	206	地下水资源供给，分散开采；兼顾水源涵养	不低于Ⅳ类水标准	1342	限制最高水位，水位埋深>4m，防止土壤次生盐渍化，控制最低水位，水位埋深<15m，保证一定的侧向径流量
D0315012R01	大、小黑河现代河道带生态脆弱区	264	地下水生态保护，兼顾地下水资源供给，可分散开采	不低于Ⅳ类水标准	1677	控制最低水位，水位埋深<10m，保护河道生态
D0315012R02	南湖湿地生态脆弱区	7	地下水生态保护	维持现状水质（Ⅳ～Ⅴ类水）	禁止开采	控制最低水位，水位埋深<10m，保护湿地生态
D0315012R03	八拜湿地生态脆弱区	6	地下水生态保护	维持现状水质（Ⅲ类水）	禁止开采	控制最低水位，水位埋深<10m，保护湿地生态
D0315012R04	哈素海湿地生态脆弱区	37	地下水生态保护	控制水质恶化趋势	禁止开采	控制最低水位，水位埋深<10m，保护湿地生态
D0315012R05	呼鄂黄河沿岸生态脆弱区	81	地下水生态保护	维持现状水质（Ⅲ类水）	禁止开采	维持现状水位3～5m

续表

功能区				保护目标		
编码	名称	面积/km^2	主导功能	水质	年均最大开采量/万 m^3	水位
D0315012S01	哈素海西南白银厂汗村地质灾害易发区	4	无	维持现状水质（Ⅴ类）	禁止开采	维持现状水位 3～5m
D0315012T01	呼市北部山前地下水水源涵养区	118	地下水水源涵养，兼顾地下水资源供给，可应急供水	不低于Ⅲ类水标准	应急开采	控制最低水位，水位埋深<30m，保证对下游地下水的侧向径流补给
D0315012T02	土左旗北部山前地下水水源涵养区	100	地下水水源涵养，兼顾地下水资源供给，可应急供水	不低于Ⅲ类水标准	应急开采	控制最低水位，水位埋深<30m，保证对下游地下水的侧向径流补给
D0315013U01	呼市主城区不宜开采区	132	城市环境	维持现状水质（Ⅱ～Ⅲ类水）	不宜开采	控制最高水位，水位埋深>10m，保证地下建筑物安全和机场地表建筑安全运行
D0315013U02	赛罕区东北部不宜开采区	173	可零星开采	维持现状水质（Ⅲ类水）	1553	控制水位下降趋势
D0315013U03	赛罕区黄合少镇西部不宜开采区	73	可零星开采	维持现状水质（Ⅲ类水）	1048	不造成水位持续下降
D0315013U04	东部第三系隆起带不宜开采区	62	可零星开采	维持现状水质（Ⅴ类）	162	控制水位下降趋势
D0315013U05	凉城县蛮汗镇不宜开采区	49	无	维持现状水质（Ⅲ类水）	不宜开采	不造成水位持续下降
D0315013U06	和林县西沟门乡不宜开采区	104	可零星开采	维持现状水质（Ⅲ类水）	252	不造成水位持续下降
D0315013U07	土左旗大黑河西部冲洪积平原不宜开采区	685	无	维持现状水质（Ⅴ类水）	不宜开采	限制最高水位，地下水埋深>4m，防止土壤次生盐渍化
D0315013U08	土左旗大黑河东部冲洪积平原不宜开采区	178	无	维持现状水质（Ⅴ类水）	不宜开采	限制最高水位，地下水埋深>4m，防止土壤次生盐渍化

续表

功能区				保护目标		
编码	名称	面积/km^2	主导功能	水质	年均最大开采量/万 m^3	水位
D0315013U09	托县大黑河西北部不宜开采区	186	无	维持现状水质（Ⅴ类水）	不宜开采	限制最高水位，地下水埋深>4m，防止土壤次生盐渍化
D0315013U10	托县大黑河东南部不宜开采区	429	无	维持现状水质（Ⅴ类水）	不宜开采	限制最高水位，地下水埋深>4m，防止土壤次生盐渍化
D0315013U11	和林县巧什营乡西南部不适宜开采区	60	无	维持现状水质（Ⅴ类水）	不宜开采	限制最高水位，地下水埋深>4m，防止土壤次生盐渍化
D0315013U12	东南部和林台地前缘不适宜开采区	982	无	维持现状水质（Ⅴ类水）	不宜开采	限制最高水位，地下水埋深>4m，防止土壤次生盐渍化
D0315013V01	金河镇西部–小黑河镇东部储备区	127	可分散开采	不低于Ⅳ类水标准	942	限制最高水位，地下水埋深>4m，防止土壤次生盐渍化，控制最低水位，地下水埋深<10m，防止出现含水层疏干
D0315021Q01	土右旗美岱召镇分散式开发利用区	30	地下水资源供给，分散开采	不低于Ⅳ类水标准	376	不造成水位持续下降，维持现状水位 3～5m
D0315021Q02	九原区分散式开发利用区	60	地下水资源供给，分散开采	不低于Ⅲ类水标准	174	不造成水位持续下降
D0315021Q03	哈业胡同乡南部分散式开发利用区	43	地下水资源供给，分散开采	不低于Ⅳ类水标准	582	不造成水位持续下降
D0315022R01	南海湿地生态脆弱区	5	地下水生态保护	维持现状水质（Ⅴ类水）	禁止开采	维持现状水位 2～3m
D0315022R02	黄河小白河湿地生态脆弱区	6	地下水生态保护	维持现状水质（Ⅳ～Ⅴ类水）	禁止开采	维持现状水位 2～3m
D0315022R03	包鄂黄河沿岸生态脆弱区	222	地下水生态保护	维持现状水质（Ⅳ～Ⅴ类水）	禁止开采	维持现状水位 2～3m
D0315022R04	土右–鄂尔多斯黄河沿岸生态脆弱区	223	地下水生态保护	维持现状水质（Ⅲ类水）	禁止开采	维持现状水位 3～5m

续表

功能区				保护目标		
编码	名称	面积/km^2	主导功能	水质	年均最大开采量/万 m^3	水位
D0315022S01	土右旗三间房乡东地质灾害易发区	34	无	维持现状水质（Ⅴ类水）	禁止开采	维持现状水位 3～5m
D0315022T01	土右旗北部山前地下水水源涵养区	78	地下水水源涵养，兼顾地下水资源供给，可应急供水	不低于Ⅲ类水标准	应急开采	控制最低水位，水位埋深<20m，保证对下游地下水的侧向径流补给
D0315022T02	包头市北部山前地下水水源涵养区	253	地下水水源涵养，兼顾地下水资源供给，可应急供水	不低于Ⅲ类水标准	应急开采	控制最低水位，水位埋深<20m，保证对下游地下水的侧向径流补给
D0315023U01	土右旗北部山前地下水不宜开采区	130	无	维持现状水质（Ⅴ类水）	不宜开采	限制最高水位，地下水埋深>4m，防止土壤次生盐渍化
D0315023U02	东河区东园乡南部地下水不宜开采区	62	无	维持现状水质（Ⅴ类水）	不宜开采	限制最高水位，地下水埋深>4m，防止土壤次生盐渍化
D0315023U03	土右旗黄河冲湖积平原地下水不宜开采区	1305	无	维持现状水质（Ⅴ类水）	不宜开采	限制最高水位，地下水埋深>4m，防止土壤次生盐渍化
D0315023U04	东河区南部地下水不宜开采区	78	无	维持现状水质（Ⅴ类水）	不宜开采	限制最高水位，地下水埋深>4m，防止土壤次生盐渍化
D0315023U05	包头市主城区地下水不宜开采区	118	城市环境	维持现状水质（Ⅲ类水）	不宜开采	控制最高水位，水位埋深>10m，保证地下建筑物安全运行
D0315023U06	尾矿坝西北部地下水不宜开采区	141	可零星开采	维持现状水质（Ⅲ～Ⅳ类水）	616	不造成水位持续下降，10～20m
D0315023U07	南部黄河冲湖积平原地下水不宜开采区	260	无	维持现状水质（Ⅴ类水）	不宜开采	限制最高水位，地下水埋深>4m，防止土壤次生盐渍化
D0315023V01	包头市麻池乡西南部地下水储备区	84	可分散开采	不低于Ⅳ类水标准	443	限制最高水位，地下水埋深>4m，防止土壤次生盐渍化，控制最低水位，地下水埋深<10m，防止出现含水层疏干

续表

功能区				保护目标		
编码	名称	面积/km^2	主导功能	水质	年均最大开采量/万 m^3	水位
D0315081P01	临河二水厂集中式供水水源区	17	地下水资源供给，可集中开采	不低于Ⅲ类水质标准	226	不造成水位持续下降
D0315081P02	临河一水厂集中式供水水源区	31	地下水资源供给，可集中开采	不低于Ⅲ类水质标准	408	不造成水位持续下降
D0315081P03	临河供电车间段集中式供水水源区	2	地下水资源供给，可集中开采	不低于Ⅲ类水质标准	31	不造成水位持续下降
D0315081P04	乌拉山电厂水源地集中式供水水源区	102	地下水资源供给，可集中开采	不低于Ⅲ类水质标准	159	不造成水位持续下降
D0315081Q01	狼山镇—新华镇—乌兰图克乡一带分散式开发利用区	594	地下水资源供给，分散开采	不低于Ⅳ类水标准	7752	不造成水位持续下降，限制最高水位，地下水埋深>4m，防止土壤次生盐渍化
D0315081Q02	五原县丰裕乡分散式开发利用区	341	地下水资源供给，分散开采	不低于Ⅳ类水标准	6970	不造成水位持续下降，限制最高水位，地下水埋深>4m，防止土壤次生盐渍化
D0315081Q03	临河乌兰淖尔乡分散式开发利用区	200	地下水资源供给，分散开采	不低于Ⅳ类水标准	2624	不造成水位持续下降，限制最高水位，地下水埋深>4m，防止土壤次生盐渍化
D0315081Q04	杭锦后旗南小召乡-头道桥乡分散式开发利用区	292	地下水资源供给，分散开采	不低于Ⅳ类水标准	9690	不造成水位持续下降，限制最高水位，地下水埋深>4m，防止土壤次生盐渍化
D0315081Q05	磴口县协成乡分散式开发利用区	119	地下水资源供给，分散开采	不低于Ⅳ类水标准	1348	不造成水位持续下降，限制最高水位，地下水埋深>4m，防止土壤次生盐渍化
D0315081Q06	乌前旗大佘太镇分散式开发利用区	737	地下水资源供给，分散开采	不低于Ⅲ类水质标准	2884	不造成水位持续下降，限制最低水位，水位埋深<50m
D0315081Q07	巴彦花镇北部山前分散式开发利用区	130	地下水资源供给，分散开采	不低于Ⅳ类水标准	1199	不造成水位持续下降，限制最低水位，水位埋深<20m

续表

功能区				保护目标		
编码	名称	面积/km^2	主导功能	水质	年均最大开采量/万 m^3	水位
D0315081Q08	包鄂巴三市交界处分散式开发利用区	26	地下水资源供给，分散开采	不低于Ⅳ类水标准	191	不造成水位持续下降，限制最高水位，地下水埋深>4m，防止土壤次生盐渍化
D0315082R01	牧羊海子湿地生态脆弱区	74	地下水生态保护	维持现状水质（Ⅴ类水）	禁止开采	维持现状水位 1～2m
D0315082R02	巴美湖国家湿地公园生态脆弱区	15	地下水生态保护	维持现状水质（Ⅴ类水）	禁止开采	维持现状水位 3～5m
D0315082R03	乌梁素海湿地生态脆弱区	321	地下水生态保护	维持现状水质（Ⅴ类水）	禁止开采	维持现状水位 3～5m
D0315082R04	临河镜湖湿地生态脆弱区	2	地下水生态保护	维持现状水质（Ⅳ类水）	禁止开采	维持现状水位 2～3m
D0315082R05	临河青春湖湿地生态脆弱区	0	地下水生态保护	维持现状水质（Ⅳ类水）	禁止开采	维持现状水位 3～5m
D0315082R06	陈普海子湿地生态脆弱区	2	地下水生态保护	维持现状水质（Ⅳ类水）	禁止开采	维持现状水位 3～5m
D0315082R07	敖勒斯海湿地生态脆弱区	4	地下水生态保护	维持现状水质（Ⅴ类水）	禁止开采	维持现状水位 5～7m
D0315082R08	纳林湖国家湿地生态脆弱区	4	地下水生态保护	维持现状水质（Ⅴ类水）	禁止开采	维持现状水位 5～7m
D0315082R09	哈腾套海国家级自然保护区生态脆弱区	39	地下水生态保护	维持现状水质（Ⅴ类水）	禁止开采	维持现状水位 3～5m
D0315082R10	巴鄂黄河沿岸生态脆弱区	732	地下水生态保护	维持现状水质（Ⅲ类水）	9349	维持现状水位 2～3m
D0315082R11	乌兰布和沙漠保护区生态脆弱区	2124	可零星开采	维持现状水质（Ⅲ～Ⅴ类水）	19955	控制最低水位，地下水埋深<6m，减轻土地荒漠化

续表

功能区				保护目标		
编码	名称	面积/km^2	主导功能	水质	年均最大开采量/万 m^3	水位
D0315082S01	乌中旗梁素太乡二杨圪旦村地质灾害易发区	15	无	维持现状水质（Ⅴ类水）	禁止开采	维持现状水位 3～5m
D0315082S02	临河区份子地乡北地质灾害易发区	4	无	维持现状水质（Ⅴ类水）	禁止开采	维持现状水位 1～2m
D0315082S03	杭锦后旗联合乡东南部地质灾害易发区	5	无	维持现状水质（Ⅴ类水）	禁止开采	维持现状水位 3～5m
D0315082S04	杭锦后旗红旗乡北部地质灾害易发区	1	无	维持现状水质（Ⅴ类水）	禁止开采	维持现状水位 3～5m
D0315082S05	杭锦后旗三道桥东南部地质灾害易发区	4	无	维持现状水质（Ⅴ类水）	禁止开采	维持现状水位 3～5m
D0315082S06	五原县巴彦套海镇北部地质灾害易发区	9	无	维持现状水质（Ⅴ类水）	禁止开采	维持现状水位 3～5m
D0315082S07	五原县巴彦套海镇东南黄河北岸处地质灾害易发区	24	无	维持现状水质（Ⅴ类水）	禁止开采	维持现状水位 3～5m
D0315082S08	乌前期新安镇地质灾害易发区	270	可工业开采	维持现状水质（Ⅴ类水）	2533	不造成水位持续下降
D0315082S09	乌前期主城区地质灾害易发区	26	城市环境	维持现状水质（Ⅴ类水）	不宜开采	控制最高水位，水位埋深>10m，保证地下建筑物安全运行
D0315082T01	乌中旗北部山前地下水水源涵养区	551	地下水水源涵养，兼顾地下水资源供给，可应急供水	不低于Ⅲ类水标准	应急开采	控制最低水位，水位埋深<20m，保证对下游地下水的侧向径流补给
D0315082T02	乌后旗西北部山前地下水水源涵养区	340	地下水水源涵养，兼顾地下水资源供给，可应急供水	不低于Ⅲ类水标准	应急开采	控制最低水位，水位埋深<20m，保证对下游地下水的侧向径流补给

续表

功能区				保护目标		
编码	名称	面积/km^2	主导功能	水质	年均最大开采量/万 m^3	水位
D0315082T03	乌梁素海北部山前地下水水源涵养区	260	地下水水源涵养，兼顾地下水资源供给，可应急供水	不低于Ⅲ类水标准	应急开采	控制最低水位，水位埋深<20m，保证对下游地下水的侧向径流补给
D0315082T04	佘太盆地山前地下水水源涵养区	567	地下水水源涵养，兼顾地下水资源供给，可应急供水	不低于Ⅲ类水标准	应急开采	控制最低水位，水位埋深<50m，保证对下游地下水的侧向径流补给
D0315082T05	三湖河平原乌拉山前地下水水源涵养区	133	地下水水源涵养，兼顾地下水资源供给，可应急供水	不低于Ⅲ类水标准	应急开采	控制最低水位，水位埋深<20m，保证对下游地下水的侧向径流补给
D0315083U01	乌中旗北部山前德岭山乡地下水不宜开采区	170	无	维持现状水质（Ⅴ类水）	不宜开采	限制最高水位，地下水埋深>4m，防止土壤次生盐渍化
D0315083U02	乌中旗北部山前乌加河镇地下水不宜开采区	399	无	维持现状水质（Ⅴ类水）	不宜开采	限制最高水位，地下水埋深>4m，防止土壤次生盐渍化
D0315083U03	五原县黄河冲湖积平原地下水不宜开采区	2001	可零星开采	维持现状水质（Ⅳ～Ⅴ类水）	38449	限制最高水位，地下水埋深>4m，防止土壤次生盐渍化
D0315083U04	乌前旗黄河冲湖积平原地下水不宜开采区	1117	可零星开采	维持现状水质（Ⅳ～Ⅴ类水）	10150	限制最高水位，地下水埋深>4m，防止土壤次生盐渍化
D0315083U05	乌梁素海东部地下水不宜开采区	258	无	维持现状水质（Ⅴ类水）	不宜开采	维持现状水位 10～20m
D0315083U06	乌后期石兰计乡地下水不宜开采区	26	无	维持现状水质（Ⅴ类水）	不宜开采	维持现状水位 5～10m
D0315083U07	临河区北部份子地乡、古城乡、白脑包乡地下水不宜开采区	590	可零星开采	维持现状水质（Ⅴ类水）	7745	限制最高水位，地下水埋深>4m，防止土壤次生盐渍化
D0315083U08	临河区黄河北岸沿线地下水不宜开采区	548	可零星开采	维持现状水质（Ⅴ类水）	38449	限制最高水位，地下水埋深>4m，防止土壤次生盐渍化

续表

功能区				保护目标		
编码	名称	面积/km^2	主导功能	水质	年均最大开采量/万 m^3	水位
D0315083U09	杭锦后旗地下水不宜开采区	1219	可零星开采	维持现状水质（Ⅴ类水）	10150	限制最高水位，地下水埋深>4m，防止土壤次生盐渍化
D0315083U10	乌后旗西北部地下水不宜开采区	81	无	维持现状水质（Ⅴ类水）	不宜开采	维持现状水位 7～10m
D0315083U11	磴口县乌兰布和沙漠西北边缘外地下水不宜开采区	223	无	维持现状水质（Ⅴ类水）	不宜开采	维持现状水位 7～10m
D0315083U12	磴口县黄河沿岸地下水不宜开采区	293	可分散开采	不低于Ⅳ类水标准	4112	限制最高水位，地下水埋深>4m，防止土壤次生盐渍化
D0315083U13	三湖河平原地下水不宜开采区	467	可零星开采	维持现状水质（Ⅴ类水）	3203	限制最高水位，地下水埋深>4m，防止土壤次生盐渍化
D0315083V01	临河城区北干召庙镇、小召乡、隆盛乡地下水储备区	397	可分散开采	不低于Ⅳ类水标准	5179	限制最高水位，地下水埋深>4m，防止土壤次生盐渍化
D0315061Q01	达旗中和西镇分散式开发利用区	173	地下水资源供给，分散开采	不低于Ⅳ类水标准	2038	不造成水位持续下降，维持现状水位 3～5m
D0315061Q02	达旗黑赖沟西柳沟间地带分散式开发利用区	166	地下水资源供给，分散开采	不低于Ⅳ类水标准	1734	不造成水位持续下降，维持现状水位 2～3m
D0315061Q03	达旗展旦召苏木南部山前分散式开发利用区	187	地下水资源供给，分散开采	不低于Ⅲ类水标准	2497	不造成水位持续下降，维持现状水位 1～2m
D0315061Q04	达旗吉格斯太乡分散式开发利用区	69	地下水资源供给，分散开采	不低于Ⅳ类水标准	959	不造成水位持续下降，维持现状水位 2～3m
D0315061Q05	准格尔旗南部山前分散式开发利用区	189	地下水资源供给，分散开采	不低于Ⅲ类水标准	2642	不造成水位持续下降，维持现状水位 3～5m
D0315062R01	罕台川生态廊道生态脆弱区	39	地下水生态保护	维持现状水质（Ⅲ～Ⅳ类水）	禁止开采	维持现状水位 7～10m

续表

功能区				保护目标		
编码	名称	面积/km^2	主导功能	水质	年均最大开采量/万 m^3	水位
D0315062R02	白音恩格尔荒漠自然保护区生态脆弱区	117	地下水生态保护	维持现状水质（Ⅲ～Ⅴ类水）	禁止开采	维持现状水位3～5m
D0315062R03	杭锦淖尔自然保护区生态脆弱区	679	地下水生态保护	维持现状水质（Ⅱ～Ⅳ类水）	禁止开采	维持现状水位2～3m
D0315062R04	库布齐沙漠柠条锦鸡儿自然保护区生态脆弱区	129	地下水生态保护	维持现状水质（Ⅲ～Ⅳ类水）	禁止开采	维持现状水位3～5m
D0315062R05	库布其沙漠自然保护区生态脆弱区	1386	可零星开采	不低于Ⅳ类水标准	13721	不造成水位持续下降，维持现状水位1～2m
D0315062S01	乌兰乡南部山前地质灾害易发区	80	地下水水源涵养	不低于Ⅳ类水标准	1112	控制最低水位，地下水埋深<6m，减轻土地荒漠化
D0315062S02	罕台川西部地质灾害易发区	110	应急开采	不低于Ⅲ类水标准	1430	控制最低水位，地下水埋深<6m，减轻土地荒漠化
D0315062S03	树林召乡、新民堡乡、白泥井镇南部山前带地质灾害易发区	475	可零星开采	不低于Ⅳ类水标准	6747	控制最低水位，水位埋深<20m
D0315062S04	王爱召乡东坝村地质灾害易发区	59	无	维持现状水质（Ⅴ类水）	不宜开采	维持现状水位2～3m
D0315063U01	达旗乌兰乡黄河冲湖积平原不宜开采区	207	无	维持现状水质（Ⅴ类水）	不宜开采	维持现状水位2～3m
D0315063U02	达旗解放滩乡黄河冲湖积平原不宜开采区	193	无	维持现状水质（Ⅴ类水）	不宜开采	维持现状水位2～3m
D0315063U03	达旗城区东北部黄河冲湖积平原不宜开采区	318	可分散开采	维持现状水质（Ⅳ～Ⅴ类水）	4007	不造成水位持续下降，维持现状水位3～5m

水量标准：控制开发利用强度，地下水开采不引发咸水入侵和加重土壤盐渍化。
水位标准：维持合理生态水位，不引发咸水入侵和加重土壤盐渍化。

5. 地下水水源涵养区

水质标准：现状水质良好的地区，维持现有水质状况。
水量标准：限制地下水开采。在紧急情况下，可做应急开采。
水位标准：维持现状水位状况，进行水源涵养，为下游地区地下水进行补给。

6. 不宜开采区

基本维持地下水现状。

7. 储备区

维持地下水现状。

第四节　地下水可持续性评价

一、可持续性评价指标

当前学术界对评价指标筛选的方法包括理论分析法、频率统计法、德尔菲法、主成分分析法等。理论分析法是最为常用的方法，其指标的选择在理论上严格限定为评价目标和任务，分析评价目的内涵、外延，选择对其影响较大的指标；而频率统计法是对各种研究报告和科学文献中所采用的指标出现频率的统计，选择频率较高的指标作为备选；德尔菲法也就是专家咨询法，选择专业水平高、具有权威性的专家背靠背调查咨询，最后根据专家意见的集中程度形成指标集合（姜铸，2004）。目前尚无公认的指标筛选原则，如果过多定量化分析指标优劣，会因为无法完整反映可持续性内涵而失去评价意义。

（一）指标框架

本次研究中，地下水可持续性评价指标体系的建立遵从 DPSIR 框架（Vrba et al., 2007）。DPSIR 反映的过程可以理解为人类活动对地下水造成影响，对环境状态产生压力，人类意识到问题后采取措施做出回应，恢复环境状态，形成完整的驱动、压力、响应的循环。由此，指标的选择分别从驱动、压力、状态、影响、响应五个方面建立（图 12.12）。

1. 驱动

驱动力指标反映的是社会经济活动的发展潜在的造成资源环境发生改变，包括的指标类型有人口、经济、土地利用方式等，具体包括的指标：国内生产总值、单位面积人口、经济增长速度、人口增长速度、物价指数、消费水平等。

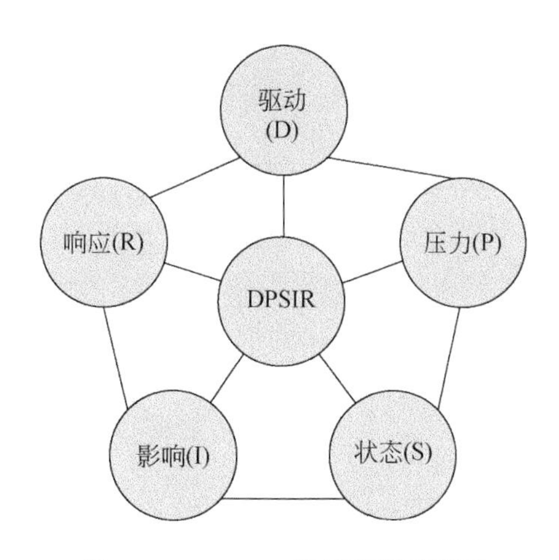

图 12.12　DPSIR 指标框架示意图

2. 压力

压力指标是指地下水需求压力和生态环境压力，即社会、环境对水资源的依赖，是对水资源系统的发展变化产生作用的“外力”。和驱动力不同的是，压力对水资源系统的发展变化产生作用的方式是“显式”的，而驱动力是“隐式”的。指标包括：工农业需水、城乡生活需水、生态环境需水、地下水单位面积开采量、单位面积需水、社会发展综合需水、废水排放、地下水灌溉比例、地下水资源占全部水资源比例等。

3. 状态

状态指标反映的是地下水系统在外界压力作用下所处的状态，是表征地下水资源满足人类、环境需求的能力。主要指标包括：地下水开采程度、地下水资源量、地下水可采资源量、地下水重复利用量、降水量、富水程度、防污性等。

4. 影响

影响指标指在驱动力、压力的作用下，地下水系统受到影响后所产生的外在表现。可选择的指标包括：地下水水位变化速率、盐渍化、疏干状态、浅层地下水超采、承压水超采、水质变化及相关指标、植被覆盖变化指标、生物多样性指标、生态环境完整性指标等。

5. 响应

响应是指对地下水资源的开发利用采取的管理措施，包括涵养地下水水平、保护政策的制定程度等。

（二）指标的分类选择

在 DPSIR 基础上，结合河套平原实际情况建立地下水可持续性评价的遴选指标体系。

从地下水资源系统、社会经济系统和环境地质制约三个方面进行指标遴选。

1. 地下水资源系统

地下水可持续性含义中的满足需求是指在不破坏现有资源条件下的供给，是对地下水系统的良性可持续开发，表现在开采的永久性和稳定性上。从资源量上看，是一个地区可以永久供应的某一水量。因此在具体评价中，指标要满足对地下水系统不造成破坏的阈值限制（劳克斯，2003）。根据地下水资源的特性，确定如下约束函数：

$$Q_{开采}<Q_{可采}$$

式中，$Q_{开采}$为地下水资源开采量；$Q_{可采}$为地下水资源可采量。

2. 社会经济系统

地下水的可持续需要在资源系统可持续的基础上，满足人口饮用、农业灌溉、工业生产、生态环境的需求。因此，一个地区地下水对社会经济可持续的支撑能力就是评价是否可持续的重要指标，也是对依赖性的反映。

在限制因素方面，包括以下主要条件：

$$R_{人均}>R_{定额}$$

$$Q_{灌溉}>Q_{灌定}$$

$$W_{工业}>W_{GDP用水}$$

$$Q_{生态}>Q_{生态需水}$$

式中，$R_{人均}$为人均地下水资源量；$R_{定额}$为人均地下水资源定额；$Q_{灌溉}$为单位面积地下水灌溉可利用量；$Q_{灌定}$为农业灌溉定额；$W_{工业}$为工业单位工业产值可用水量；$W_{GDP用水}$为地区技术条件下单位 GDP 用水水平；$Q_{生态}$为可用于生态的地下水量；$Q_{生态需水}$为区域生态环境最低需水量。

3. 环境地质制约

在环境地质方面，可持续的目标是要使得存在的环境地质问题限制在一个可以接受的合理范围内。地下水资源的开采不能引起地面沉降持续发展、含水层被疏干等问题，灌溉不能产生不可接受的土壤盐渍化，即需要环境地质方面不能持续发生不可接受的改变，水体的污染必须在地区水体纳污能力范围内。

可以看出，地下水可持续性的评价都存在着相应的判定标准，在条件之外，这个指标的评价即认定为不可持续，或者不能良性发展，在综合评价时就降低了总的可持续性评分。

（三）不同区域的指标选择

由于自然和社会条件的差别，对后套平原、呼包平原等不同区域分别选取指标。

1. 后套平原

后套平原地下水主要用于生活供水，农业用水主要采用黄河水（杨路华等，2003）。

地下水资源开发利用方面存在的突出问题是大规模的引黄灌溉使得地下水水位抬高，导致了大面积土壤盐渍化（赵锁志等，2008）；同时高氟、高砷地下水广泛分布，对人民群众身体健康造成危害，进而制约当地经济发展（张辉，2004）。因此，后套平原的地下水可持续性指标应考虑以下三个方面。

（1）资源方面：地下水天然资源模数、浅层地下水可采资源模数。

（2）社会需求：人口密度、GDP 密度、地下水占开采比例。

（3）环境制约方面：地下水砷污染等级、土壤盐渍化等级、地下水质量等级、地下水矿化度等级、地下水水位变化速率。

2. 呼包平原

呼包平原地下水开采主要用于农业、工业、生活用水（王春辉和马穆德，2008；韩俊丽等，2011）。影响本区地下水可持续性的因素包括：地下水超采区分布面积大、区域地下水水位下降和降落漏斗、地下水水质污染等（房利民等，2010）。呼包平原的地下水可持续性指标应考虑以下三个方面。

（1）资源方面：单位面积地下水天然资源量、单位面积浅层/地下水可采资源量、单位面积承压水可利用量。

（2）社会需求：人口密度、地下水水位变化速率、地下水占开采比例。

（3）环境方面：土壤盐渍化等级、沙漠化等级、地下水污染等级、地下水脆弱性等级。

二、可持续性评价方法

地下水可持续性评价方法有能值法、生态足迹法、可拓集方法、集对分析法、支持向量机法、禁忌搜索法、投影寻踪方法、蚁群算法、粒子群算法等（张久川等，2005），都是基于数值寻优或数值规律提取的原理，这些对可持续性的评价都存在各自的优势和缺陷，针对不同的评价目标和指标集合，以及可以获得有效数据特点，应选择适宜的评价方法。

指标体系综合评价法是最为直接易行的地下水可持续性评价方法，可以采用单因子评价和多因子评价，将评价指标标准化后由权重确定每个指标的重要程度，建立综合评价模型。一般评价的综合表达式为

$$\mathrm{DI} = \sum W_i \times x_i$$

式中，DI 为评价的综合结果；W_i 为第 i 个指标的权重；x_i 为第 i 个指标的标准化数值。

指标综合评价法的核心是指标权重的计算，基本上可以反映区域地下水可持续水平。该方法在应用上直观、简便，在很多研究中被采用，但是精度上和深度上还不够细致和具体，对数据规律的挖掘需要前期数据的统计分析。

三、数据获取与处理

1. 剖分

各指标的空间分布差异较大，为了更加准确地反映不同地区的条件，对研究区进行了网格剖分，按5km的间隔对整个河套平原区进行分区，剖分结果如图12.13所示。将各指标和单元格进行空间分析，获得每单元格上的指标值。

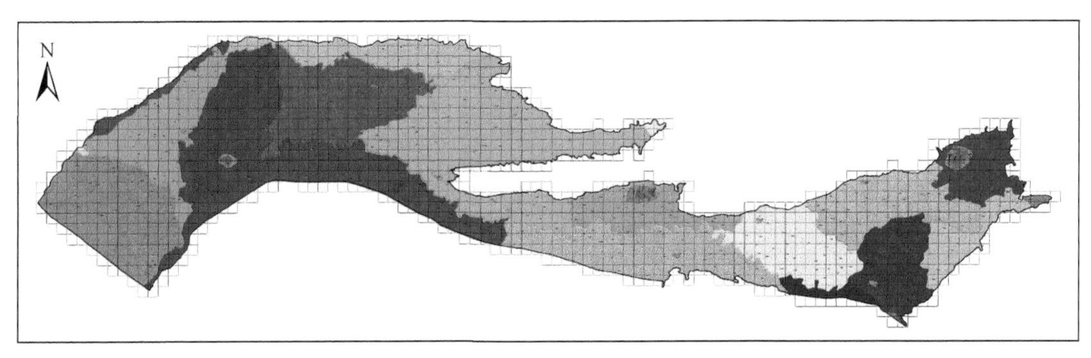

图12.13　地下水可持续性评价网格剖分示意图

2. 指标数据获取

本次评价选用指标数据均来自最新的调查结果，其中地下水资源量、地下水可采资源量、地下水污染、水位降深、地下水开采模数等数据来自本次调查成果，人口数据来自2010年第六次人口普查，GDP数据来自2009年统计年鉴数据（张宗祜和李烈荣，2004；内蒙古自治区统计局和国家统计局内蒙古调查总队，2010①②）。获取的指标数据通过GIS软件的空间分析功能赋到评价单元上。

地下水可持续性综合评价需要对所有指标做综合加权分析。为了便于不同指标在综合评价中具有同等的数值区间，需要对原始指标值进行归一化处理（张光辉等，2009）。本次归一化方法采用修正极值的标准化公式，具体公式如下：

$$x'_{ij}=\frac{\alpha x_{ij}-x^j_{\min}}{x^j_{\max}-x^j_{\min}+\beta}$$

式中，α和β为规格化数据的上下限限定因子，本书取$\alpha=0.99$，$\beta=0.01$，即把数据统一标准化在0.01～0.99；$x^j_{\max}$和$x^j_{\min}$分别为第j个指标的最大值和最小值。

3. 层次分析法确定权重

层次分析法中两两指标的权重大小对比可由德尔菲法确定，或者由研究者根据研究区

① 巴彦淖尔市统计局，2010～2012，巴彦淖尔市年国民经济和社会发展统计公报，巴彦淖尔市统计信息网。

② 内蒙古自治区地质环境监测总站，2006，内蒙古自治区主要城市地下水环境监测综合报告。

实际的情况来确定，在两两指标、每层次权重确定后，即可得出所有指标相对于总目标而言的重要性程度排序。具体步骤：

（1）分析评价体系中各指标之间的关系，重点分析指标对于研究区规划决策的重要程度，建立指标框架的递阶层次结构。

（2）同一层次的各指标构造两两比较判断矩阵，比较两个指标哪一个更重要，对重要程度赋予标度值。一般使用1～9标度法构造间接判断矩阵（表12.19），两两比较判断的次数为$n(n+1)/2$。

表12.19　层次分析法指标标度

标度	含义
1	两指标对比，具有同等重要性
3	两指标对比，前者比后者稍重要
5	两指标对比，前者比后者比较重要
7	两指标对比，前者比后者十分重要
9	两指标对比，前者比后者绝对重要
2，4，6，8	两者中间值
倒数	后者比前者重要

（3）由判断矩阵计算被比较指标对于该准则的相对权重。求出判断矩阵$\boldsymbol{A}$的最大特征值的相应特征向量$\boldsymbol{u}=(u_1，u_2，\cdots，u_n)^{\mathrm{T}}$，将$\boldsymbol{u}$归一化得出标准化特征向量$\boldsymbol{W}$，即为单一准则下指标的相对排序权重向量。

（4）计算各层次指标对系统目标的合成权重，并进行排序（表12.20、表12.21，图12.14、图12.15）。

表12.20　后套平原各指标权重计算值

指标	权重
天然资源模数	0.0667
浅层水可采资源模数	0.2667
人口密度	0.1000
GDP密度	0.0333
地下水开采量	0.2000
砷污染等级	0.0413
盐渍化等级	0.0413
矿化度等级	0.0413
地下水污染分级	0.0780
水位变动	0.1313

表 12.21　呼包平原各评价指标权重计算值

指标	权重
天然资源模数	0.0556
浅层水可采资源模数	0.2222
承压水可利用量	0.0556
人口密度	0.1000
GDP 密度	0.0333
地下水开采量	0.2000
地下水开采占总开采比例	0.0413
盐渍化等级	0.0413
矿化度等级	0.0413
地下水污染分级	0.0780
水位变动	0.1313

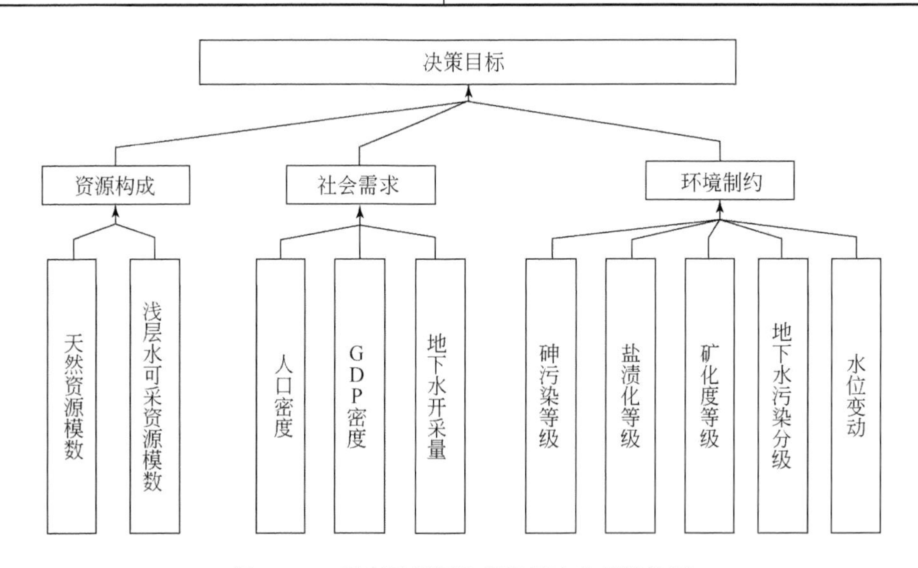

图 12.14　后套平原评价指标层次分析结构图

层次分析法的最终目标是求解方案层各指标关于目标层的排序权重。因此，需从上而下逐层进行各层指标对目标的合成权重的计算。

假定第 k-1 层 nk-1 个指标相对目标的权重为 $\boldsymbol{W}(k-1)=[W_1(k-1), W_2(k-1), \cdots, W_n(k-1)]^{\mathrm{T}}$，设第 k 层的 nk 个指标相对于第 k-1 层第 j 个指标（j=1，2，…，nk-1）的准则排序权重向量为 $\boldsymbol{uj}(k)=[u_1j(k), u_2j(k), \cdots, u_nj(k)]^{\mathrm{T}}, (j=1,2,\cdots,nk-1)$。

AHP 方法得到的是各个指标相对于总目标各决策方案的优先次序权重，从而利用指标综合评价法对总目标做出评价。

4. 信息熵法确定权重

不同于层次分析法，信息熵法权重的确定必须先将指标数据标准化，利用数据信息的

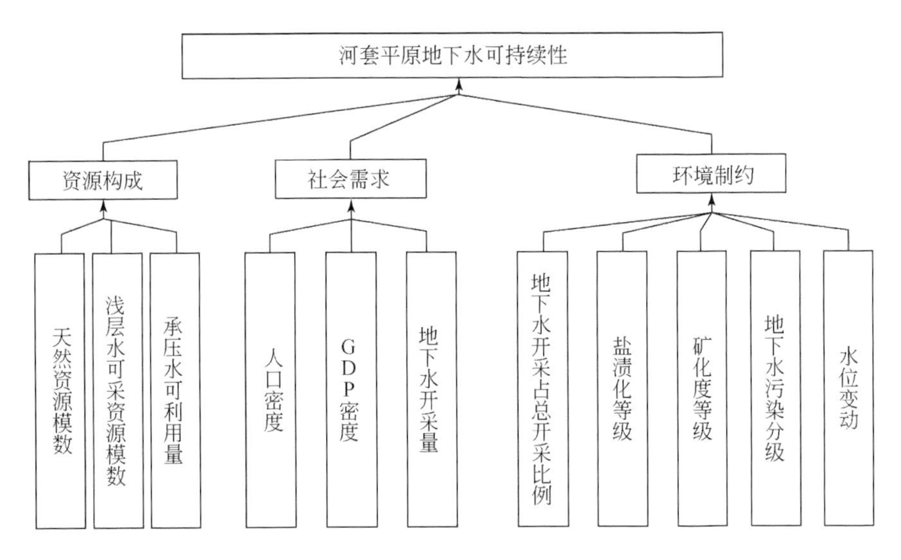

图 12.15　呼包平原评价指标层次分析结构图

无序程度来反映指标的重要程度，因此需要具体的数据计算才能确定权重，但是在计算中要确保不能有负值参与计算，因此数据必须预处理为统一区间上。

首先，计算每个指标的每个数据比重 P_{ij}，公式为 $P_{ij}=X_{ij}/\sum X_{ij}$，$P_{ij}$为第 i 个指标第 j 个空间位置上的指标值；

其次，计算第 i 项指标的熵值 e_i，公式为 $e_i=-(1/\ln m)\sum P_{ij}\ln P_{ij}$，其中 m 为第 i 个指标的总数；

再次，第 i 个指标的差异性系数 g_i。定义为熵值越大，差异性越小，因此 $g_i=1-e_i$；

最后，计算第 i 个指标的权重 a_i，公式为 $a_i=g_i/\sum g_i$。

由此确定每个指标的权重值（表 12.22、表 12.23）。

表 12.22　后套平原评价指标权重计算结果表

指标	权重
天然资源模数	0.1004
浅层水可采资源模数	0.1004
人口密度	0.0979
GDP 密度	0.0989
地下水开采量	0.1002
砷污染等级	0.1003
盐渍化等级	0.1005
矿化度等级	0.1003
地下水污染分级	0.1005
水位变动	0.1005

表 12.23　呼包平原评价指标权重计算结果表

指标	权重
天然资源模数	0.091322
浅层水可采资源模数	0.091326
承压水可利用量	0.090757
人口密度	0.089014
GDP 密度	0.089938
地下水开采量	0.0911
地下水开采占总开采比例	0.091226
盐渍化等级	0.091352
矿化度等级	0.091208
地下水污染分级	0.091344
水位变动	0.091381

指标最终权重结果取层次分析法和信息熵法的均值，克服了前者偏于主观和后者过于依赖数据规律的缺陷，对权重的计算更为合理。

四、可持续性综合评价

对后套平原和呼包平原用各自的指标集合进行综合评价，从资源条件、社会需求程度和环境制约方面综合确定评价单元的可持续等级，评价结果如图 12.16、图 12.17 所示。

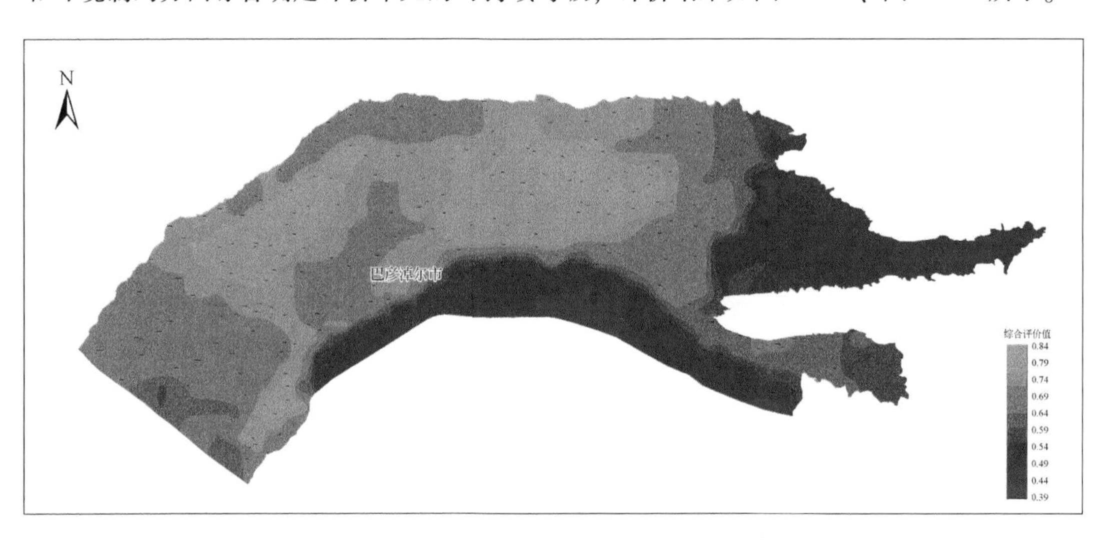

图 12.16　后套平原地下水可持续性综合评价图

综合评价成果将评价单元分为十个等级，评分值越高可持续性水平越高。在此基础上，将严重荒漠化地区、年水位下降在 5m 以上、浅层地下水重污染和极重污染的地区确

图 12.17　呼包平原地下水可持续性综合评价图

定为不可持续区，以此划定不可持续综合评价值，剩余部分按均值分为两个等级。由此，将研究区地下水可持续性分为三个大的等级：可持续性强、可持续性弱、不可持续。

（一）后套平原

后套平原的可持续性等级与地下水资源量关系密切，在层次分析法确定权重中，可开采资源模数、开采模数权重较高，反映了当前水资源中水量因素的重要性。由于人口密度低，地下水砷污染在该地区的影响较小，在层次分析法评价权重中给的较低。

后套平原地下水可持续性强的地区分布于后套平原腹地，五原县城—陕坝镇—磴口县城一线的农业区，该地区地下水资源可采资源量高于周边地区，而开采模数低于北部山前区和东部佘太盆地，人口密度小，农业用水中引黄灌溉占主要份额，资源条件较好，社会需求处于中等水平，地下水开发利用潜力较大。制约因素是该地区水质较差，砷污染严重，地下水矿化度略高。

可持续性弱的地区分布于磴口县西部、乌拉特前旗北部及东部地区。磴口县西部地下水资源量少，但人口稀少，农业用水主要来自黄河水，对地下水需求有限，该地区的主要问题是环境因素，存在局部地表沙漠化和重度土壤盐渍化。乌拉特前旗北部浅层地下水资源量贫乏，矿化度高，局部地区矿化度达到10g/L以上，土壤盐渍化严重。乌拉特前旗东部是农业发达区，人口密度相对较大，地下水资源量较少，水体矿化度普遍在1～3g/L。本区地下水可持续性的主要制约因素是地下水资源量小。

后套平原不可持续区分布于区内黄河南岸和佘太盆地。黄河南岸地处库布齐沙漠北缘，影响该地区地下水可持续利用的主要因素为地下水资源量小、地下水水质差、沙漠化严重、生态脆弱。佘太盆地东南部地区为沙漠覆盖，北部生态环境也较为脆弱，地下水对植被覆盖的影响较为显著。资源量匮乏加上生态环境的制约，使得该地区的地下水资源评价结果为不可持续。

（二）呼包平原

呼包平原的地下水可持续评价中去掉了地下水砷污染等级指标，增加了承压水可利用量和地下水开采占总开采的比例两个指标。

总体上，区内可持续性强的区域分布于呼和浩特市东部、托克托县西南部和包头市区西南部，从资源属性看，区内浅层地下水资源北部较南部丰富，东西差异不显著。由于本区浅层地下水开采模数比其他区域低，地下水开采比例较低，总体评价结果为呼包平原中可持续性最好的区域。本区地下水有一定开采潜力，可以在一定范围内为提高社会经济水平发展提供资源保障。

可持续性弱的区域分布于呼和浩特市西南部和包头市南部。包头市南部地区承压水无可利用潜力，而呼和浩特西市南部承压水资源量小。两个区域均属于资源性限制区，社会需求和环境制约不显著。

不可持续区位于呼和浩特市西部、土默特左旗周边、包头市区附近。其中土默特左旗附近不可持续区面积达431.87km^2，研究区东南部边界地区不可持续区面积达834.8km^2，包头市区附近为123.31km^2，占全部研究区面积的13.16%。北部不可持续区是呼包平原的主要经济区，人口密度大，分布有金川工业区、土默特左旗工业区、包头市区等，开采比较集中，水资源需求大，同时地下水污染较为严重。东南部不可持续区浅层地下水资源模数低于1万m^3/(km^2·a)，同时为主要农业区，山区补给平原地下水十分有限，属于资源限制性地区，浅层水质总体较好，但近年来该部分地区污染性企业有增加趋势，地下水水质有变差趋势，因此该地区的可持续发展要考虑地下水水量和水质的可承载水平。这些地区由于地下水资源水平、环境承载水平的限制，已经产生了一些环境地质问题，限制地下水的持续过量开采、降低污染物排放是当前需要解决的突出问题。

五、典型城市地下水可持续性评价

以呼和浩特平原区为研究对象，开展典型城市地下水可持续性评价，为城市地下水资源可持续开发利用提供科学依据。

（一）评价指标

从呼和浩特市地下水资源条件、社会需求程度、环境问题现状三个方面选择的主要评价指标如下：

（1）地下水天然资源模数。该指标综合反映了评价区的降雨分布、入渗补给能力、含水层特征、径流排泄条件。

（2）可采资源模数。该指标反映在现有技术条件下可以科学有效利用的地下水资源状况。

（3）承压水可利用模数。上述三个指标综合反映典型区的地下水资源量水平。

（4）单位面积人口数量。本次评价选择人口密度指标反映人均资源水平或人均消耗，通过权重来综合反映与其他指标的人均关系。

(5) 单位面积国内生产总值。选择 GDP 综合反映产业需水水平。

(6) 地下水开采模数。该指标反映了地下水开采强度，对未来的开采规划有重要的指导意义，也是资源可持续水平的一个重要表征。

(7) 天然防污性能。反映污染物进入地下水的难易程度。

(8) 盐渍化程度。盐渍化程度越高反映了地下水可持续利用水平越低。

(9) 浅层地下水污染。该指标反映浅层地下水污染程度和地下水中人类可利用的比例。

(10) 承压水污染。该指标反映承压水污染程度和人类可利用的水平。

(11) 浅层地下水超采。工作区内浅层地下水超采严重，已经成为影响地区可持续发展的限制性指标。

(12) 承压水超采。承压水是评价区重要的地下水资源，城市工业及生活用水 90% 以上的用水量取自于承压水。承压水的超采状况是影响地下水可持续利用水平的重要指标。

(13) 地面沉降易发性分级。评价区内已经形成了地下水降落漏斗，使地面沉降的发生概率逐渐增大，选择该指标可反映地下水超采导致的地面沉降对地下水可持续开采的影响程度。

(二) 评价分区

采用单元剖分的方法将工作区分为 1km×1km 的单元格，以单位格为评价的基本单元(图 12.18)。本次评价分区的有效单元格为 1781 个。指标权重利用层次分析方法和信息熵方法综合确定（表 12.24)。

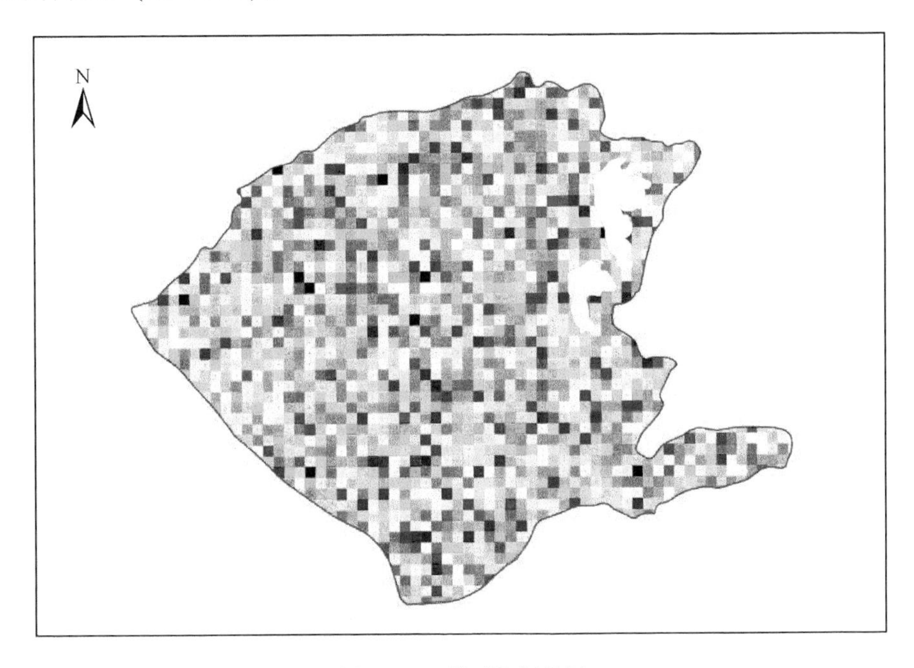

图 12.18　单元格剖分图

表 12.24　典型区地下水可持续性评价指标权重

分类	评价指标	权重（层次分析）	信息熵	权重均值
地下水资源条件	天然资源模数	0.0934	0.08055	0.0677
	可开采资源模数	0.3084	0.2463	0.1842
	承压水可利用模数	0.1697	0.134025	0.09835
社会经济需求	人口密度	0.0231	0.037325	0.05155
	GDP	0.0125	0.021875	0.03125
	地下水开采模数	0.1073	0.136225	0.16515
环境地质问题	承压水超采	0.053	0.0784	0.1038
	防污性能等级	0.0176	0.019175	0.02075
	承压水头下降速率	0.0276	0.02795	0.0283
	浅层地下水水位下降速率	0.0305	0.0337	0.0369
	盐渍化程度	0.0146	0.0237	0.0328
	浅层地下水污染	0.0258	0.02255	0.0193
	承压水污染	0.0166	0.03765	0.0587
	地面沉降易发性	0.0086	0.009325	0.01005
	浅层地下水超采	0.0914	0.0913	0.09120

呼和浩特市地下水可持续性综合评价结果如图 12.19 所示。根据综合评价值定义，评价值越小表明地下水可持续性越好，而值越大则可持续性水平越差。从图 12.19 来看，0.1 代表了研究区中地下水可持续性最好的地区，而 0.7 则代表研究区中地下水可持续性最差的区域。

从资源条件上分析，城区可采资源模数在 2 万～5 万 $m^3/(km^2 \cdot a)$，承压水可利用量在 10 万～20 万 $m^3/(km^2 \cdot a)$，城区地下水资源状况总体上处于中下水平。大青山冲洪积扇和大黑河中上游地区地下水可采资源模数最大，达到 30 万～40 万 $m^3/(km^2 \cdot a)$，地下水资源评价值较高。

从社会经济方面看，呼和浩特市区和西部开发区是人口密集、工业密集区，对地下水的依赖程度最高，也是区内需水量最大的地区，因此从该类指标的影响上，城区和西部开发区的社会经济依赖指标值较大，对可持续性评分起到负面作用，也是区内该类指标评价最低的地区。

从环境地质问题方面来看，西部地区由于工业集中，地下水污染也较严重，承压水中最大面积的Ⅴ类水面积占所有Ⅴ类水面积的 90% 以上；浅层水和承压水超采程度较高，在环境地质方面这些地区评分值最低。

综上所述，城区虽然在承压水、浅层地下水资源方面处于中上水平，但是在社会经济和环境方面的指标约束下，该地区的可持续性评价值最低，是区内地下水可持续性水平最差的地区。

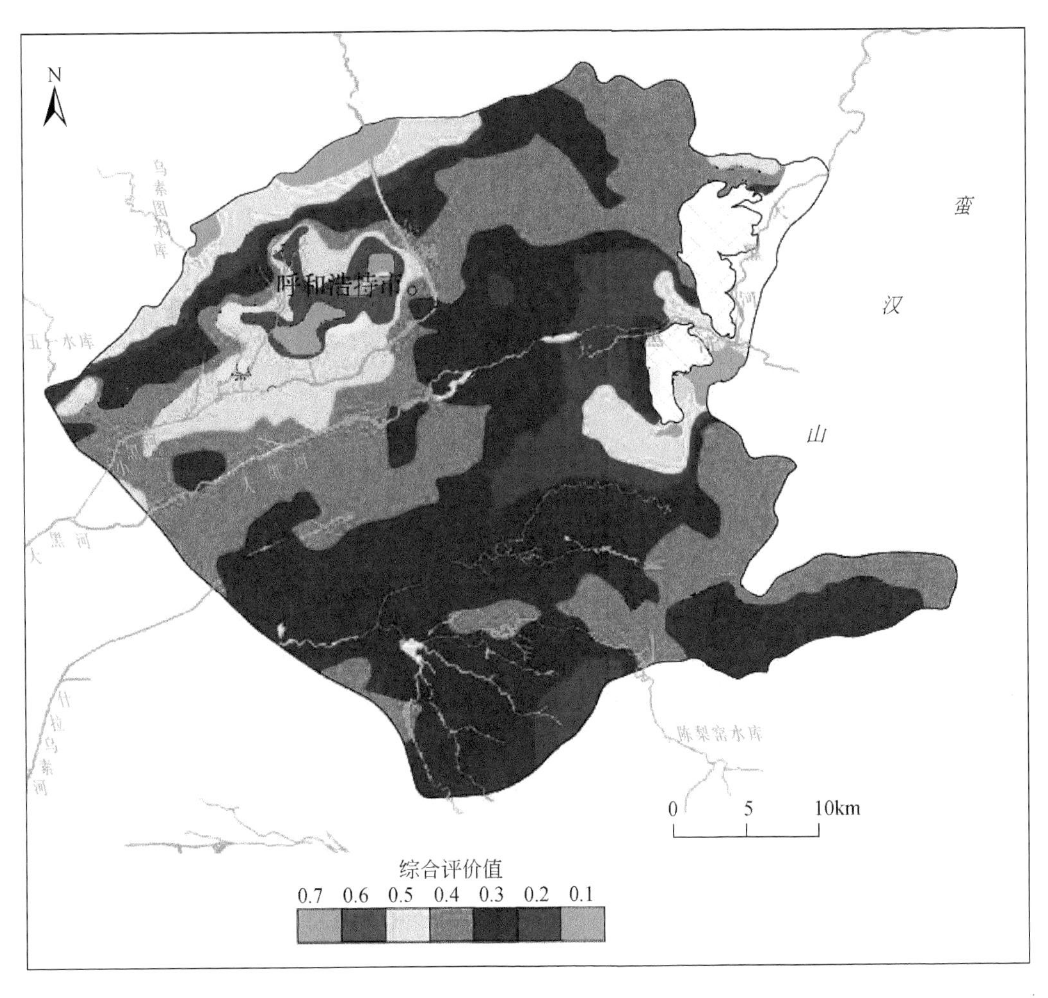

图 12.19　地下水可持续性综合评价图

参考文献

安玉洁，赵麦换，苏柳，等. 2016. 人民治理黄河70年灌溉效益分析. 人民黄河，38：24-27.

卜庆伟，辛宏杰. 2012. 黄河三角洲非常规水资料资源综合利用. 水资源保护，(1)：439.

卜秋霞. 2000. 疏勒河项目区盐碱地的形成及改良利用. 甘肃农业大学学报，35(3)：301-306.

常学礼，赵学勇，韩喜珍，等. 2005. 科尔沁沙地自然与人为因素对沙漠化影响的累加效应分析. 中国沙漠，25(4)：466-471.

陈凤臻，姜琦刚，程彬，等. 2008. 基于遥感技术的松辽平原盐渍化动态研究. 生态环境，17(5)：1921-1925.

陈俊，张珂，梁浩，等. 2014. 岗德尔山河流阶地及其所反映的河套与银川盆地的沟通. 中山大学学报(自然科学版)，53(6)：27-36.

陈立文，孙宝铮，姜林奇. 1995. 对多指标综合评价问题的探讨. 工业技术科技，14(1)：45-46.

陈梦熊. 1993. 地下水系统理论的引进与实践. 中国科学院院刊，2(15)：147-148.

陈梦熊，马凤山. 2002. 中国地下水资源与环境. 北京：地震出版社.

陈笑霞. 2013. 内蒙河套盆地中晚更新世地层易溶盐特征与环境. 北京：中国地质大学(北京)硕士研究生学位论文.

程水英. 2004. 疏勒河流域景观动态变化研究. 西安：西北大学硕士研究生学位论文.

慈龙骏，刘玉平. 2000. 人口增长对荒漠化的驱动作用. 干旱区资源与环境，(1)：29-34.

崔旺诚. 2003. 塔里木河下游沙漠化对绿洲农业生产的影响. 干旱区研究，20(2)：114-116.

崔亚莉. 2004. 黄河流域地下水系统划分及其特征. 资源科学，26(2)：2-8.

邓金宪，刘正宏，徐仲元，等. 2007. 包头地区晚更新世—全新世地层划分对比及环境变迁. 地层学杂志，31(2)：133-140.

丁晨旸，胡远东. 2010. 呼和浩特八拜湖湿地退化特征与保育对策. 低温建筑技术，(2)：131-132.

董光荣，申建友，金炯，等. 1990. 试论全球变化与沙漠化的关系. 第四纪研究，(1)：91-98.

房利民，谢敏，周彦平. 2010. 包头市城区地下水水质变化及污染趋势分析. 内蒙古科技与经济，(14)：54-55.

冯尚友. 2000. 水资源持续利用与管理导论. 北京：科学出版社.

傅建利，张珂，马占武，等. 2013. 中更新世晚期以来高阶地发育与中游黄河贯通. 地学前缘，20(4)：166-181.

高存荣，刘文波，冯翠娥，等. 2014. 内蒙古河套平原地下咸水与高砷水分布特征. 地球学报，2(35)：139-148.

高建飞，丁悌平，罗续荣，等. 2011. 黄河水氢、氧同位素组成的空间变化特征及其环境意义. 地质学报，85(4)：596-602.

高胜利，任战利，崔君平. 2007. 河套盆地古气候演化与生物气勘探. 地质科技情报，26(2)：35-39.

关许为，顾伟浩. 1991. 长江口咸水入侵问题的探讨. 人民长江，22(10)：51-54.

关元秀，刘高焕. 2001. 区域土壤盐渍化遥感监测研究综述. 遥感技术与应用，(1)：42-46.

郭素珍，李美艳. 2005. 内蒙古黄河流域水资源与水权转换. 内蒙古水利，(2)：91-93.

郭永海，刘志强，吕川河，等. 2003. 一种新的地下水年龄示踪剂——CFC. 水文地质工程地质，6：30-32.

郭振华. 2006. 基于RS和GIS的艾比湖流域土壤盐渍化研究. 西安：长安大学硕士学位论文.
国家地震局鄂尔多斯周缘活动断裂系课题组. 1988. 鄂尔多斯周缘活动断裂系. 北京：地震出版社.
韩俊丽，段文阁，宋存义，等. 2011. 包头市地下水资源可持续利用及水环境保护研究. 干旱区资源与环境，(12)：119-124.
何祺胜，塔西甫拉提·特依拜，丁建丽，等. 2007. 塔里木盆地北缘盐渍地遥感调查及成因分析——以渭干河—库车河三角洲绿洲为例. 自然灾害学报，16(5)：24-29.
何绍芬. 1997. 荒漠化、沙漠化定义的内涵、外延及在我国的实质内容. 内蒙古林业科技，(1)：15-18.
霍东民，张景雄，孙家抦. 2001. 利用CBERS-1卫星数据进行盐碱地专题信息提取研究. 国土资源遥感，(2)：51-55.
贾明亮，范超，杨嘉鹏，等. 2016. 浅谈包头市土默特右旗地下水资源开发利用现状. 内蒙古水利，(8)：40-41.
姜放，张国勇. 2002. 遥感图像目视解译值得注意的几个问题. 长春工程学院学报(自然科学版)，(3)：52-53.
姜铸. 2004. 西部中心城市可持续发展理论、方法及对策研究——以西宁市为例. 西安：西安工程科技学院硕士学位论文.
劳克斯. 2003. 水资源系统的可持续性标准(Sustainability Criteria for Water Resource Systems). 北京：清华大学出版社.
李国强. 2012. 乌兰布和沙漠钻孔岩芯记录的释光年代学和晚第四纪沙漠-湖泊演化研究. 兰州：兰州大学博士学位论文.
李建彪，冉勇康，郭文生. 2005. 河套盆地托克托台地湖相层研究. 第四纪研究，25(5)：630-639.
李建彪，冉勇康，郭文生，等. 2007. 呼包盆地第四纪地层与环境演化. 第四纪研究，27(4)：632-644.
李金霞，王萨仁娜，包玉海，等. 2007. 基于遥感与GIS的扎鲁特旗土地盐渍化动态监测. 干旱区资源与环境，21(12)：57-63.
李麒麟，梁明宏，王云斌，等. 2004. 疏勒河上游地区土壤盐渍化现状与综合治理分析. 西北地质，37(1)：81-85.
李森，杨萍，王跃，等. 2005. 阿里高原土地沙漠化发展演变与驱动因素分析. 中国沙漠，25(6)：838-844.
刘冬梅，路全忠. 2005. 呼和浩特市饮用水环境安全供给研究初探. 内蒙古环境保护，17：20-24.
刘纪远，张增祥. 2005. 20世纪90年代中国土地利用变化的遥感时空信息研究. 北京：科学出版社.
刘强，何岩，邓伟，等. 2005. 变化环境中土壤盐渍化过程研究——以洮儿河中下游地区为例. 干旱区资源与环境，19(6)：113-117.
刘沙滨，阿荣其其格，王琳. 2001. 内蒙古土地盐渍化典型区域动态监测研究. 中国环境监测，(4)：26-29.
刘文波，冯翠娥，高存荣. 2014. 河套平原地下水环境背景值. 地学前缘，21：147-157.
刘霞，王丽萍，天谷孝夫. 2011. 达拉特旗井灌条件下农田水利用及地下水动态分析研究. 中国农村水利水电，29-32.
刘晓敏，关许为，陈江海. 2013. 东风西沙水库水源地突发性水污染事故评估研究. 人民长江，44(21)：96-99.
刘新民，徐斌，赵哈林. 1992. 科尔沁沙地破坏起因及恢复途径. 生态学杂志，11(5)：23-27.
刘志丽，马建文，陈嘻，等. 2003. 利用3S技术综合研究新疆塔里木河流域中下游11年生态环境变化与成因. 遥感学报，7(2)：146-152.
鲁春霞，于云江，关有志. 2001. 甘肃省土壤盐渍化及其对生态环境的损害评估. 自然灾害学报，(1)：

99-102.
陆徐荣，周爱国，王茂亭，等. 2010. Piper图解淮河流域江苏地区浅层地下水水质演化特征. 工程勘察，(2)：42-47.
吕子君. 2005. 基于RS与GIS内蒙古正蓝旗草原沙化动态监测与评价研究. 北京：北京林业大学博士学位论文.
骆玉霞，陈焕伟. 2002. 遥感图像的特征提取与选择研究. 研究与开发，3(2)：22-26.
内蒙古自治区地质矿产局. 1991. 内蒙古自治区区域地质志. 北京：地质出版社.
内蒙古自治区统计局,国家统计局内蒙古调查总队. 2010. 内蒙古自治区2010年国民经济和社会发展统计公报. https://www. nmg. gov. cn/tjsj/sjfb/tjsj/tjgb/202102/t20210209_886016. html[2023-07-30].
聂宗笙，李克. 1988. 内蒙古包头地区萨拉乌苏组的发现及其意义. 科学通报，33(21)：1645-1649.
宁龙梅，王学雷，胡望斌. 2004. 利用马尔可夫过程模拟和预测武汉市湿地景观的动态演变. 华中师范大学学报(自然科学版)，38(2)：255-258.
庞治国，吕宪国，李取生. 2000. 3S技术支持下的盐碱化土地现状评价与发展对策研究——以吉林省西部大安市为例. 国土与自然资源研究，(4)：42-45.
彭月，魏虹，朱韦. 2006. 基于马尔可夫模型的土地景观动态模拟预测研究——以重庆永川市为例. 安徽农业科学，34(23)：6172-6173.
钱正英，张光斗. 2001. 中国可持续发展水资源战略研究(综合报告及各专题报告). 北京：中国水利水电出版社.
邱汉学，黄巧珍. 1994. 地下水环境背景值及其确定方法. 青岛海洋大学学报，12：16-20.
全国地层委员会. 2001. 中国地层指南及中国地层指南说明书. 北京：地质出版社.
任加国，武倩倩. 2010. 环境水文地质学. 北京：地质出版社：64-69.
沈照理. 1986. 水文地球化学基础. 北京：地质出版社.
沈照理，朱宛华，钟佐燊. 1993. 水文地球化学基础. 北京：地质出版社.
苏志珠，卢琦，吴波，等. 2006. 气候变化和人类活动对我国荒漠化的可能影响. 中国沙漠，26(3)：329-335.
孙涛，潘世兵，李纪人，等. 2004. 疏勒河流域水土资源开发及其环境效应分析. 干旱区研究，21(4)：313-317.
孙涛，李纪人，潘世兵. 2009. 西北干旱区土壤盐渍化遥感信息模型. 河海大学学报(自然科学版)，37(5)：505-510.
孙亚乔，钱会，张黎，等. 2007. 基于矩形图的天然水化学分类和水化学规律研究. 地球科学与环境学报，29(1)：75-79.
佟喜梅. 2008. 正镶白旗土地荒漠化动态变化及原因分析. 呼和浩特：内蒙古师范大学硕士学位论文.
王春辉，马穆德. 2008. 呼和浩特市地下水现状与发展. 环境与发展，20(1)：14-17.
王黎波，刘群. 2011. 新疆典型区沙漠化驱动因素定量分析研究. 勘察科学技术，(3)：19-22.
王琪. 2009. 内蒙古河套平原地下咸淡水形成分布规律初步探讨. 内蒙古农业大学学报：自然科学版，39(4)：168-171.
王瑞久. 1983. 三线图解及其水文地质解释. 工程勘察，(6)：6-11.
王书兵，蒋复初，傅建利，等. 2013. 关于黄河形成时代的一些认识. 第四纪研究，33(4)：705-714.
王万良，许艳，樊新华，等. 2006. 乌拉特前旗水资源利用现状与发展. 现代农业，(6)：36-37.
王文生，肖东，王智. 1994. 内蒙河套灌区土地盐碱动态遥感监测. 遥感信息，(1)：23-25.
王喜民，步丰湖. 2004. 河套灌区骨干渠道衬砌工程的试验与探讨. 中国水利，(3)：47-48.
王新亮. 2006. 内蒙古呼-包盆地第四纪沉积、构造特征研究. 北京：中国地质大学(北京)硕士学位论文.

王学仁，王松桂. 1990. 实用多元统计分析. 上海：科学技术出版社：195-288.
乌云娜，裴浩，白美兰. 2002. 内蒙古土地沙漠化与气候变化和人类活动. 中国沙漠，22(3)：292-297.
吴宏宇，张宏武，胡春元，等. 2010. 河套灌区盐碱地综合治理. 内蒙古林业调查设计，33(1)：45-47，51.
吴吉春. 2002. 现代水资源管理概论. 北京：中国水利水电出版社.
仵彦卿. 1990. 地下水系统的基本概念与组成. 西安地质学院院报，12(4)：88-91.
邢世禄，包俊江，杨亮平. 2003. 呼和浩特市地区城市地下水现状及评价. 内蒙古环境保护，15：31-33.
邢永建. 2007. 基于"RS"技术的土地荒漠化动态变化及驱动因子研究. 乌鲁木齐：新疆师范大学硕士学位论文.
徐海量，陈亚宁，李卫红. 2003. 塔里木河下游环境因子与沙漠化关系多元回归分析. 干旱区研究，20(1)：39-43.
徐恒力. 1992. 地下水系统的进化. 水文地质工程地质，19(1)：58-60.
许端阳，康相武，刘志丽，等. 2009. 气候变化和人类活动在鄂尔多斯地区沙漠化过程中的相对作用研究. 中国科学 D 辑：地球科学，39(4)：516-528.
杨会峰，张翼龙，孟瑞芳. 2017. 河套盆地构造控水研究及地下水系统划分. 干旱区资源与环境，31：177-184.
杨路华，沈荣开，曹秀玲. 2003. 内蒙古河套灌区地下水合理利用的方案分析. 农业工程学报，(5)：56-59.
杨友运. 2004. 内蒙河套盆地第四系生物气藏形成地质条件分. 西安科技大学学报，24(3)：320-323.
杨志峰，崔保山，刘静玲，等. 2003. 生态环境需水量理论、方法与实践. 北京：科学出版社.
张登山. 2000. 青海共和盆地土地沙漠化影响因子的定量分析. 中国沙漠，20(1)：59-62.
张光辉，费宇红，聂振龙. 2009. 区域地下水功能可持续性评价理论与方法研究. 北京：地质出版社.
张光辉，刘少玉，谢悦波. 2005. 西北内陆黑河流域水循环与地下水形成演化模式. 北京：地质出版社.
张恒云，尚淑招. 1992. NOAA/AVHRR 资料在监测土壤盐渍化程度中的应用. 遥感信息，(1)：26-28.
张辉. 2004. 中国河套地区的重金属污染与人群砷中毒. 人类环境杂志，(3)：122-124.
张建军. 2009. 昆都仑河综合整治工程中对环境的保护. 人民长江，40(17)：75-76.
张久川，任树梅，马明，等. 2005. 基于 GIS 的地下水资源可持续性评价. 农业工程学报，21(8)：35-39.
张荣旺，金桂莲，张敏. 2002. 达拉特旗平原区地下水动态分析及管理对策. 内蒙古科技与经济，(8)：16-18.
张兆吉，费宇红，郭春艳，等. 2012. 华北平原区域地下水污染评价. 吉林大学学报(地球科学版)，42(5)：1456-1461.
张宗祜，李烈荣. 2004. 中国地下水资源. 北京：中国地图出版社.
赵哈林，张铜会，赵学勇. 2002. 内蒙古半干旱地区沙质过牧草地的沙漠化过程. 干旱区研究，19(4)：1-6.
赵婧，程伍群. 2011. 我国土地沙漠化防治策略研究. 安徽农业科学，39(13)：7868-7869，7966.
赵锁志，刘丽萍，王喜宽，等. 2008. 河套灌区地下水临界深度的确定及其意义探讨. 岩矿测试，27(2)：108-112.
郑绵平，赵元艺，刘俊. 1989. 青藏高原盐湖. 北京：北京科学技术出版社.
周慧芳，谭红兵，张文杰. 2014. 南通地区地下水循环与水化学时空变化规律研究. 人民长江，45(23)：103-108.
Chadha D K. 1999. A proposed new diagram for geochemical classification of natural waters and interpretation of chemical data. Hydrogeology Journal，7：431-439.
Gerard A M. 2004. An integrated hydrogeological/hydrogeochemical approach to characterising groundwater

zonations within a quaternary coastal deltaic aquifer: the Burdekin River delta, North Queensland. Brisbane: Queensland University of Technology.

Guo H M, Zhang Y, Xing L N, et al. 2012. Spatial variation in arsenic and fluoride concentrations of shallow groundwater from the town of Sha-Hai in the Hetao Basin, Inner Mongolia. Applied Geochemistry, 21(11): 2187-2196.

Han L F, Pang Z H, Manfred G. 2001. Study of groundwater mixing using CFC data. Science China (Technological Sciences),44(1): 21-28.

Maloszewski P, Zuber A. 1996. Lumped parameter models for the interpretation of environmental tracer data. International Atomic Energy Agency, 28(6): 9-58.

Rao B R M, Dwivedi R S, Venkataratnam L, et al. 1991. Mapping the magnitude of sodicity in part of the Indo-Gangetic Plain of Uttar Pradesh, northern India using Landsat-TM Data. International Journal of Remote Sensing, 12(3): 419-425.

Samet H. 2005. Applications of Spatial Data Structures: Computer Graphics, Image Processing. Boston: Addison-Wesley.

Vrba J, Lipponen A, Girman J, et al. 2007. Groundwater resources sustainability indicators. IHP-VI Series on Groundwater.